Goldenes Wissen

Die Alchemie –
Substanzen, Synthesen, Symbolik

Goldenes Wissen

Die Alchemie –
Substanzen, Synthesen, Symbolik

herausgegeben von
Petra Feuerstein-Herz und Stefan Laube

Harrassowitz Verlag · Wiesbaden
in Kommission

Ausstellungskataloge der Herzog August Bibliothek Nr. 98
Ausstellung der Herzog August Bibliothek Wolfenbüttel (Bibliotheca Augusta: Augusteerhalle, Schatzkammer, Kabinett)
vom 31. August 2014 bis zum 22. Februar 2015

Motive auf dem Umschlag: Matthäus Merian d. Ä: Systemblatt, in: Musaeum Hermeticum, Reformatum Et Amplificatum,
Frankfurt a. M. 1678, Fig. IV. HAB: Xb 9751, s. S. 21, Abb. 1 und Donum Dei. HAB: Cod. Guelf. 77.2 Aug. 8°, fol. 4v, s. S. 248,
Abb. 110

Konzeption von Ausstellung und Katalog: Petra Feuerstein-Herz und Stefan Laube,
mit Unterstützung von Katharina Gietkowski (Ausstattung der Schatzkammer: Sven Limbeck)

Gestaltung und Satz: Christiane Kasper, nach dem Grundlayout von Gudrun Schmidt

Redaktionelle Bearbeitung: Gudrun Schmidt, Malte-Frederic Lischke und Tim Glindemann

Bibliografische Information der Deutschen Nationalbibliothek
Die Deutsche Nationalbibliothek verzeichnet diese Publikation in der
Deutschen Nationalbibliografie; detaillierte bibliografische Daten
sind im Internet über http://dnb.dnb.de abrufbar.

Bibliographic information published by the Deutsche Nationalbibliothek
The Deutsche Nationalbibliothek lists this publication in the
Deutsche Nationalbibliografie; detailed bibliographic data are
available in the Internet at http://dnb.dnb.de.

www.harrassowitz-verlag.de

© Herzog August Bibliothek Wolfenbüttel 2016
unveränderter Nachdruck der 1. Auflage von 2014.
Das Werk einschließlich aller seiner Teile ist urheberrechtlich geschützt.
Jede Verwertung außerhalb der engen Grenzen des Urheberrechtsgesetzes
ist ohne Zustimmung der Bibliothek unzulässig und strafbar.
Das gilt insbesondere für Vervielfältigungen jeder Art, Übersetzungen,
Mikroverfilmungen und für die Einspeicherung in elektronische Systeme.
Gedruckt auf holzfreiem, alterungsbeständigem Bilderdruckpapier 135 g/qm.
Druck: ROCO Druck GmbH, Wolfenbüttel
Printed in Germany

ISBN: 978-3-447-10251-3
ISSN: 0946-9923

Förderer:

Leihgeber:

Braunschweigisches Landesmuseum

Herzog Anton Ulrich-Museum, Braunschweig

Technische Universität Braunschweig, Abt. für Pharmazie- und Wissenschaftsgeschichte

Museum im Schloss, Porzellanmanufaktur Fürstenberg

Niedersächsisches Landesarchiv – Standort Wolfenbüttel

Inhalt

Helwig Schmidt-Glintzer
Vorwort 11

Petra Feuerstein-Herz und Stefan Laube
Zur Einführung 13

Hartmut Böhme
Matthäus Merian d. Ä.: Alchemische Weltlandschaft 19

Florian Ebeling
Ägypten als Heimat der Alchemie 23

Helwig Schmidt-Glintzer
Alchemie in China 35

Daniel Jütte
Chancen und Risiken der Alchemie
Das Beispiel jüdischer Alchemiker 39

Sven Limbeck
Alchemische Literatur zwischen Handschrift und Buchdruck
Mediengeschichtliche Beobachtungen zur Überlieferung der Alchemie 43

Petra Feuerstein-Herz
Öffentliche Geheimnisse
Alchemische Drucke der frühen Neuzeit 55

Anne-Charlott Trepp
Alchemie und Religion in der frühen Neuzeit
Das Reine vom Unreinen trennen 67

Stefan Laube
Bilder aus der Phiole
Anmerkungen zur Bildsprache der Alchemie 73

Sven Dupré
Artists and the Philosophers' Stone 87

Heinz Schott
Heil und Heilung
Zur Ideengeschichte der Alchemie in der frühen Neuzeit 99

Sietske Fransen
Johan Baptista van Helmont und die Sprache der Alchemie im 17. Jahrhundert 111

Tara Nummedal
The Alchemist in his Laboratory 121

Vladimír Karpenko und Ivo Purš
Die Alchemie und der Prager Hof Kaiser Rudolfs II. 129

Martin Mulsow
Philalethes in Deutschland
Alchemische Experimente am Gothaer Hof 1679–1683 139

Jill Bepler
Perlen gegen Schulden 155

Daniela Dachrodt
Architektur der Sachlichkeit
Das chemische Gebäude von Andreas Libavius 161

Hania Siebenpfeiffer
Isaac Newtons alchemische *Praxis* 165

Katalog

Stefan Laube
Die Alchemie – Kontexte und Phänomene 176
    Sieben Metalle und planetarische Steuerung 176
    Das Erdinnere als *Magna Mater* 180
    Materie: Kombinatorik und Symbolik 186
    Mysterium der Umwandlung 194
    Zeigen und Verschlüsseln 204
    Autoritäten und Textüberlieferung 214
    Traumbilder und Heilssuche 222
    Wissenschaftlicher Aufbruch und Transmutation 233

Sven Limbeck
Bild und Text in alchemischen Handschriften 239

Petra Feuerstein-Herz
Im alchemischen Laboratorium 277
    Bücherwissen im Labor 280
    Geräte 290
    Substanzen 300
    Prozesse 310
    Personen 322
    Orte der Alchemie – Kloster, Hof, Stadt und Universität 332

Literatur 359

Bildnachweis 385

Verzeichnis der Beiträger und Beiträgerinnen 387

Register 389

Generelle Abkürzung: HAB = Herzog August Bibliothek Wolfenbüttel

Hinweis zur Benutzung des Katalogs:
Die Angaben zur Seitenzählung richten sich nach den Konventionen der einzelnen Disziplinen:
- bei Handschriften wird mit „fol." gezählt,
- bei Drucken ohne Seitenzählung, aber mit Bogensignaturen mit „Bl.",
- bei gedruckten Büchern mit eingedruckter Paginierung mit „S.".

Vorwort

Helwig Schmidt-Glintzer

Das ausgehende Mittelalter und die frühe Neuzeit können selbst in höchstem Maße als Laboratorium der Moderne betrachtet werden, in dem die Auseinandersetzung des Menschen mit der Erde und dem Universum ebenso wie mit sich selbst in neue Diskurse einmündet. Diese wurden beflügelt durch die infolge des Buchdrucks intensivierte und beschleunigte Verbreitung von Kenntnissen und Theorien. Der überreiche Fundus an alchemischen Handschriften und Drucken in der Wolfenbütteler Bibliothek fordert dazu heraus, diese Überlieferung in ihrem Eigenrecht zu thematisieren und sie nicht nur als verworfene Vorgeschichte der Moderne zu verstehen.

Dabei ist es eigentlich naheliegend, dass sich eine „Wissensgesellschaft", als die wir uns heute gerne apostrophieren, für frühere Ausgestaltungen öffentlicher Diskurse und Dokumentationen gesicherten oder erstrebten Wissens interessiert oder gar begeistert. Ganz offenbar war der Aufbruch in die Moderne keine Revolution oder ein sonst irgendwie sich rasch einstellendes Ereignis. Den heutigen Glauben an schnelle Umbrüche und eine fast atemlose Innovationsfolge kann ein Rückblick auf die langwierigen Prozesse der Gewinnung neuer Erkenntnishorizonte in der Vergangenheit durchaus erschüttern, zumal wir heute längst Gewissheit darüber haben, dass sich der für dreihundert Jahre in Europa bestimmende kartesianische Zugang zur Welt aufzulösen beginnt und an dessen Stelle neue Einsichten in den Vordergrund treten, die allerdings ohne die systematische Erforschung der Natur in den letzten Jahrhunderten der europäischen Moderne nicht vorstellbar wären.

Was aber auch diese Zeit und die bahnbrechenden Forschungsergebnisse der letzten Jahrhunderte und Jahrzehnte überhaupt erst ermöglicht hatte, war jener in der weit zurückliegenden ‚alchymischen' Tradition gegründete Geist des Experimentierens und der Suche nach jenen Korridoren der Machbarkeit, ohne welche weder der Kunstdünger noch die chemischen Kriegswaffen des ersten Weltkriegs, die Atombombe und die sonstige Nutzung der Kernspaltung und die industrielle Verwendung der Sonnenenergie denkbar wären. Auch wenn solche Koryphäen wie Justus Liebig sich über diesen Zusammenhang im Klaren waren, so ist doch weithin die Grundlegung der Moderne durch diese lange spätmittelalterliche und frühneuzeitliche Vorgeschichte immer wieder gerne vergessen worden. Dabei spielte seit jeher die Trias aus Theorien, Laboratorium und anhaltender Suchbewegung die entscheidende Rolle, die bis heute Wissenschaft und Erkenntnisfortschritt kennzeichnet.

Im vorliegenden Katalog und der durch diesen begleiteten Ausstellung werden die Theorien, die Laboratorien und ebenso das Arbeiten an der Welt und ihren Substanzen entfaltet. Dabei kommt den medialen Konventionen, der „Bildersprache" eine besondere Bedeutung zu, zumal gerade der Formelhaftigkeit stets eine große Erklärungskraft zugemessen wurde. Verbunden mit der Protokollierung von Experiment und Beobachtung und auf Wiederholbarkeit gerichtet wird der demiurgische Prozess in das innerweltliche Handeln zu übertragen gesucht.

Auch wenn wir heute viel detailliertere Vorstellungen von dem über weite Entfernungen sich erstreckenden globalen Austausch von Kenntnissen und Praktiken seit den Anfängen der Menschheit haben, so versetzt uns die Präsentation der alchemischen Handschriften und der in dem Zeitalter des europäischen Buchdrucks in den drei Jahrhunderten seit der Reformation bis ins 18. Jahrhundert erschienenen alchemischen Drucke in besonderer Weise in die Lage, nähere Einblicke in die Spezifik der Spekulationen und der praktischen Laborarbeit der europäischen Vormoderne zu gewinnen. Dabei spielte der Rückgriff auf antike Traditionen des Mittelmeerraumes eine ebenso wichtige Rolle wie die Einbeziehung neuer Kenntnisse aus den neu gewonnenen überseeischen Territorien. Vor allem aber die durch komplexere Instrumentarien und präzisierte Messungen ermöglichen experimentellen Laborbedingungen wurden zur Grundlage raffinierter und letztlich erfolgreicher Versuchsreihen und damit auch zur Vorform der modernen Materialwissenschaften.

Gerade weil wir wissen, dass wir weiterhin der Suche nach Erkenntnissen bedürfen und davon ausgehen können, dass die Wirkzusammenhänge innerhalb und jenseits der Welt neuen Beschreibungs- und Deutungsmöglichkeiten offenstehen, sind immer wieder Blicke in das europäische „Laboratorium" des späten Mittelalters und der frühen Neuzeit ebenso wie in die Deutungstraditionen anderer Kulturen wie etwa diejenigen Chinas, Indiens oder anderer Weltgegenden sinnvoll und ganz gewiss nützlich. Denn die Konstellationen der Forschung haben sich neu formiert und verändern sich hin zu neuen internationalen Kooperationen. Dabei ist die Suche der Alchemiker nach einem heilsversprechenden ausgeglichenen Wirkzusammenhang der äußeren und der inneren Systeme, wenn auch in abgewandelter Form, bis heute im Zentrum menschlicher Zukunftsentwürfe und Hoffnungen – und die Zielerreichung vielleicht ferner denn je.

Auch dazu, dass die Stimmen und die Potentiale des „alten Europa" weiterhin zur Geltung kommen, soll der vorliegende Katalog beitragen. Ich danke Petra Feuerstein-Herz für die Konzeption und die Initiative und Stefan Laube für seinen großen Einsatz, ohne den die Ausstellung und der Katalog nicht zustande gekommen wären. Dass mit den spätmittelalterlichen handschriftlichen Zeugnissen der Blick in die Vergangenheit vertieft werden konnte, ist in besonderem Maße Sven Limbeck zu verdanken. Ich danke allen Beiträgerinnen und Beiträgern für ihre Essays und die dadurch ermöglichten Horizonterweiterungen. Ich danke der Fotowerkstatt unter Leitung von Michaela Weber und der Restaurierwerkstatt, ich danke Katharina Gietkowski für ihren großen Einsatz, ich danke den auswärtigen Leihgebern und nicht zuletzt der Publikationsabteilung unter Leitung von Gudrun Schmidt für die Gestaltung und Herstellung des vorliegenden Katalogs.

Helwig Schmidt-Glintzer
Direktor der Herzog August Bibliothek Wolfenbüttel

Zur Einführung

Petra Feuerstein-Herz und Stefan Laube

Die Ausstellung nimmt die Alchemie aus verschiedenen Blickwinkeln vom späten Mittelalter bis zur Frühaufklärung in den Blick. Sie greift ein signifikantes Feld der Naturbetrachtung heraus, das vielfältig in gesellschaftliche Sphären ausstrahlte und uns eine ebenso faszinierende wie befremdliche Welt des Wissens eröffnet. *Goldenes Wissen* kann in repräsentativer Breite Text- und Bildquellen aus 300 Jahren Alchemiegeschichte zeigen, beginnend mit illuminierten Handschriften aus dem frühen 15. Jahrhundert. Die Ausstellung endet mit dem 18. Jahrhundert, als sich der kartesianische Zugang zur Welt fest zu etablieren beginnt. Die Natur wurde zu einem passiven Objekt reduziert, das nach elementaren Gesetzen von Gewicht und Quantität, von Atomen und Molekülen funktioniert; unüberbrückbar war der Dualismus von Geist und Materie. Der messende, wägende, zählende Verstand gebe, so Kant, der Natur ihre Gesetze vor, nicht umgekehrt.[1]

Zwei widerstreitende Zugänge zur Alchemie

Jahrhundertelang gründete sich die *Alchymia*, die „chymische Kunst", auf eine seit der antiken Philosophie im Denken der Menschen fest verwurzelte Annahme: dass der Mensch suchend und forschend Einblick in die innersten Zusammenhänge und Triebfedern der Natur gewinnen und durch seine Kunstfertigkeit die pflanzlichen, tierischen und mineralischen Stoffe in eine qualitativ höhere Materie überführen könne. Der Wachstums- und Reifungsprozess der Stoffe – in den Metamorphosen, Altersstufen und Jahreszyklen der belebten Natur anschaulich greifbar – wurde als Wandlungsfähigkeit auch der unbelebten Natur, den Metallen und Mineralien, zugesprochen. Praktiken im alchemischen Laboratorium hatten die Funktion, die natürliche „Reifung" noch minderwertiger Metalle in die Edelmetalle Gold und Silber als den reinsten und vollkommensten metallischen Substanzen zu beschleunigen.

Über die Zeiten hinweg und bis heute ist es vor allem dieses Bild der Alchemie als Goldmacherei – ob sie nun in illusionärer Selbsttäuschung oder in bewusst betrügerischer Absicht versucht wurde – im kulturellen Gedächtnis lebendig geblieben. Indessen vereinigte die Alchemie zwei an sich grundverschiedene Konzepte, die in wechselnden Anteilen ineinander spielten: Einerseits die Vorstellung einer heiligen Natur voller über sich selbst hinausweisender und interferierender Zeichen, der sich der Mensch mit Ehrfurcht zu nähern habe; andererseits ein forschendes Interesse, das ihre Elemente isoliert, präpariert und ihre Beziehungen aufdeckt. Die Alchemie vereinigt unter ihrem Namen ein spekulatives, von Theologie und Philosophie, zuweilen auch von magischem Denken getragenes Naturverständnis ebenso wie eine mit den Verfahren der Beobachtung, des Experiments, der „Probierkunst" operierende empirische Wissenspraxis, auf die dann die moderne Naturwissenschaft aufbauen konnte.

---

1 Immanuel Kant: Prolegomena; A 113., in: Immanuel Kant: Werke in zehn Bänden, hrsg. von Wilhelm Weischedel, Bd. 5, Darmstadt 1983, S. 189.

Der Weg zur modernen Naturwissenschaft ist nicht so eindimensional verlaufen, wie das eine konventionelle Wissenschaftsgeschichtsschreibung zuweilen glauben machte (**Kat. Nr. 22**). „Die Alchemie ist niemals etwas anderes als die Chemie gewesen; ihre beständige Verwechselung mit der Goldmacherei des 16. und 17. Jahrhunderts ist die größte Ungerechtigkeit" – so Justus Liebig, der Doyen der modernen Chemie, in seinen viel gelesenen *Chemischen Briefen*.[2] Wenn es auch nie gelungen ist, Blei zu Gold zu veredeln oder die Formel der Unsterblichkeit zu finden, wurden dennoch in den alchemischen Laboratorien Wege zur Chemie gebahnt. Viele Sucher nach dem Stein der Weisen waren im Bergbau, in der Metallurgie und in der Töpferei an praktischen Entdeckungen beteiligt. Die Destillation von Alkohol geht auf alchemische Versuche zurück. Alchemiker entdeckten Schwefel- und Salpetersäure sowie Ammoniak. Ohne vom Ziel der Goldumwandlung abzulassen, fand Johann Rudolf Glauber 1653 das nach ihm benannte Heilmittel Glaubersalz (Natriumsulfat). Der Glasmacher Johann Kunckel machte sich durch die Herstellung von Rubinglas und Kristallfabrikaten einen Namen (**Kat. Nr. 56**). Johann Friedrich Böttger schließlich ging als Erfinder des Porzellans, des „weißen Goldes", in die Geschichte ein (**Kat. Nr. 57–59**). Zwischen dem barocken Hof, der sein Dasein als eine prunkvolle Schaubühne begriff und stets neue Einnahmequellen erschließen wollte und den Alchemikern, die den Eindruck erweckten, Stoffe zu veredeln bzw. neu zu erzeugen, bestand eine fruchtbare Zweckgemeinschaft.

Alchemie war aber weitaus mehr: Viele ihrer Vertreter fühlten sich von der Aussicht, materielle Reichtümer anzuhäufen, kaum berührt, ging es doch für sie darum, den inneren Aufbau der materiellen Welt zu durchschauen. In der frühen Neuzeit waren „faustische" Menschen keine Seltenheit.

Angesichts solcher Ambiguität kann die Dekontextualisierung der historischen Befunde nur eine fatale Verzerrung mit sich bringen.[3] Gerade für das, was in den Verifikationen und Falsifikationen der modernen Naturwissenschaft verloren ging, stellte die Alchemie auch weiterhin einen Symbol- und Formelschatz bereit, der immer wieder und dabei stets neu kulturell ausgeschöpft wurde und auch in der Alltagssprache Spuren hinterlassen hat.[4] Für nicht wenige war der ‚Stein der Weisen' Chiffre einer tief verwurzelten menschlichen Sehnsucht, die kreatürlich-irdische Begrenztheit seiner Verhältnisse zu übersteigen und ins Herz der Dinge zu gelangen. In diesem Sinne erträumte sich noch der Bergbauingenieur Friedrich Freiherr von Hardenberg, als Dichter der Frühromantik besser bekannt unter dem Namen Novalis, eine „pneumatische Chemie", die „tief in das Innere jeder Natur" eindringe und sie erkenne: „Jeder ihrer Namen schien das Losungswort für die Seele jedes Naturkörpers".[5]

Alchemica und Alchemiegeschichte in der Herzog August Bibliothek

Schon im 16. Jahrhundert gelangte hermetisches und alchemisches Schrifttum in beachtlicher Anzahl in die Wolfenbütteler Bibliothek, zeigten Herzog Julius zu Braunschweig-Lüneburg (1528–1589) und sein Sohn Heinrich Julius (1564–1613) ein intensives Interesse sowohl an metallurgischer wie auch medizinischer Alchemie, das sich neben dem Buchbesitz auch in Laboratorien und eigener experimenteller Arbeit am Wolfenbütteler Hof nachweisen lässt. Ein

---

2 Sie erschienen Mitte des 19. Jahrhunderts in der Augsburger Allgemeinen Zeitung. Justus von Liebig: Chemische Briefe, dritte umgearbeitete und vermehrte Auflage, Bd. 1, Leipzig 1859, S. 67.
3 Die Herausgeber schließen sich deshalb der in der modernen alchemiegeschichtlichen Forschung zunehmend vorgenommenen Differenzierung zwischen den Begriffen „alchemistisch"/„Alchemist" und „alchemisch"/„Alchemiker" an, da die herkömmlichen Begriffe zu einseitig auf den – in der gesamten Alchemiegeschichte eher marginalen Aspekt des Goldmachens in betrügerischer Absicht – abzielen.
4 Jeder (Harz-)Wanderer kennt die Verse: „Es grüne die Tanne,/ Es wachse das Erz,/ Gott schenke uns allen/ Ein fröhliches Herz."
5 Novalis: Die Lehrlinge zu Sais, in: Novalis Werke, hrsg. u. komm. von Gerhard Schulz, 3. Aufl. München 1987, S. 95–128, hier S. 124f. u. 127.

entsprechender praktischer Zugang ist für den Namensgeber der Wolfenbütteler Bibliothek, Herzog August d. J. (1579–1666), nicht zu belegen, mögen sich aus seiner Beschäftigung mit Geheimsprachen oder dem ‚uralten' Königspiel Schach auch Berührungspunkte oder Verwandtschaften ergeben haben. Zweifellos aber haben sowohl sein universaler Sammelanspruch wie auch sein entwickeltes Interesse an Theologie, Natur- und Geheimwissenschaften auch zu einem herausragenden alchemischen Quellenbestand geführt, den die Wolfenbütteler Bibliothek insbesondere bei den Drucken des Barockzeitalters bewahrt. Auch nach Augusts Tod gelangten noch einschlägige Drucke mit den Sammlungen seiner Nachfahren[6], durch die Aufnahme von Gelehrtenbibliotheken und besonders durch die nach Auflösung der Universität in Helmstedt (1810) nach Wolfenbüttel abgegebenen Bestände der dortigen Universitätsbibliothek in die herzogliche Büchersammlung. Zudem wurden dieser mit der 1887 integrierten Bibliothek des ehemaligen *Collegium anatomico-chirurgicum* in Braunschweig, einer naturwissenschaftlichen und medizinischen Fachbibliothek, rund 17.000 Bände aus allen Bereichen der Naturwissenschaften, Medizin und Pharmazie vom 16. bis ins 19. Jahrhundert zugeführt. Schließlich werden seit annähernd 25 Jahren im Rahmen der retrospektiven Altbestandsergänzung der Herzog August Bibliothek, namentlich der *Sammlung Deutscher Drucke 1601–1700*, kontinuierlich frühneuzeitliche *Alchemica* auf dem internationalen Antiquariatsmarkt angekauft.

In den vergangenen Jahrzehnten hat sich, ausgehend von der These von Francis Yates (1899–1982), dass Magie, Alchemie und Hermetik – jene Diskurse, die seit der Aufklärung als Pseudowissenschaften und Horte des Aberglaubens ausgegrenzt wurden – durchaus als wichtige Wegbereiterinnen der modernen Naturwissenschaften zu betrachten sind, eine intensive Diskussion um den Status der *New Sciences* im 16. und 17. Jahrhundert ergeben. In der Herzog August Bibliothek thematisierte das von Christoph Meinel geleitete Symposium *Die Alchemie in der europäischen Kultur- und Wissenschaftsgeschichte* im Jahr 1984[7] die Bedeutung der Alchemie in der frühen Neuzeit im Fokus kulturwissenschaftlicher Fragestellungen. Weitere einschlägige Veranstaltungen[8] in der Wolfenbütteler Bibliothek setzten diese Tradition fort.

Die Ausstellung aus dem Blickwinkel der Moderne

Gegenwärtig hat das Wissen von der Natur längst Dimensionen jenseits der uns vertrauten Kategorien von Raum und Zeit erobert. Unter der Oberfläche der Sichtbarkeiten eröffnen sich winzige Welten fundamentaler Wirkungszusammenhänge, die aber – bis heute – als Projektionsflächen für Imaginationen und Metaphern dienen. Auf der Suche nach einem immer noch kleineren Element wurde jüngst in der Quantenphysik das „Gottesteilchen" (*Higgs-Boson*) verifiziert. Der Weg zur Alchemie ist weit – gewiss. Aber auch bei neuen Entdeckungen der „harten" Wissenschaften von heute wird oft deutlich, dass logische Formelsprache nicht ausreicht, sie zu charakterisieren. Der Blick ins Zeitalter der Alchemie zeigt, wie wichtig den wissbegierigen Menschen Symbole und prägnante Bilder gewesen sind, um die Welt zu verstehen.

Während im Laufe des 19. Jahrhunderts Prämissen einer *Whig*-Historiographie die Alchemie als überwundenen Irrglauben systematisch marginalisierte, zeigten im 20. Jahrhundert Künstler und Kulturwissenschaftler eine bemerkenswerte Nähe gegen-

---

6 Beispielsweise sind Werke zur Alchemie enthalten in den Büchersammlungen der Herzöge Rudolf August (1627–1704), Ferdinand Albrecht (1636–1687) und Ludwig Rudolf (1671–1735).
7 Meinel 1986.
8 Zu nennen sind neben anderen die Ausstellung *Chemie zwischen Magie und Wissenschaft* (Schwedt 1991) sowie die von August Buck initiierte Tagung *Die okkulten Wissenschaften in der Renaissance* (Buck 1992), der 10. Kongress des *Wolfenbütteler Arbeitskreises für Barockforschung* in der HAB (2000) mit dem Thema *Scientiae et artes. Die Vermittlung alten und neuen Wissens in Literatur, Kunst und Musik* (Mahlmann-Bauer 2004) und die Tagung *Konzepte des Hermetismus in der Literatur der Frühen Neuzeit* (Alt/Wels 2010).

über einer Wissenskultur, die die innersten Zusammenhänge der Welt durchschauen will. Die Figur des Künstlers als Alchemist, der schöpferisch mit Stoffen umgeht, ist gerade im deutschsprachigen Raum durchaus präsent – von Sigmar Polke über Rebecca Horn bis zu Joseph Beuys.[9] Die „Soziale Plastik", in der Beuys sein erweitertes Kunstverständnis zum Ausdruck brachte, kann alchemisch gelesen werden.[10] Sie versinnbildlicht einen offenen Entwicklungsprozess – beweglich, lebendig und fließend zwischen den Gegensätzen Chaos und Ordnung, organisch und kristallin, warm und kalt changierend.

Ebenso fühlten sich Psychologen, Religions- und Kulturwissenschaftler vom Ideenreichtum der Alchemie inspiriert bzw. herausgefordert. Die Ausstellung *Goldenes Wissen* kann auf Feldern Akzente setzen, die im 20. Jahrhundert von Kulturwissenschaftlern wiederbelebt und in ihre theoretischen Überlegungen integriert worden sind. Dass Alchemie weitaus mehr bedeuten kann als eine Vorstufe moderner Chemie ist nicht zuletzt diesen innovativen Ansätzen zu verdanken, deren Charme aus Unzeitgemäßheit schöpft.

Hermetische Semiose – heilige Materie – kollektives Unbewusstes

Alchemie generiert ihr Wissen aus Analogien, d. h. jede Bedeutungszuschreibung verweist auf eine höhere Ebene, ohne dass die Semantisierung je an ein Ende führt, vom Schriftsteller und Zeichentheoretiker Umberto Eco in die Formel „hermetische Semiose" gefasst. Alchemische Texte begeben sich auf die Gratwanderung von Zeigen und Verschlüsseln. (**Kat. Nr. 12–14**). Zwischen Offenbarung und Verhüllung schwankend, geben sie vor, dasjenige zu sagen, was nach eigenem Bekunden nicht gesagt werden kann (**Kat. Nr. 32**). In der Alchemie will „hermetische Semiose" signalisieren, dass der Ausdruck nie das sagt, was er sagen zu wollen scheint.[11] Nur ein Beispiel: Wenn es den Anschein hat, dass von Substanzen, wie Gold, Silber, Quecksilber gesprochen wird, ist in Wirklichkeit von etwas anderem die Rede, nämlich vom Quecksilber-Prinzip oder vom Gold der Philosophen (**Kat. Nr. 6, 40**).

Der Religionswissenschaftler Mircea Eliade knüpft die Alchemie in seinem 1956 in Paris erschienenen Buch *Forgerons et alchimistes* (dt. Ausgabe *Schmiede und Alchemisten*, Stuttgart 1960) an die Tradition der frühgeschichtlichen Metallurgie an und verweist auf die bei Schmelzern und Schmieden geübten Initiationsriten. Ausgangspunkt seiner Argumentation ist das organische Wachstum der Metalle im Mutterschoß des Berges: ein Gedanke anthropologischer Universalität, der nicht nur im Abendland und in China verbreitet war, sondern anscheinend überall, wo Menschen mit Metallen in Berührung kamen (**Kat. Nr. 2, 3**). Die Erde und ihr Inneres ist nach Eliade ein lebendiges Wesen, ein Muttertier, dem man sich mit gynäkomorphen Metaphern annähert. Der Mensch sei durch rituelles Verhalten und technische Fertigkeiten in der Lage, Roherze aus dem Uterus der Erde zu entbinden. Eliade spricht im Rahmen von „terra mater" und „petra genitrix" gar von einer „sexualisierten Welt". Für den Alchemiker bedeutete die Veredelung der Metalle auf künstlichem Wege eine Vervollkommnung der Schöpfung im Zeitraffer. Er erweist sich dabei – wie Töpfer und Schmied – als ein Meister des Feuers. Das Feuer ist das Schlüsselmedium der Transmutation, es bewirkt den Übergang der Materie von einem Zustand in einen anderen

---

9 Inspirationen zeitgenössischer Künstler aus dem Fundus der historischen Alchemie präsentiert derzeit eine Ausstellung in Düsseldorf: Kunst und Alchemie. Das Geheimnis der Verwandlung, hrsg. von Dedo von Kerssenbrock-Krosigk, Beat Wismer, Sven Dupré, Museum Kunstpalast Düsseldorf, Düsseldorf 2014.

10 Armin Zweite: Die plastische Theorie von Joseph Beuys und das Reservoir seiner Themen, in: Joseph Beuys: Natur, Materie, Form, hrsg. von dems., München 1991, S. 13–30.

11 Eco 1992, S. 59–80. Der Mechanismus scheint nach folgender Regel zu funktionieren: Alles, was eindeutig ist, kann nicht stimmen, weil es partikular bleibt; richtig ist hingegen das Vieldeutige, das letztlich auf das Ganze bezogen werden kann.

(**Kat. Nr. 5**). Der Ofen modelliert die tellurische Matrix, in ihm vollenden die Erzembryonen ihr Wachstum (**Kat. Nr. 37**).

Die Idee, dass die Alchemie auch in modernen Gemütern subkutan lebendig ist, war Thema der Vorträge *Traumsymbole und Individuationsprozess* und *Die Erlösungsvorstellungen in der Alchemie*, die Carl Gustav Jung Mitte der 1930er Jahre in der Villa Eranos zu Ascona hielt. Alles, was irgendwann einmal von der individuellen Psyche eines Menschen zum Ausdruck gebracht worden ist, war für Jung Bestandteil der ganzen Gattung und damit Speicher des psychischen Erbes der Menschheitsgeschichte. Auf der Suche nach immer wiederkehrenden psychischen Mustern, so genannten Archetypen, stellte die Bildsprache der Alchemie für Jung einen wichtigen Schlüssel dar (**Kat. Nr. 18 – 20**). Mit der alchemischen Tradition und Bildsprache hatte Jung ein *missing link* gefunden, um die Kluft zwischen antiker Gnosis und moderner Tiefenpsychologie zu überbrücken. In jahrzehntelanger Forschung, in der er sich auch als Sammler von historischen Druckschriften der Alchemie einen Namen machte,[12] wuchs seine Ahnung zur Überzeugung heran, dass sich der Adept im Stein der Weisen in seinem Selbst spiegelt.

Für Jung waren Alchemiker in erster Linie Träumer. Träume lassen aber die Wahrheit erkennen. Wie eine Synthese aus Alt und Neu, symbolischer Alchemie und experimenteller, quantifizierbarer, auf Formeln basierender Chemie erscheint die Traumerzählung des Bonner Chemikers Friedrich August Kekulé Ende des 19. Jahrhunderts, der angeblich von in Ketten aufgereihten Atomen träumte, die sich zu einem zentralen alchemischen Symbol, zum *Ouroboros*, formten, zur Schlange, die sich in den eigenen Schwanz beißt. Im Traum nahm die Idee Gestalt an, das komplexe, besonders schwer zu bestimmende Benzol, sechs Kohlenstoffatome mit je einem Wasserstoffatom, als Ring darzustellen – so lautet wenigstens die Mär, die in keinem Schulbuch fehlen durfte.[13]

Ziel der Ausstellung ist es, den vielgestaltigen Wissens- und Erfahrungsschatz der Alchemie, ihren Bild- und Symbolreichtum, wie er sich in den reichen handschriftlichen und gedruckten Überlieferungen einer alten Sammlung erhalten hat, einem breiten Publikum zu vermitteln. Die Ausstellung in der Bibliotheca Augusta besteht aus drei Sektionen. In der Halle entfaltet STEFAN LAUBE unter „Kontexte und Phänomene" die Bedeutungsvielfalt der frühneuzeitlichen Alchemie. Thema der Schatzkammer ist „Bild und Text in alchemischen Handschriften", die von SVEN LIMBECK aus den Wolfenbütteler Beständen beschrieben werden. Im Kabinett führt PETRA FEUERSTEIN-HERZ anhand von alten Drucken und Objektleihgaben aus auswärtigen Sammlungen in das „alchemische Laboratorium", in dem Substanzen, Geräte und Prozesse, Akteure und Orte der frühneuzeitlichen Alchemie vorgestellt werden. 17 begleitende Essays beleuchten in einem breiten Querschnitt die Buch-, Wissenschafts- und Kulturgeschichte der frühneuzeitlichen Alchemie.

---

12 In Jungs Privatbibliothek wimmelt es nur von Büchern, die auch in unserer Ausstellung gezeigt werden – von Michael Maiers *Viatorium* (Oppenheim 1618) über Béroalde de Vervilles *Tableau des Riches Inventions* (Paris 1600) bis zu Barent Coenders van Helpens *Escaliers des Sages* (Groningen 1689), um nur eine kleine Auswahl zu nennen; vgl. Thomas Fischer: The Alchemical Rare Book Collection of C. G. Jung, in: International Journal of Jungian Studies 3 (2011), S. 169 –180.

13 Kekulé erwähnte den Traum erstmals bei seiner Dankrede zum 25. Jahrestag der Entdeckung der Benzolstruktur im Jahr 1890, vgl. Wotiz/Rudofsky 1984.

Matthäus Merian d. Ä.: Alchemische Weltlandschaft[1]

Hartmut Böhme

Das großartige Systemblatt (**Abb. 1**, zugleich **Kat. Nr. 1**) aus dem *Musaeum Hermeticum, Reformatum et Amplificatum* (1678) ist ein Kupferstich von Matthäus Merian d. Ä., zuerst erschienen in Johann Daniel Mylius' *Tractatus III seu Basilica philosophica* (1618, in: Opus Medico-Chymicum, bei Lucas Jennis, Frankfurt) und danach auch in den Sammeldruck des *Musaeum Hermeticum* (Erstausgabe 1625) übernommen. Das Blatt ist *die* Inkunabel der alchemistischen Druckgraphik. Das ebenso systematische wie verwirrende Bild kann kaum erschöpfend interpretiert werden – und so soll es, seiner inneren Form nach, auch sein. Es ist die bildnerische Interpretation der berühmten *Tabula Smaragdina* des legendären Hermes Trismegistos.

Beginnen wir mit der geometrischen Ordnung. Die Querachse scheidet die irdische Welt von der empyreischen Lichtwelt der Trinität mit Engelschören. Die Mittelachse trennt Tag und Nacht, die Sphären von *Sol* und *Luna* sowie von Mann und Frau. Die Vertikalachse läuft mitten durch den Alchemisten (und macht ihn so zur Einheit der Gegensätze) sowie durch den einköpfigen Doppellöwen, aus dessen Maul *quinta essentia*, *aurum potabile* oder *aqua viva* strömt. Vertikal- und Horizontalachse treffen sich im Mittelpunkt der kosmischen Kreise. Deren Zentrum wird vom Zeichen der *quinta essentia* gebildet, vielleicht auch von der nicht ganz korrekten Monas-Hieroglyphe des John Dee (**Kat. Nr. 12**), dem Zeichen des Universums, eingelassen in Dreieck und Kreis. In diesem sind die Dreiecke für die schweren (Erde, Wasser) und leichten (Luft, Feuer) Elemente und das Hexagramm, Symbol der Einheit in den Elementen, platziert.

In den drei unteren Halbkreisen sind der Nachthimmel mit den sieben Planeten eingetragen, sowie Rabe, Schwan, Basilisk, Pelikan und Phönix, welche die alchemischen Prozessstufen symbolisieren, und schließlich, ihnen zugeordnet, die Zeichen für Saturn, Jupiter, Mars, Venus und Merkur. Den oberen Halbkreis bildet der Tierkreis, Zodiakus, also die zwölf Zeichen der Jahreszyklus-Sternbilder. Dem folgen der Kreis des Erd-, Sonnen und Sternenjahres sowie die Kreise der drei Operatoren Salz, Schwefel und Quecksilber, in je dreifachem Status. Das vierfache Feuer (*ignes quattuor*) des alchemischen Prozesses bildet den Ring um den Kreis des *Opus magnum*, auf das hin der gesamte Stich zentriert ist und das zugleich den Zusammenfall der beiden Welten darstellt.

Die Teilung der Weltlandschaft in Tag und Nacht wird in den vier unter die Fittiche von Phönix und Adler genommenen Elementen-Kreisen wiederholt. Ihre Zuordnung zu dem solar-männlichen und dem lunar-weiblichen Prinzip ist klassisch. Mann und Frau sind durch die „Kette der Wesen" (Arthur O. Lovejoy) mit der Gesamtheit des Kosmos verbunden. Die *catena aurea* begegnet auch auf dem berühmten Kosmos-Schema „Integrae Naturae Speculum Artisque Imago" von Robert Fludd (1617, in: *Utriusque cosmi maioris et minoris metaphysica, physica, atque technica*). Bei Fludd verbindet die Kette die göttliche Sphäre mit dem Kosmos, vermittelt

---

1 Vom Autor geringfügig veränderte Fassung, aus: Böhme/Böhme 1996, S. 254–257.

über die *Natura* oder *Anima Mundi*. Diese kehrt hier, ikonologisch identisch, in der nächtlichen Luna wieder: Auch diese steht – und das ist ein Topos – zugleich auf Wasser und Erde, trägt die Mondsichel auf Geschlecht und linker Brust, während auf der rechten ein Stern appliziert ist, von dem ein stellarer, die Erde befruchtender Strom ausgeht: Das erinnert an die stellare Influentien-Theorie des Paracelsus. Die Traube, oft auch Zeichen der *Natura*, bezeichnet ebenfalls die Fruchtbarkeit Lunas. Ihr zugeordnet ist Aktaion, jener Jüngling, der, als er Diana im Bade sieht, in einen Hirsch verwandelt und von seinen eigenen Hunden zerrissen wird. Der Mythos ist durch Ovid (*Metamorphosen* 3,138–252) und, zeitgenössisch, durch Giordano Bruno (*De gl'eroici furori*, 1584) kanonisch geworden und meint hier die arkane „Metamorphose", die Kunst der alchemischen Verwandlung. In der Alchemie ist Aktaion mit dem Kleeblatt als *cervus fugitivus* identifiziert, ein flüchtiger Stoff (manchmal auch Scheidewasser), der im Lösungs- und Sublimationsprozess des weißen Schwefels (*columba Dianae*) entweicht. Luna ist hier auch Diana und Selene zugleich, nicht ungewöhnlich im mythischen Synkretismus. Aktaion trägt ein zwölfendiges Sternen-Gehörn, d. h. in die Metamorphose geht der ganze Himmel – der Zodiakus – mit ein. Auf der Gegenseite ist dem solaren Mann, mit den Himmelszeichen auf Brust und Geschlecht, der Löwe zugeordnet – als roter Löwe oft das Arkanum schlechthin des alchemischen Prozesses (des Goldes, dessen Zeichen die Sonne ist).

Sol und Luna werden durch einen Hügel getrennt, auf dem ein Wald wächst, die Metalle symbolisierend: Der äußere Baumkranz bezeichnet die sieben klassischen Metalle, die den sieben Planeten zugeordnet sind und deren Zeichen tragen. Auf der Mittelachse steht der Baum des Goldes, im Erdreich wurzelnd und doch wie aus dem Kopf des Pansophen hervorgehend. Neben dem Alchemiker stehen je sechs Bäume neuentdeckter Metalle und Stoffe. Der Pansoph trägt (wie eine Sternmantel-Madonna) einen in Tag und Nacht geteilten Kosmos-Mantel und hält sternenbesetzte Beile, Symbole der Scheidekunst, in Händen. Er steht auf dem doppelleibigen Löwen, der die Quelle der Roten Tinktur ist – oder aller anderen Namen für das Arkanum der sakralen und naturalen Welt, in dessen Besitz zu gelangen der Ehrgeiz des Alchemisten ist.

Die unter den Stich gesetzten Texte sind die aus Ps 33,6 und Ps 104,24, 28–31; der lateinische Wortlaut der *Tabula Smaragdina* des Hermes Trismegistos – nobilitieren den maximalen Anspruch des Bildprogramms noch einmal. Die komplexe Ikonologie übertrifft den schlichten Wortlaut der Imperative und Dekrete der *Tabula Smaragdina* bei weitem. Der Stich ist christliches Schöpfungslob und Inbegriff der Alchemie in einem. Der Alchemist vollzieht den Zusammenfall aller Gegensätze, er repräsentiert, in seiner Doppelnatur, den idealen Hermaphroditen als Erlösungsfigur: Die geometrischen Symmetrien, die axiale Ordnung, der ideale Schnittpunkt tellurischer, supralunarer und empyreischer Welt im *Lapis philosophorum*, die Vereinigung der Elemente, die Beherrschung der Wandlungen der mineralischen und vegetabilen Welt, die Korrespondenzen von Mikro- und Makrokosmos, die Koinzidenz der Geschlechter. Der pulsierende Kosmos der Zeichen und Ikonen, der hier aufgeboten wird, stellt die äußerste Grenze der Alchemie dar. Niemals wieder werden Theologie und Naturwissenschaft derart in ein Programm verschmolzen. Niemals wieder wird menschliches Handeln sich derart in der Mitte der Welten situieren. Niemals wieder wird der Mensch sich verstehen als neuer Christus zur Erlösung seiner selbst und der ganzen Natur. Niemals wieder wird das generative Prinzip der Natur derart vollständig in die Regie des Menschen fallen und auch noch den Segen Gottes tragen. Der Stich resümiert in äußerster Konzentration noch einmal alle durch die Jahrhunderte verstreuten Energien der königlichen Alchemie. Was Merian ins Bild bringt, ist die Utopie der Alchemie schlechthin – ein wahrer U-Topos, die imaginäre Landschaft einer *scientia sacra*, jenseits derer nur der Zerfall der hier zur Einheit gebrachten Welten und Diskurse denkbar ist. Der Blick des Pansophen stammt aus einer fremden Welt und fällt auf einen Betrachter, der fortan radikal diesseits des Bildes steht und nur um den Preis der „Träume der Metaphysik" (I. Kant) in dessen Utopisch-Imaginäres treten kann.

Abb. 1: Matthäus Merian d. Ä.: Systemblatt, in: Musaeum Hermeticum, Reformatum Et Amplificatum, Frankfurt a. M. 1678, Fig. IV. HAB: Xb 9751

Ägypten als Heimat der Alchemie

Florian Ebeling

Das Ägyptenbild des Abendlandes

Seit der Antike galt das alte Ägypten als Wiege der abendländischen Kultur. Demokrit, Platon, Pythagoras und Eudoxos hätten hier ihr Wissen erlangt, Orpheus habe die Mysterien und die Erzählung von der Unterwelt aus Ägypten nach Griechenland gebracht.[1] Neben Philosophie, Theologie, Magie, Medizin und Mathematik wurde auch die Alchemie unter die Innovationen ägyptischer Weisheit gezählt. Nach ihrem legendären Begründer, dem Ägypter Hermes Trismegistos, wurde die Alchemie auch *Ars hermetica* genannt und die hermetische *Tabula Smaragdina* als „Chymische Bibel" verehrt.[2] Wieso aber war gerade Ägypten so wichtig in der Geschichte der Alchemie und wodurch ist das Bild des alten Ägypten gekennzeichnet, auf das sich die Anhänger der Alchemie beriefen?

Die ägyptische Kultur war, anders als etwa die griechische, für die Menschen des Abendlandes nur mittelbar zugänglich, denn sie konnten ihre Schriften nicht lesen. Die Hieroglyphen wurden erst 1822 von Jean-François Champollion entziffert und damit die altägyptischen Texte selbst wieder zum Sprechen gebracht. Bis dahin waren die Autoren der griechisch-römischen Antike auf die Informationen angewiesen, die ihnen die Ägypter gaben, Hieroglyphen lesen konnten sie nicht. Nach dem Untergang der altägyptischen Kultur entstanden die Vorstellungen vom alten Ägypten auf der Grundlage der Berichte der griechisch-römischen Antike oder aber der biblischen Schriften.

Erschien dem Leser der Bibel Ägypten im ersten Buch Moses, der *Genesis*, noch als Wirkungsstätte Josephs und Zufluchtsort für die Familie Jakobs, ändert sich das Bild im zweiten Buch Moses, dem *Exodus*. Die Hebräer werden unterdrückt und ausgebeutet, Pharao verwehrt ihnen den Auszug, und es wird ein Gegensatz beschrieben: Hybris, Despotie und Idolatrie auf der einen Seite, Gottesnähe, Monotheismus und Ikonoklasmus auf der anderen. Zwar lebten im alten Ägypten nach der hebräischen Bibel auch Weise, deren Fähigkeiten allein Salomon überbieten konnte, aber Ägypten wurde auch zum Inbegriff von Gewaltherrschaft und Aberglauben. Das *Neue Testament* zeichnet ein weniger ägyptophobes Bild. Erneut wird Ägypten zum Asyl, diesmal für die ‚Heilige Familie' vor der Verfolgung durch Herodes. Die Motive der *Genesis* und des *Exodus* werden in der *Apostelgeschichte* paraphrasiert, der Konflikt zwischen den Ägyptern und den Hebräern jedoch abgemildert, wenn es heißt, Mose sei in aller ägyptischen Weisheit unterrichtet gewesen.[3]

Die griechisch-römische Antike überliefert ein weitgehend positives Bild von Ägypten. Für Herodot (5. Jahrhundert v. Chr.), von dem der erste ausführlich überlieferte Bericht stammt, war es das Land großer Zeitentiefe, der Ursprung vieler Kulturtechniken und zugleich ein Exempel der Exotik. Er identifizierte griechische mit ägyptischen Göttern und machte so die ägyptische Religion für seine Leser verstehbar. In der Folge wurde diese *interpretatio graeca* kulturgeschichtlich universalisiert, und Diodor (1. Jahrhundert v. Chr.) verherrlichte Ägypten als Ursprung aller

---

1 Assmann 2000.
2 Eine Übersicht zum Hermetismus als Teil der Geschichte der Ägyptenrezeption: Ebeling 2005.
3 Zu Moses als Figur der Gedächtnisgeschichte: Assmann 1998.

Weisheit und Kultur. Mit dem politischen Machtverlust nach der Eroberung durch Alexander den Großen und der späteren Eingliederung in das Imperium Romanum wurde Ägypten immer weniger als politischer Faktor wahrgenommen, sondern immer mehr als Heimat einer verborgenen Weisheit verstanden. Diese Vorstellung systematisierte Plutarch (um 125) in *Über Isis und Osiris*: Nicht der erste Anschein, das Sichtbare und der Literalsinn sei das Wesen der ägyptischen Kultur, erst in einer interpretierenden Durchdringung der Oberfläche zeige sich ihre verborgene Substanz. Apuleius (2. Jahrhundert), wie Plutarch Mittelplatoniker, dramatisierte die Isis-Mysterien und machte sie in der Literatur zum Idealbild aller Mysterien. Ägypten galt, sei es mit seinen Mysterien, Hieroglyphen oder Mythen, als Musterbeispiel einer platonisch inspirierten Unterscheidung von äußerer Erscheinung und innerer, geistiger und den Sinnen zunächst verborgener Bedeutung.

In dieses Bild passen auch die Schriften, die um die Zeitenwende und in den ersten Jahrhunderten unserer Zeitrechnung entstanden sind und dem legendären Weisen Hermes Trismegistos zugeschrieben wurden. In initiatorischen Lehrgesprächen wird die Einheit des Geistig-Göttlichen als prägender Grund der Vielheit der sichtbar-leiblichen Welt verstanden, die im Ganzen ein universeller Verweiszusammenhang sei; daraus werden naturphilosophische und ethische Paradigmata, astronomische und magische Lehren abgeleitet. Der Neuplatoniker Jamblichos (3./4. Jahrhundert) identifizierte den Hermetismus mit der ältesten ägyptischen Philosophie und Theologie. Diese Philosophie lehre nach Jamblichos, dass der menschliche Geist der göttlichen Sphäre ontologisch untergeordnet und folglich epistemologisch nicht geeignet sei, das Göttliche selbständig zu erkennen. Es bedürfe der Inspiration durch das Göttliche, damit die menschliche Vernunft die ihr überlegene, geistig-göttliche Sphäre erkennen könne.[4]

Das platonische Ägyptenbild wurde in seiner hermeneutischen Struktur von der frühchristlichen Apologetik übernommen: Unter der polytheistischen Oberfläche verberge sich eine ehrwürdige Weisheit, ja ein rudimentäres Christentum. So fanden die Christen einen Ausgleich zwischen der Ägyptenabscheu des *Exodus* und der Ägyptophilie des Hellenismus.[5]

Die Alchemie im spätantiken Ägypten

Der Ruf Ägyptens als Heimat der Alchemie hat ein sachliches Fundament, denn eine erste Blüte erlebte die Alchemie tatsächlich hier in den ersten Jahrhunderten nach der Zeitenwende.[6]

Die ältesten erhaltenen Sammlungen chemischer Rezepte liegen in zwei Papyri vor, die aus Ägypten stammen und heutzutage als *Papyrus Leiden X* und *Papyrus Stockholm* bekannt sind. Sie stammen aus dem 3. oder 4. Jahrhundert und enthalten u. a. Anweisungen für die Imitation von Edelmetallen und die Herstellung von Farbstoffen. Da diese Rezepte noch nicht mit naturphilosophischen Erörterungen verbunden sind, gelten diese Papyri als Vorstufen, aber noch nicht im engeren Sinne als Zeugen der Alchemie.

Der erste historisch belegte Autor alchemischer Schriften ist ein Ägypter: Zosimos aus dem oberägyptischen Panopolis (dem heutigen Achmim), der im späten dritten und frühen vierten Jahrhundert lebte. Für Zosimos besteht die Alchemie nicht in erster Linie in der Arbeit an Körpern als vielmehr in der Transformation und Befreiung der Seele. Zosimos beschreibt zwar auch die materiell-praktische Alchemie: Rezepte und Laboranordnungen, Apparaturen und Techniken zur Metallverarbeitung, er behandelt technische Fragen der Färbung und gibt konkrete Anweisungen zur Laborpraxis. Er sieht aber in der Fokussierung auf die Metallumwandlung eine Gefahr und warnt vor betrügerischen Goldmachern. Die spirituelle Alchemie ist für Zosimos zentral, und er beschreibt sie in eindrucksvollen Sprachbildern: In alle-

---

4 Fowden 1986, S. 131–141.
5 Einen Überblick über die Geschichte der Ägyptenrezeption gibt es bislang nicht. Verschiedene thematisch gegliederte Studien finden sich in: Ucko 2003.

6 Eine Übersicht bietet: Lindsay 1970.

gorischen Visionen schildert er, wie der menschliche Körper gepeinigt wird, um den Geist zu befreien. Der „Kupfermensch" kann sich so zum „Silbermenschen" und schließlich zum „Goldmenschen" entwickeln. Alchemie ist nicht nur das Bemühen um die Metallveredlung, sondern auch und insbesondere die Selbstveredlung des Alchemikers.

Zur Beschreibung des alchemischen Prozesses bedient sich Zosimos typisch ägyptischer Namen und Ideen, so etwa, wenn er die Balsamierung oder den Gott Osiris erwähnt oder auch, wenn er sich auf Hermes Trismegistos als Zeugen für die spirituelle Alchemie beruft. Auch die Geheimhaltung alchemischen Wissens sei typisch ägyptisch: Die Priester hätten ihr Wissen auf Stelen in rätselhaften Symbolen dargestellt und in der Dunkelheit und Unzugänglichkeit ihrer Tempel vor der Öffentlichkeit verborgen.

Viele Lehren, denen wir in der Geschichte der Alchemie immer wieder begegnen, finden wir bereits bei Zosimos: die Geheimhaltung, das Verständnis der Welt als Einheit sympathetischer Zusammenhänge, die Vorstellung, dass sich die Seele vom Körper absondern, bzw. befreien ließe, die Verbindung von spiritueller und technischer Alchemie und die notwendige ethische Qualifikation des Alchemikers, der fleißig, tugendsam, ehrlich, fromm und altruistisch sein müsse, um erfolgreich zu arbeiten. In der lateinischen Welt war Zosimos unter dem Namen Rosinus bekannt, und Exzerpte seiner Texte gingen in alchemische Schriften der frühen Neuzeit ein.

Ägyptische Namen und Vorstellungen tauchen in der spätantiken Alchemie immer wieder auf: Isis, Osiris und Horus werden erwähnt, ägyptische Tempel und Autoren. Diese Schriften sind indes nicht in ägyptischer, sondern in griechischer Sprache verfasst und entstammen dem multikulturellen Schmelztiegel des griechisch-römischen Alexandria.

Die arabischen Geheimwissenschaften und ihre Übersetzung ins Lateinische

Nachdem Ägypten im 7. Jahrhundert von den Arabern erobert worden war, übernahmen und entwickelten diese auch die Alchemie und ihr Ägyptenbild. Es sind häufig die Vorworte von Sammelschriften magischen, astrologischen und alchemischen Inhalts, die den folgenden Texten eine besondere Würde verleihen sollten und sich hierzu auf die Aura des alten Ägypten beriefen.

Der im 10. Jahrhundert verfasste *Fihrist* des Ibn al-Nadim nennt den Ägypter Hermes den ersten Autor, der über die Alchemie geschrieben habe und zitiert die Titel von dreizehn seiner alchemischen Schriften. In ägyptischen Tempeln, so heißt es weiter, seien in eigens dafür eingerichteten Räumen alchemische Experimente durchgeführt worden. Die Aufzeichnungen über die Alchemie hielten die Priester in unterirdischen Schatzkammern verborgen.

Von ägyptischen Tempeln als Fundort alchemischer Weisheiten ist auch die Rede in einer ebenfalls aus dem 10. Jahrhundert stammenden Schrift des Ibn Umail, der als Senior Zadith in die abendländische Überlieferung eingegangen ist. Er berichtet vom wiederholten Besuch des Tempels im unterägyptischen Abusir und beschreibt dessen Dekoration. Im Inneren des Tempels habe sich die Statue eines uralten Mannes befunden, der eine Tafel in seinen ausgestreckten Händen hielt. Diese *Tabula Chemica* sei mit hieroglyphischen Symbolen dekoriert gewesen. Die Erläuterung dieser Tafel erfuhr zahlreiche Drucklegungen im Abendland: Sie ist Mitte des 16. Jahrhunderts monographisch erschienen unter dem Titel *De Chemia Senioris* und auch in das *Theatrum Chemicum* (der fünfte Band der zweiten Ausgabe) sowie in die *Bibliotheca Chemica Curiosa* eingegangen (**Abb. 2**). Im Wesentlichen handelt es sich bei dieser Schrift um eine Interpretation der *Tabula Chemica* als Allegorie der Alchemie und zeigt einmal mehr, wie wichtig die Allegorese innerhalb der alchemischen Literatur gewesen ist.

Ein intensives Nachleben auch in der abendländischen Literatur hatte die Geschichte von den drei Weisen namens Hermes; vermutlich erschien sie erstmals im 9. Jahrhundert im *Kitab al-Uluf*. Es heißt dort, dass der erste Hermes vor der Sintflut gelebt habe, die Astrologie und die Medizin erfunden, und als erster die Götter in Tempeln angebetet habe. Um sein Wissen zu bewahren, errichtete er den Tempel von Achmim und verzeichnete auf den Tempelwänden sein Wissen. Der zweite Hermes lebte nach der Sintflut und sei der Lehrer des Pythagoras gewesen;

Abb. 2: Senior Zadith: De Chemia Senioris, Frontispiz. HAB: 104.22 Phys. (2)

in der Philosophie, Mathematik und Medizin habe er das vorsintflutliche Wissen wiederbelebt. Der dritte Hermes schließlich sei der Lehrer des Asclepius gewesen und habe ein Buch über die Alchemie geschrieben.[7]

Das Buch *Der Schatz Alexanders* bietet, wie viele dieser Sammelschriften eine Rahmenerzählung, die von der Auffindung des Buches berichtet. Kalif al-Mutasim habe in einer Klostermauer ein goldenes Buch gefunden, in dem Aristoteles Alexander den Großen darüber informiert, dass er für würdig befunden worden sei, das himmlische und urzeitliche Wissen des Königs Hermes zu empfangen. Dieses Wissen umfasst in zehn Büchern auch und insbesondere alchemische Lehren.

Die Alchemie ist, wie viele dieser arabischen Rahmenerzählungen versichern, eine uralte aus Ägypten stammende und von Hermes beschriebene Kunst. Sie sei verloren gewesen, nun aber wiederentdeckt und könne die Menschheit zu neuem Glück führen.

In der Vorrede des *Geheimnis der Schöpfung* des Balinus (Pseudo-Apollonius von Tyana) heißt es, in Tyana habe eine Hermesstatue gestanden, unter der das „Geheimnis der Schöpfung und die Darstellung der Natur" verborgen sei. Balinus habe zu Füßen dieser Statue gegraben und dabei ein dunkles Gewölbe entdeckt, in dem ein Greis auf einem goldenen Thron gesessen habe. In seinen Händen habe er eine Smaragdtafel mit der Aufschrift „Darstellung der Natur" getragen und ihm zu Füßen habe das Buch mit dem Titel „Geheimnis der Schöpfung" gelegen. Den Abschluss dieses Buches bildet die *Tabula Smaragdina*. Dieser kurze, dem Hermes zugeschriebene Text, wurde zu einer der am meisten zitierten und kommentierten Schriften in der Geschichte der Alchemie:

> „Wahr, wahr, kein Zweifel daran, sicher, zuverlässig! Das Obere stammt vom Unteren und das Untere vom Oberen. Das Wirken der Wunder geschieht durch Einen, so wie die Dinge aus jener Substanz durch ein einziges Verfahren entstehen. [Wie wunderbar ist sein Wirken! Er ist das Haupt und der Leiter der Welt.] Sein Vater ist die Sonne, seine Mutter der Mond. Der Wind hat ihn in seinem Bauch getragen; die Erde hat ihn ernährt. (Er ist) der Vater der Talismane, der Behüter der Wunder, von vollkommener Kraft, ein Feuer, das zu Erde geworden ist. Nimm die Erde vom Feuer hinweg, dann wird es dir leuchten! Das Feine ist edler als das Grobe – behutsam und weise. Es steigt von der Erde zum Himmel empor und holt die Lichter aus der Höhe; es steigt zur Erde wieder herab im Besitz der Kraft des Obe-

---

7 Bladel 2009.

ren und Unteren, weil bei ihm das Licht der Lichter ist. Darum flieht vor ihm die Finsternis. Die Kraft der Kräfte überwindet jedes feine Ding und dringt in jedes grobe Ding. Nach Art der Entstehung des Makrokosmos entsteht der Mikrokosmos. Dies ist mein Ruhm und deshalb werde ich der dreifach mit Weisheit ausgestattete Hermes genannt."[8]

Im 12. Jahrhundert wurde dieser Text von Hugo von Santalla ins Lateinische übersetzt. Seit dem 13. Jahrhundert fand er als Teil der Langversion des *Secretum Secretorum*, das in über 350 Kopien überliefert ist, reiche Rezeption in der lateinischen Welt.[9]

Zahlreiche weitere alchemisch-hermetische Schriften wurden in die lateinische Sprache übersetzt: 1144 etwa der *Liber de Compositione Alchemiae* von Robert von Chester (Castrensis) als erster alchemischer Text aus dem Arabischen. Im Vorwort steht die Geschichte von den drei Weisen namens Hermes, die wir auch in den Vorworten der *Septem Tractatus* und des *Liber Hermetis Mercurii Triplicis de VI rerum principiis* finden können.

Hermetismus und Hieroglyphen: Alchemie und Ägyptenbild in der frühen Neuzeit

Ägypten musste in der Renaissance nicht wiederentdeckt werden.[10] Die Bibel, die Kirchenväter und die Übersetzungen arabischer Alchemica seit dem 12. Jahrhundert sicherten ihm einen markanten Platz im kulturellen Selbstverständnis des Abendlandes. Dennoch wuchs das Interesse am alten Ägypten mit dem Humanismus und der Renaissance, denn mit der Wiederentdeckung der griechisch-römischen Antike wurde auch ihr Ägyptenbild wieder lebendig. Neben der Relektüre, Edition oder lateinischen Übersetzung der Schriften von Herodot, Diodor, Plutarch oder Jamblichos haben vor allem zwei Entdeckungen das Ägyptenbild der Renaissance bereichert: Die *Hieroglyphica* des Horapollon und das *Corpus Hermeticum*.

Nachdem im Jahre 1460 die Texte des *Corpus Hermeticum* nach Florenz gekommen waren, von Ficino 1463 ins Lateinische übertragen und 1471 unter dem Titel *Pimander* gedruckt wurden, galten die hermetischen Schriften im Renaissancehumanismus als authentische Artikulation ältester ägyptischer Theologie und Philosophie. Unter Rekurs auf die Autoren der Antike und Spätantike versteht Ficino Hermes als Begründer einer Weisheitstradition, zu der auch Orpheus und Pythagoras gehören und an deren Ende Platon steht. Diese Tradition unterscheide sich zwar äußerlich von der biblischen, stehe zu dieser aber in einer idealen inneren Konsistenz. Die Geschichte des Hermetismus entfaltete sich auf zwei Überlieferungswegen: Der eine orientiert sich an den Schriften dieses *Corpus Hermeticum* und an geistphilosophischen Spekulationen im Anschluss an den Mittel- und Neuplatonismus. Der andere folgt alchemisch-naturphilosophischen Spekulationen im Zusammenhang der *Tabula Smaragdina*. Wenn diese beiden Traditionen auch idealtypisch unterschieden werden können, so überschneiden sie sich doch gelegentlich auch in der Geschichte der Alchemie: Der Jesuit Athanasius Kircher beschreibt 1653 das *Corpus Hermeticum* und die *Tabula Smaragdina* in einem Beitrag zur „Hieroglyphischen Alchemie" in seinem *Oedipus Aegyptiacus*, (IIb, 387 – 434), die Alchemisten Michael Maier und Heinrich Khunrath beziehen sich auf beide Traditionsstränge des Hermetismus (Darstellung der *Tabula Smaragdina* mit einer Sentenz aus dem *Corpus Hermeticum* im *Amphitheatrum Sapientiae Aeternae*) (vgl. **Kat. Nr. 15**). Dennoch steht in der Geschichte der Alchemie das *Corpus Hermeticum* im Schatten der *Tabula Smaragdina*. Zu weiten Teilen kannten die Autoren alchemischer Schriften das *Corpus Hermeticum* überhaupt nicht, während die *Tabula Smaragdina* eine der wichtigsten und am meisten zitierten Schriften war.[11]

Horapollons *Hieroglyphica* sind im 5. Jahrhundert entstanden, greifen jedoch auf ältere, heutzutage verlorene Schriften zurück. Dieser Text erklärt die

---

8 Ullmann 1972, S. 171.
9 Ruska 1926; Telle 1995.
10 Curran 2007.
11 Eine kontroverse Diskussion dieser Unterscheidung findet sich in: Alt/Wels 2010.

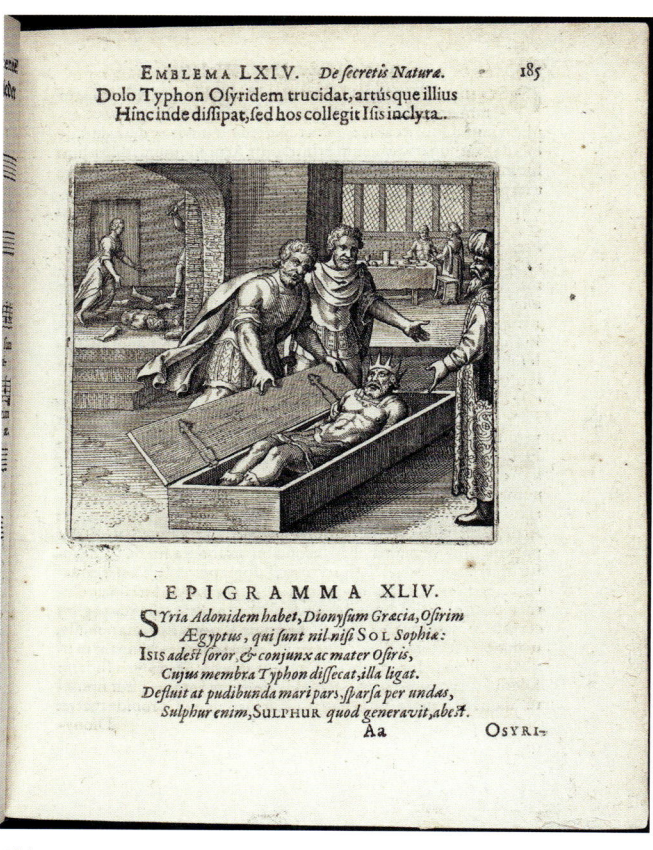

Abb. 3: Osiris-Mythos in: Michael Maier: Atalanta Fugiens, Emblem LXIV, S. 185. HAB: 196 Quod. (1)

Hieroglyphen, indem er zwischen der Abbildung und der Bedeutung eine Verwandtschaft bzw. funktionale Gemeinsamkeit postuliert. 1419 wurde auf der griechischen Insel Andros ein Manuskript der *Hieroglyphica* entdeckt und 1422 nach Florenz gebracht. Schon vor der *Editio princeps* im Jahre 1505 entfaltete diese Schrift eine lebendige Wirkung. Um die Alchemie geht es in diesem Buch nicht, aber für die Geschichte der Alchemie und ihr Ägyptenbild war es doch von Bedeutung, insofern Ägyptens Ruf als das Ursprungsland der Symbole und Rätsel hiermit bekräftigt wurde. Die Hieroglyphen der Ägypter wurden in der Renaissance zur Mode, man schrieb in der Art der Ägypter, so in der *Hypnerotomachia Poliphili* des Francesco Colonna, die erstmals 1499 publiziert wurde. Der Hieroglyphenbegriff wurde im Laufe der frühen Neuzeit immer mehr als Synonym für Symbole verwandt. Piero Valeriano hat in seiner Schrift *Hieroglyphica sive de sacris Aegyptiorum aliarumque gentium literis* (1556) die Hieroglyphen historisch noch auf das alte Ägypten bezogen, darunter zugleich auch die Gleichnisse der Bibel subsumiert.[12] In John Dees *Monas Hieroglyphica* von 1564 oder in den „Hieroglyphen", die Nicolas Flamel zugeschrieben wurden, finden wir trotz des Hieroglyphenbegriffs und des alchemischen Gehalts dieser Schriften keinen expliziten Rekurs auf Ägypten als Heimat der Alchemie mehr. Athanasius Kircher hat in seiner Ägyptenbegeisterung gleichwohl Dees *Monas Hieroglyphica* als „hermetisches Kreuz" auf einen ägyptischen Ursprung zurückgeführt.[13]

Häufig finden wir aber auch die Vorstellung, die Hieroglyphen der Ägypter seien der Ursprung der alchemischen Allegorien und Decknamen (s. Beitrag Laube, S. 83 f.). Michael Maier z. B. hat sich umfänglich auf das alte Ägypten, die Hieroglyphen und die von Plutarch systematisierte platonische Hermeneutik bezogen. In den *Arcana Arcanissima* interpretierte er u. a. die *Ilias* und den Osiris-Mythos als symbolische Darstellung des alchemischen Prozesses. Das Wissen um die Alchemie sei von den ägyptischen Priestern geheim gehalten und nur an wenige Weise in Mysterien und durch Hieroglyphen weitergegeben worden (**Abb. 3**).

Paracelsus als deutscher Hermes

Viele Paracelsisten haben sich seit der zweiten Hälfte des 16. Jahrhunderts emphatisch auf Ägypten berufen.[14] Paracelsus (1493/94–1541) selbst erhebt noch nicht den Anspruch auf dieses Erbe. Sein Kon-

---

12 Dieckmann 1970 bietet immer noch einen guten Überblick, neuere Detailstudien bei: Assmann/Assmann 2003.
13 Athanasius Kircher: Oedipus Aegyptiacus IIb, Rom 1653, S. 399–417. Vgl. zum Hieroglyphenverständnis in der Alchemie Beitrag Laube.
14 Zu Hermes Trismegistos im Paracelsismus: Kühlmann/Telle 2004, S. 27–33.

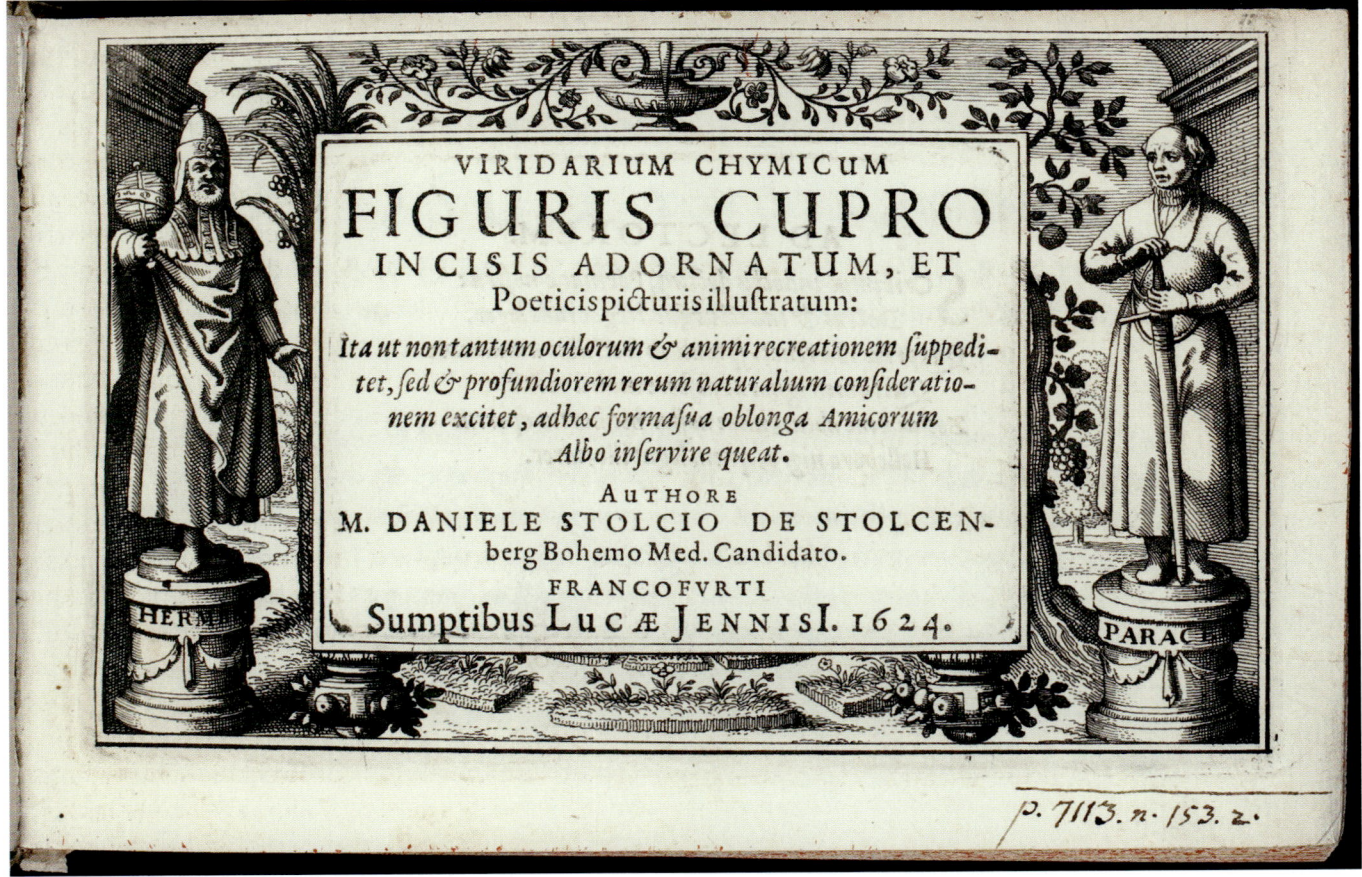

Abb. 4: Daniel Stoltzius von Stoltzenberg: Viridarium Chymicum, Frankfurt a. M. 1624, Titelblatt. HAB: 153.2 Phys.

zept einer *Alchemia medica*, die er von der *Alchemia transmutatoria* abgrenzte, war für die Verflechtung von Medizin und Alchemie von großer Bedeutung. Ägypten spielte hierbei und in den authentischen Schriften des Paracelsus zunächst keine Rolle; einige seiner Nachfolger berufen sich dann aber umso entschiedener auf Ägypten (**Abb. 4**).

Im Vorwort der pseudoparacelsischen *Aurora Philosophorum*, die spätestens 1569 als Manuskript vorlag und 1577 im Druck erschien, wird eine Geschichte des Wissens nachgezeichnet. Das ursprünglich vollkommene Wissen Adams, zu dem auch die Alchemie gehöre, habe nach der Sintflut am vollkommensten in Ägypten überdauert und sei dort symbolisch und enigmatisch gelehrt worden. Moses und auch manche Griechen hätten hier in Ägypten ihre Weisheit erlernt. Viele andere Griechen seien von der Fähigkeit ihrer eigenen Vernunft so überzeugt gewesen, dass sie ihr mehr vertraut hätten als der göttlichen Weisheit eines Moses und eines Hermes und seien somit vom Weg des wahren Wissens abgekommen. Ihre intellektuelle Selbstüberschätzung hätten die Griechen an die lateinische Welt weitergegeben und sie präge nun die Akademien und „hohen Schulen". Nur ein Rückgriff auf ägyptisch-hermetische Lehren könne die Welt wieder zu wahrem Glauben und echtem Wissen führen. Und im Folgenden wird als Gegenstand dieses Wissens die Arbeit am ‚Stein der Weisen' erläutert.

Die *Aurora* betont ausdrücklich, dass die Ägypter ihr hermetisches und alchemisches Wissen in symbolischer Form gelehrt hätten und versteht zugleich viele griechische Weise wie etwa Homer als Erben dieser Tradition. Ganz in diesem Sinne hat Michael Maier also Homers *Ilias* als Allegorie über den ‚Stein der Weisen' interpretieren können.

Zugleich gilt Ägypten als Ursprung des wahren und göttlich inspirierten Wissens, das gegen ein falsches Wissen der intellektuellen Selbstüberschätzung scharf abgegrenzt wird. Die mosaische Trennung von wahrer Religion und Aberglauben ist hier zwar aufgehoben, denn Moses und der Ägypter Hermes gelten als Glieder einer Traditionslinie. Den Gegensatz zur ägyptisch-mosaischen Weisheit bildet hier die autonome Vernunft, die sich über die Offenbarung und die göttliche Inspiration erhebt und mit der aristotelischen Tradition identifiziert wird.

Welche Bedeutung diesem Ägypten-Motiv zugeschrieben wurde, geht deutlich hervor aus einer Schrift mit dem Titel: *Apocalypsis Hermetis ab illustrissimo viro, Aureolo Helvetico, qui fuit Hermes Secundus*[15] oder wie es in der Ausgabe von 1608 heißt: *Apocalypsis Des Hocherleuchten Aegyptischen Königs und Philosophi, Hermetis Trismegisti; von unserm Teutschen Hermete, dem Edlen, Hochthewren Monarchen und Philosopho Trismegisto, [...] Paracelso [...] Verdolmetschet.* Laut Titel handelt es sich um eine Offenbarung des Hermes Trismegistos, die von Paracelsus, dem „zweiten Hermes" oder „deutschen Hermes" übersetzt wurde. Wie es zu dieser engen Verbindung von Ägypten und Paracelsus kommen konnte, erläutert der Herausgeber Benedictus Figulus in einer Vorrede zur Ausgabe von 1608, indem er seine Konversion zum Paracelsismus mit der Entwicklungsgeschichte des Wissens um die Geheimnisse der Alchemie verbindet. Zunächst berichtet Figulus, wie er vom Aristotelismus, der nur „ein lähres todtes geschwätz von dem Grundt der Wahrheit weit abwegs" sei, durch die Lektüre der Schriften des Paracelsus zur „Hermetische[n] Philosophey [...] welche in sich begreifft die wahre Astronomiam, Alchymiam, und Magiam, wie auch Cabalam" gekommen sei.[16] Die Bedeutung dieser hermetischen Philosophie wird mit einer Wissensfiliation begründet, die derjenigen der *Aurora* eng verwandt ist und sich ähnlich in zahlreichen Vorworten alchemischer Schriften im 17. Jahrhundert findet. Figulus hofft, dass die Philosophie des Paracelsus als Erbe der ägyptisch-hermetischen Urweisheit die Dominanz der aristotelischen Lehren brechen könne. Die so eingeleitete Schrift ist erstmals 1566 in London erschienen, ohne dass Paracelsus darin nur erwähnt wurde. Es handelt sich weitgehend um eine Sammlung von Auszügen alchemischer Schriften von Arnold von Villanova, Johannes de Rupescissa, Raimundus Lullus und auch Hermes Trismegistos.

Diese Legitimationslegenden, in denen Ägypten als Ursprungsort des Alchemo-Paracelsismus erscheint, berufen sich regelmäßig auf die *Tabula Smaragdina*, aber selten auf das *Corpus Hermeticum*. Ein Beispiel unter vielen ist *Kurtzer/ deutlicher und warer Unterricht/ von der geheimen und verborgenen Kunst Chymia*, aus dem Jahre 1609, in dem Hermes als erster Philosoph, der über die Alchemie geschrieben habe, gepriesen wird. Der Autor bezieht sich dabei auf die *Tabula Smaragdina* sowie die *Tractatus Septem de Lapide Philosophico*, nicht aber auf das *Corpus Hermeticum*.[17]

Mittels philologischer Kritik konnte Isaac Casaubon 1614 zeigen, dass das *Corpus Hermeticum* keine uralte Quelle ist, sondern eine Mischung christlicher und platonischer Lehren aus den ersten Jahrhunderten nach der Zeitenwende. Innerhalb der akademischen Welt des 17. Jahrhunderts hatte das *Corpus Hermeticum* sein Ansehen damit weitgehend eingebüßt. Athanasius Kircher war einer der wenigen Gelehrten, die in der Mitte des 17. Jahrhunderts noch immer das *Corpus Hermeticum* in ihren Texten als uralte ägyptische Lehre behandelten. Mit der Alchemie geht Kircher im *Oedipus Aegyptiacus* jedoch sehr kritisch um. Er erwähnt, dass die Ägypter diese Kunst sehr geschätzt und als *sapientia Hermetica* bezeichnet hätten. Über die Möglichkeit der Goldherstellung äußert er sich skeptisch und unterscheidet diese „Goldmacherei" von der uralten hermetischen Weisheit (vgl. **Kat. Nr. 7**). Die *Tabula Smaragdina* hielt er hingegen für unecht, wie manche Gelehrte schon vor ihm.

---

15 Johannes Huser (Hrsg.): Aureoli Theophrasti Bombasts von Hohenheim [...] Paracelsi Opera Bücher und Schriften [...] Band II, Straßburg 1603, S. 668–671.

16 Benedictus Figulus: Pandora Magnalium Naturalium, Straßburg 1608, Bl. *5r.

17 Zum Ägyptenbild der Legitimationslegenden des Alchemo-Paracelsismus: Ebeling 2005, S. 101–114.

Dennoch hatte die gelehrte Kritik auf die *Ars Hermetica* zunächst keinen großen Einfluss. Das änderte sich im Streit zwischen Oluf Borch und Hermann Conring Mitte des 17. Jahrhunderts: Conring, Medizinprofessor an der Universität Helmstedt und bekennender Aristoteliker, stritt in *De hermetica Aegyptiorum vetere et Paracelsicorum nova medicina* (1648) dem Alchemo-Paracelsismus seine medizinische Wirkung und der verbreiteten Legitimationslegende ihre Plausibilität ab, indem er Casaubons Kritik aufgriff. Die hermetischen Schriften seien unecht und die *Alchemica medica* des Paracelsus und seiner Anhänger sei so wenig wirkungsvoll wie die alte hermetische Medizin der Ägypter.

In Oluf Borch fand der ägyptische Hermetismus und die Legitimationslegende des Paracelsismus einen Verteidiger. In einer kompendiösen Sammlung von Zitaten zu Hermes und den hermetischen Lehren mit dem Titel *Hermetis Aegyptiorum et Chemicorum Sapientia* (1674) versuchte er zu zeigen, dass die *Alchemia medica* des Paracelsus ein authentisches und medizinisch effizientes Erbe ägyptischer Provenienz sei.

Ägyptische Alchemie zwischen Aufklärung und Romantik

Im 18. Jahrhundert hatte die Alchemie mit ihrem Ägyptenbild einen schweren Stand in der gelehrten Welt. Dennoch gab es ein großes Interesse an alchemischen Schriften, und in ihnen lebte auch die Legende von Ägypten als Heimat der Alchemie weiter: Jean-Jacques Mangets *Bibliotheca Chemica Curiosa* (1702), Friedrich Roth-Scholtzs *Deutsches Theatrum Chemicum* (1728–30) oder das *Hermetische[...] A.B.C. derer ächten Weisen alter und neuer Zeiten vom Stein der Weisen* (1778) zeugen von der ungebrochenen Faszination für die Alchemie.

Im Umfeld der Freimaurerei des 18. Jahrhunderts widmeten sich die Gold- und Rosenkreuzer der Alchemie vermeintlich ägyptischer Provenienz. Im *Compaß der Weisen* oder in den *Versammlungsreden der Gold- und Rosenkreuzer des alten Systems* beriefen sie sich auf eine ägyptisch-hermetische Tradition und knüpften mit ihren Legitimationslegenden wie auch in ihren naturphilosophischen Lehren direkt an den Alchemo-Paracelsismus des 16. und 17. Jahrhunderts an (**Abb. 5**). Hier wurde eine Überlieferungskette des vollkommenen Wissens von Adam über die Patriarchen bis zum Ägypter Hermes konstruiert, das im 18. Jahrhundert in ihrer Geheimgesellschaft bewahrt werde. Hermes wird erneut als Retter des adamitischen Urwissens gefeiert; kurz nach der Sintflut sei er beim ersten ägyptischen König Menes, der wiederum ein Urenkel Noahs sei, als Berater tätig gewesen. Als Lehrer der „verborgenen und geheimen Wissenschaften" habe er die Alchemie zur Vollendung gebracht, und seine *Tabula Smaragdina*, die „Chymische Bibel",[18] stimme vollkommen mit der Naturlehre der Bibel überein. Die ägyptisch-hermetische Weisheit und die biblische Offenbarung seien zwei Seiten ein und derselben göttlichen Wahrheit.

Dass die ägyptische Alchemie hier als zentrales Geheimnis der Freimaurerei verstanden wurde, blieb nicht unwidersprochen, zumal es im 18. Jahrhundert unter den verschiedenen Richtungen der Freimaurerlogen einen leidenschaftlichen Streit um den Gegenstand ihres Geheimnisses und ihren Ursprung gab: Johann August Starck tadelte 1786 in *Der Weisheit Morgenröthe* die Suche nach dem „Stein der Weisen" als Modeerscheinung der Freimaurerei. Die theosophisch-alchemische Arbeit sei bedauerlicherweise weitgehend zum Dogma geworden und die Schriften von Paracelsus und Basilius Valentinus seien omnipräsent. Da sich die Gold- und Rosenkreuzer dem „Proceß zum Goldmachen" und den Heilsversprechen der Alchemie verschrieben hätten, erwiesen sie sich als Betrüger und Gegner der Aufklärung. Entschieden bestritt Starck, dass die Alchemie das eigentliche Geheimnis der Freimaurerei sei: „Endlich ist die ganze Amalgama chymischen Un-

---

18 Ketmia Vere [i.e. Adam Michael Birkholz]: Der Compaß der Weisen, von einem Mitverwandten der innern Verfassung der ächten und rechten Freymäurerey beschrieben [...] in welcher die Geschichte dieses erlauchten Ordens, von Anfang seiner Stiftung an, deutlich, deutlich und treulich vorgetragen, Berlin 1779, S. 28.

Rede

Von der hermetischen Weltweisheit, ihrem Alterthume, Vortreflichkeit und Nutzen.

Aber muthwillig wollen sie dieses nicht wissen, daß der Himmel vorzeiten auch war, und die Erde, die aus dem Wasser herfürkommen war, und im Wasser bestunde, durch das Wort Gottes. 2. Petri 3. v. 5. 6. 7.

Werth-

Abb. 5: [Hans Heinrich von Ecker:] Freymäurerische Versammlungsreden der Gold- und Rosenkreutzer, Amsterdam 1779, Abb. des Hermes auf S. 219. HAB: Tq 378

sinns keineswegs das Geheimnis unsers Ordens."[19] Gleichwohl bekannte sich Starck in Briefen dazu, alchemisch gearbeitet zu haben.

Der Topos von Ägypten als Heimat der Alchemie erlebte zum Ende des 18. Jahrhunderts eine literarische Blüte. Insbesondere der legendäre Cagliostro, der sich selbst als uralter ägyptischer Weiser, als Alchemist und Wunderheiler inszenierte, wurde zur Spottfigur vieler Autoren. Christoph Martin Wieland lässt Cagliostro in seinem Kunstmärchen *Der Stein der Weisen* unter dem Namen Misfragmutosiris auftreten und von seiner abenteuerlichen Einweihung in die Mysterien der Ägypter berichten. Als „Adept aus der ächten und geheimen Schule des Hermes"[20] sei er in den Besitz des Wissens um den Stein der Weisen gekommen. Die abenteuerliche Schilderung der Offenbarung dieses Geheimnisses der Alchemie in den dunklen Gewölben der ägyptischen Pyramiden hat Wieland offensichtlich den Fundgeschichten der *Tabula Smaragdina* nachgebildet. Geschickt versteht es der vorgebliche Ägypter Misfragmutosiris, mit den naiven Wünschen und Sehnsüchten einer von der Aufklärung überforderten Gesellschaft zu spielen und sich selbst zu bereichern, indem er die mit der Alchemie verbundenen Sehnsüchte nach ewigem Leben und wunderbaren Reichtümern evoziert. In Wielands spöttischer Darstellung hat die Alchemie in ägyptischem Gewand ihre Reputation verloren.

Als Kunst der Goldherstellung war die Alchemie in den gebildeten Kreisen weitgehend diskreditiert, die spirituelle Seite der Alchemie lebte besonders in der Frühromantik fort und blieb, da die Hieroglyphen noch nicht entziffert waren, zunächst mit dem Ägyptenbild verbunden. Karl von Eckartshausen schildert in *Kostis Reise von Morgen gegen Mittag. Eine Reisebeschreibung aus den Zeiten der Mysterien* (1795), wie der indische Prinz Kosti zusammen mit dem Perser Gamma nach Memphis reist, um sich in die ägyptischen Mysterien einweihen zu lassen. Durch tiefe Schächte steigen die Initianden in die Unterwelt; sie erweisen sich als züchtig und furchtlos und sterben schließlich einen rituellen Tod, um gereinigt wieder aufzuerstehen. Das Motiv der Einweihung in die ägyptischen Mysterien, das Wieland persiflierte, gestaltete Eckartshausen als literarisches Ritual nach freimaurerischem Vorbild, indem er die Entwicklung der Protagonisten vom „Fleischmenschen" zum „Geistmenschen" schildert.

Für Eckartshausen ist Ägypten, wie er 1812 in *Ueber die Zauberkräfte der Natur. Eine freie Uebersetzung eines Egyptischen Manuscripts in coptischer Sprache* schreibt, das Mutterland der Theosophie. Sie umfasse die Magie und sei seit Urzeiten in den Mysterien gelehrt worden. Eckartshausen übernimmt das Ägyptenbild der Alchemo-Paracelsisten und der Gold- und Rosenkreuzer: Weise und asketisch lebende Priester regierten gemeinsam mit einem König aus ihrer Mitte ein Land, in das alle Weisen des Altertums kamen, um sich in die Mysterien einweihen zu lassen. Wenn er auch nicht explizit von Alchemie spricht, so hat Eckartshausen in *Kostis Reise* das Konzept einer spirituellen Alchemie in einen Roman überführt, das wir bereits bei Zosimos von Panopolis in der Spätantike finden konnten.

„Ägyptische Alchemie" von der Spätantike bis zur Romantik

Das Ägyptenbild der Alchemie scheint bemerkenswert konstant geblieben zu sein, von Zosimos bis Eckartshausen finden sich ähnliche Motive: eine Verbindung von materieller und spiritueller Alchemie, die Betonung der ethischen Eignung des Alchemikers, der asketisch, altruistisch und fromm sein müsse, die Tiefendimension der ägyptisch-alchemischen Weisheit: verborgen unter der Oberfläche und nur zu ergründen in Mysterien und Symbolen.

---

19 [Johann August Starck:] Der Weisheit Morgenröthe. Oder, Reinhard Morgensterns Epilog an meine lieben Brüder Freymäurer und zugleich ans Publikum, Leipzig 1786, S. 147. Diese Schrift ist anonym erschienen, wurde aber bereits im 18. Jahrhundert Starck zugeschrieben.

20 Christoph Martin Wieland: Der Stein der Weisen, in: Dschinnistan oder auserlesene Feen- und Geistermärchen, Winterthur 1786, S. 222. Zu den Mysterien der Ägypter in der Literatur des 18. Jahrhunderts: Assmann/Ebeling 2011.

Die wichtigsten Grundlagen für das Ägyptenbild des Abendlandes wurden von Autoren platonischer Provenienz erarbeitet; die Geschichte der Ägyptenrezeption entwickelt sich im Wesentlichen als Zweig der Geschichte des Platonismus. Der Aristotelismus mit seiner Verwerfung der platonischen Unterscheidung von Idee und Erscheinung passte nicht hierzu. Die Philosophie des Aristoteles wurde als oberflächlich verworfen, blind für das Wesen der Dinge und die verborgene Tiefe. Dass die Alchemie in sachlicher Hinsicht auch auf der Naturphilosophie des Aristoteles aufbaute, rettete sein Ansehen in dieser Diskussion kaum.

Je älter das Wissen und seine Kodifikation, desto größer erscheint in diesem Geschichtsbild die Hoffnung, in den Besitz des verlorenen Glücks zu gelangen. Die vermeintlich uralten Schriften des Ägypters Hermes büßten durch die historisch-kritische Forschung zwar weitgehend ihr Ansehen im kleinen Kreis der klassisch Gelehrten ein. Viele Menschen glaubten dennoch, in ihnen die Offenbarung einer alten ägyptischen Weisheit erkennen zu können, die dem zeitgenössischen Wissen überlegen ist.[21] Die alchemischen Schriften, die den Ägyptern zugeschrieben wurden, fanden nicht nur Spötter, sondern weit über das 18. Jahrhundert hinaus Verehrer.

---

21 Dass die überlieferte Textform der hermetischen Schriften als relativ jung erkannt wurde, bedeutete keineswegs, dass die Inhalte nicht deutlich älter sein konnten.

Alchemie in China

Helwig Schmidt-Glintzer

Die Alchemie in China, oft auch als „Weg des Goldenen Elixiers" (*Jindan zhi dao* 金丹之道) bezeichnet, tritt erstmals in der als „Große Klarheit" (*taiqing* 太清) bezeichneten Überlieferung in Erscheinung, die sich im frühen Mittelalter (3. bis 6. Jahrhundert) insbesondere in Südchina (südlich des Unteren Yangzi-Laufs) mit anderen Traditionen verband. In den Texten der Große-Klarheit-Tradition werden Elixierzubereitungen ebenso wie damit verbundene Rituale beschrieben. Diese ein spezifisches Naturerleben bzw. Naturverhältnis repräsentierende Lehre war aufs engste mit jener Lehre verknüpft, die in der Wissenschaft als „religiöser Daoismus" (*daojiao* 道教) bezeichnet wurde. Berge und Inseln spielten in der Beziehung zu den Bezirken der Götter, Geister und Unsterblichen eine besondere Rolle, und mit einigen Orten, etwa mit dem Kunlun-Gebirge im Westen und den „Inseln der Seligen" im Ostmeer, wurden phantastische und utopische Vorstellungen verbunden. Diese frühe auch die Literatur jener Zeit prägende Naturbeobachtung steht im Zusammenhang mit der Heilssuche der Literaten und ihrer Hinwendung zur Natur. In den Begriffen der Lebensverlängerung (*changsheng* 長生) und der Lebenspflege (*yangsheng* 養生) spiegelt sich die Suche nach Unsterblichkeit, für die Mittel aus Mineralien, Pflanzen oder auch Metallen verwendet wurden. Die Tradition der Großen Klarheit wird zusammen mit einer späteren *Cantongqi* (參同契)-Tradition mit dem Begriff des *Waidan* (外丹, „äußeres Elixier") belegt und wird textlich am besten durch das Werk *Baopu zi neipian* (抱朴子內篇, „Die Inneren Kapitel des Buchs des Meisters, welcher die Ursprünglichkeit umfängt") des Ge Hong 葛洪 (283–343 n. Chr.) repräsentiert.

Die spätere sogenannte Hygiene-Schule strebt die „Pflege der Inneren Götter" an und bezeichnet sich als *Neidan* (內丹, „inneres Elixier"). Ihr geht es nicht mehr um Lebensverlängerung, sondern um Vervollkommnung der Persönlichkeit. Diese Richtung, die seit dem 11. Jahrhundert vorherrschend wurde und deren berühmteste Schule die von Wang Zhe (1112–1170) nach einer legendären Begegnung mit Unsterblichen gegründete „Schule der vollständigen Wahrheit" (Quanzhendao 全真道) wurde und in welcher der vergöttlichte Laozi eine zentrale Rolle spielt, ist geprägt durch Anleihen aus den buddhistischen Lehren und nur im Kontext der neukonfuzianischen Erneuerung der chinesischen Gesellschaft und ihrer Bürokratisierung zu verstehen. Im Rahmen der Berufung auf ältere Traditionen und der Aneignung einer Vielfalt von Lehren und Ritualtraditionen gab es neben einer ausgedehnten schriftlichen Überlieferung eine Vielzahl in einzelnen Familien tradierter geheimer Rezepturen und Ritualkenntnisse. Auch wenn beide Traditionen, *Neidan* und *Waidan*, nebeneinander existierten und sich oft miteinander vermischten und daher nicht immer klar voneinander zu trennen sind, gehört doch die *Waidan*-Richtung eher in die Zeit des frühen Mittelalters (bis ins 7. Jahrhundert), während sich dann auf längere Sicht die *Neidan*-Richtung durchsetzte, bei der es um die Erlangung der Vollkommenheit von innen heraus ging. Die unter der Bezeichnung *Huangtingjing* (黃庭經 „Klassiker der Gelben Halle") bekannten Texte dieser Richtung, die seit dem 3. Jahrhundert überliefert sind, werden seit dem 6. Jahrhundert durch die Lingbao (靈寶 „Heiliges Kleinod")-Tradition abgelöst, die ihrerseits bis ins 4. Jahrhundert zurückreicht und deren erster wichtiger Überlieferer Lu Xiujing (406–477) war. Im „Klassiker der Gelben Halle" stehen die die einzelnen Körperregionen beherrschenden Gottheiten im Vordergrund und es kommt da-

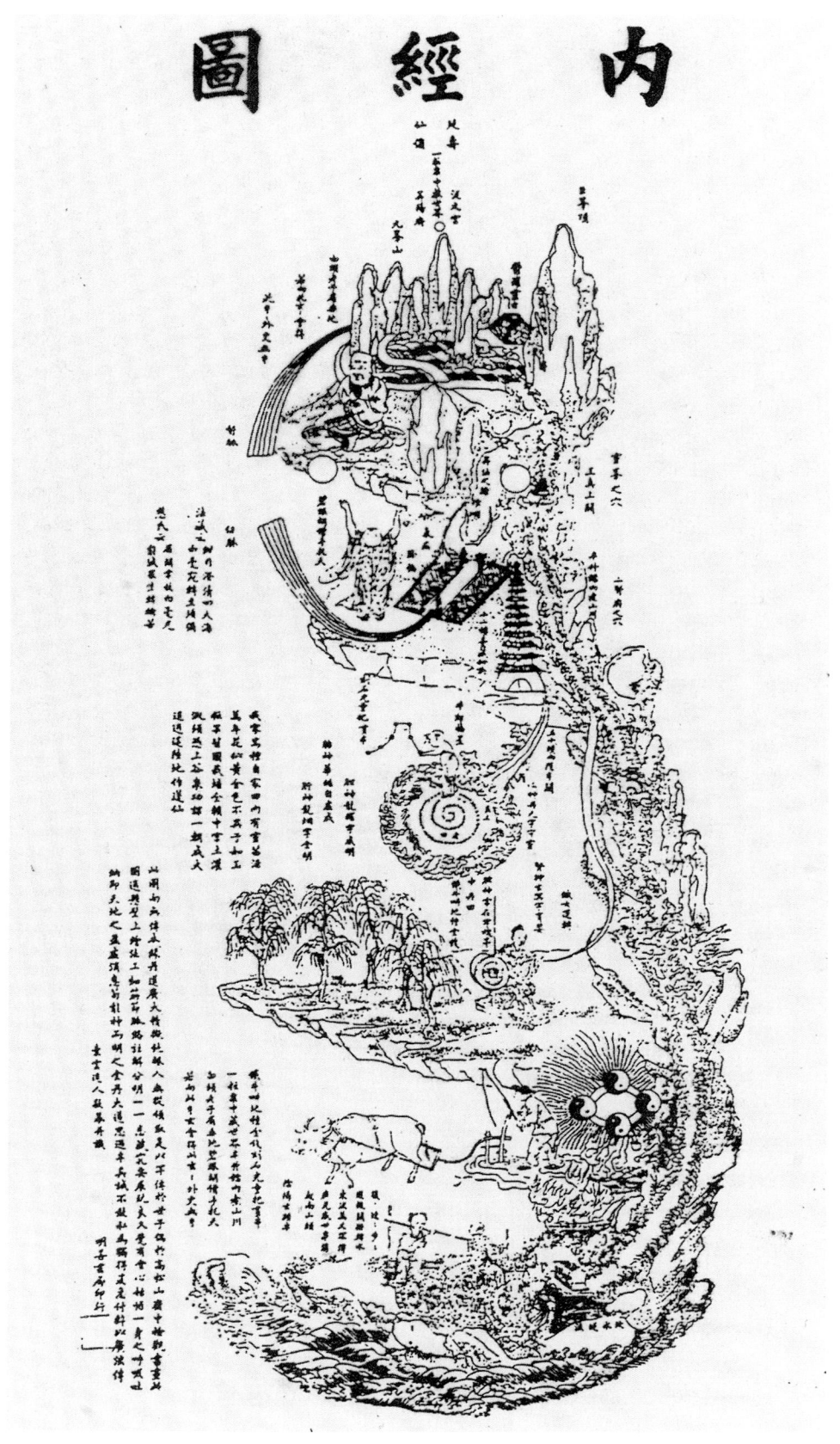

Abb. 6: Anatomie eines Menschen in Art einer Landschaftsmalerei, aus Peking, Weiße-Wolke-Tempel

rauf an, diese durch Aktualisierung so zu kultivieren und zu pflegen, dass man in einen Zustand der Reinheit gelangt. Die mit Gottheiten besetzte „Landschaft" des Körpers ist nichts als eine Spiegelung des gesamten Kosmos, ein Mikrokosmos im Makrokosmos. Dabei werden die Fünf inneren Organe mit den Fünf Wandlungsphasen (wuxing 五行) parallelisiert. Nachdem man sich lange mit der Alchemie in China als einer Form der Proto-Naturwissenschaft beschäftigt hat –, eine Bemühung, welche insbesondere mit dem Unternehmen einer enzyklopädischen Aufarbeitung der chinesischen technischen und naturwissenschaftlichen Traditionen durch Joseph Needham verbunden ist –, trat in den letzten Jahren eine intensivere Beschäftigung mit den schriftlichen Überlieferungen (vor allem im sogenannten Daoistischen Kanon, dem *Daozang*) in den Vordergrund.

Die **Abb. 6** zeigt einen Querschnitt durch die Physiologie des Menschen (*Neijing tu*) auf einem Abdruck einer im Jahre 1886 im Weiße-Wolke-Tempel (Baiyun guan) in Peking gravierten Darstellung, nach der Vorlage einer auf Seide gemalten Darstellung der Anatomie des menschlichen Körpers. Solche Darstellungen des menschlichen Skeletts und seiner Organe einschließlich der Blutgefäße und Nervenbahnen haben in China eine lange Tradition, wo in der forensischen Medizin Leichenöffnungen seit dem 13. Jahrhundert professionalisiert vorgenommen wurden. Die Besonderheit dieses „Querschnitts durch die Physiologie des Menschen", von der linken Körperhälfte her gesehen, ist die „moderne" Ausgestaltung mit aus der Landschaftsmalerei ebenso wie aus der Enzyklopädik der Technologien entliehenen Elementen. Der Körper wird wie eine Gebirgslandschaft dargestellt, mit Felsvorsprüngen entlang der Wirbelsäule bis hin zum Schädel. Die Strömung des Kreislaufs des „wahren Qi" (*zhen qi*) im größeren und kleineren Kreislauf wird ausgeschmückt dargestellt. Unter anderem einerseits das Herz mit dem spiralförmigen Lauf und dem Hirtenjungen, darunter die Weberin mit dem Spinnrad, das Qi in Hals, Rachen (die zwölfstöckige Pagode) und das Hirn sendend. Der größere Kreislauf wird vom unteren Ende des Rückgrats aus von einem von Menschenkraft betriebenen Wasserschöpfrad in Gang gehalten.

Literatur:
Needham 1983; Pregadio 2006; ders. 2008.

Chancen und Risiken der Alchemie

Das Beispiel jüdischer Alchemiker

Daniel Jütte

Zu den Merkmalen der frühneuzeitlichen Alchemie zählte, dass ihre Popularität vor geographischen oder sozialen Schranken nicht haltmachte. Vielmehr erwies sich die Sphäre der Alchemie aufgrund ihres kaum institutionalisierten Charakters – und damit im Unterschied zu den Universitäten für Vertreter beider Geschlechter und aller sozialen Schichten (von der Hofdame über den Geistlichen hin zum unbemittelten Abenteurer) – als reich an Wirkungsmöglichkeiten. Im Unterschied zu jenem Wissen, das nur den Mitgliedern von Universitäten und Gilden zugänglich war, bot das Gebiet der Alchemie zudem zahlreiche Einstiegschancen. Der Weg zur Alchemie war nicht von Geburt und Herkunft abhängig, den Ausschlag gaben vielmehr Erfahrung, Talent und Glaubwürdigkeit. Die Frage der Herkunft war schon deshalb eher unwesentlich, weil die Praxis der Alchemie erhebliche Spielräume für die Selbstdarstellung und -erfindung des Adepten bot. Nach Ansicht einiger Historiker fungierte an Höfen wie demjenigen Rudolfs II. in Prag die Alchemie inmitten des Zeitalters der Religionskriege sogar als eine über die Zerwürfnisse der Konfessionen hinausweisende „Sprache der Mediation".[1]

Vor diesem Hintergrund kann es nicht verwundern, dass die Praxis der Alchemie sich auch für die religiöse Minderheit der Juden als attraktiv erwies. Es lassen sich auf dem Gebiet der Alchemie sehr viel mehr Juden nachweisen als die Forschung lange Zeit angenommen hat.[2] Wir können diese Feststellung auch auf die gesamte „Ökonomie des Geheimen" ausdehnen, also auf die Gesamtheit jener Aktivitäten, die sich als Handeln, Anbieten, Vermitteln, Liefern, Tausch und Verkauf von Geheimnissen beschreiben lassen.[3] Die Vorstellung von der besonderen Kompetenz von Juden auf dem Gebiet der Arkana – und speziell dem der Alchemie – hing zweifellos auch mit tief verwurzelten Stereotypen der christlichen Judenfeindschaft zusammen, nicht zuletzt mit dem Topos einer exzessiven „Heimlichkeit der Juden". Zugleich aber konnte sich die Vorstellung von einer spezifischen jüdischen ‚Arkankompetenz' aus verschiedenen außertheologischen und vorchristlichen Quellen und Fiktionen speisen, teilweise auch aus solchen auf jüdischer Seite. In diesem Zusammenhang ist das Beispiel der Alchemie besonders aufschlussreich. Bereits spätantike Autoren hatten die Alchemie mit dem Judentum in Verbindung gebracht. In dem Maße, in dem dann seit dem späteren Mittelalter christliche Alchemiker ihre Künste – auch aus Gründen der Legitimierung – auf biblische Figuren wie Adam, Tubal-Kain, Moses und Salomo zurückführten, verbreitete sich die Annahme, dass Juden seit ältesten Zeiten Experten auf diesem Gebiet seien. Die Vorstellung, dass die Juden das alchemische Wissen der arabischen Welt nach Europa gebracht hätten, war in diesem Zusammenhang ebenfalls von Bedeutung.

Manche christliche Alchemiker nahmen sogar an, dass wahrhafte Meisterschaft in der Alchemie ohne die Beschäftigung mit jüdischen Quellen nicht möglich sei. Dies war ein Grund für das zunehmende Interesse auf christlicher Seite an der Kabbala, der jüdischen Mystik. Die Kabbala galt für Juden wie für Christen oftmals buchstäblich als Schlüssel, um die Geheimnisse der beiden Bücher, die Gott den Men-

---

1 Siehe v. a. Smith 1994.
2 Patai 1994.

3 Siehe hierzu jetzt meine Studie: Jütte 2011. Teile des vorliegenden Beitrags sind ihr entnommen. Siehe dort auch weiterführende Literaturangaben.

Abb. 7: Christian Knorr von Rosenroth: Kabbala denudata, Frontispiz. HAB: Gv 887:1

schen gegeben hatte (also die Heilige Schrift und das Buch der Natur), zu enthüllen. Auf prominente und bezeichnende Weise versinnbildlicht ist diese Vorstellung auf dem Frontispiz der *Kabbala denudata* (1677–1684), einem Meilenstein der christlichen Kabbala (**Abb. 7**). Dort findet sich die Kabbala als weibliche Figur dargestellt, die mit dem Schlüssel in der Hand auf den Eingang des Palastes der Geheimnisse („Palatium Arcanorum") zueilt, der hier die Geheimnisse der Natur repräsentiert.⁴ In der Tat wurde die Kabbala in der frühen Neuzeit zum Inbegriff des Geheimnisvollen schlechthin – auch weit über den ursprünglichen jüdischen Kontext hinaus. So verbreitete sich damals in verschiedenen europäischen Sprachen der aus dem Hebräischen entlehnte Begriff „Kabale" (engl.: *Cabal*, frz.: *Cabale*), der zur Bezeichnung für geheime Umtriebe und speziell für Intrigen gebraucht wurde.

Die Konjunktur der Kabbala in der frühen Neuzeit war zweifellos ein maßgeblicher Grund dafür, weshalb Juden aus christlicher Sicht von der Aura des Arkanen umgeben waren. Ganz abwegig waren die Hoffnungen nicht, die christliche Alchemiker mit dem Studium der Kabbala bzw. jener Texte, die unter diesem Etikett kursierten, verbanden. Dies gilt nament-

---

4 Christian Knorr von Rosenroth: Kabbala denudata seu, Doctrina Hebraeorum transcendentalis et metaphysica atque theologica, 2 Bde., Sulzbach 1677–1684.

lich für die sog. ‚praktische Kabbala', die einen Zweig der jüdischen Mystik darstellt und Schnittmengen mit der Alchemie aufwies. Es ist zwar fraglich, inwieweit die Mehrheit jener christlichen Naturforscher und Alchemiker, die – wie z. B. Paracelsus – eine Beschäftigung mit der Kabbala für notwendig erachteten oder empfahlen, die Schriften der jüdischen Mystik im Einzelnen kannten. Aber allein schon die vage Vorstellung vom Vorhanden- bzw. Verborgensein alchemischen Wissens im kabbalistischen Schrifttum trug dazu bei, dass Juden eine genuine Expertise auf dem Gebiet der Alchemie zugeschrieben wurde. Dies führte nicht zuletzt zu einer beträchtlichen Konjunktur von alchemischem Schrifttum aus angeblich jüdischer Feder. Als einflussreich für die Sprache und Terminologie der Alchemie erwies sich überdies die Vorstellung von den okkulten Qualitäten und dem magischen Potential der hebräischen Sprache. Es ist nicht übertrieben zu behaupten, dass Grundkenntnisse des Hebräischen für den Alchemiker (und auch für den Magus) ebenso wichtig waren wie das Lateinische für gelehrte Mediziner.

Bei der Suche nach einer magisch-alchemischen *prisca sapientia*, ja überhaupt nach den Anfängen von Wissenschaften und Philosophie, führte nach Meinung namhafter christlicher Gelehrter kaum ein Weg an den Quellen der biblischen Israeliten vorbei – eine Meinung, die von jüdischen Autoren der frühen Neuzeit schon aus apologetischen Gründen oftmals geteilt und sogar befördert wurde. In der Tat wäre es zu kurz gegriffen, die Rede von einer genuinen Arkankompetenz von Juden, speziell auf dem Gebiet der Alchemie, in ausnahmslos jedem Fall als eine oktroyierte Charakterisierung abzutun. Denn auch innerhalb der religiösen Minderheit selbst war die Meinung verbreitet, dass Juden unübertroffen darin seien, noch die fernsten und entlegensten Güter zu besorgen – nicht zuletzt auf dem Weg des Handels, wie beispielsweise der venezianische Rabbiner Simone Luzzatto in seinem *Discorso circa il stato de gl'hebrei* (1638) ausführte. Und zugleich gab es Juden, wie den Arzt und Kabbalisten Abraham Yagel (1553 – ca. 1623), die annahmen, dass die Juden von Gott prädestiniert seien, um die Geheimnisse seiner Schöpfung und speziell der Natur zu erkunden. Der in der christlichen Polemik oft geäußerte Vorwurf der exzessiven Geheimhaltung von Juden sollte also nicht den Blick dafür verstellen, dass die gesamtgesellschaftliche Nachfrage nach Geheimnissen aller Art sich im Alltag mit einer konkreten und pragmatischen Bereitschaft von Juden treffen konnte, diese zu liefern. Und einigen frühneuzeitlichen Juden gelangen in der Tat höchst bemerkenswerte Karrieren auf diesem Gebiet, so etwa dem jüdischen „Geheimnisprofessor" und Hofalchemiker Abramo Colorni (ca. 1544 –1599), der zu einem engen Vertrauten führender Fürsten in Italien und später auch Kaiser Rudolfs in Prag aufstieg.[5]

Freilich konnten für Juden aus der Zuschreibung spezieller Kompetenzen auf dem Gebiet der *Arcana* immer auch Gefahren resultieren. Aus obrigkeitlicher Sicht war die Beschäftigung mit der Alchemie zwar nicht *per se* strafbar. In der Praxis fanden sich aber bei Bedarf rasch Gründe oder Vorwände zum Einschreiten. Namentlich aus der Sicht der Kirche lag bei der Alchemie oftmals eine Nähe zur Magie, zum Betrug oder zur Falschmünzerei in der Luft. Das reale oder vermeintliche Wissen von Juden auf dem Gebiet der Alchemie war somit auch Wasser auf die Mühlen derjenigen, die einer Ausweisung der Juden zum Wohle der christlichen Wirtschaft und Gesellschaft das Wort redeten. Gefährlich konnte die Situation für jüdische (wie natürlich auch christliche) Geheimniskundige vor allem dann werden, wenn der Vorwurf der Hexerei und schwarzen Magie erhoben wurde, was nicht selten zu einem Inquisitionsprozess und im schlimmsten Fall auf den Scheiterhaufen führte. Ein drastisches Beispiel ist in diesem Zusammenhang die Biographie des Münzmeisters Lippold Ben Chluchim, der in den 1550er Jahren zum Schatullenverwalter des brandenburgischen Kurfürsten Joachim II. (reg. 1535 –1571) aufstieg. Lippold trat zuerst durch Silberlieferungen an den Hof hervor, die im Zusammenhang mit seinem Amt als Münzmeister zu sehen sind. Das Amt des Münzmeisters, das zahlreiche Hofjuden innehatten, war ohne ein Wissen

---

5 Hierzu ausführlich Jütte 2011, Kap. 5.

Abb. 8: Hinrichtung des Münzmeisters Lippold am 28. Januar 1575 in Berlin, in: Leonhart Thurneysser: Warhafftige Abconterfeyung [...], [ohne Ort 1573?], Einblattdruck. Zentralbibliothek Zürich, Signatur: PAS II 10/23

über Metallurgie kaum auszuüben – ein Wissen, das sich in der frühen Neuzeit oftmals nicht trennscharf von der Alchemie scheiden ließ. Auch dies könnte den Eindruck verstärkt haben, dass die jüdische Minderheit, deren Aktivitäten im Geld- und Metallhandel, teilweise auch im Münzwesen beträchtlich waren, für die Praxis der Alchemie prädestiniert sei (und in der Tat experimentierten nicht wenige Hofjuden mit der Alchemie). In den Rechnungsbüchern des jüdischen Münzmeisters Lippold finden sich jedenfalls Posten, die von der Anschaffung von alchemischen Gerätschaften für den Kurfürsten Zeugnis ablegen. Inwieweit Lippold selber in die alchemischen Aktivitäten am Hofe involviert war, lässt sich nicht mehr rekonstruieren. Sein späteres Bekenntnis, dass sich in seinem Haus ein magisches Buch befinde, das „etliche stucken von der Allchamey" enthalte, lässt sich nicht mehr verifizieren.[6] In jedem Fall war diese Aussage nach dem Tod des Kurfürsten und dem damit besiegelten Sturz des Hofjuden unter Folter erpresst worden und trug zu jenem Todesurteil bei, das 1573 auf brutale Weise vollstreckt wurde: Das hier abgebildete Flugblatt (**Abb. 8**) mit einem Text von Leonhard Thurneysser – seines Zeichens übrigens ein namhafter Alchemiker – schmäht Lippold als „Gifftkoch / unholdt Zauberer" und zeigt sein grausames Ende auf dem Schafott.[7] Es erinnert uns zugleich daran, dass die Alchemie stets ein Gebiet war, das mit der Aussicht auf hohe Erträge lockte, aber auch mit hohen Risiken verbunden war.[8]

---

6 Ackermann 1909, hier der Dokumentenanhang mit der Urgicht Lippolds (Quelle 7).

7 Siehe hierzu auch die Beschreibung bei Harms 1997, S. 68.
8 Dazu jetzt auch Nummedal 2007, insb. S. 4.

Alchemische Literatur zwischen Handschrift und Buchdruck

Mediengeschichtliche Beobachtungen zur Überlieferung der Alchemie

Joachim Telle zum Gedächtnis

Sven Limbeck

Die inhaltliche und formale Vielgestaltigkeit von Handschriften, die alchemische Texte und Bilder überliefern, entzieht sich jeder grob strukturierten Typologie. Dennoch lassen sich an einem Bestand wie dem der Herzog August Bibliothek, deren *Alchemica*-Handschriften sich chronologisch vom späten 14. bis zum 18. Jahrhundert erstrecken, einige vorläufige mediengeschichtliche Beobachtungen über das Mit- und Gegeneinander von Handschrift und Buchdruck in der alchemischen Überlieferung machen. Sie sind geeignet, manche Einseitigkeiten der Druckforschung über das Verhältnis von Handschrift und gedrucktem Buch zu korrigieren. Zu bezweifeln ist etwa die Vorstellung einer linearen Textverarbeitung von „skriptographischer" Eingabe zu „typographischer" Ausgabe, bei der sich die Funktion der Handschrift auf die der Druckvorlage reduziert.[1] Sieht man davon ab, dass Drucke wiederum Vorlagen handschriftlicher Texte (Abschriften, Exzerpte, Zitate etc.) sind, dass manche Texte bis weit in die Neuzeit handschriftlich überliefert wurden, ohne in Druck zu gelangen, verkennt die einseitige Verhältnisbestimmung von Druckvorlage und -ausgabe, dass sich das funktionale Spektrum von Handschriften zunächst nicht reduziert, sondern erweitert. Mit der Erfindung des Buchdrucks verschwindet die Handschrift nicht aus der Geschichte der Schriftmedien. Statistisch gesehen stammen schätzungsweise drei Viertel aller überlieferten Handschriften aus der Neuzeit und nur ein Viertel aus dem Mittelalter. Bei den Wolfenbütteler alchemischen Handschriften, die sich in dieser Hinsicht vermutlich kaum von anderen Sammlungen unterscheiden, liegt der Schwerpunkt noch deutlicher auf der Neuzeit: Der Bestand umfasst etwa ein Fünftel mittelalterliche und vier Fünftel neuzeitliche Bände. Allein dies sollte als Warnung vor einem toten Winkel der Mediengeschichte ausreichen: „Bemerkenswert bleibt, wie die Forschung fast überall die Handschriftenproduktion aus dem Blick verliert, sobald die Etablierung des Buchdrucks als vollzogen angesehen wird. Dabei steigt sie quantitativ kontinuierlich bis ins 20. Jahrhundert hinein."[2]

Für eine differenziertere Einschätzung der Bedeutung von Handschriften in der alchemischen Überlieferung seien zwei Feststellungen vorausgeschickt: 1. An alchemischen Handschriften lässt sich ablesen, wie sich die Funktion der Handschrift vom Publikations-, Archivierungs- und Tradierungsmedium zum privaten Aufzeichnungs- und Arbeitsmedium ändert. 2. Unabhängig davon löst der Buchdruck die handschriftliche Überlieferung alchemischer Texte nicht ab, sondern flankiert sie, ergänzt sie und verflicht sich mit ihr. Bis weit in die Neuzeit gibt es das Nebeneinander von exklusiv handschriftlicher und exklusiv gedruckter Überlieferung ebenso wie das Miteinander von handschriftlicher und gedruckter Überlieferung.

---

[1] Vgl. Giesecke 1991, S. 89. Zur Kritik vgl. Mentzel-Reuters 2010, S. 421f.

[2] Mentzel-Reuters 2010, S. 431. Sehr viel allgemeiner formuliert Wehde: „Typisch ist die Blindheit derer, die das Ende der Schriftkultur herannahen sehen, gegenüber der faktischen Persistenz von Schrift in der Praxis", Wehde 2000, S. 7.

1. Vom Kodex zum Manuskript

Für das Mittelalter gilt, dass – von den wenigen überlieferten Autographen abgesehen – Handschriften Textabschriften enthalten, d. h. publizierte Texte, denen für gewöhnlich durch die „Festigkeit" ihrer Überlieferung ein Werkcharakter zukommt: „Auch wenn Handschriften sich von ihrer genuinen Produktionssituation her an ein überschaubares primäres Publikum richten, sind sie intentional doch Publikationsmedien. Die unikale Herstellungstechnik des einzelnen Exemplars erlaubt nicht zwingend den Rückschluss auf eine eingeschränkte Rezeption."[3]

Ein Beispiel für eine solche traditionelle Buchhandschrift in Kodexform bietet in Wolfenbüttel etwa der Cod. Guelf. 188 Blank., der als einzigen Text das *Buch der Heiligen Dreifaltigkeit* enthält (vgl. **Kat. Nr. 26 – 27, Abb. 9**). Diese Form der Überlieferung bildet allerdings bereits eine Ausnahme, da es sich bei der überwiegenden Zahl der Alchemie-Handschriften in der Herzog August Bibliothek um Sammelbände handelt. Sammelhandschriften können als einheitliches Ganzes konzipiert sein und dabei wenige umfangreichere oder aber auch viele kürzere Texte überliefern.[4] Der letzte Fall kommt im Spätmittelalter vergleichsweise häufig vor. Es handelt sich dabei meist um thematisch konsistente Textsammlungen im geistlichen oder akademischen Kontext. Diese Form ist auch für die alchemischen Sammelhandschriften des 15. Jahrhunderts typisch und wird in Wolfenbüttel beispielsweise durch die Bände Cod. Guelf. 16.5 Aug. 4° (vgl. **Kat. Nr. 29**) oder Cod. Guelf. 55.7 Aug. 4°, einen kleinformatigen, in Italien entstandenen Band aus zwei Teilen, repräsentiert. Letzterer enthält im ersten Teil drei lateinische Traktate, im zweiten einen italienischen Text (**Abb. 10**).[5] Die Handschrift sei hier nur deshalb aus der Masse hervorgehoben, weil sie zu Beginn des zweiten Teiles mit einer vergoldeten Initiale und anderen Verzierungen typische Schmuckelemente enthält, die zu den charakteristischen phänotypischen Eigenschaften von Handschriften des traditionellen Typs gehören und in „moderneren" Handschriften so nicht mehr zu finden sind. Eine Nebenform dieser traditionellen Sammelhandschriften stellen Handschriften mit Nachträgen dar, also Bände, die zu einem bestimmten Zeitpunkt angelegt wurden und in welche auf freigebliebenen Seiten zu unterschiedlichen Zeiten durch Leser und Besitzer zusätzliche Texte eingetragen wurden, die thematisch passend oder aber auch – wenn es lediglich um die ökonomische Nutzung des Beschreibstoffes ging – völlig divergent sein können. Der schön illuminierte Wolfenbütteler Sammelband Cod. Guelf. 80.4 Aug. 8° (vgl. **Kat. Nr. 30**), ursprünglich von sieben verschiedenen Händen im 15. Jahrhundert geschrieben und damit wahrscheinlich das Produkt einer professionellen Schreibwerkstatt, enthält auf leergebliebenen Seiten Bibelexzerpte von deutlich jüngeren Händen, die in keinem erkennbaren Zusammenhang mit den Haupttexten stehen.

Bei vielen zusammengesetzten Handschriften des Spätmittelalters fällt auf, dass die Buchbesitzer Texte nicht gänzlich wahllos, sondern unter bestimmten Interessenschwerpunkten zusammenfügten. Dies gilt für Erbauungs- und Gebetstexte, die der privaten Frömmigkeit dienten, aber auch für pragmatische Literatur. Auch die alchemischen Kompositbände in Wolfenbüttel sind in der weit überwiegenden Anzahl thematisch homogen; nur ausnahmsweise werden alchemische Texte mit dem Nachbarfach Medizin zusammengestellt. Diese Praxis leuchtet umso eher ein, wenn man davon ausgeht, dass es sich hier nicht um reine Textarchive, sondern um Bücher für konkrete Gebrauchssituationen handelte. Zugleich zeichnet sich hier die Tendenz von der Standardisierung zur Individualisierung ab, insofern sich Sammelkodizes nach den jeweiligen persönlichen Bedürfnissen eines Vorbesitzers zusammenstellen ließen.

---

3 Rautenberg/Wetzel 2001, S. 8.
4 Genau genommen sollte man Handschriften mit Textsammlungen begrifflich von zusammengesetzten Handschriften unterscheiden. Letztere vereinigen Faszikel, die zu unterschiedlichen Zeitpunkten entstanden sind und über einen längeren Zeitraum ungebunden aufbewahrt wurden. Die Bände beinhalten oft nur dem Format nach Zusammenpassendes und sind ansonsten nach Thematik und Ausstattung heterogen; vgl. Schneider 1999, S. 175 –178.
5 Zur Handschrift vgl. Heinemann 1903, S. 73 (Nr. 3586).

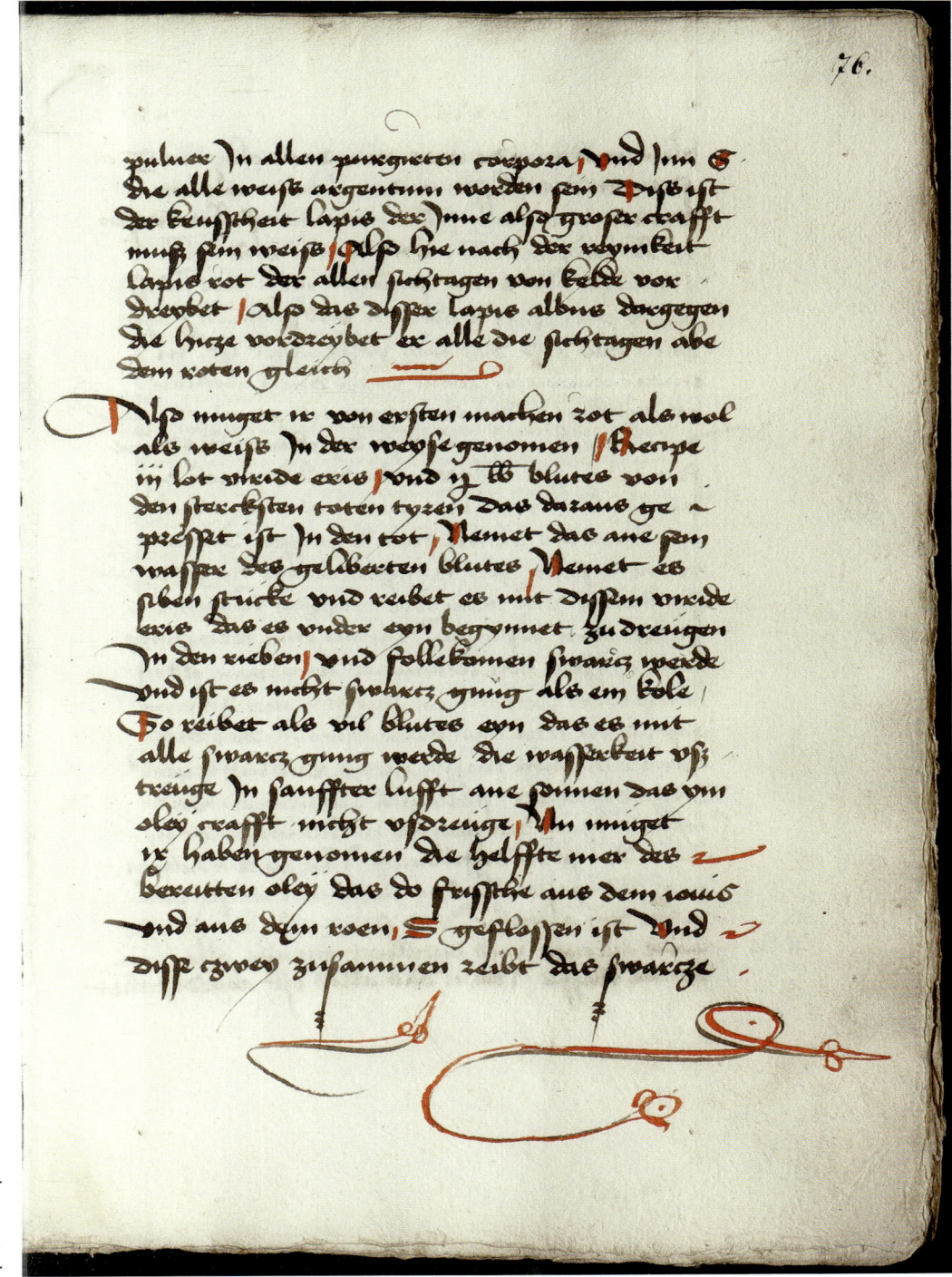

pulver In allen penetrirten corpora, vnd sin ☉
die alle weist argentum werden sin. Diß ist
der keuschheit lapis der Inne also grosse crafft
muß sin weiß. Also hie nach der reynkeit
lapis rot der allen sichtagen von kelte vor
dreybet. Also das disser lapis albus dorgegen
die hitze vordreybet er alle die sichtagen abe
dem roten gleich.

Also muget ir von ersten machen rot als wol
als weiß In der weyse genomen, Therpe
iij lot vnde cris vnd ij ℔ blutes von
den sterckesten roten tyren, das daraus ge-
pressset ist In den rot. Nemet das ane sin
wasser des geleberten blutes Nemet es
eben stucke vnd reibet es mit dissem vnede
cris das es vnder eyn beginnet zu dreugen
In den rieben vnd follekomen swartz werde
vnd ist es nicht swartz gnug als ein kole,
So reibet als vil blutes eyn das es mit
alle swartz gnug werde die wasserkeit vß
treuge In sanffter lufft ane sonnen das im
oleij crafft nicht vßdreuge. Nu muget
ir haben genomen die helffte mer des
bereitten oleij das do flußt aus dem iouis
vnd aus dem roen, geflossen ist vnd
disse zwey zusammen reibt das swartze

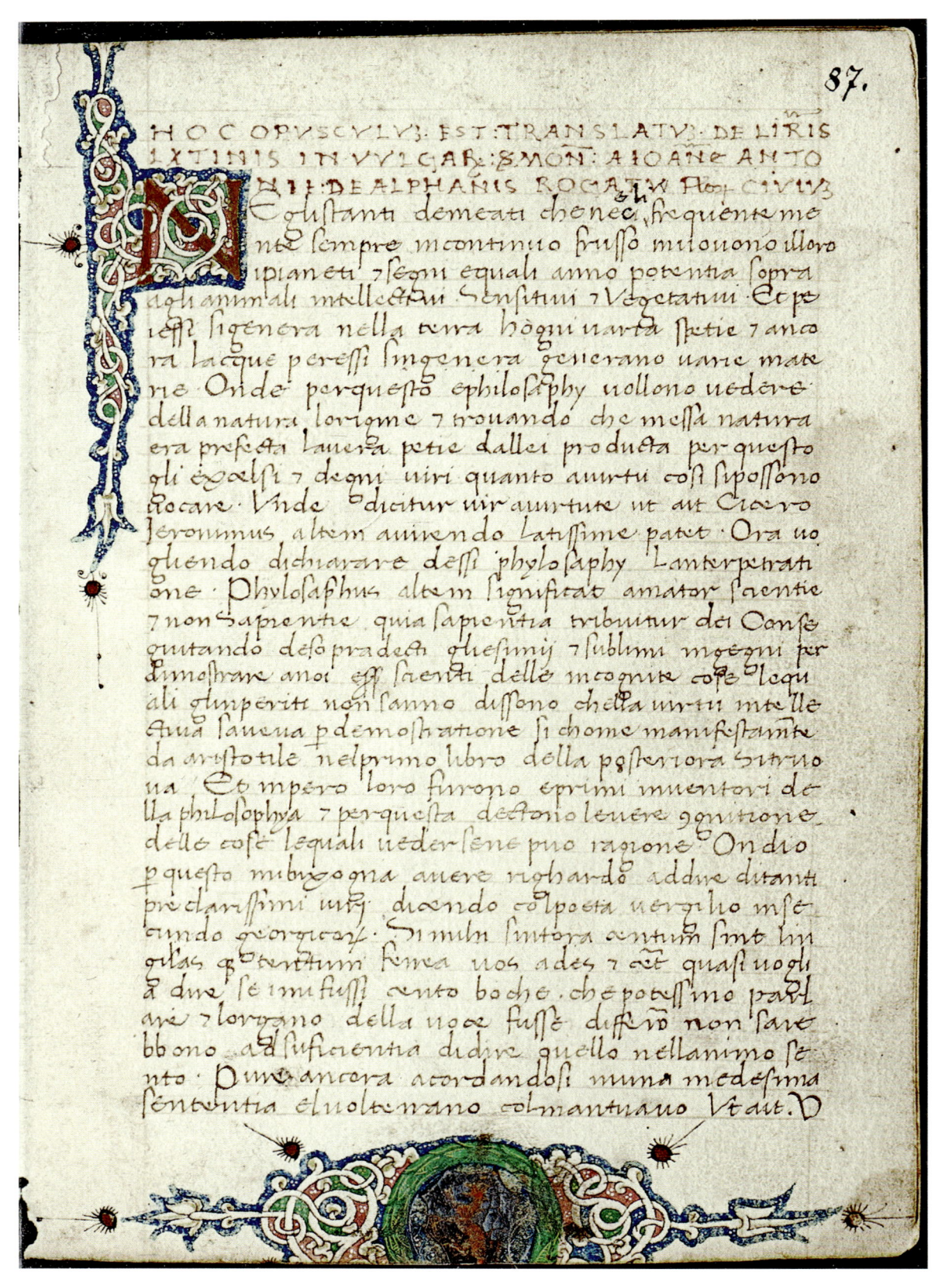

HOC OPVSCVLVM EST TRANSLATVM DE LIBRIS
LATINIS IN VVLGARE: SIMON: A IOANE ANTO
NII DE ALPHANIS ROGATV Flor' CIVIS

Constanti de meati cho nec frequente me
nte sempre mcontinuo frusso mi ouono illoro
pianeti 7 segni equali anno potentia sopra
agli animali intellectiui Sensitiui 7 Vegetatiui Et pe
resso sigenera nella terra hogni uaria spetie 7 anco
ra lacque peressi singenera generano uarie mate
rie Onde perquesto ephilosaphy uollono uedere
della natura lorigine 7 trouando che messa natura
era presessa lauera spetie dallei producta per questo
gli excelsi 7 degni uiri quanto auirtu cosi sipossono
uocare Unde dicitur uir auirtute ut ait Cicero
Jeronimus altem auiuendo Latissime patet Ora uo
glendo dichiarare dessi phylosaphy Linterpetrati
one Phylosaphus altem significat amator sapientie
7 non Sapiente quia sapientia tribuitur dei Conse
guitando deso pradesti gliesimij 7 sublimi ingegni per
dimoshrare a noi essi sapienti delle incognite cose legu
ali gliimperiti non sanno dissono chella uirtu intelle
ctiua sauera p demoshratione si chome manifestamete
da aristotile nel primo libro della posteriora si truo
ua Et impero loro furono eprimi inuentori de
lla philosophya 7 per questa destono leuere gognitione
delle cose lequali uedersene puo ragione Ondio
p questo mibysogna auere righardo addire ditanti
preclarissimi uiri dicendo colposta uergilio nse
cundo georgicar' Si mihi sint ora centum sint lin
gulas q' tentium ferrea uos ades 7 at quas uogli
a due se imi fussi cento boche che potessimo parl
are 7 lorygano della uoce fusse discreto non sare
bbono ad sufficientia didire quello nellanimo se
nto Pur ancera acordandosi muna medesima
sententia el uolterano colmantuano ut ait.

Den Handschriftenstatus zwischen Überlieferung von Texten mit Werkcharakter und unfesten Texten, zwischen konzipierter und diskontinuierlicher Aufzeichnung, zwischen publizistischem und privatem Charakter repräsentieren Hausbücher, „Sammelkodices [sic] mit Kompilationen von für die Anwendung im adligen, patrizischen oder bürgerlichen Haushalt bestimmten pragmatischen, erbaulichen oder literarischen Beiträgen".[6] Deren „Sammlungsintention und Entstehung, Inhalt und Gebrauch [stehen] in unmittelbarem Bezug zur lebenspraktischen Anwendung".[7] Herstellung und Gebrauch solcher Bücher zielen auf Familie und Haus. Insofern ist ihr privater Charakter eines ihrer wesentlichen Merkmale.[8] Von seiner Textzusammenstellung her ist im Wolfenbütteler Bestand Cod. Guelf. 16.3 Aug. 4°, entstanden im 16. Jahrhundert unter Rückgriff auf ältere Faszikel, als Hausbuch anzusprechen. Sein inhaltliches Spektrum umfasst neben Medizin (Traktate und Rezepte), Technologie (Färberei, Metallbearbeitung, Leimherstellung, Büchsenmeisterei), Spirituell-Magischem (ein Text über die Kräfte des Weihwassers) und Kochkunst schließlich auch die Alchemie, besonders ihre technologische Ausprägung: Einige alchemische Rezepte zielen auf das Versilbern und Vergolden von Metall, ein weiterer Text widmet sich der Bergwerkskunst (also der alchemischen Erzprüfung). Überliefert ist hier überdies ein bislang forscherlich unbeachteter Traktat *Wohlriechende Wasser zu destillieren* des Nürnberger Schreib- und Rechenmeisters Johann Neudorffer (1497–1563), der ebenfalls der *alchemia practica* zuzurechnen ist (**Abb. 11**).[9]

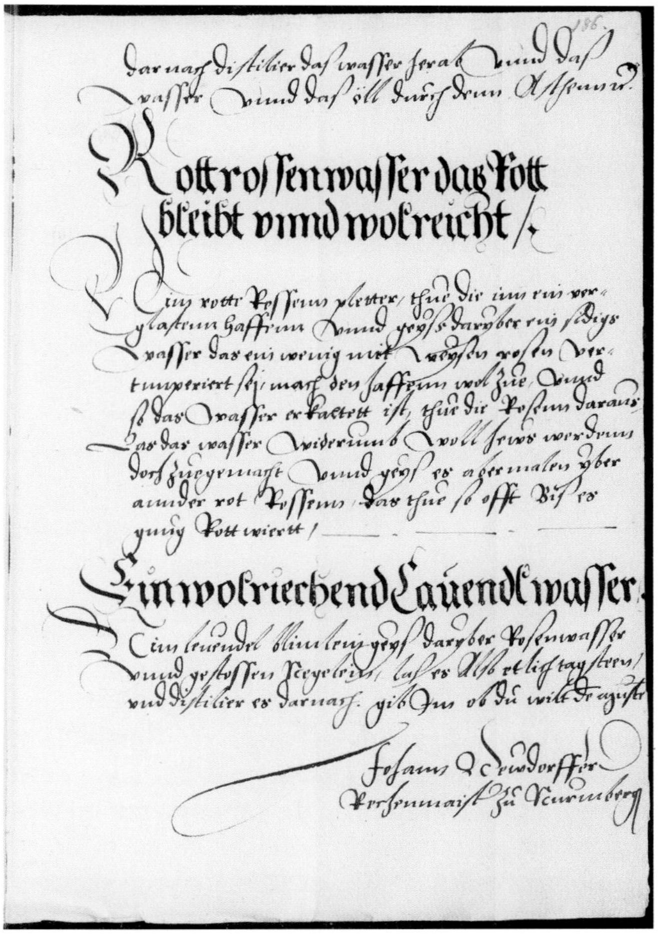

Im letzten Viertel des 15. Jahrhunderts löste in bestimmten Bereichen der Textüberlieferung (Bibel, akademische Theologie und Fachwissenschaft) der Buchdruck nachweislich die Handschrift als Medium mehr oder weniger komplett ab.[10] Gleichzeitig mit dem Verschwinden großer handschriftlicher Textmagazine trat insbesondere im Umkreis der Universität verstärkt ein moderner Handschriftentyp auf.

Abb. 11: Johann Neudorffer: Wohlriechende Wasser zu destillieren. HAB: Cod. Guelf. 16.3 Aug. 4°, fol. 186r

Kodikologisch betrachtet handelt es sich um Handschriften, die ausschließlich auf Papier, in kleineren Formaten (Quart, Oktav), mit nicht stilisierten kursiven Schriften geschrieben und oftmals in ein Kopert gebunden wurden. Inhaltlich handelt es sich um Sammelbände mit kürzeren Texten, Exzerpten, Kompilaten, Notaten etc. Sie wurden von den Besitzern selbst und nicht mehr von Skriptorien oder professionellen Schreibern hergestellt und sie dienten dem persönlichen Gebrauch: „Der neuartige wissenschaftliche Handschriftentyp kann am tref-

---

6 Schmid 2005, S. 605. Dieser Handschriftentypus wird in der Sammlung von Herzog August durch das Hausbuch des Augsburger Bürgermeisters Ulrich Schwarz (1422–1478) in Cod. Guelf. 226 Extrav. repräsentiert; vgl. Butzmann 1972, S. 101–105; Henkel 1996.

7 Henkel 1996, S. 43.
8 Vgl. ebd., S. 45.
9 Zur Handschrift vgl. Heinemann 1900, S. 195 f. (Nr. 3074).
10 Vgl. Brandis 1997, S. 31–37.

fendsten wohl als Glossen- und Kollektaneenband individueller Prägung, als Arbeits- und Notizenbuch, als Sammelband mit eigenen und selbst zusammengestellten Textabschriften und glossierten älteren Handschriften und Drucken charakterisiert werden."[11] Kodikologisch und in der Textdarbietung analog zu diesen wissenschaftlichen Sammelbänden neuen Typs verhalten sich solche Handschriften, die als „Handbücher aus dem praktischen Berufsleben" charakterisiert wurden und dem Feld der pragmatischen Schriftlichkeit zuzuordnen sind.[12] Dass in solchen Handschriften ausschließlich oder im Wesentlichen berufsrelevantes Fachschrifttum überliefert wird, wie der gewählte Terminus nahelegt, ist allerdings ebenso zu bezweifeln wie die Annahme, die hier überlieferten Texte seien grundsätzlich alltagspraktisch operationalisierbar gewesen.[13] Wenn man überhaupt differenzieren will, unterscheiden sie sich von Hausbüchern durch eine höhere thematische Homogenität (z. B. Arzneibücher) und durch einen höheren Grad der Individualität. Durch die individuelle Bearbeitung löst sich der feste Werkcharakter der überlieferten Texte zunehmend auf. Vorlagen sind sowohl handschriftliche als auch, sobald verfügbar, gedruckte Werke. Verschiedene Vorlagen werden in der Textdarbietung kontaminiert und damit zum Ausgangsmaterial für die Produktion neuer Texte. Der Weg dieses autographen Materials führt zum Manuskript im modernen Sinne, dem privaten Nachlass, der uns Einblick in die Genese von Texten verheißt, ohne der Text selber zu sein.[14]

Die Mehrzahl der alchemischen Handschriften in der Herzog August Bibliothek ist diesen Typen der Kollektaneenhandschrift bzw. des praxisbezogenen Handbuchs zuzurechnen. Misch- und Übergangsformen herrschen vor den idealtypischen Ausprägungen. Die pragmatische Kleinform des alchemischen Rezeptes findet sich nicht nur in reinen Rezeptbüchern, sondern vor allem auch im Kontext mit anderen Texttypen, entweder als Rezeptsequenz innerhalb einer Sammlung oder als zwischengeschaltete, vielfach erst nachgetragene Einzelrezepte auf leergebliebenen Seiten zwischen umfänglicheren Texten. Wenn wir in der Lage sind, Vorlagen und Abschriften in alchemischen Sammelhandschriften zu vergleichen, ergeben sich interessante Einblicke in die Tendenzen der Textbearbeitung. So zeigt beispielsweise die exzerpierende Abschrift einer Prozessbeschreibung aus der *Philosophia sacra* des Johannes de Padua im Wolfenbütteler Cod. Guelf. 151 Extrav., dass der Schreiber sich nicht für die theoretischen Grundlagen der Alchemie in seiner Vorlage, sondern ausschließlich für die Anweisungen im Labor interessierte (vgl. **Kat. Nr. 28**).

Es genügt jedoch nicht, den Charakter alchemischer Sammelhandschriften nur vom neuen Typus der spätmittelalterlichen Kollektaneenhandschrift her zu erklären. In Gestalt des sogenannten Rapiariums wandelte sich die wissenschaftliche Kollektaneenhandschrift in der *Devotio moderna* von einer profanen Aufzeichnungstechnik zu einer geistlichen Übung, so dass das Rapiarium nachgerade als buchförmiges Signum der geistlichen Reformbewegung gilt.[15] Ein Rapiarium ist „ein systematisch und sukzessiv angelegtes spirituelles Tagebuch", das im Akt des Schreibens geistlicher Texte (Gebete, Meditationsstoffe, Lesefrüchte) die Persönlichkeit des Schreibenden geistlich umformen soll.[16]

Der zweite Teil des Cod. Guelf. 433 Helmst. enthält von einem einzigen Schreiber eine Sammlung ausschließlich alchemischer Texte, die sich durch ihre ausgesprochene Kleinteiligkeit auszeichnet. Kaum einer der identifizierbaren Traktate ist vollständig wiedergegeben (vgl. **Kat. Nr. 26**). Vielfach handelt es sich lediglich um Teilabschriften, zwischen denen sich ohne erkennbares Gliederungsprinzip zahllose Kurztexte befinden: alchemische Lehrdichtungen, Rezepte und Dicta, also kurze Stücke oder auch nur ein-

---

11 Brandis 1997, S. 38 f.; vgl. auch Mentzel-Reuters 2002, S. 137 f.; Heinzer 2003, S. 151–157.
12 Brandis 1997, S. 50.
13 Mit gewichtigen Argumenten Riha 1992, S. 270–274.
14 Vgl. Grésillon 1999, S. 11: „Literarische Handschriften sind Zwitterwesen: weder direkt Teil des Werks […] noch reiner Abfall, denn manche Autoren, bzw. ihre Erben, sowie private und öffentliche Sammlungen haben sie ja schließlich aufbewahrt."
15 Vgl. Staubach 2000, S. 123.
16 Kock 2002, S. 18; vgl. auch Staubach 2000, S. 128 u. 133.

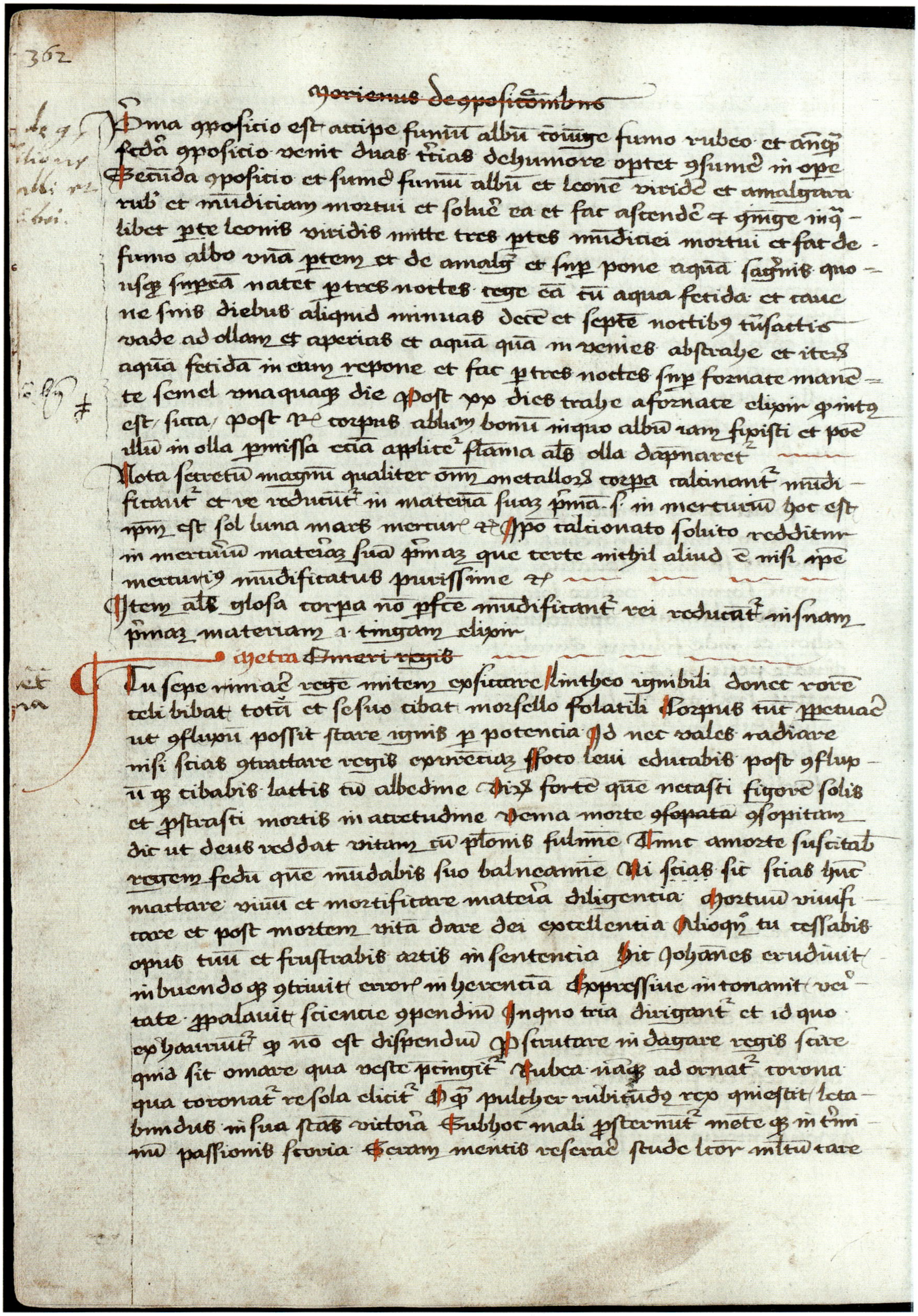

Abb. 12: Alchemische Kollektaneen. HAB: Cod. Guelf. 433 Helmst., fol. 181v

zelne Sätze aus autoritativen Lehrtexten (**Abb. 12**).[17] Die Handschrift datiert von 1428/29, also ein halbes Jahrhundert vor dem medialen Umbruch am Ende des 15. Jahrhunderts – auch dies ein Hinweis darauf, dass die morphologisch-funktionale Weiterentwicklung der Handschrift am Ende des Mittelalters nicht ausschließlich unter dem Einfluss des Buchdrucks geschah. Was hier vorliegt, lässt sich am besten als alchemisches Rapiarium charakterisieren: Es versammelt die persönlichen Lesefrüchte eines Adepten. Die alchemische Praxis bestand eben nicht nur in der Labortätigkeit, sondern zunächst in der Lektüre und Meditation alchemischer Texte.[18] Insofern ist das Lese- und Schreibverhalten von Alchemisten mit devoter Praxis durchaus zu vergleichen. Die zahllosen Kollektaneen in unseren alchemischen Handschriften lassen sich vor diesem Hintergrund verstehen: Schreibexerzitien, die der meditativen Ausübung der Alchemie dienten bzw. deren Ergebnis darstellen.

2. Die Persistenz der Handschrift

Die alchemische Überlieferung erlebt im Hinblick auf die Morphologie und Funktion von Handschriften im Laufe des 15. Jahrhunderts eine mediale Modernisierung. Dieser Befund lässt sich um die Feststellung ergänzen, dass die handschriftliche Überlieferung hier „nach Einführung des Buchdrucks lebhafter als in anderen Literaturzonen" anhält.[19] In der Tat löst der Buchdruck die handschriftliche Aufzeichnung, Wiedergabe und Archivierung alchemischer Texte nicht vollständig ab. Die Situation ist bis ins 18. Jahrhundert sowohl vom Nebeneinander handschriftlicher und gedruckter Textzeugen als auch von der Exklusivität handschriftlicher oder gedruckter Überlieferung geprägt.

Im Allgemeinen kann man sagen: Die Neuzeit hat mehr handschriftliches Material hinterlassen als das Mittelalter, es erfüllt aber, wie gezeigt, andere Funktionen als die mittelalterliche Buchhandschrift. Gleichwohl wird der Kodex des alten Typs in der Neuzeit weiter gepflegt: für bibliophile Zwecke, für Schriftgut, dessen Druck sich wegen eines begrenzten Interesses oder Publikums nicht lohnte, für großformatige *Liturgica* oder für bebilderte Werke (wie Fecht- oder Feuerwerksbücher), die entweder nur sehr aufwendig zu drucken gewesen wären oder auf denen ein (adeliger) Exklusivitätsanspruch lag.[20] In diesem funktionalen Spektrum gilt indessen für „Texte der Esoterik und der okkulten Wissenschaften" inklusive der Alchemie gerade nicht die Ausschließlichkeit der handschriftlichen Überlieferung, sondern das Nebeneinander von Handschrift und Druck, ohne dass die Einzelentscheidung für das eine oder andere unmittelbar erkennbaren Motivationen folgte.[21]

Der Charakter der Alchemie als Arkanwissenschaft, deren Lehren vor Uneingeweihten zu schützen waren, kann angesichts dessen gerade nicht als allgemein verbindlicher Grund für die handschriftliche Textüberlieferung gelten. Der *Splendor solis*, ein Bild-Text-Traktat, der in mehreren prachtvoll und künstlerisch hochwertigen illuminierten Handschriften des 16. Jahrhunderts auf uns gekommen ist, gelangte erst an der Jahrhundertwende in Druck.[22] Die vergleichsweise glanzlose Holzschnittwiedergabe der Illuminationen im Druck verdeutlicht, dass hier wohl der Wille zu bibliophiler Gestaltung den Ausschlag für die nahezu ausschließliche Verbreitung des Traktates in Handschriften gab (**Abb. 13** und **14**). Auch bei anderen bebilderten *Alchemica* wie dem *Buch der Heiligen Dreifaltigkeit*, das ausweislich seiner handschriftlichen Überlieferung und zahlreicher weiterer Zeugnisse bis ins 18. Jahrhundert lebhaft

---

17 Eine detaillierte Beschreibung der Handschrift erscheint in Lesser 2015.
18 Im Selbstverständnis vieler Alchemisten bestand eine Analogie zwischen „auf Läuterung und Perfektion gerichtete[m] Retortengeschehen" und „Stadien und Techniken religiöser Vervollkommnung", Telle 1978, S. 209; vgl. auch Eco 1992, S. 99–118.
19 Telle 1978, S. 200.

20 Vgl. Brandis 1997, S. 46 u. 55. Ein differenziert ausgearbeitetes Spektrum neuzeitlicher Handschriften bei Dachs 2000.
21 Dachs 2000, S. 208.
22 Aureum Vellus oder Güldin Schatz vnd Kunstkammer. Tractatus III, [Rorschach am Bodensee] 1600, S. 8–85; Eröffnete Geheimnisse Des Steins der Weisen Oder Schatz-Kammer Der Alchymie, Hamburg 1718, Nachdr. eingel. von Karl R. H. Frick, Graz 1976, S. 163–213. Vgl. Völlnagel 2004; Telle 2005a.

Abb. 13: Splendor solis. Kupferstichkabinett, Staatliche Museen Berlin, Hs. 78 D 3, fol. 19v

Abb. 14: *Aureum vellus*, Rorschach 1600, Teil III, S. 42.
HAB: 118 Med.

rezipiert wurde (vgl. **Kat. Nr. 26 – 27**), mag der Grund für die exklusive Manuskripttradition im hohen Aufwand einer druckgraphischen Illustration gelegen haben. Der Umstand, dass im 16. und besonders im 17. Jahrhundert druckgraphisch hochwertige *Alchemica* produziert wurden, mag auf eine Mitte des 16. Jahrhunderts einsetzende Trendwende in der alchemischen Publizistik hindeuten, wenngleich aus Einzelfallentscheidungen nur schwer allgemein gültige Regeln abzuleiten sind.

3. Alchemie und Buchdruck

Einlässliche Betrachtungen über das Verhältnis von Handschrift und Buchdruck in der alchemischen Überlieferung würden den Rahmen dieser vorläufigen Beobachtungen sprengen. Zwischen Handschrift und Druck besteht ein komplexes Austauschverhältnis. Neben den Übergängen aus der Handschrift in den Druck, wie sie für den Medienwechsel des späten 15. Jahrhunderts charakteristisch sind, lassen sich vielfach auch Übergänge von gedruckten in handschriftliche Textträger beobachten. Das Paradigma des Medienwechsels ist für die Mediengeschichte der Alchemie nicht hinreichend. Noch mangelt es an einer flächendeckenden Tiefenerschließung alchemischer Handschriften des Mittelalters und der Neuzeit, die es uns erlauben würde handschriftliche und gedruckte Parallelüberlieferungen in ihren jeweiligen Abhängigkeiten zu erkennen.[23] Noch mehr mangelt es an der historisch-kritischen Aufarbeitung der Überlieferung von einzelnen Denkmälern.[24] Festzuhalten ist für die Alchemie jedenfalls ein Umstand, der auch in anderen Zusammenhängen für die frühe Neuzeit schon bemerkt wurde: In der Wahrnehmung zeitgenössischer Rezipienten gibt es zunächst keinen kategorialen Unterschied zwischen Handschrift und Druck als Schriftträger – was nicht bedeutet, dass sie die funktionale Differenzierung, die sich seit dem späten 15. Jahrhundert herauskristallisierte, nicht bemerkt hätten.[25] Dafür sind zumindest in der Inkunabelzeit auch mor-

---

23 Maßstäbe setzt hier zuletzt zweifellos Broszinski 2011.
24 Für den Bereich der deutschsprachigen *Alchemica* können hier exemplarisch die Arbeiten von Joachim Telle angeführt werden: Telle 1980a, 2013.
25 Modellhaft an Martin Luther demonstriert von Flachmann 2003, S. 138. Die alchemische Bibliographie von Pierre Borel weist ausdrücklich darauf hin, dass sie sowohl Handschriften als auch Drucke verzeichnet („tam manuscriptorum, quam in lucem editorum, cum eorum editionibus"); vgl. Pierre Borel: Bibliotheca Chimica. Seu Catalogus Librorum Philosophicorum Hermeticorum, Heidelberg 1656.

phologische Gründe anzuführen: „Drucker ahmten in der Frühphase bewusst das Erscheinungsbild der Manuskripte nach", lautet ein gängiges Klischee der Frühdruckforschung.[26] Nachahmung freilich setzt die Entscheidungsmöglichkeit voraus, es auch anders zu machen. Richtiger wäre zu sagen: Inkunabeldrucker folgten dem gängigen Paradigma der Textdarstellung. Das kann im 15. Jahrhundert nichts anderes als die Handschrift sein.

Gibt es alchemische Inkunabeln? Tatsächlich gelangte in der Inkunabelzeit mit der *Summa perfectionis* des Geber latinus nur ein einziger autoritativer Text der arabisch-lateinischen Alchemie des Mittelalters in Druck (Rom, um 1486/88, GW 10566).[27] Der zuvor schon unter Gebers Namen gedruckte *Flos naturarum* (o. O. 1473, GW 10565) ist indessen kein Werk der Alchemie. Von Arnaldus de Villanova erschienen als Inkunabeln nur medizinische Werke. Erst nach 1500 wurde als solitäre volkssprachliche Version eines alchemischen Werkes eine italienische Bearbeitung des *Rosarius philosophorum* von Pseudo-Arnaldus de Villanova (Venedig, nach 1500) verlegt. Nur der volkssprachliche Bezirk der pragmatisch-technologischen Alchemie hinterließ in Gestalt zweier Destillierbücher einen Eindruck im neuen Medium: zunächst der Traktat *Von den ausgebrannten Wassern* des Michael Puff von Schrick, der bis 1500 zahlreiche Nachdrucke erlebte und damit zu den Erfolgstiteln unter den Fachschriften der Inkunabelzeit zu zählen ist (GW 36471–36515). Ab 1500 trat mit dem Straßburger Erstdruck auch der *Liber de arte distillandi* des Hieronymus Brunschwig hinzu (GW 5595). *Alchemica* gelangten nur außerordentlich zögerlich in Druck und lediglich ein sehr schmales Segment daraus erwies sich offenbar als buchmarkttauglich. Die Alchemie stellt somit einen Wissensbezirk dar, der in der Frühzeit des Buchdrucks entschieden unterrepräsentiert ist.[28]

Erst seit dem 16. Jahrhundert ist – mit dem Höhepunkt im 17. Jahrhundert – eine „sprunghaft anschnellende Druckflut" an *Alchemica* zu konstatieren.[29] In der frühen Neuzeit gehören nunmehr, so darf man daraus schlussfolgern, alchemische Texte zweifelsfrei zu den populären Lesestoffen.

4. Überlieferung unter dem Signum des Geheimnisses

Die alchemische Überlieferung wird einerseits von den breiteren Strömungen der Mediengeschichte erfasst und bewahrt sich andererseits manche erklärungsbedürftige Eigenheiten wie die Persistenz der Handschrift als exklusiver Überlieferungsträger. Die Gründe dafür wird man wohl erst nach intensiveren mediengeschichtlichen Detailstudien anzugeben wissen. Gewiss ist in Rechnung zu stellen, dass die Alchemie nie eine akademische Disziplin war, wenn auch der Anteil an akademisch Gebildeten – und unter diesen wiederum an Theologen – unter den Alchemisten beträchtlich gewesen sein dürfte, bedenkt man die Latinität des Großteils der Überlieferung.[30] Wer Alchemie trieb, war in der Regel imstande, eine spezifisch akademische Schriftlichkeit zu pflegen. Anders als auf anderen Wissensgebieten fehlte für die Alchemie jedoch ein vom universitären Lehrbetrieb bestimmter Buchmarkt. Alchemie lebte nicht zuletzt von der Freigebigkeit geistlicher und weltlicher Potentaten. Das erklärt wenigstens zum Teil die bibliophile Einmaligkeit bestimmter Überlieferungsphänomene. Das Selbstverständnis der Alchemie als Arkanwissenschaft indes-

---

26 Braun 2005, S. 233.
27 Die bibliographischen Daten zu den genannten Inkunabeln beruhen auf der Datenbank des *Gesamtkatalogs der Wiegendrucke*: http://www.gesamtkatalogderwiegendrucke.de [23.04.2014].
28 Die Angaben zu Inkunabeln in der durchwegs fehlerbehafteten und bibliographisch wie sachlich unzuverlässigen *Alchemica*-Bibliographie von Brüning sind haarsträubend und irreführend: Unter den ungefähr 100 ersten Nummern, die in der Chronologie der Bibliographie die Inkunabel- und frühe Postinkunabelzeit umfassen, finden sich gerade einmal drei Werke, die tatsächlich alchemischen Inhalts sind. Die restlichen Titel haben keinen oder nur einen sehr mittelbaren Bezug zur Alchemie; vgl. Brüning 2004. Zur Kritik vgl. Telle 2005.
29 Telle 1978, S. 201.
30 Erste Ansätze zu einer Soziologie der Alchemie bei Telle 1978, S. 207 f.

sen musste jeglicher Form schriftlicher Offenbarung der durch alchemische Lektüre und Praxis erst zu ergründenden Geheimnisse der Natur widerstreiten.[31] Die Unikalität der Handschrift scheint im Verständnis der Alchemisten der adäquate mediale Ausdruck für die Unzugänglichkeit des Arkanums gewesen zu sein, auch dann noch, als in der frühen Neuzeit arkanes Wissen im gedruckten Buch massenhaft verbreitet wurde. Namentlich die Titelblätter alchemischer Drucke rekurrieren in eindringlicher Stereotypie auf die Exklusivität der Handschrift. Die Handschriften, die den angepriesenen Drucken tatsächlich oder angeblich zugrundelagen, bewirkten eine Unikalisierung („zuvor nie außgegangene Tractätlein"),[32] Dignifizierung („Auß alten Manuscriptis den filiis doctrinae zum besten publiciret"),[33] Authentifizierung („Ex manuscriptis et eo praecipue exemplari, quod auctor ipse typis destinaverat"[34], „nunmehr aus seiner eigenen Handschrifft in druck publiciret")[35] und Mystifizierung („anjetzo aus einem geheimen manuscript")[36] der nunmehr wohlfeilen alchemischen Geheimnisse.

---

31 Zur „Arkanisierung" der frühen Neuzeit vgl. Jütte 2011, S. 25–41.
32 Franz Kieser: Cabala Chymica. Concordantia Chymica, Mülhausen 1606.
33 Vier Chymische Tractätlein, Bautzen 1677.
34 De Magni Lapidis Sive Benedicti Compositione et operatione Aliquot Capita, Straßburg 1613.
35 Basilius Valentinus: Von den Natürlichen vnnd vbernatürlichen Dingen. Hrsg. von Johann Thölde, Leipzig 1603.
36 Johann Hiskia Cardilucius (Hrsg.): Magnalia Medico-Chymica Continuata, Oder/ Fortsetzung der hohen Artzney- und Feuerkunstigen Geheimnüssen, Nürnberg 1680.

Öffentliche Geheimnisse

Alchemische Drucke der frühen Neuzeit

Petra Feuerstein-Herz

Schon immer umfing alchemische Schriften die Aura des Geheimnisvollen und Enigmatischen, und selbst im weit vorgerückten 18. Jahrhundert stellte das unter dem Autorennamen Abraham Eleazar veröffentlichte, auf die „uralte" jüdische Alchemie zurückgreifende *Alchemicum* (**Abb. 15**) mit seinem vieldeutigen Frontispiz in orientalischem Kolorit keine aus der Zeit gefallene Singularität dar. Aufklärerischer Rationalismus und Empirismus fanden ihre Gegenströmungen und führten auch hier nicht zu einem abrupten Ende alchemischen Denkens und Wirkens. Mit der Einsicht in das Alchemieinteresse etwa eines Isaac Newton (vgl. Beitrag Siebenpfeiffer) wird die Faszination, die auch im aufgeklärten 18. Jahrhundert von hermetischen Wissensbeständen ausging, von der Kultur- und Wissenschaftsgeschichte mittlerweile aufmerksam untersucht.

Die Alchemiegeschichte und im Besonderen der Rückgriff auf ihre medialen Aspekte präsentieren sich damit auch als Forschungsfeld *par excellence* zur Epistemologie der praktischen Wissenschaften der frühen Neuzeit in ihren schillernden vormodernen Spannungsbögen. Im Folgenden wird auf der Grundlage der repräsentativen Druckbestände der Herzog August Bibliothek der frühneuzeitliche *Alchemica*-Buchmarkt in den Blick genommen, und zwar vornehmlich die in Deutschland florierende alchemische Buchproduktion im 17. Jahrhundert mit ihren Ausstrahlungen in das folgende Säkulum.

Geheimnis und Wahrheit – Zur Intention alchemischer Buchproduktion

Der weitgespannte inhaltliche Rahmen der frühneuzeitlichen Alchemie hat zu einer reziproken Vielgestaltigkeit der gedruckten Medien geführt und lässt es nur mit Vorsicht zu, ‚typische' Merkmale der Buchproduktion in diesem Wissensbereich zu generalisieren. Doch ist für signifikante Teile dieses Schrifttums eine durchgängige Polarität zwischen dem Streben nach Publizität und zugleich vielfältigen Verschlüsselungs- und Geheimhaltungspraktiken kennzeichnend. Alchemisches Wissen verstand sich von jeher als Arkanwissen, verzichtete aber über die Jahrhunderte nicht auf die verschriftlichte Weitergabe, die Tradierung ihres Wissensschatzes in kanonischen Texten, zu welchen etwa die vermeintlichen Werke des sagenumwobenen Hermes Trismegistos zählten. Deren Kenntnis, vielleicht schon der hütende Besitz, markierten einen Ausgangspunkt zur Befähigung, sich alchemischen Studien und Praktiken gewachsen zu zeigen. Dies jedenfalls ist fast allen bildlichen Darstellungen des Alchemikers und seines Laboratoriums zu entnehmen – Bücher, meist große Folianten (vgl. z. B. **Abb. 135–136**), hatten einen festen Platz im Inventar. Sie bergen die ganze komplexe handwerklich-wissenschaftliche Kunst und Semantik der alchemischen Arkandisziplin, wie sie in ihren Hintergründen und Funktionen seit geraumer Zeit von der Wissenschafts- und Buchgeschichte durchleuchtet wird.[1] Ein auf vielfältigen

---

[1] Vgl. u. a. Eamon 1984; Eis 1965; Giesecke 1991; Nummedal 2011; Telle 1978, 2003, 2004a; Schütt 2000, S. 315–323.

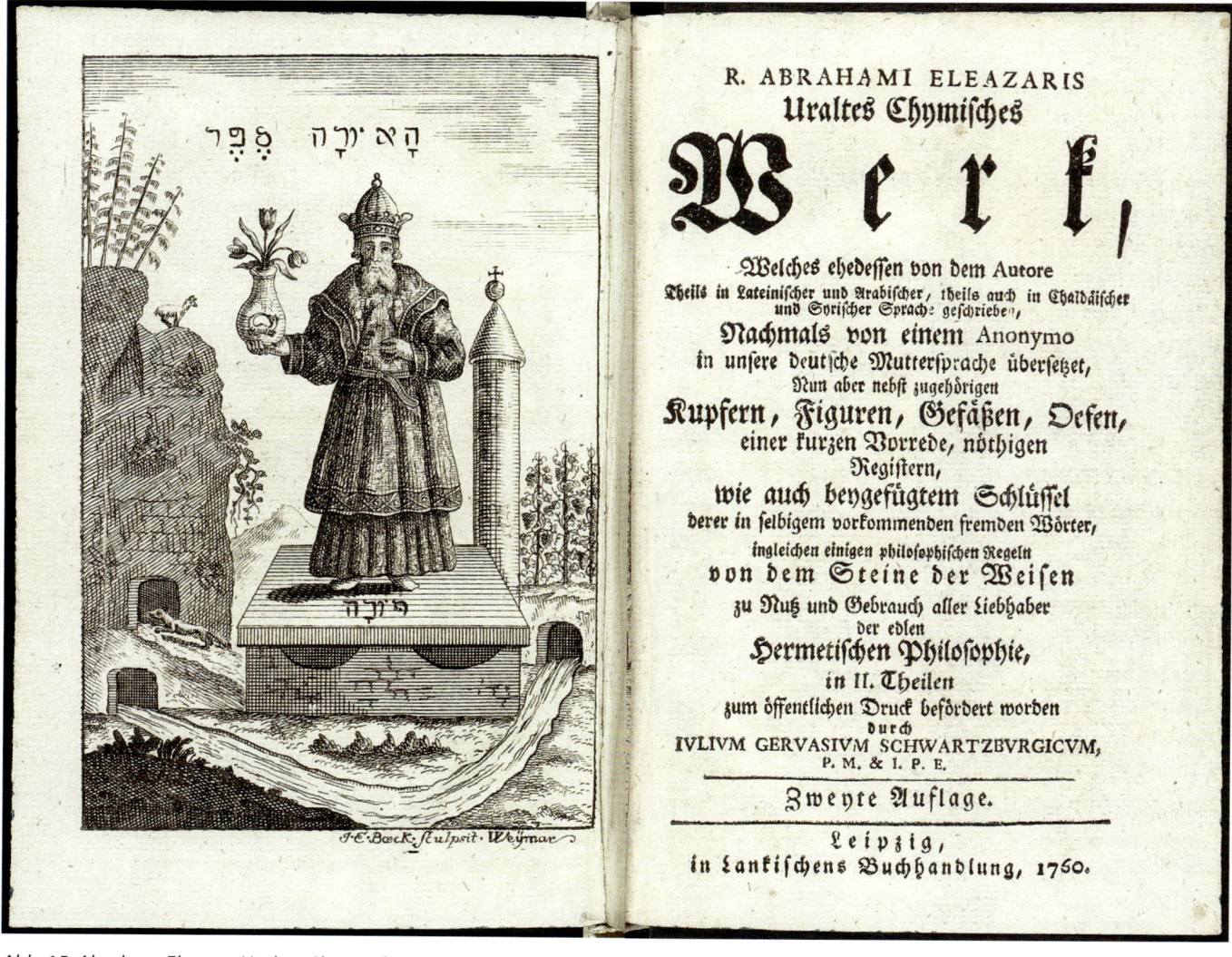

Abb. 15: Abraham Eleazar: Uraltes Chymisches Werk, Leipzig 1760, Titelblatt und Frontispiz. HAB: Nd 279

medialen Praktiken beruhender Geheimhaltungskultus hatte die Funktion, ein Wissen vor Profanierung zu schützen, das in traditionellen Bräuchen der arabischen Geheimwissenschaften, in berufsständischen Traditionen der mittelalterlichen *Artes*, im Schutz eines Urwissens oder göttlichen Wissens verwurzelt war.[2] Neben Zeichen, Symbole, auch emblematische Bildprogramme traten sprachliche Verschlüsselungspraktiken. Verbreitet war die textliche Gestaltung in verschiedenen Sprachschichten. Die Texte konstituierten sich aus unmissverständlichen Darstellungen alchemischer Inhalte und zugleich aus Passagen in verschlüsselter Form, um spezielle Kenntnisse nur dem Eingeweihten zugänglich zu machen, der die Bedeutung von Synonymen und Metaphern, Symbolen und Zeichen wie einen Code deuten und verstehen musste. Die Iteration alchemischer Allegorien und Metaphern in andere kulturelle Systeme und Kontexte wiederum führte über die Zeiten hin zu einem vielschichtigen Ensemble von Metaphern und Synonymen mit unterschiedlichen Bedeutungsgehalten. Eine derartige kulturelle Übersetzung gelehrter Konzepte und symbolischer Formen ist in der frühen Neuzeit häufig zu beob-

---

2 Vgl. dazu ausführlich Ebeling 2001.

achten. Wie die Human-Anatomie zu einer Art Leitwissenschaft für alle analytisch-zergliedernden Vorgehensweisen wurde,³ so wurde die Alchemie zum konzeptspendenden Muster für alle möglichen reinigenden und läuternden Ansätze, und zwar in ihrer ganzen Ambivalenz: Der gleiche Georg Philipp Harsdörffer, der die Alchemiker als Antipoden einer deutlichen Rede auf die Anklagebank setzte,⁴ entnahm ihr oder zumindest der Metallurgie das Modell für eine Bearbeitung der Muttersprache, die – wie die Metalle, die aus dem „Bergsaft [...] erwachsen" und „durch die Kunstmässige Feuer-Arbeit" purifiziert, gereinigt und geläutert werden – von den Schlacken des vulgären Gebrauchs gereinigt, durch kunstvollen Sprachausbau auf ihre immanenten, uralt verwurzelten „natürlichen" Gründe zurück- und auf diese Weise auf ihre höchste Stufe von Richtigkeit und Reinheit heraufgeführt werden solle.⁵

Ob der arkane Status der Alchemie ihre anfangs zögerliche Berührung⁶ mit dem neuen Medium des Buchdrucks mit beweglichen Lettern zu verantworten hatte, sei dahingestellt. Titel und Auflagen alchemischer Druckwerke nahmen aber im Laufe des 16. Jahrhunderts rasch zu und erreichten im 17. Jahrhundert ungeahnte Größenordnungen.⁷ Der „kaiserliche Seydensticker" und Paracelsist Hans Christoph Reinhart (Lebensdaten unbekannt)⁸ brachte im Jahr 1608 einen alchemischen Traktat zum Druck (**Abb. 16**), der einen Beitrag zur Aufklärung der *Arcana*, der alchemischen Geheimnisse des Basilius Valentinus ankündigt, eines der im 17. Jahrhundert besonders geheimnisumwobenen Alchemiker, dessen Identität bis heute nicht endgültig geklärt ist. Ganz unumwunden forderte Reinhart die Leserschaft, das öffentliche Publikum, bereits auf dem Titelblatt auf:

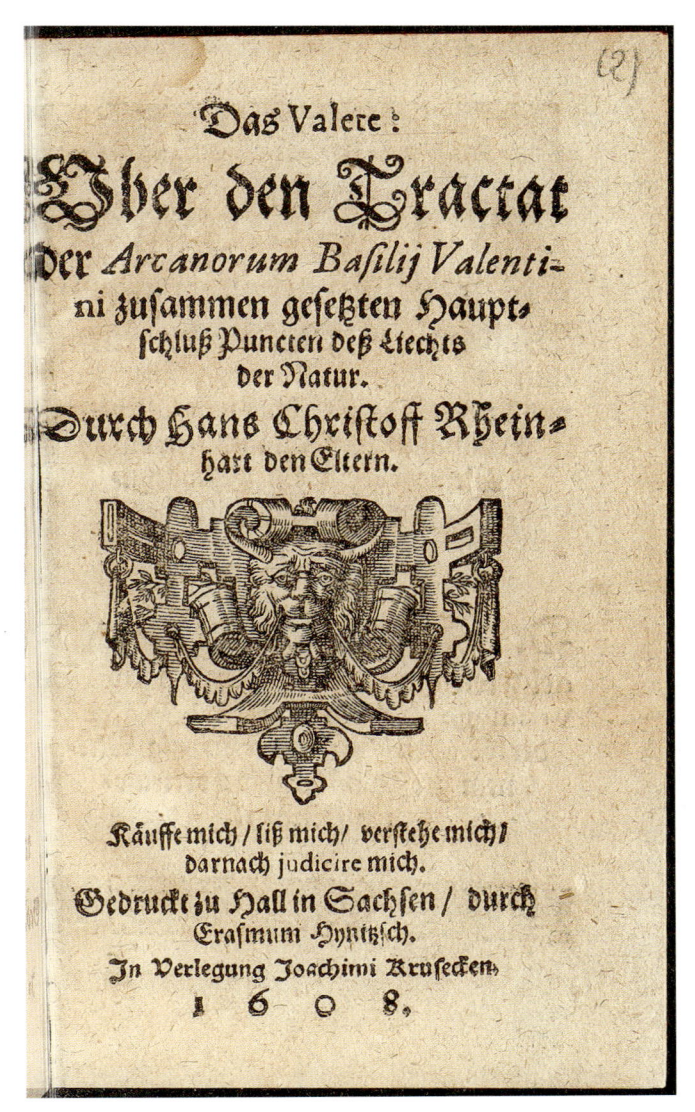

Abb. 16: Hans Christoph Reinhart: Das Valete, Halle 1608, Titelblatt. HAB: Xb 9369 (2)

„Käuffe mich, liß mich, verstehe mich, darnach judicire mich."

---

3 Man denke etwa an Severin Schlüters *Anatomia Logica Aristotelae sive Syncresis logica* (Frankfurt am Main 1610), an Pierre Du Moulins calvinistische, contraremonstrantische *Anatomia Arminianismi* (Amsterdam 1620), an Robert Burtons *Anatomy of Melancholy* (Oxford 1638) oder an Oswald Crolls *Tractatvs De Signaturis internis rerum, seu de vera et viva Anatomia maioris et minoris Mundi* (Frankfurt am Main 1620).
4 „Hingegen pflegen etliche Chimisten oder Schmeltzkünstler ihre für sich schwere Kunst mit vielen Bildereyen zu verbergen/ daß sie niemand verstehen sol/ als welcher ihre Stücklein zu Vorweiß [d. i. zuvor weiß]/ und geben also dem Lehrling so viel Unterricht/ als wann sie still schwiegen/ oder nichts geschrieben hätten." Harsdörffer: Prob und Lob der Teutschen Wolredenheit. Das ist: deß Poetischen Trichters Dritter Theil, Nürnberg 1653, Ndr. Darmstadt 1969, S. 31.
5 Ebd., S. 9f.
6 Vgl. u. S. 59.
7 Die starke Zunahme der Verlagsproduktion ist allerdings nur relational zur *Alchemica*-Produktion der verschiedenen Jahrhunderte zu bewerten; insgesamt nahm die Alchemie nur einen eher geringen Anteil an der frühneuzeitlichen Buchproduktion ein.
8 Soukup 2007a, S. 360 f.; Eis 1965, S. 163.

Die Druckwerke der frühen Neuzeit bezeugen in großer Zahl den unbeirrten Glauben an die eine „wahrhaftige Wahrheit" der inneren Zusammenhänge, an ein unvordenkliches Weltwissen, das im Kanon „uralten" hermetischen Schrifttums der Nachwelt überliefert worden sei. Die Alchemiker, Autoren und Verleger des 17. Jahrhunderts verstanden ihre Publikationstätigkeit nun – so die Ankündigungen auf Titelblättern und in den Vorreden – zu einem guten Teil als die Aufgabe, jene alte Weisheit oder *prisca sapientia* zugänglich zu machen, was sich als durchaus differenziertes Aufgabenfeld gestaltete. Der Herausgeber von Eleazars *Chymischem Werk*, Julius Gervasius, wollte mit seinem Buch „den Liebhabern der wahren Chymie […] ein sehr rare[s] und kostbare[s] Manuscriptum" des „vergüldeten Buchs Abraham des Juden", welches in früherer Zeit der angebliche Adeptus Nicolaus Flamel gekannt habe, „durch den öffentlichen Druck in die Hand spielen" (Bl.)(3r). Der Hinweis auf die handschriftliche Überlieferung wird nahezu durchgehend als sicherer Beweis für die weit zurückreichende Tradition alchemischen Wissens angeführt. Ebenfalls geradezu topisch sind die Hinweise auf die Notwendigkeit einer aufwendigen, unter mühevoller Entsagung zu leistenden, schrittweisen Annäherung an diese Kenntnisse. Nicht allein die Tatsache, durch bestimmte moralische und intellektuelle Voraussetzungen zum Kreis der Auserwählten zu gehören, sondern auch der anstrengende und komplizierte Weg zu Erkenntnis und Weisheit gehören beinahe zwingend zur Selbstprojektion der Alchemiker und zum Bild der Alchemie. In dieses Selbstverständnis einbezogen war auch die akribische Suche nach den Quellen, wie wir dies aus vielen Schriften erfahren. Reinhart etwa habe für sein *Valete* weder Kosten noch Mühen gescheut und auch durch eigene praktische Arbeit nachvollzogen, was er „auss seinen [d. i. Basilius Valentinus] Schrifften und Büchern Puncts weise weit zerstrewet/ vertunckelt/ unter ander Materien vermischet und versetzet herauß gesucht". Dies habe er „in eine richtige Ordnung Schnur gerade Linien" und damit „solche warhafftige Wahrheit" in „offenbaren Druck" gebracht (Bl. A2v). Noch 150 Jahre später erinnert Gervasius in aufklärerischer Absicht, dass „Gott [wollte], daß alle und jede, so wohl Fürsten […] auch andere Privatpersonen, die MSta [d. i. Manuscripta] besitzen, sich zur allgemeinen Wohlfahrt vereinigten" (Bl. A2v f.).

Den Autoren und Verlegern, die im Rahmen der neuen medialen Möglichkeiten über ein „Programm" zur Rekonstruktion und Öffnung der alchemischen Arkana nachdachten, leisteten die wissenschaftlichen Strömungen der Zeit Vorschub. Weniger als vielleicht zu vermuten, könnten dabei die im 17. Jahrhundert grundlegenden Veränderungen der wissenschaftlichen Kommunikationsformen[9] die Überwindung des alchemischen Geheimhaltungsgebotes eingeläutet haben, als vielmehr sozialethische[10] und naturphilosophische Entwicklungen, die mit der paracelsischen Naturlehre einhergingen. 1572 begründete der paracelsische Arzt Michael Toxites, warum er „solche Arcana publicier/ die doch Gott allzeit selbs verborgen hat", – es geht um die Drucklegung zweier „herrlicher Authores", welche „in der Hermetischen Philosophi groß und ansehnlich", Bernhardus Trevisanus und Alanus ab Insulis –, nämlich geradezu mit eschatologischen Anklängen, weil „die zeit vorhanden/ da es alles offenbar werden sol. Dann laßt uns Gott der Herr die Bücher zuhanden kummen/ so will er auch/ daß wir uns darinnen üben und suchen".[11] Die Offenbarung Gottes erschloss sich für die Paracelsisten im „Licht der Natur", denn in ihr „ist alle Erkenntnis der Welt, die wir Menschen auf Erden besitzen", so Theophrastus von Hohenheim.[12] Der Hohenheimer polemi-

---

9 Wels 2012, S. 215.
10 Gerhard Eis wies darauf hin, dass die allmähliche Lösung von dem Schweigegebot auch mit der paracelsischen Gesundheitslehre einherging, da pharmazeutisches und medizinisches Wissen zum Wohl der Menschen keiner Geheimhaltung bedurfte, vgl. Eis 1965, S. 68.

11 Heinrich Wolff (Hrsg.): Von der hermetischenn Philosophia, das ist, Vom gebenedeiten Stain der weisen, Vorrede von Michael Toxites, Straßburg 1582.
12 Paracelsus: Sämtliche Werke. Nach der 10-bändigen Huserschen Gesamtausgabe (1589–1591). Zum erstenmal in neuzeitliches Deutsch übers., mit Einl. […] und erklärenden Anm. vers. von Bernhard Aschner, Bd. 1, Jena 1926, S. 221.

sierte zwar mit deutlichen Worten gegen die Buchgelehrsamkeit der Akademiker, hermetische Werke aber hüteten die der Natur immanenten Geheimnisse, befassten sich mit den verborgenen Ursachen von Naturerscheinungen mit ihren Substanzen, Prinzipien und Wirkungen. Alchemische Schriften bauten demnach weniger ein Geheimnis auf, das sie zu schützen hatten, als dass sie sich gern in die Rhetorik der Enthüllung eines bislang verborgenen Schlüsselwissens kleideten, sie gaben vor, „den Geheimnischarakter zu lüften, um die den Sinnen prima facie verborgenen Ursachen der Naturprozesse zu entdecken".[13]

Gleichwohl wurde wie von ihren Vorgängern auch von den Paracelsisten betont, dass sich das Wissen keineswegs „den unwürdigen", „den faulen", „den verruchten", sondern nur einem kleinen Kreis Auserwählter offenbare. Es sei, laut Toxites, „kein wunder/ daß selten einer zu dieser hohen gaben Gottes kompt" (Bl. A4v). Nur dem „gottesförchtige[n]/ sinnreiche[n]/ embsige[n] Forscher", so das Vorwort einer Sendivogius-Ausgabe (Chymische[s] Kleinod, Straßburg 1681), offenbare sich diese „heilige und heimliche Kunst". Die Ambiguität zwischen Offenlegung und Verschleierung bestand auch innerhalb der Druckkultur der Alchemica noch fort, ob im Schweigegebot der alten Alchemie oder der komplexen Semiotik der paracelsischen Sprache.

„Wahrheit" und „Geheimnis", diese Schlüsselbegriffe alchemischer Drucke in der frühen Neuzeit, werden den verlegerischen Interessen auf dem „neuen Markt" des Buchdrucks ein vielversprechendes Potential geboten haben.

Buchdruck und Alchemie in der frühen Neuzeit

Auch wenn es über den Umfang alchemischer Frühdrucke differierende Angaben in der Forschungsliteratur gibt,[14] bleibt festzuhalten, dass sich erst im Laufe des 16. Jahrhunderts eine gedruckte alchemische Buchkultur zu entwickeln begann. Kennzeichnend für sie ist die internationale Produktion in lateinischer Sprache. Bezieht man sich auf den Bestand der Herzog August Bibliothek, so konzentrieren sich die vorhandenen Werke des 16. Jahrhunderts auf einige wenige Druckorte (Basel, Frankfurt am Main, Straßburg, Venedig, Paris), die man sicherlich als Zentren der alchemischen Buchproduktion dieser Zeit bezeichnen kann.[15]

Wenn man sich trotz der typologisch nur eingeschränkten Rubrizierbarkeit alchemischer Drucke an dem insgesamt tragfähigen Raster orientieren will, das Joachim Telle in seiner Analyse der Alchemica-Sammlung von Alexander von Bernus vorgegeben hat,[16] dann handelt es sich in dieser Zeit hauptsächlich um Werke des frühneuzeitlichen Fachschrifttums (Alchemica technica) aus den sich mit alchemischen Methoden berührenden Bereichen der Mineralogie, Metallurgie sowie weiterer chemisch-technologischer Sparten. Neben den schon in der Inkunabelzeit gedruckten Destillierbüchern gehören Berg- und Probierbücher (vgl. **Kat. Nr. 3, 35, 39**) und sog. Kunstbüchlein sowie weitere Anleitungsliteratur in diesen Bereich, die sich in speziellen Formen im 16. Jahrhundert ausdifferenzierten. Im Kontext der Alchemie sind die Werke interessant, die Anleitungen für handwerkliche Berufe und auch für den privaten Bereich enthalten, die auf

---

13 Ebeling 2001, S. 67.
14 Vgl. die Unterschiede bei Telle 1978, S. 203 und Hirsch 1950, der einige in Italien unter dem Namen des Hermes Trismegistos gedruckte Hermetica (Pimander 1471 u. ö., u. a.) [vgl. dazu kritisch Telle 2005a, S. 249], einen vermutlichen Geber-Erstdruck (Rom um 1485), eine geringe Zahl von chemisch-technologischen Werken (Schrick: Ausgeprannte Wasseren) als alchemische Inkunabeln einordnet. Nicht übergehen sollte man zudem die in den Summen und enzyklopädischen Werken (Bartholomaeus Anglicus, Vincent von Beauvais u. a.) überlieferten alchemischen Texte und Zusammenfassungen sowie vor allem die frühen Druckausgaben der antiken und spätmittelalterlichen Autoren (Aristoteles, Albertus Magnus, Arnoldus de Villanova, Raimundus Lullus, Michael Scotus, Thomas von Aquin u. a.), von welchen Texte alchemischen Inhalts bekannt sind. Vgl. ebenfalls Hirsch 1950; Schütt 2000, S. 315–323.
15 Insgesamt ist die Streuung über europäische Druckorte breiter, jedoch deutlich geringer als dann im 17. Jahrhundert.
16 Telle 1997, S. 12–25. Telle klassifizierte das einschlägige Schrifttum in vier separaten Wissensbereichen der frühneuzeitlichen Alchemie: (1) Alchemica technica, (2) Alchemica transmutatoria metallorum, (3) Alchemia medica und (4) Alchemica mystica.

im weiteren Sinn Metall verarbeitende Fertigkeiten wie Farb- und Tintenherstellung, Goldschmiedearbeit u.ä. abzielen.[17] Neben diesen wurde seit dem 16. Jahrhundert auch verstärkt ein Schriftenbereich gedruckt, der sich dem bis in die frühe Neuzeit behaupteten Zentrum des alchemischen Diskurses widmete, der metallurgischen Transmutationsalchemie. Dazu gehören Abhandlungen, Anleitungen und Rezepte zur Verwandlung von weniger edlen Metallen in Silber und Gold, meist in den Werkausgaben der klassischen arabischen und spätmittelalterlichen Autoren, etwa des Gābir- und Geber-Komplexes (**Kat. Nr. 16, 33**).

Im 17. Jahrhundert kommt es generell zu einer deutlichen Zunahme der Druckproduktion, auch in der Alchemie. Legt man inhaltlich einen weiten Alchemiebegriff zugrunde, lassen sich im Vergleich zum 16. Jahrhundert in der Herzog August Bibliothek annähernd viermal so viele Drucke ermitteln.[18]

Die Wolfenbütteler Bestände deuten dabei auf zwei markante Einschnitte hin: Bereits im frühen 17. Jahrhundert ist ein überproportional starker Anstieg zu bemerken und in der Zeit um 1640 ein starker Abschwung. Letzterer ist den massiven Einwirkungen des besonders im Raum des Heiligen Römischen Reiches wütenden Dreißigjährigen Krieges geschuldet, von denen sich der Buchmarkt erst allmählich wieder erholen sollte.[19] Der Anstieg nach etwa 1610 lässt zunächst das starke Aufkommen der sog. chemiatrischen Werke sichtbar werden. Eingeleitet durch das Vordringen eines reichen paracelsischen Schrifttums im ausgehenden 16. Jahrhundert, eroberte sich neben der metallurgischen Alchemie im 17. Jahrhundert die auf alchemischen Methoden gründende Pharmazie und Medizin, die Chemiatrie oder Iatrochemie (**Kat. Nr. 61, 62**), einen festen Platz. Deren Schrifttum differenzierte sich in vielfältigen Gattungen aus: Rezeptbücher, Handbücher und Anleitungsliteratur, Arzneibücher und Pharmacopoen, akademisches Schrifttum, Traktatliteratur etc.

Schließlich entwickelte sich zu einem tragenden Teil der alchemischen Buchproduktion in dieser Zeit auch ein Schrifttum, das unter dem Terminus einer *Alchemica mystica* zu subsumieren ist. Neben den „Exponenten einer reich schattierten Frömmigkeitsbewegung, die von der lutherischen Orthodoxie des 17. Jahrhunderts [...] erbittert bekämpft worden sind" – Valentin Weigel, Johann Arndt, Jakob Böhme wären hier neben anderen zu nennen[20] – kann in diesem Kontext auch das Wirken von rosenkreuzerischen Theologen und Ärzten verortet werden, die in ihrem Reformdenken zur Verbesserung der Wissenschaften, Künste und allgemein der gesellschaftlichen Ordnung enge Bezüge zur „alchemistischen Vorstellungswelt und hermetischen philosophia"[21] aufwiesen.

Im 17. Jahrhundert verliehen dem alchemischen Buchmarkt vor allem aufwendige Bildserien (vgl. die Serie S. 315 – 319) ein Gesicht (vgl. Beitrag Laube). Die effektvollen und imposanten druckgraphischen Folgen, die, wie diverse Neuauflagen und Sammelausgaben bezeugen, nicht unerhebliche verlegerische Erfolge einfuhren, fußen auf einer reichen Bildtradition in der auch weiterhin parallel zum alchemischen Buchdruck existierenden handschriftlichen Tradition (vgl. Beitrag Limbeck). In Europa stellten die Frankfurter Verlage, besonders Merian, de Bry, Jennis, wie

---

17 Informationen dieser Art enthielt beispielsweise die *Secreta*-Literatur der *Magia naturalis*, die sich den verborgenen Naturkräften widmete und sich mit technischen, medizinischen und alchemischen Phänomenen befasste. Seit dem späten 17. Jahrhundert zählen auch die Sparten zu diesem Bereich, die sich im Frühmerkantilismus aus der Alchemie zu chemischen Technologien entwickelten, beispielsweise in der Glas- und Porzellanherstellung. Vertreter in Deutschland wären Johann Joachim Becher (**Kat. Nr. 38**), Johann Rudolf Glauber und Johann Kunckel (**Kat. Nr. 56**).

18 Eine buchgeschichtlich umfassende Auswertung der alchemischen Buchproduktion, etwa unter Einbeziehung der Messkataloge, steht bislang für den deutschen Sprachraum noch aus. Die umfangreichen Bestände der Herzog August Bibliothek, die in den letzten Jahren kontinuierlich durch antiquarische Erwerbungen ergänzt wurden, können aber zu einer ersten allgemeinen Orientierung herangezogen werden.

19 Die Buchproduktion in der frühen Neuzeit stellt sich in England, wofür Lauren Kassell anhand von Verlagsverzeichnissen die alchemische Buchproduktion zwischen 1527 und 1680 auswertete, deutlich anders dar, vgl. Kassell 2011.

20 Telle 1978, S. 214f.

21 Ebd., S. 204.

auch Zetzner in Straßburg für diese alchemische Druckgraphik wichtige Zentren dar.²²

Die Analyse der Druckorte zeigt einen deutlichen Ausschlag im Bereich des deutschen Sprachraums, was nicht nur der Sammelgeschichte der Wolfenbütteler Bibliothek geschuldet ist, sondern als generelles Phänomen des europäischen *Alchemica*-Buchmarktes zu bewerten ist.²³ Die Buchproduktion weitet sich im Vergleich zum 16. Jahrhundert regional deutlich aus, im heutigen Bestand der Herzog August Bibliothek sind Werke aus mehr als 130 Druckorten erhalten, wobei neben den seit je starken Zentren in Frankfurt am Main, Leipzig, Straßburg, auch Nürnberg, Basel, Hamburg und Köln eine Vielzahl von Druckorten in den Regionen hinzutreten, in welchen nur gelegentlich alchemische Schriften publiziert wurden. Ohne intensiver in die Analyse der Buchproduktion einzusteigen, zeigt ein erster Überblick, dass es sich bei diesem regionalen Schrifttum sehr häufig um alchemische Kleinschriften der metallurgischen und medizinischen Alchemie handelte, die in erster Linie einschlägiges Wissen breiten Bevölkerungskreisen in einem pragmatischen Sinn vermitteln wollten. Man wolle gar nicht, so heißt es in der deutschen Übersetzung von Lancilottis *Guida alla chimica* (**Kat. Nr. 37**) „den Spagyrischen Geheimnissen […] nachforschen",²⁴ als vielmehr den nützlichen chymischen Arzneischatz vorstellen und wie ein „Geleitsmann" vermitteln (Vorrede). Mit einer Absage an alles Spekulativ-Numinose hat sich auch der „Chymiater" Angelo Sala der Vermittlung zur paracelsischen Medizin, jener „Wärdigkeit der Chymiae in der Artzney"²⁵ genähert:

„Daß ich aber dasselbe Spagyrische Schatzkammer nenne/ geschicht zwar nicht/ alß wann ich etwann mit solchen hohen Arcanis/ alß Spiritibus […] Quint-Essentien […] Tincturâ Philosophorum, […] auffziehen und herprangen wollte […]; Solche Mysteria aber fallen meiner geringen Vernunfft zu hoch. Sonsten seynd die Medicamenta, darvon ich allhier tractire, keine Geheimnüssen/ sondern nur solche Mittel/ welche mehrentheils nunmehr fast allen fürnehmen Medicis Deutscher Nation wol bekandt/ vnd von jhnen gebracht werden."²⁶

Ein ähnlicher Praxisaspekt betraf Methoden der metallurgischen Alchemie, die etwa der Arzt David Kellner in seiner *Praxis metallica*, 1699 in Nordhausen gedruckt, dem „Publico" bekannt machen wollte.²⁷ Dieser Praxis- und Vermittlungsbezug durchzieht die alchemischen Werke des 17. Jahrhunderts, allen voran etwa in Andreas Libavius' *Alchymia* und ihren späteren deutschen Bearbeitungen (**Kat. Nr. 34**).

Erfahren wir aus obrigkeitlichen Erlassen (**Kat. Nr. 60**), dass „die Alchymisterey und vermeinten Gold und Silbermachens" in breiten Bevölkerungskreisen, auf dem Land und in der Stadt, in Bauernküche und Bürgerhaus, zum Leidwesen der Herrschaft extensiv betrieben worden sein soll, so spiegelt sich das in einem regional weithin gedruckten und vertriebenen Kleinschrifttum wieder. Im Schlepptau zogen diese Drucke ein ebenso reiches Kontroversschrifttum „gegen die Sophisten/ Idioten/ Landstreicher und betrieger"²⁸ mit sich, man prangerte die Vielschreiberei geradezu an, „dann die wahren Philosophischen Bücher sind durch viel Tausent ProcessKrämer/ Glossanten/ und Cacophilosophos verfälscht"²⁹, ja, so

---

22 Vgl. dazu auch Telle 2004a.
23 Telle 1978, S. 205.
24 Spagyrik war seit dem späten Mittelalter ein Synonym für Alchemie; das aus dem Griechischen stammende Wort beschreibt den alchemischen Grundprozess des Aufspaltens eines Stoffes in seine Grundelemente, deren Reinigung und anschließende Neuvereinigung zu einem konzentrierten Stoff höherer Ordnung. In einem engeren Sinn meint Spagyrik die Anwendung der Alchemie zur Arzneimittelzubereitung.
25 Sala: Essentiarum Vegetabilium Anatome. Darinnen von den fürtrefflichsten Nutzbarkeiten der Vegetablischen Essentzen in der Artzney, Rostock 1635, Bl. [A6v].
26 Sala: Spagyrische Schatzkammer, Güstrow 1634, Bl. ?2v f.
27 David Kellner: Praxis metallica curiosa, Nordhausen 1699, Bl. A3r.
28 Andreas Martersteck: Von der Rechten wahren Kunst des Goldmachens, Magdeburg 1608, S. 6.
29 Johannes de Monte-Snyder: Metamorphosis planetarum. Das ist eine Wunderbarliche Verenderung der Planeten und Metallischen Gestalten, Frankfurt am Main 1684, S. 6 (vgl. **Abb. 152**).

beklagt Gabriel Clauder, würden die „Alchymisten Bücher […] voller Aufschneidereyn steken"; die Autores „bestehlen mittlerweile anderer Leut Bücher/ und schmieren was zusammen", so dass schließlich die „Alchymisten" als „Atheisten/ Lotterbuben/ lasterhaffte Betrüger" abgeurteilt würden.[30] Rief vor allem die Dilettantenalchemie ein wild wucherndes Schrifttum gegen sich und die Goldmacherei auf den Plan, so wurde in diesen Kontroversschriften allerdings durchaus auch naturphilosophisch seriös etwa über die Möglichkeit der Transmutation von „Metallarten" diskutiert, bzw. über die Wertigkeit der neuen chemiatrischen Medizin im Vergleich zur Jahrhunderte gültigen galenischen Heilkunde, die nicht auf chemischen Methoden basierte.

Alchemie und Bibliothek – Materielle Aspekte alchemischer Drucke

Doch gerade dieser „blaue Dunst", so ist in der Vorrede des berühmt gewordenen *Triumphwagen Antimons*[31] zu lesen, habe dazu geführt, die „Theoria" in der Alchemie zu unterschätzen. Niemand könne auf „das *Centrum* eines jeden Dings kommen/ […] wenn er nicht zum ersten die *Theoriam* gefasset/ und hernach in Praxi ein gewisses Ziel und maß ihm vorsetzt. […] Wer auch in der *Practica* versiren will/ und hat die *Theoriam* noch nicht gelernet/ der kann kein Chymicus genennet werden/ sondern ist ein Sophist/ Betrieger/ und Pseudo Chymicus" (Bl. [ ](6v)).

Damit gelangen wir zu der Frage nach der praktischen Bedeutung der alchemischen Bücher in der Laborarbeit zurück. Viele der heute in den öffentlichen Sammlungen erhaltenen Drucke bezeugen die intensive Nutzung der Schriften. In den letzten Jahren hat sich die bibliothekarische Erschließung zunehmend auch materiellen Aspekten alter Drucke zugewandt.[32] Dieser „neue" Fokus geht nicht zuletzt mit der verbesserten Erschließung der historischen Altbestände und ihrer Digitalisierung einher, rücken doch auf diese Weise Provenienznachweise, Annotationen, Einbandmerkmale und weitere Spuren, die das einzelne Exemplar als individuelles historisches Objekt kennzeichnen, verstärkt in den Blickpunkt. Benutzungsspuren in den chemisch-technologischen Werken deuten zweifellos auf eine entsprechende Anwendung im Labor hin, etwa auf die Nutzung von Geräten (**Abb. 17**), auf die konkrete Arbeit mit Rezepturen, den Inhaltsstoffen, deren Bemessungen und Kombinationen. Solche Art von „Laborbüchern" dienten oftmals nicht nur zur inhaltlichen Unterweisung, sondern zugleich als „Notizbücher" für die experimentellen Erfahrungen des Lesers und Adepten (s. **Kat. Nr. 33–35**). Derartige Buchexemplare in den alten Sammlungen sind über die textliche Überlieferung hinaus von beachtlichem, oft einzigartigem Wert für die Erforschung der handwerklichen Praxis in ihrem Zusammenspiel mit der schriftlichen Überlieferung. Aufgrund von Provenienzhinweisen in solchen Objekten lässt sich auch die Tür zu in der frühneuzeitlichen Alchemie tätigen Personenkreisen, die bislang noch kaum Konturen aufweisen, ein wenig öffnen.[33]

Die Annäherung an und Analyse von annotierten Gebrauchsexemplaren theoretischen Schrifttums ist zweifellos komplex, aber gleichwohl lohnend. Denn an diesen Objekten eröffnen sich besonders interessante Frageperspektiven, inwieweit und auf welche Weise sich etwa in der Alchemie Studien naturphilosophisch-mystischen Schrifttums, auch philologisch-literarischer Bereiche und praktisch-experi-

---

30 Gabriel Clauder: Dissertation von der Universal-Tinctur oder dem Stein der Weisen, Nürnberg 1682, S. 5.
31 Basilius Valentinus: Triumphwagen Antimonii, Nürnberg 1676.
32 Vgl. dazu etwa die Sammelbände Jochum/Schlechter 2011 sowie Wagner/Reed 2010, um nur zwei aktuelle Beiträge zu nennen.
33 Neben „öffentlichem" Buchbesitz in Klöstern und Adelshäusern liegen auch Besitzeinträge von Privatpersonen vor. Beispielsweise von Professoren der Helmstedter Universität,

so ein Schenkungsvermerk von Duncan Burnet an Andreas Granius in einem Sammelband mit Werken von Petrus Bonus und Michael Sendivogius (HAB: QuH 111.1), oder von einem Apotheker der Braunschweiger Ratsapotheke in einem spagyrischen Werk von Sala (HAB: Ma 149), und auch von bislang biographisch noch nicht verifizierten Personen wie einem Stephan Azman (HAB: Xb 9531) oder Johann Richard (HAB: Xb 9222).

Öffentliche Geheimnisse

Abb. 17: Claude Dariot: Vereinigung der Galenischen und Paracelsischen Artzney:Kunst, Basel 1623, S. 127. HAB: 46.10 Med.

mentelles Arbeiten im Labor gegenseitig bedingten und auf einander angewiesen waren. Ein solches Objekt begegnet uns im Wolfenbütteler Bestand in Gestalt eines stark abgenutzten Sammelbandes (Signatur HAB: QuH 127.4), der zwei alchemische und einen medizinischen Druck vom Ende des 16. Jahrhunderts enthält. Während letzterer nicht weiter bearbeitet wurde, zeigen die beiden Texte der Alchemiker Theobald van Hoghelande und Morienus Romanus[34] intensive Benutzungsspuren. Beide Werke sind Einführungsschriften in die Alchemie,[35] halten sozusagen das „Basiswissen" der älteren Alchemie und deren Grundlagen bereit. Und dies mag die teilweise geradezu exzessiven Notate und Marginalien erklären, die den gedruckten Text bis zur Unlesbarkeit begleiten (**Abb. 18**). Sie zeugen nicht nur von der quasi wortwörtlichen Nacharbeitung, sondern dokumentieren auch die Umsetzung von Text-

---

34 Van Hoghelande: De alchemiae difficultatibus, Köln 1594; Morienus: De transfiguratione metallorum, Hanau 1593.

35 Telle 1978, S. 201.

vorgaben in praktisches Wissen, etwa in die Formelangabe von Substanzen oder Aufschließung von Prozessabläufen. Die Alchemie verlangte auch im Labor nicht nur praktisches Wissen, sondern die Auseinandersetzung mit der schriftlichen Überlieferung, das bezeugen solche Buchobjekte.[36]

Die in **Abb. 18** gezeigte stark annotierte Doppelseite stammt aus dem Wolfenbütteler Exemplar von Hoghelandes *De alchemiae difficultatibus* [QuH 127.4 (1)]. Der Autor, der laut Schmieder als „verständiger Zweifler [...] das Wesen der Alchemie streng untersuchte" (Schmieder 1832, S. 360), diskutiert auf quellenkritischer Basis Voraussetzungen und Grundlagen der Alchemie. Die Textseiten haben die Dauer der Zubereitung des *Lapis philosophorum* (S. 17) zum Thema sowie seine bei den alten Autoritäten verwendete Benennungen (S. 17 unten und S. 18). Der kundige Leser dieses Exemplars kommentierte die stark differierenden Zeitangaben, die Hoghelande aus den Werken des Bernhardus Trevisanus und Raimundus Lullus anführt. Im Weiteren werden terminologische Fragen diskutiert, die für die auf der Basis der älteren alchemischen Überlieferung operierenden Alchemiker im Labor entscheidend sein konnten: Es geht u. a. darum, wie Lullus den im alchemischen Prozess entstehenden *Lapis* in den verschiedenen Phasen benannte. Die handschriftlichen Anmerkungen differenzieren beispielsweise die im Druck nicht im Einzelnen benannten Prozessstadien.

Einleitend arbeitete Hoghelande noch grundlegendere Fragen ab, indem er sich – wiederum auf quellenkritischer Grundlage – mit den Tugenden, die ein Alchemiker notwendigerweise mitbringen müsse, beschäftigt. Zu dem geforderten Potential sollte neben Gottesfurcht, Verschwiegenheit, Geduld auch die Kenntnis der „Lateinischen Sprache" gehören und der Adept müsse „viel bücher haben". Hierbei berief sich Hoghelande ein weiteres Mal auf Geber: „Dann also spricht Geber: Es ist nicht meine meynung, in einem Buch alles zu vermelden und zu offenbaren, sondern es soll ein Buch das ander erkleren. [...]. Ein weiser Artist und Künstler studiere mit fleiß in unsern Büchern, und lese unser hin und wieder zerstrewete meynungen fleissig zusammen, welcher wir darum an so viel unterschiedliche Orter verstecket, auff daß sie den Boßhaftigen und Unwissenden nicht offenbar noch gemeyn werden sollen" (zitiert nach der deutschen Übersetzung *Von den Irrwegen der Alchemisten*, Frankfurt a. M. 1600, S. 12 f.). Dieser ‚Wissensdispersion' als Geheimhaltungspraxis setzte Hoghelande durchaus das Bücherstudium entgegen: „deshalb thut einem Artisten wol not, das er viel Bücher und mancherley Authores und Scribenten habe, dardurch den unterschiedenen verstandt/ wie Lullius saget, zu eröffnen [...] dann offtmals wird etwas durch eines unterricht zu einem rechten verstandt gebracht, welchs bey einem andern, da es vielleicht figürlich unnd gar zu verblümbt gesetzt, nicht hat verstanden werden mögen" (ebd., S. 13).

---

36 Der Sammelband trägt auf dem Pergamenteinband die Prägung der Initialen „MTPL" (vorderer Einband oben links) und die Jahreszahl „1594" (unten), Angaben, die bislang jedoch noch nicht zu einer Verifizierung der Provenienz geführt haben. Die bibliothekarische Provenienzerschließung hält aber entsprechende Angaben in den Onlinekatalogen recherchierfähig fest, so dass die Hoffnung besteht, mit dem zunehmend wachsenden Datenpool in diesen Fragen über kurz oder lang Klarheit schaffen zu können. Eine von der Deutschen Forschungsgemeinschaft geförderte, auch materialbezogene Erschließung der alchemiegeschichtlichen Bestände der Herzog August Bibliothek steht im Rahmen von Projektplanungen zur Alchemiegeschichte vor dem Start (http://www.hab.de/de/home/wissenschaft/projekte/erschliessung-alchemiegeschichtlicher-quellen-in-der-herzog-august-bibliothek.htm [letzter Zugriff 26.05.2014]).

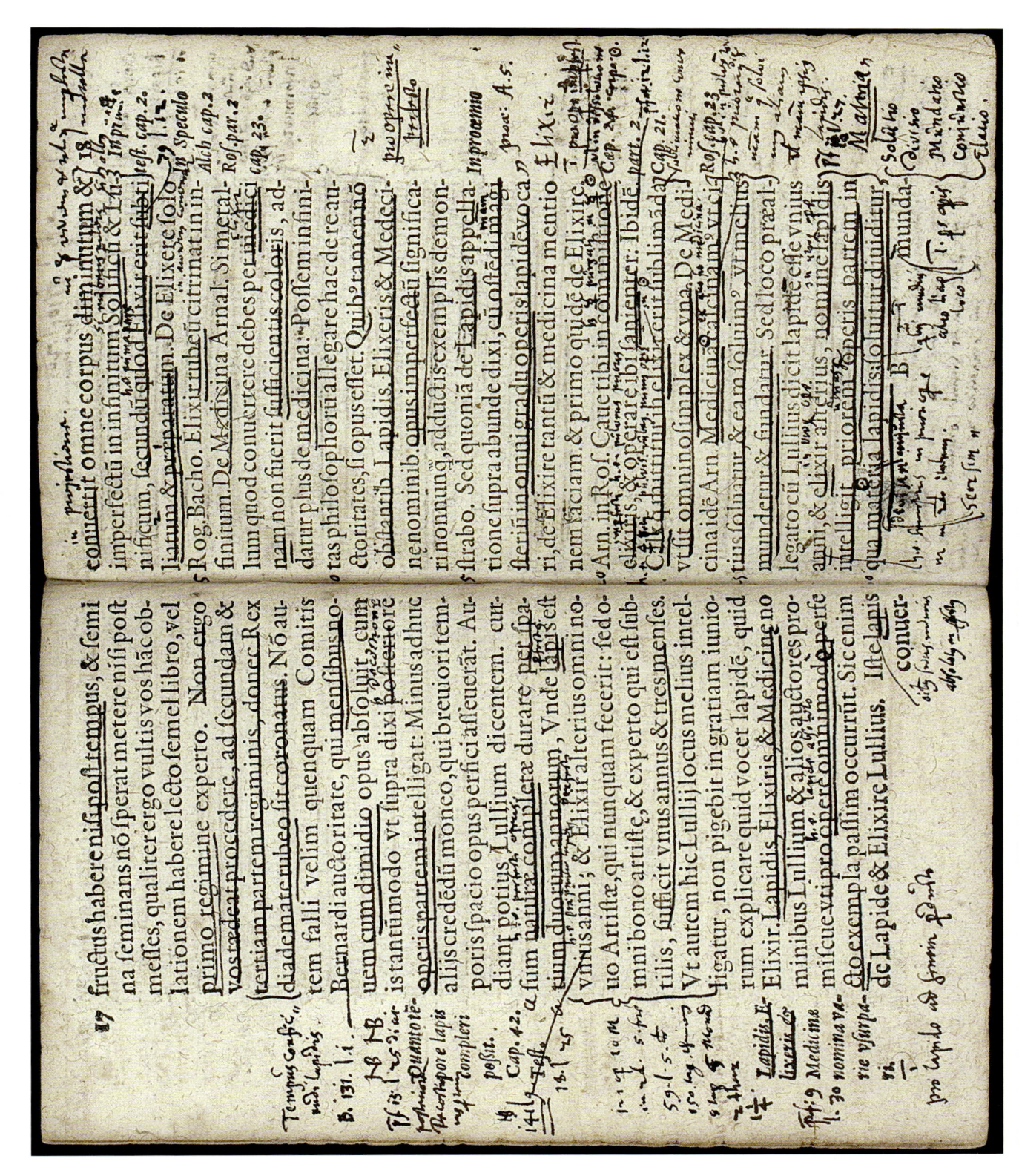

Abb. 18: Van Hoghelande: De alchemiae difficultatibus, Köln 1594, S. 17 und 18. HAB: QuH 127.4 (1)

Alchemie und Religion in der frühen Neuzeit

Das Reine vom Unreinen trennen[1]

Anne-Charlott Trepp

Der Aufschwung der Alchemie in der frühen Neuzeit hatte wesentlich mit der religiösen Deutung der Natur und deren Erforschung zu tun. Die kreatürliche Welt war nach christlichem Verständnis für und um des Menschen Willen geschaffen; daher kam diesem nach verbreiteter Auffassung auch die Aufgabe zu, Gott nicht allein in der Heiligen Schrift, sondern auch aus dem „Buch der Natur", dem *Liber naturae*, zu erkennen.[2] Das „Buch der Natur" war jedoch nicht ohne weiteres lesbar, sondern musste in seiner Zeichenhaftigkeit erst entschlüsselt werden. Im Zuge der Paracelsusrezeption im späteren 16. und frühen 17. Jahrhundert und ihrer Verflechtung mit neuplatonisch-hermetischen und mystischen Traditionen wurde zwischen dem Sichtbaren und dem Unsichtbaren als der eigentlichen Wirklichkeit der Dinge unterschieden.[3] In Abgrenzung von der aristotelischen Schulwissenschaft und derem als äußerlich und oberflächlich verschmähten Wissen betonten die Paracelsisten oder allgemein die dem paracelsisch-hermetischen Denken nahestehenden Gebildeten, die wahre Natur der Dinge sei in deren Inneren verborgen. Das Sichtbare verwies als „Signatur" auf eine tiefere sinntragende Schicht hinter der Oberfläche der Dinge.[4] Das Wissen über die Dinge lag damit nicht bei den Menschen, sondern in den Gegenständen der Erkenntnis selbst und musste als solches entdeckt werden. In dieser Welt, in der alle Dinge über sich hinauswiesen – Tiere, Menschen, Pflanzen und Steine essentiell aufeinander bezogen waren – entwickelte sich die Alchemie zu einer Schlüsselwissenschaft, in die von Gott gegebenen Geheimnisse der Natur vorzudringen.

Im Unterschied zu anderen zeitgenössischen Wissens- und Glaubenssystemen entfaltete die Alchemie im 16. und 17. Jahrhundert eine bemerkenswerte Dynamik, die sich in vielfältigen Anverwandlungen und Entwicklungen in unterschiedlichen Theorie- und Praxisfeldern, insbesondere in metallurgischen, in medizinischen und in philosophisch-religiösen Bereichen zeigten, die konzeptuell wie personell zumeist eng miteinander verschränkt waren. Eine weitreichende, naturkundlich und religiös integrative Wirkung ging von der Chemiatrie aus, die alchemische Verfahren für die Medizin nutzbar machte und von Paracelsus wesentlich weiter entwickelt worden war.[5] Gegen das verbreitete in der Tradition Galens stehende Verfahren, Drogen, das heißt vornehmlich pflanzliche Stoffe in getrockneter Form, als Heilmittel einzusetzen, suchten die Alchemiker durch Destillation und andere chemische Verfahren, das stofflich ‚Reine' als das medizinisch Wirksamste vom ‚Unreinen' als dem Wertloseren zu trennen, um damit die in der Natur verborgenen, heilenden Kräfte der Natur, die *arcana*, wirksam hervortreten zu lassen.[6] Der Gipfel der alchemischen Scheidekunst lag im *opus perfectum*, bei dem die Ausgangssubstanz über verschiedene Stufen auf ihre letzten ‚Prinzipien', gedacht als *Materia prima*, zurückgeführt wurde, um sie über ein geheimes Verfahren zum *La-*

---

1 Von der Autorin überarbeitete Kapitel aus: Trepp: Von der Glückseligkeit alles zu wissen. Die Erforschung der Natur als religiöse Praxis in der Frühen Neuzeit (1550–1750), Frankfurt a. M. u. a. 2009.
2 Blumenberg 1994.
3 Meinel 1992, S. 30; Ashworth 1990; zum Paracelsismus siehe Kühlmann/Telle 2004.
4 Foucault 1995, S. 46–61.
5 Pagel 1982a; Debus 1977.
6 Telle 1988, S. 91–95, hier S. 91f.

pis philosophorum oder Stein der Weisen zu veredeln und ihr die letzte Vollkommenheit zu verleihen. Ob damit die Herstellung eines einfachen Arzneimittels oder die *Panacea* als Allheilmittel, das allseits begehrte Gold oder die Gewinnung des geistigen, des beseelenden Prinzips überhaupt, verfolgt wurde, immer ging es um Sublimation, um die Transformation von einem niederen in einen qualitativ höheren Zustand.

Vermittler alchemischer Konzepte waren akademisch wie auch nicht akademisch Gebildete, die sich mit ihren alchemischen Praktiken und naturbezogenen Frömmigkeitsformen im post-reformatorischen Zeitalter gegen konfessionelle Vereinnahmungen und dogmatische Engführungen im religiös-theologischen wie im naturwissenschaftlichen Feld stellten und in einem erst in Ansätzen erfassten Kommunikationsraum miteinander verbunden waren.[7] In diesem sozial stark divergierenden Feld gingen wichtige Impulse von den Vertretern einer erneuerten, individualisierten und handlungsorientierten Frömmigkeit aus, die dem Pietismus im engeren Sinne vorausging; unter ihnen waren bemerkenswert viele Geistliche, die zugleich als Ärzte, Chemiatriker und Alchemiker tätig waren.[8] Ihr Streben nach geistiger Erneuerung und Vervollkommnung mit dem Ziel der bereits im Hier und Jetzt erreichbaren Wiederherstellung der eigentlich dem Jenseits vorbehaltenen Gottesebenbildlichkeit korrespondierte in vielschichtiger Weise mit den Sublimationsprozessen in der Alchemie und deren zunehmender spiritueller Aufladung.[9]

separatio puri ab impuro: Erneuerung und Vervollkommnung

Eine der Zentralfiguren der neuen erfahrungsnahen Frömmigkeit, der *Praxis pietatis*, war der Pfarrer Johann Arndt (1555–1621), bekannt als Autor der *Vier Bücher vom wahren Christentum*, des bedeutendsten Erbauungsbuchs in der frühen Neuzeit und eines der meistgelesenen Werke im deutschen Protestantismus überhaupt.[10] Seine theologischen Vorstellungen waren grundlegend von hermetischen und paracelsischen Schriften beeinflusst.[11] Arndt hatte nie Theologie, bezeichnender Weise aber Medizin bei Theodor Zwinger in Basel studiert, in dessen Umfeld man sich eingehend mit der Theosophie, Anthroposophie und Alchemie des Paracelsus befasste.[12] Auf seinen Pfarramtsstellen, wie zuletzt als Generalsuperintendent in Celle, wirkte Arndt auch als Arzt, erteilte medizinische Ratschläge, gab Rezepte weiter und stellte in seinem Laboratorium selbst Arzneien her.[13]

An Arndt wird einerseits deutlich, wie um 1600 alchemische Praktiken zur Dechiffrierung einer von Zeichen und Analogien durchzogenen Welt genutzt wurden, in der der obere und der untere Kosmos, die himmlische und die irdische Welt einschließlich des Menschen untrennbar miteinander verbunden waren, zum anderen, welche weitreichenden Analogieschlüsse zwischen den Sublimationsprozessen in der Alchemie und den geistlichen Erneuerungsbestrebungen gezogen wurden. Arndts gesamte Schöpfungsvorstellungen waren eingebettet in eine Mikrokosmos-Makrokosmos-Relation. Gemäß der Mikrokosmos-Makrokosmos-Vorstellung, die von der

---

7 Kühlmann 2001.
8 Toellner 2004, S. 338.
9 Trepp 2009, S. 171f.
10 Wallmann 2005, S. 37–39; Brecht 1993.
11 Geyer 2001; Schneider 1995, S. 95–104; Wallmann 1984.
12 Gilly 1977, hier v. a. S. 111–113; Kühlmann/Telle 2004, S. 767–774; Gilly 2007, hier S. 176–178
13 Ein zeitgenössischer Hinwies darauf, dass Arndt ein Laboratorium besessen habe, findet sich bei Philipp Julius Rethmeyer: Antiquitates ecclesiasticae inclytae urbis Brunsvigae: Oder: Der berühmten Stadt Braunschweig Kirchen-Historie, Braunschweig 1707, S. 333 f.: „Was dabey (aus Anlass seines Todes) erzählet wird / daß er verordnet habe / niemand

solle / ehe 14. Tage nach seinem Tode verflossen wären / sein Laboratorium eröfnen; und als dieses geschehen / sey ein grosser Knall gehöret / aber nichts als Staub und Dampf gesehen worden; […] lassen wir andere beurtheilen." Dazu passt auch der Hinweis von Gottfried Arnold, dass Arndt seinem jüngeren Amtskollegen in Eisleben, Christoph Hirsch, „alle seine secreta geoffenbaret" habe. Gottfried Arnold: Unpartheyische Kirchen= und Ketzer=Historie. 1729, Th. IV, Sec. III Num. XIIX/55, S. 1094; vgl. dazu unten Johann Franz Buddeus: Ob Arndt den Stein der Weisen gehabt habe, nach der Übersetzung aus dem Lateinischen, in: Deutsches Theatrum Chemicum 1. Hrsg. von Friedrich Roth-Scholtz, Nürnberg 1728, S. 70 f.

Antike über die neuplatonisch-hermetische Tradition überliefert wurde und durch die Wiederbelebung in der Renaissancephilosophie an neuerlicher Aktualität gewann, hing der gesamte Kosmos wie an einer „vnsichtbaren kette" zusammen.[14] Die *catena aurea*, über die Gott in einer graduell abgestuften Seinsordnung mit all seinen Kreaturen bis hinunter zu den niedrigsten verbunden war,[15] war das Grundprinzip, mit dem Gott in seiner *Providentia* den Kosmos erhielt und durchwirkte. Es „redet Gott der HErr von der gantz Weisen ordnung der Natur / vnnd fehet von oben an / à prima causa [!]"[16]. Denn er veranlasst, dass die unteren die oberen Kräfte und Einflüsse empfangen müssen, die durch „wunderlich consonantz vnd verwandnuß", also durch sympathetisch-harmonische Kräfte, miteinander verbunden sind.[17] Zentrales Medium, über das Gott die Welt und ihre Kreaturen lenkte, war das Gestirn bzw. seine „natürlichen Influenzen". Eine Verbindung zwischen den immateriellen „semina" oder „astra" als dem verborgenen Wesen der Dinge und den irdischen Erscheinungen bestand in den Signaturen,[18] deren äußere Erscheinung gleichsam zum Signal für die innerlich wirksamen Kräfte wurde.

Der Zugang zu den „verborgenen" und „geheimen" Kräften und Verweisungen in der Natur bestand in der Dechiffrierung der „physiognomia oder natürlichen Zeichnung" der Dinge, wie es Arndt besonders prägnant in seiner 1596/97 erschienenen *Ikonographia* beschrieb:

> „Die gantze Natur, vnd alle Elemente, Animalia, Vegetabilia, mineralia, sind voller wünderlicher Figuren, Zeichen vnd Bilder, dadurch sie [die göttlichen Weissagungen] sich erkennen geben, vnd offenbahren alle jre geheimnus durch Bilder".[19]

Durch die Signaturen wurden alle Kreaturen zu Bedeutungsträgern göttlicher Botschaften und selbst das geringste Gewächs, das durch äußere Zeichen seine Heilkräfte zu erkennen gab, zum „Zeugen der Liebe, Güte / vnd Allmacht Gottes"[20]. Um die Zeichen Gottes in der Natur zu dechiffrieren, bedurfte es jedoch besonderer chemiatrischer Kenntnisse und Verfahren.

> „Wo du nun nicht allein die eußerliche Form vnnd Signatur erkennest / sondern die innerliche verborgene form vnd dieselbe offenbar machest durch die Kunst der Scheidung / daß du herauß ziehest die Krafft / in welcher die rechte Artzney liegt / die Pur lautere Essenz vnd helles Liecht aus ihrem Schalenhäußlein vnd Kestlein / darein sie Gott der HErr gelegt hat: So wirstu erst die güte deß Schöpffers schmecken in seinem Werck / und ihn von Hertzen Preisen."[21]

Das stofflich ‚Reine' als das medizinisch Wirksamste musste vom ‚Unreinen' als dem Wertloseren geschieden werden, um die verborgen liegenden heilenden Kräfte der Natur hervortreten zu lassen.[22] Die Verfahrenstechnik *separatio puri ab impuro*, in der das „reine vom unreinen geschieden / und die rechte / kraefftige Perl herauß gesuchet"[23] wird, gehörte zum Grundwissen der Chemiatrie. Über die materielle Präparation hinaus wurde *separatio puri ab impuro* zu einem Schlüsselwort mystisch-spiritualistischer Erneuerungsvorgänge.[24] Ausgehend von der

---

14 Johann Arndt: Vier Bücher Vom wahrem Christenthumb, Magdeburg 1610 (Reprint). Hrsg. von Johann Anselm Steiger, Hildesheim u. a. 2007, IV, I, S. 52 (Kap. 3). Vgl. zum Folgenden ausführlich Trepp 2009, S. 37–60.
15 Arndt: Vom wahrem Christenthumb (wie Anm. 14), I, S. 112 (Kap. 4); vgl. Geyer 2001, S. 33–43; zur Geschichte der Idee der ‚Kette der Wesen' siehe Lovejoy 1993.
16 Arndt: Vom wahrem Christenthumb (wie Anm. 14), IV, I, S. 113 (Kap. 4).
17 Ebd., IV, I, S. 53 (Kap. 3).
18 Johann Arndt: Ikonographia: gründtlicher vnd Christlicher Bericht, von Bildern, jhrem vhrsprung, rechtem gebrauch vn[d] mißbrauch, im alten vnd newen Testament […], Halberstadt 1596/97, Kap. 9; Geyer 2001, S. 62–73. Zum zeichenhaften Verständnis der Natur vgl. allgemein Maclean 2002, S. 199f.
19 Arndt: Ikonographia (wie Anm. 18), Kap. 9.
20 Arndt: Vom wahrem Christenthumb (wie Anm. 14), IV, I, S. 40f. (Kap. 3).
21 Ebd., IV, I, S. 41f. (Kap. 3); vgl. Geyer 2001, S. 86f.
22 Telle 1988, S. 91f.
23 Johann Rist: Die alleredelste Erfindung Der Gantzen Welt / Vermittelst eins anmutigen und erbaulichen Gespraeches / Welches ist dieser Art / die Fuenffte / Und zwar eine Maeyens= Unterredungen / Beschrieben und fuergestellet Von Dem Ruestigen, Frankfurt 1667, in: Ders.: Sämtliche Werke 6. Hrsg. von Eberhard Mannack, Berlin u. a. 1976, S. 1–240, hier S. 142.
24 Telle 1994, hier S. 180f.

Annahme, dass alles in der Schöpfung auf fortwährende Vergeistigung zielt und somit ein Zeugnis ihrer Erlösung in sich trägt,[25] wurden grundlegende Analogien zwischen den Wandlungsvorgängen in der Natur und den geistigen Erneuerungsprozessen hergestellt. Ebenso wie alles in der Natur auf Sublimation zielte, musste sich auch der Mensch auf die stete, auch leiblich gedachte Vergeistigung ausrichten.

In seiner Schrift *Mysterium de incarnatione verbi, oder das grosse Geheimnis der Menschwerdung des ewigen Wortes*[26] leitete Arndt die avisierte Wiedergeburt bzw. die Herstellung der Gottesebenbildlichkeit entsprechend aus der „Wiedergeburth der Metallen" ab.

> „Hier müste nun erklärt werden der herrliche Artickel von der Wiedergeburth; Besehet die Wiedergeburth der Metallen; also müssen alle natürliche Menschen wiedergeboren werden / das ist / mit einem Himmlischen Geiste tingiret / erneuert / gereiniget und verherrlichet / immer mehr und mehr von Tage zu Tage / von einer Klarheit in die andere / als vom Geiste des HErren / [...] / gleich wie die Tinctur ein neu Wesen giebt / nicht eine neue Eigenschafft allein [...] und nicht allein werden wir des wesentlichen Fleisches CHristi theilhafftig / sondern auch durch ihn der göttlichen Natur / wie S. Petrus spricht [...]. Diß ist das gröste Geheimniß."[27]

Die „natürliche Separation" der Alchemie wurde zum „Zeugniß" für die angestrebte Läuterung und Erneuerung[28] – für die noch im diesseitigen Leben zu erreichende Wiedergeburt wie auch für die Auferstehung am Jüngsten Tag.[29] Die Sublimation der an sich unreinen Stoffe und Körper führte zum ‚Licht der Natur', zum geistigen Prinzip alles Kreatürlichen.

> „Zum Beschluß ist auch zu wissen / das der gütige Schöpffer ein reines schönes und anmutiges Liecht / allen Dingen eingeschlossen hat / wie die wissen / so die Natürliche Separation verstehen / vnd die puritet vnnd reinigkeit aller ding / recht Philosophisch scheiden können / von der Impuritet vnnd Finsterniß / vnd also können alle ding Natürlich perficirt werden in ihre Klarheit / denn das ist ihre Natürliche verklärung: Und ein herrlich Augenscheinlich Zeugniß der verklärung vnser Leiber am Jüngsten Tage / wenn alle vnsauberkeit von Leib und Seele hindan wird geschieden sein."[30]

Der *missing link* zwischen Gott und Materie

Die Bedeutung der kreatürlichen Welt als „Zeugnis" für die Auferstehung des Einzelnen wurde im Laufe des 17. Jahrhunderts unter überkonfessionell orientierten und wissenschaftlich Gebildeten bzw. Wissenschaft Praktizierenden vom vielseitig laborierenden Pfarrer bis hin zum engsten Zirkel der 1660 gegründeten Royal Society immer bedeutsamer. In diesen Kreisen wurden Heilserwartungen (außer aus der Heiligen Schrift) aus der Natur nicht allein abgeleitet, sondern sie wurden aus den Vorgängen der Natur im engeren Sinne wissenschaftlich zu beweisen versucht. Dadurch verschoben sich die Wertigkeiten zwischen dem „Buch der Bücher" und dem traditionell nachrangigen „Buch der Natur" grundlegend. Die Aufwertung naturbezogener, insbesondere alchemischer Heilspraktiken lässt sich beispielhaft bei dem Pfarrer Johann Rist erkennen, der sich seiner Zeit als Autor weltlicher und geistlicher Dichtungen einen Namen machte, in seinem näheren Umfeld jedoch auch als Naturforscher, Arzt und Al-

---

25 Arndt: Vom wahrem Christentumb (wie Anm. 14), IV, I, S. 18 (Kap. 1).
26 Johann Arndt: Das grosse Geheimnis der Menschwerdung des ewigen Worts. In einem Sendschreiben an seinen guten Freund Erasmus Wolfartum; abgedruckt in: Theologica Mystica: Oder Geheime Krafft-Theologie der Alten [...] von Christian Hoburgen, Amsterdam usw.: Henrico Betkio 1700 (Expl. Amsterdam, Bibliotheca Philosophica Hermetica). Dem Herausgeber zufolge hat Arndt die Schrift im Jahr 1599 in Dresden selbst abgeschrieben. Erwähnt wird das Sendschreiben auch von: Gottfried Arnold: Unparteyische Kirchen- und Ketzerhistorie von Anfang des Neuen Testaments biss auf das Jahr Christi 1688 2, Frankfurt a. M. 1699, B. XVII Abschn. 14 S. 482; Schneider 1991, S. 154 erwähnt darüber hinaus ein älteres Exemplar mit dem vermutlich vollständigen Titel *Mysterium de incarnatione verbi, oder das grosse Geheimnis der Menschwerdung des ewigen Wortes*, [Amsterdam]: Heinrich Betkius 1670.
27 Arndt: Das grosse Geheimnis (wie Anm. 26), S. 19 f.
28 Siehe auch Geyer 2001, S. 100.
29 Der alchemische war für Arndt jedoch nicht der einzige Erlösungsweg, vgl. ebd.
30 Arndt: Vom wahrem Christentumb (wie Anm. 14), IV, I, S. 18.

chemiker bekannt war.³¹ In seinem Wedeler Pfarrhaus war ein Labor integriert, in dem er zusammen mit einem vermutlich handwerklich ausgebildeten Gehilfen, einem sogenannten „Famulus", alchemische Experimente vollzog. Tag und Nacht habe er vor seinen Öfen gesessen und geschwitzt, denn je „mehr [er] in diesen Geheimnisse" fand, desto „unverdrossener ward [er] bei der Arbeit", bis seine Gesundheit Schaden nahm.³² Ein zentrales Motiv seiner alchemischen Studien war seine immer wieder aufkeimende Unsicherheit über die Frage nach der Erlösung und Auferstehung. Diese überwand der Pfarrer zum einen durch die Betrachtung der alljährlichen Erneuerungsprozesse in der Natur, zum anderen durch die von ihm in seinem Laboratorium selbst ins Werk gesetzten Wandlungsprozesse.³³

> „Wan man allerhand Kraeuter und Bluehmen / auß jhrer [eigenen] Asche kan herfuerbringen / dass sie da in jhrer vollenkommenen Bluethe und Wachstumb stehen / wodurch uns ja die Aufferstehung der Todten / so klaehrlich wird dargethan und *erwiesen* / dass einer ein Stein und Klotz seyn mueste / der in Ansehung dieses so fuertrefflichen natuerlichen Wunderwerckes ferner an diesem hochtroestlichen Glaubens-Articul zweiffelen wollte."³⁴

In dem Wissen, dass mit der Alchemie nicht neuartige ‚künstliche' Prozesse in Gang gesetzt, sondern die in der Natur bzw. Schöpfung bereits angelegten Sublimationsvorgänge ‚nur' beschleunigt wurden, konnten entsprechend grundsätzliche Fragen zu Leben und Tod aus den alchemischen Transformationsprozessen abgeleitet werden. Dabei ging es nicht allein um die Einsicht erbaulicher Zusammenhänge aus der Natur, sondern darum, ‚Beweise' aus dem alchemischen Wandlungsgeschehen für die Auferstehung nach dem Tod zu erbringen. In der gezielten Nachahmung der Schöpfung überprüfte Rist an sich nicht hinterfragbare Glaubensmysterien auf ihre Plausibilität hin. Durch das ‚Experiment' versuchte er die Offenbarungen regelrecht zu ‚verifizieren' („erwiesen"). Die dogmatisch kritische Grenze von der deduktiven Herleitung religiöser Vorstellungen aus der Natur zur ‚experimentell-induktiven' Beweisführung hatte der Pfarrer damit eindeutig überschritten.

Während Rist in seinem Pfarrhauslabor praktizierte und beobachtete, wie sich Pflanzen aus ihrer Asche regenerierten, fanden im Kontext der sogenannten wissenschaftlichen Revolution ganz ähnliche Experimente statt. Im Januar 1660 führte der königliche Schatzmeister und Förderer William Harveys, Sir Kenelm Digby, im Gresham College³⁵ eine ganze Reihe solcher Pflanzenexperimente an, aus denen er folgerte, „that the ‚essential substance' of the plant somehow persisted after its apparent annihilation." Diese Beobachtung bezog Digby nicht nur auf die wahrhafte Auferstehung verwester oder zerstörter Pflanzen, sondern auch auf die Palingenese menschlicher Körper. Zufrieden äußerte er sich darüber, „that there is not impossibility nor contradiction in nature, against this great and amazing mystery."³⁶ Die Natur – genauer die Nachvollziehbarkeit der Naturvorgänge – wurde zum Maßstab für die Glaubwürdigkeit der Heilsoffenbarungen. Je intensiver die Auferstehung aber als chemischer Vorgang untersucht wurde, desto stärker war die Tendenz, die Offenbarungen der Schrift selbst als Naturvorgänge zu verstehen, die Palingenese also nicht anders als einen alchemischen Prozess zu deuten. In seiner Schrift *Physico-Theological Considerations about the*

---

31 Zu Johann Rist als Naturforscher und Alchemiker siehe Trepp 2009, S. 78–209.
32 Johann Rist: Die Alleredelste Torheit Der ganzen Welt / Vermittelst eines anmuthigen und erbaulichen Gespraeches / Welches ist dieser Ahrt Die Dritte / und zwahr eine Maertzens=Unterredung / Beschrieben und fuergestellet von Dem Ruestigen, Hamburg 1664, in: Ders.: Sämtliche Werke 5. Hrsg. von Eberhard Mannack, Berlin u. a. 1974, S. 1–182, hier S. 152.
33 Vgl. dazu die Beispiele in Linden 1984; Marx 1971.
34 Johann Rist: Die alleredelste Zeit=Verkürtzung Der Gantzen Welt / Vermittelst eines anmuthigen und erbaulichen Gespraeches / Welches ist dieser Art die Sechste / Und zwar eine Brachmonats Unterredungen / Beschrieben und fuergestellet Von Dem Ruestigen, Frankfurt a. M. 1668, in: Sämtliche Werke 6. Hrsg. von Eberhard Mannack, Berlin u. a. 1976, S. 241–448, hier S. 423.
35 Siehe dazu den Sammelband, Ames-Lewis 1999.
36 Sir Kenelm Digby: A Discourse Concerning the Vegetation of Plants. Spoken by Sir Kenelm Digby, at Gresham College, on the 23. of January, 1660. At a Meeting of the Society for Promoting Philosophical Knowledge by Experiments, London 1661; zit. nach Harrison 1998, S. 153 ohne Seitenangabe; vgl. Janacek 2000, S. 105–107.

Possibility of the Resurrection von 1675 sah sich Robert Boyle deshalb bereits gezwungen zu betonen, dass die Auferstehung nicht verursacht wird „by or according to the ordinary course of nature, but by [God's] own Power".[37]

Dass Boyles Einwand nicht unberechtigt war, zeigt sich auch im Falle Rists. Obgleich es ihm bei seinen Naturbeobachtungen in erster Linie darum ging, Gottes Allmacht und Gegenwart in der Schöpfung zu demonstrieren, stellte ihn die Frage nach dem Geheimnis des Lebens vor besondere Probleme. Es sei zwar hinlänglich bekannt, schrieb er, dass Gott der Urheber der „ersten Schöpffunge" sei, nicht aber, wie sich diese „durch die Allmaechtige Hand Gottes" „taeglich ja stuendlich vnnd Augenblicklich vermehret".[38] Da Gott nicht rein schöpfungsimmanent, sondern seiner Schöpfung gegenüber immer auch transzendent gedacht wurde,[39] konnte er in der Natur nicht dauernd unmittelbar wirksam werden. Die Alchemie eröffnete für Rist und andere Gelehrte wie Newton eine Antwort, wie Gott dennoch in seiner Schöpfung gegenwärtig sein und fortwährend in ihr wirken konnte. Als dauerhaftes Band zwischen Gott und seiner Schöpfung nahmen sie ein universales lebensspendendes und lebenserhaltendes Prinzip an.[40] Dieses Prinzip habe Gott einem jeden „Ding" beim Schöpfungsakt eingepflanzt und seitdem wirke es ständig fort. Würde es in seiner Funktion „gehemmt", so würde die gesamte organische und die ebenfalls als belebt gedachte anorganische Welt „stuendlich ersterben und verderben" bzw. „faulen" und „verwesen".[41] Gelänge es aber, dieses schöpferische Prinzip, gedacht als „lebendigmachenden Geist" oder als „allgemeinen Saamen", im alchemischen Verfahren zu gewinnen, so könne der Mensch in letzter Konsequenz selbst als Schöpfer der kreatürlichen Welt wirken.[42] Im Laboratorium verwandelte sich das göttliche Werk der Schöpfung in einen von Menschen Hand nachvollziehbaren, naturalisierten Vorgang.[43]

„Wie […] vnnd auff was Art vnnd Weise der ohnsterbliche GOTT dieses alles auß seinem einzigen vnnd ersten Chaos hervorgebracht vnnd gewircket / wie er ferner allen vnnd jeden Dingen jhren natuerlichen Saamen […] in solcher Schöpffunge habe eingepflantzet / vnnd wie nun weiter solcher allgemeiner Saame / […] / solcher allgemeiner Geist / oder wie wir dieses Universale sonst nennen wollen / von Menschen Haenden durch die wahre Philosophey vnnd Kunst koenne herauß gezogen / sichtbar gemachet / in seine Vollkommenheit gebracht vnd endlich zu GOttes Ehren vnnd deß gantzen Menschlichen Geschlechtes hoechsterspriesslichen Nutzen gebrauchet vnnd angewendet werden / dasselbe wissen oder verstehen sehr wenige."[44]

Aus der Betrachtung und Erforschung der Natur zur Erkenntnis und notwendigen Vergewisserung über Gott und sein stetes Schöpfungshandeln wurde die Nachahmung der Schöpfung zu Gottes Ehren und zum Nutzen der Menschheit.

---

37 Robert Boyle: Physico-Theological Considerations, S. 3, S. 29; zit. nach Harrison 1998, S. 154; vgl. auch Principe 1994.
38 Johannes Rist: Philosophischer Phönix. Das ist Kurtze jedoch gründliche und Sonnenklare Entdeckung / der wahren und eigendlichen Materiae des aller edelsten Steins der Weisen, Danzig 1682, S. 10f.
39 Gott wird im Grunde als in seiner Schöpfung sowohl gegenwärtig als auch über ihr stehend gedacht; vgl. dazu Steiger 1999.
40 Newton ging es vor allem um die Abwehr der Position Descartes, obwohl er natürlich auch ein Anhänger des mechanistischen Weltbildes war; siehe Dobbs 1986, S. 147–150; dies. 1992.
41 Vgl. dazu Bernhardt 1999, S. 84, S. 138.
42 Rist (wie Anm. 38), S. 10–13.
43 Vgl. Debus 1965, S. 105f.
44 Rist (wie Anm. 38), S. 10.

Bilder aus der Phiole

Anmerkungen zur Bildsprache der Alchemie

Stefan Laube

Surreal anmutende Bildwelten prägen manche alte Schrift zur Alchemie. Man stößt auf nackte Menschenpaare, die sich in einer Phiole zur Schau stellen; prächtige Pfauen und mehrköpfige Drachen tummeln sich in gläsernen Ampullen. Man sieht geflügelte Zwitterwesen und zerstückelte Leichen, die – so einfach geht das – wieder zusammengesetzt werden. Man kann gekrönte Herrscher identifizieren, die auf Sonnenscheiben oder Mondsicheln balancieren und Schlangen, die sich zum Kreis formen, weil sie sich in ihren eigenen Schwanz beißen. Der Bildphantasie in der Alchemie scheinen keine Grenzen gesetzt. Alchemisches Wissen besteht nicht zuletzt aus Mythen, Symbolen und Ritualen, aus einer komplexen Gemengelage kollektiver Imaginationen, die in einer ebenso befremdlichen wie konkreten Bildsprache ihren Ausdruck finden.

Der Alchemiker verstand sich als schöpferischer Künstler. Als *homo secundus deus* setzte er im Labor Prozesse in Gang, die er zugleich als Miniaturen von großen Wirkungszusammenhängen begriff – von der Erschaffung der Welt über die Erlösungstat Christi bis zur heiligen Dreifaltigkeit. Kaum ein Wissensfeld kann so direkt an den Schöpfungsmythos anknüpfen wie die Alchemie. Insofern war sie uralt, weitaus älter als jede schriftliche Überlieferung. Denn selbst Gottes Schöpfungsakt war in alchemischen Kategorien lesbar. Es hieß, Gott habe die Welt erschaffen, indem er die Elemente des Chaos trennte, destillierte und gerinnen ließ. Für den Alchemiker galt es nun, diesen göttlichen Schöpfungsakt in der Abgeschiedenheit seines eigenen Laboratoriums nachzustellen. Die Erde sei ein großes Destilliergefäß, das vom allwissenden Schöpfer mit seinen eigenen Händen hergestellt wurde und an dem sich alle Alchemisten produktiv versuchten.

Eine Welt unter einer Glasglocke kommt auf dem Triptychon *Garten der Lüste* von Hieronymus Bosch auf den äußeren Tafeln zum Vorschein (**Abb. 19**). Bosch hätte kein besseres Bildthema finden können, um in sein alchemisches Weltbild einzuführen.[1] Zwischen dem Schaffensprozess Gottes, wie er in der *Genesis* oder *Tabula Smaragdina* dargestellt wird, und der Retortengenese im Labor wird eine Analogie konstruiert. Die ausklappbare Kupfertafel aus der alchemischen Sammelschrift *Hermetico-Spagyrisches Lustgärtlein* veranschaulicht die alchemische Orientierung an der *Genesis*. Die Schöpfung entfaltet sich in einer zehnteiligen Bildfolge – von abstrakten Kraftfeldern, in denen sich Licht und Finsternis positionieren, bis zur Entstehung von Flora und Fauna und der ersten Menschen. Jedem Bild stehen Zitate aus der *Genesis* gegenüber. Die Bildtafel zeigt zehn Rundbilder oder Tondi, die von ihrer Form den Eindruck erwecken, es handele sich hierbei um gläserne Kugeln, in denen die Schöpfung künstlich nachgeahmt wird (**Abb. 20**). Als erste Alchemiker treten Adam und Eva auf den Plan, die vom Baum der Erkenntnis aßen. Die Erbsünde, die von nun an die Welt bestimmen sollte, bezog sich nicht nur auf den Menschen, sondern auch auf die Natur. Gelang dem Alchemiker die Herstellung des Steins der Weisen, so erlöste er sowohl die Materie, als auch sich selbst.

---

1 Dixon 1980; vgl. auch Hartlaub 1937.

Abb. 19: Die Erschaffung der Welt unter einer Glasglocke, Hieronymus Bosch: Außenflügel des „Gartens der Lüste", um 1519. Madrid, Prado, Inv. Nr. P02823

Über Jahrhunderte waren Illustrationen in alchemischen Quellen ebenso schlicht wie selten. In alten Manuskripten begegnen einem hin und wieder Gerätedarstellungen, vielleicht auch die Schlange, die sich in den Schwanz beißt, der *Ouroborus*. Erst im 15. Jahrhundert kommt eine Alchemie zum Vorschein, die sich ausgefeilter allegorischer Bildsujets bedient (vgl. u. S. 240–245)[2]. Die Heils- und Sinnsuche des Adepten fand Ausdruck in eingängigen Bildfolgen: Chemische Reaktionen kleiden sich in eine dramatische Erzählung, Stoffe übernehmen Rollen von Figuren aus Bibel und antiker Mythologie.[3] Während durch Worte und Neologismen die Verwirrung immer mehr zunahm, bot das in seiner Erscheinung eindeutig zu identifizierende Bild einen Ausweg, die Vieldeutigkeit zu kontrollieren, ohne sie zu verlieren. Bildfiguren entstanden, mit denen sich Kenner der Materie untereinander verständigen konnten. Zu einem attraktiven Sinnbild der alchemischen Bildsprache ist der Hermaphrodit geworden.[4] Die Vereinigung von Gegensätzen zu einer höheren Einheit wird *à coup d'œil* visualisiert. Ikonographisch steht ein frontal abgebildetes doppelköpfiges zweibeiniges Wesen Modell, häufig geflügelt, die rechte Hälfte ist männlich, die linke weiblich. Dieser Zwitter oder *Rebis* entspricht oft dem Stein der Weisen, hervorgegangen aus dem weiblichen Quecksilber-Prinzip und dem männlichen Schwefel-Prinzip. In der *Occulta Philosophica* (Frankfurt a. M. 1613), wo im Titel von „sonderbahren Figuren" die Rede ist, wird ein *Rebis* als Endprodukt des alchemischen *Opus magnum* gezeigt, der in einem eiförmigen Gefäß auf einem Drachen als Verkörperung der *Materia prima* steht (**Abb. 21**). In der Vereinigung von Mann und Frau, in der Versöhnung des sexuellen Dualismus fand die Transmutation ihren krönenden Abschluss. Wie der Mensch aus Samen und Blut entsteht, so könne auch Gold nur aus Quecksilber (*menstruum*) und Schwefel (*sperma*) hervorgehen, so Petrus Bonus in der *Margarita pretiosa novella*.[5]

Im Mittelpunkt des Beitrages steht eine alchemische Bildproduktion, die von der Suche nach dem Stein der Weisen als Sinnfrage des Lebens inspiriert gewesen ist. Dahinter verbirgt sich die Vorstellung, dass Bilder – besser als Texte – in der Lage sind, unter der Oberfläche der Sichtbarkeit tiefere Realitätsschichten freizulegen.[6] Alchemiker benutzten weder Formeln noch Gleichungen, sondern Symbole und Konfigurationen der Korrespondenz und Ähnlichkeit, die sie in prägnante Bilder, in emblematische Weltsichten gossen. Derartige Sinnbilder sind durch eine enge Verknüpfung von inneren, mentalen Bildern und äußeren, physischen Bildern gekennzeichnet. Die Bildtypen sind weit gespannt, von realistischen Darstellungen über symbolische Repräsentationen bis zu Piktogrammen. Fast nie erschöpften sich solche Bilder darin, Sachverhalte neutral und passiv zu veranschaulichen: Vielmehr erzeugen und prägen sie dasjenige, was sie zeigen, konstitutiv mit.

Aus verschiedenen Blickwinkeln soll die Bildsprache der Alchemie betrachtet werden. Zunächst stellt für jeden Bildermacher die dem Wissensfeld der Alchemie eigentümliche Veränderungsdynamik eine Herausforderung dar. Momentaufnahmen der Transmutation drängen zur Darstellung. Dabei hat das Spannungsfeld zwischen *solve et coagula* [löse und binde] als Antriebsfaktor chemischer Reaktion und dem *vas hermeticum* [hermetisches Gefäß] als ordnungsstiftender Rahmung typische Bildfiguren entstehen lassen. Im nächsten Abschnitt wird die Bilderfreundlichkeit der Alchemie auf kosmologische Vorstellungen bezogen, die auf Ähnlichkeitsbeziehungen beruhen. Abschließend wird die Bildsprache der Alchemie zwischen Hieroglyphendiskurs und Emblematik verortet und angedeutet, dass sich hinter der Suche nach einem Stein der Weisen auch die Utopie eines vollkommenen Mediums verbirgt.

---

2 Obrist 1982.
3 Crosland 1962, S. 3–24.
4 Aurnhammer 1986.

5 Lazarus Zetzner: Theatrum Chemicum, Bd. 6, Straßburg 1661, S. 708.
6 Böhme/Böhme 1996, S. 211–260; Fankhauser 2007.

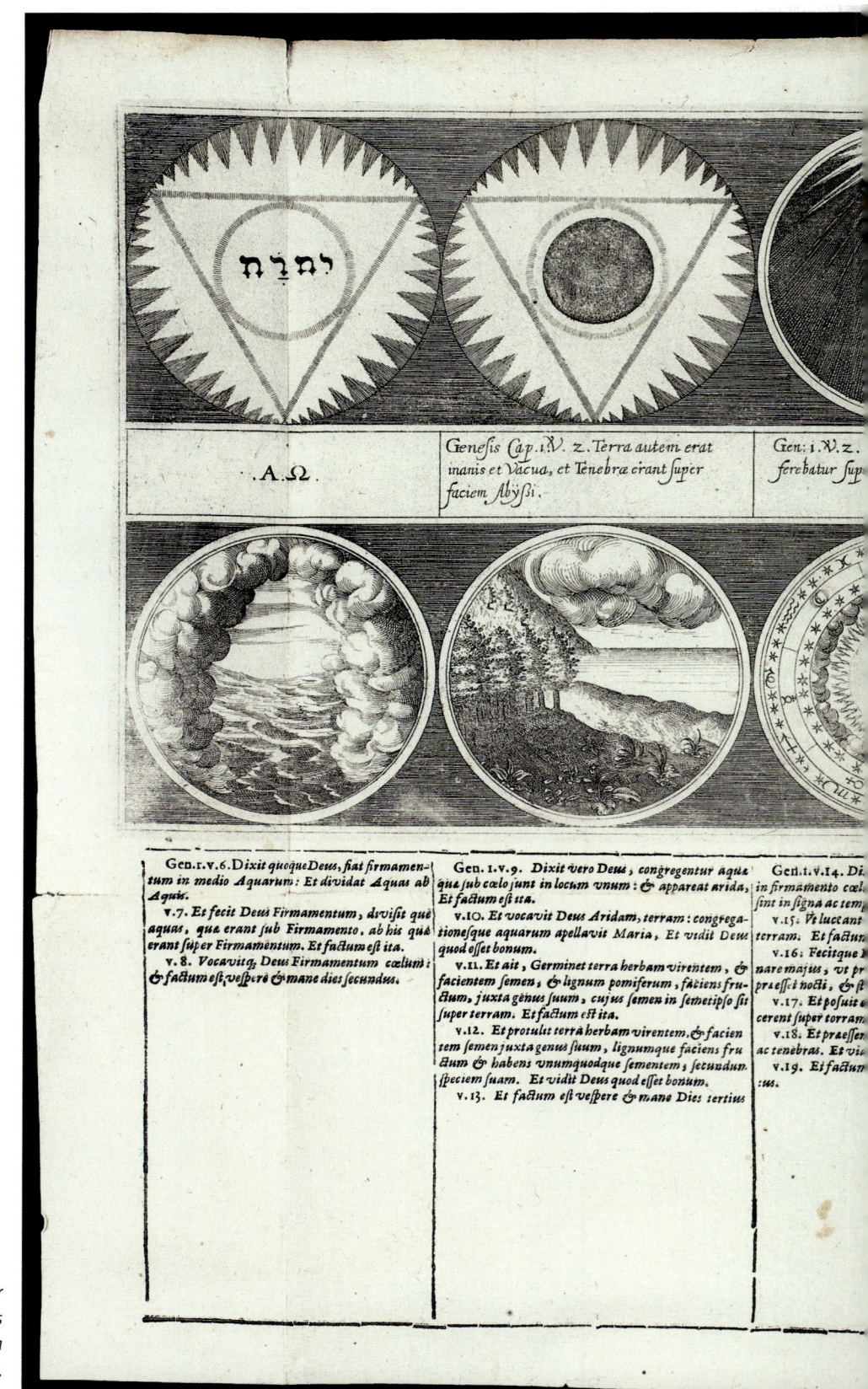

Abb. 20: Die Genesis als alchemischer Prozess, aus: Hermetico-Spagyrisches Lustgärtlein, in: Dyas Chymica Tripartita, Frankfurt a. M. 1625. HAB: Nd 779

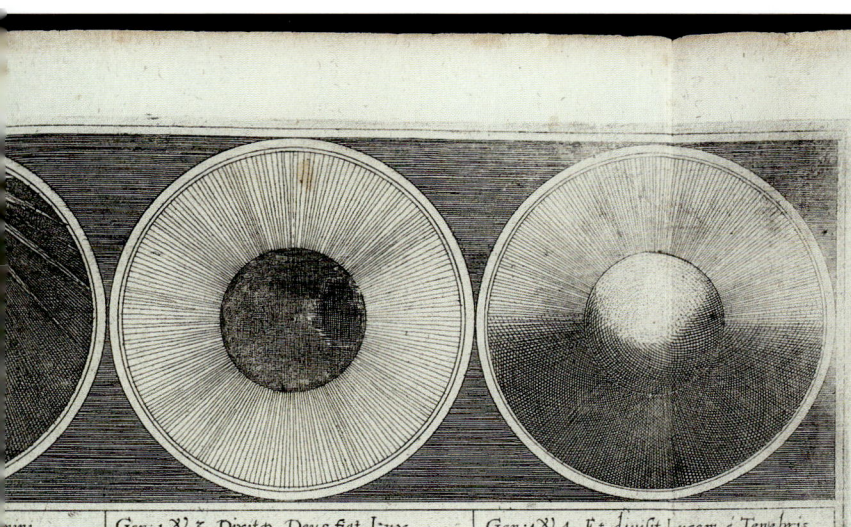

Gen:1.V.3. Dixitque Deus fiat Lux, et facta. V.4. Et vidit Deus Lucem quod bona esset.

Gen:1.V.4. Et diuisit Lucem à Tenebris V.5. Appellauitque Lucē Diē Et Teneb noctē factaq est Vesp. et Mane Dies unus.

ant Luminaria; ne ac noctem: & os.
, & illuminent
a magna, Luminare minus, ut
exto cœli, ut ludiuiderent lucem num.
ne Dies Quar

Gen.1.v.20. Dixit etiam Deus, producant aquæ reptile animæ viventis, & volatile super terram sub firmamento cœli.

v.21. Creavitque Deus cete grandia & omnem animam viventem atque motabilem, quam produxerant aquæ in species suas & omne volatile secundum genus suum. Et vidit Deus quod esset bonum.

v.22. Benedixitq; eis, dicens, Crescite & multiplicamini, & replete Aquas Maris: avesque multiplicentur super terram.

v.23. Et factum est vespere & mane dies quintus.

Gen.1.v.24. Dixit quoque Deus, producat terra animam viventem in genere suo, jumenta, & reptilia, & bestias terræ secundum species suas. Factumq; est ita.

v.25. Et fecit Deus bestias terræ juxta species suas, jumenta & omne reptile terræ in genere suo. Et vidit Deus quod esset bonum.

v.26. Et ait, Faciamus hominem ad Imaginem & similitudinem nostram, & præsit piscibus maris, & volatilibus cœli, & bestiis, universæq; terræ, omnique reptili quod movetur in terra.

v.27. Et creavit Deus hominem ad Imaginem & similitudinem suam: ad imaginem Dei creavit illum, Masculum & Fœminam creavit eos.

v.28. Benedixitque illis Deus, & ait Crescite, & multiplicamini, & replete terram, & subjicite eam, & dominamini piscibus maris, & volatilibus cœli, & Vniversis animalibus quæ moventur supra terram.

v.29. Dixitque Deus: ecce dedi vobis omnem herbam afferentem semen super terram, & universa ligna quæ habent in semetipsis sementem generis sui ut sint vobis in escam.

v.30. Et cunctis animantibus terræ, omnique volucri cœli, & universis quæ moventur in terra, & in quibus est anima vivens, ut habeant ad vescendum. Et factum est ita.

v.31. Viditque Deus cuncta quæ fecerat, erant valde bona. Et factum est vespere & mane Dies sextus.

Abb. 21: Rebis auf dem Drachen, aus: Daniel Stoltzius von Stoltzenberg: Viridarium, Frankfurt a. M. 1624, Fig. XCVIII. HAB: 153.2 Phys.

Der bewegliche und ruhende Pol

Die Bildsprache der Alchemie muss permanente kinetische Energie in das Bild übersetzen, wie sie sich verbal im Diktum *solve et coagula* Ausdruck verschafft hat. Diese alchemische Schlüsselformel beschreibt das Analysieren, Trennen oder Auflösen eines Stoffes und die sich anschließende Zusammenfügung auf einer höheren Stufe „der Reinheit". Die aufgelöste Materie wird durch Reaktion mit einem hinzufügten Stoff gebunden; dieses Fixierte wird wiederum zum Ausgangsstoff einer Verflüchtigung, die dann abermals gebunden werden muss. Auflösung und Bindung setzen sich auf der Stufenleiter der Umwandlung fort – bis man das Ziel, den Stein der Weisen, erreicht hat. Damit ist keine feste Substanz gemeint, sondern ein feines Pulver, das substantielle Veränderung auslösen soll, zum Beispiel die Umwandlung von Blei zu Gold. Die Herstellung des Steins der Weisen beschreibt einen Prozess, oder besser: einen Prozess in Potenz, d. h. eine Entwicklung der Umwandlung, die permanent durch Agenzien in Fluss gehalten wird. Schon bei Empedokles resultiert Gestaltungsvielfalt aus dem Widerstreit von Gegensätzen, wie Liebe und Hass. Dualitäten – „das Ja und Nein in allen Dingen" (Jakob Böhme) – greifen auch in der Alchemie: Lösen und Binden (*solve et coagula*), Sublimation und Kondensation, *Mercurius* und *Sulphur*, Mond und Sonne streben zur Vereinigung, zur *Coniunctio*.

Im Bild eines auffliegenden Adlers und einer dahinkriechenden Kröte, die durch eine Kette miteinander verbunden sind, ist das permanente Auflösen und Verbinden während der Transmutation emblematisch verdichtet (**Abb. 22**). Analogien zur Tierwelt waren besonders beliebt, um chemische Prozesse zu veranschaulichen. Vögel, besonders der Adler, aber auch Taube und Schwan waren prädestiniert, chemische Prozesse der Verflüchtigung anzuzeigen. Durch zwei Vögel – der eine fliegt nach oben und markiert die Verflüchtigung oder Verdampfung, der andere in stürzender Pose zeigt die Kondensierung an – kann die komplette Destillation in eine Bildbewegung gefasst werden.[7]

Die Bildsprache der Alchemie ist in in ihren Grundstrukturen nicht so komplex wie es den Anschein hat, geht es doch stets um die Einhegung polarer Kräfte, die zur Vereinigung motiviert werden. Bei diesem Vorgang mischen sich die Ausgangsstoffe und erreichen eine höhere Ebene. Auf dem unteren Medaillon des Kupfertitels von François Béroalde de Vervilles *Le Tableau Des Riches Inventions* hat im Chaos der *Materia prima* die Polarität mit Tropfen und Flamme eine besonders kleine, aber nichtsdestoweniger empirische Bildeinheit gefunden (**Abb. 23**). Der Tropfen steht für das Flüssige des Quecksilber-Prinzips, die Flamme für das Brennbare des Schwefel-Prinzips. Die polaren Stoffe sind im ordnungsstiftenden Kreis

---

[7] Eigenschaften fester Substanzen werden hingegen mit den physischen Eigenschaften stattlicher Tiere analogisiert, so durch den Löwen, der allen Auflösungsattacken widersteht.

Abb. 22: Auflösen und Verbinden als Adler und Kröte, aus: Daniel Stoltzius von Stoltzenberg: Viridarium Chemicum, Frankfurt a. M. 1624, Fig. XX. HAB: 153.2 Phys.

vereinigt und kündigen bereits ihre *Coniunctio* an, aus der der philosophische Merkur resultieren wird. Sowohl Flamme als auch Tropfen sind volatile Entitäten, die sich jeder Fixierung entziehen. Beide Prinzipien – der feurige Geist und die flüssige Materie – sind hochgradig dynamisch und beweglich.[8]

Alchemiker standen immer wieder vor der Herausforderung, eine teleologisch orientierte Prozessualität zu vermitteln, sie in darstellungsfähige Bestandteile zu übersetzen. Eine weitere Möglichkeit, Umwandlung zu visualisieren, bestand in der Anwendung allegorischer Narrative. Es wurde eine spannende, fantasiereiche Geschichte ins Bild gesetzt. Die Verwandlung der Materie spiegelte sich in *rites des passages* des menschlichen Daseins, in Projektionen von einem goldenen Zeitalter. Nie ging es darum, die Wirklichkeit illustrativ abzubilden, viel-

Abb. 23: Die Flamme und der Tropfen, aus: François Béroalde de Verville: Le tableau Des Riches Inventions, Paris 1600, Titelblatt (Ausschnitt). HAB: 19.5 Eth. 2°

---

8 Zur Bezeichnung menschlicher Tugenden und Laster wählte man in der Emblematik mit Kubus und Kugel geometrische Elementarkörper aus, bei denen ein tatsächlich fester Pol einem unbeständigen gegenüberstand.

mehr sollte das Prozessuale der Umwandlung in einen Plot übertragen werden: Geeignete Vorlagen stellte die Leidensgeschichte Jesu Christi bereit, aber auch mythologische und astrologische Sujets – der angehende junge König, der seinen Vater töten muss; Sonnenkönig und Mondkönigin, die sich vereinigen etc. Diese allegorischen Bildfolgen setzen im späten Mittelalter um 1400 ein.[9]

Der ruhende Pol in der Bildsprache der Alchemie ist nicht so sehr das fixierende Prinzip innerhalb der Stoffumwandlung, sondern das Gefäß. Damit ist in erster Linie die Retorte oder der Schmelzofen gemeint – Apparaturen, die die Transmutation rahmen. Mit *vas hermeticum* bezeichneten Alchemiker den Behälter, in dem sich der Wandlungsprozess vollzog. Der Name weist auf die Beziehung der Alchemie zur Hermetik. Noch heute wird das Wort „hermetisch" benutzt, um etwas fest Verschlossenes zu bezeichnen. Die strikte Abgrenzung von Außen und Innen, von alltäglicher Lebenswelt und experimenteller Anordnung war für den transmutatorischen Prozess essentiell. Weder sollte etwas von Außen hineinkommen, noch etwas von innen nach außen entweichen. Obwohl das Gefäß meist aus hitzebeständigem Steinzeug bestand, wurde es bildlich als gläsernes Gefäß dargestellt, damit es als virtuelle Schaubühne fungieren konnte. Jedes Bild verfügt über einen Rahmen, der den Bildausschnitt, seinen Anfang und sein Ende bestimmt. Mit dem Gefäß im Bild wurde ein Rahmen im Rahmen geschaffen, der die Funktion hatte, Prozesse sichtbar zu machen, die aus ebenso winzigen wie flüchtigen Partikeln bestehen.

Die Gefäßsymbolik ist uralt, wohl älter als durch schriftliche Zeugnisse fassbar, denn der Mensch brauchte stets ein Gefäß, um einen Inhalt fassen zu können. In einem spätantiken Text aus dem *Corpus Hermeticum* ist von einem göttlichen Gefäß die Rede, einem Krater, den Gott mit *nous* (Geist) und *pneuma* (Atem) gefüllt habe.[10] Das Gefäß, in dem sich eine symbolische Realität ausdrücken sollte, durfte nicht beliebig geformt sein. Als Kosmos im Kleinen musste es rund sein. Nicht selten hat es die Form eines Eis, denn aus den kosmischen Ingredienzen im Gefäß sollte eine neue Welt entstehen. Die Adepten gingen offensichtlich davon aus, dass sich die Wahrscheinlichkeit gebärender Prozesse erhöhe, sobald die Form der Gefäße an die Gestalt eines Eis oder Uterus angelehnt waren.[11] In der Gefäßform steckt demnach ein starkes Element sympathetischer Magie.

Das transparente Gefäß mit szenischen Darstellungen stieg zum attraktiven Bildgegenstand auf – bei illuminierten Handschriften ebenso wie bei illustrierten Druckschriften. Die sieben Phiolendarstellungen im *Splendor Solis* beziehen sich nur vage auf die Textstellen.[12] Sie wollen vor allem betrachtet und meditiert werden. Das *Donum Dei*, das in beinahe 150 Handschriften und Drucken vom 15. bis zum 18. Jahrhundert überliefert ist, besteht bildthematisch ausschließlich aus Phiolendarstellungen. Stets wird – mit variierendem Inhalt – das *vas hermeticum* gezeigt. Oft tummeln sich in den Retorten kleine menschliche Wesen, die als *homunculi* eine bestimmte Phase im Herstellungsprozess des Steins der Weisen markieren. Zentrales Bildelement in Johann Daniel Mylius' *Anatomia auri* (Frankfurt a. M. 1628) ist ebenfalls die Phiole. Auf drei Bildtafeln kommt der zwölfstufige Prozess der Herstellung des Steins der Weisen in anschaulichen Szenen zur Entfaltung. Die umfangreichste Gefäßbilderfolge der Alchemiegeschichte ist in der *Elementa Chemiae* (Leiden 1718) von Johann Conrad Barchusen abgedruckt (**Abb. 24**). Im dritten Teil zeigen neunzehn ganzseitige Kupfer-

---

9 Siehe die Bilderhandschriften *Aurora consurgens* (1410), *Buch der heiligen Dreifaltigkeit* (1414–1418), *Donum Dei* (2. Hälfte des 15. Jhz.), *Splendor Solis* (erste Hälfte des 16. Jh.). Eher zögerlich finden allegorische Bildererzählungen der Alchemie im Druckmedium Aufnahme. Erst Mitte des 16. Jahrhundert treten mit der *Pretiosa margarita novella* und mit dem *Rosarium philosophorum* erste Fälle auf, bezeichnenderweise Adaptionen spätmittelalterlicher Vorlagen.

10 Auch Zosimos, einer der ersten historisch greifbaren Alchemiker, bezog sich auf diesen Krater. In ihm sollen sich die Menschen baden, um erleuchtet zu werden; zum Gefäß in der Transmutation mit zahlreichen Belegen aus der *Alchemica*-Literatur in der frühen Neuzeit: Jung 1972, S. 275–277.

11 Mit seinen Seitenhälsen, in denen sich die aufsteigenden Dämpfe niederschlagen, sah so manches Gefäß wie ein Pelikan aus; siehe Abbildungen von Gefäßen in tierischen Physiognomien bei Giambattista della Porta: De Distillationibus Libri IX, Straßburg 1609, S. 42 f. (vgl. **Abb. 148**).

12 Völlnagel 2004.

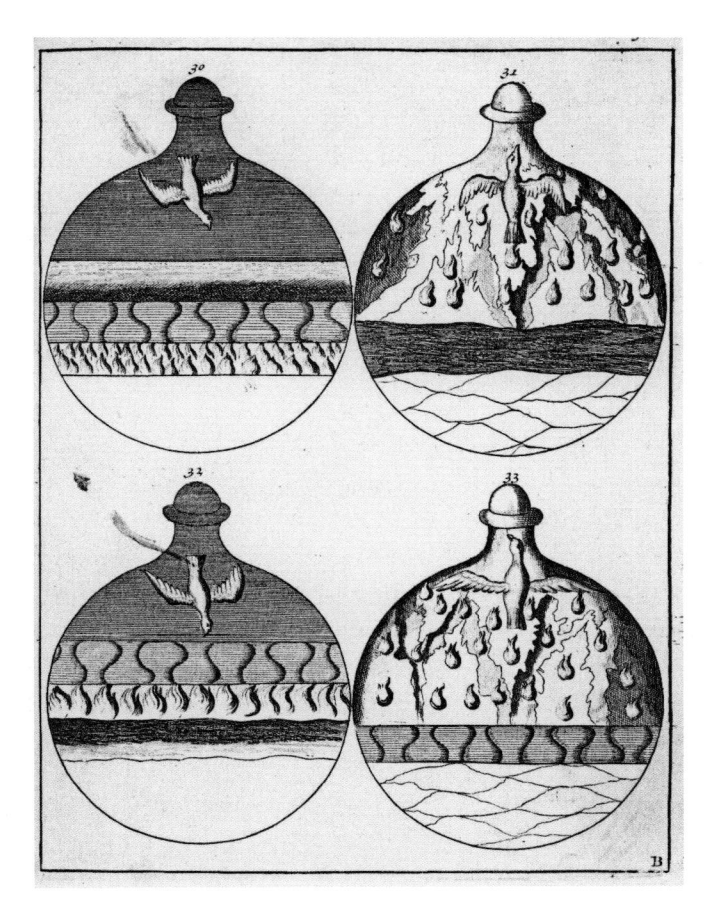

Abb. 24: Herabstürzende und emporfliegende Tauben in der Retorte, aus: J. C. Barchusen: Elementa chemicae, Leiden 1718, Nr. 30–33 der Bildfolge

tafeln nicht weniger als 78 Phiolen bzw. Tondi. Die detaillierte Bilderserie ist dem Text überlegen, wenn es darum geht, die Herstellung des Steins der Weisen zu vermitteln. Am liebsten würde man die Bilder in einer Art von Daumenkinoverfahren in Bewegung setzen, so sehr kommt es in diesem Wissensfeld auf permanente Umwandlung an. Ab Bild 18 ist stets eine entweder empor- oder herabfliegende Taube dargestellt. Sie symbolisiert das Destillat des Prozesses, wie es freigesetzt wird, sich verflüchtigt und sich dann wieder mit der Materie verbindet. Nicht weniger als 27 Mal fliegt die Taube auf und nieder. Bei der 28. Szene ist endlich der Stein gewonnen, der dann weiteren Sublimationsprozessen unterzogen wird.

Bilder in einer Kosmologie der Ähnlichkeit

Zahlreiche Quellen verkünden eine Dominanz des Bildmediums. Beim Bildgedicht *Sol et Luna* aus dem frühen 15. Jahrhundert stehen Vers und Bild nebeneinander. Ins Auge springt die Kopulation eines nackten Menschenpaares, die als Sonne und Mond „chymische Hochzeit" feiern. Selten ist der sexuelle Akt so ungeschminkt dargestellt worden (vgl. Beitrag Schott, S. 108). Freizügigkeit war dann erlaubt, wenn der Geschlechtsakt als Zusammenkunft von philosophischem Quecksilber und Schwefel nicht wörtlich gemeint war.[13] Auch auf den wenig später entstandenen *Ripley Scrolls* aus England drängt eine ausufernde Bildwelt den Text oftmals an den Rand.[14] In den bilderreichen Emblembüchern zu Beginn des 17. Jahrhunderts, wie im *Chymischen Lustgärtlein* von Daniel Stoltzius von Stoltzenberg, liegt in den Bildern das Hauptgewicht der Aussagekraft, da die Texte nicht selten aus wenig erhellenden Phrasen bestehen. Die Entwicklung kulminiert im *Mutus Liber* (La Rochelle 1673), einem Buch, dass deswegen stumm ist, weil in ihm allein die Bilder sprechen. Zweck des aus fünfzehn großformatigen Bildtafeln bestehenden Bilderreigens scheint die meditierende, textunabhängige Versenkung zu sein. Das Buch wendet sich an den mit den Bildsujets vertrauten Leser. Im Vorwort wies der unbekannte Autor mit dem Pseudonym „Altus" auf die universale Verständlichkeit eines derartigen Buches hin. Hebräer, Griechen, Lateiner, Franzosen, Italiener, Spanier, Deutsche könnten es verstehen.

Wie ist die starke Ausrichtung der transmutatorischen Alchemie auf Bildfiguren zu erklären? Dazu empfiehlt es sich, die kosmologischen Vorstellungen der Alchemie kurz zu skizzieren. In vernetzter Verschränkung erscheint dem Adepten seine Umgebung. Logische Ableitungen waren bei weitem nicht so attraktiv wie das Denken in Analogien und Entsprechungen.[15] Die Natur ist der Alchemie weitaus mehr als eine gleichförmige Materie, die den Raum ausfüllt. Sie ist ein lebendiges Ganzes mit einer innewohnenden Seele. Die Alchemie gehörte wie As-

---

13 Telle 1980a.
14 Rampling 2014.

15 Gloy 2000.

trologie und Kabbala zu einer Wissensform, die in der Spätantike in Mischkulturen gedieh. Sie betrat im spätantiken Alexandria die geschichtliche Bühne, wo griechische und römische Kolonisten mit Ägyptern und Juden in einen fruchtbaren Ideenaustausch traten. Gespeist von hellenistischen Philosophien und orientalischen Religionen entstanden synkretistische Denkmodelle, die in der Ideengeschichte unter den Leitbegriffen Gnosis und Neuplatonismus aktenkundig geworden sind. Diese lange verschütteten alexandrinischen Wissenstraditionen, die mit den Denkweisen des klassischen Griechenland nicht immer konform gingen, sollten in der Renaissance freigelegt werden (*prisca sapientia*) – nicht zuletzt durch Marsilio Ficino.[16]

Sympathetische Wirkungszusammenhänge prägten das Verständnis von Mensch, Natur und Kosmos. Unter der Oberfläche der Sichtbarkeiten existierten magische Kraftzentren, die decodiert werden wollten. Die Welt ist Abbild und Spiegel Gottes, der Mensch Abbild und Spiegel der Welt. Zwischen dem Großen und dem Kleinen manifestieren sich Korrespondenzen, die auf Ähnlichkeiten beruhen. So gelten Pflanzen und Wälder als Behaarung der Erde, Felsen als ihre Knochen, die Flussläufe als das Blut ihrer Venen. Der Mensch steht in der Mitte dieser Verkettungen. Als Abbild und Spiegel des Universums ist er in der Lage, diese geheimen Entsprechungen zu enthüllen und zu erfassen.

Mit Hilfe von Analogien und Korrespondenzen konnte ein netzartiges Weltgebäude konstruiert werden. Um nur einen bildattraktiven Nexus unter vielen herauszugreifen: Der Planet im Himmel stand mit dem Metall unter der Erde in einer identitätsstiftenden Kausalbeziehung. Alchemisches Naturwissen beruht durchaus auf Beobachtung und Erfahrung. Es war aber stets darauf aus, durch sympathetisches Einfühlungsvermögen Ähnlichkeitsbeziehungen aufzudecken. Jede Erscheinung der Natur könne nicht existieren, ohne – meist verborgene –

Ähnlichkeiten für das Ganze zum Ausdruck zu bringen. Die sichtbare Natur war Kryptogramm, dessen verborgener Sinn in Analogien offensichtlich werden sollte. Erkennen hieß demnach: Hervorbringen, sichtbar machen, um „an den Tag zu bringen, was sich ähnelt" (Michel Foucault).[17] In der Vermittlung von Ähnlichkeiten sind Bilder allen anderen Medien deutlich überlegen. Wenn sie im Akt der Visualisierung Wissen erzeugen, gehen sie weit über ihre Illustrationsfunktion hinaus.[18]

Dominanz des Bildes bei Hieroglyphen und Emblemen

Rätselhafte alchemische Embleme und Bildfiguren wurden oft als Hieroglyphen bezeichnet, so in der Handschrift *Emblemata seu hieroglyphica chymica enigmatica* [Rätselhafte chymische Embleme oder Hieroglyphen] aus dem 17. Jahrhundert (Univ. of Glasgow Library, Special Coll.), in der weitgehend an Stelle des Textes die detaillierte Darstellung der einzelnen Stadien des Großen Werkes tritt. Im Titel des ausschließlich auf Bildvermittlung setzenden *Mutus Liber* steht – hier in der Übersetzung: „In diesem stummen Buch, in dem dennoch die hermetische Philosophie in hieroglyphischen Figuren veranschaulicht ist". Michael Maier, der die Alchemie für eine uralte ägyptische Weisheit hält, ist Verfasser eines alchemischen Werkes, das auch zur Hieroglyphik zählt: *Arcana Arcanissima Hoc est Hieroglyphica Aegyptio-Graeca* (o. O. 1614). Der bekannte Alchemiker Heinrich Khunrath, der auch ein begabter Zeichner war – zahlreiche seiner Kupferstiche hat er mit „Inventor" signiert – hält auf dem Autorenporträt einen Zirkel in der Rechten, auf dem das Wort „Hieroglyphia" eingraviert ist.[19] Alchemiker, die sich der Transmutation verschrieben, agierten in ihrer Bildsprache *more hieroglyphico*, d. h. sowohl in symbolhafter Codierung als auch im Bewusstsein, dadurch

---

16 Eingehend dazu Ebeling 2005, S. 88–102; Yates 1989.
17 Foucault 1995, S. 60; vgl. auch Ashworth 1990; Wittkower 1983.
18 Auf der anderen Seite verführt die Ähnlichkeitswahrnehmung dazu, den abgebildeten Gegenstand mit dem Bild zu verschmelzen, nicht trennscharf zwischen Zeichen und Referent zu unterscheiden.
19 Heinrich Khunrath: Amphitheatrum Sapientiae Aeternae Solius Verae, Magdeburg 1609, Frontispiz.

die Urquelle der Weisheit zum Sprudeln zu bringen (vgl. Beitrag Ebeling). Alchemisch-hermetische Embleme sollten als unabhängige Bildsprache fungieren, deren Spuren in Ägypten liegen, in der sagenhaften Heimat der Alchemie und ihres legendären Gründungsvaters Hermes Trismegistos. Viele waren damals überzeugt, dass in Ägypten Götter ihr Wissen den Weisen geoffenbart hätten, die es dann in heiligen Bildzeichen bzw. Hieroglyphen aufgeschrieben hätten. In der Renaissance meinte man, den Code der altägyptischen Hieroglyphen geknackt zu haben. Wichtigste Quelle über ägyptische Hieroglyphen in der frühen Neuzeit ist eine Schrift des Horapollon, die in griechischer Sprache im Ägypten des 4. oder 5. Jahrhunderts n. Chr. entstand. Von einem Florentiner Mönch 1419 in Griechenland entdeckt, wurde das Manuskript von Humanisten der Renaissance mit Begeisterung aufgenommen, glaubten sie doch in dieser Bilderschrift zum verschütteten Arkanwissen zurückzukehren.

Die *Hieroglyphica* des Horapollon ist so etwas wie ein Lexikon der ägyptischen Geheimzeichen. Die erfundenen Deutungen von 185 Hieroglyphen prägten bis zur Entdeckung des Steins von Rosette das Denken um die altägyptische Kultur. Unter den fiktiven „Lesungen" der Hieroglyphen ist auch der den Alchemikern so vertraute *Ouroboros*, der hier als Symbol des Äon, der Ewigkeit auftritt.[20] Marsilio Ficino hebt in seinem 1492 veröffentlichten Kommentar zur lateinischen Übersetzung von Plotin hervor, dass alle komplexen Zeitvorstellungen bei den Ägyptern durch eine geflügelte Schlange dargestellt würden, die sich in den Schwanz beißt.[21] In der hermetisch-alchemischen Tradition sollte das hieroglyphische Zeichen das Wesen der Sache darstellen. Tatsächlich war es aber so, dass die Bildzeichen als Phonogramme – wie unsere Buchstaben auch – oft nur den Klang des Namens zum Ausdruck brachten. Fehldeutungen können sehr produktiv sein. Auf Grundlage der falsch verstandenen Hieroglyphen von Horapollon war es möglich, Schrift und Sprache zu ikonisieren. Die Vorliebe für Bilderschriften und Piktogramme entspricht dem semiologisch-analogen Denken der Zeit und versucht, Schrift und Körper einander stark anzunähern. Die ikonische Ähnlichkeit zwischen Zeichen und Bedeutung naturalisiert das Schriftzeichen. Im Gegenzug wird das Bild metaphorisiert, in seinem Sprachcharakter transzendiert es die simple Abbildhaftigkeit des Gegenstandes.

Auf dieser Hieroglyphenkunde konnten die Emblembücher aus dem 16. und 17. Jahrhundert aufbauen. Embleme, die sich im Barock großer Beliebtheit erfreuten, stiegen um 1600 zum bevorzugten Vermittlungsmedium für paradox anmutende alchemische Weisheiten auf. So mancher Alchemiker fühlte sich von der Verquickung geflügelter Worte, einem Sinnbild und einigen sachlichen Erklärungen inspiriert. In der *Atalanta Fugiens* von Michael Maier präsentieren sich die Schaustücke als Ensemble von zusammenfassender *inscriptio*, visualisierender *pictura* und präzisierender *subscriptio*.[22] Auch Daniel Stoltzius' *Viridarium chymicum* (Frankfurt a. M. 1627) und *Lambspring: das ist: ein herrlicher teutscher Tractat vom philosophischen Steine* (Frankfurt a. M. 1625) folgen dem klassischen emblematischen Dreiklang.

Embleme sind Sinnbilder. Der Sinn kann nur greifen, wenn Text und Bild, innere und äußere Bilder in eine Symbiose treten. Als Kombination von Bild- und Textelementen wurde die Emblematik zum Inbegriff synthetisierender Kunst.[23] Als Emblem wurde den Bildern eine spezifische Syntax, ein Sprachcharakter zuteil. Auf der anderen Seite schrieb man sprachlichen Zeichen einen Bildcharakter zu. Albrecht Schönes Ansicht von der Priorität des Bildes hat in der Forschungsdebatte zu Emblemen eine wichtige Weichenstellung gesetzt.[24] In den *res pictae* spiegelt sich

---

20 Zwei Bücher über die Hieroglyphen / Horapollon. In der lateinischen Übersetzung von Jean Mercier nach der Ausgabe Paris 1548, bearbeitet mit einer deutschen Übersetzung versehen und kommentiert von Helge Weingärtner. Hrsg. von Thomas Specht, Erlangen 2005.
21 Nach Pope 1975, § 21. Insbesondere Tiere waren Bestandteil dieser visuellen Sprache. Die Fliege bedeutete Frechheit, das Wiesel Schwäche. Tiere fungierten als lebendige Charaktere in der Sprache der Schöpfung. Darauf konnte die Signaturenlehre des Paracelsus aufbauen, in der jeder Sachverhalt, jedes Naturphänomen als Zeichen lesbar war, das auf etwas verweist, das ihm in der Gestalt ähnlich ist; Pope 1975.
22 Als viertes Element kommen noch musikalische Tonfolgen hinzu.
23 Warncke 1987, S. 161–183.
24 Schöne 1993.

EMBLEMA XXI. *De secretis Naturæ.*

Fac ex mare & fœmina circulum, inde quadrangulum, hinc triangulum, fac circulum & habebis lap. Philosophorum.

EPIGRAMMA XXI.

Fœmina másque unus fiant tibi circulus, ex quo
 Surgat, habens æquum forma quadrata latus.
Hinc Trigonum ducas, omni qui parte rotundam
 In sphæram redeat: Tum LAPIS ortus erit.
Si res tanta tuæ non mox venit obvia menti,
 Dogma Geometræ si capis, omne scies.

Abb. 25: Unzulänglichkeiten alchemischer Geometrie, aus: Michael Maier: Atalanta Fugiens, Frankfurt a. M. 1618, Emblem XXI. HAB: 196 Quod. (1)

zunächst alles wieder, was in der Welt real existiert bzw. imaginär erdacht werden kann. Dann ist der *res picta* des Emblems immer auch eine verweisende Kraft inhärent, sie ist *res significans*, da die Doppelfunktion des Abbildens und Auslegens, Darstellens und Deutens, die die mehrteilige Bauform des Emblems übernimmt, darauf beruht, dass das Abgebildete mehr bedeutet als es darstellt. Insbesondere das medailloneingefasste Bild, die *pictura*, stellt trotz ihrer symbolischen Dimension zunächst einmal sich selbst dar. Der Leser wird zum Betrachter, der die Dinge im Bild mit ihrer an die Emotionen appellierenden Vergegenwärtigungskraft zuallererst wahrnimmt; erst auf den zweiten oder dritten Blick nimmt er die Buchstabenfolgen von Motto und Untertitel, der *subscriptio*, zur Kenntnis. Emblembücher, die im Laufe des 16. Jahrhunderts immer zahlreicher erschienen, sorgen für eine permanente Bedeutungszuschreibung von Realien. Eine bildhafte Weltsprache konnte entstehen.

Autoren und Verleger von *Alchemica* haben die spezifische ikonische Erkenntnisleistung von Emblemen zu nutzen gewusst. Mitten im Dreißigjährigen Krieg kamen entsprechende Veröffentlichungen auf den Markt – zwischen 1618 bis 1625 in auffälliger Dichte. Dabei handelte es sich oft um originäre Bildschöpfungen. Die Geschichte von der Gewinnung des Steins der Weisen wurde in dramatischen Szenen visualisiert. Die künstlerisch hochwertigen Abbildungen erschienen in der Werkstatt der calvinistischen Kupferstecherfamilie de Bry, die Ende des 16. Jahrhunderts vor der katholischen Repression von Lüttich nach Frankfurt geflüchtet war. 1610 eröffnete der Sohn Johann Theodor eine neue Filiale im kurpfälzischen Oppenheim, die sich sogleich als Multiplikator hermetisch-alchemischen Gedankenguts verstehen sollte.[25] Er wurde dabei unterstützt von seinem Schwiegersohn Matthäus Merian, dem zukünftigen Erben der de Bryschen Offizin.[26]

Das 21. Emblem-Bild aus Michael Maiers *Atalanta Fugiens* zeigt eine geometrische Figur (**Abb. 25**). Überschrieben ist es mit „Fac ex mare & foemina circulum, inde quadrangulum, hinc triangulum, fac circulum & habebis lap. Philosophorum" [Bilde aus Mann und Weib einen Kreis, aus diesem ein Viereck, aus dem Dreieck wieder einen Kreis und du hast den Stein der Weisen]. Schon im *Rosarium Philosophorum* (1550, S. 30v) war die Vorbereitung des Steins der Weisen geometrisch beschrieben worden: Der Kreis muss quadriert werden, um aus zwei Geschlechtern ein Ganzes zu machen. Michael Meier sollte diesen Spruch in ein Bild gießen. Mann und Frau sind vom Kreis umschlossen, wodurch deren Spannung zu einer androgynen Einheit gebändigt ist. Quadrat und Dreieck stehen für die beiden Säulen alchemischer Theorie. Das Quadrat repräsentiert die aristotelischen vier Elemente, auf die die gemischten Stoffverbindungen zurückgeführt werden müssen. Das Dreieck fasst die drei paracelsischen Prinzipien *Sal* (Körper), *Sulphur* (Geist) und *Mercurius* (Seele) zu einer Figur zusammen, die sich aus den vier Elementen herausformen. Der äußerste Kreis soll die letzte Transformationsstufe versinnbildlichen, nämlich die Herstellung der Quintessenz, des Elixiers, des Steins der Weisen.[27]

Reichweite und Grenze alchemischer Deduktion werden in diesem Emblem visualisiert. Entsprechend dem salomonischen Spruch „Du hast alles eingerichtet nach Maß, Zahl und Gewicht" will auch der Alchemiker den Kosmos durchschauen, indem er ihn mit seinem Zirkel exakt vermisst. Aber die so akkurat wirkende Zeichnung auf der Mauer weist einen gravierenden Schönheitsfehler auf: Das Dreieck schreibt sich nicht exakt in den äußeren Kreis ein. Es klafft eine Lücke zwischen der oberen Ecke des Dreiecks und dem Kreisumfang. Ebenso subtil wie eindeutig zeigt das Bild, dass die Herstellung des Steins der Weisen nicht gelingen kann. Diese Kluft zwischen Anspruch und Wirklichkeit macht die *Pictura* unmittelbar bewusst. Motto und beigefügter *Discursus* tun hingegen so, als ob der Quadratur des Kreises nichts entgegensteht. Nur das Bildmedium vermag simultan das Konstruieren und ihr Scheitern in Szene zu

---

25 Benzing 1975.
26 Der Verleger Lucas Jennis in Frankfurt, der auch durch die Produktion alchemischer Bildquellen bekannt wurde, war ebenfalls mit den de Brys verschwägert. In beiden Verlagen wurden von jeher Emblembücher herausgegeben, so bei de Bry 1593 die *Emblemata* von Jean-Jacques Boissard.
27 Siehe zu diesem Emblem Böhme/Böhme 1996, S. 250f.; Fankhauser 2007, S. 28f.

setzen und evident zu machen. Vom Bild geht auch die Botschaft aus, dass selbst wenn die Suche nach dem Stein der Weisen vergeblich ist, das Ziel, eine Bildsprache zu entwerfen, die ebenso aus der Abstraktionsfähigkeit der Sprache wie aus der Bildhaftigkeit der visuellen Kommunikation schöpfen kann und damit die Defizite der Schriftkultur überwindet, erreicht werden kann.

Auf der Suche nach einem vollkommenen Medium?

Schon immer faszinierte die weitgehend textunabhängige Sprache symbolischer Bilder. Alchemischhermetische Denkweise ist essentiell auf eine derartige Bildvermittlung angewiesen. Die Bildtypen der transmutatorischen Alchemie – ob nun Diagramm, Emblem oder Systembild – sind konstruierte Bilder, d. h. „starke Bilder"[28], die in der Regel nicht darauf abzielen, durch Illusionismus ihre Bildhaftigkeit zu überdecken und sich dem Text unterzuordnen.

Die Suche nach dem Stein der Weisen ist die Geschichte einer Utopie und gescheiterter Hoffnungen. Mit dem Fluchtpunkt der Sehnsucht war weitaus mehr verknüpft als die Herstellung einer materiellen Ingredienz, zeichnet sich doch hier die Perspektive eines absoluten Mediums ab, der man sich annähern wollte. In der Alchemie wurden Bilder *more hieroglyphico* gelesen und nicht *more mathematico*, d. h. Bilder und Symbole haben die Tendenz, die Dinge zu sein, die sie repräsentieren – davon waren nicht wenige Adepten in ihrem Handeln überzeugt. Die Aussagekraft der Buchstabenschrift scheint in der Alchemie limitiert zu sein. Decknamen ließen die Anzahl der Synonyme in die Höhe schnellen und machten die Texte immer ungenauer. Zugleich wurde deutlich, dass Text und Schrift allein als Medien von Verstand, Analyse und Sukzession dem Wissensmodell der Alchemie kaum gerecht werden könnten. Man wollte uneingeschränkt von grammatikalischen Zwängen Denkbilder schaffen, die Sinne und Intellekt zugleich ansprechen und so intuitiv-visionäre Einsichten in wesentliche Zusammenhänge vermitteln.[29] Dahinter stand die Vorstellung, dass es ein adamitisches Urwissen gegeben hätte, das intuitiv die Phänomene erfasst, eine vollkommene Sprache, die die Dinge medial so wiedergibt, wie sie wirklich sind (*prisca sapientia*). Es hieß, die Natur habe sich damals in ubiquitärer Transparenz als offenes Buch ohne Geheimnisse präsentiert.[30]

In der Literatur zur transmutatorischen Alchemie konnte mit der Suche nach dem Stein der Weisen immer auch die Suche nach einer vollkommenen Sprache, nach einem absoluten Medium gemeint sein, das von allumfassender Transparenz geprägt war. Hieroglyphen stellten ein Medium dar, das das innerste Wesen der Dinge reflektieren bzw. repräsentieren kann. Plotin hatte in seinen *Enneaden* geschrieben (V, 8, 5 – 6): „Die ägyptischen Weisen benutzen, um die Dinge klug zu bezeichnen, nicht gezeichnete Buchstaben, die sich zu Reden und Sätzen reihen und Laute und Wörter darstellen; sondern sie zeichnen Bilder, deren jedes sich auf eine bestimmte Sache bezieht, und skulpieren sie in ihre Tempel. Jedes eingeschnittene Zeichen ist daher eine Weisheit, eine Wissenschaft, eine wirkliche Sache, die mit einem Schlage erfaßt worden ist."[31] Bildzeichen, die sofort eine Weisheit vermitteln, die also nicht aus Nachdenken und Überlegung resultieren, sondern aus Intuition erwachsen, prägten auch Kommunikation und Rezeption der Alchemie.

---

28 Boehm 1994, S. 35.
29 Klossowski de Rola 1988, S. 8 – 22; Roob 1996, S. 8 – 34; Schütt 2000, S. 390 – 403.
30 Eco 1994, S. 153 – 188.
31 Plotin: Enneaden V, 8, 6, nach Eco 1994, S. 153.

Artists and the Philosophers' Stone

Sven Dupré

In 1680, at the age of 70, David Teniers the Younger depicted himself in a portrait as an alchemist (**fig. 26**). This self-portrait marks a culmination of the Antwerp artist's life-long engagement with scenes of alchemy.[1] Teniers painted approximately 350 representations of alchemical workshops. These paintings invariably show an alchemist engaged in typical activity at the furnace, or reading a book, perhaps on metallurgy or assaying, the figure almost always in an attitude of concentration while his assistants labour in the background. Many motifs from the alchemical workshop scenes vary only minutely amongst the different paintings. The alchemical assistants even resemble the card-players and drinkers in Teniers' tavern interiors. Nevertheless, it must be stated, the alchemical equipment – the furnaces, alembics, retorts, and cucurbits – that Teniers displayed in the surroundings of the alchemists he depicted reveal a distinct familiarity with alchemical laboratory practice. Teniers' laboratories are places of order, the alchemist a diligent worker and reader whose labours are successful.

Teniers' portrayals of alchemy contrast starkly with those of Pieter Brueghel the Elder (**fig. 27**). Brueghel's alchemist was a fraudulent gold-seeker who financially ruined his family. The workplace of Brueghel's alchemist was chaotic. Immensely influential, Brueghel's image was foundational for the Netherlandish alchemist painting genre in the later sixteenth- and seventeenth-centuries. Painters were highly aware of the negative image of the alchemist that Brueghel so forcefully portrayed. If this image dominated contemporary views, artists were unlikely to wish to be associated with alchemy. However, the dismissal of alchemists as frauds gave space for alchemists and artists to assert their own identity as experts.[2] It is this positive image, equally present in artistic circles in the early modern period, that Teniers identified with. It seems that artists wished to be considered alchemists in their capacity as experts on materials and material transformation. Nevertheless, the ten-

Fig. 26: David Teniers the Younger: Self-portrait as an alchemist, 1680, Oil on wood, 24 × 19 cm. Bayerische Staatsgemäldesammlungen, Munich, Alte Pinakothek

1 Principe/DeWitt 2002, p. 12–18.

2 Nummedal 2007, p. 40–45.

Fig. 27: Pieter Brueghel the Elder: The Alchemist's Family: Al-gemist, 1558. Kupferstichkabinett, Staatliche Museen zu Berlin

sions between alchemists and artists were real, and as much as identifying with alchemists, artists were also in competition with them, resulting in a clash and a conflict of expertise. This essay discusses artists' claims to have discovered the Philosophers' Stone; that is, they presented their material inventions (paintings, life-casts, chalcedony glass or hard-paste porcelain) as having the same value as that enigmatic substance.

Conflicts of expertise: artists versus alchemists

What we now know as the visual and decorative arts are prominent manifestations of alchemy's material production processes. The associated productive knowledge had been written down since the third-century AD. The Leiden and Stockholm Papyri contain instructions for the making of gold and silver, for imitating precious stones, and for textile dyes. Whether it is about colouring silver to make it look like gold or show how to create an imitation ruby or other artificial precious stone, every recipe in the Papyri is about material transformation. Emerging from this wide field of knowledge of material transformation, a historical process of selection, appropriation and differentiation resulted in a more limited definition of alchemy primarily focused on the making of gold and silver.[3] Already in the Greco-Egyptian period some alchemists differentiated themselves

---

3 Martelli 2014.

from artisans, and made a distinction between their places of work – laboratories – and artisanal workshops, even though both spaces shared similar apparatus. The further distinction introduced around 300 AD between a limited definition of alchemy as a process of metallic transmutation and a more comprehensive definition including productive knowledge and technologies was there to stay. Throughout the Middle Ages and the Renaissance this distinction became crucial to the polemics of artists and alchemists and the rivalry between alchemy and the visual and material arts.

Alchemists viewed their products as replications rather than representations, and made a distinction between a perfective art (that is, alchemy) and a merely imitative art (a category which included the visual arts).[4] One consequence of this distinction between two types of mimesis was that alchemists depreciated artists because they only changed external appearances; they did not succeed in the transmutation of the structure of matter. Another consequence was that some artists depreciated alchemy as transmutation, as perhaps most clearly expressed in Pieter Brueghel's 'The Alchemist' (**fig. 27**). A clear example of an artist critical of alchemy while making use of 'chemical' technology can be seen in Leonardo da Vinci.[5] His manuscripts contain instructions for the technology of painting as well as for making artificial pearls, and show a familiarity with 'chemical' operations typical for the artisanal workshop. However, Leonardo denounced transmutational alchemy. Alchemists have never been able to produce the slightest thing that nature creates, Leonardo argued, but claim to be able to make its finest, namely gold. While Leonardo showed respect for 'chemical' technology, and made use of its products, he rejected the claim that alchemy re-creates nature.

In the early sixteenth-century, the Sienese mining engineer Vannoccio Biringuccio formulated another forceful critique of alchemy.[6] Carving out intellectual space for 'the arts of fire' (including alchemy), Biringuccio denounced false alchemy in *De la Pirotechnia*, published posthumously in 1540. More precisely, Biringuccio countered the alchemists' belief in transmutation, which he clearly saw as trespassing on God's territory. Alchemists claim that

> "God has given them the power and authority, in addition to domination over all the things of this world, to understand and put to use all things in the other world. Among these they say that it is not only possible to understand the generation of metals but also to effect it with art, just as Nature herself does."[7]

Alchemists usurp God's powers when they claim that they can do what nature does – and do so even more quickly. However, according to Biringuccio, it is 'childish folly' that the alchemist's art can surpass and perfect nature.

> "Certainly I am not deceived in this, for I see that the mothers in which they wish to find this birth have wombs of factitious glass, and the materials they use in place of sperm are things extraneously composed, and likewise the heats that they apply are intermittent and intemperate fires, very unlike natural ones since they lack a certain proportion of nourishing and augmentative substance [...] And who doubts that the basic substances which they wish to use are secondary matter, things mixed and composed by Art, whereas Nature, according to naturalists, uses nothing but the purest?"[8]

Biringuccio maintained that all arts – both alchemy and the visual and decorative arts – only worked on external appearances. Alchemy did not have any special status, meaning that alchemists worked on the intrinsic properties of matter, while painters and sculptors worked with appearances only. This is what alchemists claim, but Biringuccio unmasks them as blasphemous artisans who fashion themselves as rivals of God. Biringuccio also denies that alchemists can rejoin volatile substances ('spirits') with bodies after they have been separated by chemical processes such as distillation. Bringing them back together would mean to 'make the dead live again',

---

4 Newman 2004, p. 115–163.
5 Ibid., p. 120–127; Bernardoni 2014, p. 58–69.
6 Newman 2004, p. 127–132; Bernardoni 2014, p. 69–74.
7 Biringuccio 1959, p. 42.
8 Ibid., p. 38.

something only God has the power to do. Biringuccio also attributes to alchemists the claim that they can create artificial life:

> "And who will ever believe that bread, herbs and fruits may be converted into flesh by any heat or artificial digestion in the same way that Nature does it; and likewise that wood that is burned and converted into charcoal like the ashes of metals, or passed through the smelting fire, may begin to bud again, become green, and engender still other wood?"[9]

Interestingly, the sculptor Benvenuto Cellini claimed to succeed exactly where the alchemists failed – that is, by bringing the dead back to life.[10] The casting of his bronze Perseus meant for him a new challenge. As a goldsmith, he was familiar with the casting of small sculptures and objects using precious metals. His account of the casting of a monumental bronze in his treatises on the work of the goldsmith and the sculpture emphasized the difficulty of this process, placing it on a par with Michelangelo's carving of marble statues from one single block of marble, and the ingenuity of Cellini in accomplishing the casting of the statue in one pour. Cellini underscores that he had to rescue the metal when the professional bronze casters failed. He narrates that when he had to take to his bed because of sickness, the craftsmen to whom he entrusted the project negligently allowed a cake to form on the metal. Leaping from his sick-bed, Cellini reproached them:

> "Oh you good-for-nothings! Who not only know nought, but have brought to nought all my splendid labours, at least keep your heads on your shoulders now and obey me; for from my knowledge of the craft I can bring to life what you have given up for dead, if only the sickness that is upon me shall not crush out my body's vigour."[11]

Instructing his craftsmen on how to proceed with handling the materials, Cellini succeeded at liquefying the metal and thus 'bringing it back to life'.

Cellini stages his bronze casting in direct competition with alchemy's pretensions. He was not the only artist to do so. In the sixteenth- and seventeenth-centuries several artists proclaimed that their artworks had the same value as the Philosophers' Stone. They outdid the alchemists who claimed to be able to create the Philosophers' Stone but never succeeded. In what follows a few of these artistic projects will be discussed.

Artists finding the Philosophers' Stone

Ceramics

The sixteenth-century French potter, Bernard Palissy, practised as an alchemist (and a glass-maker) before he turned to pottery, as he himself tells the reader in his *Discours admirables* (1580).[12] Palissy came to the insight that his true calling lay not in the artificial creation of gold, but in the production of colourful glazed ceramics. Palissy's reptiles and amphibians, his preferred subjects, were usually cast from living animals[13] (**fig. 28**). He claimed them to be so lifelike that they could even fool real creatures. He is secretive about his life-casting techniques in *Discours admirables*.

Colour transformation was key to Palissy's glazed ceramics.[14] He stressed that growth changes colour in the natural world, such as in plants, reptiles and rocks. Imitating the earth's techniques in his 'art of the earth', his ceramic imitations of the colours of animals and plants helped him to understand the causes of colour change in nature. As we have seen, chromatic transformation was essential to alchemy and to the imitation by 'tincture' of luxury goods from the very beginnings of the alchemical tradition, as found in the recipes of the Papyri. For Palissy, his success in colour transformation is also his point of challenge to the alchemists. Nature succeeds in making and changing the most beautiful colours, where artists (alchemists, painters, embroiderers) fail.

---

9 Ibid., p. 42.
10 Cole 1999, p. 221–223.
11 Cellini 1967, p. 123.

12 Palissy 1957, p. 191.
13 Smith 2004, p. 100–106.
14 Shell 2004, p. 20–24.

Fig. 28: Bernard Palissy: Fragment from a grotto in the Tuileries, Paris ca. 1565, Ceramic, glazed, 11 × 24 × 8,5 cm. Musée national de la Renaissance – Chateau d'Écouen

"Look at the seeds, when you throw them into the earth, they are all of the same color, and in coming to their growth and maturity, they form many colors, the flower, the leaves, the branches, the twigs and buds will all be of different colors, and even in a single flower there will be various colors. Similarly, you will find serpents, caterpillars, and butterflies which will be adorned with marvellous colors, nay, by such labor that no painter, no embroiderer could imitate their fine works. Let us now reason still farther: you will admit that inasmuch as these things take their food from the earth, so their color comes from the earth: and shall I tell you how and who is the cause of it? If you give me clear proof of all this, and could draw from the earth, by your alchemical art, the various colors, as these little animals do, I would admit that you can also draw out metallic matters and combine them, to make gold and silver."[15]

The only exception to artistic and alchemical failure to imitate the colours of nature can be seen in Palissy's own glazed ceramics. Palissy's success is based on the careful imitation of the techniques of nature. Palissy likened the workings of fire in his kiln to the organic processes of nature in ponds. When heated, the pond springs to life. Similarly, Palissy maintained, the fire in his kiln activates the glazes. In his last workshop in Sedan, Palissy materialized the analogy between kiln and organic process by constructing his oven in the shape of an enormous rock cave or grotto.[16] Equally important to the potter's success in imitating and animating his ceramics, was Palissy's own bodily engagement with his furnace and his materials. As Palissy related in his *On the Art of the Earth*, only through corporeal pains and sacrifices did he succeed in firing his glazed ceramics. At one

---

15 Palissy 1957, p. 109.

16 Morel 1998, p. 34–39; Shell 2004, p. 18–19.

point in the narrative on his labours, Palissy details his bodily exhaustion:

> "I was in such anguish as I could not describe: for I was quite dried out because of the work and the heat of the kiln; for more than a month my shirt had not dried on me, and moreover, to console me I was jeered at …"[17]

Palissy thus had to dry like his pottery. Much like Cellini who rose from his sick-bed to bring the metal back to life, Palissy physically identified with the bodily labour, the materials, and his ceramics.

Also similar to Cellini, whose ingenuity overcame the failure of the professional bronze casters, Palissy's narrative serves to differentiate him from ordinary potters. The aim of his discourse on the art of the earth – a dialogue between 'Theory' and 'Practice' – was to elevate the status of this art above that of a mechanical art. For this purpose, Palissy has 'Practice' argue that geometry is needed for filling the kiln in the right way, and that the regulation of the fire requires such skill that "it cannot be compared with mechanical measures".[18] It is Palissy's argument that the potter's knowledge and skill allowed him to outdo nature by creating ceramic objects of art which are more valuable than natural objects; his imitations are greater than natural stones. This is also Palissy's point in the history of ceramics, with which he ends the dialogue on the 'art of the earth' with:

> "The historians assure us that when the art of the earth was invented, vessels of marble, alabaster, chalcedony and jasper fell into disrepute: and many earthen vessels were even consecrated to the service of temples."[19]

Given Palissy's antagonistic attitude towards alchemy, it is ironic (as William Newman has observed) that Palissy's theory of petrifaction appears to be alchemically inspired.[20] Distinguishing between two types of water in nature – one fixed and congelative, the other unfixed and exhalative – Palissy argued that nature creates fossils when animals and plants are entombed in clay. Their exhalative water passed through them, and the resulting mould from their decaying bodies was infiltrated by congelative water, which then solidified and fossils were formed. This theory of fossil formation appears to be inspired by the medieval alchemist Geber's theory of metal formation based on a distinction between 'fixed' (volatile) and 'unfixed' (non-volatile) mercury. Moreover, Geber maintained that the Philosophers' Stone consisted of fixed mercury permeating the pores of base metals and giving them the density of gold.

Palissy is also reported to have called a petrified skull his Philosophers' Stone.[21] This corresponds to Palissy's view of his own ceramic art as an imitation of the process by which nature makes fossils (which he thought of in alchemical terms). However, alongside his alchemically inspired understanding of art and nature, Palissy appears to have conceived his art as primarily being in competition with the work of the alchemist. His narrative on how he learned the 'art of the earth' is structured around his long and difficult search for the secret of white enamel.[22] This search is central, because this enamel is the basis of all other colours, according to him. He structured his narrative in such a way as to make it analogous to the alchemist's search for the Philosophers' Stone. While he considered this search to be in vain, his own search for the secret was successful in creating ceramics as valuable as the Philosophers' Stone.

Glass

A similar elevation of status given to objects of art, making them comparable in value to the alchemists' Philosophers' Stone, can be seen in the strategies of early modern glassmakers. Glassmakers argued that glass, especially that produced in the imitation of precious stones, was an object of alchemical knowledge. They drew analogies between the con-

---

17 Palissy 1957, p. 195.
18 Ibid., p. 202.
19 Ibid., p. 203.

20 Newman 2014, p. 120; Newman 2004, p. 145–166.
21 Newman 2014, p. 120.
22 Palissy 1957, p. 194.

cepts and operations involved in imitating precious stones using glass, and those set down on paper for the making of the Philosophers' Stone. As early as the late fourteenth-century, the *Sedacina totius artis alchimie* by the Carmelite monk Guillaume Sedacer, drew an analogy between the techniques of glassmaking and the alchemists' metallic transmutation.[23] That is, Sedacer thought that the same procedures should be followed for the making of glass and the Philosophers' Stone.

Sedacer was not the first to think about the artificial production of precious stones in the context of alchemy. The nucleus of manuscripts from the fourteenth-century around which the pseudo-Lullian corpus (texts on alchemy attributed to Raymond Lull) is built also shows this particular emphasis on the artificial production of precious stones.[24] In this corpus the *ars lapidifica* (the art of making precious stones) is closely associated with the alchemical art of transmutation. The making of precious stones and of the Philosophers' Stone follows the same procedure, according to pseudo-Lull. However, there is an important difference between pseudo-Lull and Sedacer. Pseudo-Lull stated that the described operations for the making of precious stones are based on the natural philosophical theory of precious stones as 'watery substances'. Pseudo-Lull dissolved different sorts of metal in so-called 'water' (in fact, diverse liquids) to create different kinds of precious stones. These theoretically inspired operations are entirely different in nature from the craft-like recipes for the production of glass and glass imitations of precious stones found in the *Sedacina*.

After mentioning that glass is transparent and that it is "receptive to all colours", Sedacer lists several recipes on how to make glass and glass receptacles of different colours, all starting with a mixture of white sand and plant or wood ashes, and all made into glass by procedures involving heating and cooling in the furnace.[25] These instructions are followed by two recipes for the manufacture of lead glass, one of which is directly geared towards the artificial production of precious stones. From these precious stones, Sedacer maintains, the Philosophers' Stone is derived. The introduction of the section on glass explicitly states that the "convertible stone" (meaning glass, convertible because it can take on all colours) is the basis of the Philosophers' Stone, "because the way, the means and the procedure are the same for both".[26] The recipes to make glass are followed by several recipes for the Philosophers' Stone using the same materials and processes that Sedacer describes for the making of glass-imitations of precious stones. In short, the *Sedacina* constructs an analogy between the processes of glassmaking and the processes of metallic transmutation or the discovery of the Philosophers' Stone.

As with Palissy's ceramics, chromatic transformation was a key concept in the glassmakers' competitive stance towards alchemy. For Sedacer, glass was the basis of the Philosophers' Stone precisely because it can take on all colours. For other glassmakers, their capability to make red-coloured glass – red being the colour of the Philosophers' Stone – appears to have had a specific attraction in their rhetoric when competing with alchemy. The seventeenth-century glassmakers Antonio Neri and Johannes Kunckel prided themselves in making red glass.

Neri is best known for his book on glassmaking, *L'arte vetraria*, published in Florence in 1612. However, recent investigations of his manuscripts and correspondence have shown that his interests embraced a much wider scope of alchemical activities.[27] This included an interest in the transmutation of metals and the making of gold. Neri's *Discorso sopra la chimica* defined chemistry as

> "a much more universal art, which in some ways also embraces medicine (or at least it comes very close in assisting) [...] It is an art, which resolves and reduces all 'mixed bodies' into their primary elements, it searches out their nature and separates the pure from the impure and it makes use of the pure to per-

---

23 Barthélemy 2002 contains a transcription and French translation of this treatise. See also Barthélemy 1995.
24 Pereira 1990.
25 Barthélemy 2002, vol. 2, p. 164.
26 Ibid.
27 Galluzzi 1982; Engle 2008.

Fig. 29: Stemmed bowl, Venice (ca. 1510), chalcedony glass, 17.5 × 27.2 cm. Kunstgewerbemuseum, Staatliche Museen zu Berlin

fect these bodies and even to transform one body into another."[28]

Within this wider field of interest in material transformation, Neri saw a privileged connection between glass and alchemy. Moreover, he attributed the invention of glass to alchemists: "wanting to imitate jewels, they discovered glass."[29]

Neri compared the Philosophers' Stone to one particular type of glass, chalcedony glass, whose production held pride of place in *L'arte vetraria* (**fig. 29**). *Calcedonio* was glass imitating not only chalcedony, but also other precious stones such as agates and oriental jaspers.[30] It was produced by a technique based on the superimposing and fusion of layers of molten glass, and resulted in a translucent white, grey or reddish-brown base with swirls of other colours mixed together in a random pattern. Numerous recipes for chalcedony glass were circulating in manuscripts at this time; Neri lists no fewer than three for the making of chalcedony glass, which in "beauty and allure of colours even surpassed the exceptional beauty of oriental agate."[31] Like Palissy in *On The Art of the Earth*, Neri argued that his art of glass surpassed nature.

The way in which Neri described the visual appearance of chalcedony glass hints at its connotations with alchemical transmutation. Chalcedony glass is dichroic. This refers to the varied response of chalcedony glass to transmitted and reflected light. In reflected light the glass will show a variegated swirl of colours, while in transmitted light it appears, in Neri's words, "red as fire": indeed, it displays a fiery orangey-red or yellow colour.[32] Neri thus suggested that the colour of the glass is identical to that of the Philosophers' Stone. For Neri, chalcedony glass was the alchemist's gold.

Johann Kunckel (cf. **Cat. No. 56**) was likewise attracted to red-coloured glass.[33] Born into a family of glassmakers, and having been trained as an apothecary, in 1667 Kunckel entered the service of the Elector of Saxony, Johann Georg II. His task was to work through the alchemical writings in the possession of the Dresden court. It seems that in the course of his labours Kunckel acquired considerable knowledge of the secrets of alchemy and that he was interested in the making of gold. After his move to Brandenburg in 1678, he continued his transmutation experiments on the Pfaueninsel, the island in the river Havel between Berlin and Potsdam that he received as a gift from the Elector of Brandenburg Friedrich Wilhelm. However, Kunckel's main activity in his laboratory on the Pfaueninsel concerned the production of all kinds of luxury glass.

Kunckel was particularly interested in the development of gold ruby glass (**fig. 30**). Kunckel's gold ruby glass is an innovation in a long history of making red-coloured glass. Typically, recipes for red glass, such as that used in cathedral windows or the goldsmiths' translucent red enamels (rouge clair), employed copper. At least from the early seventeenth-century, and possibly earlier, the potential use of gold as a red colourant was known. Kunckel found a particular way of producing gold ruby glass based

---

28 Grazzini 2012, p. 420.
29 Neri/Engle 2003–2007, vol. 1, p. 5.
30 For chalcedony glass, see McCray/Osborne/Kingery 1995 and Hills 1999, p. 118–122.
31 Neri/Engle 2003–2007, vol. 2, p. 23.
32 Ibid., p. 12.
33 Kerssenbrock-Krosigk 2001.

on the 'Purple of Cassius'. This was a purple-coloured solid precipitate, created by adding tin to a solution of gold in *aqua regia* ('regal water', nitro-hydrochloric acid). 'Purple of Cassius' is the ideal raw material for gold ruby glass because it produces the finest solution of gold particles. Upon reheating the glass, the metallic gold forms nanoparticles. The colour of the glass is due to these gold colloids, which have to be just the right size: too small and the glass is colourless, too large and the glass looks opaque brownish. Kunckel clearly considered gold ruby glass to be as valuable as the Philosophers' Stone and was equally secretive about how to make it.

Rubens' Paracelsus

Peter Paul Rubens was likewise fascinated by the colour red. As contemporaries pointed out, the Latin etymology of his name Rubens was reddening.[34] Much in the competitive spirit of Neri and Kunckel, Roger de Piles wrote that Rubens had found the Philosophers' Stone by means of his brushes and colours. However, De Piles' judgment was not only based on Rubens' name and paintings, but also – and perhaps even more so – on the painter's notebook. In spite of the artist's competition with alchemy, Rubens' notebook shows an engagement with alchemy as an intellectual framework to understand nature in a way going beyond Palissy's silent appropriation of alchemical theories to understand the formation of fossils. Unlike Palissy, Rubens did not criticize alchemy. That said, Rubens did not speak out on the possibility of metallic transmutation. Instead, his notebook shows Rubens as especially interested in Paracelsus.[35] A similar fascination with Paracelsus is evident from Rubens' copy of Quinten Metsijs' *Paracelsus* (fig. 31). That this portrait of Paracelsus is displayed in Antwerp paintings of collections, most famously that of Cornelis van der Geest, indicates that Rubens was not alone with his Paracelsian interest, in Antwerp around 1600.

Fig. 30: Potsdam Glass Workshop, covered goblet. Kunstgewerbemuseum, Staatliche Museen zu Berlin, Ident. Nr. W-1977, 84

34 Meganck 2014, p. 146.
35 Meganck 2007.

Fig. 31: Unknown artist (copy after Peter Paul Rubens): Portrait of Paracelsus, ca. 1612/13 (?). Uppsala University Art Collections, donated by Erik Waller to the University Library 1970

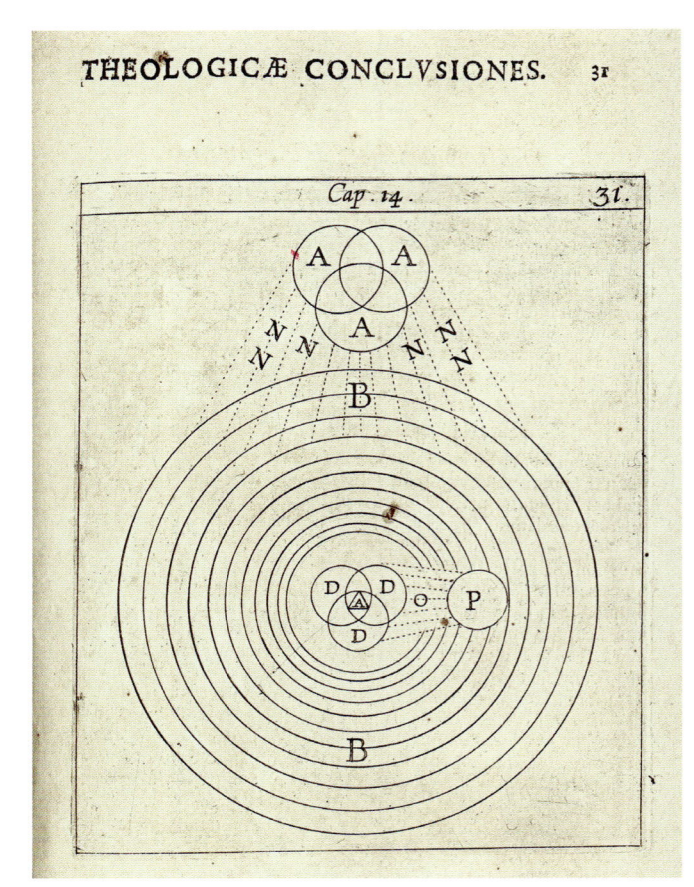

Fig. 32: Otto Van Veen: Physicae et theologicae conclusiones, notis et figuris dispositae ac demonstratae, Orsellis 1621, S. 31. HAB: 442.1 Theol. 2° (3)

One can speak of a Paracelsian culture in early modern Antwerp. However, this does not mean that all alchemical ideas circulating in Antwerp could be directly found in the writings of Paracelsus. Other Paracelsian writings and figures, and local interpretations and transformations of Paracelsus, characterize Antwerp's Paracelsian culture. One of the most prominent figures here is Isaac Hollandus.[36] Hollandus (cf. **Cat. No. 14**) was a post-Paracelsian, probably fictional character to whom numerous manuscripts, in Dutch and translated, were attributed. The name Hollandus reached mythic proportions at the time, sometimes even alleged to be the predecessor and source of Paracelsus. In *L'arte vetraria* Neri, who spent almost one decade in Antwerp in the close vicinity of Rubens' house, identified Isaac Hollandus as the source of some recipes for the making of artificial gemstones.[37] However, beyond the instructions themselves, reading Isaac Hollandus' *Opera Mineralia* reinforced for Neri the similarities between glass and minerals, as it confronted him with a natural philosophy of vitrification for understanding minerals.

In Antwerp, a wider circle of artists and artisans had become familiar with the writings of Isaac Hollandus. Otto Van Veen, Rubens' master, even singled out Isaac Hollandus as his most important authority on alchemy. Moreover, in Van Veen's enigmatic *Physicae et theologicae conclusiones* (1621), the painter referred

---

36 Van Gijsen 2010.
37 Neri/Engle 2003–2007, vol. 3, p. 2.

38 Otto Vaenius: Physicae et theologicae conclusiones, Orsellis 1621, p. 3.

to the Paracelsian *tria prima* of sulphur, salt and mercury (the basic elements of the universe and of man) to prove the threefold nature and divinity of man, just as Rubens had done in his notebook[38] (**fig. 32**). Van Veen, Rubens and Neri did not just see their art in competition with alchemy, claiming their paintings and glassworks to be equal in value to the Philosophers' Stone. For them, Paracelsian alchemy offered a conceptual framework for understanding nature.

Often cast in terms of conflict and competition, the spheres of art and alchemy had fluid boundaries. Artists and artisans, like Cellini, Palissy, Neri and Kunckel were hybrid figures with one foot in artisanal culture, and the other in alchemy. Sometimes using alchemical ideas, they claimed that their art succeeded (that is, in creating value) where alchemy failed. The competition with alchemy served artists in developing a rhetoric that elevated the status of their own art above that of a mechanical one. For an artist like Rubens, alchemy even offered the tools not only to understand his art, but to unlock the secrets of nature.

Heil und Heilung

Zur Ideengeschichte der Alchemie in der frühen Neuzeit

Heinz Schott

Die Alchemie wird im Allgemeinen als metallurgische Kunst mit ihrem höchsten Ziel der Goldmacherei begriffen. Demgegenüber findet die medizinische Alchemie als Kunst der Arzneimittelherstellung weniger Beachtung. Tatsächlich haben die beiden Zweige gleichermaßen große Bedeutung für die Wissenschafts- bzw. Medizingeschichte. Wenden wir uns im Folgenden der medizinischen Alchemie zu. Ihr Ziel war die Herstellung spezifischer Arzneimittel durch alchemische Prozeduren. Diese setzten einerseits eine differenzierte Technologie mit entsprechenden Apparaturen voraus, wie sie im Laboratorium bereitstanden. Zum anderen aber war eine bestimmte geistige Einstellung des Alchemikers erforderlich, der sich der theologischen und naturphilosophischen Implikationen seines Handelns bewusst sein sollte. So bestand das alchemische Handeln aus einer Mischung von handwerklicher Kunst und geistiger Übung. Es ist von daher nicht verwunderlich, dass das alchemische Labor als ein Ort profaner Technik und sakraler Spiritualität zugleich wahrgenommen wurde. Diese Ambiguität entsprach der frühneuzeitlichen Naturforschung schlechthin, der es um das „Lesen in der Bibel der Natur" ging und die Forschen und Experimentieren als eine Art Gottesdienst verstand (vgl. Beitrag Trepp). Die ideengeschichtliche Verankerung der Alchemie soll in fünf Schritten dargestellt werden.

Arcanum und Himmelsleiter: Alchemische Vergeistigung

Der alchemischen Arzneimittelherstellung in der Nachfolge des Paracelsus, die in der Wissenschaftshistoriographie als Chemiatrie, Iatrochemie oder chemische („chymische") Medizin bezeichnet wird, ging es weniger um die Herstellung eines potenten materiellen Medikaments, als vielmehr um die Gewinnung eines „reinen", geistigen Heilmittels: eines *arcanum*. Die alchemischen Prozeduren zielten darauf ab, die verunreinigenden Ballaststoffe auszuscheiden, die „Schlacken" von den Heilmitteln abzutun, wie es Paracelsus einmal formulierte. Mit anderen Worten: Die Naturdinge sollten durch systematische Bearbeitung möglichst vollständig vergeistigt werden. Gleichzeitig ging es bei der Alchemie immer auch um die Bildung, die Vergeistigung des Alchemikers selbst. Er war sozusagen selbst in den Reinigungsprozess, den er äußerlich im Labor vornahm, innerlich einbezogen. Die Idee lag nahe, dass er durch entsprechende Arbeit selbst zu einem *arcanum* werden könne. Wenn Paracelsus im *Paragranum* von der „virtus" des Arztes spricht, so ist damit diese alchemische Selbstverfeinerung gemeint, und nicht bloß eine angeborene, naturgegebene Kraft.

Die Verfeinerung oder Vergeistigung in oben angedeutetem Sinne fand in einer bestimmten Richtung statt: nämlich von unten nach oben, von der Erde zum Himmel, vom Menschen zu Gott. Der Magier sollte durch seine Forschungen wie auf einer Himmels- oder Jakobsleiter aufsteigen – vom irdischen Dunkel zum göttlichen Licht. Die Metapher der Himmelsleiter tauchte in der frühneuzeitlichen Naturforschung häufig auf. Das göttliche Licht galt nicht nur als Quelle aller Erkenntnis, sondern auch als Quelle aller Heilkraft. Wer dorthin gelangte, hatte das *arcanum* erreicht: objektiv als Arzneimittelhersteller und subjektiv als mystisch Erleuchteter, der die Magie der Natur in ihrem Ursprung erfahren hatte. Das *arcanum* bedeutete nach Zedlers

Universal-Lexicon „eine geheime, uncörperliche und unsterbliche Sache".[1] Es gab verschiedene Arkanbereiche: „Geheimnisse der Natur (*arcana naturae*), Geheimnisse Gottes (*arcana Dei*) und Geheimnisse der Obrigkeit (*arcana imperii*)."[2] Mehr oder weniger synonyme Begriffe zu *arcanum* waren *secretum* und *occultum*, die allesamt etwas Paradoxes zum Ausdruck brachten: neben den verborgenen Inhalten selbst sowohl deren Geheimhaltung als auch Aufdeckung.[3]

Der Philosoph Giovanni Pico della Mirandola legte in seinem 1486 verfassten Hauptwerk *De hominis dignitate* dar, dass der Schöpfer den Menschen als ein „Geschöpf von unbestimmter Gestalt" in die Mitte der Welt gestellt habe, damit er sich von dort aus besser umsehen könne, was es auf der Welt gäbe. Der Mensch sei frei, sich selbst zu derjenigen Gestalt auszuformen, die er bevorzuge: „du kannst zum Niedrigeren, zum Tierischen entarten; du kannst aber auch zum Höheren, zum Göttlichen wiedergeboren werden, wenn deine Seele es beschließt."[4] Pico bezieht sich dabei ausdrücklich auf das Gleichnis der Jakobs- und Himmelsleiter, die somit als Symbol der zu erforschenden Natur erschien, die dem Menschen einen Weg aus den irdischen Niederungen zu den himmlischen Höhen bot. Am unteren Endpunkt der Natur stand der ungebildete Mensch, der durch einen Prozess der Erziehung und Reinigung zum oberen Endpunkt, nämlich Gott, gelangen konnte. Wir haben hier eine klare hierarchische Ordnung, eine Ausrichtung von unten nach oben, die nicht nur der damaligen kosmologischen Vorstellung allgemein entsprach, sondern auch der speziellen Perspektive der Alchemie. Der Aufstieg auf der Leiter der Naturforschung setzte eine ständige Reinigung durch „philosophische Betrachtung" voraus und war als ein zielgerichteter Prozess der Vervollkommnung gedacht.

Der reinigende Aufstieg: Alchemie und Naturmystik bei Ärzten und Naturforschern

Die alchemische Arzneimittelherstellung verfolgte die Idee einer Reinigung durch die Scheidekunst: Der wahre Wirkstoff sollte in höchster Reinheit erzielt werden, indem die unreinen Stoffe (Paracelsus sprach von „Schlacken") durch bestimmte Prozeduren ausgeschieden wurden. Zugleich sollte der alchemische Prozess mit einer Art geistigen Erhebung des Alchemikers einhergehen, einem Aufstieg zur göttlichen Quelle der Weisheit. Wir wollen dies an zwei Autoren zeigen, die beide als praktizierende Ärzte von der Naturphilosophie bzw. Theosophie durchdrungen waren: Michael Maier und Heinrich Khunrath.

Hereward Tilton, ein britischer Experte für die frühneuzeitliche Esoterik in Deutschland, hat sich intensiv mit dem Werk Michael Maiers auseinandergesetzt.[5] Er verwies auf die Deutung der Alchemie durch Carl Gustav Jung, die sich auf das frühe Werk *Probleme der Mystik und ihrer Symbolik* des Psychoanalytikers Herbert Silberer stützte.[6] Aus diesem Blickwinkel entfaltete Tilton seine Interpretation der Alchemie als spiritueller Prozess am Beispiel Michael Maiers. An Heilige Dreikönige (*Epiphany*) 1604 begann Maier mit seinen alchemischen Experimenten, die bis Ostern dauerten. Er beobachtete die entscheidenden vier Phasen des alchemischen Prozesses, deren unterschiedliche Färbung vier Vogelarten zugeordnet wurde: Die schwarze Phase entsprach dem Raben, die weiße der Taube, die gelbe dem Phoenix und die rote dem Pelikan.[7] Seit dem Mittelalter waren alchemische Allegorien zur christlichen Passions- und Auferstehungsgeschichte verbreitet, wobei die schwarze Phase der Passion Christi, die weiße Phase der Loslösung der Seele beim Tod und die rote dem Wiedereintritt des Geistes in einen reinen Körper bei der Auferstehung entsprach.[8] Die Gleichsetzung von Christus mit dem

---

1 Grosses vollständiges Universallexicon, Bd. 2, Halle–Leipzig: Johann Heinrich Zedler 1732, Sp. 1182.
2 Jütte 2011, S. 11.
3 Ebd.
4 Pico della Mirandola 1486/1990.

5 Tilton 2003.
6 Silberer 1914.
7 Tilton 2003, S. 65.
8 Ebd., S. 67.

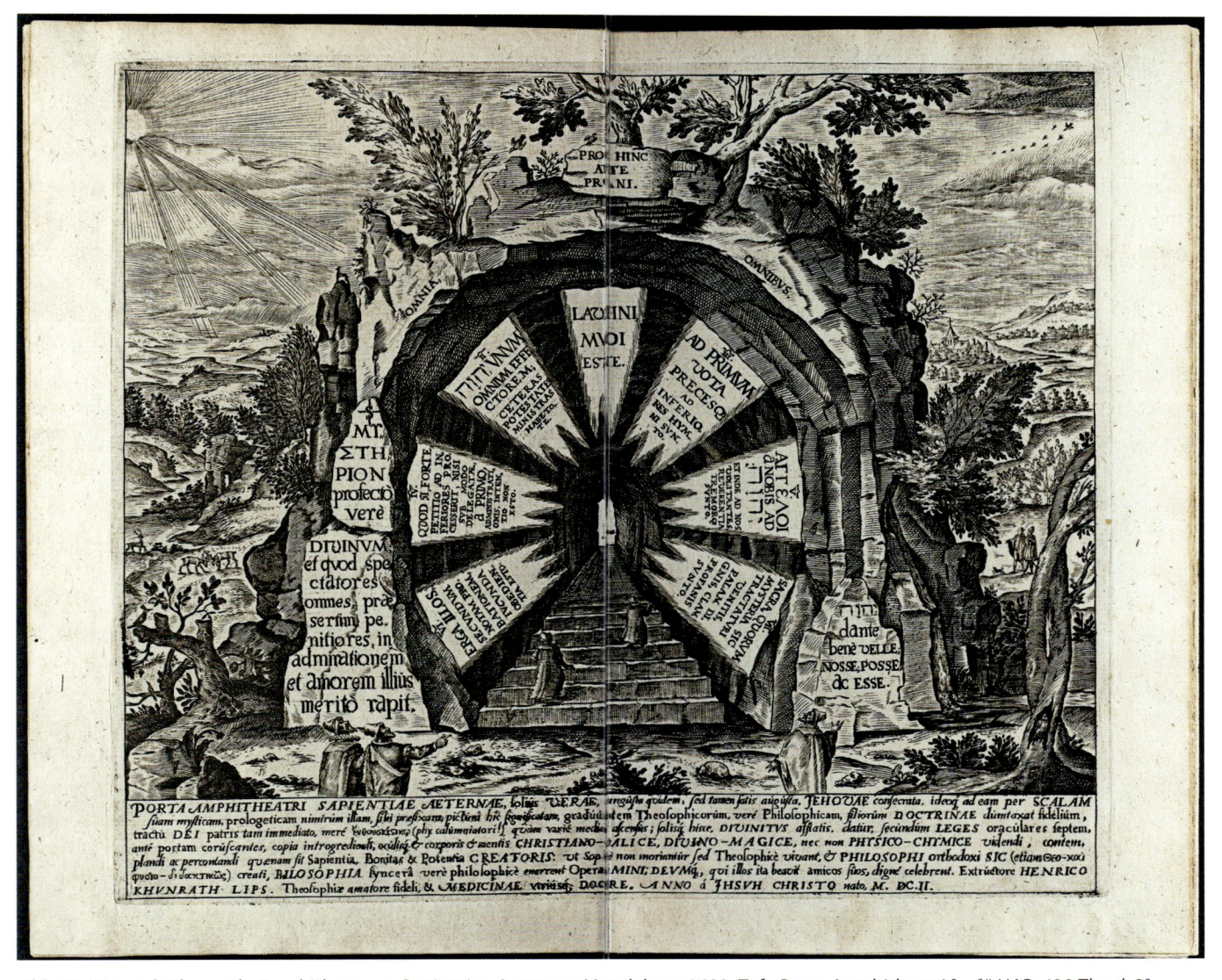

Abb. 33: Heinrich Khunrath: Amphitheatrum Sapientiae Aeternae, Magdeburg 1608, Taf. „Porta Amphitheatri […]". HAB: 438 Theol. 2°

Stein der Weisen habe, so Tilton, lang zurückreichende Vorbilder, bei Maier handele sich aber eher um eine „sympathetic correspondence" als um eine „identity". Ähnlich habe es Khunrath gesehen (siehe unten).

Maier visualisierte eine alchemische Leiter, um den Prozess des Goldmachens als einen Aufstieg zu charakterisieren. In einem Briefmanuskript an Landgraf Moritz von Hessen-Kassel schrieb er 1611, dass die meisten diese Leiter nicht kennten. Er stünde auf der vorletzten Sprosse und habe keine Mittel, weiterzusteigen. Nichts sei schwieriger, als die letzte Sprosse zu erreichen. Maier gab in einer Anlage zu seinem Brief eine Tafel bei, auf der von unten nach oben die achtzehn Stufen verzeichnet waren, von der ersten – „That the aim of the Art is not vulgar." – bis zur letzten – „The final operation reaching the ultimate goldenness."[9] In einem anderen Manuskript an Moritz von Hessen-Kassel beschrieb Maier einen goldenen Berggipfel, zu dessen Besteigung eine Leiter notwendig sei, ohne die man sich das Genick breche.[10] Einen

9 So Maier, zit. nach Tilton 2003, S. 91.

10 Ebd., S. 94.

ähnlichen Vergleich zwischen der alchemischen Suche und dem Bergsteigen zog Maier in seinem „*Viatorium*" von 1618 (vgl. **Kat. Nr. 2**). Offenbar hatte er diese Leiter-Metapher von dem Alchemiker Morienus (Morienus Romanus) übernommen, der in *De re metallica, metallorum transmutatione* [...] vom Aufstieg auf einer Leiter ohne Stufen gesprochen hatte.

Der Alchemiker und Kabbalist Heinrich Khunrath veranschaulichte in seinem *Amphitheatrum Sapientiae Aeternae* den Aufstieg des Magiers in einer Serie von elf Kupferstichen.[11] Die Himmelspforte (*Porta Amphitheatri Sapientiae Aeternae solius Verae*) befindet sich auf dem Gipfel des Berges.[12] Ein Lichtstrahl von oben trifft auf Wanderer, die zu dieser Pforte nach oben ziehen. Aus der Nähe betrachtet ist diese Pforte ein tunnelartiger Gang, zu dessen lichter Öffnung man über eine Treppe gelangt (**Abb. 33**).[13] Der Aufstieg zur Teilhabe an der göttlichen Weisheit geht über sieben Grade oder Stufen.[14] Die alchemische Läuterung wurde in Analogie zur *Passio Christi* als ein Wandlungsprozess des Menschen empfunden, „an dessen Ende die Unio mystica mit der sapientia steht."[15] Oben auf dem bergigen Felsen wachsen Eichenbäume, vor denen in einem Felsen eine Inschrift zu lesen ist: „Procul hinc abeste profani" [Nicht Eingeweihte, bleibt fern von hier]. Auf einem weiteren kreisförmigen Kupferstich ist oben ein göttlicher Strahlenkranz (Inschrift: אש) zu sehen, darunter ein Pfau, der ein Rad schlägt (*Azoth*), darunter die androgyne Figur mit einem Doppelkopf aus Sonne und Mond, die eine Kugel hält (*Materia prima*), darunter ein größerer Kreis mit Erdkugel und einer kleineren Kugel innerhalb der Erdkugel (*Chaos*).[16] Ein weiterer Kupferstich zeigt das alchemische Labor mit einem betenden Alchemiker auf Knien (**Kat. Nr. 15**)[17]

Khunrath stand mit dem nachreformatorischen sächsischen Theologen Johann Arndt in Kontakt, dessen Verknüpfung von paracelsischer Naturphilosophie mit alchemisch inspirierter Mystik ihn beeinflusste.[18] Vielleicht wandte sich der frühe Pietist deshalb in seiner *Ikonographia* vehement gegen die Bilderstürmerei, „das nicht etwa der gemeine Mann die Geistlichen Bildtnussen / darin sich Gott so wol im newen / als im alten Testament / geoffenbaret hat / für ein Grewel halte."[19] Für ihn bedeuteten die *Imagines mysticae* „die Göttlichen Offenbarungen durch Bilder / im newen Testament."[20] Es sei „nicht vnrecht / nicht Abgötterei oder Gottlos [...] / Bilder zu haben", wenn sie „jren vhrsprung aus der Natur haben."[21] Man solle wissen, „das die Natur jrem Schöpffer nachahme." Und mit dem ausdrücklichen Hinweis auf das *Amphitheatrum* von Khunrath bezeichnete Arndt die Bilder in der Natur als Gottes Buchstaben,

„dadurch Er die Natur gründtlich außleget/ allen denen / die es verstehen / vnd diese wünderliche Schrift vnd Buchstaben Gottes lesen können [...] das Alphabet ist die Signatur, wer diß Alphabet wol kann / der kan darnach baldt lesen lernen / vnd der Natur Arcana verstehen."[22]

Weil die Natur sich aus Gottes Ordnung durch Bilder offenbare, sei es nicht nur unrecht, sondern „eine grosse Gottlosigkeit vnd vnwissenheit, dieselbe verwerffen oder verachten."[23] Damit richtete er sich gegen die Bilderstürmer seiner Zeit.

Die Alchemie betraf nicht nur die Stoffverwandlung und -verfeinerung sowie den geistigen Aufstieg des Alchemikers, sondern hatte auch Konsequenzen für die medizinische Anthropologie, die Vorstellung vom menschlichen Organismus. Im Folgenden soll ein zentraler Begriff beleuchtet werden, nämlich das „Bauchgehirn", das für die frühneuzeitlichen Alchemiker im Gefolge des Paracelsismus von zentraler Bedeutung war.

---

11 Heinrich Khunrath: Amphitheatrum Sapientiaea Aeternae solius verae, christiano-kabalisticum, divino-magicum [...], Magdeburg 1608 [erschienen 1609].
12 Ebd., S. 156.
13 Ebd., S. 158.
14 Neumann 2004, S. 149.
15 Ebd., S. 150.
16 Khunrath 1609, S. 161.
17 Ebd., S. 162.

18 Neumann 2004.
19 Johann Arndt: Ikonographia. Gründtlicher vnd Christlicher Bericht / Von Bildern / jhrem vhrsprung / rechtem gebrauch vn[d] mißbrauch [...], Halberstadt 1596, S. 11.
20 Ebd., S. 24r–27v.
21 Ebd., S. 32v–37v.
22 Ebd., S. 33r.
23 Ebd., S. 37v.

Bauchgehirn: Alchemie und Anthropologie

Theophrastus von Hohenheim, genannt Paracelsus (1493/94–1541), wollte in erster Linie die Galenische Humoralpathologie (Viersäfte-Lehre) überwinden und die Medizin im Geiste der Renaissance auf eine naturphilosophisch-alchemische Grundlage stellen. Es ist interessant, dass er die traditionelle, humoralpathologische Hervorhebung der Bauchhöhle (*hypochondrium*) nicht etwa kritisierte, sondern im Gegenteil im Sinne seiner alchemischen Auffassung weiter radikalisierte. Die Natur betreibe in ihrer Tätigkeit (als *vulcanus*) selbst das Geschäft der Alchemie, sei selbst die umfassende Magierin, die die natürlichen Dinge zubereite – aber nicht bis zu ihrem „Ende". Es sei die Aufgabe des Menschen (als *philosophus*, Arzt, Apotheker), das Geschäft der Natur zu vollenden. So erscheint die (medizinische) Alchemie als „Scheidekunst", die mit dem „Feuer" das „Gift" von den *arcana* abscheidet, das heißt, die Schlacke vom reinen Wirkstoff der Arznei trennt. Nach dem hermetischen Grundsatz der Mikrokosmos-Makrokosmos-Vorstellung „wie oben, so unten – wie außen, so innen" entspricht der „äußeren" Alchemie in Natur oder Labor eine „innere" Alchemie im menschlichen Magen. In diesem Zentralorgan in der Mitte des Leibes sitze der Lebensgeist (*spiritus vitae*), wurzele die Seele. Paracelsus benutzt hierfür auch die Begriffe „geist microcosmi", *archeus* oder *vulcanus*. Den „Lebensgeist" stellt er sich wie den Scheidekünstler in der alchemischen Küche vor. Die Krankheiten entsprängen demnach immer aus einer Verletzung des Lebensgeistes. Einen Krampfanfall führte er zum Beispiel darauf zurück, dass das Herz „gedrukt [gedrückt] wird das [sodass] der spiritum vitae in ein hiz kompt, so zündet er an den ganzen leib und wütet dorin also streng, [...] das er ein zittern und toben macht".[24]

Die medizinische Anthropologie des Paracelsus kreist also um die alchemische Auffassung des *archeus*. Allerdings ist zu beachten, dass die Lokalisation im Magen nicht anatomisch im modernen Sinn zu verstehen ist. Es geht vielmehr um den „Magenmund", die *cardia*, die Region, wo Herz und Magen sich nahe kommen, das *hypochondrium*, noch im frühen 19. Jahrhundert als „Herzgrube" bezeichnet (siehe unten), die Leibesmitte als Lebens- und Krankheitsquelle. In seiner Schrift *Labyrinthus medicorum errantium* (1537/38) erläuterte Paracelsus die Analogie von natürlicher und künstlicher, innerer und äußerer Alchemie, Magen und Küche (Labor):

> „alchimia ist ein kunst, vulcanus ist der künstler in ir. [...] das ist alchimia, das ist der schmelzer der vulcanus heist. was das feur tut, ist alchimia, auch in der kuchen [Küche], auch im ofen. was auch das feur regirt, das ist vulcanus, auch der koch, auch der stubenheizer."[25]

In seinem „Exempel" (Gleichnis) vom Brot verweist Paracelsus auf den inneren Alchemisten im Magen (*alchimia microcosmi*), der die Entwicklung – Getreide, Brotbacken, Essen, Verdauen – vollendet:

> „also folgt der archeus, der inwendig vulcanus hernach, der weiß zu circulirn und praeparirn [...], wie die kunst selbst vermag mit sublimirn, destillirn, reverberirn etc.; dan die artes [alchimistischen Künste] sind alle im menschen als wol in der eußerlichen alchemei."[26]

Hier sei ein kleiner Exkurs zum Mesmerismus eingefügt. Zur Zeit der romantischen Naturphilosophie (frühes 19. Jahrhundert) erschien das „Ganglien-System" im Bauch als Gegenpol zum „Cerebral-System" im Kopf: als Bereich des unbewussten Seelenlebens, als „Bauchhirn":

> „Das Sonnengeflecht scheint [...] ein dominierendes Organ des Ganglien-Systems zu seyn, welches mit dem Cerebral-Systeme, besonders im kranken Zustande, in mannigfaltiger Beziehung steht, und daher nicht ganz mit Unrecht Cerebrum abdominale genannt worden ist. [...] Haben die Somnambulen ihr Wahrnehmungsvermögen in der Magengegend erst durch öftere Uebung cultivirt, so ist es nicht

---

24 Paracelsus, ed. Sudhoff, Bd. 2, 1930, S. 417.
25 Paracelsus, ed. Sudhoff, Bd. 11, 1928, S. 186f.
26 Ebd., S. 188.

mehr nöthig, den Gegenstand damit in unmittelbare Berührung zu bringen, sondern es ist schon hinreichend, wenn man ihn nur in einiger Entfernung der Herzgrube gegenüber hält [...]. Auch diese Versuche sind bei verbundenen Augen mit dem nämlichen Erfolge wiederholt worden."[27]

Dieses „Sehen mit der Herzgrube" war in jener Zeit ein von Ärzten und Naturforschern vieldiskutiertes Phänomen. Die ideengeschichtliche Verwandtschaft mit der frühneuzeitlichen alchemischen Anthropologie ist evident.

Der flämische Arzt und Naturforscher Johan Baptista van Helmont setzte sich systematischer als Paracelsus mit der Theorie des „Lebensgeistes" auseinander und entwarf raffinierte Modelle, um dessen Wohnsitz im Oberbauch sowie seine physiologische und pathologische Wirkung im Einzelnen zu erklären. Für ihn war es eine unumstößliche Gewissheit, dass der Magenmund (Herzgrube, *hypochondrium*) der „Brunn-Quell der Seele" darstellte. Ein „ungwöhnlicher Zufall" kam ihm dabei zu Hilfe.[28] Er traktierte in einem Selbstversuch den (Aconitin-haltigen) Eisenhut – „Eisenhütlein (*napellum*)" –, um dessen Giftwirkung zu studieren und konnte dabei das „Lager der Seele" eindrucksvoll im Oberbauch erleben:

> „Ich fühlete gantz deutlich, [...] dass zwar die Sinnligkeit und die Bewegung unversehrt aus dem Kopfe in den gantzen Leib ausgetheilet würden; die gantze Krafft vernünftig nachzudencken aber mercklich und empfindlich in der Hertzgrube wäre [...] als ob gleichsam das Gemüte damals all seine Anschläge an diesem Ort erwöge und überlegte [...] dabey alle Beywürckung des Kopfes gantz ausgeschlossen war. [...] Ich habe hieraus gelernet, [...] da der Verstand leuchtender Weise in den Kopf hinauf strale, [...] dass ein sonderbares Licht aus der Hertzgrube hinaufsteige. [...] Die Verstandes-Kräften allein aber in dem Gehirne aussen blieben, und gleichsam in den Schlaf gerathen, so lange sie nicht aus der Hertzgrube erleuchtet worden."[29]

Van Helmonts komplexes Plädoyer für die Bauchseele bzw. das Bauchgehirn (*cerebrum abdominale*) ist beeindruckend, er argumentierte explizit gegen die Überschätzung des Gehirns im Kopf, eine Mahnung, die im gegenwärtigen Zeitalter von Hirnforschung und Neurowissenschaften Beachtung verdient.

Van Helmont ging jedoch über Paracelsus hinaus, indem er den „Lebensgeist" als ein „zweyherriges Regiment" (*Duumviratus*) beschrieb: Im Magen sei ein „doppelter Koch: der eine kommt von dem Miltz her, und der andere ist des Magens sein eigener."[30] Die Milz verschaffe über ihre vielen „Pulsadern" dem Magen eine Gärungskraft und sei gleichsam dessen Sonne und Koch. Van Helmont benutzte hier sogar die Metapher der Ehe, um das Zusammenspiel der beiden Organe zu verdeutlichen. Von der Milz gehe die erste Bewegung, vom Magen die erste Empfindlichkeit aus, „und ist also der Magen des Miltzes und der Miltz des Magens Vollkommenmachung."[31] Der Medizinhistoriker Walter Pagel, einer der besten Kenner des van Helmont'schen Werks, verwies auf die einmalige Aufwertung der Milz durch van Helmont. Er sei wohl, abgesehen von einer Stelle im *Talmud*, der Einzige in der Geschichte der Physiologie gewesen, der sie neben dem Magen als zentrale Instanz (*central authority*) im Organismus inthronisiert habe.[32] Van Helmont habe aber nicht die alten Vorstellungen über die Milz als Speicher der Schwarzen Galle oder – wie in Shakespeares Komödie *Maß für Maß* – als Ursprungsort des Gelächters oder der guten Laune fortgeschrieben, sondern als Empfangsorgan für das göttliche Licht: „The spleen is raised from its Cinderella-status to the position of equal sharer, as Duumvir together with the stomach, of central authority in the organism."[33]

Obwohl van Helmont die generelle Mikrokosmos-Makrokosmos-Lehre des Paracelsus mit ihrer astrologischen Ausrichtung ablehnte, hielt er doch an der traditionellen Auffassung fest, dass über

---

27 Kluge 1818, S. 79.
28 Helmont 1683/1971, S. 884/11.
29 Ebd., S. 885/12–886/17.
30 Zit. n. Schott 2001.

31 Ebd.
32 Pagel 1986, S. 84.
33 Ebd., S. 81 bzw. 87.

die Milz der Saturn als „Irrstern" seinen üblen Einfluss ausübe. So entstünden dort durch die Einbildung und Phantasie krankmachende Bilder (*ideae morbosae*), die (quasi als Krankheitssamen) den Lebensgeist im Magenmund so stark beeindruckten, dass eine „sämliche" Krankheit entstehe. Aus heutiger Sicht könnte man sagen, dass sich in diesem Krankheitsbegriff parasitologisch-infektiologische und psychosomatische Vorstellungen untrennbar miteinander vermischten, wobei in erster Linie die Entstehung der Pest erklärt werden sollte: Das Bild des Schreckens („Schrecken-Bild", *imago terroris*) erzeuge das Pestbild – zum Teil über die Milz – im Magenmund, welches das Pestgift enthalte. Ein solches Bild sei „überaus gifftig und kräfftig den Lebensgeist […] zu beflecken" und die Pest hervorzurufen, wie er im *Tumulus pestis* darlegte.[34]

Das „lebendig feur": Alchemie und Theosophie

In der Sonne als Zentralgestirn waren Licht und Feuer sinnlich erfahrbar miteinander verbunden. Für die Lichtmetaphorik des Paracelsus war vor allem der Begriff des Feuers bedeutsam, was in der pseudo-paracelsischen Schrift *Coelum philosophorum* im Einzelnen dargelegt wird. Zunächst: Licht bringe Leben hervor; Licht sei „des lebens natur", eine Bewegung, hervorgerufen durch des Feuers Hitze. Das „lebendig feur" sei mit einem Hausbewohner vergleichbar: „das haus ist alwegen tot aber der einwohner ist lebendig feur."[35] Es sei hier angemerkt, dass Franz Anton Mesmer in analogem Sinne vom „Lebensfeuer" sprach, um die heilsame Wirkung des magnetischen „Fluidums" zu veranschaulichen. Sodann meinte Paracelsus, Leben sei Feuer, das den Körper der Seele forme, die vom dreifaltigen Feuer geschaffen werde. So lesen wir in der pseudo-paracelsischen Schrift *Liber Azoth*, die durchaus paracelsisches Denken widerspiegelt: „nemlich aus dem feur des sulphurs, aus dem feur des salzes, also auch aus dem feur des mercurii, denn ein solch feur muß einen dreifachen leib haben aus dem yliastro."[36] *Yliaster* (oder *iliaster*) bedeutete die *prima materia* als eine göttliche Emanation von Gottes Wort *Fiat*.

In der Alchemie symbolisierte das Feuer, in der Naturphilosophie das Licht Leben schlechthin. Im pseudo-paracelsischen Traktat *Coelum philosophorum sive Liber Vexationum*, der sich mit der wissenschaftlichen Einschätzung des Goldes befasst, findet sich eine interessante Textpassage. Demnach seien alle lebendigen Dinge Feuer, weil sie Wärme in sich hätten. Gold sei zwar „lauter feur", aber nicht in Aktion auf der Erde, da es ein himmlisches Feuer sei, das auf der Erde als ein kaltes „gefrorens feur" – etwa im Gold – erscheine.[37] Es könne durch das elementare Feuer auf der Erde nicht zerstört werden, denn „es mag ein feur das ander nit verbrennen oder verzeren, sonder so feuer [sic] und feur zusamen komen, wirts nur ie größer und sterker in seiner wirkung."[38] Die Idee der Licht- oder Feuerbrücke zwischen Himmel und Erde war entscheidend. Sie harmonierte mit der Idee der Goldenen Kette und der Himmels- oder Jakobsleiter (siehe oben). Der Heilige Geist, meinte Paracelsus, sei der „anzünder" des Lichts der Natur und befeuere die natürliche Materie.[39] Er thematisierte freilich auch böse Feuer, nämlich die Krankheitserreger („samen"), die von den fünf „Entien" (*Ens astrale, Ens veneni, Ens naturale, Ens spirituale, Ens deale*) aktiviert werden können: „darumb fünferlei feur sind uber den leib, wan der leib muß warten, welches feur in betret und im ein krankheit mache."[40] Die Samen attackierten den Körper von außen wie Dämonen und verursachten so Entzündungen.[41] Nach Pagel wird hier das gnostische Erbe des Paracelsus offensichtlich: Das „schwarze" oder „dunkle Feuer" im Gegensatz zum weißen göttlichen oder himmlischen Feuer.[42] Freilich könne, so Paracelsus, jemand seinen eigenen Geist oder „samen" einer Krankheit durch seinen Willen, d. h. seine Imagina-

---

34 Helmont 1683 (wie Anm. 28), S. 662/1 – 664/13.
35 Paracelsus, ed. Sudhoff, Bd. 14, 1933, S. 414.
36 Ebd., S. 549.
37 Ebd., S. 413.
38 Ebd.

39 Paracelsus, ed. Sudhoff, Bd. 8, 1924, S. 208.
40 Paracelsus, ed. Sudhoff, Bd. 1, 1929, S. 172.
41 Paracelsus, ed. Sudhoff, Bd. 7, 1923, S. 364 u. Bd. 10, 1928, S. 543.
42 Pagel 1982a, S. 212 f.

tion erzeugen: „wie ein feur aus eim kisling gemacht wird, also wird durch den willen dieser geist auch gemacht."[43]

„Life is a pure flame, and we live by an invisible Sun within us" [Das Leben ist eine reine Flamme und wir leben durch eine unsichtbare Sonne in uns], schrieb der englische Arzt und Naturphilosoph Thomas Browne im 17. Jahrhundert.[44] Damit schuf er eine griffige naturphilosophische Formel für die Heilkraft der Natur, die in der frühen Neuzeit nahe lag. Die Flamme, das „Lebenslicht", diente traditionell als Symbol der Lebenskraft. Für den von Paracelsus ausgehenden Theosophen Jakob Böhme war das Feuer eine Schlüsselmetapher, welche die Vereinigung von Mikrokosmos und Makrokosmos, Natur und Geist, Gott und Menschen versinnbilichen sollte. Das „Centrum Naturae" sei das Herz, nämlich „das allerinnerste der Natur, die Grimme Schärffe des Natur-Feuers".[45] Dieses Zentrum der Natur identifizierte Böhme mit dem ewigen Leben,

> „denn es ist das Feuer-leben und der Geist, so aus dem Centro Naturae erboren wird und ausgeht, der in der Tinctur wohnet, ist das ewige Seelen-Leben; und der Geist Luft, mit der Qualität des Sternen-Regiments ist das anfängliche und endliche zerbrechliche Leben, das ist das viehische Leben."[46]

In Anlehnung an alchemische Vorstellungen identifizierte Böhme den himmlischen Geist mit Gold, den viehischen mit Sulphur (Schwefel), einem Erkennungszeichen des Teufels. Er sah die Gefahr, dass der Sulphur das Gold verunreinigen könnte wie das „kindlich Gemüthe", das „gleichwie das Gold ohne Macke ist".[47] Somit erklärte er das grundsätzliche Elend des Menschen: „Aber der Teufel hat Sulphur darinnen [im Gemüt] erwecket, und hat ihm den viehischen Geist zum Ober-Regenten gesetzet, über den der mensch solte herrschen, derselbe herrscht über ihn, und das ist sein Fall."

In paracelsischer Tradition stehen auch die sogenannten Rosenkreuzer-Manifeste im frühen 17. Jahrhundert, in denen ebenfalls die Lichtmetaphorik auffällig ist. Da ist vom „Liecht von Gott" die Rede, dessen Wahrnehmung ein typisches Kennzeichen eines Mitglieds der geheimen Gesellschaft darstelle, wie es in der *Confessio fraternitatis* (1615) dargestellt wird. In der *Chymischen Hochzeit* (1616) geschieht eine wunderbare Verdichtung des Sonnenlichts: Von den Spiegeln an allen Wänden einer Schlosshalle wird das Sonnenlicht gegen eine „Guldene Kugel" gerichtet, die in der Mitte hängt und einen solchen „glantz" ausstrahlt, dass niemand die Augen öffnen kann.[48] Hier wurde mit technischen Mitteln eine künstliche Sonne inmitten eines Schlosses geschaffen, welche die Betrachter durch ihren ungeheuren göttlichen Glanz blendete.

Der aus Speyer stammende Alchemiker und Merkantilist Johann Joachim Becher publizierte in der Schrift *Chymischer Glücks-Hafen* eine umfangreiche „Collection" von alchemischen Rezepturen.[49] Die hermetische Sprache bereitet dem heutigen (und wahrscheinlich auch damaligen) Leser einige Verständnisschwierigkeiten. Licht und Feuer waren dabei wichtige Begriffe. Bezug nehmend auf Heinrich Khunrath definierte er das „philosophische Feuer" als ein „himmlisches Feuer". In einer Marginalie heißt es: „Das Philosophische Feuer ist das himmlische Saltz der Natur. Dieses Saltz-Feuer ist viel stärker als das gemeine Holtz oder Kohlen-Feuer. Dieses Saltz-Feuer ermachet das Gold und alle Metallen zu einem lauteren Geist."[50]

Ab der Mitte des 18. Jahrhunderts produzierte die Elektrizität religiös anmutende Effekte, wie zum Beispiel die als Gloriole erscheinende „Elektrisierkugel". Eine derartige wurde als Frontispiz in einer 1778 publizierten Schrift des Abbé de Sans, eines Kanonikers und Philosophieprofessors an der Universität Perpignan, abgebildet. Sie erscheint als eine helle Sonne

---

43 Paracelsus, ed. Sudhoff, Bd. 1, 1929, S. 218.
44 Thomas Browne: Hydriotaphia, urne-buriall, or, a discourse of the sepulchrall urnes lately found in Norfolk […], London 1658, S. 80.
45 Böhme 1730/1955, S. 13.
46 Böhme 1730/1960, S. 284f.
47 Ebd., S. 285.
48 Schott 1998, S. 293.
49 Johann Joachim Becher: Chymischer Glücks-Hafen/ Oder Grosse Chymische Concordantz Und Collection […], Frankfurt 1682.
50 Ebd., S. 150.

am Himmel, als absolutes Himmelslicht, das seine Strahlen in alle Richtungen aussendet und zwei Männer, vermutlich Naturforscher, in Erstaunen und Bewunderung versetzt, die das Lichtwunder in der Höhe von ihrem irdischen Standpunkt aus betrachten. Ihre Körperhaltung und ihr Gesicht drückten eine Mischung von Erschrecken und Verzückung gegenüber der „Elektrisierkugel" aus. Sie wird hier offenbar mehr als überirdische Erscheinung denn als technischer Apparat wahrgenommen.

Die Durchflutung des menschlichen Körpers mit dem „electrischen Feuer" war plötzlich sichtbar, spürbar, mitteilbar. Die elektrischen Lichterscheinungen faszinierten Wissenschaftler und Künstler ebenso wie das ungebildete Publikum. Die früheren Spekulationen der Naturphilosophie und Magie über „Licht der Natur" und „lebendiges Feuer" mit ihren religiösen Konnotationen schienen nun von der Wissenschaft demonstriert werden zu können. Theosophen und Pietisten fühlten sich besonders angesprochen. Für den schwäbischen Pietisten Friedrich Christian Ötinger schien die Elektrizität sogar eine „verborgene Wissenschaft der Magie" zu eröffnen, wie dies Ernst Benz im Einzelnen dargelegt hat.[51] Ötinger interpretierte unter dem Eindruck der barocken Bildwelt und unter dem Einfluss der Kabbala das „göttliche Feuer" im Sinne der elektrischen Phänomene als „elektrisches Feuer".[52] Er unterschied dabei zwei Stufen der „Herrlichkeit Gottes" (gloria Dei), die man kurz als Glanz und Abglanz bezeichnen kann: zum einen der Lichtglanz, der in Gott selbst und seinem Thron beschlossen ist (gloria Dei primitiva), zum anderen die Ausstrahlung seiner Herrlichkeit (gloria Dei derivativa), aus dem die Urkräfte (potentiae primitivae) und die „Erste Materie" (materia prima) hervorgehen. Die theologische crucial question lautete für Benz: „Ist das elektrische Feuer selbst ein Ausfluß des Wesens Gottes oder ist es eine geschaffene Kraft, die der Schöpfung als kreatürliche Kraft von dem Schöpfer mitgegeben ist?" Aus dem Blickwinkel der frühneuzeitlichen magia naturalis ist eindeutig die erste Frage zu bejahen: Die Lichtstrahlen, die die Natur durchdringen, sind göttlich, bilden die arcana und stellen die göttliche „Heilkraft der Natur" dar. In diesem Sinne identifizierte auch Ötinger explizit das „electrische Feuer" mit dem „Balsam der Natur".[53]

„Chymische Hochzeit": Alchemie und Erotik

Der Aufstieg auf der Himmelsleiter bedeutete, wie oben dargestellt, eine Reinigung und Vergeistigung auf dem Weg zum arcanum. Insofern führte dieser Weg der alchemischen Arbeit zu einer Art Selbst-Werdung im Sinne der „Individuation" nach Carl Gustav Jung. Er implizierte zugleich eine Annäherung und Vereinigung mit der göttlichen Weisheit und hatte insofern einen mystischen Grundzug. Denn es ging um eine Verbindung, Verschmelzung, Vereinigung, um eine coniugatio, coniunctio, ja um ein coniugium, eine Ehe. Gerade die Symbolik der Alchemie nutzte diese Vorstellung einer „Hochzeit", womit etwa die Legierung von verschiedenen Metallen veranschaulicht wurde. So entstand eine naturphilosophische Erotik, welche die Idee einer „Heiligen Hochzeit" implizierte und sich in sinnfälligen Buchillustrationen und Emblemen niederschlug, wie an einer Reihe von Beispielen aufzuzeigen ist. Alchemie, Magie und Kabbala waren eng miteinander verwoben, was nicht nur bei Paracelsus zu beobachten ist, sondern auch bei den von ihm beeinflussten Rosenkreuzern. Die Chymische Hochzeit, ein so genanntes Rosenkreuzer-Manifest, offenbart die subtile Bedeutung der Erotik im alchemischen Diskurs.

Es gibt keine bessere Einführung zur „chymischen Hochzeit" als die eindrücklichen Buchillustrationen von alchemischen Begattungen, coniunctiones. Personifizierte Planeten und ihnen analoge Metalle kopulierten als Mann und Frau, etwa Sonne (Gold) und Mond (Silber), wie der Kupferstich von Matthäus Merian dem Älteren in Michael Maiers Atalanta fugiens zeigt. Unter der Überschrift „Im Wasserbad wirt emp-

---

[51] Benz 1977, S. 20.
[52] Benz 1970, S. 52.

[53] Ebd., S. 53.

fangen / und in der Lufft geboren [...]" (*in balneis concipitur, & in aere nascitur* [...]) ist im deutschen Epigramm zu lesen:

> "IM Wasserbad geschehn ist sein Empfängnuß / aber in Lüfften
> Ist er geborn und roht geht über die Wasserklüfften /
> Er wirt auch weiß in der Höhe der Berg / so der Weisen allein
> Angenemmer und einig Hertzenlust pfleget zuseyn /
> Es ist ein Stein / und auch nicht / welch himmlisch und edle Gaben /
> Gelücklich ist / so jemand auß Gotts Geschenck wirt haben."[54]

Auch im *Donum Dei*, einer im 17. Jahrhundert wohl in Anlehnung an die gleichnamige mittelalterliche Bilderhandschrift erschienenen alchemischen Zitatensammlung werden kopulierende Paare gezeigt, um einzelne Stufen der alchemistischen Operation zu veranschaulichen. Das *Rosarium philosophorum* mit dem Sol und Luna-Gedicht, das Arnald von Villanova zugeschrieben wird und erstmals 1550 anonym im Druck erschienen ist, enthält eine Serie von zwanzig Holzschnitten, die die *Coniunctio* in ihrem prozesshaften Ablauf darstellt. Seiner psychologischen Deutung von Jung widersprach der Germanist und Paracelsismusforscher Joachim Telle, der diese Engführung angesichts des mangelhaften Wissens um die naturkundlich-handwerkliche Verankerung des Textes kritisierte.[55] Die Vereinigung von *Sol* und *Luna* wird auf dem fünften Holzschnitt gezeigt (**Abb. 34**). Die unten liegende *Luna* sagt zu *Sol*: „O Sol / du bist über alle liecht zu erkennen / So bedarffstu doch mein als der han der hennen."[56] Dass Sol und Luna einander begehren wie Hahn und Henne machte auch Michael Maier, der von der Bildwelt des *Rosarium* beeindruckt war, in seiner *Atalanta fugiens* deutlich. Im Emblem 30, das wie die übrigen von Matthäus Merian gestochen wurde, sind zu Füßen der beiden Himmelsgestalten Hahn und Henne unter der Überschrift „Sol indiget lunâ, ut gallus gallinâ" [die Sonne

Abb. 34: Rosarium philosophorum, 1550

braucht den Mond wie der Hahn die Henne] leibhaftig zu sehen (**Abb. 35**).

Solche Darstellungen der *coniunctio* oder „chymischen Hochzeit" vermittelte als Akt der Vereinigung eine wichtige Botschaft: Sie sollte den Stein der Weisen hervorbringen, die „rote Rose" (*rosa rubea*), die höchste Form der Geistigkeit, und eine neue harmonische Ordnung als Vorzeichen einer neuen Weltharmonie (*harmonia mundi*) stiften.

Neben der *coniunctio* von *Sol* und *Luna* in Gestalt eines kopulierenden Menschenpaares gab es auch eine Vereinigung der beiden innerhalb eines androgynen kosmischen Wesens in Menschengestalt. Das Titelblatt von Johann Joachim Bechers *Physica subterranea* zeigt eine solche Zusammenführung, deren Erotik sich aus dem Binnenverhältnis von Körperteilen zueinander ergibt und nicht auf den ersten Blick zu erkennen ist (**Abb. 36**). Wie der griechische Subtitel „ΤΟ ΞΥΜΠΑΝ" (das Ganze) angibt, soll diese Abbildung das alles Umfassende darstellen. Der Wissenschaftshistoriker Claus Priesner verfasste hierzu unter der Überschrift „Die Reifung der Metalle im Schoß der Erde" folgende Legende: „Der Körper symbolisiert die Erde, der Kopf die Sonne. Am Hals ist

---

54 Michael Maier: Atalanta Fugiens, hoc est, Emblemata nova de secretis naturae chymica [...], Oppenheim 1618, S. 144; Telle 1980a, S. 3.

55 Vgl. dazu Roob 1996, S. 449.
56 Zit. ebd.

Abb. 35: Michael Maier: Atalanta Fugiens, Oppenheim 1618, Emblem XXX. HAB: 196 Quod. (1)

Abb. 36: Johann Joachim Becher: Physica subterranea, Leipzig 1703, Kupfertitel. HAB: Nd 23

der Mond zu sehen. Sonne, Mond, Sterne und Planeten geben allem Leben die Kraft, zu gedeihen. Im Innern der Erde reifen die Metalle wie auch die Planeten und der Mensch heran. Die Hände an den Seiten stehen für Vernunft und Erfahrung, die der Forscher verbinden muss."[57] Darüber hinaus präsentiert die Abbildung einige erotische Momente, die kaum zu übersehen sind. Der Rumpf der Erde stellt eine nackte Frau mit Brüsten dar, in deren Innerem eine menschliche Leibesfrucht mit Nabelschnur zu sehen ist. Sie liegt in einem Uterus, der wie ein Herz im Brustbereich unterhalb des Halbmondes lokalisiert ist: ein Kind von Sonne und Mond? In der Oberbauchhöhle reifen die Pflanzen, in den Eingeweiden des Unterbauchs die Metalle. Der „Schoß der Erde" bedeutet nicht nur die soeben beschriebenen Inhalte des Leibs der Erde, sondern auch den Rahmen, der den Blick auf die Erde freigibt. Der gespaltene

57 Priesner 2009, S. 69.

Vorhang, der lappenförmig aufgehoben ist und den Blick auf die Sonne-Mond-Erd-Frau freigibt, erinnert an die Vulva, deren Schamlippen den Blick in die Vagina freigeben. Diese anatomische Assoziation passt durchaus zum Thema, da so der Zugang zur „Mutter", d.h. Gebärmutter, sichtbar wird. Die Sonne-Mond-Erde-Frau hält in ihrer linken Hand ein Dreieck *(Symetria* [sic]) und in ihrer rechten eine Leier *(Harmonia)* – wohl eine Andeutung auf die *harmonia mundi*.

Der italienische Maler und Kupferstecher Agostino Carracci [Augustin Carrache] schuf um 1600 erotische Radierungen, die Götter der Mythologie wie Mars und Venus oder große historische Persönlichkeiten wie den römischen Feldherrn Marcus Antonius und die ägyptische Königin Cleopatra beim Geschlechtsakt zeigen.[58] Als Beispiel sei hier der Koitus von Mars und Venus angeführt. Nur das prachtvolle Himmelbett mag noch an die Heilige Hochzeit des römischen Götterpaares erinnern. In der Alchemie, in der es auch um die Legierung von Metallen ging, symbolisierte Mars das Eisen und Venus das Kupfer. Diese Graphiken erschienen fast 200 Jahre später als Kupferstiche unter dem Titel *L'Aretin d'Augustin Carrache*.[59] Gerade im Zeitalter der französischen Aufklärung, das auch als „das erotische Jahrhundert" in die Kulturgeschichte einging, waren solche Illustrationen von großer Attraktivität. Man könne beobachten, so ein Kommentator, „wie sich das erotische Klima dieses erotischen Jahrhunderts in der Kunst und in der Gesellschaft entwickelt, oder sagen wir auch: im Künstlerischen wie im Privat-Menschlichen."[60]

Schlussbemerkung

Das Faszinierende an der frühneuzeitlichen Alchemie ist ihre untrennbare Verquickung mit der zeitgenössischen Wissenschaft und Technik, Kosmologie und Anthropologie, Theologie und Naturphilosophie und insbesondere mit der konfessionsübergreifenden Idee einer Menschen- und Weltverbesserung im Sinne einer „Generalreformation". Die seit Ende des 19. Jahrhunderts vorherrschende evolutionäre Geschichtsauffassung ließ jedoch die Alchemie lediglich als spekulative Vorstufe zur naturwissenschaftlichen Chemie erscheinen. Damit aber verkannte sie nicht nur die Mehrdimensionalität und Vieldeutigkeit der Alchemie, sondern auch die der frühen Neuzeit schlechthin. Deren Wiederentdeckung kann dazu anregen, die heute florierende Wissenschaftslandschaft, insbesondere die der Lebenswissenschaften mit ihren unausgesprochenen Glaubensgewissheiten kritisch zu reflektieren, vor allem im Hinblick auf das Verhältnis von Natur und Geist.

---

58 Agostino Carracci. http://it.wikipedia.org/wiki/Agostino_Carracci [11.08.2012].

59 Carrache 1798/1985.
60 Jacobsen 1989, S. 71.

Johan Baptista van Helmont und die Sprache der Alchemie im 17. Jahrhundert

Sietske Fransen

„So komt es der Seelen etwas ingemächlich und seltsam für, wenn sie das Bild ihrer ersten Einfälle, so sie dem Gemühte in der Mutter-Sprach vorgemahlet hat, wider die natürliche Gewonheit in eine fremde Sprach übersetzen soll. Und wird bey solcher Übersetzung der Verstand durch die Arbeit so dunckel, schwach und müd, daß er den reinen und gantz geistlichen Gedancken seines ersten Einfalles zimlich verderbet."[1]

So sprach Johan Baptista van Helmont (1579–1644) zu Beginn der *Dageraed* in seinem an Gott gerichteten Widmungsbrief. In vorliegendem Beitrag wird untersucht, wie die Übersetzung die Sprache bzw. die Gedanken der Alchemiker im 16. und 17. Jahrhundert beeinflusste.

Ein flämischer Arzt und Alchemist

Johan Baptista van Helmont wuchs in Brüssel zu einer Zeit auf, in der dieser Teil Europas heftig umkämpft war: Der König von Spanien und die protestantischen niederländischen Rebellen standen sich unversöhnlich gegenüber. Das Jahr 1580 war für die gesamten Niederlande ein unheilvolles Jahr, wie van Helmont in seiner Autobiographie verlauten lässt. Damit spielte er wahrscheinlich auf die Gründung der Utrechter Union (1579) an, durch die sich die meisten niederländischen Provinzen gegen die spanische Vorherrschaft verbündeten.[2] Brüssel war in den ersten sechs Lebensjahren van Helmonts protestantisch, bevor es 1585 wie die restlichen südlichen Niederlande durch die Spanier rekatholisiert werden sollte. Diese konfessionelle Kehrtwende verbesserte die Situation der Familie van Helmonts erheblich. Da sie zum katholischen Adel gehörte, konnten zwei der Schwestern van Helmonts Spanier heiraten und er selbst hatte als jüngstes Kind der Familie die Möglichkeit, an der katholischen Universität in Löwen zu studieren.[3]

Die medizinische Ausbildung sowie die allgemeine universitäre Wissenskultur, die das Studium der Bücher der praktischen Erfahrung vorzog, sagten van Helmont allerdings nicht zu. Wie er in seinen *Promissa authoris* und *Studia authoris* schrieb, erweiterte er deswegen seine Kenntnisse durch Selbststudium der klassischen Autoren bis hin zu Paracelsus. 1599 erhielt er sein Diplom.[4] Nach zehn Jahren Reisetätigkeit durch Europa ließ er sich wieder in Belgien nieder. 1609 heiratete er die ebenfalls aus adligem Hause stammende Margarita van Ranst. Zusammen mit ihr bezog er ihr in Vilvoorde in der Nähe von Brüssel gelegenes Landgut, wo van Helmont ein Labor für seine Forschungen einrichtete. Seine erste

---

1 Johan Baptista van Helmont: Dageraed, oft nieuwe opkomst der geneeskonst, Amsterdam 1659, Bl.**v. Übersetzung in: Christian Knorr von Rosenroth: Aufgang der Artzneykunst, Sulzbach 1683, Bl.[ ](iiii)v.
Ich bedanke mich bei Andrew McKenzie-McHarg und Finn Schulze-Feldmann, die mich bei der Übersetzung unterstützt haben.

2 Johan Baptista van Helmont: Opera omnia, Frankfurt 1707, S.16: „Anno 1580 totius Belgii calamitosissimo".
3 Marez 1907, S.112f.
4 Van Helmont: Opera omnia (wie Anm. 2), S.11f. u. 15–19.

Aufgang der Artzney-Kunst/

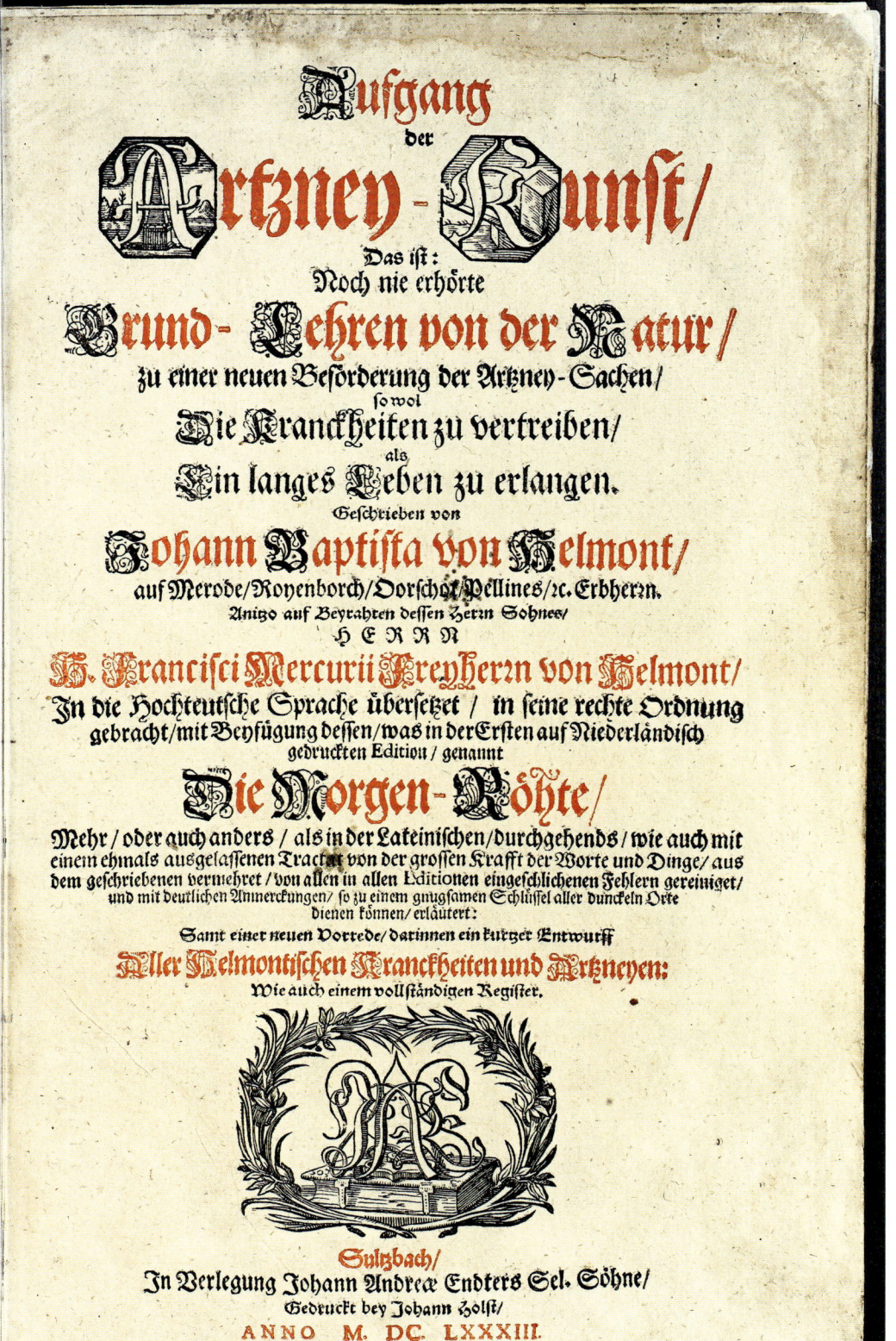

Das ist:
Noch nie erhörte
Grund-Lehren von der Natur/
zu einer neuen Beförderung der Artzney-Sachen/
sowol
Die Kranckheiten zu vertreiben/
als
Ein langes Leben zu erlangen.
Geschrieben von
Johann Baptista von Helmont/
auf Merode/ Royenborch/ Oorschot/ Pellines/ ꝛc. Erbherꝛn.
Anitzo auf Begrahten dessen Herꝛn Sohnes/
HERRN
H. Francisci Mercurii Freyherꝛn von Helmont/
In die Hochteutsche Sprache übersetzet / in seine rechte Ordnung
gebracht/ mit Beyfügung dessen/ was in der Ersten auf Niederländisch
gedruckten Edition / genannt
Die Morgen-Röhte/
Mehr / oder auch anders / als in der Lateinischen/ durchgehends/ wie auch mit
einem ehmals ausgelassenen Tractat von der grossen Krafft der Worte und Dinge/ aus
dem geschriebenen vermehret/ von allen in allen Editionen eingeschlichenen Fehlern gereiniget/
und mit deutlichen Anmerckungen/ so zu einem gnugsamen Schlüssel aller dunckeln Orte
dienen können/ erläutert:
Samt einer neuen Vorrede/ darinnen ein kurtzer Entwurff
Aller Helmontischen Kranckheiten und Artzneyen:
Wie auch einem vollständigen Register.

Sultzbach/
In Verlegung Johann Andreæ Endters Sel. Söhne/
Gedruckt bey Johann Holst/
ANNO M. DC. LXXXIII.

Abb. 37: Johan Baptista van Helmont: Aufgang der Artzney-Kunst. Aus dem Latein und Niederl. übers. von Christian Knorr von Rosenroth, Sulzbach 1683, Titelblatt. HAB: Wa 2° 98

gedruckte Veröffentlichung ließ noch zwölf Jahre auf sich warten, erregte dann aber aufgrund seiner mutmaßlich ketzerischen Aussagen umso mehr Aufsehen. *De magneticum vulnerum curatione* (Paris, 1621), eine von der Inquisition sogleich auf den Index gesetzte Schrift, die die heilende Wirkung der Waffensalbe behandelte, wurde für ihn und seine Familie zum massiven Problem. Dennoch hat van Helmont sein ganzes Leben lang weiter experimentiert und geschrieben. Die meisten seiner Schriften wurden schließlich von seinem jüngsten Sohn Franziskus Mercurius van Helmont (1614–1698) veröffentlicht, zuerst als *Ortus medicinae* [Der Aufgang der Medizin], sowie als Gesamtausgabe der Werke, als *Opera omnia*.[5] Eine kürzere Version des *Ortus medicinae* hat van Helmont auf Niederländisch verfasst. Auch dieses Buch ist erst posthum 1659 unter dem Titel *Dageraed* („Morgenglanz") veröffentlicht worden.[6]

In einem 1624 verfassten Widmungsbrief an Ferdinand von Bayern, den Kurfürsten und Erzbischof von Köln, nannte van Helmont sich selbst „Belga, Medicus, et Philosophus per ignem".[7] Belga war eine damals geläufige Bezeichnung für Menschen aus den nördlichen und südlichen Niederlanden; als *Medicus* war er ausgebildet und diplomiert. Was aber meinte er mit der Bezeichnung als „Philosoph durchs Feuer"? Van Helmont spricht hier vom chemischen Prozess der Destillation und Transmutation, bei der Hitze als Initialenergie benutzt wird. Mit anderen Worten, van Helmont bezeichnet sich selbst als Alchemist. Als Nachfolger von Paracelsus waren (al-)chemische Techniken wie Destillation und Transmutation die wiederholt angewandten Methoden der Forschung van Helmonts, und zwar sowohl in seiner medizinischen Lehre und der Methodik der Zubereitung von Medikamenten als auch in seiner gesamten Weltanschauung: Er erklärte seine Lehre fast immer anhand von chemischen Experimenten und Beispielen.[8] Welchen Grad an Präzision und Klarheit seine Ideen dabei erreicht hatten, soll im nächsten Abschnitt behandelt werden. Eine derartige Untersuchung bietet sich an, da der Alchemie der Ruf des Obskuren anhängt. Wir wollen näher prüfen, ob van Helmont auch zu diesem Ruf beitrug, indem er sich möglicherweise des absichtlichen Verdunkelns schuldig gemacht hat. Das Titelbild des *Aufgang*[s] *der Artzney-Kunst* (die deutsche Übersetzung des *Ortus medicinae*) sollte allerdings das Gegenteil suggerieren; es spielt auf die Wahrheit an, die durch einen „hellen Mund" verkündet wird. Dabei ist „heller Mund" ein Wortspiel mit dem Namen „Helmont" (**Abb. 37**).[9]

Die Sprache der Alchemie

Im Mittelalter und in der frühen Neuzeit war Latein die Sprache der Wissenschaft. Neben Lesen und Schreiben wurde Grammatik, Dialektik und Rhetorik auf Latein gelehrt. An der Universität konnte man das Studium in Jura, Medizin oder Theologie nur auf Latein abschließen. Weil Latein jedoch zu dieser Zeit nicht mehr als Muttersprache gesprochen wurde, sondern als Sprache nur während der Ausbildung und in der Wissenschaft Verwendung fand, hat es sich zur Sprache der Gelehrten gewandelt.[10] Dabei gab es bereits im Mittelalter eine Tradition von Wissen und Kenntnissen, die in der Volkssprache formuliert waren und die sich im 16. Jahrhundert rasch erweiterten. Beeinflusst von der Reformation, dem sich ausbreitenden Schulunterricht und der Verfügbarkeit von gedruckten Büchern konnten die verschiedenen europäischen Volkssprachen ihre Bedeutung steigern. Neben diesen Verschiebungen in der Sprachkultur im 16. Jahrhundert gab es auch in der naturwissenschaftlichen Gemeinschaft ein steigendes Interesse an Erkenntnissen, die man aus Beob-

---

5 Siehe zur vollständigen Editionsgeschichte Fransen 2014, Kap. 3.
6 Van Helmont: Dageraed (wie Anm. 1).
7 Jan Baptista van Helmont: Supplementum de spadanis fontibus, Lüttich 1624, S. 3.

8 Eine Übersicht des Gedankenguts van Helmonts bei Pagel 1982; eine Einleitung in van Helmonts Alchemie geben Newman/Principe 2002, S. 56–91.
9 Knorr von Rosenroth: Aufgang der Artzneykunst (wie Anm. 1), Bl. [ ](i)v.
10 Ong 1982, S. 112–115.

achtung und Experiment ableiten konnte. Dies stand im Gegensatz zur traditionellen Naturwissenschaft, die als Buchwissenschaft unter der Ägide alter Autoritäten wie Aristoteles und Hippokrates stand. Alchemie war offensichtlich eine praktische Kunst bzw. Wissenschaft und deswegen oft eng mit Kenntnissen verknüpft, die in den Volkssprachen Ausdruck gefunden hatten. Zugleich konnte sie im Westen auf eine Jahrhunderte alte Tradition der Verwendung des Lateinischen zurückblicken. Auch wenn sich die lateinischsprachige Alchemie im 16. Jahrhundert durchaus fortsetzte, ist doch eine Verschiebung zugunsten der Volkssprachen erkennbar. Nicht zuletzt war sie auf den Einfluss des schweizerischen Arztes und Alchemikers Theophrastus von Hohenheim (Paracelsus) zurückzuführen.[11] Paracelsus war davon überzeugt, dass man in seiner Muttersprache lehren und lernen sollte, damit man die Erkenntnisse besser verstehen könne.[12]

Diese zunehmende Verwendung der Volkssprachen verursachte allerdings Schwierigkeiten auf praktischer und philosophischer Ebene. Die philosophische Frage, ob die Volkssprachen für die Wissenschaften taugten und welche Sprache sich am besten eignete, um die Realität – die Wirklichkeit, so wie sie ist – zu beschreiben und Wahrheit zu vermitteln, fügte sich in der frühen Neuzeit in die große Diskussion um eine erste Sprache der Menschen ein, d.h. die adamitische Ursprache oder die Universalsprache.[13] Aus Platzgründen konzentriert sich dieser Artikel auf die praktische Anwendung der Volkssprachen und die Probleme, denen sich die Verfasser und Übersetzer stellen mussten. Wie wir gleich sehen werden, zog van Helmont in der Theorie seine Muttersprache vor, wich aber in der Praxis davon ab, da er die meisten seiner Werke auf Latein verfasste.

Probleme praktischer Natur ergeben sich allein schon aus dem verfügbaren Wortschatz.[14] Weil Latein die traditionelle Sprache der Wissenschaft darstellte, war es auch die Sprache, die das reichhaltigste Vokabular und die raffinierteste Rhetorik zur Verfügung stellte. Verschiedene Lösungsmöglichkeiten boten sich an, um die Eignung der Volkssprachen bei der Vermittlung von wissenschaftlichen Inhalten zu erhöhen. So konnte sich ein Autor dafür entscheiden, entweder die lateinische Terminologie als Lehnwort in die Volkssprachen zu integrieren oder neue volkssprachliche Wörter für die lateinischen Fachwörter zu prägen. Schließlich konnte er bereits existierenden volkssprachlichen Wörtern eine neue Bedeutung geben.[15] Die erste Option war vielleicht die einfachste, obwohl die „sprachliche Reinheit" der verschiedenen Sprachen unter der Aufnahme von Fremdwörtern litt. Die beiden anderen Lösungen verursachten meistens Verwirrung, weil im ersten Fall neue Wörter erklärt werden mussten und weil im zweiten Fall die Zuweisung neuer Bedeutungsinhalte an bereits existierende Wörter deren Mehrdeutigkeit verstärkte. Aus diesem Grund zog van Helmont schließlich Latein als seine Hauptsprache gegenüber dem Niederländischen vor. Van Helmont hat dennoch ein ganzes Buch auf Niederländisch geschrieben. Darin betont er, dass die Menschen ihre ersten Ideen und Gedanken in ihrer Muttersprache hätten, und dass es außerdem unnatürlich und fremd sei („oneygen en vremt"), diese Gedanken in eine andere Sprache umzusetzen.[16] Knorr von Rosenroth berichtet in seiner Übersetzung der Werke van Helmonts über diesen als den Vater seines guten Freundes Franziskus Mercurius:

„Es sey zwar sein Herr Vater anfänglich Willens gewesen das gantze Werck in Niederländischer Sprach zu schreiben; daran er auch schon ein grosses Theil verfertigt und zwar unter einer auch Niederländischen Vorrede. Weil er aber befunden dass er nothwendig viel neue und denen Niederländern ungewöhnliche Redens-Arten darinnen gebrauchen müste, so habe Er selbigs Niederländische Tractätlein, dem er sonsten den Namen von der Morgenröthe gegeben und es in seiner Mutter-Sprache Dageraet genennet, seiner Tochter geschencket."[17]

---

11 Für eine Diskussion über Alchemie als Kunst oder Wissenschaft ist hier kein Platz, ich verweise auf Newman/Principe 1998.
12 Goltz 1972, S. 341f.
13 Siehe zum Beispiel Lewis 2007; Eco 1994.
14 Bogaart 2004, S. 24f.
15 Ebd., S. 25.
16 Van Helmont: Dageraed (wie Anm. 1), Bl. **v.
17 Knorr von Rosenroth: Aufgang (wie Anm. 1), Bl.)(iiiv.

Damit war die Geschichte nicht beendet: Wenngleich sich van Helmont dafür entschieden hatte, weiter ausschließlich auf Latein zu schreiben, wurden immer mehr alchemische Werke in den verschiedenen Volkssprachen gedruckt. Außerdem entdeckte man neue Methoden, Techniken und Stoffe, die in beiden Sprachen neue Namen brauchten. Diese Sensibilität van Helmonts für die Probleme der Übersetzung kann Licht auf die Frage werfen, wie klar dessen alchemische Sprache war. Er selbst sah eine inhärente Verbindung zwischen Sprache und Deutlichkeit. Ebenso gewährt eine Untersuchung der Übersetzungen seiner Schriften aus ungewohnter Perspektive Einblicke in die Praxis der Autoren alchemischer Schriften.

Kehren wir nochmals zurück zu Paracelsus und seiner Überzeugung, dass man nicht unbedingt Lateinkenntnisse brauchte, um Medizin und Alchemie zu lernen. 1527 hielt er an der Universität von Basel seine Antrittsvorlesung, zu der nicht nur die gesamte Universität, sondern auch Einwohner der Stadt eingeladen waren. Dabei kündigte er an, dass er seine zukünftigen Vorlesungen auf Deutsch halten würde. Die Baseler Universität lehnte diese Praxis ab, so dass Paracelsus schon bald aus der Stadt fliehen musste, um nicht in noch größere Probleme zu geraten. Seine Sprache wurde aber zu einem immer wiederkehrenden Thema im 16. und 17. Jahrhundert. Wie Joachim Telle in seinem Artikel *Die Schreibart des Paracelsus* ausgeführt hat, haben nur wenige der Nachfolger von Paracelsus seine Praxis übernommen, in ihren Muttersprachen zu schreiben.[18] Dennoch war die Tradition der paracelsischen Medizin und Alchemie an der Sprache der Nachfolger und vor allem an den verwendeten Fachwörtern deutlich erkennbar. Die immer wieder vorgetragene zeitgenössische Kritik lautete: Die Sprache des Paracelsus sei undeutlich und verdunkele seinen Ansatz. Van Helmont sollte sich übrigens hundert Jahre später der gleichen Kritik ausgesetzt sehen. So schrieb Margaret Cavendish über van Helmont in ihren *Philosophical Letters* (1664): „him I find more difficult to be understood then any of the forementioned, not onely by reason of the Art of Chymistry, which I confess my self not versed in, but especially, that he has such strange terms and unusual expressions as may puzle any body to apprehend the sense and meaning of them."[19] Diese Kritik hing mit der Idee zusammen, dass Alchemiker dazu neigten, ihre Information nicht ganz öffentlich zu machen, damit ihre Tradition nur den auserwählten Eingeweihten zugänglich blieb.[20] Dennoch haben Nachfolger von Paracelsus, einschließlich van Helmont selbst, versucht, die Ideen von Paracelsus zu erklären und deutlicher zu machen.[21] Im nächsten Abschnitt wird der Sprachgebrauch des Lateinischen und Niederländischen van Helmonts mit Hilfe von kurzen Passagen aus seinen alchemischen Texten untersucht, die uns in beiden Sprachen vorliegen. Unser Augenmerk gilt dem Vergleich zwischen der Verwendung seiner Muttersprache und der des Lateinischen. Diese Auszüge werden außerdem mit den Übersetzungen ins Englische und Deutsche aus dem 17. Jahrhundert verglichen.

Van Helmont und seine Sprache

Im Jahr 1644, kurz vor seinem Tod, publizierte van Helmont noch die *Opuscula medica inaudita*, ein aus vier Traktaten zusammengesetztes Buch über Themen wie menschliche Steine, Fieber, die vier Körpersäfte und die Pest.[22] Diese vier Traktate sind in allen sieben Editionen des *Ortus medicinae* als Anhang abgedruckt worden, und waren sehr beliebt, wie zahlreiche Kommentare und Übersetzungen zeigen. In seinem Traktat *De Lithiasi* [Von dem Stein] berichtet van Helmont von den verschiedenen Steinen, die sich im Menschenkörper bilden können, wie zum Beispiel Nierensteine. Ein Teil dieses Textes hat van Helmont auch auf Niederländisch geschrieben, was

---

18 Telle 1981, S. 93.
19 Margaret Cavendish: Philosophical Letters, London 1664, Teil 3, S. 234. Siehe auch: Clucas 2011.
20 Siehe für Alchemie und Geheimhaltung: Long 1991.
21 Goltz 1972, S. 344f.
22 Johan Baptista van Helmont: Opuscula medica inaudita, Köln 1644.

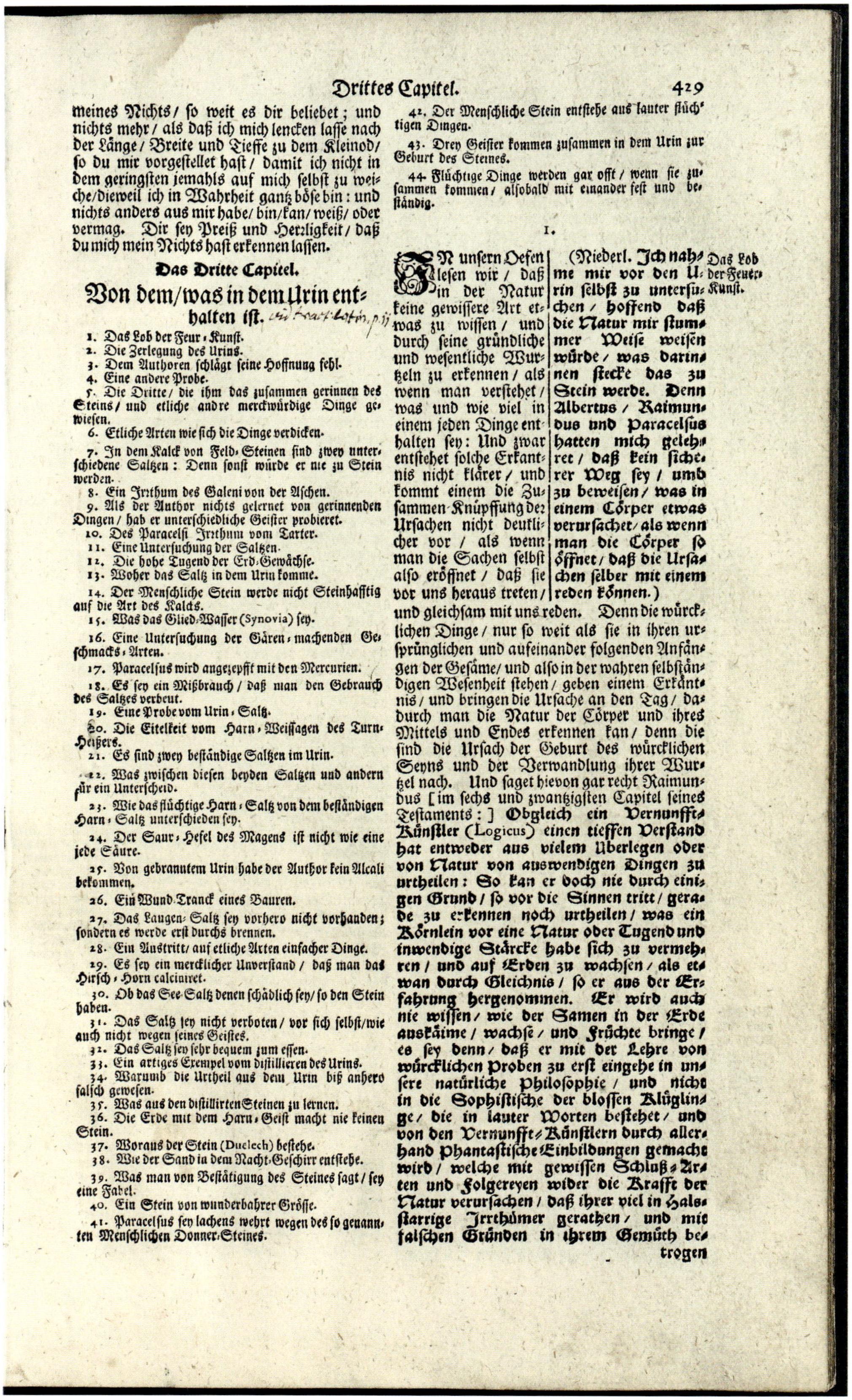

Drittes Capitel.
429

meines Nichts/ so weit es dir beliebet; und nichts mehr/ als daß ich mich lencken lasse nach der Länge/ Breite und Tieffe zu dem Kleinod/ so du mir vorgestellet hast/ damit ich nicht in dem geringsten jemahls auf mich selbst zu weiche/ dieweil ich in Wahrheit gantz böse bin: und nichts anders aus mir habe/ bin/ kan/ weiß/ oder vermag. Dir sey Preiß und Herrligkeit/ daß du mich mein Nichts hast erkennen lassen.

Das Dritte Capitel.
Von dem/ was in dem Urin enthalten ist.

1. Das Lob der Feur-Kunst.
2. Die Zerlegung des Urins.
3. Dem Authoren schlägt seine Hoffnung fehl.
4. Eine andere Probe.
5. Die Dritte/ die ihm das zusammen gerinnen des Steins/ und etliche andre merckwürdige Dinge gewiesen.
6. Etliche Arten wie sich die Dinge verdicken.
7. In dem Kalck von Feld-Steinen sind zwey unterschiedene Saltzen: Denn sonst würde er nie zu Stein werden.
8. Ein Irrthum des Galeni von der Aschen.
9. Als der Author nichts gelernet von gerinnenden Dingen/ hab er unterschiedliche Geister probieret.
10. Des Paracelsi Irrthum vom Tarter.
11. Eine Untersuchung der Saltzen.
12. Die hohe Tugend der Erd-Gewächse.
13. Woher das Saltz in dem Urin komme.
14. Der Menschliche Stein werde nicht Steinhafftig auf die Art des Kalcks.
15. Was das Glied-Wasser (Synovia) sey.
16. Eine Untersuchung der Gären/ machenden Geschmacks-Arten.
17. Paracelsus wird angezepfft mit den Mercurien.
18. Es sey ein Mißbrauch/ daß man den Gebrauch des Saltzes verbeut.
19. Eine Probe vom Urin-Saltz.
20. Die Eitelkeit vom Harn-Weissagen des Turn-Heisers.
21. Es sind zwey beständige Saltzen im Urin.
22. Was zwischen diesen beyden Saltzen und andern für ein Unterscheid.
23. Wie das flüchtige Harn-Saltz von dem beständigen Harn-Saltz unterschieden sey.
24. Der Saur-Hefel des Magens ist nicht wie eine jede Säure.
25. Von gebranntem Urin habe der Author kein Alcali bekommen.
26. Ein Wund-Tranck eines Bauren.
27. Das Laugen-Saltz sey vorhero nicht vorhanden; sondern es werde erst durchs brennen.
28. Ein Austritt/ auf etliche Arten einfacher Dinge.
29. Es sey ein merklicher Unverstand/ daß man das Hirsch-Horn calciniret.
30. Ob das See-Saltz denen schädlich sey/ so den Stein haben.
31. Das Saltz sey nicht verboten/ vor sich selbst/ wie auch nicht wegen seines Geistes.
32. Das Saltz sey sehr bequem zum essen.
33. Ein artiges Exempel vom distillieren des Urins.
34. Warumb die Urtheil aus dem Urin biß anhero falsch gewesen.
35. Was aus den distillirten Steinen zu lernen.
36. Die Erde mit dem Harn-Geist macht nie keinen Stein.
37. Woraus der Stein (Duelech) bestehe.
38. Wie der Sand in dem Nacht-Geschirr entstehe.
39. Was man von Bestätigung des Steines sagt/ sey eine Fabel.
40. Ein Stein von wunderbahrer Grösse.
41. Paracelsus sey lachens werth wegen des so genannten Menschlichen Donner-Steines.
42. Der Menschliche Stein entstehe aus lauter flüchtigen Dingen.
43. Drey Geister kommen zusammen in dem Urin zur Geburt des Steines.
44. Flüchtige Dinge werden gar offt/ wenn sie zusammen kommen/ alsobald mit einander fest und beständig.

I.

IN unsern Oefen lesen wir/ daß in der Natur keine gewissere Art etwas zu wissen/ und durch seine gründliche und wesentliche Wurtzeln zu erkennen/ als wenn man verstehet/ was und wie viel in einem jeden Dinge enthalten sey: Und zwar entstehet solche Erkantnis nicht klärer/ und kommt einem die Zusammen-Knüpffung der Ursachen nicht deutlicher vor/ als wenn man die Sachen selbst also eröffnet/ daß sie vor uns heraus treten/ und gleichsam mit uns reden. Denn die würcklichen Dinge/ nur so weit als sie in ihren ursprünglichen und aufeinander folgenden Anfängen der Gesäme/ und also in der wahren selbständigen Wesenheit stehen/ geben einem Erkäntnis/ und bringen die Ursache an den Tag/ dadurch man die Natur der Cörper und ihres Mittels und Endes erkennen kan/ denn die sind die Ursach der Geburt des würcklichen Seyns und der Verwandlung ihrer Wurtzel nach. Und saget hievon gar recht Raimundus [im sechs und zwantzigsten Capitel seines Testaments:] Obgleich ein Vernunfft-Künstler (Logicus) einen tieffen Verstand hat entweder aus vielem Überlegen oder von Natur von auswendigen Dingen zu urtheilen: So kan er doch nie durch einigen Grund/ so vor die Sinnen tritt/ gerade zu erkennen noch urtheilen/ was ein Körnlein vor eine Natur oder Tugend und inwendige Stärcke habe sich zu vermehren/ und auf Erden zu wachsen/ als etwan durch Gleichnis/ so er aus der Erfahrung hergenommen. Er wird auch nie wissen/ wie der Samen in der Erde auskäime/ wachse/ und Früchte bringe/ es sey denn/ daß er mit der Lehre von würcklichen Proben zu erst eingehe in unsere natürliche Philosophie/ und nicht in die Sophistische der blossen Klüglinge/ die in lauter Worten bestehet/ und von den Vernunfft-Künstlern durch allerhand phantastische Einbildungen gemacht wird/ welche mit gewissen Schluß-Arten und Folgereyen wider die Krafft der Natur verursachen/ daß ihrer viel in halsstarrige Irrthümer gerathen/ und mit falschen Gründen in ihrem Gemüth betrogen

(Niederl. Ich nahme mir vor den Urin selbst zu untersuchen/ hoffend daß die Natur mir stummer Weise weisen würde/ was darinnen stecke das zu Stein werde. Denn Albertus/ Raimundus und Paracelsus hatten mich gelehret/ daß kein sicherer Weg sey/ zu beweisen/ was in einem Cörper etwas verursachet/ als wenn man die Cörper so öffnet/ daß die Ursachen selber mit einem reden können.)

Das Lob der Feur-Kunst.

Abb. 38: Anfang des dritten Kapitels des Traktats „De Lithiasi" [Von dem Stein]. Knorr von Rosenroths Übersetzungen aus dem Latein und Niederländisch sind sichtbar. Christian Knorr von Rosenroth: Aufgang der Artzney-Kunst, Sulzbach 1683, S. 429. HAB: Wa 2° 98

deswegen Vergleichsmaterial für die Frage nach seinem Sprachgebrauch bietet.

Wiederum nur auf Latein hat van Helmont ein Zitat des mittelalterlichen Alchemikers Raimundus Lullus aufgenommen und mit „spagyria enim sola, est speculum veri intellectus" kommentiert.[23] Oder wie der deutsche Übersetzer es formulierte: „denn die Scheide-Kunst allein ist der Spiegel des wahren Verstandes."[24] „Spagyria" bzw. „Scheide-Kunst" ist ein Schlüsselterminus für den chemischen Prozess von Scheidung oder Trennung, der seit Paracelsus als Inbegriff für die chemische Erzeugung von Medikamenten gilt.[25] John Chandler, einer der englischen Übersetzer, benutzte dafür einfach „Alchymie",[26] wohingegen Daniel Foote in seiner englischen Übersetzung für „Spagyria" den Begriff „Pyrotechny" verwendete.[27] Allein an diesem Beispiel zeigt sich schon, wie verschieden im 17. Jahrhundert die Übertragungen von „Scheidekunst" sein konnten.

Zu Nierensteinen fährt van Helmont auf Niederländisch und Latein fort (**Abb. 38**):

„In unsern Oefen [*furnis*] lesen wir, daß in der Natur keine gewissere Art etwas zu wissen und durch seine gründliche und wesentliche Wurzeln zu erkennen als wenn man verstehet, was und wie viel in einem jeden Dinge enthalten sey: Und zwar entstehet solche Erkantnis nicht klarer und kommt einem die Zusammen-Knüpffung der Ursachen nicht deutlicher vor als wenn man die Sachen selbst also eröffnet, daß sie vor uns heraus treten und gleichsam mit uns reden".[28]

Van Helmont sagt hier (in der Übersetzung von Knorr von Rosenroth), dass erst eine Analyse im Ofen oder im Feuer die tatsächliche Ursache eines medizinischen Problems (hier: der Nierensteine) freilegen kann. So könne die Hitze die Substanz des Urins in seiner reinen Form isolieren, wodurch die krankmachende Ursache identifiziert werden kann: Alchemie als höchste Form der medizinischen Analyse!

In dem Experiment, das van Helmont anschließend beschreibt, analysiert er seinen eigenen Urin und versucht herauszufinden, wie Blasen- oder Nierensteine entstehen können. Ein kurzer Absatz wird im Folgenden auf Latein und Niederländisch und in den Übersetzungen auf Englisch und Deutsch wiedergegeben, damit die verschiedenen Übertragungsvarianten nachvollzogen werden können. Van Helmont beschreibt, wie er seinen eigenen Urin für elf und nochmals für dreißig Tage zum Faulen in Pferdemist hatte stehen lassen, so dass eine Hefe entstand, die der Körper im Urin ausschied. Da er anschließend auch nach viermaligem Destillieren noch immer keinen Nierenstein gefunden hatte, entschloss er sich, einen kleinen Teil des Urin-Geistes (das Destillat) in eine Flasche seines besten Branntweins zu geben.

Auf Latein fügte er hinzu:

„Oculus imprimis ibi me docuit. Quod spiritus urinae, impar, et ingens esset coagulum: quippe quod aquam vitae esset coagulando. Quod in coagulando, separasset partem segnem, et aquaem, quae supernataret praefatae offae albae non secus forte, atque in coagulatione Duelech, a reliquo lotii corpore, adeoque in mediis undis, suam perficeret coagulationem."[29]

Auf Niederländisch schrieb er:

„Ick worde hier gewaer, dat den pis-geest heeft een uytnemende runnende kracht, die eenen suyveren brandewijn dede stracks verharden, te meer dat in sijne verhardinge den brandewijn alleen stont, en alle 't waeter, soo inwendigh als vreemt, vlotte boven op den brandewijn blijvende den pis geest t'saemen met den brandewijn soo geronnen versaemt,

---

23 Van Helmont: De Lithiasi, in: Opuscula medica inaudita (wie Anm. 22), S. 43. Die alchemischen Texte, die Raimundus Lullus zugeschrieben wurden, sind nie von diesem katalanischen Theologen verfasst worden. Daher werden heute die Schriften mit „Pseudo-Lullus" etikettiert; siehe: Pereira 1989.
24 Knorr von Rosenroth (wie Anm. 1), S. 430.
25 Principe 2013, S. 128f.
26 John Chandler: Oriatrike or, Physick refined, London 1662, S. 840.
27 Daniel Foote: A Treatise Concerninge the Stone-Colicke. British Library, London, MS Sloane 617, Bl. 1r–83v, bes. Bl. 20v. Siehe über Daniel Foote: Fransen 2013.
28 Übersetzung von Knorr von Rosenroth (wie Anm. 1), S. 429. Van Helmont: De Lithiasi (wie Anm. 23), S. 42; Dageraed (wie Anm. 1), S. 242.
29 Van Helmont: De Lithiasi (wie Anm. 23), S. 44.

dat hy sijn pis-water hadde verlaeten, en daer uyt gescheyden."[30]

In der englischen Übersetzung von John Chandler klingt das so:

„My Eye, in the first place, there taught me; That the spirit of Urine was an unparallel'd and great Runnet; because it was that, which was for coagulating of *Aqua vitae*. That in coagulating, it had separated the sluggish and watery part, which swum upon the aforesaid white lump, perhaps, no otherwise, than as in coagulation of *Duelech* from the rest of the body of the urine, and so, that is perfected its coagulation in the middle of the waters."[31]

Daniel Foote übersetzt diese Passage so:

„Then, my eye taught me that first of all the Spirite of urine was an unparrelleld and vast Coagulter, because it was so in the cogulatinge of the Aqua-vitae. That in the Coagulation it had divided the dull aqueous part from the rest, and that swame above the foresaide white lumpe, no otherwise perhapps then as it is in the coagulation of the Duelech from the other part of the bodie of urine, and therfore it performed its coagulation in the midst of the water."[32]

Christian Knorr von Rosenroth hat offensichtlich aus dem Lateinischen und aus dem Niederländischen übersetzt, was mit wenigen Ausnahmen seine gängige Praxis war. Das Lateinische übersetzt er so:

„Da hat mich nun mein Auge gelehret zum ersten daß der Urin-Geist ein unvergleichliches und vortreffliches Renn oder Lab sey, weil solches den Brantewein gerinnen machen könne. Zum andern, daß derselbe bey diesem gerinnen das faule und wässerige Theil abgeschieden und solches auf den vorgedachten weissen Schaum obern auf schwamm. Vielleicht nicht anders als es bey dem Gerinnen des Steines zugehet, wenn derselbe von dem andern Cörper des Harnes abgeschieden wird und also mitten im Wasser der Stein sich zusammen setzet."

Und die Übersetzung aus dem Niederländischen hört sich so an:

„Da ward ich gewahr, daß der Urin-Geist eine überaus grosse zusammen rennende oder gerinnenmachende Krafft hat, also daß er einen saubern Brantewein so balden hart machte. Umb so viel mehr weil in seiner Harte-Werdung der Brantewein allein stund und alles Wasser so inwendig als etwas fremdes war oden auf dem Brantewein herschwamm und der Harn-Geist nebenst dem Brantewein so geronnen beysammen blieben, also daß der sein Urin-Wasser verlassen und von sich geschieden hatte."[33]

Der Vergleich der Übersetzungen lässt bemerkenswerte Sprachnuancen erkennen. Zunächst macht van Helmonts Bemerkung „Oculus imprimis ibi me docuit" deutlich, dass er experimentiert und observiert, und dass er seine eigenen Erfahrungen beschreibt, anstatt aus einem überlieferten Text zu kopieren. Wenn wir die beiden Beschreibungen van Helmonts vergleichen, fällt zusätzlich auf, dass die alkoholische Flüssigkeit auf Latein *aqua vitae* genannt wird, also ein Schnaps mit hohem Alkoholanteil, während er sie auf Niederländisch mit *brandewijn*, einem bestimmten Schnaps, bezeichnet. Dies mag nur ein kleines Beispiel dafür sein, dass van Helmonts Muttersprache das Lateinische bisweilen an Präzision übertraf. Die Idee des „spiritus urinae" ist direkt verwandt mit dem Prozess der Destillation und wird in beiden Sprachen als „Geist" bezeichnet, was einfach zu verstehen ist. Das steht im Gegensatz zu „Duelech", ein Begriff von Paracelsus, das van Helmont auf Latein und ohne weitere Erklärung benutzt, obwohl er es wiederum nicht im Niederländischen verwendet. Im weiteren Verlauf des niederländischen Kapitels benutzt er den Begriff „Duelech" für „steenwordinge", also Versteinerung, aber nicht ohne dafür eine Erklärung zu geben. Die beiden englischen Übersetzer übernehmen schlichtweg den Begriff „Duelech", weil Knorr von Rosenroth ihn nicht benutzte, obwohl er schon auf Deutsch von Paracelsus eingeführt worden war. Daraus kann abgeleitet werden, dass undeutliche und neue Begriffe in Übersetzungen hin und wie-

---

30 Van Helmont: Dageraed (wie Anm. 1), S. 244.
31 John Chandler: Oriatrike (wie Anm. 26), S. 840.
32 Daniel Foote: Stone-Colicke (wie Anm. 27), Bl. 21r.
33 Knorr von Rosenroth: Aufgang (wie Anm. 1), S. 431.

der neu formuliert werden, wodurch die Verwirrung über den Inhalt – darüber hat schon Lady Cavendish geklagt – gewiss noch größer wurde. Die Übersetzer verdunkelten den Inhalt allerdings nicht vorsätzlich. In van Helmonts *Dageraed* findet man oft Begriffe auf Latein, die er dann auch ins Niederländische übersetzt, wobei hier durch die gleichzeitige Verwendung beider Sprachen Klarheit entsteht. Knorr von Rosenroth zeichnete sich durch einen vergleichbaren Willen zum Erklären aus und macht sich beim Übersetzen aus dem Lateinischen und Niederländischen regelmäßig die Mühe, verschiedene Begriffe, die er für ein Konzept kennt, auf Deutsch in Klammern hinzuzufügen. Die beiden englischen Übersetzer wenden eine andere Lösung an, indem sie fast immer die Begriffe aus van Helmonts *Ortus medicinae* übernehmen, ohne sie in ihre Sprache zu übersetzen, womit die beiden einer Standardisierung der Helmont'schen Begriffe Vorschub leisteten.

Weiterhin fällt auf, dass van Helmont das Wort für „coagulare" – auf Deutsch „gerinnen lassen" – im Lateinischen ohne Variation benutzt, während er auf Niederländisch zwischen „verharden" und „gerinnen" unterscheidet. Diese Abweichung zeigt, dass es dem Niederländischen nicht an geeignetem Vokabular fehlte und dass van Helmont es verstand, diesen Wortschatz für seine Zwecke auszuschöpfen. Die Übersetzer zeigen einmal mehr ihre verschiedenen Lösungsstrategien, da Foote wie van Helmont fünfmal eine Form von „coagulate" benutzt, während Chandler es das erste Mal mit dem englischen Wort „runnet" überträgt und auch im weiteren Verlauf nur Formen von „coagulate" übersetzt. Knorr von Rosenroth benutzt verschiedene Wörter, wenn er aus dem Lateinischen ins Deutsche übersetzt, bleibt aber der niederländischen Wortverwendung treu, wenn er ins Deutsche übersetzt. Derartige Übersetzungsstrategien bekräftigen den sprachlichen Spielraum und die Freiheit in der Benutzung des eigenen Wortschatzes.

Schlussbemerkung

Aus dieser kurzen sprachlichen Analyse können wir ableiten, dass van Helmonts Sprache, wie Lady Cavendish bereits betonte, kompliziert war. Möglicherweise formulierte er, wie er selbst schrieb, seine Ideen zuerst auf Niederländisch, bevor er sie ins Lateinische übersetzte. Er setzte sich damit dem Risiko aus, den Inhalt zu verunklaren. Es ging ihm aber nicht darum, den Inhalt seiner Werke absichtlich zu verdunkeln. Im Gegenteil war er sich bewusst, dass das Übersetzen von der Muttersprache ins Lateinische Undeutlichkeiten hervorrufen konnte. Daher erklärte er in der Regel seine benutzten Begriffe.[34] Obwohl die meisten Nachfolger des Paracelsus auf Latein schrieben, angeblich weil das Vokabular in ihren Muttersprachen fehlte, haben van Helmonts niederländische Texte sowie die englischen und deutschen Übersetzungen gezeigt, dass es viele brauchbare Lösungen gegeben hat; man musste sie nur suchen und dabei etwas Erfindungsgeist an den Tag legen. Darüber hinaus ist die Wortwahl der Übersetzer vielsagend. Wie wir gesehen haben, entschieden sich die englischen Übersetzer meistens für das Beibehalten der Begriffe, wie sie von van Helmont benutzt worden waren. Damit wird deutlich, dass die englische Sprache eine größere Aufnahmefähigkeit gegenüber Fremdwörtern aufwies. Im Deutschen hingegen, wie Knorr von Rosenroth zeigt, zog man es vor, deutsche Äquivalente für die lateinischen Begriffe zu finden. Dass das Lateinische noch immer einen großen Stellenwert innerhalb der Wissenschaften innehatte, wird durch die große Anzahl von Büchern mit alchemischem und medizinischem Inhalt bestätigt, die im 16. und 17. Jahrhundert auf Latein erschienen. Dies betont wiederum die Bedeutung, die die Autoren der Verbreitung alchemischer Kenntnisse beimaßen. Die Distribution im Druck, zusammen mit der engagierten Tätigkeit der Übersetzer im 17. Jahrhundert, konterkarieren die gängige Vorstellung, die Alchemiker hätten sich einer verdunkelnden Sprache bedient.

---

34 Eine Ausnahme ist der Begriff „Alkahest", eine universale Medizin, die van Helmont in seinen Werken und Rezepten benutzt, aber nie erklärt.

The Alchemist in his Laboratory

Tara Nummedal

One of the most important insights from the history of alchemy in recent years is that early modern "alchemy" encompassed an extremely broad range of ideas, practices, and practitioners. It can be helpful to imagine this variety as a spectrum, anchored on one end by the artisans and practitioners primarily concerned with producing things, and on the other by scholars primarily concerned with producing new theories and texts. Despite this variety, however, it is crucial to emphasise that nearly all alchemists combined hands-on work with matter with some kind of understanding of why it behaved the way it did. Few alchemists, in other words, pursued practice without theory, or theory without practice, but combined both in the laboratories or workshops in which they pursued their art.[1]

It is not always easy to find traces of the complicated interplay between reading, writing, and doing that structured historical alchemists' work, for practitioners rarely wrote down what they did in the laboratory and the ideas that inspired or emerged from those actions.[2] One starting point for understanding early modern alchemical work, however, is to follow a single person who engaged alchemy in various ways throughout his life. One such individual, Franz Isaac Brun (fl. c. 1559–1596), nicely encapsulates the full range of alchemical practices that flourished in early modern Europe. Brun, who was mostly active in Strasbourg and Lower Saxony in the second half of the sixteenth century, is known today for his copperplate engravings of animal and fencing scenes, soldiers, Turkish figures, rustic genre scenes, allegories, and coats of arms. As Brun narrated his own life, however, his work with metal extended far beyond copper plates. He explained that he had worked as a goldsmith since his youth and that he had learned to paint in Italy. He had spent some time in Strasbourg, where he learned about alchemy (specifically, a technique for a "philosophical tincture" that could make gold and a "physicians' tincture" that could make silver) and successfully made and used a tincture to transmute silver into gold. He also said that he studied natural magic and cabala while in Strasbourg. Eventually Brun came to work for a goldsmith in Stolberg in the Harz mountains, where he turned his attention and skills to mining and assaying. After working for the prince of Anhalt, advising on the content of ore found in new mines, Brun eventually made his way to the court of Duke Julius of Braunschweig-Wolfenbüttel (1528–1589), where he returned to his earlier efforts to transmute metals and worked alongside Duke Julius's alchemical advisor, Philipp Sömmering. Brun and Sömmering seem to have pursued their own projects and did not always share the same point of view on alchemical procedures. Still, when in 1574–1575 Sömmering faced charges of for fraud and murder, among other things, Brun found himself facing interrogation about his connections to the court alchemist. He insisted that he had no part in Sömmering's affairs, and, "hette kheinen Menschen betrogen." He concluded his testimony by swearing off alchemy,

---

1 See, for example, the essays by Bruce Moran, Lawrence M. Principe, William R. Newman, Ku-ming (Kevin) Chang, and Tara Nummedal in the Focus section on "Alchemy and the History of Science," in: Isis 102, no. 2 (2011); Martinón-Torres 2011; Principe 2013.

2 The seventeenth-century chymist George Starkey fortunately did, however. See Newman/Principe 2002.

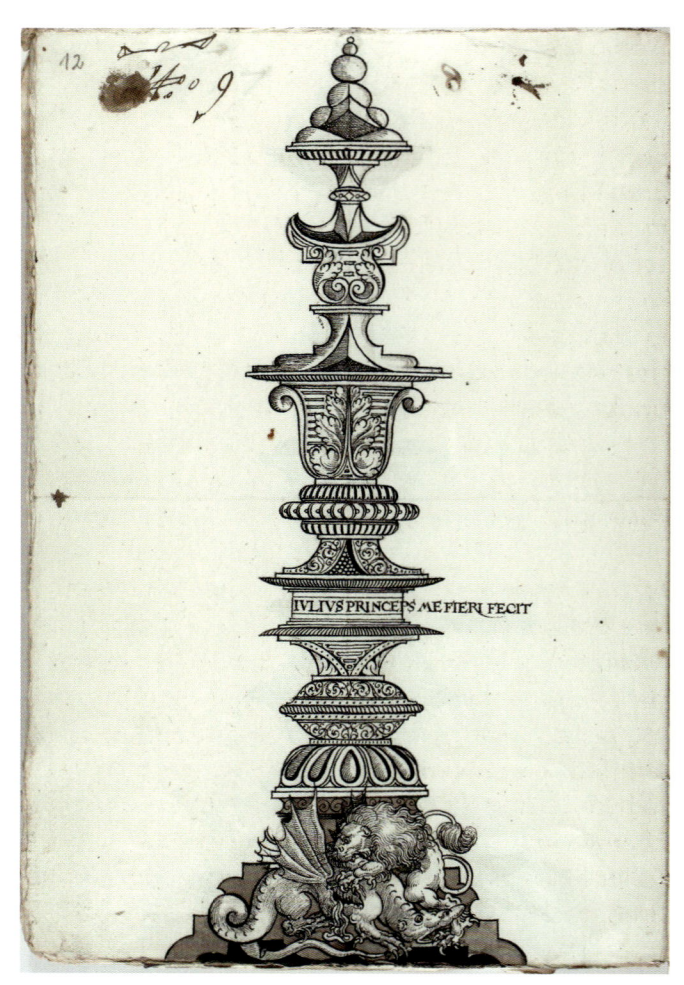

Fig. 39: Franz Brun's designs for two andirons to be made out of brass from Duke Julius of Braunschweig-Wolfenbüttel's brass works in Bündheim, 1577. Niedersächsisches Staatsarchiv Wolfenbüttel, 38 B Alt 8, fol. 11 and 12

cabala, and mining altogether and vowing to stick with the far safer "Goldschmidt-Handwerck."[3]

After the trial, Brun spent a year or so in prison in Wolfenbüttel before returning to his "Goldschmidt-Handwerck" at Duke Julius's court. In 1577, Brun presented Duke Julius with 30 designs for ornamental fireplace andirons (**fig. 39**). The designs demonstrate the same artistic skill and vision we find in Brun's engravings. They contain sophisticated allegorical designs, including winged serpents, lions, and unicorns, mermaids, Melusine, cherubs, men slaying many-headed dragons, and rustic figures. They also contain direct references to Duke Julius's rule, including Julius's mottos (GVMG, or *Gotts Versehen mus geschehen* and *Aliis in serviendo consumor*, or "Consumed in the service of others"), which the duke had stamped on coins as well.[4] With their allegorical figures and ducal mottoes, the andirons

---

[3] On Brun, see Braunfels o.J.; Thöne 1963, p. 259f. Biographical details come from Bruns's testimony in the Sömmering trial, Niedersächsisches Staatsarchiv Wolfenbüttel [hereafter NStAW], 1 Alt 9, Nr. 315, fols. 5v–6r. For more on Sömmering and his trial, see Nummedal 2007, especially p. 18f., 30–32, and p. 87–89; Rhamm 1883.

[4] Notably, the silver "Juliuslöser" coins minted in 1576 and 1578. See "Julius Löser," in: Ludwig Julius Friedrich Höpfner: Deutsche Encyclopädie oder Allgemeines Real-Wörterbuch aller Künste und Wissenschaften, vol. 18: Jo–Kal, Frankfurt a. M. 1794, p. 274f.

would have contributed to the celebration of Julius's rule as a just, learned, Christian, prince, and thus typify the kind of artistic production that flourished at Renaissance princely courts. An additional detail of Brun's proposal, however, reminds us of Brun's roots in the world of mining. On the cover of the manuscript, he cleverly proposed that he cast the andirons out of brass from Duke Julius's new brass works in Bündheim, founded in 1573, as a celebration of the natural resources and economy of the territory under Julius's ducal rule.[5]

Alchemy's relationships to neighbouring arts

Franz Brun might seem to offer a peculiar perspective on early modern alchemy, for he was as much a painter, goldsmith, mining expert, and student of natural magic and cabala as he was an alchemist interested in transmutation. And yet, the constellation of practices in which Brun was engaged was fairly typical, and thus offers a nice overview of alchemy's many connections to and overlaps with other fields that are more recognizable to us today. Brun was, first and foremost, skilled in working with metals, whether that meant fashioning them into luxury items, assaying the content of ore and separating out the valuable metals, or even making tinctures that could transmute base metals into gold and silver. Brun's career also highlights a common set of skills, such as distillation or 'Scheidekunst', which allowed individuals to straddle work, such as mining and medicine, that we now imagine to be separate. Indeed, few early modern Europeans pursued transmutation, the production of chymical medicines, or the chymical analysis of matter separately from other related practices, such as assaying, medicine, or natural philosophy; in fact, knowledge of how to distil, fuse, and separate minerals and metals facilitated entry into many different practices. This overlap in technique makes it difficult to delimit alchemical work strictly from other ways of understanding and manipulating nature in this period.[6]

If the difficulty of classifying Brun as an alchemist is, paradoxically, precisely what makes him a typical early modern alchemist, two other aspects of his narrative are a bit surprising.[7] Evidently Brun also dabbled in what he called "cabala," that is, numerological calculations involving the letters in his name, while he was in Strasbourg as a young man. He also admitted that he was drawn to *magia naturalis*, which he understood to be "ein natürliche Ausforschung verborgener Dinge, welche Kunst […] die Heiligen 3 König auch gebraucht haben."[8] While it is difficult to determine what role these arts played in Brun's work in particular (perhaps, wisely, he did not reveal to his interrogators more than a superficial understanding of either art), he was certainly not alone in pursuing transmutation or the production of alchemical medicines alongside the study of nature's secrets more broadly. Like alchemy, both cabala and natural magic had a range of meanings in the early modern period, so one must look carefully to understand what individuals meant when they used these terms. Both traditions could offer operative powers meant to give the practitioner the ability to manipulate nature, as well as divine wisdom revealed in antiquity, extremely complex systems of correspondence, and exegetical techniques to generate new insights into difficult texts. Although alchemy, cabala, and natural magic all spanned both textual and operative traditions, the precise relationships among the three arts are currently poorly understood. It is clear that a few erudite scholars attempted to use cabalistic exegetical techniques to decipher alchemical texts, for example, or understood the "Hermetic art" of alchemy to be among the other revelations of divine wisdom in antiquity. And yet, it was far from self-evident

---

5 "Columnen zu Brandtruth durch Frans Brun giessen," NStAW, 38 B Alt 8 (Franz Brun).
6 See Nummedal 2007, especially Chapters 1 and 3.
7 Of course in Brun's particular case, these anomalies could well have been a product of the circumstances – an interrogation in the context of a trial.

8 "Act in wunderlich Heinzen am 20 Novembr. Ao 74 mit Franz Brun." NStAW, 1 Alt 9, Nr. 315, fol. "Zu Straßburg hette er aus der Cabala durch Buchstaben Rechnungen gemacht, daß es einen Menschen nit gleich woll gehen solle, und uf seinen Nahmen auch ausgerechnet, daß es ime immer nit gleich woll gehen wurde." 315, fol. 5v.

to early modern Europeans that alchemical work was related to either cabala or natural magic. Links among these practices were only just being forged in the sixteenth century, and even then, it was usually erudite scholars who sought to create them, rather than artisans and assayers like Brun. Brun's casual pursuit of cabala and natural magic alongside his work on transmutation, therefore, is actually a bit surprising, an intriguing hint that there was yet more to Brun than he let on to the Wolfenbüttel court.[9]

Text, technique, and image

Equally surprising is the fact that Brun demonstrated little interest in alchemy's long textual tradition, dating as far back as the first centuries A.D. Indeed, one of the hallmarks of alchemy was its combination of work with the head and hand. If the scholar and the artisan in general were divided by both social status and epistemology in antiquity and medieval Europe, most alchemists broke down such divisions by reading *and* doing, and potentially writing as well. In this sense, it is important to recognise that the scholarly practices for reading, analysing, and synthesising texts were just as important a part of alchemical work as hands-on work in the laboratory. Early modern alchemists scoured ancient and medieval texts, as well as contemporary treatises, anthologies, and commentaries, not only to understand the basic principles of their art, but in search of the techniques, ingredients, and processes that would enable them to carry out processes at the fire. In attempting to translate words into works, they faced both enigmatic texts whose concrete meanings were difficult to pin down, and terse recipes that left out as much as they included. In grappling with this textual tradition, therefore, alchemists relied on the same scholarly techniques as other contemporary scholars, including commonplace books, indexing, and linguistic analysis.[10]

At the same time, laboratory techniques and apparatus found their way back out of the laboratory and into text via a growing number of *Kunstbücher* and other technical treatises that appeared from the sixteenth century onwards. Books such as Hieronymus Brunschwig's *Liber de arte distillandi* (1500) or Petrus Kertzenmacher's *Alchimia, Das ist, Alle Farben, Wasser, Olea, Salia, vnd [und] Alvmina zubereyten* (1539) put alchemical techniques and apparatus into print, often in vernacular languages, circulating secrets to new audiences and making alchemy more accessible that it had ever been. This new familiarity with alchemical laboratory apparatus may account for their appearance in the visual sources as well. In woodcuts, engravings, and paintings, we find alchemists in their workshops or laboratories attending to delicate distillations, puffing bellows to stoke fires, plucking materials out of the fire with tongs, stirring the molten contents of crucibles in the fire, grinding powders, weighing substances on a balance, and, occasionally, praying or reading as well. Some of these images appeared in books, accompanying the text of alchemical treatises or literary satires. Others, particularly the numerous northern genre paintings that featured the figure of the alchemist, were complex standalone images that left the viewer to ponder the moral, social, and scholarly dimensions of alchemical practice. Such sources offer a complicated record of alchemy's past. They seem to offer a glimpse of the where, who, and how of alchemical work, a sneak glance at putatively secretive alchemical processes *in medias res*. And yet, we must remember that such images are far from photographic records of real-life laboratories. Rather, they are arguments about what alchemical work should and should not be, efforts to draw the social, intellectual, moral, and economic contours of alchemy in a world in which its practices were still fluid and contested. We cannot read laboratory images as straightforward depictions of the alchemist at work, therefore, but they can offer a point of entry into early modern

---

9 Peter Forshaw has suggested that the link between cabala and chymistry was strong in the works of Paracelsus and his followers. Forshaw 2013. See also Hanegraaff 2012.

10 For an overview of alchemy as a practice that integrated textual and laboratory work, see Nummedal 2011, esp. p. 332 f.

cultural expectations about who alchemists were, what they did, where they practiced, and the moral, economic, religious, and social dimensions of their work.[11]

With this in mind, then, we might note the extensive detail in which these images portray the accoutrements of the alchemical arts. Cucurbits and alembics appear in woodcuts, engravings, and genre paintings alongside earthenware crucibles, pots and basins, multiple furnaces, tongs, sieves, balances, piles of coal, and bellows. Occasionally books (another kind of laboratory apparatus, after all) appear in these images as well, although more often in seventeenth-century genre paintings than in sixteenth-century prints. Contemporary inventories, archaeological finds, and financial records confirm that alchemists did indeed use such apparatus to carry out distillations or to refine and fuse metals, whether in the service of medicines or the philosophers' stone.[12] In this sense, images of the alchemist in the laboratory affirm that alchemy was fundamentally about the hands-on manipulation of nature. Moreover, these images helped develop a visual rhetoric of the tools of the alchemist's trade, so that the combination of alembics, furnaces, and crucibles came to be emblematic of the alchemist's art.

Sites of practice

These images also raise the question of where alchemists typically did their work. Could alchemists simply set up workshops in their kitchens, for example, or did they require specialised spaces with particular physical properties or social rules of access – a distinctly "laboratory" space, in other words? The images of alchemists in their laboratories or workshops suggest a range of answers to these questions. Some representations of the alchemist's laboratory are difficult to place, displaying little more than a hearth (**fig. 40** and **Cat. No. 50**). Other images, however, very deliberately locate the alchemist's laboratory in a particular kind of space, whether domestic, as in Netherlandish genre paintings, urban (**fig. 26**, Essay Dupré), sacred (**fig. 95**, **Cat. No. 20**), or courtly (**fig. 41**). By personifying alchemy in the figure of the alchemist, such images highlighted the social, rather than the intellectual, dimension of the art and focused on the place of the alchemist in the cities and courts of early modern Europe. Two early images of the alchemist's laboratory, for example, appeared in the 1498 edition of Sebastian Brant's *Stultifera navis* (**Cat. No. 50**) and the 1532 German translation of Francesco Petrarca's *Von der Artzney bayder Glück* (**fig. 40**). Both texts articulated influential critiques of alchemical work, associating it with folly, poverty, fraud, and the corruption of body, mind, and soul. The social and personal disorder that these authors attributed to alchemists appeared in the accompanying images, which placed the disarray of the alchemist's body and laboratory centre stage. The Netherlandish genre tradition that stretched from Pieter Brueghel the Elder's *The Alchemist*, popularized by Philips Galle's engraving ca. 1558, through to numerous paintings in the seventeenth century by David Teniers the Younger, Adriaen von Ostade, and others, placed alchemical work even more firmly in the domestic space of the household. These are hardly dedicated alchemical spaces, although they do contain enough specialized apparatus to mark them as alchemical. They are, however, fully open to the all of the economic and family concerns of the household. Suddenly we see not only the alchemist and his assistant, but wives, children, animals, and oblivious standers-by, who make what observers saw as the social stakes of alchemy even more explicit.

By highlighting the social cost of alchemy, these images assume that the art had become fairly accessible to urban audiences who could learn about al-

---

11 For an introduction to the figure of the alchemist in Netherlandish genre painting, see Principe/DeWitt 2002. For the tradition of alchemical satire, see Nummedal 2007, esp. Chapter 2.

12 Martinón-Torres 2007, p. 149–163; Soukup/Osten/Mayer 1993, p. 25; Soukup/Mayer 1997; Nummedal 2007; Principe/DeWitt 2002.

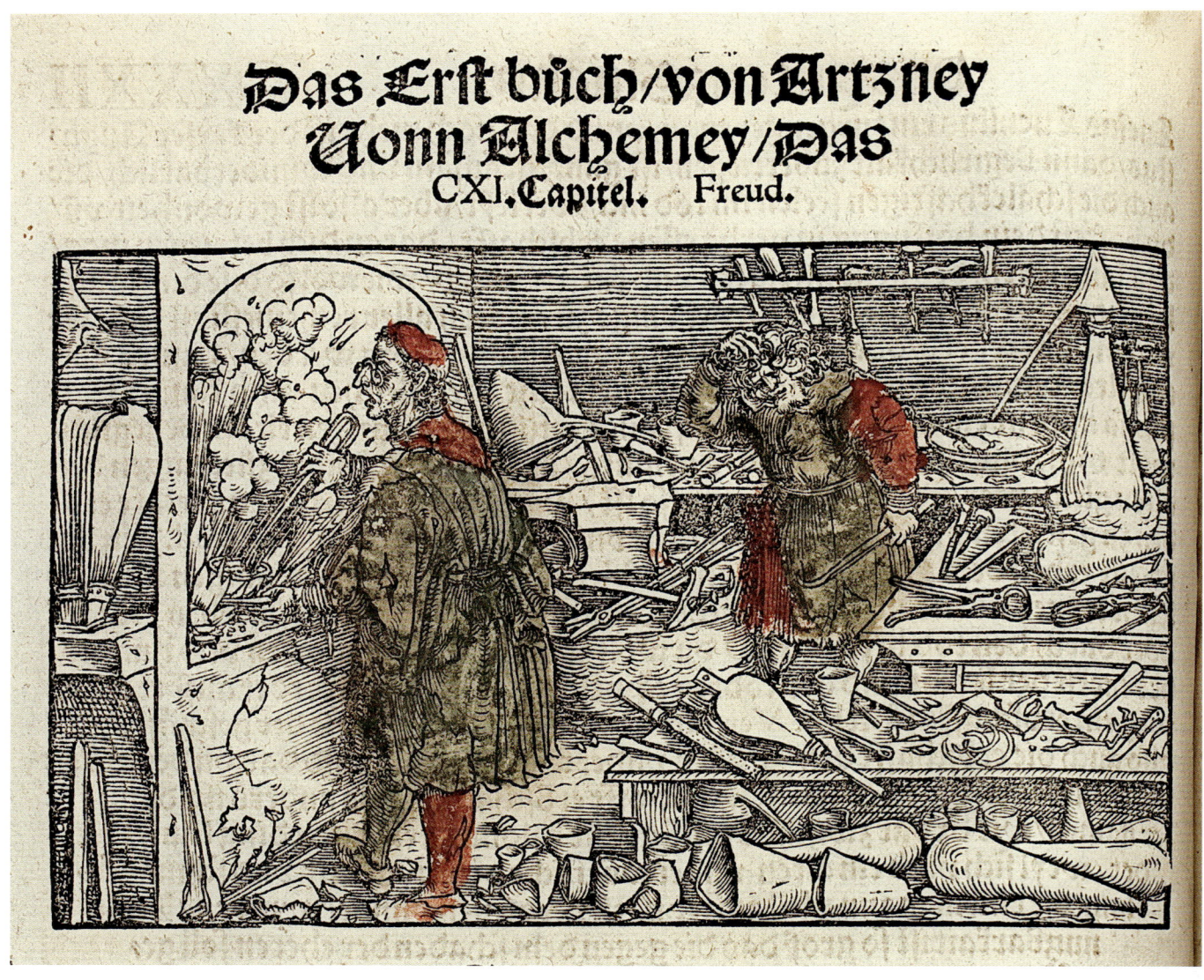

Fig. 40: Francesco Petrarca: Von der Artzney bayder Glück, Augsburg 1532, Bl. CXXXIIv (detail). HAB: O 48.2° Helmst.

chemy in books or from an alchemist in the urban marketplace and then, perhaps without fully understanding what they were doing, put it into practice. Indeed critiques of alchemy in the early modern period are often not critiques of alchemy in general, but rather critiques of how it could ruin the incompetent and the gullible who focused only on transmutation and were foolish enough to think there was an easy path to alchemical success.[13] The German chymist Andreas Libavius devoted considerable energy to making it clear that alchemy could only succeed when it was done properly. In his 1606 textbook, *Alchymia* (Cat. No. 9), he put forward a much more positive, if carefully delineated, vision of alchemy and where it should be situated. He included an image of an idealised Chemical House (fig. 52, Essay Dachrodt), placing it in an urban setting as a way to emphasise the alchemist's obligation to participate in civic life by producing a variety of useful products, especially medicines. In doing so, Libavius

---

13 Nummedal 2007, esp. Chapter 2.

Fig. 41: Stephan Michelspacher: Cabala, Augsburg 1616, Taf. 1 (detail). HAB: 46 Phys. (2)

sought to differentiate his version of alchemy from what he perceived to be the aristocratic, secretive, and contemplative *Burgwissenschaft* of his contemporary, the astronomer Tycho Brahe.[14] Unlike the more generic images in Brant and the German edition of Petrarch, Libavius's "chemical house" was an expert and highly specialised structure, with separate rooms for different aspects of alchemical work, including an assaying room, "coagulatorium," several storage rooms for apparatus and materials, and a laboratorium for the most exalted part of the alchemical work, the production of the philosophers' stone. Some of these rooms were relatively public spaces for the production of the more mundane products of alchemical practice, but the laboratorium was restricted, accessible only to the master alchemist himself so that he could complete the philosophers' stone away from the prying eyes of the public. Libavius's Chemical House thus used architecture to imagine an alchemical laboratory that tied its practitioners to civic life, while still maintaining the secrecy necessary for some kinds of alchemical work.

Archival and archaeological evidence from places like Count Wolfgang II von Hohenlohe's custom-built laboratory in Weikersheim and Duke Friedrich I von Württemberg's laboratory in Stuttgart reveals that princely alchemical laboratories sometimes accomplished these same ends through deliberate partitioning of space.[15] Many, if not most, laboratories, however, were far more improvised, their provisional status reflecting alchemy's lack of a firm institutional foothold in the early modern period. Franz Brun, for example, moved across distinct social spaces in his life, from the urban artisan's workshop in Strasbourg, to the proto-industrial mine in the Harz, to the risky world of the princely court in Wolfenbüttel. Each of these spaces carried different social and cultural rules governing expected results, participants, and secrecy, but none was a distinctly alchemical space. In 1609, however, just such a carefully planned alchemical space emerged at the University of Marburg when Landgrave Moritz of Hessen appointed the Paracelsian physician Johannes Hartmann "public professor" of *chymiatria* at

---

14 As Jole Shackelford and William R. Newman have noted, Libavius's portrayal of Brahe's island laboratory and observatory on the island of Hven is highly polemical. See Hannaway 1986; Shackelford 1993; Newman 1999. On Libavius more generally, see Moran 2007.

15 Weyer 1992; Nummedal 2007; Soukup/Osten/Mayer 1993; Soukup/Mayer 1997, p. 10; Martinón-Torres 2007; Martinón-Torres/Rehren 2005.

the University of Marburg, this formalizing Paracelsian chymical medicine as part of the university curriculum (**Cat. No. 61**). Hartmann's instruction would take place in a "public chemico-medical laboratory", which was a fixed space with precise rules. Students had to take an oath swearing obedience to their teacher, as well as loyalty, diligence, discretion, and gratitude. They also had to wear particular clothing (a little skirt or apron to protect their clothes), observe processes, instruments and furnaces, write down ingredients and the amount of heat required and length of time for particular procedures, and ask questions, but not to take anything and never to write about what they saw there. Hartmann's laboratory, therefore, was to be a place of instruction and thus required a certain amount of openness within the laboratory; the activities inside were not, however, to be shared with the general public.[16]

Eventually, dedicated spaces for the practice of alchemy or chemistry came to be the norm, along with conventions around access, rules of behaviour, and safety. Indeed, today it is difficult to think of "chemistry" without imagining a laboratory of some sort. During alchemy's heyday in the early modern period, however, alchemists improvised, setting up laboratories or workshops in whatever spaces were available, as long as they had a hearth. This flexibility and fluidity – in the boundaries between alchemy and related arts such as medicine or mining, in the financial arrangements that supported alchemists' work, and, not least, in the spaces in which they carried it out – is characteristic of alchemical practice in the early modern period. What is striking, therefore, is that the image of the alchemist in his laboratory became so iconic even before fixed spaces were the norm. Why? Because the image of the alchemist, surrounded by furnaces, distillation equipment, cucurbits, balances, and tongs, allowed new audiences for alchemy to imagine it not just as a set of theories or complicated allegories, but as a hands-on art that drew on a sophisticated understanding of nature to produce any number of valuable things. This is precisely made the art appeal to such a broad range of practitioners and patrons, including artisans such as Franz Brun and princely patrons such as Duke Julius of Braunschweig-Wolfenbüttel, but also scholars, booksellers, mine operators, and perhaps even naïve city-dwellers, in early modern Europe.

---

16 Moran 1991, p. 45–51.

Die Alchemie und der Prager Hof Kaiser Rudolfs II.

Vladimír Karpenko und Ivo Purš

Als der römische Kaiser und böhmische König Rudolf II. (1552–1612) (**Abb. 42**) im Jahr 1583 die Verlegung seiner Residenz von Wien nach Prag beschloss, trug er bedeutend dazu bei, dass die Hauptstadt des Königreichs Böhmen bis zu seinem, des Herrschers Ableben, zum „Mekka" der europäischen Alchemiker wurde.[1] Nichtsdestoweniger war Alchemie zu dieser Zeit in den Böhmischen Ländern nichts Neues und das Mäzenatentum Rudolfs war nicht nur dank seines persönlichen Interesses an den Naturwissenschaften so erfolgreich und berühmt, sondern eben auch deshalb, weil es sich in einem Lande herausbilden konnte, wo der Boden dafür gut vorbereitet war.

Neben den allgemeinen Bedingungen für die Entfaltung der Alchemie im 16. Jahrhundert, wie es der Einfluss des Buchdrucks auf die Ausbreitung des Gedankenguts und die Laisierung der Alchemie darstellte, welcher sich in großem Maße sowohl Adel als auch Stadtbürgertum zu widmen begannen, zeichneten sich in den Böhmischen Ländern spezifische Faktoren ab: ein hohes Niveau des Handwerks und die Tradition von Bergbau und Hüttenwesen. Letztere hatte tiefe Wurzeln, insbesondere in der Gewinnung und Verarbeitung von Edelmetallen, und das spätestens seit dem 13. Jahrhundert, als die Silbergruben von Kuttenberg zu den bedeutendsten ihrer Art in Europa gehörten. Der rudolfinischen Zeit ging der „Silberrausch" in Joachimsthal voraus, der um 1516 ausbrach. Er war zwar nicht von langer Dauer, beeinflusste das praktische Handwerk aber wesent-

Abb. 42: Rudolf II., Kupferstich von Domenicus Custos (?), 1594. HAB: Portr. I 3124.1

lich. Wir erinnern hier an zwei der im europäischen Maßstab bedeutendsten Persönlichkeiten auf diesem Gebiet: Georgius Agricola (1494–1555), von Be-

---

[1] Zum Thema der rudolfinischen Alchemie handelt in umfassenderen Zusammenhängen die Publikation Purš/Karpenko 2011. Hier findet der Leser auch eine umfangreiche Bibliographie. Gegenwärtig wird die englische Ausgabe dieses Titels vorbereitet. Das Thema wird des Weiteren behandelt in den Publikationen: Soukup 2007, Evans 1980. Zum Verhältnis Rudolfs II. zur Alchemie zusammenfassend Kühlmann/Telle 2013.
Die in den folgenden Anmerkungen angeführten Hinweise bieten eine Auswahl von Quellen und Forschungsliteratur.

ruf ursprünglich Arzt, begann seine Laufbahn zum führenden Fachmann für Bergbau und Metallurgie eben gerade in Joachimsthal und vollendete sie in Sachsen mit der Herausgabe des Werks *De re metallica libri XII* (1556), das in den beiden folgenden Jahrhunderten grundlegendes Standardwerk auf diesem Gebiet war; Lazarus Ercker (?1528–1593) begann dagegen seine Laufbahn in Sachsen, um ihren Höhepunkt dann in Böhmen als Oberbergmeister des Königreichs Böhmen[2] mit seinem Hauptwerk *Beschreibung Allerfürnemisten Mineralischen Ertzt*, das 1574 in Prag erschien, zu erreichen (vgl. **Kat. Nr. 2**).

Die praktischen Kenntnisse der Alchemie und auch verschiedener Handwerke und Techniken, die in der vorausgehenden Zeit in den Böhmischen Ländern zusammengetragen worden waren, verschafften dieser Lehre eine hervorragende Basis. Deren Wurzeln reichen bis in die zweite Hälfte des 14. Jahrhunderts zurück, von wo uns schriftliche Dokumente einschließlich von Rezepten erhalten geblieben sind. Nichtsdestoweniger stammen die Berichte über einzelne Alchemiker erst aus der Mitte des 15. Jahrhunderts, als nach dem Abklingen der Hussitenkriege die erste tschechisch verfasste alchemische Schrift erschien, die Jan von Láz (Johannes von Laaz) zugeschrieben wird.[3] Über dessen Leben liefern uns lediglich seine Werke fragmentarisch Auskunft, und das auch nur in späteren gedruckten Ausgaben.[4] In jener Zeit interessierte sich auch Hynek von Poděbrad (1452–1492), der Sohn König Georgs von Poděbrad,[5] für Alchemie, was nicht nur die früher tradierten Aussagen in der älteren Literatur belegen, sondern vor allem neu aufgefundene Dokumente.

Bedeutendster Mäzen der Alchemiker unter den böhmischen Adligen war in der zweiten Hälfte des 16. Jahrhunderts Wilhelm von Rosenberg (1535–1592), einer der reichsten Magnaten in den Böhmischen Ländern und langjähriger Oberster Burggraf der Prager Burg, der sich einerseits aus medizinischen Gründen, andererseits in Hinblick auf seine Unternehmungen im Bergbau für Alchemie interessierte. Deshalb waren Alchemiker sowohl an seinen südböhmischen Residenzen (Český Krumlov/Böhmisch Krumau, Třeboň/Wittingau, Prachatice) oder in Prag als auch an den Gruben im schlesischen Reichenstein tätig, die er erworben hatte, obwohl sie schon erheblich erschöpft waren. Im Verlaufe der Zeit arbeiteten für ihn an die fünfzig Alchemiker, gleich ob es sich direkt um Laboranten und Beamte, die den Arbeitsablauf überwachten, oder um Informanten, die nach Rezepturen und Literatur forschten, handelte. Ebenfalls für Wilhelm entstand 1578 das künstlerisch wertvollste, auf Tschechisch geschriebene alchemische Manuskript *Rosarium philosophorum*, dessen Autor Jaroš Griemiller von Třebsko war.[6] Es handelte sich um die Übersetzung eines verbreiteten alchemischen Florilegiums, das mit Griemillers Text- und Bildergänzungen vervollständigt war.

Ein Beleg für das Verhältnis adliger Mäzene zu den Alchemikern sind die *Conditiones*, ein Vertrag, den der Alchemiker Claudius Syrrus am 9. Januar 1577 mit Wilhelm von Rosenberg abschloss. Aus seinem alchemischen Manuskript, das in der Universitätsbibliothek in Leiden aufbewahrt ist,[7] geht hervor, dass es sich um einen hochgebildeten Gelehrten handelte. Eine andere bedeutende Persönlichkeit in Wilhelms Umgebung war Jakub Krčín von Jelčany (ungefähr 1535–1604) Regent der rosenbergischen Domänen, der vor allem durch die erfolgreiche Anlage von Fischteichen berühmt wurde, sich gleichzeitig aber auch der Alchemie widmete. An Wilhelms

---

2 Rudolf II. nobilitierte ihn mit dem Prädikat von Schreckenfels; das ist kein Einzelfall der Nobilitierung eines Gelehrten, was von der Einstellung des Kaisers gegenüber den Wissenschaften zeugt.
3 Siehe Karpenko 1990.
4 Der Traktat des Jan von Láz wurde auch in die renommierte Sammlung alchemischer Traktate vom Anfang des 17. Jahrhunderts aufgenommen: Theatrum chemicum. Hrsg. Lazarus Zetzner, Vol. 4: Joannis de Lasnioro: Tractatus secundus aureus de lapide philosophorum, Straßburg 1613, S. 657–662. Aus seinem Leben ist der Konflikt am bekanntesten, den er mit Barbara von Cilly (um 1392–1451), der Witwe Kaiser Sigmunds, hatte, die seiner Meinung nach Edelmetalle fälschte.
5 Siehe Karpenko/Widzovà 2000.
6 NK ČR, Sign. XVII. E. 77, Purš 1997.
7 Sign. Voss. Chym. Q. 34, Boeren 1975, S. 190.

Mäzenatentum knüpfte dann auch sein jüngerer Bruder Peter Vok (1539–1611) an, der sich jedoch fast ausschließlich auf die Unterstützung paracelsischer Ärzte konzentrierte.[8]

Eine gewisse Zeit war in den Diensten Wilhelms von Rosenberg auch der bedeutendste tschechische Alchemiker Bavor d. J. Rodovský von Hustiřany (um 1526 – um 1600) tätig, ein umfassend gebildeter Autodidakt, dessen Werk in Form von Manuskripten erhalten geblieben ist.[9] Am Beginn seiner Alchemikerlaufbahn hatte er sich in dem Maße verschuldet, dass er ins Gefängnis gehen musste. Später wurde ihm jedoch Hilfe zuteil, unter anderem von Wilhelm von Rosenberg. Danach widmete er sich vollkommen dem Laborieren. Bavor Rodovský gehört zu den namhaften tschechischen Gelehrten, in seinem Werk schenkte er auch der Geschichte und der Astronomie Aufmerksamkeit und machte sich um die erste Übersetzung einiger Schriften von Paracelsus ins Tschechische verdient. Seinen Lebensabend verbrachte er im Dienst eines weiteren bedeutenden Mäzens der Alchemie, Jan Zbyněk von Hasenburg (um 1570–1616), eines der reichsten Magnaten des Königreichs, der durch die Beschäftigung mit der Alchemie und auch mit anderen Wissenschaften und Künsten um sein ganzes Vermögen kam.

Mit diesen Personen gelangen wir nun in jene Zeit, mit der wir uns in diesem Text vor allem befassen wollen – also mit der rudolfinischen Epoche, die in die Geschichte der Böhmischen Länder als Ära einer außergewöhnlichen und allseitigen kulturellen Blüte einging. Diese wurde in jener Zeit des Anwachsens und Verschärfens religiöser und politischer Antagonismen durch ein labiles Gleichgewicht möglich, das damals in den Böhmischen Ländern zwischen der protestantischen Mehrheit und der katholischen Minderheit bestand, die sich in der Umgebung des habsburgischen Herrschers konzentrierte.

Die rudolfinische Epoche hinterließ einzigartige Kunstdenkmäler und machte sich gleichzeitig einen Namen mit der Förderung zeitgemäß aufgefasster Naturwissenschaften. Die Aufgeschlossenheit des Herrschers gegenüber wissenschaftlicher Erkenntnis, die er ohne Rücksicht auf die konfessionelle Orientierung ihrer Protagonisten unterstützte, zeigte sich auch in solch bedeutenden Ereignissen, wie es die kaiserliche Einladung des Astronomen und paracelsischen Alchemikers Tycho Brahe (1546–1601) war. Dieser kam 1599 nach Prag und gewann ein Jahr später Johannes Kepler (1571–1630) zur Zusammenarbeit. Es ist charakteristisch, dass dieser das Prager Klima nicht nur wegen der Möglichkeit wissenschaftlicher Kontakte aufsuchte, sondern auch aus der Notwendigkeit, Asyl vor dem äußerst intoleranten Milieu zu finden, das der bigotte Erzherzog Ferdinand (1578–1637), der spätere Kaiser Ferdinand II., in der Steiermark verursacht hatte.

Diese Sternstunde der Weltwissenschaft haben Historiker immer hoch geschätzt und hervorgehoben. Mit Geringschätzung betrachteten sie jedoch bis noch vor relativ kurzer Zeit die Unterstützung des Kaisers für die Alchemie und andere „okkulte" Lehren. Diese wurden als verdächtig angesehen, zogen jedoch gerade wegen ihres Geheimcharakters immer die Aufmerksamkeit auf sich. Im allgemeinen Unterbewusstsein blieb die Gestalt Edward Kellys (1555–?1597)[10] als Betrüger mit abgeschnittenen Ohren oder die des gelehrten Rabbi Jehuda Liva ben Becalel (Rabbi Löw, um 1525–1609)[11] und dessen nicht weniger populärem, wenngleich nur sagenhaftem Golem lebendig. Über all dem schwebte, bildlich gesprochen, das Porträt Kaiser Rudolfs II.,

---

8 Zu Rosenbergs Mäzenatentum bei Alchemikern ausführlich: Purš 2011, s. auch Karpenko 1996.

9 Drei Manuskripte von Bavor sind in der Bibliothek des Nationalmuseums in Prag aufbewahrt: *Vo Hermesové filozofiji* (Sign. IV C 20), *Řeči filosofské* (Sign. III G 1) und am umfassendsten *Alchymie česká* (Sign. I G 22). In der Universitätsbibliothek in Leiden ist das Buch *Kniha o dokonalém umění chymickém* von Bavor Rodovský von Hustiřany (Sign. Voss. Chym. F. 3). erhalten geblieben.

10 Ein wichtiger Beitrag zum Kennenlernen seines verworrenen Schicksals ist die Arbeit Wildings 2007.

11 Ein Gesamtbild dieser Persönlichkeit und der Zeit ihres Wirkens zeichnet die exklusive Publikation von Putík 2009. Über das Verhältnis von Rabbi Löw zum Kaiser s. Studie von Purš 2009.

das einen seelisch unausgeglichenen, wenn nicht sogar geistesgestörten Herrscher zeigte, der von der politischen Realität permanent abgehoben zu sein schien.

Dieses Bild muss jedoch zurückgewiesen werden – Rudolf II. gehörte trotz seiner depressiven Anwandlungen zu den gebildetsten Herrschern seiner Zeit, und seine Unterstützung der alchemischen Forschung war entschieden kein Zeichen eines seelischen Gebrechens, denn mit der Förderung der Wissenschaften einschließlich der Alchemie knüpfte er an die Gepflogenheiten seiner Vorfahren an.[12] Paracelsische Ärzte finden wir in der Umgebung seines Großvaters und auch seines Vaters, Ferdinands I. (1503–1564) und Maximilians II. (1526–1574),[13] und direkter Vorgänger von Rudolfs alchemischem Mäzenatentum war sein Onkel, Erzherzog Ferdinand II. von Tirol (1529–1595), von 1547–1567 Statthalter in den Böhmischen Ländern, der sich intensiv für Bergbau interessierte und nach seiner Rückkehr nach Tirol eine ganze Reihe von Alchemikern unterstützte.[14]

Die rudolfinische Alchemie war also kein Tummelplatz für Scharlatane, sondern erfasste eine mannigfaltige Skala meist hochgebildeter Persönlichkeiten, die sich in der näheren und ferneren Umgebung Rudolfs II. mit unterschiedlichem Erfolg mit dieser Lehre beschäftigten. Ihre Protagonisten können wir in drei Gruppen unterteilen. Die erste Gruppe bildeten jene Alchemiker, deren Hauptziel in der Entdeckung des Steins der Philosophen (Stein der Weisen) oder der sog. Projektionstinktur bestand, die in der Lage war, gewöhnliche Metalle in Silber oder Gold zu verwandeln. Die Alchemiker setzten diese Tinktur manchmal mit einer „universalen Medizin" gleich, welche die meisten Gebrechen heilen sollte. Ihre Experimente waren eng mit montanen und metallurgischen Technologien verbunden.

Bedeutendster Vertreter dieser Gruppe war Michael Sendivogius (1566–1636),[15] ein polnischer Edelmann und Gefolgsmann Rudolfs II., dessen Hauptwerk *De Lapide Philosophorum Tractatus Duodecim* [Zwölf Traktate über den Stein der Philosophen] mit kaiserlicher Unterstützung erstmals 1604 anonym in Prag erschien (**Kat. Nr. 47**). Es handelte sich um eine überaus einflussreiche Schrift, die in zahlreichen Ausgaben bis in die zweite Hälfte des 18. Jahrhunderts hinein erschien und mit deren Studium sich kein geringerer als Isaac Newton, selbst namhafter Alchemiker, ernsthaft beschäftigte. Sendivogius' Untersuchungen konzentrierten sich auf einen zu jener Zeit wichtigen Rohstoff – Salpeter (Kaliumnitrat). Ähnlich eng waren auch andere rudolfinische Alchemiker dieser Kategorie mit praktischen und technologischen Problemen verhaftet: der Berghauptmann Sebald Schwertzer (?–1598/1601), der Goldkronacher Bergmeister Franz Kretschmer (?– nach 1603), der kaiserliche Edelstein- und Edelmetallsucher Simon Thaddeas Budek (?– nach 1608)[16] oder der niederländische Alchemiker, Erfinder und Mechaniker Cornelius Drebbel (1572–1633).[17]

Zu den Betrügern gehörte, wenngleich zweifellos mit nicht geringen Fähigkeiten ausgestattet, der Engländer Edward Kelly, der 1584 als Begleiter des bedeutenden Gelehrten und Mystikers John Dee (1527–1608) nach Prag kam. Kelly überschattet mit weiteren Alchemisten-Scharlatanen bisher völlig zu Unrecht das gesamte Phänomen der rudolfinischen Alchemie, was sicherlich auch auf die Aufmerksam-

---

12 Das Interesse an Alchemie und hermetischen Lehren war bei den Habsburgern traditionell und kann verfolgt werden bis zu Friedrich III. (1415–1493) und seinem Sohn Maximilian I. (1459–1519), der Kontakte zu Abt Trithemius hatte und für kurze Zeit Agrippa von Nettesheim, den Autor des berühmten Werks *De occulta philosophia* (1. Ausgabe 1533), als Sekretär beschäftigte.
13 Wichtige Informationen zu diesem Thema findet der Leser in folgenden Publikationen: Kühlmann/Telle 2001; dies. 2004.
14 Purš 2007.
15 Siehe Prinke 1999; ders. 2010.
16 Budeks überaus umfangreiches Manuskript enthält 25 Texte auf Deutsch, Latein und Tschechisch, wobei einige Passa-

gen in Geheimschrift verfasst sind, die Budek höchstwahrscheinlich selbst aus verschiedenen Quellen und Vorlagen kompiliert hat. Außerdem machte er in seinem Kodex auch Vermerke, mit wem er Kontakt hatte. Eine ganze Reihe dieser Personen kann identifiziert werden. Dadurch wird Budeks Konvolut ein sehr wertvolles Dokument der zeitgenössischen Kommunikationsbeziehungen in der Umgebung des Hofs Rudolfs II., die den Adel mit Handwerkern und die Angehörigen des Hofstaats mit Personen in Verbindung brachten, die außerhalb des Hofdienstes standen, siehe Hausenblasová/Purš 2009.
17 Keller 2008.

keit zurückzuführen ist, die seiner Affäre im gesamteuropäischen Kontext zuteil wurde.

Die zweite Gruppe bestand aus medizinisch orientierten Alchemikern. Neben Michael Maier (1569–1622), einem Verfechter und überaus erfinderischen Interpreten der Mythoalchemie und der traditionellen Konzeption bei der Herstellung von alchemischen Medikamenten, dessen Verbindung zum Hofe Rudolfs jedoch nur von ziemlich kurzer Dauer war,[18] treffen wir hier überzeugte paracelsische Ärzte an, Vater und Sohn, beide namens Martin Ruland, von denen Ruland d. J. (1569–1611) Autor des systematischsten und auch umfangreichsten Lexikons der Alchemie und der paracelsischen Medizin (*Lexicon Alchemiae* 1612) ist.[19] Zur medizinischen Ausrichtung fühlte sich auch Tycho Brahe, der renommierteste Gelehrte am Hofe Rudolfs zugehörig. Seinen alchemischen Untersuchungen, denen er sich nicht weniger intensiv widmete als astronomischen Beobachtungen, wurde bisher nur geringe Aufmerksamkeit zuteil.[20] Das hing natürlich damit zusammen, dass er in diesem Fach keinerlei Schriften herausgab – erhalten geblieben sind lediglich die Abschriften von Anleitungen zur Herstellung von Arzneien, die er durchführte und deren eine davon, ein Präparat auf Quecksilberbasis, er mit dem Rezept Kaiser Rudolf selbst widmete. In dieser Kategorie nennen wir noch eine Persönlichkeit, die bisher wenig Beachtung gefunden hat. Es ist der böhmische Ritter und Arzt Matthäus Erbinäus von Brandau, dessen Schriften, die höchstwahrscheinlich in den ersten beiden Jahrzehnten des 17. Jahrhunderts entstanden, erst 1689 von einem anonymen Verleger herausgegeben wurden.

Einen weiteren Aspekt der paracelsischen Medizin und Alchemie präsentiert Oswald Croll (um 1560–1608), der sehr konzis genaue Verfahren für die alchemische Arzneiherstellung, wie auch die Lehre von den Signaturen ausarbeitete. Sein Werk *Basilica chymica* von 1609 (**Abb. 43**) übte großen Einfluss auf das gesamte 17. Jahrhundert aus.[21] Wir wollen hier auch den skeptischeren Anselmus Boëthius de Boodt (1550–1632)[22] nennen, der empirisch einige paracelsische Arkana bestätigte, insbesondere jene, die aus Edelsteinen hergestellt waren, womit er sich in seinem mineralogisch-medizinischen Werk *Gemmarum et lapidum historia* (Hanau 1609) beschäftigte (**Abb. 44**). Paracelsus beeinflusste auch die medizinische Alchemie von Rudolfs Fachkonsultanten und Brahes langjährigem Korrespondenten Tadeáš Hájek von Hájek (Thaddaeus Hagecius, 1526–1600) und ebenso die zahlreicher Ärzte, die mit Hájek freundschaftliche und fachkundliche Kontakte pflegten.

Die dritte Strömung der Alchemie verstand die Herstellung der „Projektionstinktur" und der „Universalarznei" als Mittel zur philosophischen und mystischen Erkenntnis. Ihre Vertreter glaubten, dank der alchemischen Erleuchtung eine Ausnahmestellung gegenüber der eigentlichen Wirklichkeit innezuhaben – mit Hilfe der Alchemie sollten sie in das Geheimnis des Glaubens und der Erlösung der Menschheit, zur Erkenntnis ihrer selbst und des göttlichen Schöpfers vordringen und somit zu einer grundsätzlichen Verwandlung ihrer Existenz gelangen. Neben diesen hochgesteckten Zielen war die Herstellung von Gold lediglich der Ausdruck menschlicher Eitelkeit, und es verwundert nicht, dass die Vertreter dieser Strömung an die Adresse der alchemischen Souffleure überaus scharfe Worte richteten, nicht weniger scharfe als die wahrhaften Opponenten der Alchemie in ihren Schriften verwendeten. Diese theosophische Alchemie repräsentierte vor allem der Leipziger Arzt Heinrich Khunrath (1560–1605),[23] dessen *Amphitheatrum Sapientiae Aeternae* 1609 in

---

18 Maier gab 1609 beim Universitätsdrucker Paul Sessius im Eigenverlag zwei Bücher heraus, eins in Prosa mit dem Titel *De medicina Regia*, das seine Erfahrungen mit der alchemischen Praxis und der Applikation ihrer Ergebnisse bei der Heilbehandlung zusammenfasst, das andere in Versen mit dem Titel *Hymnosophia*. Die Bücher sollten ihm den Zugang zum Kaiser erleichtern, den er um Audienz gebeten hatte. Das gelang ihm schließlich auch, ebenso wie die Beförderung zum Pfalzgrafen – eine materielle Unterstützung wurde ihm jedoch keineswegs zuteil, siehe Figala/Neumann 1995; Tilton 2003.
19 Karpenko 2011.
20 Segonds 1993.
21 Kühlmann/Telle 1996; dies. 1998; Hausenblasová 2002.
22 Purš 2005.
23 Siehe Telle 1998.

Abb. 43: Oswald Croll: Basilica chymica, Frankfurt a. M. 1609, Kupfertitel. HAB: 16 Med.

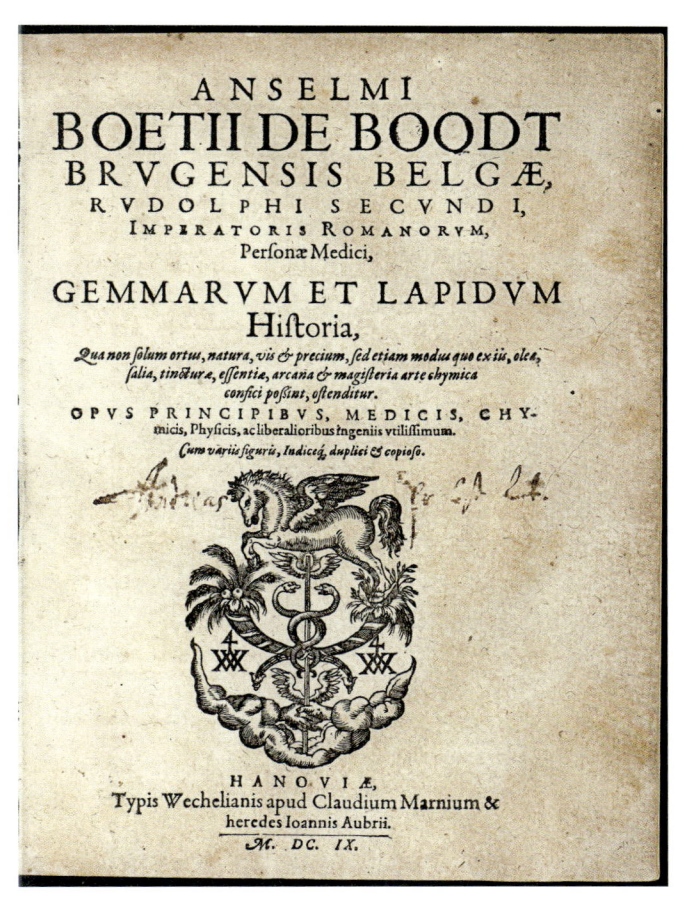

Abb. 44: Anselmus Boëthius de Boodt: Gemmarum et lapidum historia, Hanau 1609, Titelblatt. HAB: 22.1 Phys.

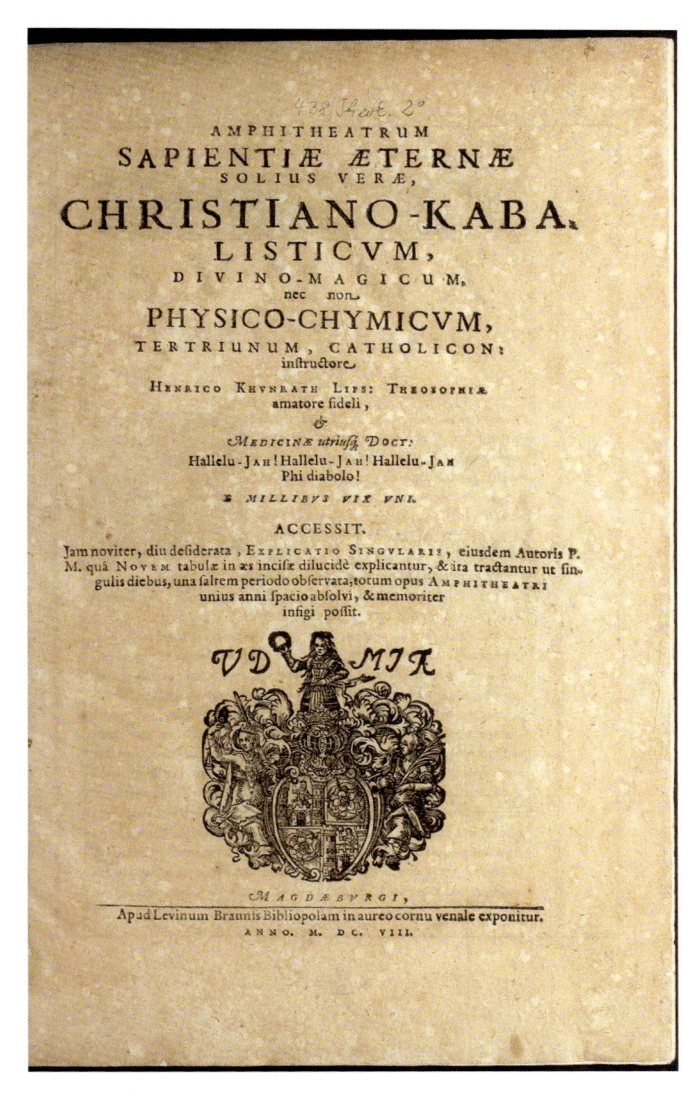

Abb. 45: Heinrich Khunrath: Amphitheatrum Sapientiae Aeternae, Magdeburg 1609, Titelblatt. HAB: 438 Theol. 2°

der zweiten, erweiterten Ausgabe mit kaiserlichem Privilegium erschien (**Abb. 45**).[24]

Obwohl wie bei anderen Fürsten und Herzögen des römisch-deutschen Reiches auch bei Rudolfs Interesse an den verschiedenen Richtungen der Alchemie zweifellos die Berücksichtigung ihrer potentiellen praktischen Ergebnisse in der Wirtschaft oder Medizin eine Rolle spielte, können wir annehmen, dass diese mystisch orientierte Alchemie der mentalen Verfassung des Kaisers am nächsten kam und

dass sie – ähnlich wie zum Beispiel die kabbalistische Magie – sein *privatissimum* verkörperte.

Der Kaiser war gegenüber den verschiedenen Herangehensweisen an die eigentliche Problematik der Alchemie aufgeschlossen, obgleich sie mit seinen eigenen Methoden nicht übereinstimmen mussten. Mit den Gelehrten verhandelte er individuell, und ihre gegenseitigen Kontakte hingen von deren eigenem Ermessen ab – mit seinem Mäzenatentum schuf er für sie lediglich die Bedingungen. Damit hing eng

24 Gilly 2002; Forshaw 2007.

die Kommunikationsstrategie zusammen, die wir bei Rudolfs wissenschaftlichem Mäzenatentum beobachten können. Auch hier können wir – wenngleich mit einem gewissen Maße an Schematismus – drei Gruppen definieren.

Zur ersten gehören Personen aus Rudolfs nächster Umgebung, die mit ihm in direktem Kontakt standen. Es handelte sich vor allem um den kaiserlichen Sekretär Johann Barvitius (etwa 1555–1620) und den Hofrat Johann Matthäus Wacker von Wackenfels (1550–1619), die zwar keine Alchemiker waren, aber höchstwahrscheinlich Kenntnisse über diese Lehre besaßen. Eine ähnliche gesellschaftliche Stellung nahm auch Heinrich Julius von Braunschweig-Lüneburg (1564–1613) ein, der letzte Vorsitzende des Kaiserlichen Geheimen Rates, der sich selbst praktisch laborierend mit medizinischer Alchemie befasste (Kat. Nr. 43, 53).[25]

Man kann sagen, dass sich bei den Personen in Rudolfs nächster Umgebung das Interesse an der Alchemie mit einer bestimmten politischen Einstellung verband, und es ist möglich, dass die Resonanz auf dem Gebiet des alchemischen Interesses bei Rudolf auch ein gewisses Verständnis in anderen Fragen indizieren konnte. Diese Verhaltensweise wurde zweifellos auch durch den Umstand begünstigt, dass Rudolf in erheblichem Maß das Gegenteil eines politischen Pragmatikers war und seine politische Tätigkeit ständig mit astrologisch zu deutenden Zeichen der Gunst des Schicksals verband. Wir betonen, dass dieses Vorgehen nicht unbedingt unwirksam sein musste, besonders in der ersten Epoche von Rudolfs Herrschaft, obgleich wir sie aus heutiger Sicht als irrational ansehen.

Eine recht enge Beziehung zum Kaiser können wir selbstverständlich auch bei jenen Personen voraussetzen, die zwar nicht zu Rudolfs engstem Beraterkreis aber doch zum Hofstaat gehörten. Das galt für Tycho Brahe, den kaiserlichen Hofmathematiker, dann kraft ihrer Funktion als Ärzte für beide Martin Rulands und Anselmus Boëthius de Boodt, für Johann Pistorius (1546–1608), den gelehrten paracelsischen Arzt und Sachverständigen der Kabbala, der als Beichtvater des Kaisers fungierte, des Weiteren für den Mechaniker und Alchemiker Cornelius Drebbel, zweifellos auch für Michael Sendivogius und höchstwahrscheinlich ebenfalls für Michael Maier. Zu dieser Aufzählung ist noch Edward Kelly hinzuzufügen, der formal zwar nicht dem Hofstaat angehörte, von Rudolf jedoch zuerst persönlich akzeptiert, nach kurzer Zeit aber erstaunlich schnell verworfen wurde.

Der zweite Personenkreis bildete sich um den renommierten Gelehrten, Arzt und Astronomen Tadeáš Hájek von Hájek (Thaddaeus Hagecius), der mit großer Wahrscheinlichkeit Vermittler zwischen diesem Kreis und dem Kaiser war, obgleich einige, die zu dieser Gruppe gehörten, zum Beispiel der schon erwähnte Oswald Croll, zweifellos auch direkt mit dem Kaiser kommunizierten, jedoch eher schriftlich als persönlich. Des Weiteren nennen wir hier den hugenottischen Emigranten Nicolas Barnaud (etwa 1539 – um 1604),[26] seinen Landsmann Bernard Gilles Penot (etwa 1519–1617),[27] Václav Lavín von Ottenfeld (Wenceslaus Lavinius, etwa 1547–1602) und Matthias Borbonius (1569–1629). Zwar handelte es sich in allen diesen Fällen um vermittelte, dennoch, so lässt sich annehmen, keineswegs um ephemere Kontakte. Zu Hájeks berühmten Gästen gehörten 1584 ebenfalls John Dee und Edward Kelly.

Der dritte Personenkreis bestand aus Alchemikern, die Rudolfs Hof – so wie die Höfe anderer zeitgenössischer Herrscher – mit Angeboten aufsuchten, um verschiedene Experimente und Untersuchungen durchzuführen. Von Fall zu Fall wurde ihnen für die Vorführung ihrer Fähigkeiten Raum zur Verfügung gestellt. Es handelte sich jedoch um kurzzeitige Kontakte, und es ist nicht bekannt, dass einer von ihnen am Hof Fuß gefasst hätte.

Der Kaiser interessierte sich für Alchemie nicht nur als aufgeschlossener Mäzen, sondern beteiligte sich wie einige andere namhafte Angehörige des Hochadels selbst an den Arbeiten im Laboratorium. Von seiner persönlichen Teilnahme zeugt auch die Tatsache, dass ein wesentlicher Teil von Rudolfs alche-

---

25 Luckhardt 1998.
26 Kahn 2005.

27 Olivier 1996.

mischen Manuskripten in der Universitätsbibliothek in Leiden im Fundus *Codices Vossiani Chymici* praktischen Labormethoden gewidmet ist.[28] Auf den ersten Blick fällt das Fehlen reich illuminierter alchemischer Handschriften auf, wie wir sie gerade aus dem 16. Jahrhundert kennen. Das kann zwei Gründe haben. Entweder wurden die Manuskripte sofort nach Rudolfs Tod von dessen Nachfolger, Kaiser Matthias, nach Wien gebracht (sie sind jedoch meistens nicht in die kaiserliche Bibliothek gelangt) oder es ging – was wahrscheinlicher ist – dem Kaiser bei der Alchemie eher um Informationen als um luxuriöse Bibliophilie.

Eine Ausnahme bildete das sog. Voynich-Manuskript, ein ganz außergewöhnlich illustriertes Werk, das sich im Besitz Rudolfs II. befunden haben soll und später in den seines Destillators Jakub Horčický von Tepenec (Sinapius, um 1575–1622)[29] gelangte. Danach war das Manuskript Eigentum des Alchemikers Jiří Bareš, des Arztes Jan Marek Marci (1595–1667) und schließlich Athanasius Kirchers, dem es Marci geschickt hatte. Diese „rätselhafteste Handschrift der Welt" ist in einer künstlichen, bis heute nicht identifizierten Sprache verfasst und enthält symbolische Zeichnungen, deren Bedeutung den Forschern und Historikern bisher ebenfalls entgeht. Es ist wahrscheinlich, dass dieses komplizierte symbolische Werk neben den medizinischen, biologischen, astrologischen und pharmazeutischen Bedeutungsebenen auch alchemische Sinngehalte einschließt, was verständlicherweise aus der zeitgemäßen Überschneidung der genannten Fachrichtungen hervorgehen könnte.

Die zweite Quelle für eine zumindest partielle Aufklärung des Geheimnisses um die alchemischen Bemühungen Rudolfs ist die in seinem Namen geschriebene und überaus vereinzelt erhalten gebliebene Korrespondenz zu diesem Thema, die von späteren, gleichwohl lakonischen Stellungnahmen seiner Laboratoriumsgehilfen ergänzt wird. Daraus geht hervor, dass eines der Hauptinteressen Rudolfs auf die Gewinnung einer *mercurius solis*[30] genannten Substanz gerichtet war, die ein wichtiges Zwischenprodukt auf dem Wege zur Herstellung alchemischer Tinkturen sein sollte. Oswald Croll belegte in seinem Werk, dass er mit Rudolf Substanzen austauschte, die vom Standpunkt der paracelsischen Alchemie bedeutungsvoll waren (*terra sigillata*), und dass sich der Kaiser einige dieser Substanzen selbst zunutze machte.[31] Es ist also offensichtlich, dass in Rudolfs Laboratorien sowohl an der Transmutationstinktur als auch an der Herstellung von Arzneien gearbeitet wurde, die der Kaiser daraufhin anwendete.

In der älteren Literatur tauchten oft jede Grundlagen entbehrende Behauptungen auf, Kaiser Rudolf habe auf der Prager Burg ein großes Laboratorium betrieben, wo gleichzeitig mehrere Dutzend Alchemiker arbeiteten. Das entspricht jedoch nicht der Wahrheit. Die baugeschichtlichen Untersuchungen der Prager Burg beweisen die Existenz mehrerer kleiner Laboratorien, und Rudolf selbst hatte entsprechend einer unikalen Notiz auch in seinen Privatgemächern Destillationsöfen. Hier halfen ihm seine Kammerherren beim Laborieren, zum Beispiel Hieronymus Makovský von Makov oder der berühmt-berüchtigte Philip Lang. Einige dieser Laboratorien waren angeblich mit hölzernen, überdachten Gängen verbunden, was dem Kaiser zweifellos einen ungestörten Zutritt zu diesen Räumen ermöglichen sollte. Das Nichtvorhandensein eines großen zentralen Laboratoriums vermindert jedoch keineswegs die Bedeutung von Rudolfs Untersuchungen, denn auf diese Weise konnte er zum Beispiel verschiedene Prozesse parallel ausführen lassen, um anschließend sowohl ihre Ergebnisse als auch die Fähigkeiten der einzelnen Laboranten zu vergleichen.

Die Blütezeit der rudolfinischen Förderung von Wissenschaft, Kunst und namentlich der Alchemie endete nicht mit dem Tod des Kaisers 1612. Während der langen Herrschaft Rudolfs II. wuchs eine ganze Reihe Gelehrter und Künstler heran, die nicht nur ihre Arbeit auch später unter den ungünstigen Be-

---

28 Boeren 1975.
29 Kennedy/Churchill 2004; Zandbergen/Prinke 2005.
30 Es ist eine Reflexion der sog. *Mercurius-Sulphur*-Theorie über die Zusammensetzung der Metalle, siehe Soukup 2010.
31 Kühlmann/Telle 1996, S. 171.

dingungen des Dreißigjährigen Krieges fortsetzten, sondern auch bedeutende Werke hinterließen, die das Erbe jener relativ glücklichen Zeit beinhalten. Residuen damals ausgearbeiteter Konzeptionen und methodischer Gedanken können wir deshalb auch in den folgenden Jahrzehnten finden. Am deutlichsten erfolgte diese Fortsetzung dank des genialen Johannes Kepler auf dem Gebiet der Astronomie. Er vollendete mit dem Werk *Harmonices Mundi* (1618) und dem darin enthaltenen sog. dritten Keplerschen Gesetz seine Theorie von den Bahnen der Planeten, die sich um die Sonne bewegen, und stellte damit die Astronomie auf ein neues, festes Fundament, auf dem sie noch heute ruht.[32] Eine Weiterführung der rudolfinischen Traditionen kann aber auch auf dem Gebiet der Alchemie beobachtet werden, obgleich es sich hier um eine sich verhältnismäßig rasch abschwächende Tradition handelte, die in den folgenden Jahrzehnten nur von einigen Persönlichkeiten getragen wurde.

Unter ihnen tritt Daniel Stoltzius von Stoltzenberg hervor (1597/99 – nach 1644), dessen Schicksal die ungestüme und tragische politische Entwicklung jener Zeit widerspiegelt – als Protestant ging er in die Fremde, wo er dann sein ganzes Leben verbrachte. Der ursprüngliche Grund für sein Weggehen war das Interesse an der Medizin, es ist aber nicht bekannt, wo er sie studierte und ob er das Studium überhaupt abschloss. Später unterhielt er dann in der heutigen Ostslowakei eine Arztpraxis. Stoltzius führte sich in die Geschichte der Alchemie mit zwei anerkannten Emblem-Büchern ein, *Viridarium Chymicum* (1624) (**Kat. Nr. 6**) und *Hortulus Hermeticus* (1627).[33]

Abschließend können wir zusammenfassen, dass die Epoche der Herrschaft Rudolfs II. eine Zeit höchster Blüte der Wissenschaften war, die auf dem großzügigen Mäzenatentum des Kaisers beruhte, sich aber auch auf die Förderung durch den Adel aus den Reihen der Ständegesellschaft sowie der Forschung im reichen bürgerlichen Milieu stützen konnte. Die Gelehrten aus verschiedenen Ländern, die für kürzere oder längere Zeit Böhmen besuchten, schufen hier keine „Wissenschaftsschule", sondern kamen, um hier Gedanken und Erfahrungen auszutauschen. Sie schufen somit eine variable und lockere Gesellschaft von Forschern, die sich nicht um einigende wissenschaftliche Gedanken und Konzeptionen scharten und trotzdem gerade durch das starke Bedürfnis nach Vielseitigkeit miteinander verbunden waren. Was diese Forscher wirklich zusammenführte, war ihr Verlangen nach relativer Freiheit zum Forschen und nach der Möglichkeit wissenschaftliche Kontakte aufzunehmen, die mit dem Austausch von Kenntnissen einhergingen. Mit diesem Wesenszug war die rudolfinische Epoche ihrer Zeit voraus und schuf das Vorbild für die moderne Autonomie wissenschaftlicher Forschung, die weder religiösen noch ideologischen Imperativen unterliegt.

---

32 Die ersten beiden Gesetze erschienen in seinem Werk *Astronomia nova* (1609).

33 Karpenko 1973; Hild 1991.

Philalethes in Deutschland

Alchemische Experimente am Gothaer Hof 1679–1683

Martin Mulsow

I. Philalethes

In den vergangenen Jahren ist die internationale Forschung zur frühneuzeitlichen Alchemie ein großes Stück vorangekommen.[1] Insbesondere das Werk des pseudonymen Autors „Eirenaeus Philalethes" stand dabei im Mittelpunkt, denn nicht nur konnte das Pseudonym aufgelöst werden, sondern anhand der Notizbücher des Verfassers konnte die verschlüsselte allegorische Sprache der Schriften gewissermaßen in die realen chemischen Prozessanweisungen rückübersetzt werden, die in den privaten Notizen sehr viel direkter bezeichnet sind. Hand in Hand mit dieser philologischen Rekonstruktion ging das experimentelle Nachvollziehen der chemischen Prozesse, sozusagen das „Nachkochen" der Anweisungen; denn es stellte sich heraus, dass manche Ergebnisse nur durch dieses Verfahren verstanden werden konnten, da erst dann evident wurde, dass es manchmal gerade die „unreinen" Beimengungen der Stoffe oder spezifische Experimentanordnungen sind, die das hervorbringen, was die damaligen Alchemiker gesehen haben. Auf diese Weise ist – wenn auch erst in einigen wenigen zentralen Bereichen – auf exemplarische Weise ein Stück Alchemie dem heutigen Verständnis zugänglich gemacht worden. Vor allem William R. Newman und Lawrence Principe können sich dieses Verdienst zurechnen.[2]

Hinter dem Pseudonym „Eirenaeus Philalethes" verbarg sich der in England lebende Amerikaner George Starkey, der in seinem *Marrow of Alchemy* (1654), im Kommentar zu Ripley (1655/1678) und im *Introitus apertus ad occlusum regis palatium* (1667) im Anschluss an Alexander von Suchten, Johan Baptista van Helmont, Bernhardus Trevisanus und Michael Sendivogius einflussreiche Gedanken zur Metalltransmutation entwickelt hatte.[3] Schon Betty Dobbs hat 1975 gezeigt, dass die Theorien von Philalethes maßgeblich für das alchemische Denken Isaac Newtons waren und auch für Robert Boyle, der Starkey persönlich kannte, waren dessen Anregungen von großer Wichtigkeit.[4]

Völliger Zufall ist das nicht. Man weiß, daß Eirenaeus Philalethes (nicht zu verwechseln mit Eugenius Philalethes, dem Pseudonym von Thomas Vaugham) mit seinen Schriften großen Einfluss in ganz Europa gehabt hat. Nachgezeichnet wurde dieser Einfluss bisher noch nicht. Nimmt man allein Deutschland, so ist das Bild, das wir von den vielfältigen Aktivitäten besonders an den Höfen haben, noch sehr unvollkommen; erste Indizien der Rezeption geben aber zumindest die Übersetzungen. Denn die Bücher des Philalethes waren in Deutschland schon bald nicht nur in lateinischer Sprache, sondern auch in deutscher Übersetzung verbreitet – spätestens seit Mitte der 1670er Jahre. 1672 er-

---

1 Für Hinweise zu den chemischen Hintergründen bin ich Rainer Werthmann zu großen Dank verpflichtet. Von ihm übernehme ich einige Passagen zur Beschreibung der Prozesse. Joachim Telle hat meine Forschungen in den letzten Jahren wohlwollend begleitet, kann ihre Ergebnisse aber nun leider nicht mehr kommentieren.

2 Newman 2003, sowie Newman/Principe 2002; Principe 2013.

3 Abgedruckt in: Jean-Jacques Manget (Hrsg.): Bibliotheca Chemica Curiosa, Genf 1702 (im Folgenden: BCC), II, S. 661–700; dazu Ferguson 1954, Bd. 2, S. 190–195.

4 Principe 2000; Dobbs 1975. Vgl. aber auch Newman 2003, S. 228–243.

schien in Hamburg im *Chymischen Zweyblatt* Johann Langes Übersetzung des *Introitus* als *Eröffneter Eingang zu des Königs verschlossenem Palaste* als einer von zwei Traktaten. Die *Tres tractatus de metallorum transmutatione* (1669) sind 1675 als *Drey schöne und auserlesene Tractätlein von Verwandlung der Metallen* in Hamburg bei Guth und in Jena bei Nisius gedruckt worden, ebenfalls durch Lange übersetzt. Der *Introitus* ist 1676 nochmals, in neuer Übersetzung, als *Hauptschlüssel aller Hermetischen Schrifften* in den paracelsischen *Magnalia Medico-Chymica* bei Endter in Nürnberg erschienen; hier war es offenbar der Arzt Johann Hiskias Cardilucius, der sich für Philalethes einsetzte.[5] 1680 legte Endter mit *Magnalia Medico-Chymica Continuata* nach, in denen weitere Schriften von Philalethes präsentiert wurden. 1685 erschien der *Nucleus* als *Kern der Alchymie* in Leipzig bei Adler, 1689 die *Erklärung über die sechs Chymischen Pforten des berühmten Englischen Philosophi Georgii Riplaei* in Hamburg bei Liebezeit.

Natürlich standen schon die Zeitgenossen, die Philalethes' Anweisungen folgen wollten, vor demselben Entschlüsselungsproblem wie die Forscher heute – eine in der Alchemie keineswegs seltene Situation. Eine gewisse Hilfestellung für die Entschlüsselung der Allegorien gab es immerhin seit den 1670er Jahren, als Philalethes-Kritiker wie der pseudonyme „Pantaleon" oder auch Johann Ferdinand Hertodt von Todtenfeldt auftraten. Letzterer hat eine *Epistola contra Philalethem* verfasst, die in den *Miscellanea curiosa* der Academia Naturae Curiosorum für das Jahr 1677 gedruckt worden ist.[6]

Schlüssel zur Erzeugung des Steins der Weisen war bei Philalethes – wie auch schon in der Tradition, auf der er aufbaute – der sogenannte philosophische oder sophische *Mercurius*. Der sophische *Mercurius*, eine bestimmte höhere Form von Quecksilber, war dazu da, den „Samen" des Goldes zu erwecken und wirksam zu machen, so dass Gold zusammen mit sophischem *Mercurius* den Stein der Weisen ergeben würde. Mit diesem, so die Theorie, könnte man große Mengen Metall in Gold verwandeln, weil die interne Struktur dieser Metalle durch den Samen des Goldes verändert würde. Der sophische *Mercurius* muss nach Philalethes aus „Feuer", *Saturnia* und Quecksilber hergestellt werden, ist also keineswegs selbst einfaches Quecksilber. Das „Feuer" oder der „feurige Drache" ist mineralischer Schwefel, der als „einfaches Chaos" oder „Geist" bezeichnet wird.[7] Erst wenn dieses Chaos durch *Saturnia* geronnen oder erstarrt gemacht wird, entsteht „reales Chaos", ein seltsamer metallischer und zugleich flüchtiger Körper. Schon Hertodt hat das rätselhafte *Saturnia* als Antimonium entschlüsselt (heute würde man genauer sagen: Antimontrisulfid, als Mineral Antimonit oder Stibnit, mit älteren Namen Grauspießglanz oder Spießglaserz). Der „mineralische Schwefel" hingegen ist als Eisen zu identifizieren, da der feurige Schwefel im Sinne der auf Aristoteles aufbauenden, mindestens seit dem neunten Jahrhundert n. Chr. angewandten *Mercurius-Sulphur*-Theorie[8] und später des paracelsischen Prinzips *Sulphur* (nicht des Stoffes Schwefel) als unter anderem im Eisen enthalten angesehen wurde.[9] Der Antimonit muss nach Philalethes also mit Eisen reduziert werden, um dann den Signatstern zu ergeben, der als *Regulus* des Antimons unter besonderen Herstellungsbedingungen eine sternförmig kristallisierte Oberfläche aufweisen kann. In heutiger chemischer Terminologie:

$$Sb_2S_3 + 3Fe \rightarrow 2Sb + 3FeS$$

Dieser Signatstern wird von Philalethes mit dem „Salz der Natur" identifiziert, von dem Sendivogius gesprochen hatte. Nach Philalethes fehlt dem bloßen

---

5 Vgl. Cardilucius: Magnalia Medico-Chymica, Oder Die höchste Artzney- und Feurkünstige Geheimnisse, Nürnberg 1676, an die der *Hauptschlüssel* angehängt war. Zu Cardilucius vgl. Ferguson 1954, Bd. 1, S. 143 f.

6 BCC, II, S. 697–699, mitsamt „Anonymi ad Praecedentem Epistolam Responsio". Hertodt wirkte als Arzt im mährischen Brünn und beruft sich zuweilen auf Wenzeslaus Ecker, einen Jesuiten, BCC, II, S. 698.

7 Vgl. zum folgenden Newman 2003, S. 126–133.

8 Vgl. Werthmann 2011, S. 136–171.

9 *Sulphur* als Prinzip der Brennbarkeit, in den Metallen auch „fixer Sulphur" genannt, wurde als äußerst feine, nahezu nicht mehr materielle Substanz vorgestellt, als eine Art unsichtbares, im Stoff gespeichertes Feuer, das beim Verhüttungsprozess vom Metall aufgenommen worden ist.

Antimon (bzw. dem Antimonsulfid) noch das Sulphurische, die innewohnende Energie, weshalb erst durch die Verbindung mit dem „feurigen Drachen" Eisen zum wirklichen Metall gemacht wird. Dann kann der Signatstern mit gewöhnlichem Quecksilber reagieren, um sophischen *Mercurius* zu erhalten. Hier handelt es sich nach den Forschungen Newmans um den Versuch der Herstellung von Antimonamalgam, einer Legierung aus Antimon und Quecksilber. Allerdings bildet sich nur aus Antimon und Quecksilber keine Legierung. Um dennoch, wenn nicht das, so doch ein Antimonamalgam zu erhalten, werden zur Rezeptur zwei Teile Silber hinzugefügt. Es entsteht eine ternäre Antimon-Silber-Quecksilber-Legierung. Starkey nennt in seiner verhüllenden Beschreibung die zwei Teile Silber die „Tauben der Diana". Er schreibt 1651 in einem Brief an Robert Boyle: „Du brauchst die Vermittlung von Jungfrau Diana, das ist reines Silber, sonst werden sich Quecksilber und der regulus Martis nicht vereinigen."[10] Er bedient sich als Philalethes aber einer verdeckten Sprache, um seine Forschungsergebnisse zwar mitzuteilen, gleichzeitig aber so zu verbergen, dass nur der fachkundige, aufmerksame und gründliche Leser herausfinden konnte, was gemeint war.

II. Gotha, Philalethes und Pantaleon

Eines der Zentren der Philalethes-Rezeption im Deutschland des 17. Jahrhunderts war Gotha. Daher kommt es, dass ganz ähnliche Versuche, wie sie Newton in den frühen 1670er Jahren in Cambridge ausführte, ab den späten 1670er Jahren auch in Gotha stattfanden. Diese bemerkenswerte Tatsache lässt nicht nur die gerade erst anhebende Forschung zur Gothaer Alchemie von der jüngeren Starkey-Forschung profitieren – auch umgekehrt verspricht ein vertieftes Studium der Prozessaufzeichnungen in Gotha ein besseres Licht auf die Vorgänge in Cambridge und London. Und Prozessaufzeichnungen gibt es viele: In Gotha ist ein umfassender alchemischer Nachlass aus der Zeit von Herzog Friedrich I. von Sachsen-Gotha-Altenburg vorhanden, der in den Jahren von 1676 bis zu seinem Tod 1691 leidenschaftlich experimentierte.[11] Darüber hinaus weist der Nachlass auch noch auf eine weitergehende Beschäftigung in Gotha (und im angrenzenden Sachsen-Meiningen) mit der Alchemie, bis in die 1720er Jahre hinein. Er besteht aus vielen hunderten von Briefen, dazu Rechnungen, Prozessprotokolle, Gutachten, bis hin zu materiellen Resten chemischer Substanzen.[12]

Wie kommt es, dass gerade in Gotha die Alchemie von Philalethes im Mittelpunkt stand? Friedrich I. hatte seine Begeisterung für Alchemie in Wien entwickelt, als er 1676 dort zu Besuch war und in vielen Gesprächen von den aufsehenerregenden Transmutationen erfuhr, die damals am Hof vorgeführt wurden.[13] Neben Friedrich war es aber vor allem sein Leibarzt Jakob Friedrich Waitz, der sich seit seinem Leipziger Medizinstudium mit Alchemie beschäftigt hatte und nun den Herzog in diesen Fragen beriet.[14] Waitz war es auch, der bis zu Friedrichs Tod die meisten der langwierigen Experimente durchführte und so die Kontinuität der Gothaer Alchemie personifizierte, jenseits der zahlreichen durchreisenden Experten mit großen Namen. Waitz hat sich schon früh für die Schriften des Philalethes interessiert und nach vielen Jahren der Praxis 1696 eine Bibliographie er-

---

10 Zit. nach Newman 2003, S. 132.
11 Zu Friedrich I. vgl. ADB 8, Leipzig 1878, S. 2f. Maßgeblich ist die Edition seiner Tagebücher: Friedrich I. von Sachsen-Gotha-Altenburg: Jacobsen/Brandsch 1998–2003.
12 Der Nachlass ist verzeichnet bei Humberg 2005. Zur Gothaer Alchemie vgl. demnächst auch Martin Mulsow und Joachim Telle (Hrsg.): Alchemie und Fürstenhof. Frühneuzeitliche Alchemica in Handschrift und Druck auf Schloss Friedenstein in Gotha (Druck in Vorbereitung).
13 Friedrichs Ansprechpartner in Wien war der Bibliothekar Peter Lambeck, der ihm in den folgenden Jahren Abschriften und Übersetzungen von (zum Teil antiken) alchemischen Texten schickte. Zu Lambeck vgl. König 1975. Zu den Vorführungen am Kaiserhof, vor allem von Wenzel Seiler, vgl. Schmieder 1832, S. 444f.; vgl. Soukup 2007a, S. 438–456, zum gesamten Umkreis Kaiser Leopolds. Schon für November 1676, kurz nach der Reise, gibt es einen Gothaer Prozeßbericht von Waitz: Thüringisches Staatsarchiv (im Folgenden: StA Gotha), Geheimes Archiv, E XI. Nr. 69, fol. 44–49v.
14 Zu Waitz (1641–1723) vgl. Waitz 1939; Kirchner 1939.

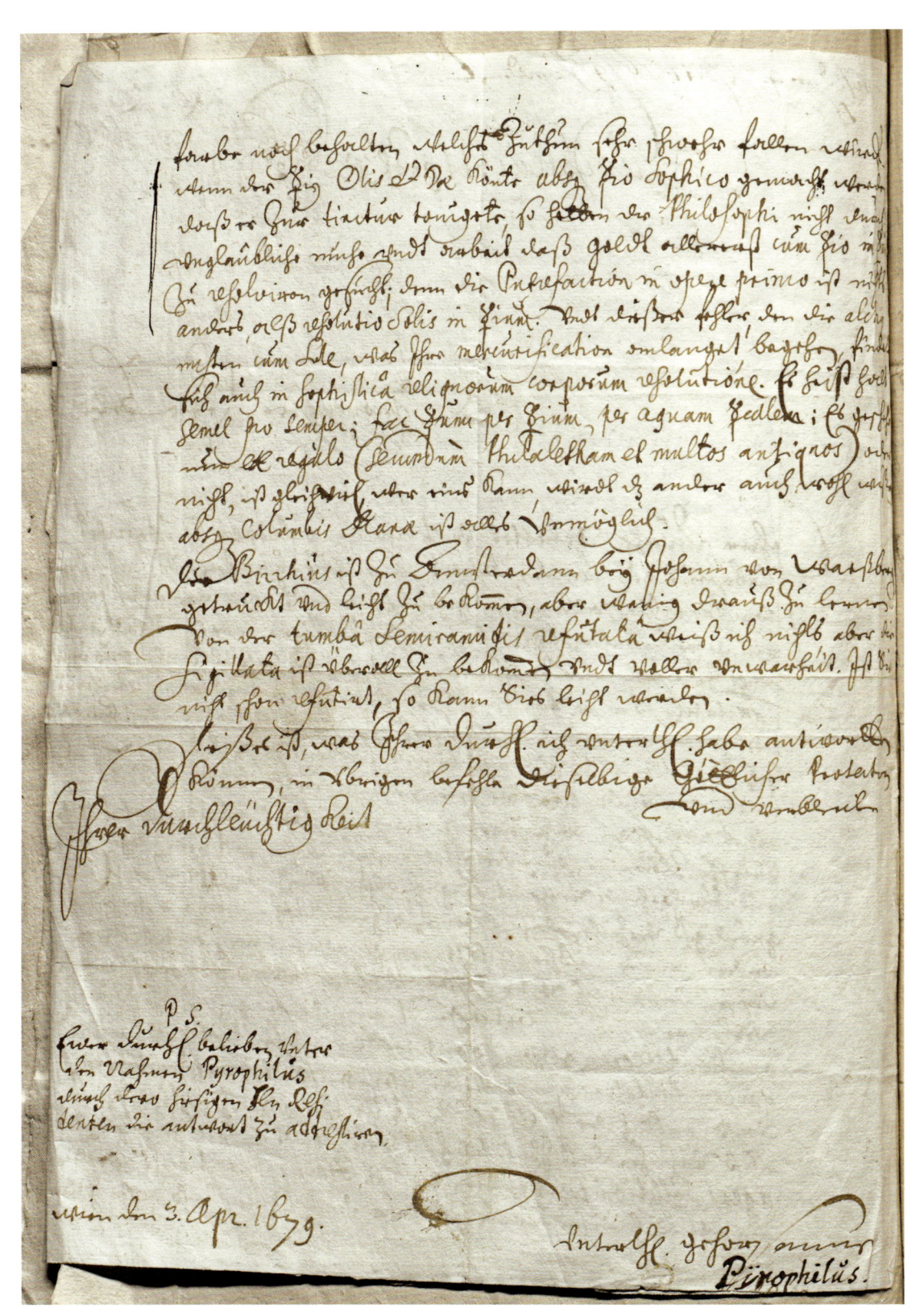

Abb. 46: Brief von Gastorff / Pyrophilus / Pantaleon an Friedrich I. vom 8.4.1679. StA Gotha, Geheimes Archiv, E XI Nr. 72, fol. 88v

stellt, die versucht, eine Übersicht über die vielfältigen Veröffentlichungen des Autors zu geben.¹⁵

Die ersten Jahre der Gothaer Alchemie verliefen noch recht tastend. Man suchte nach einer Orientierung, um zwischen den zahlreichen Ansätzen zur Goldherstellung den vielversprechendsten auszuwählen. 1679 kam es dann zu einer für die nächsten Jahre entscheidenden Kontaktaufnahme. Waitz hatte Friedrich im Januar dieses Jahres auf ein vor kurzem erschienenes Buch hingewiesen:

„Was aber die multiplication so wohl des mercurius philosophicus als deß Lapidis selbst betrifft darvon ist etwas im Pantaleone seinem zweijblat, undt so Gott leben und seegen gibt, kans am füglichsten und kürtzesten durch hülff des [Gold] machens Saltzes auff infinitum zu wagen gebracht werden, daß von der erst verdrißlichen arbeit [nichts] weiter bedürffte."¹⁶

Dieses sogenannte *Zweiblatt* oder *Bifolium* des pseudonymen Autors Pantaleon war 1677 erschienen.¹⁷ Wenn es wirklich in Aussicht stellte, sich viel Mühe beim Goldmachen zu ersparen, also gewissermaßen eine Abkürzung vorschlug, dann musste es sich lohnen, diesen verborgenen Autor ausfindig zu machen. Das dachte sich Friedrich und hörte sich um, vor allem über seine Kontaktleute am Kaiserhof. Und er fand eine Adresse in Wien. Er ließ Waitz ein Gutachten über die Qualität der Schriften Pantaleons erstellen und schrieb dann am 18. Februar an diesen Autor.¹⁸

Am 8. April erhielt er Antwort. Sie stammte von einem „Pyrophilus", der sich als Freund Pantaleons ausgab und als dessen Sprachrohr fungierte (**Abb. 46**). In Wirklichkeit aber war das alles ein kompliziertes Versteckspiel in der Art, wie es die Adepten in jener Zeit spielten – und wohl auch spielen mussten, um sich vor Verfolgung oder der Zudringlichkeit von Fürsten zu schützen. Hinter dem Versteckspiel stand ein Arzt und Alchemiker namens Franz Gassmann, der sich 1677 in Wien eine neue Identität gegeben hat und sich – wohl aufgrund alchemischer Erfolge am Hof – Friedrich Siegmund von Gastorff nennen durfte. Dieser Mann publizierte als „Pantaleon" und gab sich zugleich als dessen Freund „Pyrophilus" aus.¹⁹

III. Pantaleons Kritik

Der Entwurf für einen Brief an Pantaleon, den Friedrich gleich anfangs 1679 verfasst hatte und von Waitz durchsehen und kommentieren ließ, führt uns zu einigen der entscheidenden Punkte, die strittig waren, denn er bezieht sich sofort auf die Kritik, die Pantaleon an den Theorien des Philalethes geäußert hatte (**Abb. 47**). An ihr waren die Gothaer interessiert, weil sie offenbar mit ihren bisherigen Versuchen anhand des Textes nicht weitergekommen waren. So bezieht sich Friedrich in einem Schreiben auf einen Traktat Pantaleons, auf den *Tumulus Hermetis*.²⁰ Dort heißt es in der Überschrift auf S. 27:

---

15 Jacobi Waitzens, Phil. & Med. Doctoris […] Consulis Gothani Bedencken Über die Wahre Alchymiam Oder die Universalität des trocknen und feuchten Weges, wie auch derer daraus zu hoffenden Particularien Wie solches zu mehrern Nachforschen, allen […] aus einigen dißfals Gewechselten Brieffen Zusammen getragen worden, Gotha 1696, 144 S. Enthält auch: Philalethae des unvergleichlichen Adepti und treuen Verfassers Schrifften, Gotha 1696.
16 Waitz an Friedrich, 14.1.1679. StA Gotha, Geheimes Archiv, E XI Nr. 72, fol. 28.
17 Pantaleonis Alchimistische Tractätlein: […] III. Metallisches Zweyblatt, vom Stein der alten Weisen, Nürnberg 1677; spätere Ausgabe: Pantaleonis Bifolium Metallicum: das ist: Metallisches Zweyblatt, oder Zweyfacher Artzney für mangelhaffte Metallen und Menschen.

18 Tagebuch (wie Anm. 11), II, S. 58. 18.2.1679: „Nachmittags an den Philosophum Pantaleon geschrieben." Es ist nicht ganz klar, ob der Brief nur von Friedrich oder aber mit Hilfe von Waitz verfasst wurde. Es gibt den Entwurf, der offenbar von der Hand Friedrichs ist, aber Marginalien am Rand hat, die wohl von Waitz stammen. Vgl. auch StA Gotha, Geheimes Archiv, E XI, Nr. 72, fol. 87r–v: Positives Gutachten von Waitz über Pantaleon. Vgl. für diese frühe Phase auch E XI Nr. 69, fol. 2–18: „Unterschiedliche Questiones darüber Eine Mehrere erleuterung erfordert wirdt. So bey der Mercurification zu beachten seyn. (Einträge vom 6.10.1681 und 25.9.1679). Von der Hand Friedrichs mit Glossen von anderer Hand (wohl von Waitz).
19 Ich werde an anderer Stelle ausführlich über meine Identifikation Gassmann = Gastorff berichten.
20 StA Gotha Geheimes Archiv, E XI Nr. 72, fol. 87r–v.

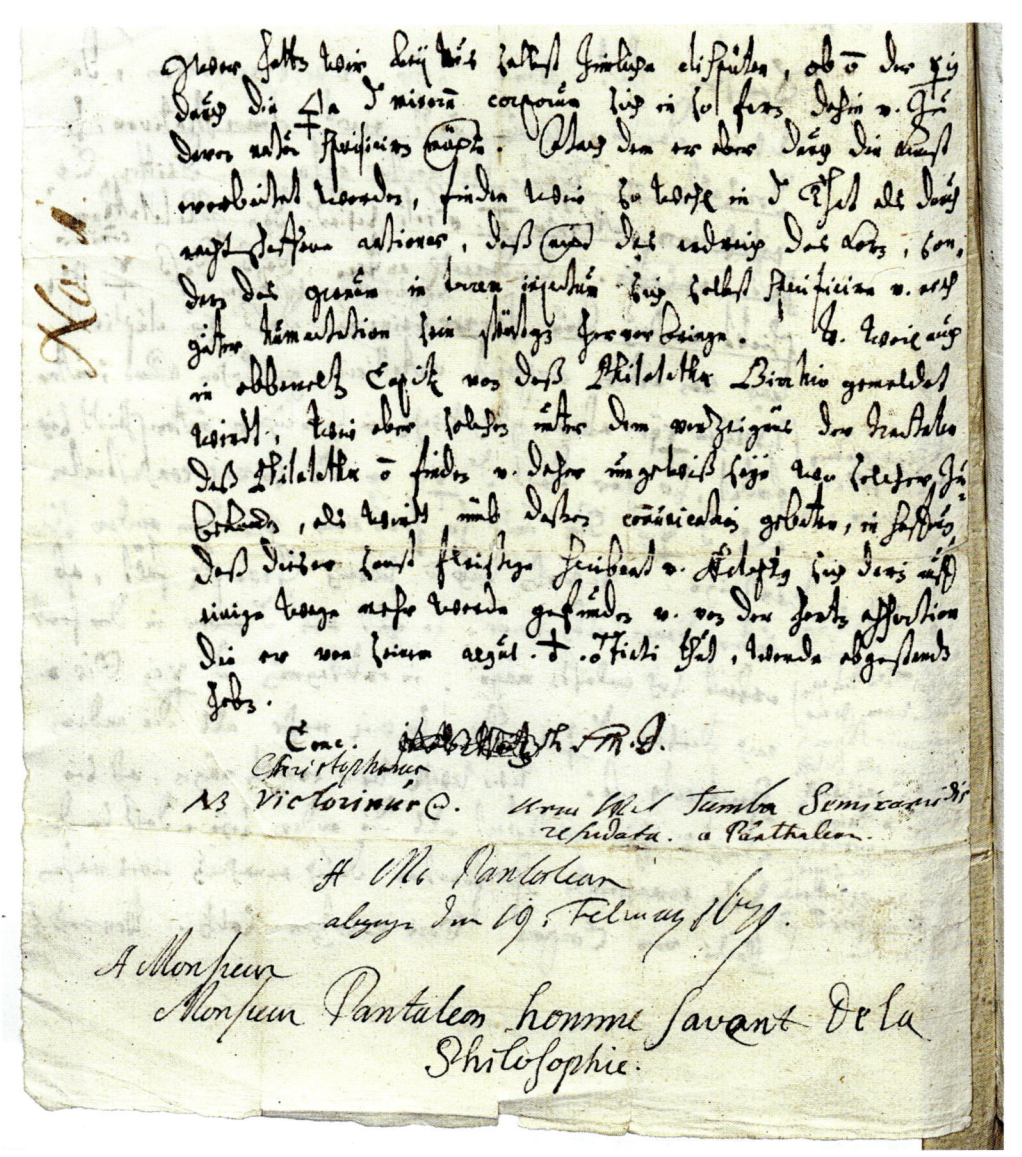

Abb. 47: Briefentwurf von Friedrich und Waitz an Pantaleon. StA Gotha, Geheimes Archiv, E XI Nr. 72, fol. 87v

„*Gegen* die Hypothese des Philalethes".[21] Pantaleon kritisierte an Sendivogius und Philalethes, dass sie behaupteten, sophischer *Mercurius* könne auf keine andere Weise hergestellt werden als durch Amalgamierung mit dem „Regulus Martialis stellati", dem Signatstern aus Antimon. Er bestritt, dass nur Eisen das Antimon reduzieren und somit den Spießglanzkönig erzeugen könne.[22] Die „handgreifflichen" Beweise, von denen er spricht, sind Ergebnisse aus der Laborpraxis, in der er festgestellt hatte, dass normales Quecksilber auch mit vielen anderen Metallen amalgamieren kann und insofern „gereinigt" wird. „Erstlich ist falsch, daß des Eisens Quecksilber mit dem Quecksilber des Spießglasses in Regulo vermischet werde […]."[23] Pantaleon meint nicht die zwei Arten der Substanz Quecksilber, sondern im Sinne der *Mer-*

---

21 Tumulus Hermetis apertus […] ab Anonymo Pantalone Sophiae Hermeticae Adepto, Nürnberg 1676.
22 Ich zitiere hier die deutsche Fassung des Tumulus: Das eröffnete Hermetische Grab, in: Pantaleon: Alchemistische Tractätlein, Nürnberg 1677, S. 30.
23 Ebd.

curius-Sulphur-Theorie das Flüssige, Plastische eines Metalls, den „Körper" im Gegensatz zur energiehaften „Seele". Diese beiden „Körper" von Eisen und Antimon, sagt er, können sich nicht vermischen.[24]

Die gesternte Form des *Regulus* trat eben keineswegs immer zutage, und es war umstritten, wie man sie am besten erreichen konnte. Hier kam Pantaleons Spezialität zum Tragen, nämlich die Zugabe von bestimmten Salzen, von „Salien". Schon Waitz hatte ja bei seiner ersten Erwähnung Pantaleons vom „[Gold] machens Saltz" gesprochen, der Zugabe von Salzen als Abkürzung im Prozess der Goldherstellung. Salze setzen den Schmelzpunkt der Schlacke herab, was nach Pantaleon nötig ist, damit der Signatstern auch wirklich gelingt.

> „Ist deswegen die rechte Ursache der Reinigung des Quecksilbers, welche durch die Amalgamation des Reguli geschicht, nicht dasselbe Sonnenfeuer, so gar nicht in seinem doppelten Quecksilber stecket, sondern die Menge des Arsenicalischen Schwefels im Könige selbst, welche, durch die Kunst der Tauben, von seinen Banden los gemachet wird, und durch eine natürliche Nothwendigkeit seines gleichen im gemeinen Quecksilber ergreiffet, mit Hinterlassung inzwischen des dritten."[25]

Durch die Silberbeimischung – die „Kunst der Tauben" – erst wird, so Pantaleon, der „arsenicalische Schwefel" im *Regulus* freigesetzt, so dass dieses sulphurische Element sich mit dem Sulphurischen des Quecksilbers verbindet; eine ganz andere Erklärung als die des Philalethes, die über das angebliche „Sonnenfeuer" im Quecksilberamalgam funktioniert. Um Pantaleons Worte aber genau zu verstehen, wird es nötig sein, auch hier seine Laborvorschriften experimentell nachzuvollziehen und seine Erfahrungen zu wiederholen. Erst dann lässt sich ein präzises Bild seiner Kritik an Philalethes gewinnen.

Friedrich geht in seinem mit Waitz verfassten Gutachten jedenfalls auf die unterschiedlichen „Quecksilberarten", also das spezifisch Metallisch-Plastische, ein und beschreibt seine Beobachtungen von verschiedenen Metallen:

> „unter welchen ☿iis [Mercuriis, d. h. Quecksilbern] aber gleichwohl ein zimlicher Unterschiedt sich findet, so gar daß d*er* ☿ius ex ☉e [ex Sole, d. h. aus Gold] so viel consistenter als d*er* ☿io ☽ae [Lunae, d. h. des Silbers] undt so fort einer vor dem andern sich erzeige. Worbeij auch *nicht* wenig Zweiffel fält, ob unter denenselben einer so gut als d*er* ander in der fort Arbeit sich anlaßen möge."

Friedrich hat bei Betrachtung der flüssigen Metalle oder ihrer Quecksilberamalgame gesehen, dass die Mischung von flüssigem Gold und Quecksilber einheitlicher ist als die von flüssigem Silber.

> „In Erwegung d*es* ☿ii ☉is u*nd* nach diesen d*es* ☿ii ☽ae so viel mehr als die anderen Specificatis ist. Wie wohl wir erachten mögen, ob sie gleich *nicht* so consistent als die anderen seyn, daß sie doch diese ermangelnte Specification durch aurificatio [?] eines mehren Theils vom Corpore ☉is ersetzen solten."

Und Friedrich verweist auf Diskussionen, die er mit Waitz gehabt hatte über die Funktion des Sulphurischen in den kleinsten Partikeln, die dann das Quecksilber dazu bringen, sich zu „specificiren", also zu einer bestimmten Metallamalgamierung zu bewegen:

> „Vormahls zwar hatten wir beij uns selbst zimliche disputen, ob *nicht* der ☿ius durch die 🜍a [Sulphura, d. h. die „schwefeligen" im Sinne von feurigen Anteile, Anm. M. Mulsow] der minorum corporum sich in so fernen dahin u*nd* zu deren Natur specificiren möchte. Nach dem er aber durch die Kunst verarbeitet worden, finden wir so wohl in d*er* That als durch rechtschaffene rationes, daß nicht das Erdreich das Korn, sondern das granum in terram insertum [das in die Erde gepflanzte Körnchen] sich selbst specificire u*nd* nach guter combustation sein Ständgen hervorbringe."[26]

---

24 Ebd., S. 32; Tumulus (wie Anm. 22), S. 23 f.
25 Das eröffnete Hermetische Grab (wie Anm. 22), S. 33; Tumulus (wie Anm. 22), S. 25.

26 StA Gotha, Geheimes Archiv, E XI Nr. 72, fol. 87r – v

Letztlich liegt dieser Diskussion zwischen Friedrich, Waitz und Pantaleon ein Spekulieren über die Grundlagen der Chemie zugrunde: Was ermöglicht und befördert bestimmte Amalgamierungen? Die Umgebung? Oder so etwas wie ein „Samen" – ein van Helmontsches Konzept –, der sich selbst entwickelt?[27] Pantaleon rühmte sich, eine besondere Art der Herstellung des *Mercurius sophicus* gefunden zu haben.[28] Er geht dabei von mehreren Prinzipien aus. Zum einen betont er mit van Helmont, dass „jedweder lebendiger Leib die Krafft sich zu vermehren, zum Geschenck der Schöpffung von dem höchsten Werckmeister aller Dinge, bekommen habe."[29] Die fermentierende Kraft ist ein Grundfaktor der Natur. Zum anderen ist ein Grundprinzip für ihn, dass alles aus dem besteht, in das es auch wieder aufgelöst wird. Quecksilber soll demnach gereinigt werden, so dass – im Sinne von Geber – eine weiße Tinktur daraus entsteht.[30]

Gastorff hat – in der Persona des Pyrophilus, der für seinen Freund Pantaleon spricht – in seiner Antwort auf die erste Kontaktaufnahme Friedrichs, in die Waitzens Korrekturen eingearbeitet worden waren, auf die angesprochenen Punkte Bezug genommen.

„Betreffend nun die Fragen, so Ihro Durchl*aucht* an Pantaleonem gethan, so antworte an deßen statt, ex lumine quidem Pantaleonis, mit dießen wenigen undt so viel sich thun läßt; daß nemblich der ☿ius ☉lis ex ☽a ad tincturam gantz nichts nutz iß auß Ursachen daß Ihme durch die Salia undt andere Zusätze das agens solutionis genomen und kein Hermaphrodit mehr, sondern ein weiblich wesen worden, es wehre dann Sache, daß er des Goldes farbe noch behalten, welches Zuthun sehr schwehr fallen wirdt."

Friedrich hatte ja den „Mercurius des Goldes" wegen seiner Konsistenz besonders hervorgehoben, doch Pantaleon/Gastorff desillusioniert ihn: Der aus Silberbeimengung gewonnene Gold-Mercurius eigne sich nicht als Tinktur (also als Mittel zur Umwandlung von Metallen in Gold), denn durch die Salzzusätze werde der Umstand, dass das Quecksilber-Gold-Amalgam sonst die Gegensätze vereinige (metallisch und nichtmetallisch), verhindert, seine „männliche" Kraft, Form zu geben, werde eliminiert, und es bleibt nur die „weibliche" Eigenschaft, die nach der *Mercurius-Sulphur*-Theorie der passiven Materie zukommt.[31] So einfach sei das Goldmachen denn doch nicht:

„Wenn der ☿ius ☉lis ex ☽a könte absq*ue* ☿io Sophico gemacht werden daß er zur tinctur <werde>, so hetten die Philosophi [d.h. die Alchemiker] nicht durch unglaubliche muhe und arbeit daß goldt allererst cum ☿io in ☿ium zu resolviren gesucht; denn die Putrefaction in opere primo ist nichts anders, alß resultion solis in ☿ium."[32]

In der alchemischen Tradition markiert der Vorgang der „Fäulnis" oder „Reinigung" (*Putrefactio*) eine Stufe auf dem Weg zum Stein der Weisen, auf die dann später die Koagulation und die Fixation aufbauen konnten.[33] Pantaleon interpretiert diese Stufe hier als Lösung des Goldes in „Quecksilber", also das Flüssig-Metallische, durch Quecksilber. Ohne solche komplizierte Prozedur ließe sich gar nicht vom Goldmachen reden; eine einfache Silberamalgamierung sei da kein Mittel.

IV. Das Treffen

Der Gothaer Herzog war neugierig gemacht. Hatte Pantaleon wirklich die Idee zum richtigen Weg? Das Selbstbewusstsein und die Sicherheit, mit der er über die alchemische Tradition sprach, über Sendivogius und Geber, van Helmont und Arnaldus de Vil-

---

27 Vgl. Hirai 2005.
28 Das eröffnete Hermetische Grab (wie Anm. 22), S. 35 ff. und 48 ff.; Tumulus (wie Anm. 22), S. 28 ff. und 40 ff.
29 Das eröffnete Hermetische Grab (wie Anm. 22), S. 37; Tumulus (wie Anm. 22), S. 30.
30 Das eröffnete Hermetische Grab (wie Anm. 22), S. 43; Tumulus (wie Anm. 22), S. 35.
31 Figala 1998d.
32 Pyrophilus an Friedrich. StA Gotha, Geheimes Archiv, E XI Nr. 72, fol. 88r–v.
33 Vgl. Figala 1998c.

lanova, Lullus und Philalethes, war beeindruckend. Friedrich vereinbarte mit Gastorff, dass dieser auf sein Territorium komme und ihm näheres mündlich erläutere und vorführe. So reiste Gastorff aus Wien an und traf sich mit Friedrich in Altenburg, dessen Zweitresidenz, in der er sich damals gerade aufhielt. Am 5. September 1679 heißt es in Friedrichs Tagebuch: „Umb 6 Uhr kam der sogenannte Pyrophilus zu mir, bis 8 Uhr beysamen gewesen."[34] Man redete über Alchemie, oder wie Friedrich es ausdrückte: „Und denn philosophische Dinge abgehandelt." Um 2 Uhr nachmittags war Friedrich in der Lage, Gastorff nochmals zu sprechen, der diesmal ganze vier Stunden bleiben durfte. So ging es die folgenden Tage weiter. Am 8. September: „Nachmittags der Baron bey mir gewesen. Und viel vertrauliches geredet. NB. NB. [Notabene] Philosophica." 9. September: „Hernach an den NBo Philaletha geschrieben. Und des Pirophili Guthen freündt Einige Punctation geschicket". Die „Punctation" war der Vorvertrag, der geschlossen werden sollte. Ein Vorvertrag war nötig, weil es hier um ziemlich viel Geld ging, und Friedrich war nicht willens, das Geld einfach en bloc zu überweisen.

Bemerkenswert ist der Umstand, dass es im Nachlass Friedrichs zwei gefaltete Papierumschläge gibt, die zusammen auf „den 9. September 1679, Altenburg" datiert sind. Sie stammen zweifellos von diesem Treffen.[35] Auf ihnen steht die Aufschrift „4 Gran Tinctur, welche nach der hier beigefügten Attestation sollen im fluß tingiren 80 Loth, nemlich jedes gran zu 20 Loth gerechnet", und sie enthalten jeweils Reste einer alchemischen Substanz. Diese Substanzen können nach der chemischen Analyse von Rainer Werthmann tatsächlich geschmolzenem Silber eine goldähnliche Farbe geben.[36] Hat die Tinktur mit dem mit Salzbeimengung gewonnenen *Mercurius sophicus* zu tun, von dem so viel die Rede war?

Das Pulver, so können wir schließen, stammt von Gastorff, der es an dem Tag, an dem Friedrich in den Vorvertrag einwilligte, offenbar dem Herzog gezeigt und gegeben hatte. Mit dieser Demonstration hat Gastorff Friedrich endgültig dazu bewogen, sich auf den Handel mit dem Wiener Alchemiker einzulassen. Handelt es sich um dasselbe Pulver, das er zuvor auch dem Kaiser in Wien gezeigt hatte? Und mit dem es ihm gelungen war, am Hof zumindest so weit zu reüssieren, dass er den Namenswechsel vornehmen und sich den Titel eines Barons zulegen konnte? Wenn dem so ist, dann hätten wir hier einen der wenigen Fälle vor uns, bei dem die genaue chemische Zusammensetzung der Tinktur rekonstruiert werden kann. Eine wichtige Frage ist dabei: war die Tinktur nur „Show", nur ein Lockmittel für potentielle Auftraggeber, und etwas ganz anderes als Gastorffs Überlegungen zum sophischen *Mercurius* – oder war sie ein Resultat dieser Theorie? War auch das „Magnetisieren" des Quecksilbers, das sich dann zum Gold hin orientierte, Teil von Gastorffs „Show"-Programm?[37]

V. Probleme der Praxis: Wie heiß soll das Feuer sein?

Waitz und Friedrich jedenfalls waren von Gastorffs Vorführungen beeindruckt. Sie ließen sich darauf ein, in den kommenden Jahren dessen Anweisungen zu folgen. Schon bald, nachdem Gastorff abgereist war, gingen regelmäßige Geldzahlungen auf dessen Konten und auf der anderen Seite empfingen die Gothaer aus Wien regelmäßig Hinweise, was sie zu tun hatten, um die Transmutation in Gold vorzunehmen. Man sieht an der Korrespondenz, wie schwierig

---

34 Jacobsen/Brandsch 1998–2003, Bd. 2, S. 84.
35 StA Gotha, Geheimes Archiv, E XII Nr. 79a. Roswitha Jacobsen hingegen vermutet, sie enthielten eine „bereits 1676 von Lambeck erbetene Chemikalie […], für deren Erprobung Friedrich, wie er Lambeck am 17.10.1678 auf dessen Anfrage vom 13.10.1678 st. N. (ÖNB Cod. 9716, Bl. 241) mitteilte, noch keine Zeit gehabt hätte. Sie scheint sich später zu Lambecks Verwunderung (so Waitz an Friedrich am 14.1.1679) als nicht oder nur gering wirksam erwiesen zu haben […]." Jacobsen/

Brandsch 1998–2003, Bd. 3, S. 410. Vgl. auch Jacobsens Erläuterungen auf S. 332 zum Tagebucheintrag vom 28.6.1676.
36 Eine Publikation von Rainer Werthmann über die Zusammensetzung der beiden „Tinkturen" und ihre chemischen Implikationen ist in Vorbereitung.
37 Als besonderer Effekt wird Pantaleons *sophischem Mercurius* nämlich nachgesagt, dass er „magnetisiert" war: Schmieder 1832, S. 442.

eine solche Fernkommunikation war. Es gab weder standardisierte „reine" chemische Stoffe wie heute, noch standardisierte Gefäße und Apparaturen für die Experimente – maßgeblich war stattdessen, aus welchen Abbaugebieten die Stoffe stammten, also welche Beimischungen sie hatten. Es gab keine Temperaturskalen und Messinstrumente. Und auch eine Grundvoraussetzung der langen Prozesse, nämlich regelmäßige, gleichbleibende Erwärmung über Monate hinweg, war nur schwer zu gewährleisten. Das war die Kunst des Laboranten.[38]

So kann es nicht verwundern, dass in Gotha immer wieder Gläser zersprangen und Prozesse abgebrochen werden mussten. Es folgten verärgerte Briefe nach Wien und Antworten von dort, in denen andere Gläser oder andere Prozessbedingungen vorgeschlagen wurden.[39] Die Herstellung des sophischen *Mercurius*, ob nun direkt nach Philalethes oder modifiziert nach Pantaleon, war eine Sache von sechs oder neun Monaten. Das gab Gastorff zunächst Zeit: Er konnte die an ihn überwiesenen Gelder, die sich schließlich auf 60.000 Taler summierten – das entspricht 120 Jahresgehältern eines hohen Hofbeamten, also auf heutige Verhältnisse umgerechnet über 10 Millionen Euro – einstreichen, ohne dass Misserfolge allzu schnell seinen Auftraggeber davon abhalten konnten.[40] Dennoch: Als die Prozesse immer neu und immer wieder anders angesetzt werden mussten, ohne dass man dem Goldmachen näher kam, wurde man in Gotha zunehmend ungeduldig.[41]

Zum künftigen Verständnis der Alchemie in Gotha wird es wichtig sein zu sehen, wie Gastorff/Pantaleon aus heutiger Distanz einzuschätzen ist. Hat er die Tinktur – wie schon angedeutet – nur benutzt, um den Auftrag zu bekommen, wohl wissend, dass er selbst kein wirkliches Rezept zum Goldmachen in Händen hatte? War er also trotz all seiner theoretischen Belesenheit und Laborerfahrung letztlich ein Scharlatan? Oder war er ein wirklicher Experte nach den Standards seiner Zeit, der fest daran glaubte, der Lösung nahe zu sein, aber spezifische Details und widrige Umstände dafür verantwortlich machte, dass die Transmutation in Gotha nicht gelang?[42]

Am 16. März 1680 jedenfalls begannen, nach etlichen zwischen Wien und Gotha hin- und hergehenden Briefen, die „Prozesse" nach den Anweisungen des Barons. Im normalen Tagebuch Friedrichs liest man lediglich: „Nachmittags Couriosa vorgehabt, N[ota]B[ene] Die Viol gefüllet."[43] Doch Friedrich begann an diesem Tag ein spezielles „Diarium chymicum" (**Abb. 48**), das er die nächsten drei Monate, solange der Prozess dauerte, führen sollte. Hier konnte man nun lesen:

„Den 16. Martii 1680 habe ich vormittags den ofen gantz zustande gebracht [am Vortag hatte er die Bestandteile dazu besorgt], nachmittags feuer ein machen, die bereitete Materia ad humidum via*m* in die Viol gethan, 3 maaß Regen Waßer daraufgegoßen und frisches Balneum gesetzet."

Friedrich hat also ein Wasserbad angerichtet, als Anfang des Experiments nach der sogenannten *Via humida* – ganz wie der Kontrakt mit Pantaleon es vorsah.[44] Er fährt fort: „es hat aber der ofen seinen effect nicht thun wollen, bis gegen abendt ich das untere […] Loch aufgestoßen. Da denn der ofen ziemlich gezogen. Solches habe ich die gantz nacht durch in solchem laßen."[45] Friedrich hatte den Ofen in sei-

---

38 Für die Beschreibung der praktischen Bedingungen ist instruktiv Weyer 1992.
39 Die Probleme werden in den Antwortbriefen Gastorffs an Friedrich deutlich, z.B. im Brief vom 28.2.1682. StA Gotha, Geheimes Archiv, E XI Nr. 72, 143r und v.
40 Vgl. die von Waitz 1696 vorgenommene rückwirkende Auflistung der Ausgaben in: StA Gotha, Geheimes Archiv, E XI Nr. 71: Specificatio über den zwischen Herrn Hertzog Friedrichs Höchstseeligsten Angedenkens, Hoch fürstl. Durchl. Und dem Freyherrn H. Friedrich Sigmund von Gastorff, geschloßenen Contract wegen communication des Magisterij Tincturae universalis in via humida, und durch den von Gastorff nach und nach von sich gestelten Quittungen.
41 Der Trumpf, den Gastorff bei Unmut Friedrichs immer wieder auszuspielen drohte – und mit der er ihn sozusagen erpresste – war, seine Tinktur einem anderen Fürsten zur Verfügung zu stellen. Vgl. etwa den Brief Gastorffs an Friedrich vom 18.3.1680. StA Gotha, Geheimes Archiv, E XI Nr. 72, 111r.
42 Nummedal hat herausgestellt, wie schwer solche Fragen nach Autorität oder Scharlatanerie – auch für die Zeitgenossen – zu beantworten waren: Nummedal 2007.
43 Jacobsen/Brandsch 1998–2003, Bd. 2, S. 109.
44 Ebd.
45 StA Gotha, Geheimes Archiv, E XI Nr. 74, unpaginiert.

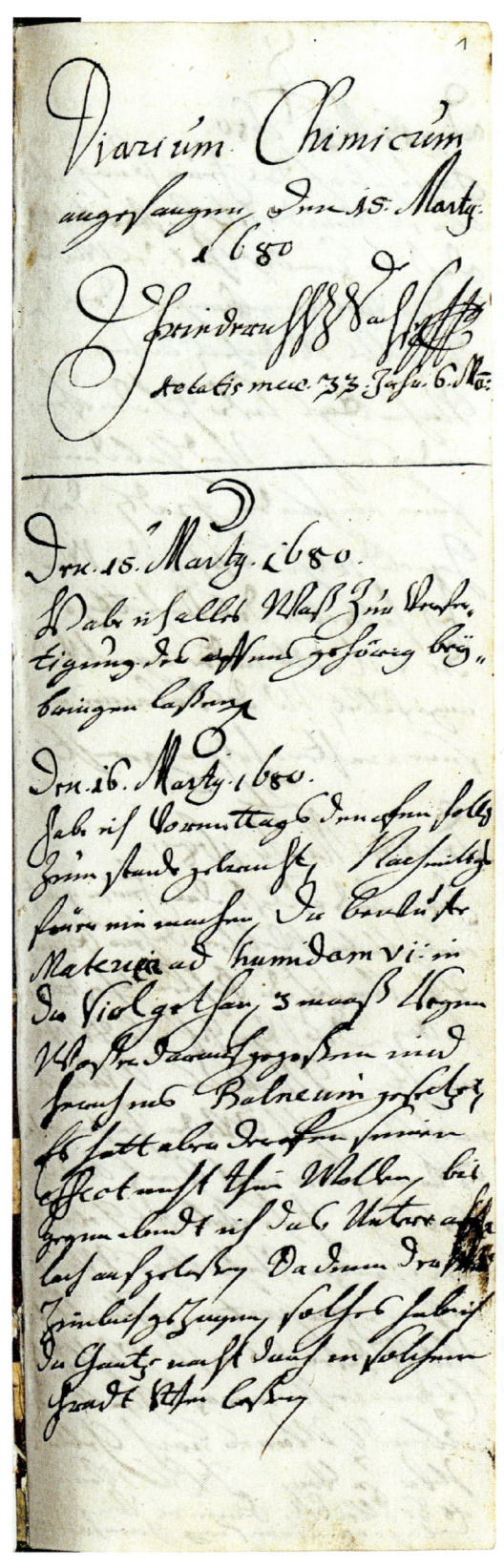

nem Schlafzimmer stehen, neben dem Alkoven, in dem sich sein Bett befand. Das war zwar nicht ungefährlich, ermöglichte ihm aber, auch nachts noch den Ofen zu kontrollieren und einzugreifen, falls etwas nicht funktionierte.

Als der Juni kam, war der Prozess zwar weit fortgeschritten, hatte aber keine Ergebnisse erbracht. Es ist instruktiv zu sehen, wie man in Gotha auf die Misserfolge, die sich auch in den folgenden Jahren einstellten, reagierte. Man besann sich wieder auf die ursprünglichen Anweisungen von Philalethes und kombinierte die Laborerfahrung mit der genauen Exegese von dessen Büchern – fast wie bei einer Bibelinterpretation. Waitz und Friedrich hatten sich Zeilennummern neben die Zeilen ihrer Philalethes-Ausgaben geschrieben, so dass sie über genaueste Stellenangaben kommunizieren konnten. Man lese nur das Konzept eines Briefes von Friedrich an Gastorff vom 8. November 1682, in dem sich die Ungeduld mit dem Wiener Experten deutlich ausspricht. Man fragte diesen ultimativ: „1. Worinnen der Unterschiedt des Gemein und Philosophischen ☉ bestehen", was also das Spezifische am alchemisch hergestellten Gold sei. „2. Zugleich von der Zeit und Tath[?] darinnen iede arbeit geendet und 3. das differente △ [= Feuer] womitt jedes absonderlich gearbeitet wirdt, vom 18. Capittel an bis zu Ende des Philalethischen tractats genauer und iedes in seinen Ordnung zu entwerffen."[46] Friedrich fordert Pantaleon auf, Dauer und Grad der Erhitzung bei den Prozessen, die von Philalethes in den genannten Kapiteln des *Introitus* beschrieben werden, genau anzugeben, damit angebliche Missverständnisse über diese äußeren Bedingungen nicht wieder als Ausrede für den Wiener dienen konnten. „Meine Dubia so Ich im gantzen Werke habe bestehen in nachstehend Puncten, welche er mir durch krafftige gegen Andwortt <klären helfen> wolte." Und nun folgt ein auf die Zeile genauer Hinweis auf die von Philalethes angewiesenen Tage und Monate, die sich von denen, die Pantaleon erwähnt hatte, unterschieden, und ebenso eine genau benannte Auflistung von Stellen,

Abb. 48: Friedrich I.: Diarium chymicum. StA Gotha, GA, E XI, Nr. 74

46 Friedrich an Gastorff, 8.11.1682. StA Gotha, Geheimes Archiv, E XI Nr. 69, fol. 26ff.

an denen Philalethes lediglich gelindes Feuer empfiehlt, Pantaleon aber zu stärkerem geraten hatte; immerhin waren ja wegen des starken Feuers etliche Gläser zu Bruch gegangen.⁴⁷ Als letzten Punkt nennt Friedrich dabei eine Beobachtung, die er während eines Prozesses gemacht hatte, der von Ende August bis zum November 1682 durchgeführt worden war. Wieder hatten Waitz und Friedrich ganze Nächte durchwacht, um den Ofen bei der richtigen Temperatur zu halten und jede Veränderung des Inhalts der Glaskolben zu beobachten und zu notieren. Aber es war etwas anderes entstanden als erwartet:

> „4. Macht mich meine itzige Arbeit gantz Irre, wenn ich sie so wohl gegen des *Herren* letzten Schreiben als anderer Philosophorum [d.h.: Alchemiker] Meinung halte, zu dem ich nun in den 6sten Tag von der ersten Operation gerechnet (id est da der ☿ hatte angefangen auf und ab zu steigen und die Materia wie Waßer gewesen, dann die Conjunction den 4. September geschehn und die erste Ab und Aufsteigung, den 10. September erfolget) Continuierliches ☿ial tropffen bis auf den heuthigen Tag auf und absteigendt gesehen."

Was war geschehen? Im Prozesstagebuch, das Friedrich angelegt und diesmal „Diarium philosophicum" genannt hatte, lässt sich die Beschreibung des Vorgangs nachlesen. „Den 1. Septembris ♀ [= Freitag] früh 6 Uhr die Coniunctio maris et foeminae an 1½ Untzen glücklich vermitteß Verschließung des Glases geschehen."⁴⁸ Die „Coniunctio" von Männlichem und Weiblichen war ein wichtiger Zwischenschritt in der Verfertigung des *Opus magnum*.⁴⁹ Friedrich musste dann aber sein Labor verlassen, weil man in der Kirche auf ihn wartete. Sein normales Tagebuch verrät:

> „Den 1. Septembris 1682 ♀ Fruhe vor der Predigt kam H. Seckendorff wieder zu Mir und brachte allerhand <Neue> Sachen wegen H. Johan Georgens zu Eyse-

nach an. Und war der Monatliche bußtag gehalten. Nach der Predigt welche erst Umb 10 Uhr auß war habe ich meine brieffe So auf der bost komen waren gelesen, hernach Etzliche Cameralia expediret."⁵⁰

Leicht hatte es ein alchemisch experimentierender Herzog nicht. Nachdem er frühmorgens mit großer Begeisterung die *Coniunctio* beobachtet hatte, musste er erst Beratungen mit seinem ehemaligen Kanzler über sich ergehen lassen, dann die Bußpredigt und schließlich seine Postgeschäfte, ehe er wieder zum Ofen eilen konnte. „Darauff nach der Predigt", fährt das Prozesstagebuch fort, „die freisetzung und fortmachung in dem ofen halbe acht und also bis 4. Sept. ☽ [Montag] trucken laßen. Alßdann Ist diesen Tag im Nahmen Gottes, die aufwärmung, heute morgen 5 Uhr angefangen worden" (**Abb. 49**). Und tatsächlich, sechs Tage später kam es zu einem aufregenden Ereignis in der Phiole: es „kochte die Materia Im bauche und warff solche große" – und hier malt der Herzog einen ein Zentimeter großen Kreis ins Tagebuch – „blasen auff heisses siedendt Wasser, auch so starck daß man es hören konnte."⁵¹ Das war der Punkt in dem Prozess, an dem das Quecksilber anfing, kontinuierlich „ab- und aufzusteigen", also den Kolben hochzuklettern und dann wieder niederzusinken. Und das geschah auch die nächsten Tage und Wochen, zur Irritation des Herzogs. „Uund zwar in großer Menge", erläutert er gegenüber Pantaleon, „undt zimlicher große (außer nun 14 Tage her nicht in solcher Menge sonsten gewesen) und darbeij hatt der Bauch des Glaßes eine gantz dunkell rothe, und der Halsße nun in die 53 Tage her ein hohe ZinoberRothe Farbe so doch gantz hell und durchsichtig (welche aber bald gefallen, bald gestiegen und also nicht continuirlich geblieben) gehabt."⁵² Rot war grundsätzlich für Alchemiker eine Farbe, der sie mit großen Erwartungen entgegensahen, denn der Stein der Weisen galt als rot, schon deshalb, weil Gold ja eine ins Gelb-Rötliche gehende Farbe besaß,

---

47 Ebd.
48 Diarium philosophicum. StA Gotha, Geheimes Archiv, E XI Nr. 75, unpaginiert.
49 Vgl. nochmals Figala 1998c. Für bildliche Darstellungen: Völlnagel 2012.

50 Jacobsen/Brandsch 1998–2003, Bd. 2, S. 223.
51 Diarium philosophicum. StA Gotha, Geheimes Archiv, E XI Nr. 75, unpaginiert.
52 Friedrich an Gastorff, 8.11.1682. StA Gotha, Geheimes Archiv, E XI Nr. 69, fol. 26 ff.

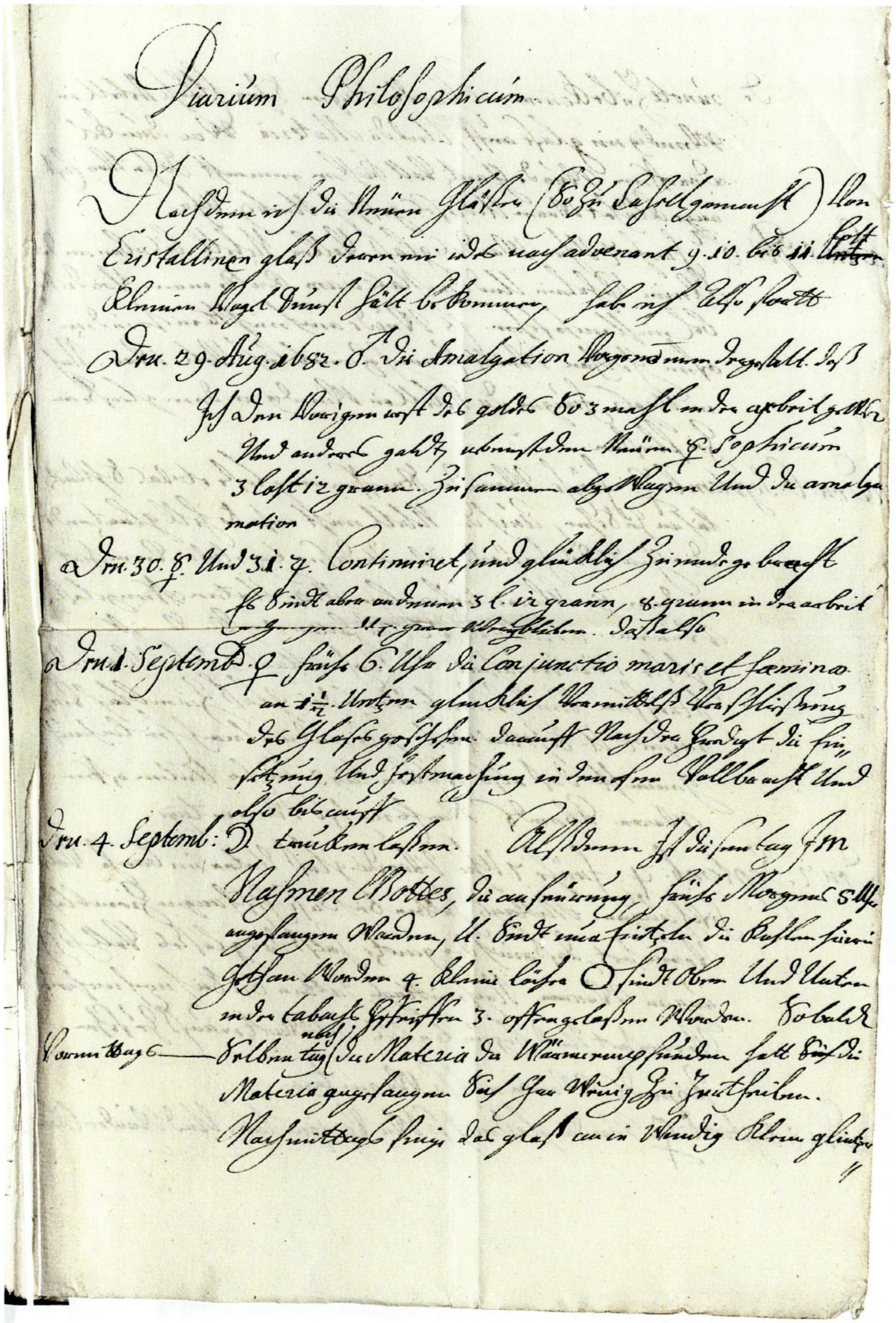

Abb. 49: Friedrich I.: Diarium Philosophicum. StA Gotha, Geheimes Archiv, E XI Nr. 75

der Stein der Weisen aber als dessen Steigerung angesehen wurde.⁵³ Andererseits konnte das Rot auch auf ein Zuviel an Hitze hindeuten – und damit auf ein Misslingen des Prozesses. Und vor allem: Was Friedrich gesehen hatte, war kein Resultat, das von der Literatur beschrieben wurde: „Dahingegen kaum einige Philosophis von einer Röthe Meldung gethan. Ja e contraire vermeldet daß, wenn ein Röthe erscheint die Sache verdorben und verbrannt werde, und also kein Leben mehr zu lassen, wie Herr auch in seinen letzern Schreiben so meldet."⁵⁴ Mit anderen Worten: Folgte man der Fachliteratur, war Friedrichs Prozess gescheitert. Ein weiteres Mal. Pantaleon aber hatte Friedrich brieflich hingehalten und ihm versichert, der Prozess werde sich noch weiter entfalten. Das machte den Herzog misstrauisch.

> „Nun aber kann ich nicht begreiffen, daß ein totes und verdorbenes Werk (Wie der Herr von meiner bisherigen Arbeit iudiciret) einige Operation thun kann, wie gleich wohl in meinen besherigen Laboro ein so geraume Zeit bis auf den heuttigen Tag geschehen, und die erforderliche continuirliche Auf und Absteigung des ☿ erfolget, und also verstehe daß Er nicht wackeln und noch Hoffnung zum guthen Ausgange habe. Alß muß ich schließen es müße noch etwas anders dahinter verborgen seijn so mir noch nicht recht erofnet und communiciret seij."⁵⁵

Entweder, so Friedrich, habe Pantaleon ihn angelogen und falsche Hoffnungen auf eine Fortsetzung des Prozesses gemacht oder aber er halte immer noch mit Wissen hinter dem Berg, das er Friedrich nicht verraten habe, trotz der hohen Summen, die der Herzog überwiesen hatte. Der Unmut stieg.

VI. Ein Erfolg: der philosophische Baum

Völlig ohne Erfolgserlebnisse waren Friedrich und Waitz allerdings auch nicht. Waitz' kleine Schrift *Aquilae Thuringiae redivivae. Kurtzer Entwurff vom feuchten und trocknen Weg / Wie auch dem Alcahesto* von 1683 zeigt, dass er – und Friedrich – ihre Experimente auf einer richtig entschlüsselnden Lektüre von Philalethes und auf dessen Modifikation durch Pantaleon aufgebaut haben. Der „feuchte Weg", den wir zu Beginn von Friedrichs Prozess von 1680 schon kennengelernt haben, war diejenige Prozedur zur Gewinnung des sophischen *Mercurius*, bei der Metalle in Königswasser gelöst wurden. Diesen Weg waren etwa Basilius Valentinus und (Pseudo-)Paracelsus gegangen, und Waitz schätzte ihn durchaus. Der „trockene Weg" (auch schon ein altes Konzept) hingegen versuchte, ohne feuchtes „Wasser" auszukommen und stattdessen nur „trockenes Wasser" oder Purifikationsprozesse über dem Feuer zu benutzen. Entsprechend schreibt Waitz:

> „Und da finden sich absonderlich in dem einen Weg" – nämlich im trockenen – „wunderliche Dinge: Bald fällt die Massa zusammen / bald wächset im Glaß ein Gewächs / bald siehet es wie Klippen / bald wie Aeste von Bäumen / bald ists weiß / bald gelbe / bald / gibt's Crystallen-helle Strieffen / anders nicht als ob die Tropffen aus den Augen die Backen herunter flössen. Endlich aber zerfleust alles reincrudando in Mercurium. Und dieses ist der waare Sophicus, welcher mit so vielen Namen genennet ist."⁵⁶

Das „Gewächs" im Glas ist eine baumartige Kristallisation, wie sie entstehen kann, wenn mit *sophischem Mercurius* „animiertes" Gold (oder Silber) über lange Zeit im „philosophischen Ei" erhitzt worden ist – freilich nur unter ganz bestimmten und komplizierten Bedingungen.⁵⁷ Es handelt sich um ein bäumchen-

---

53 Vgl. Werthmann 2011a.
54 Friedrich an Gastorff, 8.11.1682. StA Gotha, Geheimes Archiv, E XI Nr. 69, 26 ff.
55 Ebd.
56 [Jakob Friedrich Waitz:] Aquilae Thuringiae redivivae. Kurtzer Entwurff vom feuchten und trocknen Weg / Wie auch dem Alcahesto. Gestellet von P.S.P.R.V.I.V.C.D.M.P.S.N.N.G, sl. 1683, 1f. Die Schrift ist von Johann Lange 1684 und 1685 in Hamburg nachgedruckt worden.
57 Vgl. auch Principe 2013, S. 164–166.

artiges Gebilde aus dendritischen Kristallen des entsprechenden Metalls. Derartige Bäumchen waren im 17. und 18. Jahrhundert sehr beliebt, und es ist dazu eine Reihe von Versuchsvorschriften überliefert. Warum ein Metall sich gerade in dieser Form abscheidet und nicht etwa einfach als Pulver zu Boden fällt, hängt meist von mehreren Einflussgrößen ab, die genau eingehalten werden müssen. Man könnte denken, dass Waitz diese Beschreibung aus der Literatur abgeschrieben hat. Aber dem ist nicht so. Er hatte das „Gewächs" nach jahrelangen Versuchen am 4. Mai des Jahres 1683 im Labor tatsächlich erzeugen können. Er habe „heute eine philosophische haupt prob abgeleget", schreibt er stolz an seinen Fürsten.

> „Sintemaal da vorgestern das philosophische Gewächs als ein überhängendes klippichtes Gebirge nach dem kleinen Öfgen zu biß an den Hals angestiegen war, fing es daselbst am obersten Theil an zu schmeltzen, so daß ich in vierthelsstündiger Zeit beij 3 Tropfen mitten ins Glaas und den daselbst vorhandenen noch wenigen Mercurium stellen sehe; und nahm das überhängende Gebirg allmehlig ab. Heute als ichs beij früher Zeit wied besehe ist alles Gewächs und Gebirge weg, sogar das nicht ein Merckmaahl mehr darvon zu spüren ist der Mercurius im Bauch deß Glaases weiß und seiner Mänge, daß das Glaase mit Gott noch gut seij und ligt gantz flüßig wie Waßer beijsammen."

Waitz resümiert optimistisch: „Daß ich also darvor halte, es seij ob Gott will, die längst desiderirte solutio corporis hiermit vollenbracht und werde nun nechsts die Fixatio Spiritus erfolgen."[58] Der nächste Schritt im Prozess des *Opus magnum* konnte also angezielt werden.

Im Buch von 1683, das wohl als Reaktion auf den Erfolg geschrieben worden ist, ist Waitz zuversichtlich, dass es außer dem feuchten des Basilius dieser trockene Weg sei, den man einzuschlagen hat; „sucht man ausser diesen andere Sophicos, ist man gewiß mit aller seiner Hoffnung verlohren."[59] In den erhaltenen Prozessbüchern Friedrichs wird man diese Versuche im Detail nachvollziehen können, die offenbar erst erfolgreich waren, als sich Waitz von Pantaleons Anweisungen abgewendet hat und wieder stärker den Vorschriften des Philalethes, so wie er sie interpretierte, gefolgt ist.

VII. Der endgültige Bruch

Aber diese Experimente – die mit oder ohne Gastorffs Hinweisen ausgeführt wurden – blieben ein kurzer Lichtblick auf einem steinigen Pfad, der nicht an sein Ziel führte: die Umwandlung unedler Metalle in Gold. Nur wenige Monate später, im August 1683, kam es zum endgültigen Bruch. Waitz und Friedrich waren damals auf einer Reise nach Wien. Während der Herzog in Wien seinen politischen Geschäften nachging – und den militärischen, denn es war die Zeit der Türkenbelagerung[60] – fuhr Weitz nach Waidhofen an der Ybbs, wo eine Eisenwirtschaft angesiedelt war. Dort schrieb er an seinen *Aquilae Thuringiae redivivae* – dabei ebenso auf das Genre der *Monarchia Occidentalis*-Traktate anspielend wie auf die alchemische Zugabe von *aquilae*[61] – und gelangte zu einer eigenen Position. Er war inzwischen selbstbewusster in seinen alchemischen Vorstellungen geworden und er wagte es, Gastorff dem Herzog gegenüber unumwunden einen Betrüger zu nennen. Er rechnete Friedrich vor, wieviel Geld inzwischen in den Mann investiert worden war und sagte ihm unumwunden, dass er nicht glaube, dass die Experimente auf Pantaleons Spuren zu einem guten Ausgang führen würden. Das war riskant, denn da Friedrich bei aller Ungeduld immer noch in Gastorffs

---

58 Waitz an Friedrich. 4.5.1683. StA Gotha, Geheimes Archiv, E XI Nr. 72, fol. 47 f.
59 Aquilae Thuringiae redivivae (wie Anm. 56), S. 4.
60 Vgl. Stoye 2010; Sachslehner 2004.
61 Solche Traktate erschienen in der Mitte des 17. Jahrhunderts als *Aquila Saxonica, Aquila Franca, Aquila Sveva* etc.

Zur alchemischen Verwendung von „aquilae" vgl. die kurze Altersschrift von Waitz, in der er seine Laborerfahrungen (insbesondere nach Philalethes und Pantaleon) resümiert: Jacob Waitzens […] Medaillen-Erklärung / des im Revers seines hier beygefügten Brust-Bildes enthaltenen Philalethanischen Nuclei […], [Gotha] 1714.

Theorien vernarrt war, hätte es auch bedeuten können, dass Waitz die Gnade seine Herrn verlöre.

Ich „bitte [...] unterthänigst", schrieb er an Friedrich, „sicher zu glauben, daß Irrthumb und fehler darhind stehen, die Herr Pantaleon wed[er] verstehet, noch zu corrigiren weis."[62] Er stellte eine lange Liste der Fehler des Wieners auf. Und er konnte seinen Herrn schließlich überzeugen. Dieser machte einen Schlussstrich und trennte sich von seinem teuren externen Stichwortgeber, sicherlich sich auf die Lippen beißend ob des umsonst investierten Geldes. Friedrich resümierte:

„Dabeij [wir] aber allerzet contra eventis gefunden haben, daß wir daher endlich bewogen worden an Unsern Lieben getreuen D. J. Waitezen gnädigsten Befehl zu geben, daß er Herrn Gastorffs vorgeschriebene Labor nochmals wohl überlegen und bedungener Nothurft nach refutiren solte. Welches dann auch in kurtzem dahie aus geschlagen, daß die von Gastorff dadurch vieler haupt irrthumen also convinciret worden, daß Er weiter nicht einige reale antwordt zu geben vermocht, sondern alle Seine fernere berichte und instructiones unter uhnredlicher contradiction und confusion eingeschicket hat. In welchem sich dann die uhnrichtigkeit dieser heraus, wie das lang vorher solche von D. Waitzen eröffnet und darüber vielfeltige gehorsambste erinnerung gethan worden, augenscheinlich zu Tage geleget: Wannenhero wir auch Uhrsach genommen, uns von offterwehnten H. Gastorff hinwied abzuziehen."[63]

Friedrich war Waitz äußerst dankbar und versprach ihm eine Reihe von Rekompensationen, unter anderem die Einnahmen von Walkenried, einer Gothaer Exklave im Südharz, wo Waitz später seine eigenen Geschäfte mit dem Bergbau machte. Die schlechten Erfahrungen hielten Friedrich freilich nicht davon ab, sofort wieder nach anderen Beratern Umschau zu halten. Die Jagd nach dem Gold musste weitergehen. Kurz nach der Trennung, im März 1684, begann seine Liaison mit dem Alchemiker Johann Otto von Hellwig.[64]

---

62 Waitz an Friedrich, 29.8.1683. StA Gotha, Geheimes Archiv, E XI Nr. 72, fol. 49 f.

63 Reskript Friedrichs, als abgeschriebene Beilage zum Brief von Waitz an Friedrich vom 27.8.1683. StA Gotha, Geheimes Archiv, E XI Nr. 72, fol. 52.

64 Zu Hellwig vgl. Keller 2012, S. 570–588; Strein 2009.

Perlen gegen Schulden

Jill Bepler

In ihrer Studie *Panaceia's Daughters* hat Alisha Rankin die zentrale Rolle der Fürstinnenapotheke an den Höfen der frühen Neuzeit dargelegt.¹ Die Apotheke war ein Ort, dessen Ausstattung und Destillationsvorrichtungen neben medizinischen auch alchemischen Zwecken dienen konnte. Die klare Trennung, die die Kurfürstin Anna von Sachsen (1532–1585) zwischen der Tätigkeit in ihrer Apotheke in Annaburg und den Praktiken im kurfürstlichen Destillierhaus in Dresden vollzog,² war nicht überall erkennbar.

Eleonore von Württemberg (1552–1618), verwitwete Fürstin von Anhalt sowie verwitwete Landgräfin von Hessen-Darmstadt, ist hierfür ein Beispiel. Sie verfügte über ein gründliches medizinisches Wissen, wie ihr oft aufgelegtes, zuerst 1600 in Torgau in der Druckerei ihres Schwagers Friedrich Wilhelm von Sachsen-Altenburg erschienenes heilkundliches Handbuch *Sechs Bücher Außerlesener Artzney vnd Kunst Stück* belegt.³ Die Apotheke war ein wichtiger Aspekt ihres fürstlichen Handelns, der durchaus größere Ausmaße annahm.⁴ Im März 1589, im Vorfeld ihrer zweiten Hochzeit, schickte Eleonore ihre zwei Dessauer Hofapothekerinnen mit ihrer Hausapotheke nach Darmstadt voraus. Eine von ihnen war noch in der Lehre, wie sie an ihren künftigen Gemahl schrieb – d. h. Eleonore ließ auch Apothekerinnen ausbilden.⁵ Bis zum Tode Eleonores 1618 gab es durchgängig Apothekerinnen am Darmstädter Hof,⁶ eine Praxis, die mit ihrem Ableben abrupt endete. Für zwei ihrer Apothekerinnen wurden Leichenpredigten in Darmstadt gedruckt, vermutlich auf Kosten der Landgräfin: für Susanne Bieger sowie für Anna Pfaff, die der Landgräfin sowohl in Dessau als auch in Darmstadt diente.⁷

Die zweimal verwitwete Fürstin verfügte über ein weit verzweigtes Familiennetzwerk, das sich auf ihr medizinisches Expertentum verließ: Sie wurde zu kranken oder im Kindbett befindlichen Verwandten gerufen bzw. brieflich um ärztliche Ratschläge gebeten. Sie war sich dennoch der Anfechtbarkeit ihrer Expertise als Frau bewusst, ein Sachverhalt, den sie in einem Brief an ihren unter „Flüssen" leidenden Sohn thematisierte. Sie empfahl ihm, ein Halsband mit „Asa dulce", einem indischen Baumharz, anzulegen, um seine Symptome zu bekämpfen, allerdings mit dem Nachsatz: „Die doktor halten aber nichts darvon, die weil es ein weiber kunst ist."⁸

Eine besonders enge Beziehung pflegte Eleonore zu ihrer Stieftochter Sibylle von Anhalt (1564–1614), auch nach deren Heirat 1581 mit Herzog Friedrich von Württemberg. Sibylle war ebenfalls für ihre heilkundliche Begabung und für die Apotheke, die sie auf ihrem Wittum in Leonberg einrichtete, be-

---

1 Rankin 2013.
2 Ebd., S. 152.
3 Siehe Assion 1982; Rankin 2013, S. 204–208.
4 Energisch zu widersprechen in diesem Punkt ist Ute Rausch (1978, S. 27) mit der Annahme, die Apothekerinnen hätten „sich hauptsächlich um die Anfertigung von Pudern, kosmetischen Salben etc. für die Landgräfin" gekümmert.
5 Stichling 1860, S. 38.
6 Rausch 1978, S. 27 f.
7 Johann Vietor: Panacea Biblica [Leichenpredigt Anna Pfaff], Darmstadt 1616; Johannes Vietor: Tabea Joppensis [Leichenpredigt Susanne Bieger], Darmstadt 1617. Für die Überlassung einer Kopie des zweiten Titels danke ich Frau Dr. Eva-Maria Dickhaut (Forschungsstelle für Personalschriften Marburg).
8 Brief Eleonore an Ludwig, datiert Weimar 1. März 1610. Landeshauptarchiv Sachsen-Anhalt, Abteilung Dessau, Z 70, A 9a Nr. 19, fol. 128r. Zur Frage weiblichen Wissens und deren Anerkennung vgl. Arenfeldt 2012.

Bericht

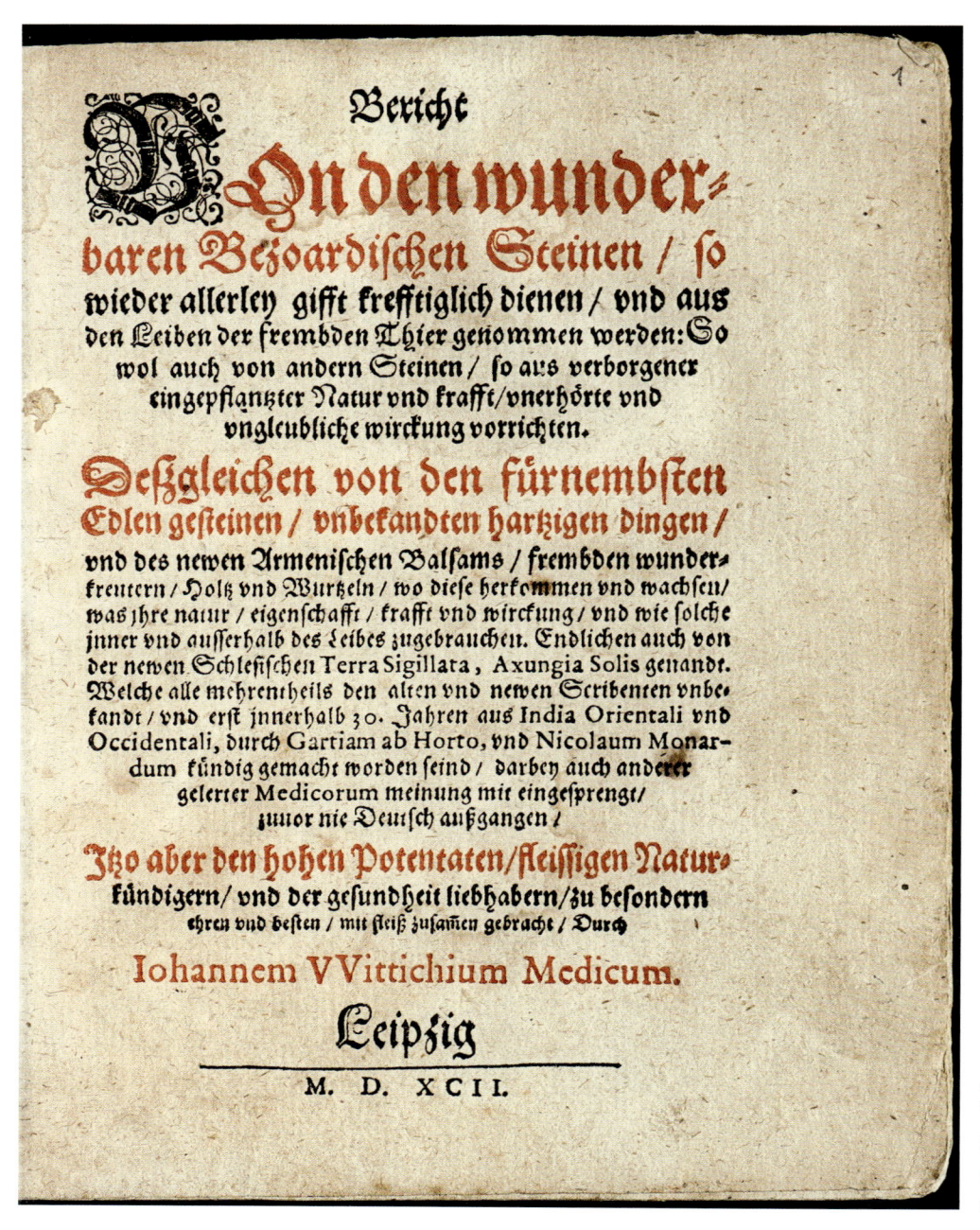

Von den wunderbaren Bezoardischen Steinen / so wieder allerley gifft krefftiglich dienen / vnd aus den Leiben der frembden Thier genommen werden: So wol auch von andern Steinen / so aus verborgener eingepflantzter Natur vnd krafft / vnerhörte vnd vngleubliche wirckung vorrichten.

Deßgleichen von den fürnembsten Edlen gesteinen / vnbekandten hartzigen dingen / vnd des newen Armenischen Balsams / frembden wunderkreutern / Holtz vnd Wurtzeln / wo diese herkommen vnd wachsen / was jhre natur / eigenschafft / krafft vnd wirckung / vnd wie solche inner vnd ausserhalb des Leibes zugebrauchen. Endlichen auch von der newen Schlesischen Terra Sigillata, Axungia Solis genandt. Welche alle mehrentheils den alten vnd newen Scribenten vnbekandt / vnd erst innerhalb 30. Jahren aus India Orientali vnd Occidentali, durch Gartiam ab Horto, vnd Nicolaum Monardum kündig gemacht worden seind / darbey auch anderer gelerter Medicorum meinung mit eingesprengt / zuvor nie Deutsch außgangen /

Itzo aber den hohen Potentaten / fleissigen Naturkündigern / vnd der gesundheit liebhabern / zu besondern ehren vnd besten / mit fleiß zusammen gebracht / Durch

Iohannem VVittichium Medicum.

Leipzig
M. D. XCII.

Abb. 50: Johann Wittich: Bericht Von den […] Bezoardischen Steinen 1589, hier Titelblatt der Ausgabe Leipzig 1592. HAB: QuH 104.7 (1)

kannt.⁹ Über den Buchbesitz beider Frauen geben unterschiedliche Quellen Auskunft.¹⁰ Das Gesamtverzeichnis der bedeutenden Büchersammlung Eleonores ist anscheinend verloren, wie auch das detaillierte Verzeichnis ihrer Apotheke.¹¹ Der ausführliche Bericht des Weimarer Vertreters bei der 1618 in Darmstadt erfolgten Nachlassteilung unter ihren Erben aus Anhalt, Holstein, Weimar und

9 Dongus 1998.
10 Bepler 2013.
11 In den Nachlassunterlagen der Landgräfin in den Archiven in Darmstadt, Dessau, Weimar und Gotha werden die Verzeichnisse jeweils als Anhänge erwähnt, sie sind aber nicht mehr bei den Akten.

Schwarzburg hebt ganz besonders die Silberobjekte aus der Apotheke hervor: neben Schalen und eine Flasche aus Silber werden erwähnt: „Ein hübscher Silberner Distiller Offen (: so einer in der erst für ein Würtzmühl ansichet.) sampt einem Casten Und aller zugehör […].“[12] Ganz detailliert beschreibt der Weimarer Abgesandte eine zur Apotheke der Landgräfin zählende mumifizierte Menschenhand sowie einen Alraun.[13] Aus Eleonores Nachlass erhielten ihre Söhne in Anhalt sämtliches „Apotecken-Geschirr“ aus Messing, Kupfer und Zinn. Ein Teilverzeichnis der Bücher, die Eleonores Tochter, eine Gräfin von Schwarzburg, aus der mütterlichen Bibliothek erbte,[14] enthält einige Titel aus dem Bereich der Medizin, darunter zwei, die zur Alchemie zu rechnen sind: Johann Wittichs Bericht *Von den wunderbaren Bezoardischen Steinen* (Leipzig 1589)[15] (vgl. **Abb. 50**) sowie eine lateinische Ausgabe – in welcher Auflage bleibt unklar – des erstmals 1567 in Lyon erschienenen paracelsischen Werks *Clavis totius Philosophiae Chymisticae* von Gerhard Dorn (**Abb. 51**) – „in rott leder mit grunen bendern“.[16] Es liegt nahe, dass sie es direkt rezipieren konnte, denn die Fürstin wurde von Zeitgenossen wegen ihrer Lateinkenntnisse besonders bewundert. Ein handschriftlicher Lebenslauf im Dessauer Archiv bemerkt, sie habe schon in ihrer Jugend:

> „gar zeitig dermaßen in der Lateinischen sprache proficiret, dz sie dieselbe nicht allein außem grunde viel verstehen, sondern auch expedite reden und von sich geben können, Derentwegen denn auch […] Landgraff Wilhelm zu Heßen […] wan S. f. gn. I. f. gn. und dero geschwister gedacht, sie alzeit die Klügste zunennen gepflogen.“[17]

Da das Schwarzburger Teilverzeichnis der Bücher lediglich einen Bruchteil ihrer Sammlung spiegelt, kann man vermuten, dass Eleonore weitere alche-

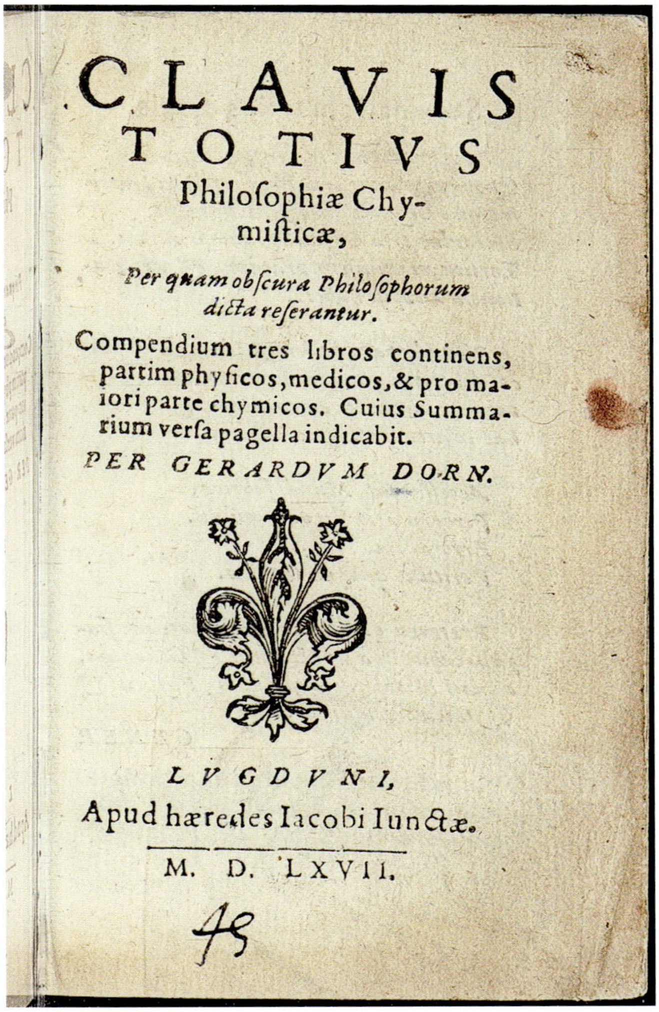

CLAVIS
TOTIVS
Philoſophiæ Chy-
miſticæ,
Per quam obſcura Philoſophorum dicta reſerantur.
Compendium tres libros continens, partim phyſicos, medicos, & pro maiori parte chymicos. Cuius Summarium verſa pagella indicabit.
PER GERARDVM DORN.
LVGDVNI,
Apud hæredes Iacobi Iunctæ.
M. D. LXVII.
48

Abb. 51: Gerhard Dorn: Clavis totius Philosophiae Chymisticae, Lyon 1567, Titelblatt. HAB: Li 1925

mische Werke besaß.[18] Der Katalog der Bibliothek ihrer Stieftochter Sibylle von Württemberg, die 1614 verstarb, enthält eigens eine separate Rubrik „Medizinische und Chymische Bücher“, allerdings sind die meisten Werke in ihrer Sammlung in deutscher Sprache. An alchemischen Titeln verzeichnet der Ka-

12 Thüringisches HStA Weimar, Auswärtige Angelegenheiten D 562, fol. 207r.
13 Ebd., fol. 207v–209r.
14 Thüringisches StA Gotha, N (Mond) VI Nr. 5.
15 Ebd., fol. 76v.
16 Ebd., fol. 77r.
17 Landeshauptarchiv Sachsen-Anhalt, Abteilung Dessau, Z 70 Abteilung Köthen, A 7b Nr. 7, fol. 4r. Zu den Lateinkenntnissen Eleonores vgl. auch Rankin 2013, S. 205.
18 Dies steht im Kontrast zu der Büchersammlung von Kurfürstin Anna von Sachsen, die, wie Alisha Rankin feststellt, kein einziges Buch zur Transmutation enthielt, vgl. ebd., S. 152.

talog eine Handschrift: „Ein Chimisches buch, so geschrieben, deßen titul oder eingang: VISIO DE MATERIA PHILOSOPHORUM. Ist sonsten Teütsch, doch nur 20 Blätter daran verschrieben, darauff volgen zwo selzame Chimische figuren."[19] Neben der Handschrift besaß sie zwei Werke von Heinrich Khunrath: *Magnesia catholica Philosophorum* (Magdeburg 1599) und *Symbolum Physico-Chymicum* (Hamburg 1598).[20] Als weitere eindeutig alchemische Schrift verzeichnet der Katalog: *Von dem rechten wahren Philosophischen stein, zwelf tractätlen in ainem wercklin begriffen etc. uß dem lateinischen verteüscht* (Straßburg 1606).[21]

Dass Sibylle an einer praktischen Umsetzung ihres angelesenen alchemischen Wissens interessiert war, geht aus der Tatsache hervor, dass sie bekanntlich zusammen mit ihrem Sohn Johann Friedrich 1610 einen Geheimvertrag mit drei Alchemikern unterschrieb, die sich verpflichteten, beide in „die Fundamenta und Principia der Kunst Alchemiae" einzuweisen.[22] Auch ihre Stiefmutter Eleonore war bemüht, „Künste" zu erfahren, wie einige Schlaglichter aus ihrem Briefwechsel mit ihrem Sohn, dem Begründer der „Fruchtbringenden Gesellschaft", Fürst Ludwig von Anhalt-Köthen (1579–1650) zeigen. Ab 1598 befand sich der junge Fürst auf einer ausgedehnten Kavalierstour durch Italien und Malta. Seine Mutter stand in regem Briefkontakt mit dem Reisenden. Im Juli 1598 bat sie ihn, er möge ihr Waren, die sie offensichtlich für die Apotheke benötigte, besorgen – unter anderem Perlmutt, Perlen und Skorpionsöl:

> „kanstu etwa was von beule mutter müscheln oder hesliche berlin oder rohe stein die bolliart sein oder was etwa solch ding ist die etwa mit den schifen aus spanien komen und es dich nichts kostet und etwa nit geacht wirt bekomen und etwa es also anrichten das es zu meßzeiten nach frankfort oder strasburg gebracht würde so bring mir was zu wegen auch schorbion öl […]."[23]

Im Juni 1599 schrieb sie erneut, diesmal mit der Bitte, ihr bei der Erlernung von geheimen Prozessen – „Künsten" – zu helfen, die nicht mehr primär medizinischen Zwecken dienten:

> „Der H von florentz sol ja eine Kunst kennen aus kleinen berlin grose zu machen auch die edel stein auch greser zu machen wan du es bekomen kentest were es wol gar fein oder erfar mir nur was thalck[24] ist es sieht bald wie unser lieben frawen aus das man in berckwerck findet wan ich die Kunst kente ich meine zeit auch etwa ein wenig vertreiben mein berckwerck lest sich gar wol an gott geb follet gnad darzu […]."[25]

Der Brief deutet darauf hin, dass die Landgräfin Perlen und Edelsteine einem Vergrößerungsprozess unterziehen wollte,[26] auch dass sie entweder ein Bergwerk besaß oder in ein Bergwerk investiert und damit einen eigenen Zugang zu Mineralvorkommen hatte. Diese nur unklar skizzierten Vorhaben rücken ihre Apotheke und Destillierungsmöglichkeiten in die Nähe der Alchemie. Aus einem Brief vom November 1599 geht hervor, dass Fürst Ludwig bei der Erfüllung ihrer Wünsche erfolgreich gewesen ist: Seine Mutter bedankte sich für übersandte Korallen und Talk und setzte hinzu:

> „sag dir auch grossen danck für die berle kunst ich wils auch versuchen wils wol machen das sie nit springen sollen wan sie nur schöne berle farb bekomen wollten."[27]

---

19 Württembergische Landesbibliothek Stuttgart, Cod. Hist. 2° 1070, fol. 27r.
20 Ebd., fol. 27v.
21 Ebd., fol. 28r.
22 Hofacker 1993, S. 41. Wortlaut des Vertrages: Ebd., S. 61f.
23 Brief Eleonore an Ludwig datiert Lichtenberg 19. Juli 1598. Landeshauptarchiv Sachsen-Anhalt, Abteilung Dessau, Z 70 Abteilung Köthen, A 9a Nr. 19, fol. 6v.
24 Talk ist die Bezeichnung für basisches Magnesiumsilikat und gehörte nachweislich zum Inventar des alchemischen Laboratoriums in Stuttgart: Hofacker 1993, S. 47.
25 Brief Eleonore an Ludwig datiert Darmstadt 27. Juni 1599. Landeshauptarchiv Sachsen-Anhalt, Abteilung Dessau, Z 70 Abteilung Köthen, A 9a Nr. 19, fol. 8v.
26 Die Geschichte der Suche nach alchemischen Prozessen, um Perlen farblich zu verändern oder größer zu machen, skizziert Donkin 1998, S. 261–263.
27 Brief Eleonore an Ludwig datiert Darmstadt 29. November 1599. Landeshauptarchiv Sachsen-Anhalt, Abteilung Dessau, Z 70 Abteilung Köthen, A 9a Nr. 19, fol. 12v.

Auch um „Künste" zur Verarbeitung ihrer Erze bat Eleonore in Briefen an den Sohn, wie etwa 1601:

> „kanstu etwa gutte künst erfaren wie man allerleÿ ertz mit guttem nutzen schmeltzen sol so las mirs zu komen dan ich in meinem berkwerck gott lob gutt ertze hab und kein der es mit ratt schmelzen kan."[28]

Das Teilinventar von Büchern aus ihrem Nachlass belegt, dass die Fürstin Literatur auch über das Bergwerk und Erzverarbeitung erwarb. Sie besaß laut Verzeichnis *Vom Bergk=werck* (Basel 1557)[29], das Standardwerk von Georg Agricola sowie Zacharias Bornmanns *Astrolabium sambt einem Unterricht, in Bergk bau undt andern sachen* (Breslau 1584).

Dass die Landgräfin sich nicht nur zum Zeitvertreib mit der „Perlenkunst" oder dem Schmelzen von Erzen befasste, sondern auch beabsichtigte, einen wirtschaftlichen Gewinn zu erzielen, zeigen Briefe, die die stark verschuldete Fürstin zehn Jahre später mit Ludwig von Anhalt wechselte. 1611 tauschten sich beide immer noch über „Künste" aus:

> „Liebster Son du hast mir gesagt du habest ein Kunst gelbe Demant weis zu machen wan du michs woltest lernnen alles was ich dan mit erwirbe wolt ich dir auch zum theil geben es ist mein gantzer ernst wan du mirs mit theilest ich hoft was gros mit auszurichten wan sie gewis ist."[30]

Auch in diesem Fall schickte Ludwig Angaben zur „Kunst", für die sich die Mutter aus Darmstadt bedankte, wobei sie ihr Versprechen erneuerte, den Profit mit ihm zu teilen.[31] Das Interesse der Höfe an der Veredelung von Diamanten spiegelt sich fast zeitgleich in den Briefen und Relationen des Augsburger Agenten Philipp Hainhofer, der 1614 erstmals Herzog August von Braunschweig-Lüneburg über alchemisch aufbereitete Diamanten des Venezianers Luca Trono informierte.[32] In späteren Briefen bot der Kunsthändler solche Steine zum Kauf an: „Die gebrante oder gegoßne demant hat Luca Trono patritio veneto auf Chimisch weiß gemacht."[33] Trono hielt sich auch laut Hainhofer längere Zeit in Württemberg, der Heimat Eleonores, sowie in Lothringen auf und wies die dortigen Fürsten, mit denen er „stets laboriert hat", in „das secretum vnd modum confectionis" der Steine ein.[34]

Die Beschäftigung von dynastischen Frauen mit alchemichen Wissensgebieten und Praktiken ist bislang kaum belegt, und so stellen diese wenigen Hinweise auf das Interesse von Landgräfin Eleonore an „Künsten" wertvolle Indizien dar. Die Beteiligung von Herzogin Sibylle von Württemberg am Geheimbund ihres Sohnes mit den Stuttgarter Alchemisten wird immer wieder erwähnt, ihre eigene Beschäftigung mit diesen Themen wurde jedoch nicht näher untersucht.[35] Deutlicher erkennbar begegnet man in der Forschungsliteratur, wie im Falle der Kurfürstin Anna von Sachsen, einer Abgrenzung der Fürstin von der Alchemie bis hin zur vehementen Ablehnung, wie sie aus dem Briefwechsel der Herzogin Hedwig von Braunschweig-Lüneburg (1540–1602) mit Katharina von Brandenburg (1549–1602), beide selbst Besitzerinnen von Apotheken, während der berühmten Alchemistenaffäre in Wolfenbüttel hervorgeht.[36] Zum gängigen Bild der Fürstin am Hof in der frühen Neuzeit passt die um wirtschaftlichen Erfolg bemühte, in der Alchimistenküche wirkende, Perlen und Diamanten veredelnde Landesmutter jedenfalls nicht.

---

28 Ebd., Brief Eleonore an Ludwig datiert Darmstadt 27. Dezember 1601, fol. 19v.
29 Thüringisches StA Gotha, N (Mond) VI Nr. 5, fol. 72v.
30 Ebd., Brief Eleonore an Ludwig datiert Darmstadt 1. Juni 1611, fol. 140r.
31 Ebd., Brief Eleonore an Ludwig datiert Darmstadt 20. Oktober 1611, fol. 142r.
32 Gobiet 1984, S. 57 u. 60.
33 Ebd., S. 457.
34 Ebd.
35 Hofacker 1993; Nummedal 2007, S. 32. Zur Apotheke von Herzogin Hedwig in Wolfenbüttel vgl. Wacker 2013, S. 308–327; die Apotheke von Kurfürstin Katharina von Brandenburg fand in ihrer Leichenpredigt Erwähnung: Drexl 2006, S. 315.
36 Nummedal 2007, S. 2.

Architektur der Sachlichkeit

Das chemische Gebäude von Andreas Libavius

Daniela Dachrodt

Im Rahmen seines chemischen Grundlagenwerkes *Alchemia* entwirft der Alchemiker Andreas Libavius ein bürgerliches „aedificio chymico" (**Abb. 52**). Dieses idealtypische Gebäude hat ein *Laboratorium alchemicum* als zentralen Bestandteil und dient sowohl als Ausübungsstätte der Alchemie wie auch als Wohnhaus für den Wissenschaftler und seine Familie. Nie realisiert, bildet das Haus doch einen interessanten normativen Bezugspunkt und steht nicht zuletzt durch seine deutliche Abgrenzung von anderen Ausgestaltungen für ein ganz bestimmtes Verständnis von Alchemie.

Allein die Situierung des Laboratoriums und seiner Hilfsräume in einem Wohnhaus verdeutlicht, dass die Alchemie bei Libavius keine verborgene Stellung einnehmen kann. Die funktionale schlichte Bauweise sowohl des Laboratoriums als auch des umgebenden Gebäudes sprechen für eine Alchemieausübung, die weitgehend ohne spirituelle Stimulation auskommt.

Der Gebäudeentwurf lehnt sich explizit an klassische Studien von Vitruv an. Das chemische Institut ist ein freistehendes Stadthaus, das den Besitzer in die Lage versetzt, den gebotenen Kontakt zur Außenwelt zu halten und zugleich konzentriert zu arbeiten. Es handelt sich um ein dreigeschossiges Gebäude mit Keller und Dachboden. Das Laboratorium und seine Hilfsräume sind größtenteils im Erdgeschoss untergebracht. Die Wohnräume (Ξ, Ο, Π) befinden sich im ersten Obergeschoss. Auch der Laboratoriumsmeister hat daher dort seine Schlafräume (N), doch sind diese gleichzeitig an das zweigeschossige Gewölbe des Laboratoriums angeschlossen, das neben den Abzügen in zwei Erkern den Feuerentwicklungen im Laboratorium entgegenwirkt. Wendeltreppen gewährleisten einen schnellen Zugang zwischen La-

Abb. 52: Aufriss des Gebäudes von der Nord- und Westseite mit dem Erker, den das halbrunde Laboratorium im Erdgeschoss und ersten Obergeschoss bildet, in: Andreas Libavius: Alchymia […], Frankfurt a. M. 1606, Anh. Buch 1, S. 98. HAB: Nd 4°18.

bor-, Schlaf- und Aufenthaltsräumen. Die Anordnung der Räume ist den Gegebenheiten des Klimas angepasst. Im Aufriss erkennt man an der Nordseite Fenster von weniger repräsentativen Räumen wie Waschraum (M), Gerätemagazin (K) und Chemikalienkammer (I), westlich das Laboratorium (Γ).

Das *Laboratorium alchemicum* hat an seiner Stirnseite im Westen einen großen Ofen für allgemeine Arbeiten, der von der Außenwand des Gebäudes her mit einem Blasebalg angefacht werden kann. In acht Wandnischen sind rundum weitere Öfen für besondere Handgriffe, z. B. der Aschenofen oder Arbeitsplätze für spezifische Operationen, etwa ein Destilliertisch, eingelassen. Platzverhältnisse und

Anordnung ermöglichen es, dass verschiedene Arbeitsschritte in einem Raum ausgeführt werden und verschiedene Personen einander zuarbeiten können. Der vom Laboratorium aus zugängliche südliche Treppenturm enthält den Probierraum (Δ) mit Probierofen; der nördliche Turm beherbergt im allein vom Laboratoriumsmeister zu betretenden *Adytum* (B), von dem man in das Studierzimmer (A) im ersten Obergeschoss gelangt, den *Athanor* oder „Philosophischem Ofen" zur Gewinnung des Steins der Weisen.

Der Arzt, Iatrochemiker, Schulmeister und Alchemiker Andreas Libavius wurde um 1555 in Halle geboren, studierte Philosophie und Geschichte in Jena und errang 1588 in Basel die Doktorwürde der Medizin. Er veröffentlichte mehr als fünfzig Schriften in zahlreichen Disziplinen, u.a. in Religionswissenschaft, Poesie und Rhetorik. Seine 1597 erschienene *Alchemia* baut auf seiner 1595 veröffentlichten Sammlung offener Briefe an Naturphilosophen und Ärzte seiner Zeit, der *Rerum Chymicarum Epistolica Forma Ad Philosophos et Medicos*, auf, in denen er sich häufig gegen paracelsistische Mystifizierung und Esoterik des alchemischen Wissens wendet. Die *Alchemia* ist ein umfangreiches Übersichtswerk über das chemische Wissen der Zeit und zeichnet sich durch systematisierende Darstellung aus; es eignet sich hervorragend für Lehrzwecke.

In zwei Bänden stellt Libavius Anleitungen zu den wesentlichen chemischen Verfahren samt ihrer Instrumente zusammen und erläutert die chemische Natur der Stoffe und ihrer Reaktionen. Der zweiten, 1606 unter dem Titel *Alchymia* veröffentlichten Auflage sind zwei Kommentarbücher beigegeben, die unter anderem den Traktat *De Sceuastica Artis* (Von den Gerätschaften der Kunst) mit dem Entwurf des chemischen Instituts enthalten. Ergänzt wird die Planung des chemischen Gebäudes mit für diese Zeit einmaligen umfassenden und detaillierten Beschreibungen und Abbildungen der für das Laboratorium nötigen Öfen (**Abb. 53**), Geräte und Gefäße (**Abb. 54**).[1] Auf der beigefügten Abbildung sind verschiedene Alembikformen zu sehen. Ein Alembik ist ein zentrales Hilfsmittel bei destillatorischen Operationen. Sein offener Boden wird auf ein Destilliergefäß, z.B. einen Kolben gesteckt, das Destillat fließt so über die nach unten zeigenden Rohre oder Schnäbel in Auffanggefäße.

Im Gegensatz zum Vorbild des Vitruv'schen Hausentwurfs bildet das Laboratorium Tycho Brahes einen Kontrapunkt zu Libavius' chemischem Institut: Obwohl auch von Brahes Familie bewohnt, kritisierte Libavius an diesem unterirdischen Laboratorium in seinem gegen 1580 fertiggestellten Schloss Uraniborg die Geheimhaltung fördernde Abgeschiedenheit der Architektur. Vielleicht noch deutlicher steht Heinrich Khunraths *Oratorium-Laboratorium* aus dessen *Amphitheatrum Sapientiae Aeternae* von 1609 Libavius' Entwurf entgegen.[2] Khunrath war wie Libavius in Basel in Medizin promoviert und gehörte vermutlich einige Jahre zur *Entourage* des alchemiebegeisterten Kaisers Rudolf II. Das *Amphitheatrum* ist weniger eindeutig geschrieben, benutzt ein ikonisches System und Verschlüsselungen und hat Anleihen an die Kabbala. Die Botschaft des bekannten Stichs von Paullus van der Doort, der Khunrath in seinem Laboratorium zeigt, vermittelt eine spirituell orientierte alchemische Praxis. Neben der Betonung der Religiosität fällt auch die edlere Gestaltung des Innenraums ins Auge. Die Entwürfe von Khunrath und Libavius zeigen, wie breit das Spektrum gewesen ist, auf dem sich die unterschiedlichen Laborkonzepte bewegten.

Der Entwurf des „Chemisches Hauses" des Libavius und seine *Alchemia* sprechen dafür, dass die Alchemie in der frühen Neuzeit kein esoterisches Relikt der Antike und des Mittelalters war, sondern von Sachlichkeit und Wissensinteresse geprägt war. Libavius war wie auch viele andere Alchemiker der Alchemie nicht wegen der Aussicht, Gold herstellen zu können, gefolgt, sondern da sie naturwissenschaft-

---

1 Meitzner 1995, S. XV.
2 Heinrich Khunrath: Amphitheatrum Sapientiae Aeternae, 2. Aufl. posthum hrsg. von Erasmus Wohlfahrt, Hanau 1609 (vgl. **Kat. Nr. 20**).

Architektur der Sachlichkeit

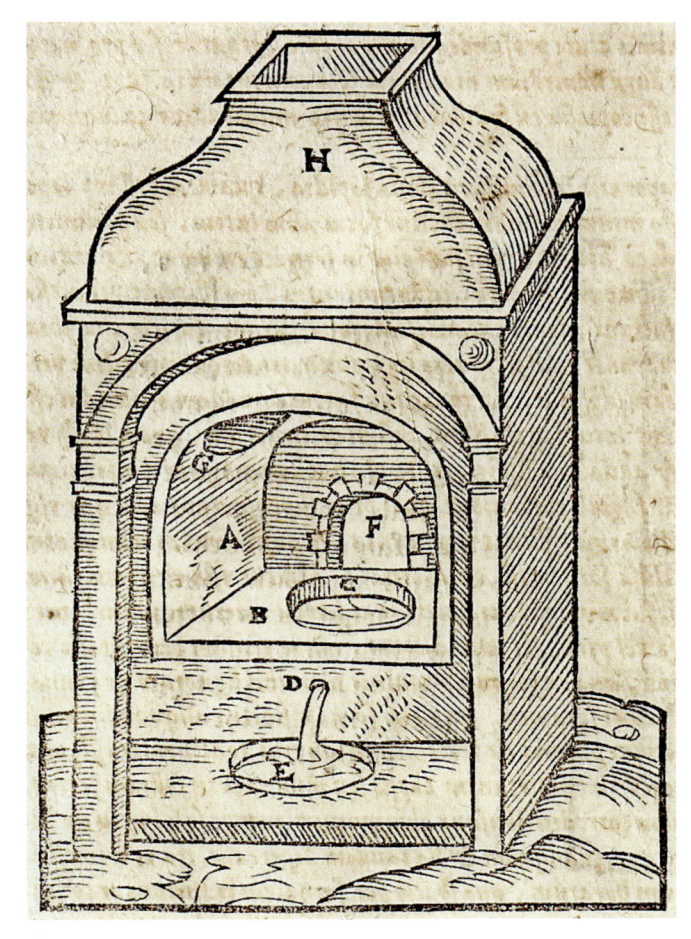

Abb. 53: Schmelzofen zur Gewinnung von Blei aus Bleierz, in: Andreas Libavius: Alchymia […], Frankfurt a. M. 1606, Anh. Buch 1, S. 124. HAB: Nd 4°18

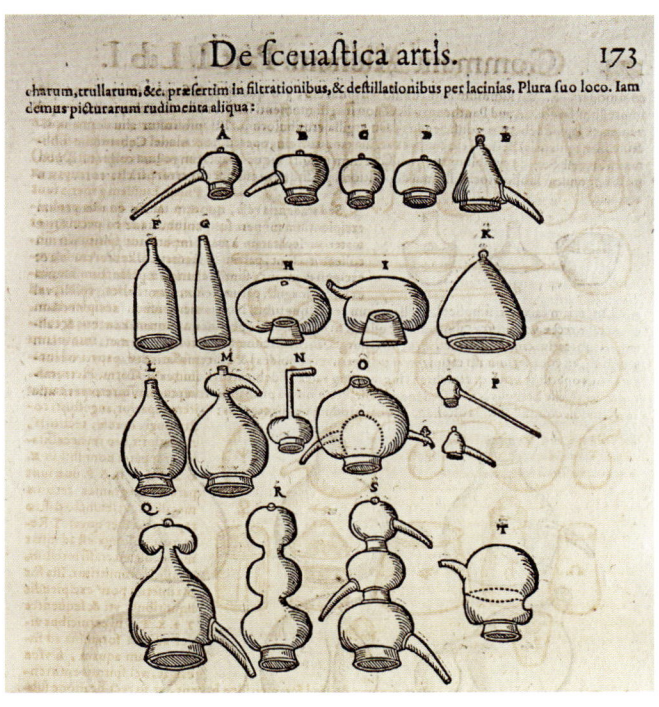

Abb. 54: Für verschiedene Destillationsziele eignen sich unterschiedlich ausgestaltete Alembiken, in: Andreas Libavius: Alchymia […], Frankfurt a. M. 1606, Anh. Buch 1, S. 173. HAB: Nd 4°18

liche und gar philosophische Erkenntnis versprach, mitunter sogar spirituelle Erkenntnis.

Dieses Libavius'sche Alchemieverständnis wird in seinem Gebäudeentwurf deutlich: Der bürgerliche Wissenschaftler vollzieht die alchemische Arbeit konzentriert und ohne Geheimhaltung. Der schritthafte Prozess, die Arbeitsteilung zwischen mehreren Personen, jedoch auch der Vorbehalt bestimmter Arbeiten für den studierten Meister machen die Alchemie zu einer handwerklichen Wissenschaft, die chemisch-praktische Erkenntnisse liefern soll, um nicht zuletzt wirtschaftlichen und pharmazeutischen Interessen zu dienen.

Libavius systematisiert die Eindeutigkeit der neuen Alchemie, die nichts mehr mit der Vagheit mittelalterlicher verschlüsselter Texte gemein hat und die zum Teil bereits als Chemie bezeichnet wird.[3] Hervorgehoben wird die Alchemie als eine von gebildeten Personen auszuübende Tätigkeit, die sich allmählich professionalisiert.

---

3 Schütt 2000, S. 461.

Isaac Newtons alchemische *Praxis*

Hania Siebenpfeiffer

> *The Changing of Bodies into Light, and Light into Bodies, is very comformable to the Course of Nature, which seems delighted with Transmutations.*
> (Isaac Newton: Opticks. Quest. 30. London ⁴1730, Repr. New York 1979, S. 374)

Zu Lebzeiten von Isaac Newton (1642[jul.]–1727[greg.]) (**Abb. 55**) war die Alchemie in England eine, wenn auch nicht anerkannte, so doch legitime Praxis, chemische Stoffe zu erzeugen und ihre Wirkungskräfte zu erforschen. Die frühneuzeitliche Alchemie, so wie Newton sie kannte, umfasste entsprechend drei Tätigkeitsbereiche: *Erstens*, die Erzeugung von Pigmenten, Bleichmitteln und mineralischen Säuren für die Stoffverarbeitung; *zweitens*, die Herstellung von pharmakologischen Substanzen und iatrochemischen Heilmitteln und schließlich *drittens* das, was noch heute umgangssprachlich unter Alchemie verstanden wird, nämlich die mit Hilfe des *Lapis philosophorum* erreichte Transmutation von Metallen, allen voran die *chrysopoeia*, die Umwandlung von Blei und anderen niederen Metallen in Gold.[1] Alchemische Praktiken standen ob des Versprechens der Transmutation unter dem Generalverdacht der Fälschung und des Betrugs, und ihr Verbot zielte entsprechend auf Metallmanipulation, insbesondere auf die erwähnte Goldherstellung. So waren im England des ausgehenden 17. Jahrhundert alchemische Praktiken generell erlaubt, die Erzeugung von Gold und Silber, den beiden entscheidenden Währungsmetallen der frühen Neuzeit, war durch den 1404

Abb. 55: Isaac Newton, Schabkunst, J[ohn] Smith 1712. HAB: Portr. III 1068

---

1 Zur Geschichte der Alchemie allgemein vgl. Schütt 2000; speziell zur Alchemie der frühen Neuzeit vgl. Principe 2013, v.a. S. 107–136 und Dobbs 1975, S. 25–125. Vgl. Clericuzio 1998.

unter Henry IV. im Vorfeld der Münzneuprägung von 1412 erlassenen *Act Against Multipliers* hingegen strengstens untersagt.[2] Das Verbot wurde erst 1688 durch den *Royal Mines Act* ersetzt, der die Münzfälschung zwar weiterhin unter Strafe stellte, die königlichen Exklusivrechte der Gold- und Silberproduktion jedoch neu regelte.

Die Revision des *Act Against Multipliers* wurde dem englischen Naturforscher Robert Boyle zugeschrieben. Dieser war wie Newton ein frühes Mitglied der Royal Society und ein aktiver alchemischer Experimentator, der sich als Verfasser der ersten systematischen Abhandlung zur Chemie, dem 1661 erschienenen *Sceptical Chymist*, einen Namen gemacht hatte (vgl. **Kat. Nr. 22**).[3] Mit Newton stand er in einem regen Austausch über alchemische Praktiken und war wahrscheinlich zusammen mit Nicolas Fatio de Duillier am engsten von allen Zeitgenossen mit dessen alchemischen Experimenten vertraut.[4] Von ihrer Auseinandersetzung zeugen nicht nur Briefe,[5] Boyles alchemische Experimente finden zudem mehrfach Erwähnung in den Tagebüchern, in denen Newton bis zu seinem Tod seine Forschungsexperimente akribisch notierte.[6] Aus diesen Laboraufzeichnungen geht u. a. hervor, dass auch Newtons Interesse sich in besonderem Maße auf die Transmutation richtete, und er über knapp drei Dekaden hinweg auf der Suche nach dem ‚Stein der Weisen' mit großer Insistenz entsprechende Versuche anstellte. Allerdings waren für Newton weniger monetäre Aspekte ausschlaggebend, als die Hoffnung, im *Lapis philosophorum* den Urstoff aller Materie und damit jene Substanz zu finden, die ultimativen Einblick in die „Wahrheit der Natur" versprach.[7] Der *Lapis philosophorum* konnte nicht nur Blei in Gold verwandeln, er befähigte seinen Besitzer – so das alchemische Versprechen – zur Transmutation aller existierender Substanzen. Sein Besitz versprach mithin Einsicht in die absolute Wahrheit der Materie, denn er verhalf zu uneingeschränktem Wissen über die Gesetze der Natur. Eben dieses Versprechen verband – hierüber ist sich die Newton-Forschung bei aller Kontroverse um den Stellenwert der alchemischen Experimente im Gesamtkontext ihrer Forschung inzwischen einig[8] – die alchemischen Experimente mit den Studien zur Gravitation, zur Orbitalmechanik und zur Optik.

Alchemische Traktate waren auch im 17. Jahrhundert nach strengen, aber historisch variablen Codes verschlüsselt, derer sich auch Newton, wenn auch in eigenen Abwandlungen, bediente. Sie legten bestimmte Grundbedeutungen fest, wie beispielsweise die Identifikation bestimmter Metalle mit Planeten, Farben, Temperamenten und Geschmacksrichtungen, ließen zugleich aber ausreichend Spielraum für eigene Codierungen. Maßgebliche Basis der frühneuzeitlichen, alchemischen Stofflehre war nach wie vor die antike Lehre der vier Elemente, denen in der paracelsischen Konvergenz von Makro- und Mikro-

---

2 Vgl. zur Geschichte der Royal Mint: Challis 1992, S. 143–152 u. S. 335–397.

3 Robert Boyle: The sceptical Chymist or chymico-physical doubts et paradoxes, touching the spagyrist's principles commonly call'd hypostatical as they are wont to be props'd and defended by the generality of alchymists, London1661.

4 Die grundlegende Studie zu Boyles Alchemie/Chemie vgl. Principe 1998f. Zur Alchemie bei Newton und Boyle vgl. Principe 2000.

5 Vor allem warnte Newton Boyle direkt oder über Mittelmänner mehrfach, das Interesse an der Alchemie zu offen auszustellen, eine Warnung, die Boyle geflissentlich ignorierte. Vgl. Newton 1959–1977, insbes. Newtons Brief an Henry Oldenburg vom 26. April 1767, in: ders. 1960, S. 1–3 f.

6 Ich stütze mich auf die Angabe bei Newman 2002, S. 359.

7 Zur Lehre der „einen Wahrheit", als deren Anhänger Newton gilt, vgl. Dobbs/Jacob 1998, S. 8–12. Zum wissensgeschichtlichen Hintergrund der Newtonschen Alchemie und ihrer Beziehung zu seiner „wissenschaftlichen" Forschung vgl. auch Principe 2004.

8 Wenige Publikationen kommen inzwischen ohne Hinweis auf Newtons alchemisches Interesse aus. Erstmalig hatte Betty T. Dobbs Mitte der 1970er Jahre die These vertreten, dass Newtons Überlegungen zur Orbitalmechanik in seiner alchemischen Wissenspraxis gründeten und dass er spätestens ab 1675 versuchte, sein alchemisches Wissen in die Theorie der Mechanik zu integrieren. Vgl. Dobbs 1975, S. 194–230 sowie dies. 1991, S. 137–150. Auch wenn Dobbs' Interpretationen inzwischen teilweise korrigiert wurden und ihre Emphase, ausnahmslos alle Entdeckungen Newtons an die Alchemie zurückzubinden, in dieser Einseitigkeit nicht haltbar ist, so kommt ihr doch das Verdienst zu, auf die ‚andere' Seite von Newtons Forschung aufmerksam gemacht zu haben. Vgl. auch Figala 1978 und dies. 1980. Jüngere Publikationen von Lawrence M. Principe, Jan Golinski oder Lioba Wagner haben die Ansätze von Dobbs und Figala weiter differenziert.

kosmos geometrische Grundkörper, Planeten, Himmelsrichtungen und Jahreszeiten ebenso wie Aggregateigenschaften, Temperamente, Körperorgane und Körpersäfte bis hin zu Krankheitsbildern zugeordnet waren.[9] Beim Transfer der antiken Elementelehre durch die arabische Wissenskultur im 9. bis 11. Jahrhundert hatte die stoffliche Ebene entscheidend an Bedeutung gewonnen, und den vier Elementen waren die vier Metalle Gold, Silber, Quecksilber und Blei zugeordnet worden, die bis in die frühe Neuzeit die Grundlage alchemischen Denkens bildeten.[10]

Auch Newtons Forschung basierte auf diesem Modell und seine Experimentaltagebücher ebenso wie seine alchemischen Traktate zeugen von einer intensiven Auseinandersetzung mit dem frühneuzeitlichen Kanon alchemischen Schrifttums, das er nicht nur rezipierte, sondern in seinen eigenen Manuskripten großzügig paraphrasierte und zitierte. Jenseits der mittelalterlichen Schriften von Roger Bacon, Georg Agricola, Nicolas Flamel, Raimundus Lullus, Basilius Valentinus, Paracelsus und der dem arabischen Gelehrten Ǧābir ibn Ḥayyān unter dem Namen Geber zugeschriebenen Schriften studierte er die zeitgenössischen Abhandlungen von Alexandre-Toussaint de Limojon, Johann Joachim Becher, Daniel Georg Morhof, William Y-Worth, Elias Ashmole, Anselmus Boetius, Bernardus Caesius, Pierre Jean Garland, Edmund Fabré, Johannes Rhenanus (d. i. Jodoc[h]us a Rhe), Johan Baptista van Helmont und Michael Sendivogius.[11] Die wichtigste Quelle seines alchemischen Wissens aber bildeten neben dem mehrbändigen *Theatrum Chemicum* von Lazarus Zetzner[12] die Schriften von George Starkey (d. i. Eirenaeus Philalethes) und Michael Maier.[13] Von ihnen übernahm er nicht nur die meisten Textpassagen, sondern auch den Glauben an die *prisca sapientia*,[14] jene seit dem Siegeszug der Alchemie im 15. Jahrhundert populäre Überzeugung, es existiere ein auf die biblischen Gründungsfiguren Moses bzw. Abraham zurückgehendes Geheimwissen, das von Eingeweihten seit den Anfängen bis in die Gegenwart in einer ununterbrochenen Linie weitergegeben worden sei. Es versteht sich, dass Newton neben Platon und Pythagoras auch sich selbst in diese Genealogie einschrieb.[15]

Die Aufzeichnungen und Manuskripte Newtons, die aus dem intensiven Textstudium in Kombination mit einer eigenständigen experimentellen Forschung erwuchsen, verdanken ihren wissenshistorischen Wert allerdings weniger ihrem alchemischen Wissen, als der Tatsache, dass an ihnen sichtbar wird, dass Newton seine alchemischen Experimente an den damaligen wissenschaftlichen Forschungsstandards ausrichtete. Alchemie war – dies haben die Studien von Figala und Dobbs gezeigt[16] – für Newton ein eigengesetzlicher und eigenwertiger Bereich der Naturphilosophie, für den die gleichen wissenschaftlichen Regeln und Prinzipien galten wie

---

9 Vgl. komprimiert Böhme/Böhme 1996.
10 Schütt 2000, S. 157–253, speziell zu Newton S. 479–489. Vgl. auch die Hinweise in Anm. 42.
11 Newtons Privatbibliothek umfasste bei seinem Tod im Jahr 1727 169 alchemische Publikationen. Es ist allerdings zu vermuten, dass der reale Bestand deutlich höher gewesen ist, da Newton alte Drucke nach der Lektüre zugunsten von Neuerwerbungen verkaufte. Vgl. Harrison 1978.
12 Theatrum Chemicum, Praecipuos Selectorum Auctorum Tractatus De Chemiae Et Lapidis Philosophici antiquitate, veritate, iure, praestantia, & operationibus, continens: In gratiam Verae Chemiae, & Medicinae Chemicae studiosorum […] congestum, & in sex partes seu volumina digestum; Singulis Voluminibus, Suo Auctorum Et Librorum Catalogo Primis pagellis: rerum vero & verborum Indice postremis annexo, 6 Bde., Straßburg 1659–1661. Eberhard Zetzner fungierte mit Ausnahme der letzten beiden Bände als Herausgeber des Werkes.
13 Über Michael Maier, dessen Schriften *Symbola Aureae Mensae duodecim nationum* (Erstdruck: 1617), *Silentium post clamores* (Erstdruck: 1617) und *Themis Aurea* (Erstdruck: 1618) Newton nachweislich kannte, wurde seine Alchemie bis noch vor ein paar Jahren in enge Verbindung mit den Rosenkreuzern gebracht. Yates geht in ihrer Studie soweit zu behaupten, Newton wäre selbst Mitglied der Rosenkreuzer gewesen. Vgl. Yates 1972.
14 Vgl. nach wie vor einschlägig zur Präsenz der *prisca sapientia* in Newtons Schriften McGuire/Rattansi 1966.
15 Newton wählte als alchemischen Decknamen die Bezeichnung „Jehovah Sanctus Unus", der eine heilige Gott, was zugleich ein subtiler Hinweis auf seinen anti-trinitarischen Gottesbegriff ist.
16 Vgl. die bibliografischen Hinweise in Anm. 8.

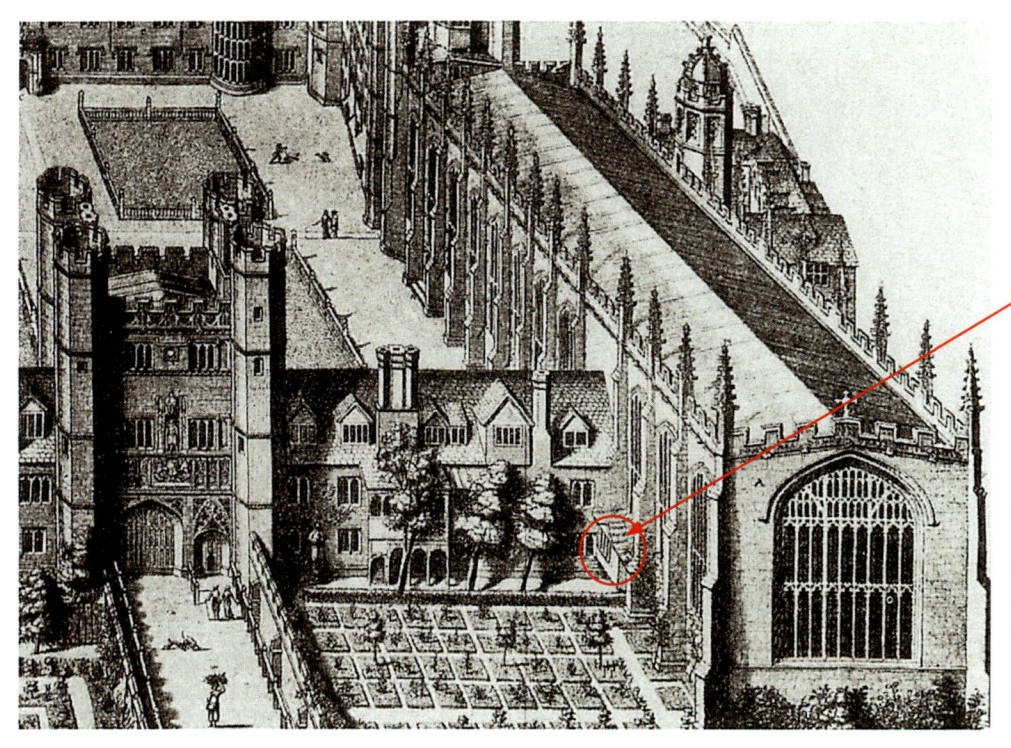

Abb. 56: Newtons Laboratorium im Trinity College der University of Cambridge, wahrscheinlich im Schuppen oder Anbau an der Kirchenwand, Kupferstich (Ausschnitt), in: David Loggan: Cantabrigia illustrata, Cambridge 1690

für die Experimente zur Optik, Gravitation oder Mechanik.[17] Auch in der Alchemie stand die systematische Entschlüsselung von Naturgesetzen mit Hilfe exakter und methodisch reflektierter Experimentalbeobachtungen im Mittelpunkt – mit dem einzigen Unterschied, dass Newtons alchemische Forschung nicht auf ein Partialphänomen ausgerichtet war, sondern der Suche nach dem einen universellen Prinzip galt, das alle Phänomene umschloss. Methodologisch lassen sich deswegen nur wenige Unterschiede feststellen zwischen der Observation von Planetenbewegungen oder den Experimenten mit Prismen und der Beobachtung von Stoffreaktionen auf der Suche nach dem ‚Stein der Weisen', insofern Newton auch bei seinen alchemischen Experimenten großen Wert darauf legte, seine Versuche innerhalb der alchemischen Wissensordnung transparent und überprüfbar zu machen. Hierzu notierte er über Jahrzehnte alle Details seiner Experimentalaufbauten, angefangen bei den Ingredienzien, über den Versuchsaufbau, die Durchführung bis hin zu den erwarteten und tatsächlichen Ergebnissen.

Newton begann vermutlich 1668, spätestens aber 1669 mit seinen alchemischen Experimenten, wenngleich die ältesten erhaltenen Aufzeichnungen aus der Zeit nach 1678 stammen, nachdem ein Feuer sein Laboratorium im Trinity College der University of Cambridge (**Abb. 56**) verwüstet und alle Schriften vernichtet hatte. Sie enden mit Ausnahme einiger versprengter Nachträge relativ abrupt im Sommer 1696 mit seiner Übersiedlung nach London an die Royal Mint.[18] Newton war sein Leben lang streng

---

17 Dobbs und Jacob nennen als Beispiel für die Konvergenz von Orbitalmechanik und Alchemie den vermutlich 1672 geschriebenen Traktat *Of Natures obvious laws & processes in vegetation*. Vgl. Dobbs/Jacob 1998, S. 35 f. Vgl. auch Newman 2010.

18 Vgl. zu den Datierungen Dobbs/Jacob 1998, S. 20 u. S. 49 sowie Westfall 1993, S. 210 f. Eine Liste mit allen bis 1970 ent-

deckten alchemischen Handschriften Newtons findet sich im Appendix A in Dobbs 1975, S. 235–250. Dobbs, Newman und Westfall zufolge hat Newton in dieser Zeitspanne Aufzeichnungen im Umfang von rund einer Million Wörtern hinterlassen. Vgl. Newman 2002, S. 358.

darauf bedacht gewesen, dass keine Kunde von seinen alchemischen Tätigkeiten an die Öffentlichkeit gelangte,[19] und auch nach seinem Tod im Jahr 1727 wurden die alchemischen Schriften so effektiv unter Verschluss gehalten,[20] dass die Fachwelt im Jahr 1936 mit großem Erstaunen auf die Versteigerung der so genannten *Portsmouth Papers* reagierte, die eine Vielzahl alchemischer Handschriften umfassten, darunter ein von Newton selbst angelegter *Index Chemicus*, dessen 123 Seiten rund 7000 Stichworte mit 100 Autoren, ca. 150 Schriften und 5000 Seitenverweisen auf alchemische Traktate aufführen.[21] Die systematische Erschließung der alchemischen Handschriften dauert bis heute an und erweist sich auch als wissensgeschichtliche Herausforderung, da Newton seine Aufzeichnungen weder datierte noch paginierte oder nummerierte und er noch dazu die Gewohnheit hatte, seine Notizen nicht nur vehement zu korrigieren, sondern einzelne Papiere mehrfach zu verwenden, so dass mitunter auf einem Blatt Aufzeichnungen über unterschiedliche Experimente aus verschiedenen Zeiträumen in unmittelbarer Nachbarschaft zueinander stehen.[22] Größtenteils handelt es sich bei den alchemischen Manuskripten, wenn nicht um Abschriften aus der einschlägigen alchemischen Fachliteratur, dann um Notizen zu seinen eigenen alchemischen Versuchen, deren Lektüre zusätzlich erschwert wird, da ihnen über die Jahre hinweg kein kohärenter alchemischer Code zu Grunde liegt. Zwar nutzte Newton die standardisierten alchemischen Symbole und Decknamen wie „Höllische Göttin", „Schwarzer Rabe" oder „Babylonischer Drache", er setzte sie aber unorthodox und nicht immer quellenkonform ein. An der Oberfläche lesen sich seine Notizen und Manuskripte deswegen zwar wie gewöhnliche alchemische Aufzeichnungen und teilweise erlauben sie es sogar, die beschriebenen Experimente nachzustellen,[23] sie ergeben aber selbst vor dem Hintergrund des damaligen alchemischen Wissens nicht immer einen kohärenten Sinn.[24] Vermutlich unter dem Einfluss von Boyle intensivierte Newton in den 1670er Jahren seine alchemischen Aktivitäten. Er verfasste u. a. einen kurzen Traktat mit dem Titel *Clavis*, der wie alle alchemischen Aufzeichnungen nicht zur Veröffentlichung bestimmt war,[25] in dem er jedoch ein Zwischenfazit seiner bisherigen Experimente zog und die Suche nach dem ‚Stein der Weisen' als bleibendes Ziel benannte. Zudem entwarf er in den 1680er Jahren zeitgleich zur Überarbeitung der *principia mathematica* das Grundgerüst für eine (al-)chemische Parallelstudie, die allerdings nie über das Stadium eines Entwurfs hinausgelangte.[26]

---

19 In dem sehr intensiven Briefwechsel zwischen Newton und insbes. Locke werden alchemische Experimente beispielsweise nur einmal, im Sommer 1692, offen angesprochen. Vgl. Lockes Brief an Newton vom 26. Juli 1692 (Newton 1961, Bd. 3, S. 216 f.) und Newtons Antwort an Locke vom 2. August 1692 (ebd., Bd. 3, S. 217–219). Dass es Newton dennoch nicht vollständig gelang, sein Interesse an der Alchemie zu verbergen, zeigt ein Manuskript vom März 1695 oder 1696, das von dem Besuch eines „Londoners aquainted wth Mr Boyle & Mr Dickinson" berichtet, der ein Gespräch über die Alchemie von Jodocus a Rhe suchte. Vgl. Newton 1967, S. 196–199, hier: S. 196.

20 Noch im 19. Jahrhundert hatte eine Kommission der Universität Cambridge Newtons Aufzeichnungen attestiert „of very little interest [and not] of any great value" zu sein und einen Erwerb abgelehnt. Vgl. Principe 2011, S. 308.

21 Der britische Wirtschaftswissenschaftler John Meynard Keynes ersteigerte damals einen Großteil der alchemischen Aufzeichnungen Newtons und vermachte sie dem King's College der University of Cambridge. Sie bilden den größten geschlossenen Bestand an alchemischen Handschriften und werden seit den 1990er Jahre in einer Kooperation der University of Sussex (*The Newton Project*) und der Indiana University Bloomington (*The Chymistry of Isaac Newton*) elektronisch erschlossen. Zu den Details der Versteigerung vgl. Spargo 1992.

22 Vgl. Golinski 1993, S. 192.

23 Der US-amerikanische Wissenshistoriker William R. Newman hat einige Experimente von Newton nachgestellt. Sie sind einsehbar auf der Website *The Chymistry of Isaac Newton* unter http://webapp1.dlib.indiana.edu/newton/reference/mineral.do (03.01.2014).

24 So konnte insbes. das Emblem des „grünen Löwen" bislang nicht entschlüsselt werden, obwohl es wiederholt in Newtons alchemischen Aufzeichnungen vorkommt, vgl. Wagner 2011, S. 223–232. Der Gebrauch in *Praxis* legt allerdings nahe, dass es sich um eine starke Kupferlegierung handelt.

25 Der einzige alchemische Text, der zu Lebzeiten Newtons publiziert wurde, ist der kurze Traktat *De natura acidorum*. Vgl. Newton 1961, S. 205–214.

26 Vgl. Dobbs 1991, S. 122–168. Vermutlich gehört auch der erwähnte alchemische Index in den Kontext dieser Studie.

In diese Phase der erneuten Beschäftigung mit den mathematischen Grundsätzen der Natur bei gleichzeitiger Intensivierung der alchemischen Experimente fällt mit großer Wahrscheinlichkeit auch die Verfertigung des hier präsentierten Manuskripts mit dem Titel *Praxis*,[27] das in der Forschung als Höhe- und zugleich Schlusspunkt seiner alchemischen Forschung bewertet wird.[28] Hierzu passt, dass Newton im letzten Teil des Traktats die Erschaffung des *agento primo*, des ersten Prinzips, das als Mediator zur Herstellung des ‚Steins der Weisen' benötigt wird, als gelungen verkündet.[29] Die Handschrift besteht aus insgesamt 28 Seiten, von denen zwei fast unbeschrieben sind, umfasst ca. 5500 Wörter und ist, wenn auch durchsetzt mit alchemischen Symbolen und längeren lateinischen Zitaten größtenteils auf Englisch gehalten. Als „chemical nomenclature of the Egyptians, and a praxis of alchemy extracted from various authors, with a duplicate folio partly cancelled"[30] findet das Manuskript im 19. Jahrhundert kurz Erwähnung, um sofort wieder aus dem Fokus der Aufmerksamkeit zu verschwinden, bis es 1936 zusammen mit den übrigen Handschriften Newtons versteigert wird. 2006 gelangte es als Teil der Babson Collection als ständige Leihgabe an die Huntington Library in Südkalifornien. Da die Handschrift, wie fast alle privaten Aufzeichnungen Newtons nicht datiert ist, ist eine exakte zeitliche Einordnung schwierig und kann nur indirekt insbes. über die im Traktat erwähnten Abhandlungen erfolgen. Von der alchemischen Fachliteratur, die Newton nachweislich zur Verfügung standen, finden folgende Autoren resp. Schriften Erwähnung: Alexandre-Toussaint de Limojon de Saint-Didier (*Le Triomphe hermétique*), Nicolas Flamel, Basilius Valentinus (*TriumphWagen Antimonii*), Johannes de Monte Snyders (*Metamorphosis Planetarum* und *De Pharmaco Catholico*), Michael Sendivogius (*Novum Lumen Chymicum*), Philalethes, d. i. George Starkey (*Fons Chemicae philosophiae*, *The Marrow of Alchemy* und *An Exposition upon the First Six Gates of Sir George Ripley's Compound of Alchymie*), Michael Maier (u. a. *Hieropglyphica*), Antoine Legrand (*Arcana Arcanorum*) sowie Auszüge aus dem 1620 anonym erschienen *Clangor buccinae propheticae de novissimis temporibus*. Insbesondere der Verweis auf Limojon de Saint-Didiers *Le Triomphe hermétique*, das erstmalig 1689 in Amsterdam erschienen war,[31] sowie auf einen Brief Nicolas Fatio de Duilliers („Epis. N. Fatij"[32]) erlauben es, die Entstehungszeit des Manuskripts zweifelsfrei auf die Periode nach 1689 zu datieren. Zieht man – wie Dobbs es tut[33] – die Intensivierung des Kontaktes zwischen Newton und Duillier in den frühen 1690er Jahren und die im Vergleich zu den Autographen der 1670er und 1680er Jahre auffällig verengte Handschrift hinzu, so verschiebt sich das Entstehungsdatum in die Mitte der 1690er Jahre[34] und rückt damit an das Ende von Newtons praktischer alchemischer Experimentalphase.

Die 28 Seiten des Manuskripts unterteilen sich in drei größere und praktisch eigenständige Text-

---

27 *Praxis*, Babson Ms. 420 (Grace K. Babson Collection of the Works of Sir Isaac Newton, ständige Leihgabe des Babson College an die Huntington Library, San Marino, California, USA), ersteigert 1936 im Sotheby Lot SL74. Vgl. auch Newton Catalogue ID: ALCH00094.
28 Westfall spricht vom „most important essay [Newton] ever wrote" und auch Dobbs schätzt den Stellenwert von *Praxis* ähnlich hoch ein, wenn sie von einem „climatic work" spricht. Vgl. Westfall 1993, S. 210 sowie Dobbs 1991, u. a. S. 71.
29 Der Trakat schließt mit dem Satz: „[...] fire is not transmutted wth their matter becaus it is not their matter, but turns it wth all ist feces [20] into ye elixir. W^{ch} deserves wellt o be considered. For this is ye best explication of their saying the ye stone is made of one only thing." *Praxis*, Babson Ms. 420 (wie Anm. 27), fol. 19/20. Der Traktat selbst ist im Original unpaginiert; die hier angegebenen Seitenzahlen folgen der fortlaufenden Zählung der Einzelblätter. Sie entsprechen den Seitenangaben in der Partialtranskription von Dobbs. Vgl. Dobbs 1991, S. 296–305.
30 Zit. nach ebd., S. 293.
31 Alexandre-Toussaint de Limojon de Saint-Didier: Le Triomphe hermétique ou la Pierre philosophale victorieuse, Amsterdam 1689.
32 *Praxis*, Babson Ms. 420 (wie Anm. 27), fol. 13.
33 Dobbs 1991, S. 294.
34 Hiergegen spricht allerdings, dass Newton in *Praxis* einen Brief Fatio de Duilliers zitiert, den er in der ersten Hälfte des Jahres 1693 erhalten haben muss, da die Freundschaft zwischen ihnen im Sommer 1693 abrupt endete. Vgl. Fanning 2009, S. 186 f. Die Studie von Fanning ist wenig mehr als eine Zusammenstellung der Forschungsergebnisse von Dobbs und Westfall. Leider weist er die Quelle seiner Angaben zu Newton und Fatio Duillier nicht genau aus.

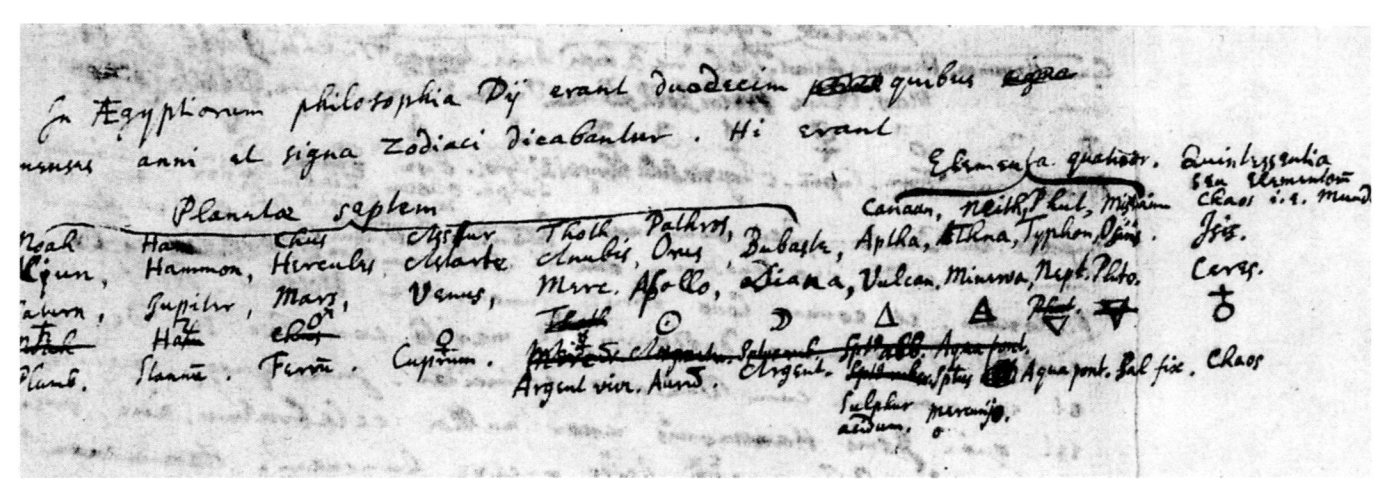

Abb. 57: Isaac Newton: Praxis, Babson MS 420, fol. 2 (Ausschnitt)

teile, die wissenshistorisch von unterschiedlicher Relevanz sind. Die Aufzeichnungen, die im eigentlichen Sinne die *Praxis* bilden, umfassen mit den Seiten 3 bis 20 hierbei lediglich den Mittelteil.[35] Ihnen sind zwei Seiten mit überwiegend lateinischen Notizen vorgeschaltet, in denen es um die Ableitung der Namen und Symbole für Metalle von den ägyptischen Göttern geht. In diesem ersten Peritext finden sich u. a. drei Tabellen, von denen die erste allerdings durchgestrichen ist, welche die Beziehung der Metalle zu den ägyptischen und griechischen Göttern sowie zu den Planeten veranschaulichen (**Abb. 57**). Auf sie wird in der eigentlichen *Praxis* indirekt Bezug genommen, wenn Newton punktuell mit der vorab skizzierten symbolischen Systematik arbeitet. Die folgenden 18 Seiten, die mit der mittig gesetzten Überschrift *Praxis* als der Traktat im eigentlichen Sinne gekennzeichnet sind, untergliedern sich nochmals in fünf Teilkapitel, die die Überschriften Cap. 1 *De Materijs Spermaticis* (fol. 3–4), Cap. 2 *De materia prima* (fol. 4–7), Cap. 3 *De Sulphure Ph[ilosoph]orum* (fol. 7–10), Cap. 4 *De agente primo* (fol. 10–12) sowie Cap. 5 *Praxis* (fol. 12–20) tragen. Das letzte und umfangreichste Teilkapitel kann hierbei nicht nur aufgrund der Revokation des Haupttitels als eine Art Zusammenfassung verstanden werden, rekapituliert es doch die in den vorherigen vier Kapiteln entfaltete Argumentation und spitzt sie gleichzeitig zu. An der immer dichter gedrängten Schrift, den schmaleren Zeilenabständen, dem fast vollständigen Wegfall von Streichungen und Korrekturen sowie der deutlichen Abnahme an Zitaten und Querverweisen auf die Fachliteratur wird auch optisch sichtbar, dass es sich bei diesem Teilkapitel um Newtons dichteste und eigenständigste Formulierung handelt (**Abb. 58** und **Abb. 59**). Es scheint inhaltlich wie typografisch, als habe Newton sein alchemisches Wissen hier auf dem engen Raum einiger weniger Seiten nicht nur komprimiert, sondern finalisiert.[36] Dass es sich bei der *Praxis* trotz aller Korrekturen und Streichungen nicht um einen spontan niedergeschriebenen, sondern einen wohlüberlegten und komponierten Text handelt, wird spätestens beim Blick auf die letzten 8 Seiten der Handschrift deutlich, bei denen es sich

---

35 Vgl. zu den Seitenangaben Anm. 29.
36 Fanning geht sogar soweit zu behaupten, Newton habe in *Praxis* die Entdeckung des ‚Steins der Weisen' in dem üblichen verschlüsselten Code der Alchemiker bekannt gegeben. Es wäre daher nur konsequent, dass er danach seine alchemischen Experimente aufgegeben habe. Vgl. Fanning 2009, S. 192–195. So verlockend diese Spekulation für alchemie-affine Leser/innen sein muss, so bleibt sie angesichts der überaus dürftigen Argumente, die Fanning anführt und die sich in der Vermutung erschöpfen, Newton habe eben in *Praxis* den tatsächlichen Vorgang seiner Experimente verzeichnet, unglaubwürdig.

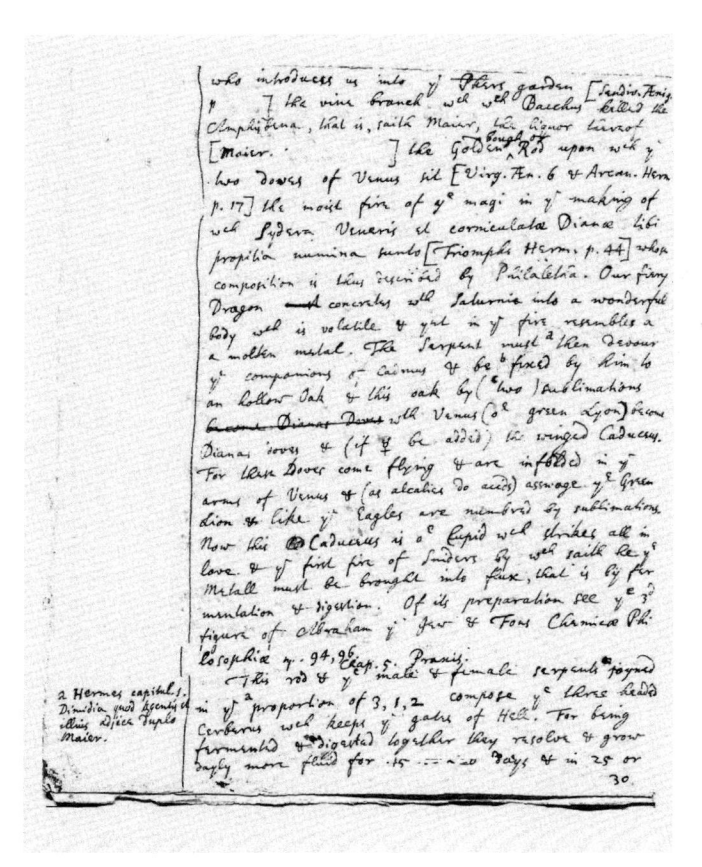

Abb. 58: Isaac Newton: Praxis, Babson MS 420, fol. 12

Abb. 59: Isaac Newton: Praxis, Babson MS 420, fol. 13

mit großer Wahrscheinlichkeit um die Vorarbeiten zu den Teilkapiteln 4 und 5 handelt. Sie sind allerdings so unsystematisch und in weiten Passagen kaum mehr zu entziffern, dass eine genaue Rekonstruktion und Zuordnung nur noch an den Stellen möglich ist, die Newton eigens markiert hat.

Angesichts der insgesamt heterogenen Komposition des Gesamtmanuskripts ist es schwierig einen thematischen Aspekt zu isolieren und ihm vor allen anderen Priorität einzuräumen. Zu breit gefächert ist das alchemische Themenspektrum, das Newton im eigentlichen Traktat durchschreitet. Allerdings kann man an mehreren Stellen bemerken, dass die in der Praxis formulierten Überlegungen im größeren Kontext seines Interesses an Prozessen der Fermentierung im Allgemeinen und an der von Metallen im Besonderen standen. Während die Prozesse der Fermentierung bei organischen Stoffen bestens bekannt waren und u. a. in der Bierherstellung standardmäßig genutzt wurden, war die Fermentierung von anorganischen Stoffen und hier in erster Linie von Metallen ein der Alchemie vorbehaltenes Themenfeld, um das sich verschiedene Theorien rankten.[37] Auf sie kommt Newton explizit im vierten Kapitel De agente primo zu sprechen, wenn er ausgehend von der Verschmelzung der beiden Schlangen im „Stab des Merkur" schreibt: „Now this [unleserlich] Caduceus[38] is o^r Cupid wch strikes all in love & ye first fire of Sniders by wch saith he ye Metall must be brought into flux, that is by fermentation & digestion."[39] Die angespro-

---

37 Zu der für Newton einflussreichen Theorie des belgischen Alchemikers van Helmont, die Basis aller Fermentierungen sei das Element des Wassers, vgl. den kurzen, aber instruktiven Abriss in Newman 2002, S. 361–363.

38 Caduceus ist sowohl die lateinische als auch die alchemische Bezeichnung für den „Stab des Merkur".

39 Praxis, Babson Ms. 420 (wie Anm. 27), fol. 12.

chene Fermentierung von Metallen ist auch in der alchemischen Praxis von Newton kein Selbstzweck, sondern stellt einen notwendigen Schritt im Prozess der Herstellung einer anderen Substanz dar, die das geheime Zentrum des Traktats bildet. Es geht um die Erzeugung eines bestimmten „black pouder"[40], das – von Newton auch als „our pluto"[41] bezeichnet – das „first gate" auf dem Weg zur Herstellung des ‚Steins der Weisen' ist. Auf seine besondere Bedeutung im Zusammenhang mit der Fermentierung von Metallen, die der des ‚philosophischen Quecksilbers' nahe kommt, jenes Prinzips des Schmelzens, das entscheidenden Anteil an der Herstellung des *Lapis philosophorum* hat,[42] kommt Newton im nächsten Absatz zu Beginn des letzten und wichtigsten Teilkapitels zu sprechen. Hier heißt es folgendermaßen:

> „For being fermented & digested together they [die Metalle, Anm. H. Siebenpfeiffer] resolve & grow dayly more fluid for 15 or 20 days & in 25 or 30 days begin to lack breath & thicken & and put on a green colour & [*Streichung*] in 40 days turn to a rotten black pouder. The green matter may be kept for ferment. Ist spirit is ye blood of ye green Lion. The black pouder is our Pluto, ye God of wealth, o^r Saturn who beholds himself in ye looking glass of ♂ [Mars, Eisen, Anm. H. Siebenpfeiffer], the calcination wch they call ye first gate [...]."[43]

Auch wenn es sicherlich weit hergeholt ist, diese verschlüsselten Hinweise Newtons als Belege für die Tatsache zu lesen, er habe Mitte der 1690er Jahre tatsächlich philosophischen Merkur hergestellt – denn hierfür gibt der Text nicht zuletzt aufgrund seiner überwiegend kryptischen Codierung keinen eindeutigen Beweis –, so ist er gleichwohl alchemie- und wissenshistorisch interessant, denn er zeigt eine erstaunlich problemlose Nachbarschaft, wenn nicht sogar intrinsische Verbindung von ‚okkulter' und ‚wissenschaftlicher' Forschung an. Die scharfe Distinktion zwischen ‚richtiger' Wissenschaft auf der einen und ‚vor-' bzw. ‚unwissenschaftlicher' Magie auf der anderen Seite, aus der die modernen Naturwissenschaften bis heute ihre Valenz beziehen, hatte bis ins 18. Jahrhundert hinein noch keine Gültigkeit. Die Geburtsstunde der *nova scientia* erweist sich mit Blick auf Newtons alchemische *Praxis* deswegen als zumindest kontaminiert, wenn nicht gar aufs engste verwoben mit Praktiken, von denen sich abzugrenzen sie stets bemüht war.

---

40 Ebd., fol. 13.
41 Ebd.
42 In der arabischen Alchemie war die Materie das Resultat der Verschmelzung der beiden Prinzipien (nicht der Stoffe!) von Schwefel und Quecksilber, wobei der philosophische Schwefel als männliches Prinzip die Elemente von Feuer und Luft und das philosophische Quecksilber als weibliches Prinzip Erde und Wasser inkorporierte. Das philosophische Quecksilber wird deswegen, wenn auch verkürzt, als *prima materia* gefasst. Die Vereinigung beider Prinzipien wird in der Verschlingung der beiden Schlangen im „Stab des Merkur" versinnbildlicht. Vgl. Weyer 1998; Figala 1998d.
43 *Praxis*, Babson Ms. 420 (wie Anm. 27), fol. 12.

KATALOG

Die Alchemie – Kontexte und Phänomene

Stefan Laube

Sieben Metalle und planetarische Steuerung

1 Weltlandschaft der Alchemie

Kupferstich von Matthäus Merian, in: Musaeum Hermeticum Reformatum Et Amplificatum, Omnes Sopho-Spagyricae Artis Discipulos fidelissime erudiens, Frankfurt am Main: Sand 1678.
HAB: Xb 9751

Alchemie ist Materialkunde, insbesondere verbirgt sich dahinter Metallwissen. Auf komplexen Kupferstichen, wie dem Systembild von Matthäus Merian (Abb. und Beschreibung s. Beitrag von Hartmut Böhme, S. 21, **Abb. 1**), sind die verschiedenen Metalle an zentraler Stelle als Bäume dargestellt. Der Baum des Goldes scheint aus dem Kopf des Adepten herauszuwachsen. Bäume der Metalle dienen als Scharnier zwischen unterirdischer und himmlischer Welt, sie stehen ebenso mit dem Reich der Mineralien in Verbindung wie mit den Sternen am Firmament (**Kat. Nr. 11**).

Metalle fallen aus dem Rahmen. Sie glänzen und klingen; sie sind fest, gewichtig, aber dennoch biegsam. „Metallschock" – so bezeichnen Archäologen die Erscheinung, als der Mensch erstmals auf Metalle stieß. Metalle unterschieden sich in ihren Eigenschaften grundlegend von allen Materialien, mit denen der steinzeitliche Mensch bisher umging. Nicht nur im Reich der Mineralien sind Metalle beheimatet, auch in Pflanze, Tier und Mensch. Überall sind Metalle vorhanden, aber nur an wenigen Orten in einer hinreichenden Verdichtung, so dass sich der Abbau lohnt. Edle Metalle, wie Gold, Silber und Platin kommen in der Natur rein, d.h. gediegen vor. Ansonsten stößt man allerorten auf Erze. Erze sind Gesteine oder Mineralien, die chemische Verbindungen der Metalle mit Sauerstoff, Kohlenstoff und Schwefel (Oxide, Karbonate, Sulfide) eingegangen sind. Erst durch physikalische Verfahren, wie vor allem durch Erhitzung, können aus diesen Konglomeraten reine Metalle gewonnen werden.

Bei den sieben Metallen handelt es sich um Blei, Zinn, Eisen, Kupfer, Quecksilber, Silber und Gold. Damit waren keine irreduziblen chemischen Elemente gemeint. Vielmehr war man davon überzeugt, dass bei ihnen in jeweils unterschiedlicher Mischung die vier aristotelischen Elemente – Feuer, Wasser, Erde, Luft – materialisiert sind. Aus heutiger Sicht waren also Metalle damals nicht elementarer Natur, vielmehr waren sie aus den vier Substanzen, die wir heute eher Aggregatzustände nennen, zusammengesetzt. Da jedes Metall auf die gleichen Bestandteile zurückzuführen war, lag es nahe, die Verwandlung eines Metalls in ein anderes anzunehmen. Im Vordergrund stand die sowohl in der Natur wie auch in der Retorte für möglich gehaltene Verwandlung von Blei zu Gold.

Das chemische Element Blei (Ordnungszahl 82/Zeichen Pb) ist ein auffallend glänzendes schweres Metall, das schon lange bekannt ist. Es gilt als das unedle Metall schlechthin und damit als Antipode des Goldes. Charakterisiert ist es durch seine besondere Nähe zur gestaltlosen Urmaterie, der *Materia prima*. Das chemische Element Zinn (Ordnungszahl 50/Zeichen Sn) wurde in der Antike „weißes Blei" genannt, im Rahmen der organischen Wachstumsvorstellungen galt es als unfertiges Silber. Significant ist seine Zwischenstellung zwischen dem edlen Silber und dem unedlen Blei. Das häufig vorkommende chemische Element Eisen (26/Fe) liegt kaum gediegen vor, sondern gebunden als Oxid, Sulfid oder Karbonat. Meist gewinnt man Eisen durch Reduktion von oxidhaltigen Eisenerzen im Hochofen. Eisen ist seit der so genannten Eisenzeit (um 1000 v. Chr.) das am häufigsten verwendete Gebrauchsmetall. Das chemische Element Kupfer (29/Cu) ist neben dem Blei das am frühesten bekannte und praktisch genutzte Metall. Die Legierungen Bronze und Messing setzen die Kupferverhüttung voraus. Kupfer gehörte mit Blei, Zinn und Eisen zur Tetrasomie, d.h. zum Viererbund der unedlen Metalle, die dem hypothetischen Urstoff, der *Materia prima* nahestehen. Das chemische Element Quecksilber (80/Hg) unterschied sich von den anderen Metallen dadurch, dass es bei Raumtemperatur flüssig ist und dass es sich leicht mit anderen Metallen amalgamiert. Das Goldamalgam ähnelt oft reinem Gold. Quecksilber ist sowohl flüchtig und beständig, flüssig und fest. Seine Zwitterstellung machte dieses Metall besonders geeignet, die auf Gegensätzen beruhenden Operationen der Alchemie zu verkörpern. Die chemischen Elemente Silber (47/Ag) und Gold (79/Au) gelten als Edelmetalle und werden in der Natur meist gediegen vorgefunden. Beide Metalle sind selten und äußerst resistent gegen Korrosion. Oxidationsprozesse können ihren Glanz, ihre Beständigkeit und Festigkeit kaum mindern. Silber wurde mit der Farbe Weiß, mit dem fahlen Licht des Mondes, in Verbindung gebracht. Das Gold, „König der Metalle" genannt, assoziierte man wegen seines Glanzes und seiner Farbe mit der Sonne. Gold ist besonders dehnbar und geschmeidig. Aus einem einzigen Gramm kann ein Draht von zwei Kilometer Länge gezogen werden. Schon immer verwies das Gold auf das Ewige und Göttliche.

Ein Denken in Analogien und Korrespondenzen prägt das Wissensfeld der Alchemie: Stellare und irdische Sphäre sind stets miteinander verschränkt – zwischen Makrokosmos und Mikrokosmos, Universum und Mensch besteht ein Wirkungsfeld. Von herausragender Bedeutung in diesem Setting ist die Verknüpfung zwischen den wandelnden Himmelskörpern und den im Unterirdischen heranreifenden Metallen. Die alchemische Terminologie der frühen Neuzeit schöpft nicht zuletzt aus der Analogie der sieben Planeten mit den sieben Metallen. Die Planeten sind wiederum den zwölf Tierkreiszeichen zugeordnet. Alchemie und Astrologie sind Geschwister. Bereits in antiken Quellen wird die Alchemie als *Astronomia inferior* bezeichnet. Babylonische Astrologen verknüpften Planeten mit bestimmten Metallen. Man ging davon aus, dass Licht und Konstellation der Planeten materielle Prozesse in Gang setzten, vermochten doch Himmelskörper alles, was ihre Strahlen berührten, zu beeinflussen bzw. zu gestalten. Ohne die Strahlen der Sonne würde es auf der Erde kein Gold geben, ohne Mondlicht kein Silber. Der funkelnde Mars war für das Wachstum des Eisens, der glitzernde, aber träge Saturn für das des Bleis unerlässlich. Merkur, der sonnennächste Planet, war zuständig für das Quecksilber. Bis heute wird dieses Metall im englischen Sprachraum *mercury* genannt. Ein gewichtiger Faktor, der die Korrespondenz zwischen den Metallen und den Planeten in Frage stellen sollte, war die Entdeckung neuer Metalle in der frühen Neuzeit, wie Zink, Antimon, Platin und Bismut.

Die Farbgebung stellte oft das ausschlaggebende Kriterium dar, bestimmte Planeten mit einzelnen Metallen in Beziehung zu setzen. Der schon in der Antike als rötlich leuchtender Himmelskörper wahrgenommene, den Namen des Kriegsgottes tragende Mars spiegelte in seinem Farbcharakter Feuer und Blut. Zugleich war dieser Planet auf Erden für die Entstehung des Eisens verantwortlich und damit für ein Material, das sich besonders für Waffen eignete. Im 20. Jahrhundert sollten authentische Bodenproben des Marsbodens ergeben, dass dort ein hoher Eisengehalt die rötliche Färbung verursacht. Rot konnte aber auch als etwas ganz anderes gedeutet werden: Venus als Göttin der Liebe symbolisierte Kupfer, ein rötlich – also in der Farbe der Liebe – schimmerndes Metall. Saturn als entferntester der damals bekannten Planeten, der am längsten benötigte, um seine Umlaufbahn zu umrunden, wurde stets mit Blei assoziiert. Nur ein schwerfälliger Planet schien geeignet zu sein, sich mit diesem schweren Metall zu verbinden.

Literatur:
Burckhardt 1960; Friend 1961, S. 186–198; Moesta 1983, S. 6–40; Pelikan 1981.

2 Metalle zwischen Götterbild und Planetensymbol

Michael Maier: Viatorium, hoc est, De Montibus Planetarum septem seu Metallorum, Oppenheim: Bry, Galler 1618.
HAB: 218 Quod. (2)

Aufgeschlagen: Titelkupfer (**Abb. 60**)

Das Titelkupfer von Michael Maiers *Viatorium, hoc est, De Montibus Planetarum septem seu Metallorum* zeigt oben in der Mitte den Autor als bärtigen Mann mit einem Kreiselkompass in der Hand. Sieben Götterfiguren umgeben ihn. Genauer gesagt sind hier sieben Metalle in Gestalt der in der Antike bekannten Planeten – Merkur, Venus, Mars, Jupiter, Saturn – sowie Sonne und Mond versammelt. Zeichen und Attribute, die ebenfalls abgebildet sind, lassen eine zweifelsfreie Identifikation der Personifikationen zu. Im Uhrzeigersinn eröffnet oben rechts das Gold bzw. die Sonne als ein gekrönter Mann mit Szepter und Löwe den Reigen. Ihm folgt die auf Silber verweisende Göttin Luna sowie der gerüstete Mars, der Protektor für Eisen. Ihm gegenüber unten links steht Venus als Kupfer-Allegorie mit einem Feuerkelch in ihrer Linken. Ihr schließen sich mit Jupiter (Zinn) und Saturn (Blei) stattliche Männerfiguren an. Oben links wird das Quecksilber durch den Götterboten Merkur allegorisiert, der mit dem schlangenumwundenen Botenstab (*Caduceus*) und den hier fehlenden geflügelten Stiefeln die Flüchtigkeit dieses Stoffs zum Ausdruck bringt. Das dazugehörige Zeichen ist nicht vollständig. Es fehlt die sich an den Kreis anschmiegende Sichel an der Spitze.

Auf dem Titelkupfer wird ein konstitutiver Bestandteil der alchemischen Lehre behandelt: Die Metalle werden durch die Einwirkung von Sonne und Mond sowie der fünf mit bloßem Auge sichtbaren Wandelsterne erzeugt. Mit dem Erz unter der Erde und den Himmelskörpern schien eine konzise Klammer geschaffen, Makro- und Mikrokosmos miteinander zu verbinden. Autor des Buches ist Michael Maier (1569–1622) – Arzt, Alchemiker und Dichter in Personalunion –, der zwischen 1616 und 1624 bei den Verlegern Johann Theodor de Bry und Lucas Jennis eine Reihe von poetischen Schriften zur Alchemie veröffentlichte. In all seinen Schriften verstand sich Maier als Verteidiger der Transmutationsalchemie, die er als die „warhafte Chemia" konsequent von betrügerischen Praktiken der Alchemisten abgrenzte.

Wie der ausführliche Titel schon sagt, will Maier dem Leser eine „Wegbeschreibung" (*viatorium*) zu den sieben Bergen der Metalle geben. Diese Reiseanleitung soll ihm helfen, sich im „Labyrinth" der alchemischen Irrtümer zurecht zu finden. Eigenschaften der Metalle werden mit dem Aufstieg zum philosophischen Gipfel in Beziehung gesetzt, aber auch mit dem Herumirren in Irrgärten, wobei Maiers Text die Funktion hat, dem Leser den „Ariadnefaden" zu reichen. Maiers Beschäftigung mit Erzen und Planeten im *Viatorium* ist ein treffendes Beispiel für die ausgeprägte Imaginationskraft der Alchemie, die aus mythologischen Versatzstücken schöpft. Maier nähert sich der Natur hochgradig metaphorisch. Mythen der Antike waren für ihn Allegorien naturkundlichen Geheimwissens bzw. eine symbolische Verschlüsselung des alchemischen Prozesses.

Kreis, Halbkreis und Kreuz sind die geometrischen Figuren, aus denen in der Regel die Planetensymbole bestehen. Für Alchemiker waren diese Zeichen alles andere als beliebig, vielmehr formten sich Linie und Punkt, Kreuz und Kreis zu einer sprechenden Signatur. Der Grad der Vollkommenheit eines Metalls spiegelte sich in der Harmonie des dazugehörigen Symbols, in der Stellung von Kreuz, Kreis und Linie zueinander.

☉	☽	☿	♀	♂	♃	♄
Sonne	Mond	Merkur	Venus	Mars	Jupiter	Saturn
Gold	Silber	Quecksilber	Kupfer	Eisen	Zinn	Blei

Der Kreis mit dem Punkt im Zentrum ist das Zeichen für die Sonne (Sonnenscheibe), der Halbkreis bzw. die Sichel das Zeichen für den Mond. Das Kreuz symbolisiert die vier Himmelsrichtungen bzw. auf Erden die vier Elemente. In den Planetensymbolen kamen kosmische Polaritäten zum Ausdruck: Die Sonne stellte den männlichen, tätigen Pol dar, der Mond den weiblichen, empfangenden. Infolge der Interaktion von Sonne und Mond bzw. von Kraftimpuls und gestaltbarem Stoff formen sich unter dem Zeichen des Kreuzes, d. h. der vier Elemente die verschiedenen Stoffe. Das Zeichen für Saturn zeigt einen stilisierten Halbkreis am unteren Arm des Kreuzes, wodurch der tiefe, dumpfe, fast schon „chaotische" Charakter des Bleis markiert ist. Beim Zinn- bzw. Jupitersymbol als Metall zwischen Blei und Silber hingegen steht der Bogen, der auf die Mondsichel verweist, auf dem waagrechten Kreuzbalken. Nur das Zeichen für Quecksilber enthält mit Kreuz, Kreis und Halbkreis alle drei Grundfiguren. Dieses Zeichen verkörpert als Urstoff bzw. Träger aller Metalle die exzeptionelle Stellung des *Mercurius*.

Literatur:
Burckhardt 1960, S. 84–101; Burnett 1998; Klossowski de Rola 1988, S. 127–132; Telle 1980a.

MICHAELIS MAJERI
VIATORIUM,
hoc est,
DE MONTIBVS PLANETARVM
septem seu Metallorum;
TRACTATUS tam utilis, quàm perspicuus, quo, ut Indice Mercuriali in triviis, vel Ariadnêo filo in Labyrintho, seu Cynosurâ in Oceano Chymicorum errorum immenso, quilibet rationalis, veritatis amans, ad illum, qui in montibus sese abdidit DE Rubea-petra Alexicacum, omnibus Medicis desideratum, investigandum, uti poterit.

OPPENHEIMII
Ex typographia HIERONYMI GALLERI,
Sumptibus JOH. THEODORI de BRY.

M DC XVIII.

Abb. 60 = Kat. Nr. 2: Michael Maier: Viatorium […], Oppenheim 1618, Titelkupfer. HAB: 218 Quod. (2)

Das Erdinnere als *Magna Mater*

Die Vorstellung einer unbelebten Natur, die Abgrenzung einer anorganischen Chemie war dem Mittelalter und der frühen Neuzeit nicht vertraut. Der gesamte Kosmos mit all seinen Bestandteilen schien lebendig, er wurde geboren, wuchs heran, reifte, alterte und starb. Dementsprechend wurde die nährende Erde (*nutrix terra*) als Kugelkörper einer Frau dargestellt (**Abb. 61**). „Terra Mater, Petra genitrix" [Mutter Erde, gebährender Stein], so lautet ein bekanntes Kapitel aus Mircea Eliades *Schmiede und Alchemisten* (Stuttgart 1960), um mit dieser Formel eine archaische Wissenskultur zu charakterisieren, die noch spürbar bis ins 16. und 17. Jahrhundert ausstrahlte. Mensch, Erde und Himmel waren Bestandteile eines riesigen, universalen, pulsierenden Organismus, in dem sympathetische Wechselwirkungen zur Entfaltung kamen. Denn wie der Keramiker und Geologe Bernard Palissy in seinem *Recepte veritable* (La Rochelle 1563) schreibt: „Gott schuf alle diese Dinge nicht, um sie müßig sein zu lassen. […] Alles, auch die Erdoberfläche, müht sich, etwas zu gebären; ebenso ist das Innere der Erde, die Matrix, bemüht, etwas hervorzubringen." (Ausgabe 1844, S. 35, Übers. bei Eliade 1960, S. 56)

Gerade, was sich im Inneren der Erde vollzog, war an Lebendigkeit kaum zu überbieten. Es hieß, dass das Innere der Erde in permanenter Schöpfung begriffen sei, dass die Erde dort einen alles gebärenden Uterus enthalte. In Albertus Magnus' *De Mineralibus* [Buch der Steine] wird aus einer alchemischen Quelle zitiert, in der die Erde als Mutter der Metalle firmiert, die sie in ihrem Schoß trägt (III, 2,1, nach: Book of Minerals, Oxford 1967, S. 186). Mutter Natur nährt die Metalle im Berg (**Abb. 62**).

Zwischen dem Nutzenkalkül des Menschen und der Idee der lebendigen Erde bestand von Anfang an ein Spannungsfeld. Bergwerke, die Anhöhen durchbohrten, verletzten die Erde und nötigten dem Bergmann Rechtfertigungsstrategien ab. Paulus Niavis [d. i. Paul Schneevogel] aus Böhmen schildert in seinem *Iudicium Iovis* (1490) eine Gerichtsszene, in der der Bergbau treibende Mensch von der Erde des Muttermordes angeklagt wird. Jede Metallgewinnung sei als Penetration des Erdleibs ein Sakrileg. Frühformen eines ökologischen Bewusstseins werden deutlich, wenn *Terra* darauf hinweist, dass die Erde, die den Menschen auf die Welt bringt und in deren Schoß er beim Tod wieder zurückkehrt, durch metallurgische Praktiken so stark in Mitleidenschaft gezogen wird, dass der Mensch die Grundlage seines Lebens gefährde. Der immer selbstbewusster werdende Mensch versteht es aber,

Abb. 61: Matthäus Merian d. Ä.: Nutrix Terra, in: Michael Maier: Atalanta Fugiens, Oppenheim 1618, Emblem II. HAB: 196 Quod. (1)

in der fiktiven Gerichtsszene seinen Standpunkt offensiv zu vertreten. Der Mensch sei gezwungen Bergbau zu betreiben, da die Erde ihre Bodenschätze nicht von sich aus freilege.

Die Vorstellung einer anthropomorphen Zeugung und Geburt der Metalle hat sich in zahlreichen Quellen der Antike und des frühen Mittelalters niedergeschlagen, bei Plinius und Strabon, in der ägyptisch-arabischen *Turba Philosophorum* sowie der *Picatrix*, einer arabischen Kompilation zur natürlichen Magie – um nur eine kleine Auswahl zu nennen. Nicht nur dem Hermetismus nahe stehende Philosophen der frühen Neuzeit, wie Agrippa von Nettesheim, Bernardino Telesio oder Giordano Bruno ließen sich von diesem Gedankengut inspirieren, ebenso zukunftsweisende Naturforscher, wie Francis Bacon (*Sylva sylvarum* [1627], aus: The Works, Bd. 2, London 1859, S. 442–475). Girolamo Cardano war davon überzeugt, dass die in Bergen lokalisierten metallischen Stoffe „wie die Bäume Wurzeln, einen Stamm, Zweige und mehrere Blätter" aufwiesen (De Subtilitate, in: Opera Omnia, Bd. 3,

Katalog: Die Alchemie – Kontexte und Phänomene

Abb. 62: Antonio Neri: Il tesoro del mondo, 1598/99, fol. 2r, Papier, Federzeichnung aquarelliert, 17 × 11 cm. University of Glasgow Library, Special Collections

Lyon 1563, S. 440). Selbst Robert Boyle, den die Nachwelt des 19. Jahrhunderts zum Vater der modernen Chemie gemacht hat (**Kat. Nr. 22**), ging davon aus, dass die Mineralien, insbesondere die Metalle durch ein „seminal principle" zum Wachsen gebracht würden.

Im Rahmen einer Naturvorstellung, die nach Vollkommenheit strebt, wurde Eisen als unvollendet, Gold dagegen als vollendet ausgereiftes Metall angesehen. Alchemische Verfahren hatten nicht zuletzt den Zweck, diesen natürlichen Wachstumsprozess zu beschleunigen. So ahmt die Alchemie den Bergbau im Labor nach, insbesondere in den Retorten, die als künstliche Mutterschöße fungieren. Auf dem Titelblatt der *Opera Omnia* (Frankfurt am Main 1707) von Johannes Baptista van Helmont ist die bergmännische Arbeit am Fels und die künstliche Deutung durch den Adepten in Parallele gesetzt (**Abb. 63**).

Literatur:
Bachelard 1948; Böhme 1988, S. 67–97; Bredekamp 1981; Eliade 1960.

Abb. 63: Johan Baptista van Helmont: Opera Omnia, Frankfurt a. M. 1707, Titelblatt (Ausschnitt). HAB: Ma 119

3 und 4 Der Bergmann als Geburtshelfer

3

Lazarus Ercker: Aula Subterranea Domina Dominantium Subdita Subditorum. Das ist: Untererdische Hofhaltung [...], Frankfurt am Main: Zunner, Humm 1673.
HAB: 34.4 Phys. 2°

Aufgeschlagen: Kupfertitel (**Abb. 64**)

Das Titelkupfer visualisiert die planetarische Steuerung der Metallbildung im Berg. Es zeigt eine idealisierte Landschaft, wo über und unter Tage Berg- und Hüttenleute ihrer Tätigkeit nachgehen. Die die hebräischen Schriftzeichen יהוה [Jahwe] tragende Sonne bricht aus den Wolken hervor und bestrahlt die ganze Szenerie. Sieben Strahlenbündel gehen von ihr aus, die sieben Bergspitzen beleuchten, die durch ein Planeten- bzw. Metallzeichen gekennzeichnet sind. Beim Berg, auf den der Strahl mit dem Gold- bzw. Sonnensymbol trifft, ist dessen Inneres freigelegt. Man sieht Bergleute bei ihrer beschwerlichen Arbeit, wie sie Erzadern ausfindig machen und Fundstücke abtransportieren. Gegenüber, rechts von der Titelkartusche, ist ein gemauerter Ofen dargestellt, aus dessen Öffnungen Rauch entweicht. Hier scheinen die Metalle von ihren Erzbeimengungen getrennt zu werden. Die ovalen Medaillons des unteren Bilddrittels zeigen weitere Arbeitsschritte bei der Metallherstellung. Deutlich sind ein Ofen und eine Waage zu erkennen.

Makro- und Mikrokosmos, überirdische und unterirdische Prozesse greifen ineinander. Sofort erkennt man: Die Metallogenese ist Folge stellarer Bestrahlung. Das erstmals 1574 unter dem Titel *Beschreibung der allervornehmsten mineralischen Erze und Bergwerksarten* publizierte „Große Probierbuch" von Lazarus Ercker sollte ab 1672 in einem neuen Gewand erscheinen. Seit der sechsten Auflage trägt es den eingängigen Titel *Aula Subterranea alias Probier Buch*. Dass die Montantopographie auf dem Kupfertitel eine alchemisch inspirierte Naturphilosophie spiegelt, ist auf den Herausgeber Johannes Hiskias Cardulacius (1630–1697) zurückzuführen, einem aus Holland stammenden Arzt, der in seinem Denken stark von Johan Baptista van Helmont geprägt war. Dabei kann man den Autor Lazarus Ercker (1528–1594) keinesfalls als einen klassischen Alchemiker bezeichnen. Der Metalltransmutation stand er distanziert gegenüber. Der braunschweigische Münzmeister zu Goslar und spätere Oberbergmeister unter Kaiser Rudolf II. in Prag setzte auf „natürliche und bewerte Sachen" und nicht auf „vergebne Hoffnung" der Alchemisten (Ercker: Beschreibung, 1580, S. 85). Seine Kaiser Maximilian II. gewidmete und 1574 in Prag vollendete *Beschreibung* behandelt ausführlich die damaligen Verfahren zur Gewinnung von Metallen aus Erzen sowie den Nachweis des Metallgehalts und die Zusammensetzung von Legierungen. Das erste nachweisliche Lehrbuch zur berg- und hüttenmännischen Probierkunst (Dokimastik) zeichnet sich durch eine klare Sprache und umfassende Bebilderung aus. Es finden sich Schautafeln mit Aufreihungen von Geräten und Behältern sowie detailreiche Gesamtansichten von Laboratoriums- und Werkstatttypen. Die Bedeutung dieses Probierbuchs ist an der Zahl seiner Auflagen ablesbar. Bis 1756 erlebte das Werk dreizehn Auflagen und wurde in mehrere europäische Sprachen übersetzt. Die vorliegende, unter dem Titel *Aula Subterranea* in Frankfurt erschienene sechste Auflage von 1673, ist um ein Glossar, eine „Interpres Phraseologiæ Metallurgiæ" von Christian Berward erweitert worden.

Das Frontispiz bei Ercker weckt die Vorstellung, dass der Bergmann oder Metallurg als Geburtshelfer fungiert. Die aus dem Bergwerk geförderten Erze schlüpfen in die Rolle von Embryonen, wenn sie auch weitaus langsamer reifen als die pflanzlichen und tierischen Organismen. Da sich Mineralien wie Embryonen im Erdinneren entwickelten, so schien es auch möglich, dass sich Bergwerke erholten, wenn sie einige Zeit nicht benutzt werden. Viele waren der Überzeugung, Erze könnten wieder nachwachsen, vorausgesetzt die Mineraliensamen waren nicht zerstört worden. Würde man ihnen genügend Zeit zu ihrer Entwicklung lassen, dann würde sich jedes Erz vervollkommnen, d. h. letztlich zu Gold entwickeln. Schon in der Antike war die Vorstellung verbreitet, stark genutzte Bergwerke eine gewisse Zeit ruhen zu lassen, damit die Bodenschätze Gelegenheit hatten, wieder nachzuwachsen (Plinius, nat. hist. XXXIV, 49). Diese Ansicht vertraten noch im 17. Jahrhundert Montankundige wie Johannes Joachim Becher in seiner *Natur-Kündigung der Metalle* (Frankfurt am Main 1661, S. 85–100) und Albaro Alonso Barba aus Spanien. Wohl nicht zufällig sollte dessen Buch *El arte de los metallos* von 1640 in der deutschen Übersetzung den Titel *Berg-Büchlein* tragen, verwies es doch auf eine schmale, aber gehaltvolle Abhandlung, die zu Beginn des 16. Jahrhunderts veröffentlich worden ist (**Kat. Nr. 4**).

Abb. 64 = Kat. Nr. 3: Lazarus Ercker: Aula Subterranea Domina Dominantium […], Frankfurt a. M. 1673, Kupfertitel. HAB: 34.4 Phys. 2°

4

[Ulrich Rülein von Calw:] Eyn wolgeordent und nützlich büchlin, wie man Bergwerck suchen un[d] finden sol, Worms: Schöffer 1518.
HAB: 416 Quod. (3)

Aufgeschlagen: Titelblatt (**Abb. 65**)

Bei diesem *büchlin, wie man Bergwerck suchen unn finden sol* handelt es sich um die dritte Ausgabe eines illustrierten Textes, der unter dem ursprünglichen Kurztitel *Bergbüchlein* Aufmerksamkeit erregt hat. Die hier vorliegende Wormser Ausgabe aus dem Jahr 1518 unterscheidet sich von den früheren (1500, 1505), aber auch von so mancher späterer, wie der aus Erfurt (1527) dadurch, dass nach dem Schlusssatz eine kurze Anweisung für das Kolorieren der abgedruckten Holzschnitte sowie eine Liste bergmännischer Fachausdrücke integriert ist, die als ältestes Wörterbuch zum Bergbau gilt. Der Humanist, Arzt und Mathematiker Ulrich Rülein von Calw (1465–1525), auch „Calbus Fribergius" genannt, ist vor allem als Montanwissenschaftler und Städtebauer von Annaberg im Erzgebirge bekannt geworden. Außerdem amtierte er fünf Jahre lang als Bürgermeister der sächsischen Bergbaustadt Freiberg. Die Publikation seines *Bergbüchleins* um 1500, des ersten Sachbuchs über Bergbau in Deutschland, ließ ihn zu einem Vorläufer von Georg Agricola werden, der ihn im Vorwort von *De Re Metallica* (Basel 1556) erwähnt.

Das im populären Stil verfasste, mit dreizehn Holzschnitten ausgestattete technische Lehrbuch sprach interessierte Laien an. Allein acht Neudrucke im 16. Jahrhundert sind zu registrieren. In der ersten Hälfte des 16. Jahrhunderts war diese Abhandlung konkurrenzlos. Das *Bergbüchlein* – ebenso handliches wie anfälliges Taschenbuch – wurde so intensiv genutzt, dass heute nur wenige Exemplare überliefert sind.

Rülein schreibt in seiner Muttersprache, eine große Ausnahme in der damaligen wissenschaftlichen Welt. Der Text ist in Form eines belehrenden Dialogs gehalten, wie er im Humanismus üblich war. Protagonisten sind ein Bergbauexperte, der mit Daniel den Namen des Patrons der sächsischen Bergleute trägt, sowie ein junger Bergmann, „Knappius der Jung". Das Gespräch handelt vom Geheimnis der Erzentstehung, der Lokalisierung von Bodenschätzen sowie von Techniken ihrer Förderung. Zu Beginn weist der „Bergverständige" darauf hin, dass er sein Wissen aus den Schriften der alten Gelehrten und der Erfahrung geübter Bergleute geschöpft habe. Was zeigen die Holzschnitte?

Auf dem Titelbild sind Bergleute dargestellt, gekleidet mit Kappe und Kapuze (**Abb. 65**). Auf der zweiten und elften Abbildung sind mit Taschensonnenuhr und Bergkompass diagrammatische Figuren zu sehen. Die zehn übrigen Abbildungen vermitteln perspektivische Landschaften mit geologischer Aussagekraft: Erzgänge mit unterschiedlichen Einfallwinkeln, ausgerichtet an bestimmte Himmelsrichtungen.

Rülein stellt sich die Frage, wo sich Erze bilden und wie sie am besten abgebaut werden können. Der Gedanke der Naturausbeutung ist dem *Bergbüchlein* fremd. Vielmehr gilt es, die fruchtbare Kraft der Mutter Erde abzuschöpfen. Dahinter steckt die Vorstellung, dass die Metalle durch die Interaktion von himmlischem Impuls und irdischer Schöpfungskraft erzeugt würden. Das *Bergbüchlein* begnügt sich nicht damit, das Wachstum der Metalle zu propagieren. Es liefert auch eine Erklärung, derzufolge die Bildung der Metalle durch die Gestirne bestimmt wird. So würde sich Silber vermehren, wenn Gänge, in denen sich diese Bodenschätze befinden, auf den Mond orientiert sind (**Abb. 66**). Astrologische Spekulation sowie archaische Vorstellung von der mineralischen Embryologie gehen in Rüleins Text eine Symbiose ein. Zudem spiegelt sich in diesen Vorstellungen ein Verständnis von geschichtlichem Wandel, das in seiner Tiefendimension erst wieder von der Evolutionstheorie im 19. Jahrhundert freigelegt werden sollte.

Rüleins Abhandlung besteht aus zehn Kapiteln. Besonders relevant für unseren Zusammenhang ist das erste Kapitel, in dem der Autor naturphilosophische Gedankengänge aus der Alchemie entfaltet. Zur „wachsung und Geburt" der Erze und Metalle gehört ein „Wircker", d. h. ein Tätigkeitsprinzip, das von außen kommt, sowie ein „underworfen ding", die passive Materie, die die Einwirkung empfängt. Beim „Wirker" handelt es sich um die Lichtstrahlung, die vom Firmament auf die Erde trifft, beim „unterworfen ding" um die aristotelische Ursubstanz als Träger der Eigenschaften, die sich in jedem materiellen Stoff verbirgt. Jedes Erz wird von dem Planeten, nach dem es benannt ist, zur Reife gebracht. Rülein stellt Argumente zur Diskussion, die für eine alchemisch inspirierte Montanphilosophie sprechen – im Gegensatz zu Georg Agricola, der in seiner wissenschaftlichen Bergbau- und Hüttenkunde *De Re Metallica libri XII* (Basel 1556) Skepsis gegenüber der Alchemie walten lässt.

Literatur:
Bredekamp 1981, S. 14–22; Karpenko 1994; Pieper 1955.

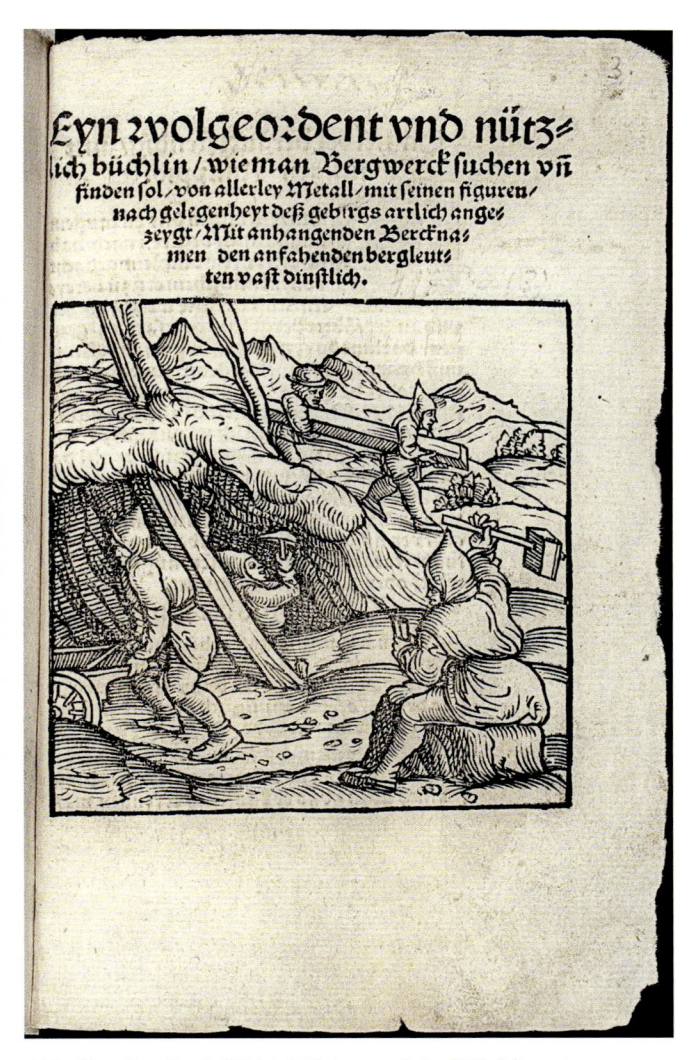

Abb. 65 = Kat. Nr. 4: [Ulrich Rülein von Calw:] Büchlin, wie man Bergwerck suchen unn finden sol, Worms 1518, Titelblatt. HAB: 416 Quod. (3)

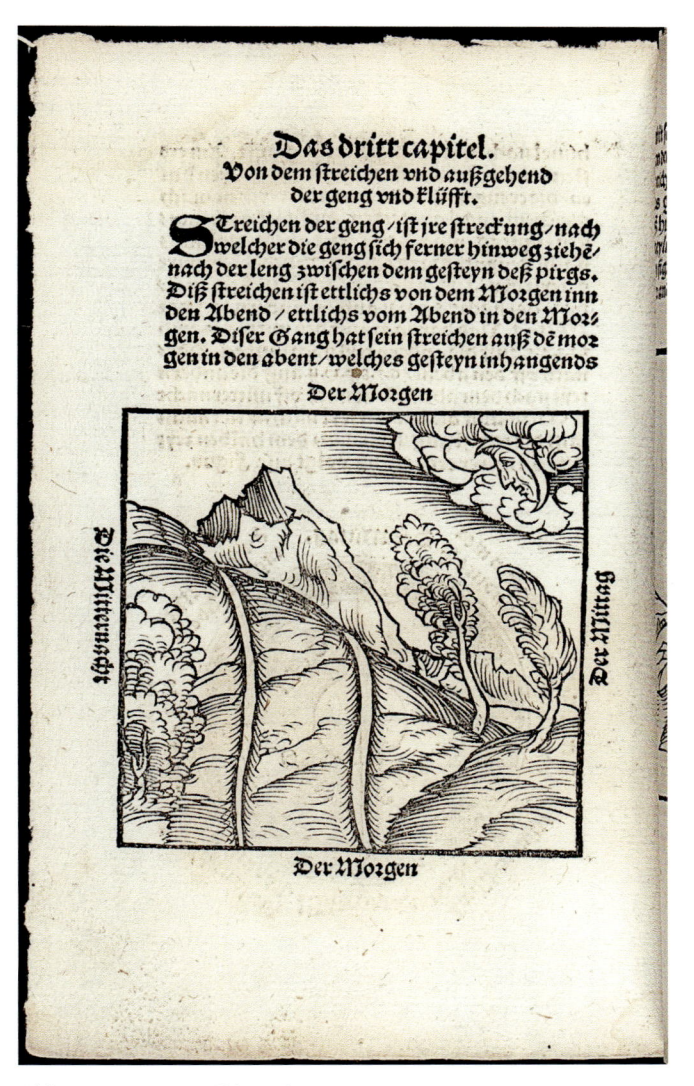

Abb. 66 = Kat. Nr. 4, [Bl. a5v]

Materie: Kombinatorik und Symbolik

Ausgangspunkt der Vorstellungen der Alchemiker zur Struktur der Materie, so vielfältig sie sich im Einzelnen gestalten, war die von Empedokles und Aristoteles systematisierte Vier-Elemente-Lehre. Alle sinnlich wahrnehmbaren Dinge bestehen demnach aus einer eigenschaftslosen Materie, der Urmaterie (*prote hyle*), aus der vier elementare Stoffe mit spezifischen Eigenschaften abgeleitet werden können: das trockene und warme Feuer, die warme und feuchte Luft, das feuchte und kalte Wasser sowie die kalte und trockene Erde. In der Antike war alles Existierende aus den vier Elementen zusammengesetzt. Darüber hinaus bezeichnete Äther als fünfte Essenz jenseits der Mondsphäre die Quintessenz, die allen anderen vier Elementen zugrunde liegt. Im Buddhismus war ebenfalls eine Fünf-Elemente-Lehre mit Feuer, Luft, Wasser, Erde und Leere verankert, in der traditionellen chinesischen Medizin hatten Holz, Feuer, Erde, Metall und Wasser elementaren Charakter. Jeder auf der Erde vorfindbare Stoff stellte eine Durchmischung von vier oder fünf Elementen dar bzw. war in diese aufspaltbar – so die Theorie.

Heute sehen wir das anders: Feuer ist kein Element, sondern ein chemischer Prozess, Luft ein Gemisch aus Stickstoff, Sauerstoff und einigen anderen Gasen, Wasser eine Verbindung aus den Elementen Wasserstoff und Sauerstoff, und Erde besteht aus zahlreichen unterschiedlichen Stoffen. Als Element gilt heutzutage ein Stoff, der selbst nicht in weitere Komponenten zerlegbar ist. Die aristotelischen Elemente können hingegen ineinander umgewandelt werden, wobei jeweils eine der beiden Qualitäten sich ändern muss. Während Wärme Wasser verdampfen lässt, es luftähnlich macht, verwandelt Kälte es zu etwas Festem, der Erde Ähnlichem, eben zu Eis. Unter Einwirkung von Wärme, Kälte, Feuchtigkeit und Trockenheit verändern sich die elementaren Zustände. Essentiell für die Alchemie war die Vier-Elemente-Lehre allein aus dem Grund, weil die Elemente als ineinander umwandelbar betrachtet wurden.

Wie jeder Stoff konnten auch Metalle nicht anders als aus vier Elementen zusammengesetzt sein. Wenn nun die Elemente ineinander transformierbar waren, so mussten sich auch die Metalle umwandeln können. Hierbei mussten die Ausgangsstoffe auf die Urmaterie zurückgeführt und diese dann mit Hilfe des Steins der Weisen in Edelmetalle transformiert werden. Das unter astralem Einfluss bewirkte Metallwachstum, die Interaktion von Makro- und Mikrokosmos vollzog sich stets im Rahmen der vier Elemente. Im besonders resistenten und beständigen Gold waren die vier Elemente in derart ausgewogener Mischung vorhanden, dass man sie nicht trennen konnte.

Genauso wie ein Kind zu seiner Persönlichkeit bzw. die Knospe zu ihrer vollen Blüte ausreift, streben auch die Metalle nach Vollkommenheit. Es ist nur eine Frage der Zeit, bis aus Silber, Eisen oder Blei Gold wird. Die Kunst des Alchemisten ist dann gelungen, wenn sie diesen Prozess spürbar beschleunigen kann. Wie stark alchemische Prozeduren von den vier Elementen geprägt sind, zeigt eine erstmals in Johannes Daniel Mylius' *Philosophia reformata* (Frankfurt am Main 1622) und wenig später im *Viridarium* (Frankfurt am Main 1624) von Daniel Stoltzius von Stoltzenberg erneut abgedruckte Abbildung (**Abb. 67**). Vier weibliche Götterfiguren stehen auf Kugeln, die die vier Elemente repräsentieren. Die nach unten weisenden Dreiecke bedeuten die schweren Elemente Wasser und Erde (Dreieck mit Balken), die nach oben weisenden Dreiecke die flüchtigen Stoffe Luft (mit Querlinie) und Feuer. Die vier Götterfiguren balancieren auf ihren Köpfen Phiolen, die Phasen des alchemischen Prozesses illustrieren: Schatten, weiße Rose, Phönix und Löwe. Jede Phase ist mit einem Farbakzent verknüpft: schwarz (*nigredo*), weiß (*albedo*), gelb (*citrinitas*), rot (*rubedo*). Die vier Elemente als Basis eröffnen eine Quartettenvielfalt: vier Grade des Feuers, vier Farben, vier Schwestern sowie vier Phasen des *Opus magnum* sind hier vereinigt.

Die Vier-Elemente-Lehre finden wir heute noch in der Astrologie, wo Widder, Löwe und Schütze als Feuer-Zeichen gelten, Zwillinge, Waage und Wassermann als Konfiguration für Luft, Krebs, Skorpion und Fische als Signum für Wasser und Stier, Jungfrau und Steinbock als Erdzeichen. Die Vier-Elemente-Lehre begegnet uns auch in der Hermetik. Auf der *Tabula Smaragdina* des Hermes Trismegistos (**Kat. Nr. 15**) heißt es z. B.: „Sein Vater ist die Sonne, seine Mutter der Mond. Der Wind hat es in seinem Bauch getragen. Seine Nährmutter ist die Erde." Die Sonne entspricht in diesem Fall dem Element Feuer, der Mond dem Element Wasser, der Wind dem Element Luft und die Erde natürlich dem Element Erde.

Aufbauend auf der Lehre von den vier Elementen ist in der Alchemie ein System von zwei materiellen Prinzipien Struktur bildend – Quecksilber und Schwefel. Quecksilber war geschmeidig und amalgamierend, was den metallischen Charakter *in nuce* widerspiegeln sollte. Auf der anderen Seite wurde beim Erhitzen schwefelreicher Erze im Schmelzofen stets Schwefel ausgeschieden, so dass man davon ausging, dass er in allen Metallen vorkommt. Quecksilber und Schwefel wurden daher nicht nur als konkrete Stoffe betrachtet, sondern auch als Prinzipien der

Abb. 67: Daniel Stoltzius von Stoltzenberg: Viridarium, Frankfurt a. M. 1624, Fig. XXXIV (Ausschnitt). HAB: 153.2 Phys.

Abb. 68: Johann Daniel Mylius: Anatomia auri, Frankfurt a. M. 1628, S. 6

Materie. *Sulphur* bzw. das Schwefel-Prinzip steht für das Feurig-Feste; *Mercurius* bzw. das Quecksilber-Prinzip für das Wässrig-Flüchtige. Die Metallogenese wird nun durch die Prinzipien Schwefel und Quecksilber angetrieben. Tatsächlicher Schwefel und Quecksilber waren allenfalls notwendige Ingredienzen, um „philosophischen Schwefel" und „philosophisches Quecksilber" freizusetzen. Wären letztere mit den reellen Stoffen identisch und würde man sie mischen, so erhielte man Zinnober (Schwefelsulfid). Paracelsus sollte diese stoffliche Dualität im 16. Jahrhundert um Salz (*Sal*) erweitern (*Tria-Prima*-Lehre). *Sal* war für ihn das Erdig-Feste und Unbewegliche. Sobald ein Körper verbrennt, ist das, was verbrennt, Schwefel, das, was verdampft, Quecksilber und die Asche steht für Salz.

Schwefel und Quecksilber in den Metallen sind wie die „schöne weiße Frau", die „mit dem rötlichem Mann verheiratet ist", so Thomas Norton im 15. Jahrhundert in *The Ordinall of Alchemy*. Als Vorbild der Vermischung oder Vereinigung des Quecksilbers und des Schwefels im Erz galt die geschlechtliche Vereinigung beim Menschen, verhalte sich doch der Schwefel wie der männliche Same und Quecksilber wie das weiblich empfangende Organ bei Zeugung und Empfängnis eines Kindes. Alchemiker feierten die Verbindung von Schwefel und Quecksilber als Hochzeit, als mystische Vereinigung zweier kosmologischer Prinzipien. In Johann Daniel Mylius' Abhandlung *Anatomia auri sive tyrocinium medico-chymicum* (Frankfurt am Main 1628) ist die „Chymische Hochzeit" treffend visualisiert (**Abb. 68**). Aus der Gegenüberstellung bzw. Vereinigung von Sonnenkönig (*Sulphur*) und Mondkönigin (*Mercurius*) erwächst in der Retorte der philosophische Merkur bzw. *Lapis philososphorum*. Die in der Erde sichtbaren Krallen symbolisieren das Chaos, die *Materia prima*, von wo aus das *Opus magnum* seinen Anfang nimmt.

Literatur:
Böhme/Böhme 1996, S. 210–260; Burckhardt 1960, S. 101–107; Coudert 1980, S. 16–19; Newman 1991.

5 Die vier Elemente und die Privilegierung des Feuers

Janus Lacinius, Petrus Bonus: Pretiosa Margarita Novella De Thesauro, Ac Pretiosissimo Philosophorum Lapide, Venedig: Aldus 1546.
HAB: 141 Medica

Aufgeschlagen: [ungez. Bl. 31] (**Abb. 69**)

Entnommen ist diese Darstellung, die naturalistischen und schematischen Stil eigentümlich miteinander vereinigt, dem ersten Druck des Textes *Pretiosa margarita novella* [Wertvolle neue Perle], die der Ferrarer Arzt Petrus Bonus 1330 in Pola (Istrien) verfasst hat. Ziel dieser scholastischen Verteidigungsschrift ist es gewesen, der Alchemie eine philosophische Grundlage zu verleihen. Die Ausgabe wurde, gekürzt und mit eigenen Bemerkungen versehen, 1546 in Venedig bei Aldus in reicher Illustrierung herausgegeben. Initiator der Druckschrift war Janus Lacinius, ein Minorit aus Kalabrien.

Die vier Elemente sind die Garanten des Wandels in der sublunaren Sphäre. Da sie in permanenter Wechselwirkung stehen, ist das Kreuz prädestiniert, sie zu symbolisieren. Auf der hier aufgeschlagenen Abbildung sieht man, wie die konträr sich gegenüberstehenden Elemente ein Kreuz bilden: auf dem waagrechten Balken stehen sich Ente und Stier gegenüber, d.h. Luft und Erde, auf dem vertikalen Pfahl Drache und Engel, d.h. Wasser und Feuer. Das Feuer ist aus dem Ensemble durch Position und Bildmotiv herausgehoben. Unterhalb des Kreuzes sieht man eine Phalanx alchemischer Gefäße. Wärme und Kälte, Feuer und Wasser sind die treibenden Kräfte der Transformation, letztendlich ist es aber das heiße Feuer, das die Veränderungen erzeugt. Erhitzt man in einem hermetischen Gefäß einen dort eingeschlossenen Stoff, so kann man ihn verflüssigen, verdampfen, feurig und fest machen. Für Petrus Bonus war Herstellung und Pflege des Feuers zentraler Bestandteil der alchemischen Technik. Das Feuer war es, das verblüffende Veränderungen der Materie bewirkte. Das Laboratoriumsfeuer, das permanent kontrolliert werden musste, stellte das entscheidende Medium dar, die Naturprozesse zu beschleunigen. Ein Alchemiker musste ein „magister magnus in igne" [ein großer Meister des Feuers] sein, wie Thomas Norton in *The Ordinall of Alchemy* sagt.

Mehrmals werden wir in vorliegender Abhandlung auf die enorme Bedeutung des Feuers im alchemischen Prozess stoßen, so auf der Kombinationstafel von Athanasius Kircher (**Kat. Nr. 7**), bei alchemischen Experimenten am Gothaer Hof (vgl. Beitrag Mulsow, S. 147–150) oder bei der Lichtmetaphorik im Paracelsismus (vgl. Beitrag Schott, S. 105–107).

Bemerkenswert ist der Druck auch deswegen, weil erstmals in diesem Medium eine allegorische Bildererzählung zur Alchemie verbreitet wird. In ihr spiegelt der Tod des Königs durch die Hand des Sohnes das ewige „Stirb und werde" in der Natur. Neue, kräftige Substanz erwächst aus dem Vergehen der Materie.

Literatur:
Coudert 1980, S. 42 f. u. 90; Criscani 1973; Völlnagel 2012, S. 136–143.

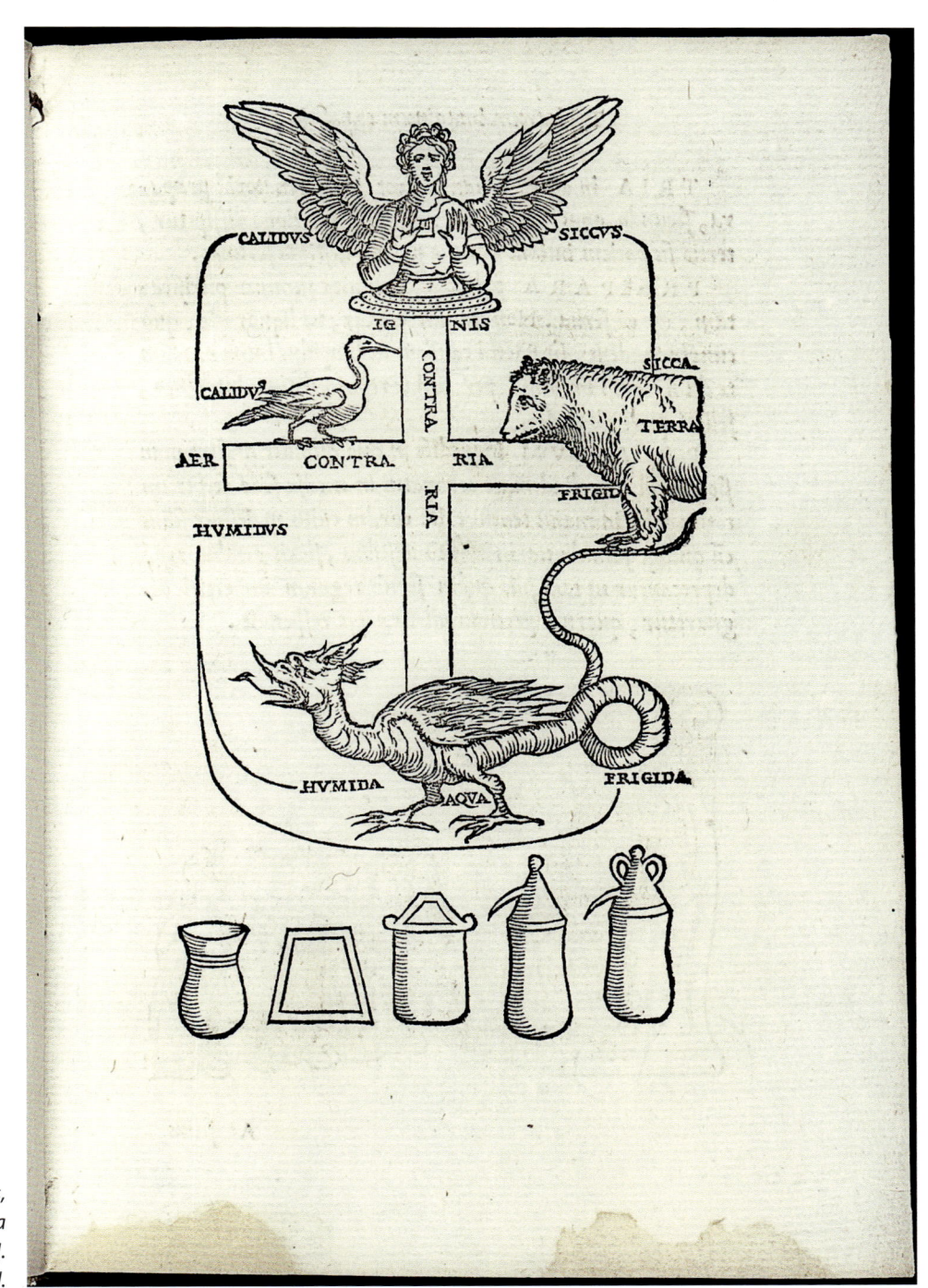

Abb. 69 = Kat. Nr. 5: Janus Lacinius, Petrus Bonus: Pretiosa Margarita Novella, Venedig 1546, [Bl. 31r]. HAB: 141 Med.

6 Geschlechterspiele der Stoffe: Schwefel und Quecksilber

Daniel Stoltzius von Stoltzenberg: Viridarium Chymicum Figuris Cupro in Cisis Adornatum, Et Poeticis picturis illustratum, Frankfurt am Main: Jennis 1624.
HAB: 153.2 Phys.

Aufgeschlagen: Thomas von Aquin mit Figura XXIII (**Abb. 70**)

Thomas von Aquin hält ein Buch in der rechten Hand, mit der linken weist er einladend und wissend auf eine Erhebung in der Landschaft, die die Schwefel-Quecksilber-Theorie veranschaulicht. Hier ist die montanistische Ansicht visualisiert, im Innern der Erde werden aus der sulphurischen (links) und der merkurianischen (rechts) Ursubstanz neue Metalle erzeugt. Ideal kombiniert kann aus den beiden Rauchwolken im Innern des Berges sogar Gold entstehen. Dem Alchemiker, der auf der Bergspitze laboriert, ist das Motto des Bildes gewidmet: „Ex vivo argento proprio cum sulphure mixto Ceû natura ars sic cuncta metalla parit" [Wie die Natur aus Sulphur und Quecksilber, so bildet auch die (chymische) Kunst die Metalle]. Die natürlichen Dämpfe, die unterirdisch erzeugt werden, werden auf dem Berg durch einen Alchemiker nachgeahmt und kanalisiert.

Zunächst sind die Metalle aus den vier Elementen aufgebaut. Sie bilden die Rahmung für die beiden hypothetischen Substanzen „Schwefel" und „Quecksilber", die durch Vereinigung in einem dritten Stadium Metalle – am besten Gold – bilden. Im Zentrum alchemischer Bemühungen stand daher die möglichst reine Darstellung von *Sulphur* und *Mercurius*, deren Vereinigung (*Coniunctio*, „Chymische Hochzeit") im richtigen Verhältnis zu Gold führt.

Dieses Emblem scheint den berühmten Kommentar Thomas von Aquins zum dritten Buch der *Meteorologie* des Aristoteles zu thematisieren, in dem der griechische Philosoph die Metallbildung auf eine Mischung von zwei Dämpfen zurückführt – der eine warm und trocken, der andere kalt und feucht. Im 9. Jahrhundert hatten arabische Autoren die Schwefel-Quecksilber-Theorie entwickelt, wonach metallische Materie aus den beiden Prinzipien *Sulphur* und *Mercurius* hervorgeht. Damit waren nicht die natürlich vorkommenden Stoffen gemeint, vielmehr vereinigten sie idealtypisch die Eigenschaften von natürlichem Schwefel und Quecksilber. Wärme, Trockenheit und Festigkeit sind beim *Sulphur* – Metallität, Verflüssigung und Verdampfbarkeit beim *Mercurius* materialisiert. In allen Metallen, ob nun Gold, Silber, Eisen, Zinn, Blei, Kupfer oder Quecksilber, verbargen sich demnach unterschiedliche Anteile des Prinzips „Schwefel" und des Prinzips „Quecksilber". Beim Gold, dem vollkommensten aller Metalle, waren die beiden stofflichen Prinzipien in ihrer reinen Ausprägung vereinigt.

Der Kupferstich befindet sich mit zahlreichen weiteren Abbildungen im *Viridarium Chymicum* [Chemisches Lustgärtlein] von Daniel Stoltzius von Stoltzenberg (1600 – nach 1644 verschollen), einem böhmischen Astrologen, Alchemiker, Poeten und Arzt, das 1624 bei Jennis in Frankfurt publiziert wurde. Dieses populäre alchemische Emblembuch vereint nicht weniger als 107 Kupferstiche aus früher veröffentlichten Büchern von Michael Maier und Johann Daniel Mylius, zu denen Stoltzius teilweise Erklärungen in Epigrammform hinzufügte. Der vorliegende Kupferstich ist mehrfach verwendet worden. Er findet sich auch in Michael Maiers *Symbola aureae mensae* (Frankfurt am Main 1617) und im *Musaeum Hermeticum* (Frankfurt am Main 1678). In letzterem Werk soll der Geistliche im Vordergrund John Cremer, den Abt von Westminster, darstellen. Kupferstichplatten waren zu wertvoll, um sie nur einmal zu verwenden. Mit dieser Praxis ging man kein Risiko ein, da niemand wusste, wie Cremer und Aquin tatsächlich aussahen.

Literatur:
Kühlmann 1991; Thomas von Aquin 1925.

Abb. 70 = Kat. Nr. 6: Daniel Stoltzius von Stoltzenberg: Viridarium, Frankfurt a. M. 1624, Fig. XXIII. HAB: 153.2 Phys.

7 Kombination der Stoffe

Athanasius Kircher: Mundus Subterraneus. Tomus 2, Amsterdam: Waesberghe, Weyerstraten 1668.
HAB: Na 2° 3 (1)

Aufgeschlagen: S. 308, Tabula Combinatoria (**Abb. 71**)

Athanasius Kircher (1602–1680) zeigt in seiner „Tabula Combinatoria" der Alchemie, dass im Reich der Mineralien und Metalle alle Stoffe mit Hilfe des Feuers miteinander verbunden bzw. voneinander getrennt werden können. Die Synopse besteht aus zwei vertikalen Leisten. Auf der linken sind zwanzig unreine Metallverbindungen, wie Alumen, Antimonium, Arsenicum etc. aufgelistet, auch vegetabile Stoffe, wie Weingeist und Essig werden genannt. Auf der gegenüberliegenden Leiste sind die bekannten sieben Metalle und zusätzlich Schwefel angegeben. Kircher erweitert also bewusst die Anzahl der Metalle und stellt sich allein dadurch in Distanz zu den Regeln der klassischen Alchemie. Durch Feuereinwirkung ist es möglich, jeden reinen Stoff mit einem unreinen Stoff – bzw. *vice versa* – vollständig zu verbinden bzw. zu lösen. Entsprechend steht auf der oberen waagrechten Leiste „solve et coagula" [löse und verbinde]. Die Folge dieser konsequenten Wechselseitigkeit ist ein Diagramm in Gestalt eines dichten Netzes.

Nirgendwo ist vom Stein der Weisen die Rede; nirgendwo wird die Transmutation der Metalle visualisiert. Kircher war wie Aristoteles, Avicenna und Raimundus Lullus davon überzeugt, dass Metalle Spezien und damit distinkte Formen sind, die sich nicht ineinander umwandeln ließen: „Ohne Gold und Silber, wie schon Lullus in seiner *Clavicula* versichert, lassen sich Gold und Silber nicht herstellen. […] Das alles geht für den weisen Philosophen bereits aus der Verbindungstafel hervor – wenn er versteht, sie in richtiger Weise anzuwenden, denn es kann keine chemische Verbindung geben, die dort nicht zu finden ist" (Kircher Bd. 2, S. 308, Übers. Laube).

Der aus dem Hessischen stammende barocke Universalgelehrte Athanasius Kircher lehrte und forschte als Jesuit die meiste Zeit seines Lebens am *Collegium Romanum* in Rom. Er verkörpert mustergültig den Typus des „Polyhistor", des alle möglichen Wissensgebiete enzyklopädisch beherrschenden Gelehrten. Seine in der Regel großformatigen, reich illustrierten Bücher erstrecken sich über ein weites Spektrum von Themen, wie Ägyptologie, Geologie, Medizin, Mathematik und Musik. Die nach seinen Anweisungen illustrierten Werke waren sehr populär.

Kircher äußert sich zur Alchemie im monumentalen Werk *Mundus Subterraneus* (Amsterdam 1665), das sich mit den Erscheinungen des Erdinneren befasst. In der Überschrift des elften Buches verwendet er den Ausdruck „Chymiotechnicus" und deutet schon dadurch sein Verständnis der Alchemie als einer primär technologisch-chemischen Wissenschaft an. Nach Kirchers Ansicht gibt es drei unterschiedliche Richtungen der Alchemie, nämlich die „Alchemia metallurgica", die „Alchemia transmutatoria" sowie die „Alchemia spagyrica". Unter der ersten Kategorie versteht man die Bergbaukunde, unter der dritten Pharmazie. Beiden schreibt Kircher nützliche und vernünftige Aspekte zu. Nur wenig kann Kircher hingegen der transmutatorischen Alchemie (*Chrysopoeia*) abgewinnen. Die damit befassten Alchemiker seien dumm, ungläubig und blasphemisch zugleich („stulte, impie, plenisque blasphemia", Bd. 2, S. 251), ihre Bemühungen um den Stein der Weisen zur Verwandlung unedler Metalle in Gold seien lächerlich und gottlos („simila partim ridicula, partim irreligiosa", Bd. 2, S. 235). Niemals könne der Mensch diese natürlichen Prozesse vollständig durchdringen, geschweige denn nachahmen. In Alchemisten, die vorgaben, das Geheimnis gelüftet zu haben, sah Kircher Betrüger oder Menschen, die mit dem Teufel im Bunde waren. Trotz dieser Polemik war seine Aversion gegenüber der Alchemie wissenschaftlich abgestützt. Sie konnte sich auf eine Aussage von Aristoteles berufen, nach der eine Existenzform der Materie nicht in eine andere überführt werden könne. So wenig ein Ochse ein Mensch werden könne, lasse sich Quecksilber zu Gold machen.

Das *Mundus Subterraneus* war Kirchers erste Publikation, die in Amsterdam bei der Offizin Johannes Jansson van Waesberghe produziert wurde. Die Handels- und Beziehungsnetze der niederländischen Verlagshäuser garantierten eine weiträumige Verteilung. Gemäß der amerikanischen Historikerin Paula Findlen war Kircher „the first scholar with a global reputation." Kirchers pointierte Auffassung zur Alchemie forderte eine akademische Kontroverse heraus, so bei Olaus Borrichius in seiner *Dissertatio de ortu et progressu Chemiae* (Kopenhagen 1668), bei John Webster in seiner *Metallographia* (London 1671) sowie in Gabriel Clauders *Dissertatio de Tinctura Universali* (Altenburg 1678).

Literatur:
Asmussen 2013; Breidbach 2003; Findlen 2004; Leinkauf 1993; Nummedal 2001.

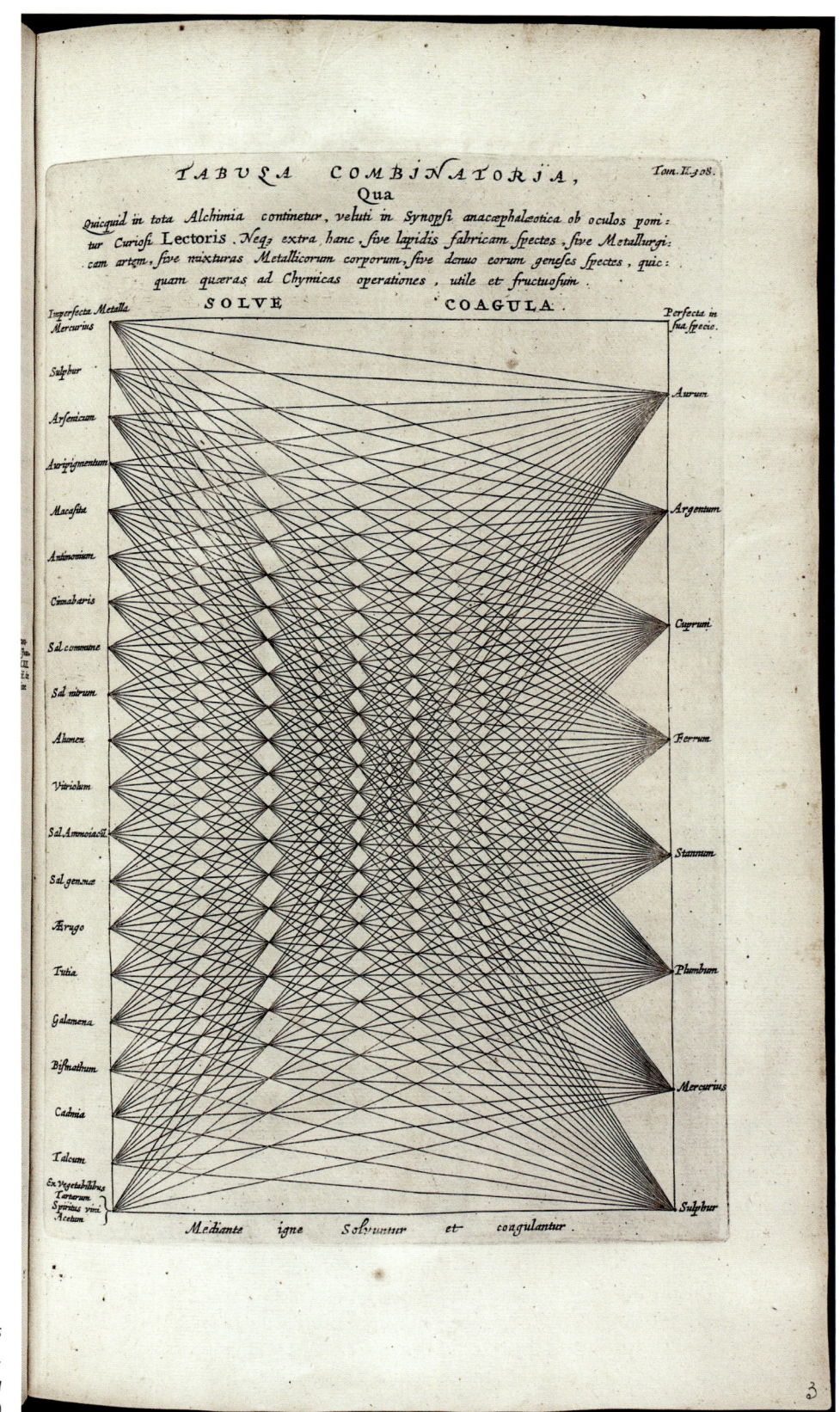

Abb. 71 = Kat. Nr. 7: Athanasius Kircher: Mundus Subterraneus, Tom. 2, Amsterdam 1668, Tabula Combinatoria. HAB: Na 2° 3 (1)

Mysterium der Umwandlung

Die Transmutation, die Umwandlung von Substanz und Qualität eines Stoffes, steht im Zentrum der Prozeduren in der klassischen Alchemie. Ihr Hauptziel ist das *Opus magnum*: die Herstellung des Steins der Weisen, des *Lapis philosophorum*. Nach komplexen chemischen Verfahren gelangte der Adept zu einer ebenso widerstandsfähigen wie wirkungsvollen Substanz. Für den Stein der Weisen sind in den Quellen zahlreiche Namen überliefert. „Roter Löwe", „Magisterium", „Rote Tinktur" und „Panazee" stellen nur eine kleine Auswahl dar. Auch das aus dem Arabischen stammende Elixier wurde synonym verwendet. Derartige Namen hatten nicht zuletzt den Zweck, von der eigentlichen Sache abzulenken. Die Herstellung dieser Ingredienz – meist handelte es sich um ein rötliches Pulver – war ein streng gehütetes Geheimnis. Nur Eingeweihten wurde der göttliche Gnadenakt zuteil, nur der gewissenhafte Adept hatte die Chance, an den Stein der Weisen zu gelangen, was zugleich bedeutete: Selbst wenn ein Unbefugter in den Besitz einer funktionierenden Vorschrift kommen sollte, würde diese ohne göttliche Mitwirkung nutzlos bleiben. In der Bildtradition findet man kaum empirische Abbilder zum Stein der Weisen, vielmehr kann sich an diesem Sujet eine ikonische Symbolik entfalten, die aus der Vereinigung von Gegensätzen schöpft (**Abb. 72 und 73**).

Der Adept gelangte zum Stein der Weisen in mehreren Stufen. In einem ersten Schritt gilt es, den empirisch vorfindbaren Stoff auf einen Urstoff, der allen Körpern gemeinsam ist, zurückzuführen. Aus ihm könnten dann – je nach Zuführung weiterer Ingredienzien – alle möglichen Substanzen entstehen, so die damalige Überzeugung. Dieser materielle gemeinsame Nenner wird *Materia prima* genannt, die in ihrer Eigenschaftslosigkeit verdorbene Züge annimmt. Der Alchemiker bezeichnet das erste Stadium bei Herstellung des Steins der Weisen als *Mortificatio* bzw. Verwesung. Das Credo der Alchemie lautet dementsprechend: Die Erschaffung eines Dings verlangt die Zerstörung eines anderen. Auch zum Urstoff sind zahlreiche Namen verbreitet, wie „universelle Substanz", „Meer", „Chaos", „Samen der Dinge", „Jungfrauenmilch" etc. Nicht weniger als fünfzig Synonyme listet Martin Ruland in seinem *Lexicon Alchemiae* (Frankfurt am Main 1612) auf.

Die Vorstellung einer *Materia prima* geht auf Aristoteles zurück. Für ihn waren alle Dinge auf ein gestaltloses Grundsubstrat reduzierbar, das allerdings nur in der Theorie, d. h. als reine Möglichkeit gedacht werden konnte. Der griechische Philosoph war sich darüber im Klaren, dass mit der Realisierung von etwas sogleich seine Formgebung verbunden ist. Das Handeln des Alchemikers prägte hingegen das Paradoxon, eine ebenso konkrete wie eigenschaftslose Substanz herstellen zu wollen, der dann die gewünschten Eigenschaften aufgeprägt werden konnten (Metalltransmutation).

Die Bearbeitung der Ersten Materie kann in drei Phasen erfolgen, die sich durch die Farbe unterscheiden, welche die Materie nacheinander annimmt. Das Schwarze Werk sieht ein Erhitzen und eine Zersetzung der Materie vor, die zugleich die Agenzien des Prozesses freisetzt, den Schwefel (warm, trocken und männlich) und das Quecksilber (kalt, feucht und weiblich). Unter dem Weißen Werk versteht man einen Vorgang der Sublimation oder Destillation, in dem sich die beiden gegensätzlichen Prinzipien vereinigen, und das Rote Werk stellt den Endzustand dar, den Stein der Weisen. Das Rot spiegelt die sonnenhafte Farbe bzw. das Gold.

Interessant sind die je nach Zeit und Ort voneinander abweichenden Erklärungen dieses machtvollen roten Pulvers. Im Hellenismus war es verbreitet, den Stein der Weisen mit einem Ferment oder einer Hefe zu vergleichen. Die Umwandlung von Metallen zu Gold vollzog sich demnach auf analoge Weise wie die Überführung des Teigs zu Brot. Im Mittelalter kam die Vorstellung hinzu, dass unedle Metalle, wie z. B. Blei oder Zinn, krank oder unreif seien und der *Lapis philosophorum* derartige Stoffe heilen, d. h. veredeln könne. Vom Heilungsgedanken war es nicht mehr weit zur Idee, die Metalle durch den Stein der Weisen zu „erlösen". Der Stein der Weisen wurde dadurch bewusst mit Christus parallelisiert sowie mit den seelischen Vorgängen des Alchemikers in Beziehung gesetzt. Allen Vorstellungen war gemeinsam, dass dem ominösen Stein die Funktion eines Katalysators zugeschrieben wurde, der den Heilungs- bzw. Reifungsprozess verdichten sollte. Der mediale Charakter des Steins des Weisen zeigt sich darin, dass ein an sich natürlicher, aber sehr langsam sich vollziehender Vorgang durch den *Lapis* lediglich enorm beschleunigt wurde. Die Kunst der Alchemie ist nicht zuletzt mimetische Technik. Sie führt das aus, was die Natur von sich aus tut.

Die Herstellung eines universalen Allheilmittels war ein weiteres Ziel der *Alchemia transmutatoria*. Berichte von geheimnisvollen Lebenselixieren machten die Runde, die ein langes Leben garantieren sollten. Sie waren Wundermedikament und Mittel zur Bewusstseinsentwicklung in einem. Besonders legendär war das *Aurum Potabile*, das „Trinkgold der Alchemisten" – hergestellt aus purem Gold, das auf geheime Weise verflüssigt und aufwändig im Labor mehrere Monate lang bearbeitet wurde. Biologisch

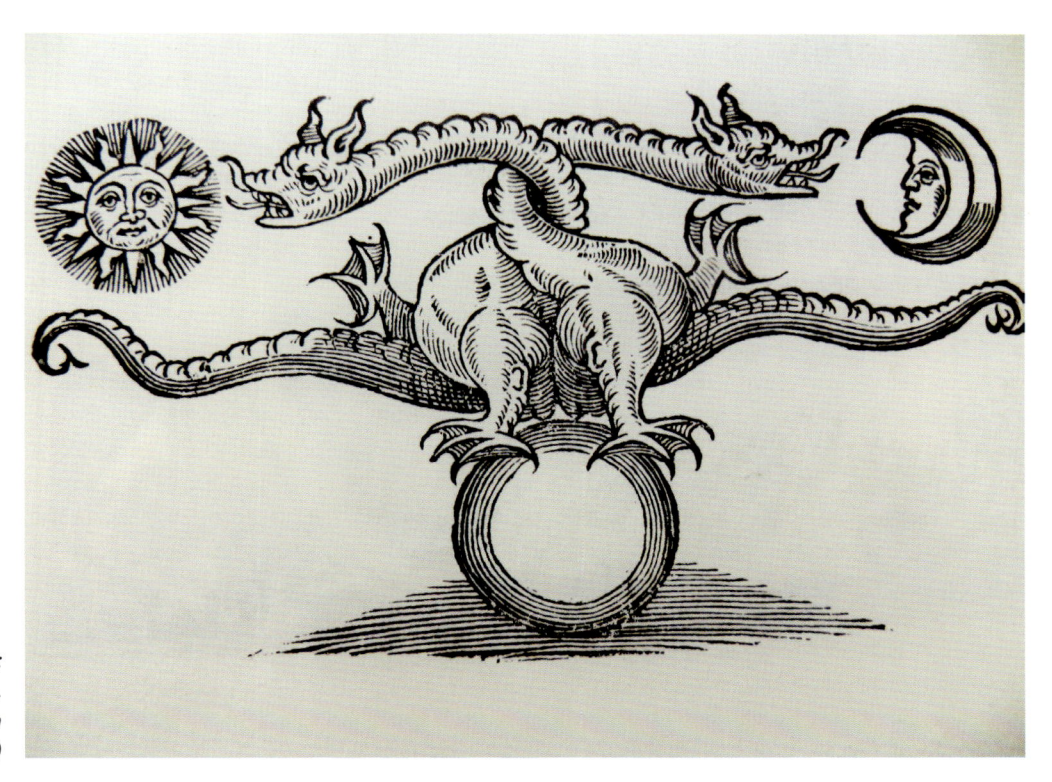

Abb. 72: Elias Ashmole: Theatrum chemicum Britanicum, London 1652 (Ndr. Hildesheim 1968), S. 212 (Ausschnitt)

ausgerichtete Alchemiker wollten das höchste Allheilmittel finden – jenes Mittel, das Körper, Geist und Seele gleichermaßen verwandelt: Alles Schwere, Dunkle und Kranke im Menschen, symbolisiert durch das „dunkle" Blei, sollte mit Hilfe von Lebenselixieren „durchlichtet", „erleuchtet" und in Gesundheit, symbolisch in das „lichte Gold", transformiert werden.

Literatur:
Darmstaedter 1924; Eco 1988; Hartlaub 1959; Pagel/Winder 1972; Principe 1998e; Schütt 2000, S. 355–363.

Abb. 73: Daniel Stoltzius von Stoltzenberg: Viridarium, Frankfurt a. M. 1624, Fig. XCVII (Ausschnitt). HAB: 153.2 Phys.

8 Chaotischer Urstoff

[Barent Coenders van Helpen:] Escalier des Sages ou la Philosophie des Anciens, Groningen: Pieman 1689.
HAB: Nc 4° 58

Aufgeschlagen: „Chaos", S. 29 (Buch 1, Kapitel 2) (**Abb. 74**)

Da die *Materia prima* in der Natur nicht existiert, ist bereits der Anfang des Werkes problematisch und geheimnisvoll. Die Erste Materie versteht sich als der Ausgangsstoff des Großen Werkes und muss künstlich hergestellt werden. Wenn auch in allen Substanzen enthalten, kommt sie in der Natur nie isoliert vor. Erst wenn ein Metall zuvor in seine *Materia prima* isoliert worden ist, kann es in ein anderes Metall transformiert werden. Wie sah der Urstoff aus? Hauptcharakteristikum für den Urzustand aller Stoffe war die schwarze Farbe, sollte doch die Fäulnis (*Putrefactio*) eine Substanz zur *Materia prima* reduzieren. Eng damit verknüpft war die Vorstellung vom „Tod" der Materie, der als gleichbedeutend mit dem Verlust der äußeren Form und der Auflösung in die Materie aufgefasst wurde. Fäulnis und Schwärze wurden auch mit dem Chaos gleichgesetzt, aus dem in einem Schöpfungsakt durch den Alchemiker Neues entsteht. Martin Ruland schreibt in seinem *Lexicon Alchemiae* (1612): „Ein grobe vermischte Materien oder Ein anderer Name für Materia prima [ist] Chaos: als es dann ist im Anfang." Die Grundvorstellung des Chaos als Urzustand vor dem Beginn von Raum und Zeit findet sich in vielen Schöpfungsmythen verschiedener Völker. Raimundus Lullus, der ein *Liber Chaos* verfasste, versteht darunter die von Gott geschaffene Urmaterie und Urform, die alle Entstehungsprinzipien einschließt.

Wie kann man das Chaos visualisieren? Der ausgestellte Kupferstich bildet eine dunkle Kugel ab, deren unförmige Innereien sich auf eine Lichtquelle zubewegen. Sein Titel CHAOS ist zugleich ein Akrostichon, die Buchstabenfolge steht für „Caliditas Humiditas Algor Occulta Sivitas". Hinter der Buchstabenfolge C, H, A, O und S verbirgt sich also Hitze, Feuchtigkeit, Kälte und verborgene Trockenheit. Analog zur Weltentstehung, wie sie in der *Genesis* beschrieben ist, erwachsen aus dieser vielgestaltigen Nacht das Licht, der Himmel, die Erde und die Urmaterie. Der Autor behandelt im ersten Buch in vier Kapiteln die göttliche Scheidung von Licht und Dunkelheit und weist die Herkunft der *Materia prima* aus dem Licht nach.

Der Verfasser, der sich „Liebhaber der Weisheit" nennt, war Barent Coenders van Helpen (1601–1678), ein angesehener Würdenträger aus Groningen in den Niederlanden. Van Helpen war wissenschaftlich vielfältig interessiert, insbesondere an den Rätseln und Lehren der Alchemie. Die fünfzehn großformatigen, ganzseitigen Kupferstiche markieren jeweils den Beginn eines Kapitels oder Textabschnitts. Der Künstler ist unbekannt. Der Text ist als Dialog zwischen François und Vrederic angelegt, der eine verkörpert die theoretische Variante der Alchemie, der andere die praktische.

Im ausgestellten Kupferstich wird die Alchemie als kosmologische Schöpfungsgeschichte präsentiert: „Qu'on peut faire une belle comparaison de l'oeuvre des Philosophes à la creation du monde" (X Degrez, Kap. III, § 4). Die im Stil einer Helden- oder Göttersage illustrierte *Escalier des Sages* [Stufenleiter der Weisen] stellt zweifellos ein Höhepunkt alchemischer Bildergeschichten des 17. Jahrhundert dar. Auf die erste Stufe der „Treppe der Weisen", hier des Chaos, folgen die Wärme, die Liebe, die vier Elemente der Natur sowie die drei Prinzipien der Alchemie: Schwefel, Quecksilber und Salz. Alles, was Gott schafft, hat seinen Ausgangspunkt im Chaos und durchläuft die beiden Polaritäten Licht und Finsternis sowie die vier Elemente bis zu den drei Prinzipien, aus denen jegliche Materie besteht.

Literatur:
Klossowski de Rola 1988, S. 285–300; Völlnagel 2012, S. 196–206.

Abb. 74 = Kat. Nr. 8: [Barent Coenders van Helpen:] Escalier des Sages, Groningen 1689, S. 29. HAB: Nc 4° 58

9 Der Stein der Weisen als magisches Medium

Andreas Libavius: Alchymia, Frankfurt am Main: Kopf, Saur 1606.
HAB: Nd 4° 18

Aufgeschlagen: S. 51: De Lapide philosophorum (Commentariorum Alchemiae, 2. Teil, 4. Traktat) (**Abb. 75**)

Das Hauptziel der alchemischen Arbeit ist das *Opus magnum*: die Herstellung des Steins der Weisen bzw. des *Lapis philosophorum*. Stofflich betrachtet verbarg sich hinter dem Stein der Weisen weder Stein noch Gold, sondern ein – meist rötliches – Pulver von hoher Konsistenz, das die Funktion hatte, Metalle zu veredeln, im besten Fall, aus Blei Gold zu machen. „Stein" wurde es genannt, weil es im Feuer der Verbrennung widersteht. Der Stein der Weisen stellte also ein magisch anmutendes Medium der Umwandlung dar. Anders als das seltene Gold war der Stein der Weisen potenziell überall vorhanden. Aus jedem Naturding um uns herum könnte er in einem mehrstufigen Prozess gewonnen werden.

Unter dem Stichwort „De lapide philosophorum" ist in der *Alchymia* (1606) von Andreas Libavius (1555–1616) ein eigentümliches Gebilde zu sehen. Wie eine barocke Skulptur wirkt dieses komplexe, von unten nach oben zu lesende Bildzeichen, in dem codiert der Prozess zur Erlangung des Steins der Weisen dargestellt ist. Libavius ordnete in seiner *Alchymia*, die als erstes Lehrbuch zur Chemie gilt, den chemischen Wissensstoff seiner Zeit und machte ihn dadurch für alle Interessierten zugänglich. Mit der Arkanpraxis zahlreicher Kollegen sowie der oftmals zum Vorschein kommenden allegorischen Verschlüsselung ihrer Texte konnte er nicht viel anfangen. Seine sachliche Annäherung zu den Stoffen der Welt bringt schon der Kupfertitel zum Ausdruck, das von den Autoritäten Galen und Aristoteles geziert wird und nicht von Hermes und Paracelsus. Umso mehr fällt auf, wie sehr Libavius im vierten Traktat des Anhangs, der über den Stein der Weisen handelt, auf die Methode visueller Verschlüsselung zurückgegriffen hat.

Über einer von zwei Atlanten und einem fünfköpfigen Drachen gehaltenen großen Kugel, tragen links und rechts zwei dunkelhäutige Menschen, so genannte Äthiopier, zwei wesentlich kleinere Kugeln, zwischen denen ein Schwan seine Flügel ausbreitet. Dieser Schwan schultert eine dritte Kugel, die zentral positioniert ist und auf der Sonne und Mond abgebildet sind. Darauf sitzt der Phönix, ebenfalls seine Flügel ausbreitend und den Kopf nach oben gerichtet. Was ist auf der unteren, der größten Kugel dargestellt? Über dem ruhenden Löwen, der für das Element Erde steht, symbolisiert der dreiköpfige Adler das Element Luft, der auf dem Mond stehende Löwe Feuer bzw. Schwefel, die nackte Frau mit der Lilie das jungfräuliche Wasser oder das Quecksilber. Oberhalb des schwarzen Vollmonds, der die Fäulnis (*Putrefactio*) zum Ausdruck bringt, entsprechen der halbe Mond und der Rabe der Auflösung. Der Drache, der seinen Schwanz verschlingt (*Ouroboros*), zeigt an, dass diese Entwicklung Bestandteil eines zyklischen Wandlungsprozesses der Materie ist. Der darüber schwebende Schwan als philosophischer *Mercurius* leitet die Vereinigung der Gegensätze ein und lässt eine neue Kugel entstehen. Neben ihr zeigen König und Königin die Vereinigung der gegensätzlichen Prinzipien an, zwischen dem männlichen *Sulphur* und dem weiblichen *Mercurius*, kulminierend in der Vervielfältigung durch den Phönix, über dem sich dementsprechend ein Schriftband mit dem *Genesis*-Zitat „Crescite et multiplicamini" [Wachset und mehret euch] entfaltet.

Besonders das Element der Luft scheint diesem Schaubild seinen Stempel aufzudrücken. Immer wieder taucht es auf, durch Vögel, Wolken, Dampf und Rauch. So ist der vierköpfige Drachen ganz unten mit Flügeln versehen, außerdem entweicht seinem Maul ein dampfartiger Atem. Der dreiköpfige Adler hockt auf einem Medaillon, auf dem die Windkraft visualisiert ist. Man sieht den Raben vor atmosphärischen Hintergrund, Wolkenformationen mit fliegenden Vögeln und einen geflügelten Drachen, der seinen Schwanz verschlingt. Das gesamte Diagramm ist als vertikaler Aufstieg zu lesen, von der Erde zum Himmel. Die Luft als volatiles Medium der Transformation, ohne die alles erdverbunden bleiben müsste, spiegelt das chemische Prinzip der Auflösung, das dann stets wieder zur Bindung strebt.

Literatur:
Forshaw 2008; Klossowski de Rola 1988, S. 45–51; Moran 2007.

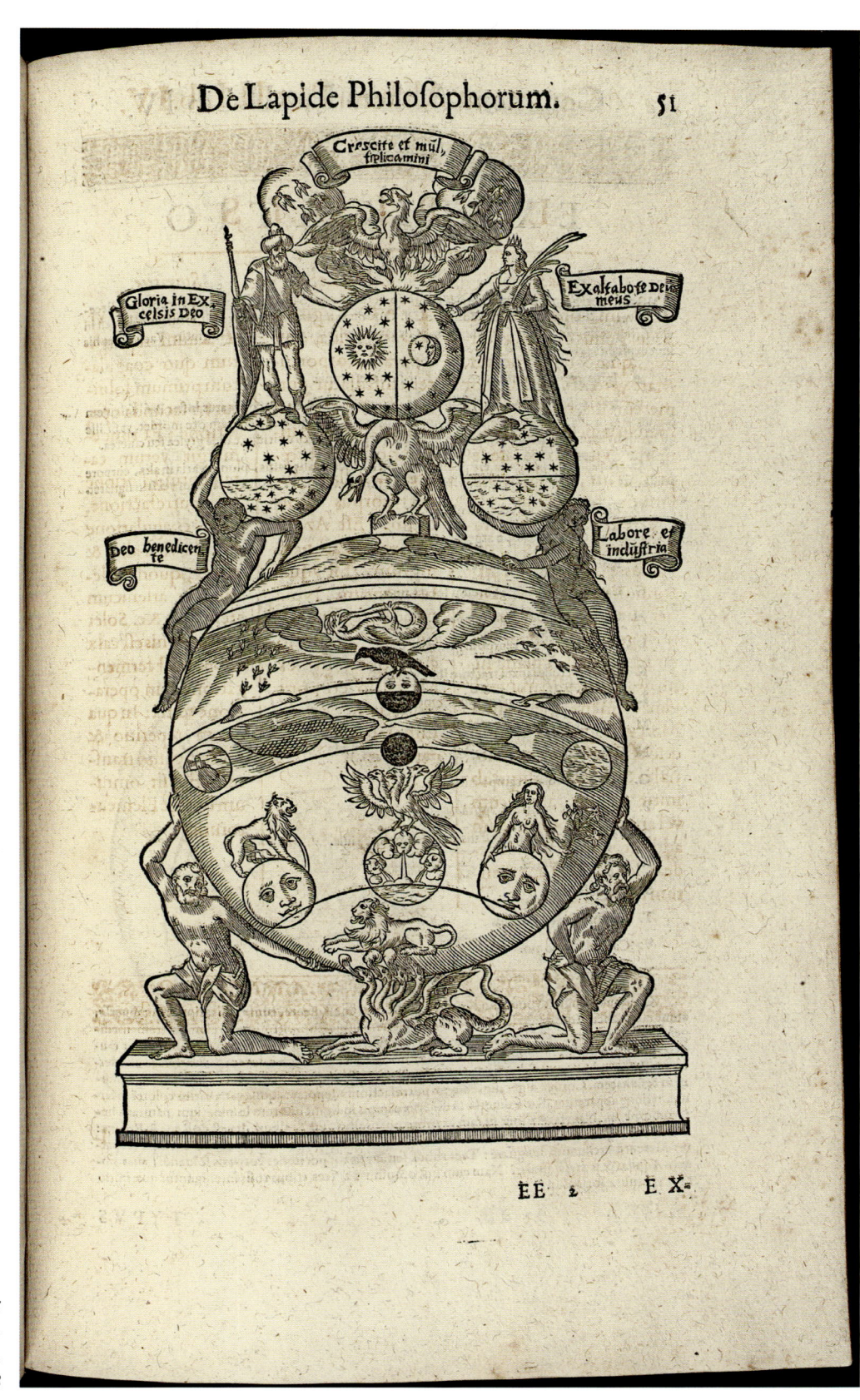

Abb. 75 = Kat. Nr. 9:
Andreas Libavius: Alchymia,
Frankfurt a. M. 1606, S. 51.
HAB: Nd 4° 18

10 Transmutation in sieben Stufen

Stephan Michelspacher: Cabala, Speculum Artis Et Naturae, In Alchymia, Augsburg: Michelspacher, Franck 1616.
HAB: 46 Phys. (2)

Aufgeschlagen: Falttafel 3 (**Abb. 76**)

Dieser Stich veranschaulicht die „Chymische Hochzeit", die Vereinigung von Stoffen, die von zwei gereinigten Prinzipien vollzogen wird. Zum Brautgemach führen sieben Stufen, jede Stufe steht für eine alchemische Operation: „Caltination", „Sublimation", „Solution", „Putrefaction", „Distillation", „Coagulation" sowie „Tinctur". Während der sieben Arbeitsschritte werden die beiden Prinzipien „Schwefel" und „Quecksilber" gereinigt, daher sind die menschlichen Figuren im Gemach nackt dargestellt. Jetzt kann aus der Vereinigung, veranschaulicht durch König und Königin, die sich unbekleidet gegenübersitzen, aus der Konjunktion der beiden Prinzipien, der philosophische Merkur entstehen. Der Innenraum ist durch sieben Fenster beleuchtet. Im Hintergrund sieht man einen Ofen, den *Athanor*, der auf einem kleinen Tisch aufgestellt ist. Dort findet die Operation statt, durch die die Gegensätze vereinigt werden. Das Dach des Pavillons ist auf der linken Hälfte durch das Bild der Sonne, auf der rechten Seite durch das des Mondes geschmückt. Die Vereinigung wird vollzogen unter dem Zeichen von Sonne und Mond unter dem gekrönten Adler (Quecksilber). Das tempelartige Gebäude ist im Berg verborgen, wodurch signalisiert ist, dass der Stein der Weisen im Inneren der Erde liegt, aus dem er extrahiert und veredelt werden muss.

Vor dem Berg sieht man zwei Personen in ähnlichem Kostüm, aber unterschiedlicher Pose. Links folgt einer aufmerksam den Hasen, die im Berg verschwinden. Der Hase repräsentiert die *Materia prima* und das Geheimwissen. Hasen gelten als Symbol des Strebens nach dem Urstoff, denn nach der Legende hat der Hase seine Augen stets geöffnet. Mit dem „Inneren der Erde" war die *Materia prima* gemeint, der dunkle Mutterschoß, aus dem der Stein geboren wird. Die Figur mit den verbundenen Augen verkörpert die Ignoranz der wesentlichen Prinzipien der Metallumwandlung. Sie weiß nicht, wie man zur *Materia prima* gelangt. Letzterer folgt nicht der Natur, während der andere Künstler das Innere der Erde aufsucht. Er und die Hasen versinnbilchen ein weit verbreitetes Axiom, das zugleich ein Akrostichon für VITRIOL bildet: „Visita Interiora Terrae Rectificandoque Invenies Occultum Lapidem Verum Medicinalem" [Suche das Innere der Erde auf, durch Reinigung wirst Du den verborgenen Stein finden, die wahre Medizin].

Über dem Brautgemach wölbt sich ein Felsbogen, auf dem in einzelnen Stufen die sieben Metalle, personifiziert als die antiken Götter Venus, Mars, Sol, Merkur, Luna, Jupiter und Saturn stehen. Auf dem Gipfel tänzelt *Mercurius* auf einem Brunnen. Umgeben sind Felsbogen, Gemach und Berg durch die vier Elemente und die Tierkreiszeichen, denen alchemische Symbole zugeordnet sind. Der Zodiakus, der Berg und Metallgötter umkreist, symbolisiert die Zeit, die der Prozess in Anspruch nimmt. Die Medaillons mit den Inschriften der vier Elemente indizieren Ganzheit.

Entnommen ist die ausklappbare Bildtafel aus *Cabala, Spiegel der Kunst und Natur: in Alchymia* von Stephan Michelspacher, einem Arzt aus Tirol, über den nur wenig bekannt ist. Er war Mitarbeiter an einem Werk zur Anatomie von Johann Remmelin: *Pinax microcosmographicus*. Remmelin ist das vorliegende Buch gewidmet. Die Abhandlung umfasst vier großformatige Stiche, die von Michelspacher entworfen und vom Niederländer Ralph Custos gestochen wurden. Sie tragen folgende Titel: „1. Spiegel der Kunst und Natur", „2. Anfang. Exaltation", „3. Mittel: Coniunction", „4. Endt. Multiplication".

Literatur:
Klossowski de Rola 1988, S. 52–59.

Abb. 76 = Kat. Nr. 10: Stephan Michelspacher: Cabala, Augsburg 1616, Falttaf. 3. HAB: 46 Phys. (2)

11 Trinkbares Gold für ein langes Leben

Malachias Geiger: Microcosmus Hypochondriacus Sive De Melancolia Hypochondriaca, München: Straub 1651.
HAB: Xb 1929

Aufgeschlagen: Emblema 5: auri potabilis chimice preparati (**Abb. 78**)

Trinkbares Gold (*Aurum potabile*) galt als besonders potentes Arzneimittel, diente es doch der Verjüngung bzw. der Lebensverlängerung. Wenn der Stein der Weisen die „kranken" Metalle heilen konnte, musste es auch ein Heilmittel, eine *Panacea*, geben, die den kranken Menschen gesunden lässt, die seine erkrankten Organe „veredelt". Die Zusammensetzung derartiger Lebenselixiere variierte je nach Geheimrezept. Zedlers *Universal-Lexicon* druckt noch Mitte des 18. Jahrhunderts neunzehn verschiedene Rezepturen ab (Bd. 45, Sp. 814–827).

Die chemische Zubereitung des Trinkgoldes wird auf diesem Kupferstich visualisiert. Gezeichnet von Jan Sadeler II. und gestochen von Wolfgang Kilian ist sie Malachias Geigers stattlicher Abhandlung *Microcosmus Hypochondriacus sive de Melancholia* entnommen. Sie legt ein komplexes Symbolsystem der neuplatonisch orientierten Alchemie des 17. Jahrhunderts frei. Entsprechend der Themenstellung des Buches soll die Einnahme von Trinkgold dem Krankheitsbild der Melancholie entgegenwirken. Malachias Geiger, 1606 in Rosenheim geboren und 1671 in München gestorben, wurde nach einem Studium in Löwen und Paris Stadtarzt von München, wo er auch als Leibarzt des Kurfürsten Maximilian von Bayern tätig war. Das Melancholie- bzw. Hypochondrie-Syndrom findet auf dem Kupfertitel seine Darstellung (**Abb. 77**). Unter dem auch als Titel- bzw. Schriftträger dienenden Baldachin liegt der von Melancholie geplagte Patient. Während ihm links ein Arzt eine Medizin reicht, bläst ihm von rechts der Teufel über ein Sprachrohr hypochondrische Einbildungen ins Ohr.

Malachias Geiger steuert im Buch zur ausgestellten Graphik einen ausführlichen Kommentar bei. Der Baum des Lebens in der Mitte ist zugleich der Baum der Metalle. An ihm hängen Metallsymbole wie Früchte. Direkt neben dem Baum steht als Allegorie der Weisheit eine stellar ausgerichtete Frauenfigur. Sie scheint das Strukturgesetz der Symmetrie zwischen Mikro- und Makrokosmos verinnerlicht zu haben. Die Befruchtung der Erde durch geistige Kräfte des Makrokosmos treibt den Baum des Lebens hervor, an dem die Metalle wie Äpfel hängen. Für den kosmologisch und heilkundlich veranlagten Alchemiker kommt

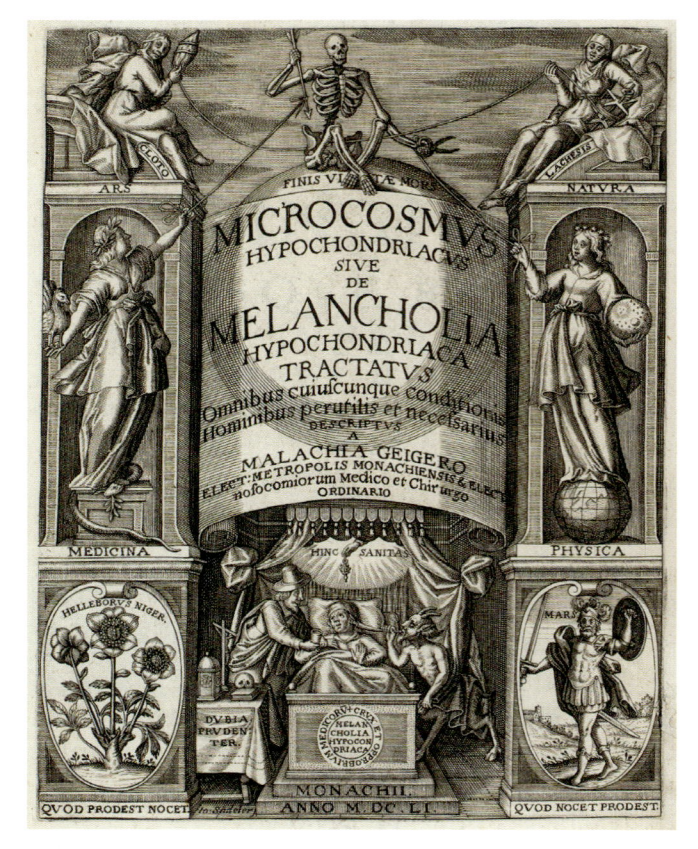

Abb. 77 = Kat. Nr. 11, Kupfertitel

es nun darauf an, den fortschreitenden Materialisierungsprozess des Geistes wieder zu spiritualisieren, soll doch die künstliche Zubereitung des Trinkgolds die geistigen Anteile des Goldes aus dem materiellen Gold wieder herauslösen. In der mittleren Bildregion am rechten und linken Rand tragen Adler und Phönix die vier Elemente in vier Glaskugeln aus dem irdischen in den kosmischen Bereich empor. In der Feuerkugel, die der Phönix hält, ist z. B. ein Salamander gefangen, das Symbol für die Feuerbeständigkeit des Steins der Weisen. Aus dem astralen Bereich gleichsam herabgestiegen sind unten rechts Sonne und Mond, personifiziert als nacktes Menschenpaar. Sie nähern sich einem Grottenlaboratorium. Dort soll sich das Ziel der Alchemie – die Vereinigung von Sonne und Mond – verwirklichen. Im Hintergrund der Grotte sieht man undeutlich zwei Götter bei ihrer Labortätigkeit – Vulcanus und Neptun, die mit besonderen Kräften des Feuers und des Wassers ausgestattet sind.

Der Zodiakalkreis und der Halbkreis der Planeten im oberen Bilddrittel verweist auf die Fundierung der Alchemie in Astrologie. *Mercurius* erscheint im Emblem dreimal: als Metallfrucht im Baum, als Planetengott am Him-

Abb. 78 = Kat. Nr. 11:
Malachias Geiger:
Microcosmus, München 1651,
Embl. 5. HAB: Xb 1929

mel sowie mitten im Dreieck als Zentrum des Prozesses. Die emblematische Darstellung zeigt deutlich, dass jede partikulare Naturerkenntnis ganzheitlich eingebettet ist. Oben in den Wolken halten zwei Engel über dem Scheibendiagramm ein Band, auf dem geschrieben steht: „Ab uno omnia – in uno omnia – per unum omnia" [alles von einem – alles in einem – alles durch eines]. Das Trinkgold ist nichts anderes als dieses gesuchte Zentrum der Natur, das Eine (*Monas*), aus dem Erlösung und umfassende Heilung erwachsen kann. Anschauliche Vielfalt ist nur aus einer Einheit zu begreifen, einer Einheit, die der Alchemiker im Zusammenspiel von äußerer Naturforschung und imaginierender Introspektion findet.

Literatur:
Bachmann/Hofmeier 1999, S. 42–88; Darmstaedter 1924.

Zeigen und Verschlüsseln

Man sieht einen Gelehrten in seiner Stube, der auf eine Lichtquelle starrt, in deren Zentrum ein kosmisches Diagramm zu erkennen ist (Abb. 79). Licht, eine zentrale Metapher der Aufklärung – und zwar als enthüllendes Licht – erscheint hier im Modus der Verschlüsselung. Was mag es nur bedeuten, fragt sich der Betrachter. Magische Demonstrationen können nur dann ihre besondere Wirkung entfalten, wenn ihr Kern rätselhaft bleibt. Wie in der Religion die Theologen und Priester, nahmen sich auch die akribischen Sucher des Steins der Weisen vor, Enthüllung und Verschleierung in ein ausgewogenes Verhältnis zu bringen, mit dem Unterschied, dass letztere die Auflösung des Geheimnisses nicht auf das Jenseits projizierten, sondern davon überzeugt waren, es schon innerweltlich lüften zu können. Der Alchemiker ging davon aus, dass die Weltverhältnisse einst vollkommen durchsichtig gewesen seien. Also wollte er in seiner Lebensspanne mit Hilfe komplexer Operationen den adamitischen Urzustand wiederherstellen. Ubiquitäre Transparenz und Erlösung waren das Ziel, während der beschwerliche und komplexe Weg dorthin mit Geheimlehren gepflastert war. Schon der hieroglyphische Code, in dem das legendär überlieferte Urwissen der Alchemie angeblich gespeichert war, spiegelte Opazität und Transparenz: Undurchdringlich waren diese Zeichen für denjenigen, der nicht den Schlüssel besaß, sie zu lesen. Für den ausgebildeten Hermetiker stellten sie hingegen natürliche Zeichen dar, die zur Welt in unmittelbarer Beziehung stehen. Dieses Urwissen, das auf hermetischen Überlieferungswegen über die Sintflut und den Untergang der antiken Kulturen hinweg bis in die Neuzeit gerettet worden sei, war Code und Köder zugleich. Dem Geheimnis standen vieldeutige, den Ehrgeiz anstachelnde praktische Anweisungen gegenüber, mit deren Hilfe das Rätsel gelöst werden sollte.

Seit ihren Anfängen in der Antike stellt die Alchemie das Geheimnis in den Mittelpunkt ihrer geistigen und praktischen Anstrengungen. Alchemie galt als Arkanwissenschaft. Alchemiker waren durch einen selbst auferlegten Moralkodex verpflichtet, ihr Wissen geheim zu halten oder nur in verschlüsselter Form bekannt zu machen. Zahlreiche Schriften führen Signalworte wie „secreta", „mysterium", „aenigma" oder „arcana" im Titel: Die bekannte Handschrift des arabischen Alchemisten Al-Razi (Rhazes) aus dem 10. Jahrhundert kursierte unter dem lateinischen Titel *Secretum Secretorum*. Michael Maier verfasste 1614 die Abhandlung *Arcana Arcanissima* (o. O. 1614). Die

Abb. 79: Rembrandt van Rijn: Doctor Faust, 1652, Radierung. Kupferstichkabinett, Staatliche Museen Berlin

Suche nach dem Stein der Weisen schien nur dann aussichtsreich, wenn man im performativen Rahmen des Zeigens und Redens die Tugend der Verschwiegenheit beherrschte. Bei Leonhard Thurneysser sitzt die Alchemie als Frau Heimlichkeit in ihrer Stube, Vorhängeschlösser versperren Mund, Wandschrank und Truhe (Abb. 80). Umgeben ist sie von alten Folianten, aus denen sie ihr Geheimwissen schöpft. In der rechten Hand hält sie vielsagend einen gigantischen Schlüssel. Auch die Rede gehört in der alchemischen Tradition zum Repertoire verschiedenster Zeigepraktiken, die letztlich alle die Funktion haben, abzulenken bzw. das Geheimnis zu bewahren. Die beste Methode war es, die Geheimlehren nur mündlich den vertrauenswürdigsten Schülern weiterzugeben. Auch noch in der Blüte des Buchdrucks spielte bei Alchemikern die Handschrift sowie die mündliche Weitergabe alchemischer Verfahren eine nicht zu unterschätzende Rolle. Aber das reichte nicht. Nach dem Lehrsatz „Du musst alles selber machen" kann eine Anleitung nicht vollständig vorgesagt bzw. niedergeschrieben werden. Alchemie ist zu

xxvj

Das Erste Buch/
Das Erste Capitel.
Die Ewige Heimligkeit
redet.

Jch schrey vnd ruff mit heller stim̃/
  O menschlich gschlecht mein red vernim/
Ewre ohrn zuhörn seyen bereit/
  Ich bin die ewige Heimligkeit/
In mir steckt glück/ vernunfft vnd lehr/
  Mich hat gesegnet Gott der Herr/
In mir steckt gsundheit/ vnd langs leben/
  Kunst/ weisheit/ glaub/ vnd lieb darneben/

Hoff-

Abb. 80: Leonhard Thurneysser: Quinta Essentia, Münster 1570, S. 26. HAB: 36.6 Phys. 2°

einem nicht geringen Teil Improvisation, das heißt, sie schießt über das, was in Büchern fixiert ist, hinaus. Alchemische Texte erinnern an Partituren der frühen Neuzeit, die stets lückenhaft blieben und von Musikanten aus dem Stegreif ergänzt werden mussten.

Alchemische Anweisungen verbargen sich hinter Paradoxa: „Wenn man sagt, der Stein sei Wasser, so spricht man die Wahrheit; wenn man sagt, er sei kein Wasser, so ist auch das nicht falsch." (Thomas Norton: The Ordinall of Alchemy, zit. nach Coudert, S. 72). Im Zeigen von Rätsel, Symbol und Allegorie wurde in alchemischen Kreisen ein Wissen publik gemacht und gleichzeitig geheim gehalten. „Wo immer wir offen gesprochen haben, haben wir (eigentlich) nichts gesagt. Aber wo wir etwas verschlüsselt haben, dort haben wir die Wahrheit verhüllt", heißt es bei Geber Latinus im *Rosarium Philosophorum* (S. 70f., Übers. von Joachim Telle, Bd. 2, S. 64), einem Sammelwerk alchemischer Exzerpte aus dem 14. Jahrhundert. In diesen philosophischen Rosengarten zu gelangen, war nicht einfach. Eine emblematische Darstellung in Michael Maiers *Atalanta Fugiens* (1618) zeigt einen amputierten Menschen entsprechend der Devise „Wer in den Philosophischen Rosengarten will gehen ohne den Schlüssel, ist gleich einem Manne, der gehen will ohne Füße." (**Abb. 81**).

Alchemiker übertrafen sich gegenseitig darin, beredt zu schweigen. Auf der anderen Seite bedienten sich alchemische Kreise immer intensiver des Buchdrucks und damit eines genuinen Mediums der Transparenz. Eine Flut von *Alchemica*-Drucken im 17. Jahrhundert ist gerade im deutschen Sprachraum zu registrieren, die selbst den Polyhistor Daniel Georg Morhof zum Geständnis brachte, kein Mensch könne die vielen „libri chimici" wirklich zur Kenntnis nehmen. Eigentlich widerspricht es dem Charakter einer Geheimlehre wie der Alchemie, wenn ihre Werke gedruckt werden. Ein Buch, auch wenn sein Inhalt noch so verschlüsselt ist, kann gar nicht anders, als aufgeklappt zu werden und etwas zu zeigen bzw. auf Dauer zu stellen. War die Alchemie einmal in den Sog des Öffentlichen geraten und durch den Buchdruck permanent fixiert, konnte es nicht lange dauern, bis ihre Aura grundsätzlich in Frage gestellt wurde.

Dabei war das Medium, das Johannes Gensfleisch alias Gutenberg erfand, auch mit einer geheimen Botschaft verbunden. Quellen verraten nicht, aus welchen Materialien die beweglichen Lettern tatsächlich beschaffen waren. Es muss sich um eine niedrigschmelzende Legierung von Blei, Antimon, Wismut und Zinn gehandelt haben. Gutenbergs Erfindung wurde von Zeitgenossen in die Nähe alchemischer Kunst gestellt. Seine Werkstatt stellte auch magische Spiegel für Heiltumsfahrten her und verfügte über eine Schleifmaschine für Edelsteine.

Literatur:
Bachmann/Hofmeier 1999, S. 9–13; Crosland 1990; Dobbs 1990; Eamon 1984; Eis 1951; Hirsch 1950; Newman 1999; Telle 1992.

EMBLEMA XXVII. *De secretis Naturæ.* 117

Qui Rosarium intrare conatur Philosophicum absque clave,
assimilatur homini ambulare volenti absq; pedibus:

EPIGRAMMA XXVII.

Luxuriat Sophiæ diverso flore ROSETUM,
   Semper at est firmis janua clausa seris:
Unica cui clavis res vilis habetur in orbe,
   Hac sine, tu carpes, cruribus absque viam.
Parnassi in vanum conaris ad ardua, qui vix
   In plano valeas te stabilire solo.   P 3   D E

Abb. 81: Michael Maier: Atalanta Fugiens, Oppenheim 1618, S. 117. HAB: 196 Quod. (1)

12 Die ganze Welt in einem Symbol

John Dee: Monas Hieroglyphica, Antwerpen: Silvius 1564.
HAB: 223.3 Quod. (1)

Aufgeschlagen: Kupfertitel (**Abb. 83**)

Bemerkenswert an dieser schmalen Abhandlung ist, dass der gesamte Kosmos auf ein geometrisches Zeichen zurückgeführt wird. Die *Monas Hieroglyphica* des englischen Mathematikers und Alchemikers John Dee, erstmals 1564 in Antwerpen erschienen, verbindet alchemische Prinzipien mit Kategorien, die der Kabbala und der hermetischen Renaissancemagie entstammen und lässt die fundamentale Einheit des Universums erkennen. Dees Hieroglyphe repräsentiert das ganze Sein – sowohl Makro- wie Mikrokosmos. Sie beschwört bereits mit seinem Namen den alchemischen Grundsatz: „Eines in Allem" und „Alles im Einen". Die „Monas" war weitaus mehr als ein Symbol. Für Dee war die „Monas" ein Talisman, der alle Kräfte des Universums verkörpert. Als Weltformel ging von ihr die Botschaft aus: Jeder, der das Zeichen geistig durchschaute, erlangte Macht über globale Zusammenhänge. Dee propagierte die Idee, dass der Mensch durch Kontemplation dieses Symbols diese Kräfte eines Tages in sich aufnimmt und eine geistige Wandlung erfährt. Dahinter steckt ein für die Alchemie typisches Symbolverständnis. Symbole hatten keine Verweisfunktion, vielmehr strahlten sie in ihrer Verkörperung dasjenige substantiell aus, wofür sie standen.

Das Zeichen besteht aus Kreis, Linie und Punkt. Der Punkt ist das Zentrum aller Dinge (**Abb. 82**). Auf dem Kupfertitel befindet es sich in einem eiförmigen Rahmen und besteht – von oben nach unten – aus einem Halbkreis, einem Kreis mit einem Punkt in der Mitte, einem Kreuz sowie zwei Halbkreisen. Alchemische Piktogramme – der Mond bzw. Silber (Sichel), die Sonne bzw. Gold (Kreis) – verbinden sich mit den Zeichen für die vier Elemente (Kreuz). Die beiden unteren liegenden Sicheln symbolisieren das Tierkreiszeichen Widder, aber auch das Feuer. Aus Dees Zeichen sind darüber hinaus alle weiteren fünf Planetenzeichen rekonstruierbar. Zudem ist das Zeichen dem Metallsymbol für Quecksilber ähnlich, wodurch dessen Bedeutung als Urstoff der Welt unterstrichen wird. Im Text legt Dee nun in 24 Theoremen die tiefere Bedeutung dieses Symbols dar. Ausgehend vom pythagoreischen Standpunkt, dass die Welt auf Zahl, Proportion und Geometrie gegründet sei, will Dee zeigen, dass die „Monas" eine Welt im Kleinen symbolisiert. Dee war davon überzeugt, seine Kosmologie sei besser mit graphischen Mitteln zu ver-

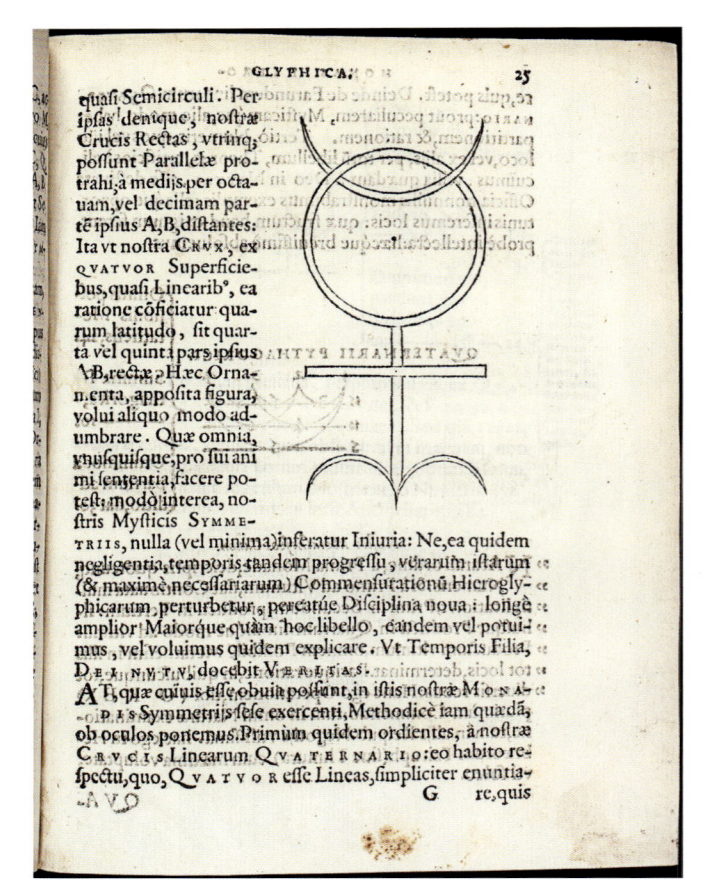

Abb. 82 = Kat. Nr. 12, S. 25r

deutlichen als mit bloßen Buchstaben: „Aus diesen Lehrschemata, wenn man sie intensiv betrachtet, können mehr Schlüsse gezogen werden als sich klaren Worten entnehmen ließen." (Dee, nach Josten, S. 27, übers. von Telle, S. 277).

John Dee (1527–1608) verfügte über weitreichende astronomische und mathematische Kenntnisse. 1570 gab er die erste englische Ausgabe der Schriften Euklids heraus. Seine Horoskope und astrologischen Vorhersagen verschafften ihm Zugang zum englischen Hof. 1564 soll er während einer Reise durch Italien und Mitteleuropa an der Krönung Kaiser Maximilians II. teilgenommen haben, dem er die *Monas Hieroglyphica* widmete. Spätestens 1582 machte Dee Bekanntschaft mit dem Advokaten Edward Kelley, der ihm die jenseitige Welt der Verstorbenen nahe brachte. Zusammen mit Kelley und seiner Frau Jane absolvierte Dee zahlreiche Seancen, die er in seinem präzise geführten Tagebuch dokumentierte.

Das von Dee erstmals auf dem Frontispiz von *Propaedeumata aphoristica* (1558) publizierte und in der *Monas*

Abb. 83 = Kat. Nr. 12: John Dee: Monas Hieroglyphica, Antwerpen 1564, Kupfertitel. HAB: 223.3 Quod. (1)

Hieroglyphica (1564) erneut bekannt gemachte Zeichen kombiniert aus einfachen geometrischen Figuren ein sprechendes Sinnzeichen, dass Kundige sofort verstanden, gleichgültig welche Sprache sie sprachen. Selbst der nüchterne Andreas Libavius integrierte das *Monas*-Kosmogramm in seinem Grundriss eines idealen Laboratoriums (Kap. 8: De adificio at laboratorio Chymico, S. 93), sah er doch in ihr eine Wissensordnung figuriert, die universal zu vermitteln war. Auch im chemiatrischen Hauptwerk des Paracelsisten Gerhard Dorn, dem *Chymisticum artificium naturae* (1568) ist das *Monas*-Zeichen als Vignette auf dem Titelblatt abgedruckt. Ebenso ist es im *Amphitheatrum Sapientiae Aeternae solius verae* von Heinrich Khunrath, das in seiner Vollfassung in Hanau 1609 veröffentlich wird, abgebildet und in Johann Valentin Andreaes *Chymische[r] Hochzeit, Christiani Rosencreutz. Anno 1459* (Straßburg 1616). Die bereits 1602 erfolgte Aufnahme von Dees *Monas Hieroglyphica* in das von Lazarus Zetzner in Straßburg herausgegebene *Theatrum Chemicum* forcierte ihre Verbreitung im deutschsprachigen Raum.

Literatur:
Cavallaro 2006; Harkness 1999; Josten 1964; Telle 2010, v. a. S. 277–282; Yates 1997.

13 Die leichtfüßige Natur

Michael Maier: Atalanta Fugiens, hoc est, Emblemata nova De Secretis Naturae Chymica, Oppenheim: De Bry 1618.
HAB: 196 Quod.

Aufgeschlagen: S. 176–177, Fuge und Emblem XLII (**Abb. 85**)

Der Arzt, Alchemiker und Poet Michael Maier (1569–1622) wurde vor allem bekannt durch aufwändig illustrierte Schriften zur Alchemie, die zwischen 1614 und 1624 meist bei Johann Theodor de Bry und Lucas Jennis, zwei in Oppenheim und Frankfurt ansässigen Verlegern, erschienen. Die Alchemie ist bei Michael Maier weder Goldmacherkunst noch Laborpraxis, sondern Spiegel der Natur. In der Vorrede wird die Chemie als die wichtigste Wissenschaft bezeichnet, wenn es darum geht, die Geheimnisse der Natur als einer Schöpfung Gottes zu erforschen. Die 1617 erstmals und hier in der Ausgabe von 1618 gezeigte *Atalanta Fugiens* stellt ein künstlerisch herausragendes und originelles Emblembuch dar. Signifikant verzahnen sich musikalische Fuge, emblematischer Kupferstich und nachfolgender Text (*Discursus*). Das Hörvermögen wird ebenso geweckt, wie das Sehvermögen und die Verstandeskräfte.

Das Werk besteht aus fünfzig Abschnitten, die formal stets gleich aufgebaut sind. Auf der ersten Seite ist zunächst auf Deutsch das Motto abgedruckt, dem eine dreistimmige Fuge zu einem lateinischen Text folgt. Darunter ist in Fraktur eine deutsche Übersetzung des Liedes zu lesen. Den Noten gegenüber befindet sich ein von Matthäus Merian d. Ä. geschaffener Kupferstich zum Text des Gedichtes. Das Bild ist von lateinischen Texten eingefasst, oben erscheint das Motto, unten der Text der Fuge. Die dritte und vierte Seite enthalten jeweils eine alchemische Abhandlung in Prosa. Die fünfzig Embleme sind nicht als fortlaufende Erzählung zu lesen, sondern bilden chemische Prozesse ab oder sind allgemeinen naturphilosophischen Betrachtungen gewidmet.

Das 42. Emblem ist eines der berühmtesten Abbildungen der *Atalanta Fugiens*, sein Titel lautet: „Dem, der in Chymicis versiert, sey die Natur, Vernunft, Erfahrenheit und Lesen wie ein Führer, Stab, Bryllen und Lampen." Der nach Erkenntnis strebende Alte folgt den Spuren der *Natura*. Sein Wanderstock versinnbildlicht die Vernunft, die Brille die Erfahrung und die Laterne das Studium der alten Schriften. *Ratio* und *experientia*, symbolisch dargestellt durch Brille und Wanderstock, sind die zwei Säulen des Wissens. Die Natur setzt sich als Dominante in Szene; der Blumenstrauß und die Steine, die sie in Händen trägt, verkörpern das Reich der Pflanzen und der Steine. Vom Em-

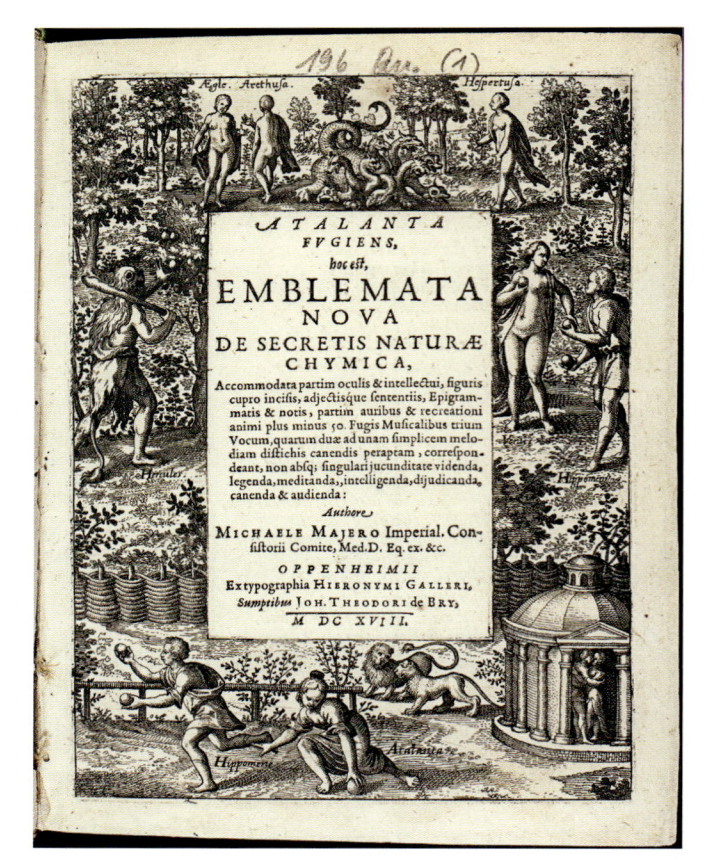

Abb. 84 = Kat. Nr. 13, Kupfertitel

blem scheint die Botschaft auszugehen: Begegnet der Natur mit Respekt und beutet sie nicht aus!

Atalanta Fugiens kann als ein alchemisches Andachtsbuch charakterisiert werden. Der Nutzer soll sich in den Stoff – sei es durch Text, Bild oder Musik vermittelt – meditierend vertiefen. Wer schnell Wissen abrufen möchte, wird von dem Buch enttäuscht sein. Der Titel bezieht sich auf Atalanta, die amazonenhafte Jägerin der griechischen Mythologie, die ihre Jungfräulichkeit ihrer sagenhaften Leichtfüßigkeit und Schnelligkeit verdankt (Ovid, Metamorphosen X, 560–707). Nur der Mann, der sie im Wettlauf besiegt, könne sie heiraten, hieß es. Erst Hippomenes gelang dies, aber nicht ohne einen Trick anzuwenden. Er ließ während des Wettlaufs drei goldene Äpfel fallen, die ihm zuvor Venus gegeben hatte und Atalanta – geblendet von deren Glanz – wollte sie einsammeln und verlor dadurch entscheidende Zeit. Der Mythos der Atalanta – für Maiers Werk ohne weitere narrative Bedeutung – dient nur als Rahmen, insofern die Protagonisten in den drei Stimmen der Fuge wiederkehren. Die erste Stimme des Kanons bildet die „immer flüchtende" Atalanta, die „vox fugi-

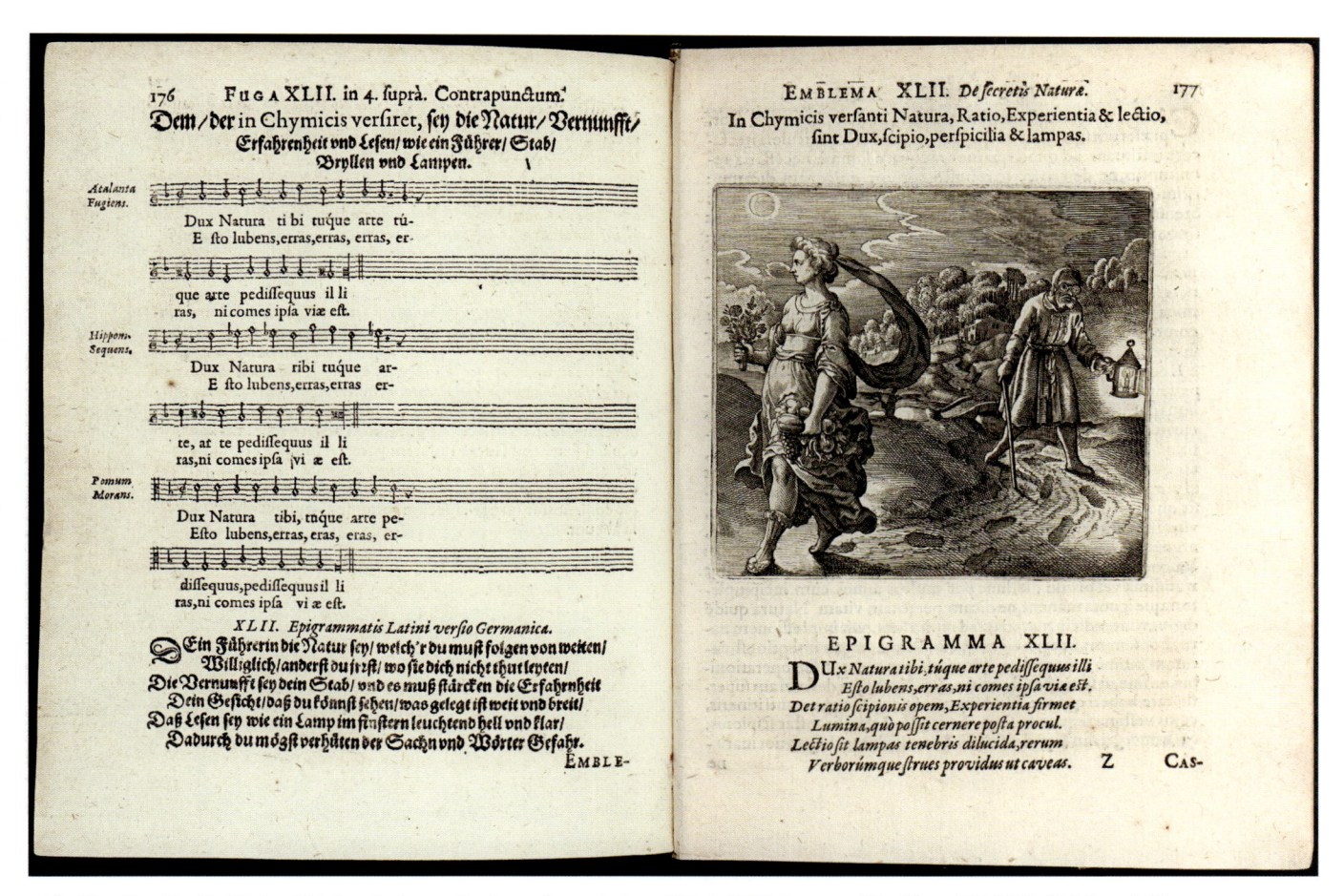

Abb. 85 = Kat. Nr. 13: Michael Maier: Atalanta Fugiens, Oppenheim 1618, S. 176 f. Fuge und Emblem XLII. HAB: 196 Quod. (1)

ens", die von der zweiten Stimme, Hippomenes, der „vox sequens", verfolgt wird, ähnlich wie auf dem ausgestellten Bild *Natura* die Fußspuren setzt, auf denen der Alte mit der Laterne wandert. Die dritte Stimme ist der goldene Apfel, die als „vox morans" [verzögernde Stimme] den *cantus firmus* bildet. Wie aus der Vorrede ersichtlich, bedient sich Maier alchemischer Allegorie. Atalanta ist der „flüchtige" *Mercurius philosophicus*, also das Quecksilber, der von Hippomenes, dem *Sulphur* verfolgt wird und durch den goldenen Apfel gebunden, d. h. „fixiert" wird. Zwei Gefahren bedrohen also den goldenen mittleren Weg jedes Menschen: Weltflucht und Erdensucht. Hippomenes ist nun derjenige, der die Balance zwischen diesen beiden, zwischen dem träge in langen Noten dahinfließenden *basso continuo* und den flüchtig versprühenden Tönen der Oberstimme halten kann.

Atalanta Fugiens kann unterschiedliche synästhetische Sinneswahrnehmungen des Rezipienten wecken, wie bereits der erweiterte Titel auf dem Kupfertitel (**Abb. 84**) ankündigt: „Einerseits – mit den Kupferstichen und den dazugehörigen Sentenzen, Epigrammen, Kommentaren – für die Augen und den Intellekt geschaffen, andererseits – mit den fünfzig musikalischen Fugen zu je drei Stimmen – auch für die Ohren und das Labsal der Seele […] Zum einzigartigen Ergötzen des sehenden, lesenden, meditierenden, verstehenden, urteilenden, singenden und hörenden Empfängers."

Literatur:
Jong 1969, S. 266–268; Meinel 1986, S. 212–217; Klossowski de Rola 1988, S. 68–104; Wels 2012.

14 Alchemie als Handkunst

Johann Isaac Hollandus: Die Hand der Philosophen/ mit ihren verborgenen Zeichen, Frankfurt am Main: Götze 1667.
HAB: Xb 5576

Aufgeschlagen: Abbildung gegenüber von S. 11 (**Abb. 86**)

Die philosophische Hand zeigt sechs Bildsymbole, die den materiellen Weltzusammenhang erschließen sollen. Auf dem Daumen sieht man Krone und Mond, auf dem Zeigefinger einen Stern, auf den Kuppen des Mittelfingers die Sonne, des Ringfingers eine Laterne und des kleinen Fingers einen Schlüssel. In der inneren Handfläche brennt das so genannte Seefeuer (*pyr thalassion*), das flüssige Feuer, ein besonders kräftiges Feuer, weil es aus Kontrasten schöpft, dem aber dennoch ein Fisch standzuhalten scheint. Sieben Geheimzeichen ordnet Hollandus der „Hand der Philosophen" zu, „mit welcher [...] die alten Weisen einander verbunden und beschworen" (S. 14). Mit diesen Geheimzeichen waren Substanzen verknüpft: Krone und Mond verweisen auf die Wirkung des Salpeters, der sechszackige Stern auf die ätzende Kraft des Vitriols, die Sonne auf Ammoniaksalz. Die Laterne soll den Stoff Alaun verkörpern. Der Schlüssel zur Kunst ist dem gemeinen Salz zugeordnet, während Fisch und Feuer in der Handinnenfläche die beiden das Werk bedingenden Arkansubstanzen *Mercurius* und *Sulphur* symbolisieren. Insgesamt sieht der Autor in dieser rätselhaften Hand „die Heimligkeit der Philosophen nemlichen deß Samens und der erde" beschlossen. Das *Opus magnum* der Alchemie ist entsprechend der *Hand des Philosophen* aus fünf Substanzen und zwei Prinzipien zusammengesetzt.

Die Schrift über die *Hand der Philosophen* ist Teil eines alchemischen Schriftenkorpus gewesen, das 1572 in Prag zuerst gedruckt wurde (*Liber de minerali lapide et vera metamorphosi metallorum*). Der Autor Hollandus ist als Person kaum fassbar. In das erste Viertel des 15. Jahrhunderts werden die angeblichen Adepten Isaac und Johann Isaac Hollandus, der Sage nach aus Holk gebürtige holländische Juden, gesetzt. Theodor Zwinger I. (1533–1588), Professor der Medizin in Basel, war der Auffassung, dass Paracelsus sein alchemisches Wissen von den „beiden Hollanden" übernommen habe. Karl Sudhoff hat im 20. Jahrhundert allerdings festgestellt, dass kein Autor aus der vorparacelsischen Zeit die Hollandi erwähnt. Dass mindestens ein Hollandus, vermutlich aber zwei, nämlich Vater und Sohn, tatsächlich – aber dann eher im 16. Jahrhundert – gelebt haben, geht aus einer Passage in der Komödie *The Alchemist* von Ben Johnson hervor, in der der Protagonist sich auf die Hollandi als Autoritäten für seine Kunst beruft und der Jüngere als noch lebender Zeitgenosse erscheint. Die Zurückdatierung der Schriften in das 15. Jahrhundert erfolgte erst zu Beginn des 17. Jahrhunderts, um die Reputation der Hollandi zu steigern.

Es gibt auch Hinweise, dass zumindest einer der Hollandi ein geschickter Glaskünstler gewesen ist und es verstand, künstliche Edelsteine herzustellen. Beide Hollandi waren Anhänger der paracelsischen *Tria-prima*-Lehre. Sie hinterließen Schriften wie *Opus Saturni*, *Opus vegetabilium* oder *Opus mineralium*, die also vom Blei, von den Pflanzen und von den Mineralien handeln, zudem ein *Tractatus de urina*. Bei den Hollandi finden sich detaillierte chemische Rezepturen, die von frühen Vertretern der modernen Chemie, wie z.B. von Hermann Boerhaave, intensiv rezipiert wurden. Die Hollandi behaupteten, es gäbe einen vegetabilischen, einen animalischen und einen mineralischen Stein sowie einen zusammengesetzten. Im Übrigen vertraten sie die weit verbreitete Ansicht, dass – sobald man die *Materia prima* besitzt – das ganze Verfahren ein Kinderspiel (*Ludus puerorum*) sei.

Auch der sehr an der Herstellung des Steins der Weisen interessierte Herzog Julius von Wolfenbüttel hat zu seiner „Bestärkung" Anfang der 1570er Jahre vom wenig später hingerichteten Philipp Sömmering eine Schrift von Hollandus – wahrscheinlich den Prager Druck von 1572 – erhalten, wie aus einem Gerichtsprotokoll hervorgeht. Vorliegende Abbildung ist der ersten Sammlung der Schriften des Hollandus in deutscher Sprache entnommen, die 1667 in Frankfurt am Main erschien. Der anonyme Herausgeber behauptet, er habe sich auf originale Manuskripte in den Niederlanden stützen können.

Literatur:
Lippmann 1923; Rhamm 1883, S. 80 f.; Sudhoff 1934.

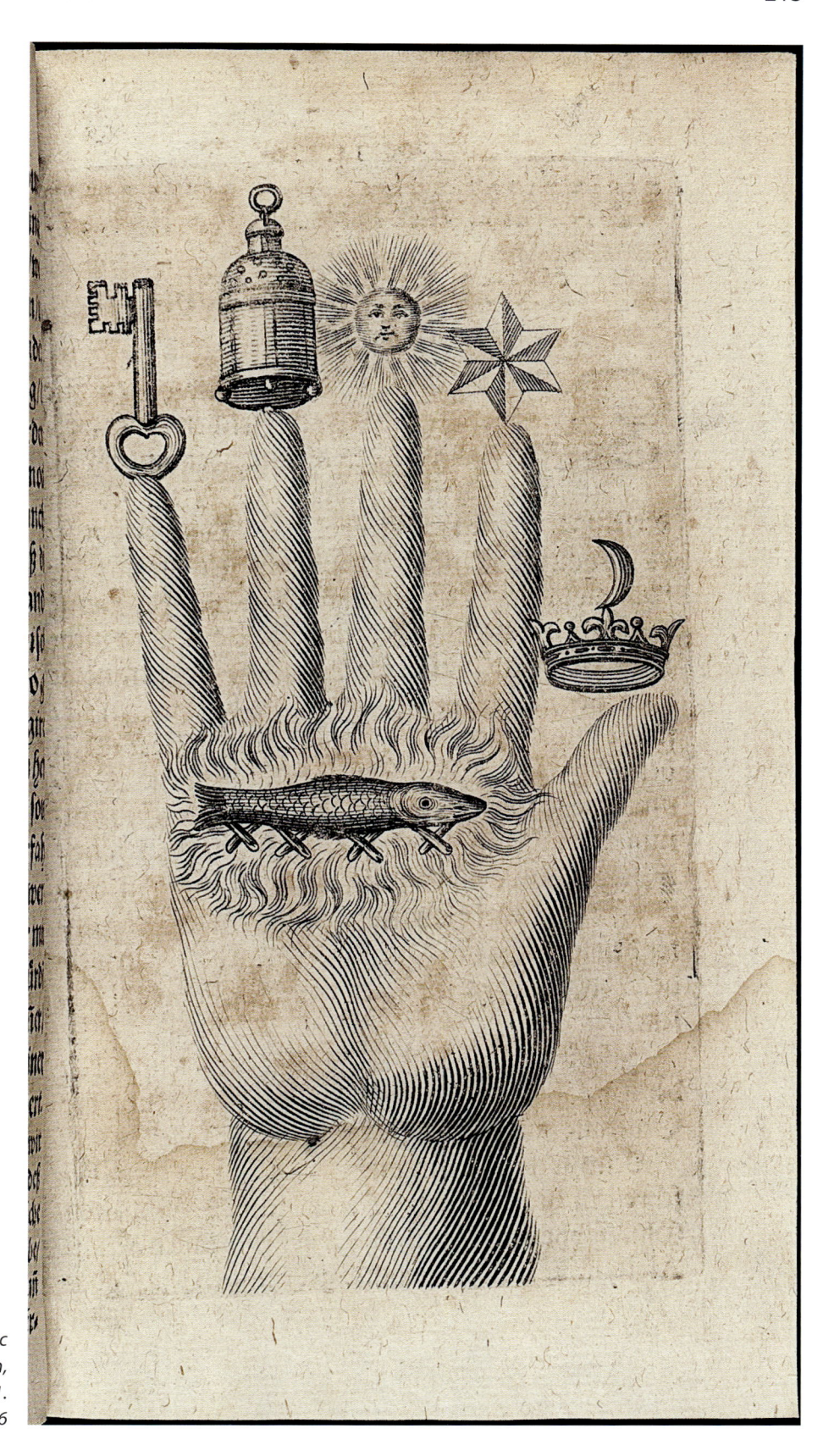

Abb. 86 = Kat. Nr. 14: Johann Isaac Hollandus: Die Hand der Philosophen, Frankfurt a. M. 1667, Abb. gegenüber S. 11. HAB: Xb 5576

Autoritäten und Textüberlieferung

Traditionspflege ist in der Alchemie sehr ausgeprägt, gilt es doch, die Methoden und Experimente der Vorbilder präzise nachzuahmen und nicht der Neuerungssucht zu verfallen. Da die Alchemie ihrem Wesen nach nichts Neues entdecken kann, sondern nur die von den alten Meistern gefundenen Wege erneut beschreiten wollte, war das Vertrauen in die Glaubwürdigkeit mythischer bzw. historischer Autoritäten groß. Auf einem Kupferstich von Robert Vaughan (**Abb. 87**) im *Theatrum Chemicum Britannicum* (London 1652) von Elias Ashmole sieht man hinter einer Balustrade im Obergeschoss die bedeutendsten Alchemiker der Vergangenheit – Geber [Ǧābir], Arnold von Villanova, Rhazes und Hermes Trismegistos –, während sich im Untergeschoss der alchemische Nachwuchs in Experimenten nach den Rezepturen der Altmeister versucht. Die hier zum Ausdruck kommende Referenz auf ein Goldenes Zeitalter stellt ein Strukturmerkmal alchemischer Praxis dar. Dieser Topos prägt auch das durch Egidius Sadeler gestaltete Titelkupfer des chemiatrischen Standardwerks *Basilica Chymica* (Frankfurt am Main 1611) von Oswald Croll. In sechs Porträtmedaillons sind große Alchemisten der Vergangenheit abgebildet, aus Ägypten Hermes Trismegistos, aus Arabien Geber, aus Rom Morienus, aus England Roger Bacon, aus Spanien Raimundus Lullus und aus Deutschland Paracelsus. Allesamt rahmen sie enigmatisch anmutende Dreiecks- und Kreisdiagramme ein (s. Beitrag Karpenko **Abb. 43**).

Grundsätzlich gilt für alchemische Texte der Leitsatz: Je älter desto besser. Je älter ein Autor sei, umso näher stünde derselbe der *prisca sapientia*, dem ursprünglich umfassenden Wissen des Goldenen Zeitalters. Es galt als unstrittig, dass früher das Wissen größer gewesen sei. Auf diese Weise erhalten die klassischen Werke der Alchemie eine eigenartige Ausstrahlung des immer schon Gewussten. Bis in das 18. Jahrhundert war man überzeugt, das Wissen sei vor der Sintflut umfassender gewesen als danach, denn bei der globalen Überschwemmung ging dieses Wissen, das Adam von Gott direkt eingeflößt worden war, wegen der Sündhaftigkeit der Menschen verloren. Spuren dieses adamitischen Wissens hätten sich aber noch auf der *Tabula Smaragdina* erhalten. Die Hermes Trismegistos zugeschriebene, ursprünglich wohl griechische, später in lateinischer Fassung verbreitete Sammlung von wenigen auslegungsbedürftigen Sätzen wurde in hermetischen Kreisen wie eine Bibel verehrt. Hermes Trismegistos soll als Inkarnation des adamitischen Urwissens der Weiseste unter den Ägyptern gewesen sein. Zugleich galt er als mythischer Begründer der Alchemie.

Orientierungspunkt des konsequenten Zurückblickens stellte nicht nur die mythische Urzeit dar, sondern auch das historische Hochmittelalter, eine Epoche, in der das so lange verschüttete Wissen freigelegt und tradiert werden konnte. Mit den muslimischen Kontakten zu Europa gelangte die abendländische Alchemie, gekleidet im arabischen Gewand, in das lateinische Mittelalter. Besonders im arabisch besetzten Spanien, wo um die Mitte des 12. Jahrhunderts ein regelrechter Übersetzungsboom ausbrach, erzeugten arabische *Alchemica*, wie z. B. das *Buch der Alaune und Salze* des Ǧābir ein lebhaftes Echo. Viele der gelehrten Vermittler waren Juden. Auf einen konvertierten Juden geht die Übersetzung von Rhazes' *Secretum secretorum* zurück. Wenn auch die arabischen Texte meist aus griechischen Handschriften hervorgegangen sind, die man zum großen Teil im byzantinischen Raum im Original hätte zur Kenntnis nehmen können, offenbart sich in der Übertragung alchemischer Texte ein bisher kaum in allen Einzelheiten gewürdigter Wissenstransfer zwischen islamischer und christlicher Welt. Die Liste gängiger Termini aus der Alchemie, die aus dem Arabischen entlehnt sind, ist lang: Sie reicht von Alembik über Alkohol und Elixier bis zur Alchemie selber. Die Faszination alchemischen Wissens schöpfte nicht zuletzt daraus, dass es nicht als einheimische, vertraute Wissensform galt, sondern im außerchristlichen Kulturraum, im von Legenden gespickten Orient aufbewahrt und weiterentwickelt worden war – dort, wo prunkvolle Schätze und kostbare Materialien vermutet wurden. Alchemische Quellen schienen umso glaubwürdiger und wertvoller, je überzeugender es gelang, sie im arabischen Kulturraum zu verorten.

Literatur:
Fowden 1986; Sheppard 1972; Ullmann 1972, S. 145–270.

Abb. 87: Robert Vaughan: Kupferstich (Ausschnitt), in: Elias Ashmole: Theatrum Chemicum Britannicum, London 1652 (Ndr. Hildesheim 1968), S. 45

15 Vieldeutige Buchstaben auf einem Felsbrocken

Heinrich Khunrath: Amphitheatrum Sapientiae Aeternae Solius Verae, Christiano-Kabalisticum, Divino-Magicum, Magdeburg: Braunß, Hanau: Antonius 1609.
HAB: 438 Theol. 2°

Aufgeschlagen: Achter Kupferstich (**Abb. 88**)

Der Stich zeigt vor malerischem Landschaftshintergrund einen monumentalen Felsbrocken, auf den in lateinischer Fassung und deutscher Übersetzung der Text der *Tabula Smaragdina* eingraviert ist. Die „smaragdene Tafel" gilt als Grundlagentext der Alchemie und wird traditionell Hermes Trismegistos zugeschrieben. Dieser Kupferstich aus Heinrichs Khunraths *Amphitheatrum Sapientiae Aeternae* ist Bestandteil einer ebenso berühmten wie komplexen Bilderserie aus insgesamt neun Stichen. 1595 war eine Urfassung erschienen, die nur die vier runden Stiche enthält. Die Entwürfe der von Jan Vredeman de Vries gezeichneten und Paul van der Doort in Kupfer gestochenen Abbildungen stammen von Khunrath selbst.

Das flächendeckend beschriftete Felsmassiv wirkt so, als ob es eruptiv aus dem Fluss bzw. aus dem Erdinneren emporgewachsen ist. Als „pyramidum petrosarii triumphalus", als pyramidenförmiger triumphaler Stein wird der gigantische Steinbrocken in der *Subscriptio* beschrieben. Dieser Felsbrocken kann auch ein Vulkan sein, der alchemische Reinigungsofen schlechthin, zumal im Wort „Pyramide" die Bedeutung von Feuer enthalten ist. Dementsprechend schießen Flammen an mehreren Stellen der Felskuppe hervor. Im Bildvordergrund diskutieren sechs Männer – unter ihnen vielleicht auch Khunrath – über dieses Naturphänomen. Wie aus der Legende hervorgeht, wird in der *Tabula Smaragdina* in vieldeutigen Worten über den Anfangs- und Endzustand der Welt philosophiert. Vielleicht will das Bild zeigen, wie sich die Welt immer mehr ihrem Endzustand annähert, der zugleich identisch mit ihrem Anfangszustand ist, dem Primordialstadium vor dem Sündenfall.

Die Natur erscheint in dem Text der Tafel in verschlüsselter Sprache als chemischer Prozess. Kerninhalt der rund zwölf Sätze ist die Vorstellung einer Verschränkung von Mikro- und Makrokosmos. Der meist zitierte Satz lautet: „Quod est inferius, est sicut (id) quod est superius, et quod est superius, est sicut (id) quod est inferius, ad perpetranda miracula rei unius." [Was unten ist so, wie das was oben ist: und was oben ist so, wie das was unten ist, damit die Wunder des einen Dinges zustande gebracht werden (Übers. bei Ruska 1926, S. 2)]. Der Einfluss des Makrokosmos erstreckt sich dabei nicht mehr allein auf den Menschen, sondern auch auf Mineralien und Metalle, denen Wachstum und Entwicklung zugesprochen werden.

Ohne die *Tabula Smaragdina* ist die Alchemie kaum denkbar. Sie taucht in vielfältigen historischen Kontexten auf. In ihrer kosmologischen Botschaft konkurriert sie mit anderen Schöpfungslegenden, vor allem mit der *Genesis* des *Alten Testamentes*. Darüber hinaus ist sie auch in der grauen Literatur zu finden, in Rezeptsammlungen der laboratorischen Alchemie. Schließlich beruft sich auch das weite Feld der imaginären Alchemie auf die *Tabula Smaragdina*. Bis Anfang des 20. Jahrhunderts waren nur lateinische Übersetzungen der Tafel bekannt, bis der englische Wissenschaftshistoriker Eric J. Holmyard und der Orientalist Julius Ruska die ersten Fassungen in arabischer Sprache fanden und übertrugen. Wahrscheinlich gab es einen griechischen Urtext, der jedoch bis heute nicht gefunden werden konnte. Im Felsmassiv ist nicht nur das Credo der hermetischen Naturphilosophie auf Latein und auf Deutsch eingraviert. Es folgt auch der berühmte Beginn des Pimander aus dem *Corpus Hermeticum* in der lateinischen Übersetzung Marsilio Ficinos. Hermes erhält darin von Pimander eine göttliche Offenbarung. Zudem ist dort die Legende kolportiert, Hermes habe die Bilderschrift, d. h. Buchstaben in Form von Bäumen und Tieren erfunden und dadurch die tiefste Weisheit freigelegt.

Im *Corpus Hermeticum*, einer Sammlung von achtzehn Traktaten, die zwischen dem ersten vorchristlichen und dem vierten nachchristlichen Jahrhundert entstanden sind, hat auch ein Dialog zwischen Isis und Hermes (*Kore Kosmou* [Pupille/Tochter der Welt]) Aufnahme gefunden. Darin wird Hermes als Graveur eines Steines erwähnt, dem er alles anvertraut hatte, was er wusste. Die Gewohnheit, Bedeutsames auf kostbaren Tafeln einzuritzen, ist so alt wie die Schrift selbst. Nach der Legende soll der Text – aufgeschrieben auf zwei Säulen oder Tafeln aus Smaragd – unter einer Hermesstatue im Grab des Hermes in der Nähe der Cheopspyramide aufgefunden worden sein. Die verbreitete Vorstellung, Wissen sei periodisch durch Naturkatastrophen, wie z. B. durch die Sintflut, vernichtet worden, stand der Annahme gegenüber, die Ägypter hätten einen Zugang zu den vorsintflutlichen Kenntnissen bewahren können. In diesem Zusammenhang schien Hermes prädestiniert, die Rolle desjenigen einzunehmen, der das Urwissen festhielt. Zu Khunraths Zeiten nahm man an, dass Hermes als ein herausragender Weiser des alten Ägypten tatsächlich gelebt habe und zwar zur Zeit des Moses. Er galt als gewichtiger nichtjüdischer Prophet des Christentums und als Begründer der

Abb. 88 = Kat. Nr. 15: Heinrich Khunrath: Amphitheatrum Sapientiae Aeternae, Magdeburg 1609, 8. Kupferstich. HAB: 438 Theol. 2°

griechischen Philosophie. Auch in arabischen Berichten galt Hermes Trismegistos als Retter legendären Urwissens. Ob die grundlegende Tafel des Hermes tatsächlich in eine riesige Smaragdplatte eingeritzt war, ist unwahrscheinlich. Über die Existenz derartig großflächiger Smaragde ist nichts bekannt. Doch wurden auch andere grüne Gesteine, z. B. Malachite aus Kupfergruben, früher als Smaragde bezeichnet. Die Smaragdtafel könnte auch eine mit grünem Wachs überzogene Holztafel gewesen sein, auf der mit Griffeln geschrieben wurde.

Literatur:
Bachmann/Hofmeier 1999, S. 22–40; Ruska 1926; Kahn 1994; Schmidt-Biggemann 2014, S. 78 f.

16 Projektionen nach Arabien

[Ǧābir ibn Ḥayyān / Pseudo-Geber:] Gebri, Regis Arabum Philosophi Perspicacissimi, Summa perfectionis Magisterii in sua natura, Danzig: Tancke 1682.
HAB: Xb 3832

Aufgeschlagen: Kupfertitel (**Abb. 89**)

Der Kupfertitel strahlt orientalisches Kolorit aus. Im Vordergrund einer Säulenhalle thront unter einem malerischen Torbogen, auf dessen Frontseite die sieben Metallsymbole eingraviert sind, ein mit Turban und Kaftan bekleideter vornehm wirkender Herr, der im Stile eines Dirigenten die Tätigkeiten von drei Laboranten im Hintergrund leitet. Ǧābir ibn Ḥayyān [latinisiert: Geber], der im 8. Jahrhundert lebte, ist zweifellos eine der faszinierendsten und rätselhaftesten Gestalten in der Geschichte der arabischen Wissensgeschichte. Er verband bemerkenswerte Laborexperimente mit einer rätselhaften Diktion. Das englische Wort „gibberish" („Geschwätz", „Kauderwelsch") geht auf den Anfang des 16. Jahrhunderts zurück und bezeichnet eine unverständliche Sprache, wie sie angeblich von Ǧābir bzw. Geber benutzt worden ist. Dennoch trug Ǧābir entscheidend dazu bei, die Chemie von ihrer Nähe zum Aberglauben zu befreien und zu einer experimentellen Wissenschaft zu machen. Er stützte seine Schlussfolgerungen auf sorgfältige Beobachtungen, kontrollierte Experimente und präzise Aufzeichnungen, ganz im Gegensatz zu großen Teilen der griechischen Stoffkunde, die von hypothetischen und metaphysischen Vorstellungen geprägt war. Ǧābirs bahnbrechendes Werk *Kitab al-Kimiya'* [Das Buch der Chemie] wurde ursprünglich 1144 von dem Engländer Robert von Chester ins Lateinische übersetzt.

Ǧābir wurden so viele Werke zugeschrieben – man schätzt ihre Anzahl auf 3000 –, dass bei Gelehrten des 20. Jahrhunderts die Überzeugung von einem weiteren Autor heranreifte, der viel später gelebt haben muss. Die philologische Spurensuche hat inzwischen ergeben, dass man zwischen zwei „Gebern" unterscheiden muss, einer arabischen sowie einer lateinischen Gestalt bzw. Version. Infolge der Richtigstellungen insbesondere von Marcelin Berthelot, Paul Kraus und William R. Newman wird in der Forschung heute zwischen dem *Corpus Gabirianum* der arabischen Schriften, dem auch einige lateinische Übersetzungen zugeordnet werden können und dem erst im späten Mittelalter entstandenen lateinischen *Corpus Geberi* oder Pseudo-Geber unterschieden. Als Verfasser wird ein Franziskaner aus Italien vermutet, der sich von Quellen aus dem arabischen Kulturraum anregen ließ.

Im 17. Jahrhundert ging man davon aus, es bei Geber mit dem epochalen arabischen Alchemiker aus dem 8. Jahrhundert zu tun zu haben. Herausgeber Bruno Laurenz Tancken bezeichnet ihn in der Titelei des hier gezeigten Buches als „regis arabum philosophi perspicacissimi", also als „König der einsichtsvollsten arabischen Philosophen". Dass diese Schriften aus dem 13. oder 14. Jahrhundert bis ins 20. Jahrhundert als Werke arabischen Ursprungs aus dem 8. Jahrhundert anerkannt waren, zeigt das enorme Ansehen, das von der arabischen Alchemie ausging. Die von Tancken in Danzig 1682 herausgegebene Zusammenstellung von Geberianischen Schriften beruht auf lateinischen Manuskripten in der Vatikanischen Bibliothek. Bis zu diesem Zeitpunkt hat es von Geber nur sehr fehlerhafte Editionen gegeben. 1682 wurden drei Schriften vereinigt und relativ zuverlässig ediert: Die *Summa perfectionis Magistrii in sua natura*, der bekannteste Text zur laboratorischen Alchemie im Mittelalter, *De investigatione perfectionis Metallorum* sowie als dritte Schrift dessen *Testamentum*. Das berühmteste Werk, das dem Pseudo-Geber zugeschrieben wird, ist die *Summa perfectionis magisterii* [Die höchste Vollendung des Meisterwerks]. Nach William R. Newman wird in der dort erstmals enthaltenen Quecksilbertheorie *Mercurius* als Grundstoff der Metalle genannt. Während Gold den reinsten „Mercurius" besitze, bewirkten Verunreinigungen durch „Sulphur" eine Korrumpierung der Metalle. Darüber hinaus werden die Transmutationsmittel dreifach unterschieden, ein Konzept, das am arabischen *Liber de septuaginta* orientiert ist.

Literatur:
Darmstaedter 1922; Kraus 1942/1943; Newman 1991; Schütt 2000, S. 181–191, 194–201 u. 323–337; Ullmann 1972, S. 198–210.

Abb. 89 = Kat. Nr. 16: [Geber:] Summa perfectionis, Danzig 1682, Kupfertitel. HAB: Xb 3832

17 Zwölf Köpfe aus zwölf Nationen

Michael Maier: Symbola Aureae Mensae Duodecim Nationum […], Frankfurt am Main: Jennis 1617.
HAB: 46 Med.

Aufgeschlagen: Titelkupfer (**Abb. 90**)

Wie das Titelblatt in Text und Bild aussagt, tragen zwölf Alchemiker aus zwölf Ländern das Wissen aller Völker über die Alchemie an einer Tafel zusammen. Dabei soll es darum gehen, die „Gegner zu entkräften, die seit vielen Jahren die jungfräuliche Chemie mit unzureichenden Argumenten beleidigen". Der Titelkupfer vereinigt die führenden Alchemiker von zwölf Nationen. An der oberen Schmalseite des Tisches sitzen Hermes, der Ägypter und Maria, die Hebräerin. Im Uhrzeigersinne folgen: der Grieche Demokrit, der Römer Morienus, der Perser Avicenna, der Deutsche Albert der Große. Am unteren Ende der Tafel sitzen der Franzose Arnoldus von Villanova und aus Italien Thomas von Aquin. Den Kreis beschließen der Spanier Raimundus Lullus, der englische Mönch Roger Bacon, der ungarische Priester Melchior Cibinensis und ein anonymer Sarmate (Pole oder Russe), den Daniel Stoltzius von Stoltzenberg wenige Jahre später in seinem *Chymischen Lustgärtlein* mit dem Polen Michael Sendivogius identifiziert. Fünf heidnische Weise und sieben christliche sind es, die sich an Maiers goldener Tafel versammeln. Michael Maier, der Autor, will damit zeigen, dass die Alchemie nicht nur in Europa, sondern auch in Afrika und Asien, und zwar insgesamt bei zwölf Völkerschaften zu Hause ist.

Symbola aureae mensae duodecim nationum ist eine Verteidigungsschrift der Alchemie. In dem Buch verbirgt sich in Form einer kommentierten Bio-Bibliographie eine fundierte Geschichte zur Alchemie. Eine doppelte Gliederung prägt diese Abhandlung. Die grobe Einteilung erfolgt in zwölf Kapiteln gemäß den im Titel genannten zwölf Wortführern aus zwölf Nationen. Jedes der Kapitel wird durch eine Kupferstichszene eingeleitet, auf der die jeweilige alchemische Autorität abgebildet ist. Jede dieser Persönlichkeiten wirft ihre Erkenntnisse gegen die Feinde der Alchemie in die Waagschale. Gleichzeitig durchziehen den gesamten Text nummerierte Argumente gegen die Alchemie, die dann von den Protagonisten in den jeweiligen Kapiteln entkräftet werden. In einem Index der zitierten Autoren kann Maier auf fünf Seiten rund 300 Verfasser auflisten. Zu den meisten davon finden sich im Buch biographische und bibliographische Angaben. Interessant ist die Erwähnung von historischen Persönlichkeiten aus der antiken Alchemie, die zu dieser Zeit nördlich der Alpen wenig bekannt waren. So rezipierte Maier die Schrift *De auro* des Giovanni Francesco Pico della Mirandola des Jüngeren (gest. 1533), der als einer der ersten Abendländer Kenntnisse der griechischen Alchemie vermittelt und einen Stammbaum antiker Alchemie aufstellt.

Michael Maier (1569–1622), humanistisch gebildeter Arzt und Poet, legt Wert auf die theoretische Fundierung des praktischen Wissens, die nur die Lektüre von Schlüsseltexten gewährleisten kann. Auch wenn einer tausend Jahre lebte und diese Zeit allein mit Destillieren zubrächte, würde er ohne das in den Büchern niedergeschriebene Erfahrungswissen der Meister nicht ans Ziel gelangen, so der Autor. Maiers Schrift verrät durch die große Fülle an historischem Material, dass wir es mit einem quellenfesten, humanistisch geschulten Autor zu tun haben. Die „aurea mensa", die goldene Tafel, welche nach einer mythischen Erzählung aus zwölf goldenen Teilen bestand, soll symbolisch auf die wahre jungfräuliche Alchemie verweisen. Das Konstrukt einer Genealogie alchemischer Autoritäten gehörte zum Topos von Alchemieschriften, die meist auch Rechtfertigungsliteratur war, galt es doch, die Wahrheit, das Alter und die Würde der Alchemie gegen ihre Kritiker zu verteidigen. Michael Maier war es ein besonderes Anliegen, sich als sachlich fundierter Alchemiker mit poetischer Ader zu positionieren. Anfang 1617 publizierte er die Abhandlung *Examen Fucorum Pseudo-Chymicorum*, in der der Autor unwürdige Vertreter der Alchemie an den Pranger stellt. Die *Symbola aureae mensae* ist dem in Bückeburg residierenden Fürsten Ernst zu Holstein-Schaumburg (1569–1622) gewidmet, dessen Interesse für die Alchemie gut dokumentiert ist.

Literatur:
Klossowski de Rola 1988, S. 105–116.

SYMBOLA AVREÆ MENSÆ DVODECIM NATIONVM.

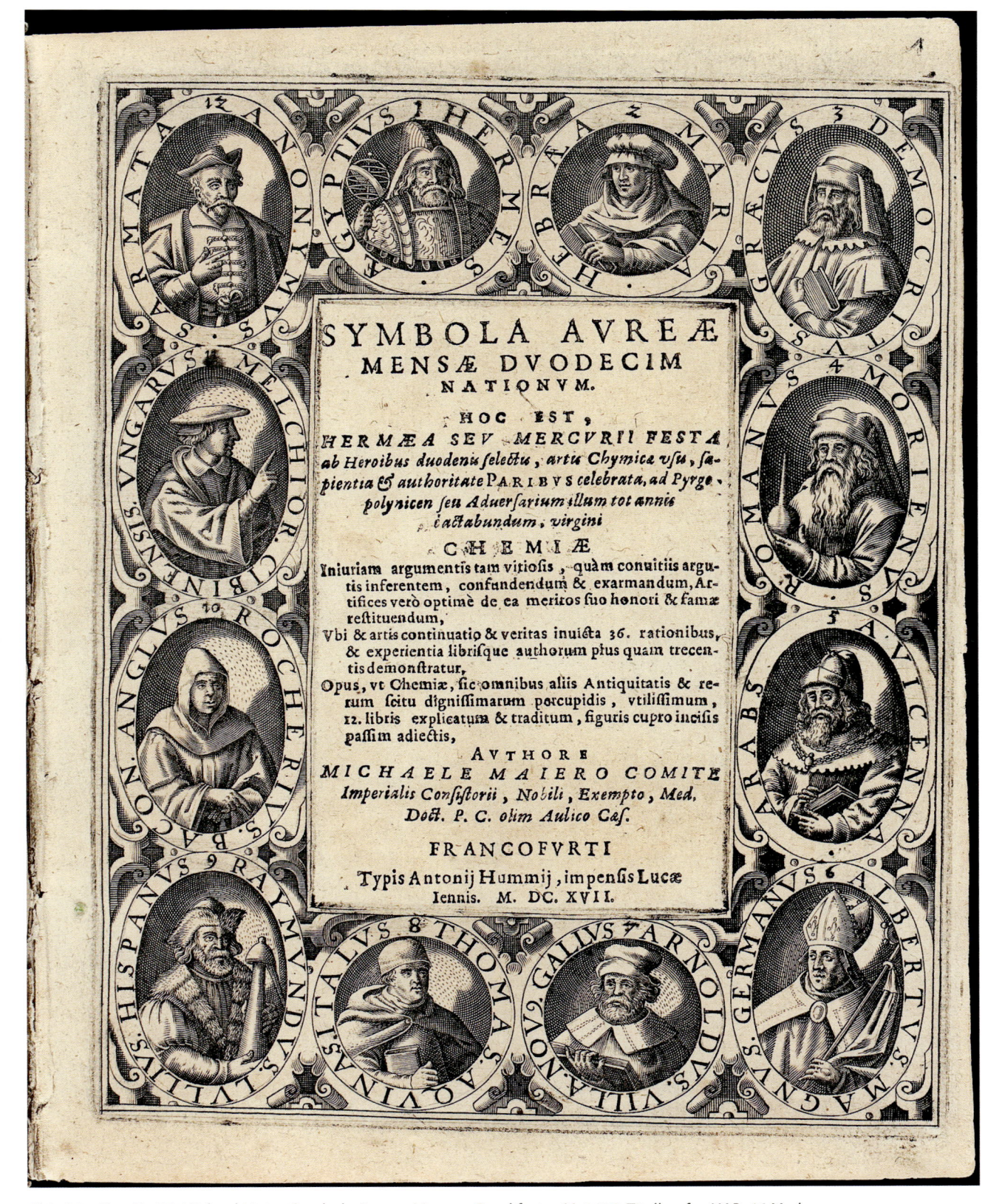

HOC EST,

HERMÆA SEV MERCVRII FESTA *ab Heroibus duodenis selectis, artis Chymica usu, sapientia & authoritate* PARIBVS *celebrata, ad Pyrgopolynicen seu Aduersarium illum tot annis iactabundum, virgini*

CHEMIÆ

Iniuriam argumentis tam vitiosis, quàm conuitiis argutis inferentem, confundendum & exarmandum, Artifices verò optimè de ea meritos suo honori & famæ restituendum,

Vbi & artis continuatio & veritas inuicta 36. rationibus, & experientia librisque authorum plus quam trecentis demonstratur,

Opus, vt Chemiæ, sic omnibus aliis Antiquitatis & rerum scitu dignissimarum percupidis, vtilissimum, 12. libris explicatum & traditum, figuris cupro incisis passim adiectis,

AVTHORE
MICHAELE MAIERO COMITE
Imperialis Consistorii, Nobili, Exempto, Med. Doct. P. C. olim Aulico Cæs.

FRANCOFVRTI

Typis Antonij Hummij, impensis Lucæ Iennis. M. DC. XVII.

Abb. 90 = Kat. Nr. 17: Michael Maier: Symbola Aureae Mensae, Frankfurt a. M. 1617, Titelkupfer. HAB: 46 Med.

Traumbilder und Heilssuche

Alchemie als Kunst, die in der Natur angelegten Entwicklungsprozesse zur Vollendung zu bringen, bestand aus einer praktischen und aus einer spekulativen Variante. Die Arbeit mit der Materie war für den Alchemiker keineswegs ausschließlich reines Handwerk, er sah darin vielmehr ein Vehikel zur Vervollkommnung der eigenen Seele. Paracelsus sollte von einer unteren und einer oberen Alchemie sprechen. Auf der einen Seite stand die konkrete kräuterkundliche und metallurgische Arbeit, die wertvolle Grundlagen für Chemie und Pharmazie bereit stellen sollte, auf der anderen Seite wurde die Verwandlung der Elemente zu einem Spiegel seelischer Läuterung. Im Laboratorium sollte stofflich anschaulich werden, was sich im Innern des Menschen an Veränderungen und Reinigungen vollzog. In einem zweiten Schritt konnten aus dem Rätsel der Transmutation ganze Weltanschauungen abgeleitet werden. In diesem Sinne wurde die Alchemie von der Bruderschaft der Rosenkreuzer im 17. Jahrhundert als „königliche Kunst" angesehen, als *Opus magnum* einer siebenfachen Wandlung, die man in der Retorte beobachtet, im eigenen Inneren erfährt und gesamtgesellschaftlich zum Topos der Generalreformation ausweitet.

Alchemische Erfahrung war nicht zuletzt imaginäre Eingebung. So schuf die längere Betrachtung des flackernden Feuers einen idealen Nährboden, sich alle möglichen Gestalten einzubilden. Schon Paracelsus war der Auffassung, dass die Einbildungskraft die Gestalt von Objekten verändern könne. Bisweilen verselbstständigte sich die Einbildung des Alchemikers so sehr, dass ein neues Buchgrenre entstand: das Traumbuch, in dem sich alchemische Erfahrungen in Form von allegorischen Träumen Ausdruck verschaffen. Carl Gustav Jungs Traumsymbolik sollte daran anknüpfen. Unter dem Einfluss des *Hypnerotomachia Poliphili* (Venedig 1499) von Francesco Colonna, der im Traum die Suche eines Verliebten in einer enigmatischen Landschaft beschreibt, waren derartige Bücher besonders in Frankreich und Italien beliebt. 1599 veröffentlichte der italienische Alchemiker Giovanni Battista Nazari den Traktat *Della Tramutatione Metallica, Sogni 3* (Brescia 1599). In Ich-Form verfasste Träume schildern eine alchemische „erleuchtete Reise" (*inspiritato viaggio*) zu einer inneren Offenbarung. Illustriert war Nazaris Werk mit fremdartigen Wesen. Den Stein der Weisen verkörpert eine hybride Traumfigur zwischen Mensch und Tier (**Abb. 91**). Genauer gesagt handelt es sich um ein Monstrum aus Drachenleib und Schlangenschwanz, der den *Mercurius philosophicus* repräsentiert. Symbole von Mond, Sonne und Merkur bzw. Schwefel, Salz und Quecksilber sind drei, in die Höhe aufragenden Schwänzen aufgepfropft. Die schreckenserregende Ausstrahlung dieses chthonischen Wesens, das aus der Finsternis kommt, zeigt an, dass der anfängliche chaotische Zustand noch präsent bzw. noch keiner Reinigung unterzogen worden ist.

Von Anfang an steckte in alchemischen Praktiken eine religiöse, psychologische und soteriologische Dimension. Alchemisches Wissen erwächst aus göttlicher Inspiration, die dem Adepten nur dann zu Teil wird, wenn er sich als würdig erweist. Auf der Suche nach dem Stein der Weisen schien der von Erfolg gekrönte Findungsprozess einen Kontakt zum Göttlichen und letztendlich Erlösung zu garantieren. Alchemie war Gottesdienst: In einem funktionstüchtigen Labor wurde nicht nur die Materie erlöst, sondern auch der Mensch, der mit ihr umgeht. Im äußersten Fall konnte der Stein der Weisen, der sich in der Transformation der unreinen Stoffe zum reinen Gold selbst auflöst, die Auferstehung Christi verkörpern. Klar wird diese Parallele im *Buch der heiligen Dreifaltigkeit* ausgesprochen, wenn von einer „Medizin Jesu Christi" die Rede ist, die man empfangen soll. In dieser bedeutenden alchemischen Handschrift wächst aus einer blauen Lilie, die wiederum aus der auf der Mondsichel knieenden heiligen Jungfrau hervorgeht, das Kreuz Christi heraus. Die Lilie mit den fünf Enden entspricht der Quintessenz, die Mutter Gottes der *Materia prima* (**Abb. 122, Kat. Nr. 26**). Auch in der Bilderhandschrift *Aurora consurgens* sind Alchemie und biblisch-christlicher Erlösungsglaube fast bis zur Austauschbarkeit miteinander verknüpft.

Die Alchemie bewegte sich oft scharf an der Grenze zur Häresie, die sie bisweilen überschritt. Die Kirche fühlte sich herausgefordert, wenn der Adept der Überzeugung war, wie Gott zu agieren und die Schöpfung nachspielen zu können. In der Alchemie ist traditionell gnostisches Ideengut integriert. Ideen wie die Rettung und Erlösung des Menschen oder der Erneuerungsgedanke durch Tod und Wiedergeburt waren gut zu integrieren, weniger das Menschenbild, das nicht von einer durch Erbsünde grundlegend verderbten Menschennatur ausging. Zwischen Transsubstantiation und Transmutation besteht nicht nur eine lautmalerische Nähe, hinter beiden Begriffen steht die Umwandlung von materiellen Substanzen. Dogmatisch betrachtet bestand die unverzeihliche Anmaßung der Alchemie darin, die Erlösung liege in den Händen des Adepten. Auf der anderen Seite war die Alchemie durch die ihr innewohnende enigmatisch-symbolische Struktur geschützt, konnten ihre Bild- und Textquellen doch immer auch etwas ganz anderes bedeuten als das, was die Glaubensmächte ihnen unterstellten.

Der an der Anzahl der Publikationen ablesbare rasante Aufschwung der Alchemie im 17. Jahrhundert ist ein Spiegelbild der erschütterten Glaubwürdigkeit der christlichen Dogmen, die sich ausschließlich auf Texte bezogen. Es ist kein Zufall, dass die spirituelle Alchemie zu Beginn des 17. Jahrhunderts kulminierte, als sich die konfessionell aufgesplitterten Lager ideologisch verfestigten. Die Frage, welche Lehre die richtige ist, führte dazu, dass man sich in spitzfindigen Buchstabenstreitigkeiten aufzehrte. Auf der anderen Seite wurde das Lesen im Buch der Natur immer attraktiver. Viele Alchemiker entwickelten einen eigenen, von der Kirche unabhängigen Heilsplan, eine animistisch-sympathetische Philosophie, die Religion, Wissenschaft und Gesellschaft einzubeziehen verstand. Der Zugang zur Alchemie war zu einem nicht geringen Teil auch textunabhängig. Der Universalgedanke der alchemischen Weltanschauung als Lesen im Buch der Natur wirkte wie ein Antidot gegen akribisch ausgetragene Deutungskonflikte im Reich von Buchstaben und Text.

Die Frage muss letztlich offen bleiben, inwiefern sich in der spirituellen Alchemie eine häretische Theologie verbarg, inwiefern das alchemische Gewand den Zweck hatte, ein Christentum jenseits starrer Dogmen zu entwerfen. Oder ob es sich nicht umgekehrt verhielt: Die konsequente Einbettung in das Christentum diente dazu, alchemische Prozeduren hoffähig zu machen.

Literatur:
Gantet 2010, S. 237–253; Ganzenmüller 1942; Greiner 1994; Hoheisel 1986; Yates 1997.

Abb. 91: Giovanni Battista Nazari: Della Tramutatione Metallica, Sogni 3, Brescia 1599, S. 146. HAB: Wt 858

18 Poliphils Traum im alchemischen Gewand

François Béroalde de Verville: Le Tableau des Riches Inventions, couvertes du voile des feintes amoureuses, qui sont représentées dans le songe de Poliphile, desvoilées des ombres du songe, Paris: Guillemot 1600.
HAB: 19.5. Eth. 2°

Aufgeschlagen: Kupfertitel (**Abb. 92**)

Der dekorative Kupfertitel aus François Béroalde de Vervilles *Le Tableau Des Riches Inventions* zeigt den alchemischen Zyklus in typischen Symbolen. Auf nicht weniger als neunzehn Seiten erklärt der Autor dieses Titelkupfer in seinem „Recueil steganographique, contenant l'intelligence du frontispice de ce livre". Mit der von Johannes Trithemius entlehnten „Steganographie" ist eine okkulte Schreibweise gemeint, die seinen Gegenstand verdeckt – *stegei* – und den Leser der Darstellung zugleich einlädt, das Rätsel aufzudecken. Unten rechts sehen wir einen thronenden langbärtigen Weisen (**Abb. 93**). Er hält ein großformatiges aufgeschlagenes Buch in seinen Händen, dessen Einband optische Muster erkennen lassen, u. a. auch die Figuration von Tropfen und Flammen als Visualisierung der beiden Prinzipien des Flüchtigen (*Mercurius*) und des Festen (*Sulphur*). Auch Sonne und Mond stellen Schlüsselsymbole für die Auflösung und Bindung von Stoffen dar. Während das Bildsymbol der Sonne zu Füßen des Weisen liegt (**Abb. 93**), befindet sich die schmale Mondsichel zwischen seinen Zähnen. Der Feuer speiende Drachen links über dem Patriarchen verkörpert die rohe Materie, er schwimmt im Wasser der Transformation. Der Baumstumpf steht für die tote metallische Substanz, die Putrefaktion (*nigredo*) zu Beginn des Prozesses, die durch das auflösende Wasser, das aus dem Brunnen der Jugend strömt, wiederbelebt werden kann. Das Stundenglas ist ein Indikator für die Notwendigkeit von Zeit und Geduld beim hermetischen Prozess. Das runde Medaillon unter der Schrifttafel zeigt das notwendige Chaos, das entsteht, wenn Metalle auf die *Materia prima* zurückgeführt werden. Man sieht in einem Durcheinander Metallsymbole, Wasser- und Flammenfragmente sowie in der Mitte als erstes Ordnungsmuster einen kleinen Kreis, in dem sich die Symbole der beiden Prinzipien befinden, für Schwefel die Flamme, für Quecksilber der Tropfen (**Abb. 23**). Daraus kann in einem weiteren Schritt der philosophische *Mercurius* extrahiert werden, wodurch der Baum des Lebens aufblühen kann, der direkt daneben dargestellt ist. Eine Linie verbindet den Kern des Medaillons mit dem gegen die Sonne auffliegenden Phönix am oberen Ende der Darstellung. Er hält in seinen Klauen u. a. das Füllhorn und damit eine charakteristische Eigenschaft des Steins der Weisen. Beim Phönix könnte es sich auf einer niedrigeren Stufe des alchemischen Prozesses auch um den Adler handeln, als Allegorie des volatilen Prinzips, daneben ist ein Löwe zu sehen, als Allegorie des fixen Prinzips, d. h. des Schwefels. Seine vier Pfoten sind abgetrennt, um auf das alchemische Axiom *solve et coagula* [löse das Fixe auf, und binde das Flüchtige] hinzuweisen. Die erste gewalttätige Begegnung dieser komplementären Antagonisten wird symbolisiert durch den Kampf zwischen zwei Drachen, zwischen einem größeren, geflügelten und einem kleineren ohne Flügel. Bei dieser Figur handelt es sich also nicht um einen *Ouroboros*. Aus den jeweiligen Schwänzen, die sich bereits spiralförmig vereinigt haben, kann man erkennen, dass aus dem Zweikampf Harmonie hervorgehen wird. Auch bei dieser Figur wird die Vereinigung des volatilen *Mercurius* sowie des fixen *Sulphur* repräsentiert, deren Symbole auch gezeigt werden. Die immergrünen Myrtenzweige, die in alle Richtungen wachsen, lassen sich als Ursprung und Zweck aller Dinge in der Liebe deuten.

Der Titel der Abhandlung lautet auf Deutsch: „Das Bild der reichen Erfindungen bedeckt mit dem Schleier amouröser Abenteuer im Traum des Poliphilus, die dem Schatten des Traums entzogen werden." „Invention" bedeutet mehr als Erfindung oder Entdeckung, es steht für die intellektuelle Idee, Arkanes zu beschreiben und dadurch in ein Spannungsfeld der Aufdeckung zu versetzen. Bei Béroalde de Vervilles *Tableau des Riches Inventions* handelt es sich bereits um die vierte Version einer französischen Übertragung von Francesco Colonnas *Hypnoerotomachia Poliphili*, einem rätselhaften und einflussreichen Roman aus der Renaissance, der – noch wenig beachtet – 1499 in Venedig in der Offizin des Aldus Manutius erstmals erschien. Erst die Neuauflage 1545 wurde ein durchschlagender Erfolg. Auch die erste französische Ausgabe der *Hypnerotomachia Poliphili* von 1556 stieg zu einem anregenden Bestseller im von Humanismus und Verschwendung geprägten höfischen Milieu von König Franz I. auf. Bekannt geworden ist das Buch insbesondere durch die im Text integrierten 172 Holzschnitte eines Künstlers, der bis heute nicht identifiziert werden konnte. Der Eros wird als Welt bewegende Kraft der Imagination beschrieben. Poliphilus träumt von seiner Geliebten Polia, die ihm ständig ausweicht. Im Traum trifft er auf der Suche nach ihr auf faszinierende Naturphänomene und Artefakte. Fabelwesen laufen ihm über den Weg, er gelangt zu Grotten, Triumphbögen, einer Pyramide und einem Amphitheater.

Abb. 92 = Kat. Nr. 18: François Béroalde de Verville: Le Tableau des Riches Inventions, Paris 1600, Kupfertitel. HAB: 19.5 Eth. 2°

François Béroalde de Verville (1556–1626), vielseitiger Schriftsteller der französischen Renaissance, stammte aus einer hugenottischen Humanistenfamilie. Nach der so genannten Bartholomäusnacht musste die Familie nach Genf fliehen (1573). Béroalde, der als Konvertit Kanoniker an der Kathedrale von Saint Gatier in Tours werden sollte, war eng vernetzt mit den intellektuellen Kreisen des späten 16. und frühen 17. Jahrhunderts. Seine Schriften decken ein weites Themenspektrum ab. Es umfasst Texte zur Mathematik, Physik, Heraldik, Metaphysik, Medizin, Alchemie, Grammatik, Ethik, auch eine Studie zur Züchtung von Seidenraupen ist darunter. Ebenso beherrscht der Autor ein weites Feld von Genres: Poesie, Traktat, Dialog, Roman. Béroalde lebte in einer Zeit, in der offene Wissensfiguren die noch fest gefügte Wissensordnung der Renaissance aufzulösen begannen. Die Enzyklopädik wurde durch Polymathie, die „cognoissance necessaire" – so ein Terminus von Béroalde – durch „curiosités" ersetzt. Der systematische Zugriff, der Makro- und Mikrokosmos zusammengehalten hatte, wird mehr und mehr durch tief sitzenden Skeptizismus überwölbt. Während der klassische Humanist für *regula*, *ordo* und *misura* sensibilisiert war, sieht Béroalde ebenso wie sein Zeitgenosse Michel de Montaigne die Welt im permanenten Fluss, sich endlos wandelnd, zu der eine eher fragende Haltung, die aus Konjektur, Heterogenität und einem mehrdeutigen, offenen Dialog schöpft, die adäquate Einstellung ist. Béroalde ist Vertreter eines literarischen Manierismus, der mit enigmatischen, labyrinthischen Figuren spielt. Die Alchemie stellt für derartige literarische Experimente einen kongenialen Humus bereit.

Die alchemische Terminologie spielt in Béroaldes Horizont eine herausragende Rolle. Der Versuch, den *Poliphilus* für alchemische Zwecke umzudeuten, steht im Kontext zahlreicher Bestrebungen gegen Ende des 16. Jahrhunderts, mythologische und literarische Texte, wie die von Ovid und Vergil, nach Art und Weise alchemischer Praktiken zu lesen. Auch aus der Erzählung von Colonna kann eine allegorische Repräsentation gemacht werden, in der es um die Vollendung des *Opus magnum* in der Alchemie geht. Alchemie war für Béroalde Ausdruck der Haltung zum Wissen schlechthin, ein Kreuzungspunkt verschiedener Disziplinen und Methoden. Béroalde machte sich auch als Autor einer Novelle über Alchemie einen Namen – *Le voyage des princes fortunez* (1610) –, ebenso sind im chaotisch anmutenden satirischen Werk *Le moyen de parvenir* (1617) alchemische Allusionen spürbar. 1583 verfasste er einen Traktat mit dem Titel *Recherches de la pierre philosophale*, der in den *Les Apprehensions spirituells* (1584) erschien. Beroalde ist nicht der erste, der Colonnas Werk alchemisch deutet. Die zweite und dritte Auflage der französischen Übersetzung von 1554 und 1561 beinhaltet ein Vorwort des Alchemikers Jacques Gohory, der die alchemische Atmosphäre des Textes herausstellt. Leitmotive, wie das Liebesverhältnis oder die Reise eröffnen zwischen alchemischer Narration und dem Roman signifikante Parallelen. Die Suche nach der Geliebten im Roman ist der Suche nach alchemischen Einblicken in Natur und Kosmos vergleichbar.

Die Auflage von 1600 unterscheidet sich auf vielerlei Weise von den drei vorangehenden französischen Übersetzungen, die – 1546, 1554, 1561 – unter dem Titel *Hypnerotomachie ou discours du songe de Poliphilie* veröffentlicht worden sind, sowie von den zwei italienischen Editionen. Béroalde fügte einige Paratexte – wie einen elfseitigen Index – hinzu, nicht zuletzt, um den Originaltext in eine alchemische Atmosphäre zu tauchen. Die prächtige Typographie der italienischen Renaissance verschwand, auch das Format reduzierte sich von Folio zu Quart. Béroalde scheint aus dem *Poliphilus* ein Handbuch für symbolische Bilder machen zu wollen. Um 1600 erscheinen zwei andere ikonographische Referenzbücher mit Einträgen in alphabetischer Ordnung: 1593 die *Iconologia* von Cesare Ripa und 1604 das *Schilder-boeck* von Karel van Mander. Wie Béroaldes *Tableau* sind auch diese Bücher nicht im monumentalen Folioformat gedruckt, sondern in praktischem Handbuchformat. Béroalde verwandelt damit Colonnas *Hypnerotomachia Poliphili* in doppelter Weise, er deutet den Roman alchemisch und macht aus der repräsentativen Abhandlung ein ikonographisches Handbuch.

Literatur:
Kenny 1991; Klossowski de Rola 1988, S. 25–28; Polizzi 1993.

Abb. 93 = Kat. Nr. 18: Kupfertitel (Ausschnitt)

19 Werk und Beiwerk

Theophil Schweighart [i. e. Daniel Mögling]: Speculum Sophicum Rhodostauroticum [...], [ohne Ort] 1618.
HAB: 24.3 Quod. (3)

Aufgeschlagen: Aufklappbare Kupfertafel (**Abb. 94**)

Ganz oben in der Mitte ist ein knieender Alchemiker dargestellt. Alle seine Bewegungen machen deutlich, dass es nicht möglich ist, das „Ergon", das *Opus magnum*, ohne Gebet zu realisieren. Der Spruch „cum deo" [mit Gott] stellt jede alchemische Handlung unter den Vorbehalt Gottes. Im Zentrum des Bildes wächst aus einer Vase eine weibliche Engelsgestalt heraus, die die kosmische Weisheit verkörpert. Auf der Vase ist der Schriftzug „Hinc sapientia" [Hier ist die Weisheit] in senkrecht angeordneten Buchstaben angebracht: Der Engel hält vor seinem Bauch eine Glaskugel, in der ein Fötus als Resultat einer alchemischen Vereinigung zu sehen ist, denn der *Homunculus* ist verbunden mit Sonne und Mond, seinen Eltern. In diesem Detail scheint der vierte Paragraph der *Tabula Smaragdina* visualisiert worden zu sein: „Sein Vater ist die Sonne, seine Mutter der Mond." Das Kind verkörpert den Stein der Weisen, jene Substanz, die im Inneren des hermetischen Gefäßes durch Umwandlungen gereinigt wird. Unten sind die zwei prinzipiellen Prozeduren illustriert, um den Stein zu erhalten: der feuchte und der trockene Weg. Links sehen wir einen Alchemiker, der den Stein aus dem Wasser extrahiert, rechts seinen Kollegen vor seinem Ofen, der durch Erhitzung die Transmutation einleitet. Das Bild zeigt also drei Aspekte alchemischer Praxis, die stets miteinander verwoben sind: das Gebet, die Naturbeobachtung im Feld unter freiem Himmel sowie die Naturnachahmung im Labor. Insbesondere wird deutlich, dass in der Alchemie äußere Entwicklung der Natur und innere des Menschen korrespondieren, eine symmetrische Interaktion, auf die die Aufschrift „Ergon [et] parergon" [Werk und Beiwerk] hinweisen will.

Entnommen ist diese Kupfertafel der schmalen pseudonymen Schrift *Speculum Sophicum Rhodostauroticum*, zu deutsch: „Der Spiegel der Weisheit des Rosenkreuzes." Hinter dem Autorennamen „Theophilus Schweighardt" verbirgt sich der Arzt Daniel Mögling (1596–1536). Mögling stammte aus einem württembergischen Gelehrtengeschlecht und studierte Medizin an den Universitäten von Tübingen und Altdorf. Er war von den Manifesten der so genannten Rosenkreuzer-Bruderschaft, der *Fama Fraternitatis* und der *Confessio Fraternitatis* aus den Jahren 1614 bzw. 1615 sowie der *Chymischen Hochzeit* von 1616 fasziniert. Anfang März 1617 konzipierte er zur Ergänzung seiner Rosenkreuzerschrift *Pandora Sextae Attatis* das *Speculum Sophicum Rbodo-Stauroticum* und stattete es mit bemerkenswerten Kupferstichen aus: „vom Graphischen her bestimmt das schönste Buch im ganzen R. C. Streit" (Gilly 1986, S. 94). Die in den Rosenkreuzer-Manifesten zum Ausdruck kommenden Maximen der christlichen Irenik, der Versöhnung von Theologie und Wissenschaft, der Gedanke einer Generalreformation, die die Naturwahrnehmung einbezieht und über den Buchstaben hinausgeht, sprachen den jungen Studenten unmittelbar an. Die Rosenkreuzer-Schriften werden dem evangelischen Theologen Johann Valentin Andreae, den Mögling auch persönlich kannte, zugeschrieben. Um Christian Rosencreutz, den fiktiven Gründer des Ordens der Rosenkreuzer, verdichten sich alchemistische, hermetische und kabbalistische Spekulationen. Konstruiert wurde dabei die Geschichte eines weit gereisten Weisen aus dem 15. Jahrhundert, der im Nahen Osten und in Afrika unbekanntes Wissen erschlossen habe. Um es zu bewahren, habe er nach seiner Rückkehr einen geheimen Orden gegründet.

Die Frage ist aufgeworfen, inwiefern die Anhänger der Rosenkreuzer-Bewegung überhaupt noch praktische Alchemie betrieben, oder ob nicht von vornherein eine spirituelle Motivation im Vordergrund stand.

Literatur:
Gilly 1986; Neumann 1995; Dülmen 1978.

Abb. 94 = Kat. Nr. 19: Theophil Schweighart: Speculum Sophicum Rhodostauroticum, 1618, Kupfertafel. HAB: 24.3 Quod. (3)

20 und 21 Ora et labora

20

Heinrich Khunrath: Amphitheatrum Sapientiae Aeternae […], Frankfurt am Main, [Hamburg:] Gundermann 1653.
HAB: Hr 4° 6

Aufgeschlagen: Kupferstich „Oratorium-Laboratorium"(**Abb. 95**)

Dieser bekannte Rundstich aus Heinrich Khunraths *Amphitheatrum Sapientiae Aeternae* veranstaltet ein visuelles Sprachspiel mit dem Begriff „Laboratorium", in dem zugleich das Wort „Oratorium" verborgen ist. Zur Linken kniet ein Mann – wir können davon ausgehen, dass der Autor selber betend seine Arme hebt und nach oben blickt – mit dem Ausdruck tiefer Andacht vor einem Gebetszelt, das mit kabbalistischen und geometrischen Symbolen bedeckt ist. Der Laborant scheint mit voller körperlicher und seelischer Hingabe um Gottes Beistand zum Gelingen des *Opus magnum*, der Gewinnung des *Lapis* zur Erzielung der höchsten Stufe der Veredlung der *Materia prima* zu flehen. Dem Oratorium gegenüber ist das Laboratorium dargestellt, mit einem großen Ofen sowie allen Werkzeugen eines Alchemisten. Auf der rechten Seite stehen auf einem Sims dem Betrachter zugewandt mehrere unterschiedliche Gefäße mit aufschlussreichen Etiketten, wie „Hyle" (Stoff), „Ros coeli" (Himmelstau), „O potab" (trinkbares Gold) oder „Azoth" (philosophisches Quecksilber). Von der Decke herab hängt ein siebenarmiger Leuchter, der wie ein Stern aussieht, eine Anspielung auf die sieben Metalle und sieben Schöpfungstage. In der Mitte steht ein Tisch, auf dem v.a. ausliegende Musikinstrumente als Medien der Harmonie ins Auge fallen. Alles ist in einem perspektivischen Saal angeordnet, der dem Stich eine bühnenhafte Ausstrahlung verleiht. Entnommen ist der Stich dem 1653 in Frankfurt am Main verlegten Nachdruck der von Erasmus Wolfart herausgegebenen Vollfassung (Hanau 1609). Bei dieser Version handelt es sich um die zweite erweiterte Auflage, die nach dem Tod von Khunrath erschienen ist. Es enthält komplexe Abbildungen, die Jan Vredeman de Vries zeichnete und Paul van der Doort in Kupfer stach.

Wie die gesamte Szenerie zu deuten ist, machen die zahlreichen Aufschriften unmissverständlich klar. Unter ORATORIUM an der Spitze des Gebetszeltes steht geschrieben: FELIX CUI יהוה [Jahwe] A CONSILIIS [glücklich ist derjenige, dem Gott von seinen Ratschlüssen mitteilt]. An der Seitenwand des Zeltes vermittelt HOC HOC AGENTIBUS NOBIS, ADERIT IPSE DEUS [wenn wir dies hier ausführen, wird Gott selbst erscheinen] zusätzliche Gewissheit, richtig zu handeln. Khunrath kniet vor zwei aufgeschlagenen Büchern. Das eine zeigt zwei Stiche aus der Erstausgabe des *Amphitheatrum*, das andere gibt einen Hinweis auf Psalm 145. Hinter einer Hängeleuchte ist eine Tafel angebracht mit der Aufforderung NE LOQUARIS DE DEO ABSQUE LUMINE [du sollst nicht von Gott ohne Licht sprechen]. Die Schrifttafel will damit sagen, dass wir nur bei innerer Erleuchtung mit Gott in Kontakt treten können. Der Ausspruch SINE AFFLATU DIVINO, NEMO UNQUAM VIR MAGNUS [ohne göttliches Anhauchen wird keiner jemals ein bedeutender Mann] auf dem vorderen Querbalken der Decke gesetzt, bekräftigt nochmals den unentbehrlichen göttlichen Part in der alchemischen Praxis.

Das *Amphitheatrum Sapientiae Aeternae solius verae* [Amphitheater der ewigen einzig wahren Weisheit] kann als das bekannteste Werk des Leipziger Arztes Heinrich Khunrath (1560–1605) gelten. Der Entwurf zu den Bildern stammt von Khunrath selbst, der auch ein begabter Zeichner gewesen ist. So hat er alle vier Kupfertafeln in der zu seinen Lebzeiten erschienenen Ausgabe als *inventor* signiert. Auch die Entwürfe der rechteckigen Kupferstiche aus dem Jahr 1602 stammen von ihm selbst. Zu den vier Stichen, die bereits in der ersten Ausgabe gedruckt waren, verfasste Johann Arndt einen Kommentar, der als Anhang zu Khunraths *De Igne Magorum Philosophorumque* ebenfalls posthum 1608 in Straßburg erschien. Khunrath war nicht nur Arzt, sondern auch Liebhaber der Theosophie sowie Anhänger der auf Paracelsus zurückgehenden spagirischen Kunst. In seinem *Amphitheatrum* erklärt Heinrich Khunrath das ganze Universum als Ergebnis göttlicher Alchemie. Der Theosoph strebt danach, in Welt und Natur Gott zu erkennen. Alchemische Prozeduren müssen, wollen sie gelingen, mit einer Reinigung und Vervollkommnung der Seele einhergehen, erst dann können auserwählte Adepten Gottes Schöpfung nachvollziehen. Khunrath visualisiert in diesem Stich die Arbeitsteilung des Adepten: Während er im Oratorium um Erleuchtung fleht, geht er im Laboratorium den Stoffen im Licht der Natur (*lumen naturae*) auf den Grund.

Abb. 95 = Kat. Nr. 20: Heinrich Khunrath: Amphitheatrum Sapientiae Aeternae, Frankfurt a. M. 1653, Kupferstich „Oratorium-Laboratorium".
HAB: Hr 4° 6

21

Johann Bernhard Hildebrandt: De Lapide Philosophico. Das ist von dem Gebenedeyten Stein der Weysen oder Chemia, Halle an der Saale: Krusicke, Schmidt 1618.
HAB: Xb 7953

Aufgeschlagen: Holzschnitt [ungez. Bl. 5] (**Abb. 96**)

Auch hier sieht man einen frommen Menschen in betender Haltung, dieses Mal unter freiem Himmel. Vor ihm liegt ein Federmesser, neben ihm befinden sich zwei Bücher, ein größeres ist durch ein Schloss verschlossen, das kleine aufgeschlagen und dem Betrachter zugewandt. Es zeigt deutlich drei Symbole: Sonne und Mond, die in ihrer Vereinigung als drittes Zeichen *Mercurius* ergeben. Aus den Wolken erscheint Gottvater mit Kreuz und Weltkugel. Die Schriftzüge „Natura Rerum" und „Quinta Essentia" vervollständigen das Ensemble. Zu diesem Bild ist ein sechsseitiges Gebet in reimenden Versen abgedruckt. Das ganze Büchlein ist im Stile eines alchemischen Andachtsbuches aufgebaut. Den insgesamt elf ganzseitigen symbolisch-allegorischen Holzschnitten folgen seitenlange Gebetsverse. Das Vorwort stammt von Martin Reitz, einem Bürger aus Lohr am Main, der vorgibt, eine Reihe von Büchern von einem gewissen Hildebrandt erhalten zu haben sowie auch das vorliegende *De Lapide Philosophico* als Manuskript. Reitz scheint sehr fromm gewesen zu sein, sein Vorwort beschließt er mit „Amen". Das ganze Werk trägt den Titel „Buch Magnesia". „Magnesia" war wie so viele Stoffnamen in der Alchemie mehrdeutig. Damit war weniger das schwarze Oxyd von Eisen gemeint als der schwarze Urstoff (*Materia prima*), der einer Weißung unterzogen wird, um auf diese Weise die Metalle zu veredeln. Vielleicht verweist „Magnesia" auf diese weiße Beimischung, die den Urstoff auf den rechten Weg bringt.

Abb. 96 = Kat. Nr. 21: Johann Bernhard Hildebrandt: De Lapide Philosophico, Halle a. d. Saale 1618, [Bl. 5]. HAB: Xb 7953

Literatur:
Gilly 2014; Klossowski de Rola 1988, S. 29–44; Töllner 1991, S. 197–222.

Wissenschaftlicher Aufbruch und Transmutation

Vorstellungen zur Moderne geraten ins Wanken, wenn man zur Kenntnis nimmt, dass Heroen der Wissenschaftsentwicklung, wie Robert Boyle oder Isaac Newton, als Alchemiker praktizierten, selber intensiv auf der Suche nach dem Stein der Weisen waren. Newton rezipierte und studierte intensiv alchemisches Schrifttum. Er ging davon aus, dass es einen *spirit* geben müsse, der den Wachstums- und Reifeprozess der Materie in Gang setzt und kontrolliert. Die Aufsehen erregende These von Frances A. Yates ging davon aus, dass die magisch-hermetische Tradition für die Entstehung der modernen Wissenschaften konstitutiv gewesen sei. Der Magier bediene sich der verborgenen Kräfte der Natur, bringe sie zur Erscheinung ebenso wie der moderne Wissenschaftler durch Experiment die Geheimnisse der Natur freilegt.

Der lange Zeit maßgebende Tenor der Wissenschaftsgeschichte hat andere Akzente gesetzt. Stellte die Alchemie eine *prisca ars*, eine uralte Kunst dar, trat die Chemie als eine *nova scientia* auf, die sich von in Büchern überlieferten Kenntnissen emanzipierte und verstärkt ihr Wissen aus experimentellen Anordnungen schöpfte. Es hieß, dass sich Robert Boyle in *The Sceptical Chymist* von 1661 experimentelle Methoden des *trial and error* zu Eigen gemacht hätte: Das heißt, Beobachtungen müssten erst geprüft werden, bevor im zweiten Schritt Theorien aufgestellt werden können. Vehement traten die Vertreter der neuen Wissenschaft für sprachliche Schärfe und Eindeutigkeit in der Terminologie ein. Theorien müssten vollständig mitteilbar, Experimente wiederholbar sein. Denn: „Ubi palam locuti sumus, ibi nihil diximus" [Wo wir im Geheimwissen geredet haben, haben wir nichts gesagt], so Robert Boyle im Vorwort von *The Sceptical Chymist*. William Gilbert schreibt im Vorwort seiner bereits 1600 erschienenen Abhandlung über den Magnetismus: „Therefore we sometimes employ words new and unheard-of, not (as alchemists are wont to do) in order to veil things with a pedantic termonology and to make them, dark and obscure, but in order that hidden things which have no name and that have never come into notice, may be plainly and fully published" (Gilbert, Prefatio, S. XLVIII). Ganz anders verfuhr der göttlich inspirierte Adept im alchemischen Labor, der sich zwar durch gelingende Operationen bestätigt fühlen konnte, der aber – wenn sie kläglich scheiterten – nie die naturphilosophische Lehre der *Tabula Smaragdina* in Frage stellen musste. Dafür war ihr vieldeutiger Charakter zu anpassungsfähig.

Die Arbeit des Chemikers sollte von nun an darin bestehen, die Struktur der Materie zu analysieren. Der Alchemiker hingegen befasste sich mit „Leiden", „Tod" und „Hochzeit" der Stoffe. Während im Zentrum der Alchemie das zu bewahrende Geheimnis stand, in dem sich die Totalität verdichtete, war die moderne Wissenschaft transparent ausgerichtet, in ihren Experimenten wurden partikulare Rätsel auf den Prüfstand gestellt. In der zweiten Hälfte des 17. Jahrhunderts wurde in Forschungsgemeinschaften wie der *Académie Royale des Science* in Paris oder der *Royal Society* in London offen über chemische Probleme diskutiert. Im Gedankenaustausch galt es, sich der Wahrheit anzunähern. Tiefsinnige Grüblernaturen, die das Wesen der Dinge ergründen wollten, wurden der Lächerlichkeit preisgegeben. Durch Beobachtung, Sammlung und Klassifikation gelangte man zu neuem Wissen, es ging nicht mehr darum, verschollenes Wissen freizulegen, in einer Tiefenschau nach demjenigen zu suchen, „was die Welt im Innersten zusammenhält" (Goethe: Faust, 1. Teil, Tübingen 1808, S. 34).

Die *Royal Society* in London gab sich das Motto „nullius in verba" [nach Niemandes Worten]. Mit der neuen Wissenschaftsauffassung hört, wie es bei Michel Foucault heißt, „der Text auf, zu den Zeichen und zu den Formen der Wahrheit zu gehören. Die Sprache ist nicht mehr […] die Signatur, die seit der Tiefe der Zeit den Dingen auferlegt ist." (Ordnung der Dinge, 1974, S. 89). Auch von Bildern ging kein eigenes Kraftfeld mehr aus. Die spekulativen Bildwelten der Alchemie waren mit dem Zeichenrepertoire der modernen Wissenschaft kaum vereinbar. Die neuere Chemie sollte sich geradezu ein Bildnisverbot auferlegen. Sogar die bildhafte Atomtheorie John Daltons hat sich zu Beginn des 19. Jahrhunderts nur in der nichtanschaulichen Version der noch heute verwendeten chemischen Buchstabensymbolik durchsetzen können. Alchemiker gebrauchten weder Formeln noch Gleichungen, sondern Symbole, die in ihrer ikonischen Ausprägung zum Teil bis auf antike Zeiten zurückgehen. Während man aus einer chemischen Formel die elementare Zusammensetzung bzw. die räumliche Struktur eines Moleküls ableiten kann, schufen Alchemiker eine eigene Bildsprache, deren Kern bzw. Scharnierstelle die enge Verbindung und Austauschbarkeit von Mikro- und Makrokosmos, von Planeten- und Metallsymbolen darstellt.

Literatur:
Crosland 1962, S. 227–244; Dobbs 1990; Klein 1994; Meinel 1992; Schütt 1997.

22 Die Skepsis des Chemikers

Robert Boyle: Chymista Scepticus Vel Dubia Et Paradoxa Chymico-Physica, Circa Spagyricorum Principia […], Rotterdam: Leers 1668.
HAB: Wt 311

Aufgeschlagen: Kupfertitel (**Abb. 97**)

Die hier ausgestellte, 1668 in Rotterdam erschienene lateinische Version von Robert Boyles bekanntester Schrift ist im Gegensatz zur englischen Originalfassung von 1661 mit einem Titelkupfer ausgestattet, dessen Bildaussage auf den ersten Blick deutlich macht, dass der Autor der Alchemie keineswegs abgeschworen hat. Auf einem der Medaillons, die die Schrifttafel säumen, sieht man einen brennenden Salamander, in zahlreichen Schriften ein Verweis auf den Stein der Weisen. Die große Kartusche im oberen Bilddrittel zeigt ein zärtliches Tête-à-Tête zwischen zwei allegorischen Figuren, die Sonne und Mond darstellen, aus deren gemeinsamer Frucht ein doppelköpfiger Adler hervorgeht, die dazugehörige Inschrift lautet: „Ex solis et lunae quaeritur à multis et rarissime Seminibus nascitur ille, qui millibus invenitur" [Von vielen wird etwas gewünscht aus dem Samen von Sonne und Mond, doch selten wird jenes geboren, das tausendfach gefunden wird]. Mit anderen Worten: Es ist schwer, die Natur zu manipulieren. Bringt der (Al-)Chemiker männliche, d.h. solare Elemente mit weiblichen, lunaren Elementen in einem ganz bestimmten Mischungsverhältnis zusammen, kann ebenso Seltenes wie Neues entstehen. In diesem Oval wird die Transmutation aufs Podest gehoben. Tatsächlich richtet sich die ‚Skepsis des Chemikers' in Boyles Abhandlung keineswegs gegen die *Alchemia transmutatoria*, sondern gegen „vulgar chemists" seiner Zeit, gegen Pharmazeuten und Apotheker, gegen die Vertreter einer chemisch ausgerichteten Medizin, wie sie von den Anhängern des Paracelsus praktiziert worden ist, die nach Auffassung von Boyle dogmatisch vorgehen und sich nicht auf adäquate Experimente einlassen. Boyle war Gegner der paracelsischen Naturphilosophie, die nicht zwischen Materie und Geist unterscheidet und stattdessen einen allmählichen Übergang von körperlichen zu spirituellen Wesen propagiert. Die Realität von Transmutationen in der Stoffumwandlung zweifelt Boyle nirgendwo an, ganz im Gegenteil sieht er sie überall, sei es in der Natur, wenn aus Kürbissamen mit Hilfe von Wasser ein Kürbis wächst (Boyle 1661, aus: The Works, 1965, S. 494), sei es, dass Mineralien durch ein metallisches formierendes Prinzip („metalline plastick principle") in ein Metall verwandelt werden (Boyle 1661, aus: The Works, 1965, S. 564).

Boyle hielt aber auch die künstliche Umwandlung von unedlen Metallen zu Gold mit Hilfe eines „roten Elixiers" für möglich (Boyle 1661, aus: The Works, 1965, S. 508). Nach seinem Tode wechselten Isaac Newton und John Locke Briefe zu einer mysteriösen materiellen Hinterlassenschaft Boyles, die sie als „red earth" bezeichneten. Boyle ist auch Verfasser eines alchemischen Manuskripts *Dialogue on the Transmutation and melioration of Metals*, das von Lawrence M. Principe ausgewertet worden ist (Principe 1998, Appendix 1, S. 223–296). Darüber hinaus scheint Boyle die Goldmacherei aktiv betrieben zu haben. Er korrespondierte mit praktizierenden Alchemikern in ganz Europa; seine Ratschläge zu bestimmten Prozeduren wurden offenbar sehr geschätzt. Begierig war er auf Informationen zu tatsächlich stattgefundenen Transmutationen. 1679 soll Boyle Augenzeuge einer tatsächlich stattgefundenen Transmutation gewesen sein. Boyle erfand zahlreiche verschiedene Codes, um seine Rezepte und Resultate zu verschleiern, zudem sah Boyle einen Zusammenhang zwischen Alchemie und Esoterik, seien doch alchemische Verfahren prädestiniert, die Existenz von Geistern zu belegen. So kann man an das Wissen um den Stein der Weisen nur spirituell gelangen, am besten mit Hilfe von Engeln.

Wenn auch den Zeitgenossen gut bekannt, wurde Boyles Interesse an der *chrysopoeia*, der Transmutation von Metallen zu Gold mit Hilfe eines Steins der Weisen, von der Wissenschaftshistoriographie lange Zeit verdrängt, galt es doch, Boyle als Experimentalisten und mechanischen Philosophen zum Ahnherrn der modernen Materientheorie zu machen. Der Chemiehistoriker James R. Partington hat drei Gründe benannt, warum Boyle die Vaterrolle der modernen Chemie zugeschrieben worden ist. Erstens habe Boyle das Studium der Chemie nicht im Dienst der Medizin und Alchemie ausgeführt, zweitens habe er konsequent eine experimentelle Methode eingeführt und drittens habe er eine klare Definition des Elementbegriffs gegeben. Tatsächlich gibt es bei Boyle eine berühmte Passage, aus der viele herauslasen, dass er Elemente als chemische Stoffe definierte, die nicht mehr in andere Stoffe zerlegbar sind (Boyle 1661/1965, S. 562). Dennoch war Boyle das moderne Verständnis einer chemischen Verbindung fremd. Einfache Elemente konnte es für ihn in der Natur nicht geben. Dort traf der Forscher nur auf „Mixta". Erst mit Hilfe der chemischen Kunst könne man sie als freie Substanzen herausfiltern. Metalle, wie Gold und Quecksilber wa-

Abb. 97 = Kat. Nr. 22: Robert Boyle: Chymista Scepticus, Rotterdam 1668, Kupfertitel. HAB: Wt 311

ren für Boyle dementsprechend „confessedly mixed bodies" (Boyle 1661/1965, S. 476). Schließlich war Antoine Laurent Lavoisier (1743–1794) derjenige, der in seinem *Traite elementaire de chimie* (1789) den Begriff des Elements für die moderne Chemie neu fasste. Er wies nach, dass das Wasser aus Wasserstoff und Sauerstoff besteht, und widerlegte damit die aristotelische Lehre von den vier Elementen.

Literatur:
Clericuzio 1990; Dobbs 1990; Hunter 1990; Klein 1994, S. 56–89; Partington 1961; Principe 1998f.

23 Chiffren als Weltsprache der Stoffe

Nicolas Lémery: Cours de Chymie, oder der vollkommene Chymist […], Dresden: Winckler 1698.
HAB: Xb 5746

Aufgeschlagen: ausklappbare Tafel neben S. 79 (**Abb. 98**)

Nicolas Lémerys *Cours de Chymie*, in der französischen Originalversion 1675 erstmals erschienen, stellt eines der beliebtesten chemischen Handbücher dar. Bis Mitte des 18. Jahrhunderts sollten 22 Auflagen folgen. Seine Popularität verdankt es nicht zuletzt seinem ebenso einfachen wie unterhaltsamen Stil. Von Bernard de Fontenelle ist das *Bonmot* überliefert, es würde sich verkaufen wie „un Ouvrage de Galanterie ou de Satyre" (Partington 1962, S. 29). Rasch wurde es in alle wichtigen europäischen Sprachen übersetzt. Aus der 1698 erschienenen deutschen Übersetzung ist die ausliegende Symboltafel entnommen, die „Erklärung der gemeinsten Chymischen Zeichen".

Nicolas Lémery (1645–1715) war der Sohn eines protestantischen Anwalts aus Rouen und kam 1666 nach Paris, wo er im Laboratorium des *Jardin Royale des Plantes*, das von Christoph Glaser betrieben wurde, arbeiten konnte. Bald darauf ging er nach Montpellier, um Vorlesungen über Pharmazie und Chemie zu halten. 1672 kehrte er nach Paris zurück und richtete dort nun ein eigenes Laboratorium ein. Auch hier hielt er Vorträge zu seinen Experimenten und Künsten, die gut besucht waren. Im Jahr 1685 wurde das Toleranzedikt von Nantes zur freien Ausübung der Religion in Frankreich widerrufen. Lémery konvertierte zum Katholizismus und lehrte in öffentlichen Vorlesungen außerhalb der Universität Chemie in einer Version, die sich pointiert von paracelsischen Ansätzen abgrenzte.

Lémery war ein Gegner der Alchemie, er nannte sie im Vorwort „Ars sine arte, cujus principium mentiri, medium laborare et finis mendicare" [Es ist Kunst ohne Kunst, dessen Anfang auf Lüge, Mitte in Plackerei und Ende in Armut besteht]. Stattdessen definiert er Chemie als eine Kunst, die lehrt, wie verschiedene Stoffe eines zusammengesetzten Körpers zu separieren sind. Mit Stoffen waren ausschließlich Dinge aus der Natur gemeint, d. h. Dinge, die wachsen, wie Pflanzen, Tiere und auch Mineralien. Entsprechend orientiert sich die Gliederung der Abhandlung an der klassischen Aufteilung der Natur. Lémery wendet die Korpuskulartheorie von Descartes an, die davon ausgeht, dass die Eigenschaften der Substanzen davon abhängen, wie deren Partikel gestaltet sind. So wurden die Eigenschaften von Säuren durch die scharf-stachelige Form ihrer Partikel erklärt. Dadurch seien sie in der Lage, die Poren der Körper zu durchdringen. Mehr als ein Jahrhundert später sollte John Dalton (1766–1844) die Korpuskulartheorie durch eine logisch aufgebaute Atomtheorie ersetzen.

Trotz Lémerys Aversion gegenüber der Alchemie ist seine Zeichentafel von alchemischen Symbolen geprägt. Die Assoziation von Planeten und Metallen, die Lémery energisch zurückweist, taucht durch die Hintertür der Symboltafel wieder auf. Auch bei der Terminologie für Verbindungen nutzt Lémery die Vorgaben aus Alchemie bzw. Astrologie: „vitriol de la lune" oder „esprit de vénus". Dennoch leitet der *Cours de Chymie* von Lémery eine neue Entwicklung ein. Im Fließtext tauchen keine Symbole mehr auf. Ihre primäre Funktion erschöpft sich darin, chemische Substanzen zu repräsentieren. Lémery führt auch einige neue Symbole ein, um damit chemische Operationen und technische Instrumente zu bezeichnen. Dieses Interesse für Praktiken der Chemie zeichnet Lémerys Handbuch in besonderer Weise aus. Hinter den Symbolen verbirgt sich keine tiefere Bedeutung mehr. Die alchemische Symbolsprache ist ihrer allegorischen und ikonischen Aufladung entkleidet.

Es fällt auf, wie sehr noch im 18. Jahrhundert auf Symbole der Alchemie zurückgegriffen wurde. Auch die einen Meilenstein in der Geschichte der Chemie darstellende Verwandtschaftstafel der Stoffe von Etienne-François Geoffroy d. Ä. führt sie auf (**Abb. 99**). Seine 1718 veröffentlichte *Table des differents rapports observes en Chimie entre differentes substances* benötigte ein effektives Abkürzungssystem, um alle Verwandtschaftsverhältnisse der Stoffe auf einem Blatt Papier zu vermitteln. Symbole der Alchemie stellten eine willkommene Form der Abkürzung dar. Die Metalle und auch die vier Elemente erscheinen mit ihren traditionellen Symbolen. Sie sind in eine Verwandtschaftstafel integriert, die die Funktion hat, chemische Beziehungen zwischen den einzelnen Körpern auszudrücken und festzulegen. Die Tabelle ist von oben nach unten zu lesen. Jede Kolumne ist mit einem bestimmten Stoff überschrieben, die darunter aufgelisteten Stoffe sind so geordnet, dass ihr Verwandtschaftsgrad von Stufe zu Stufe abnimmt. In der zehnten Säule werden z. B. die Beziehungen des Quecksilbers zu verschiedenen Stoffen bestimmt. Die engste Verbindung geht Quecksilber mit Gold ein, die loseste Verbindung hat es hingegen mit dem Antimon. Wie Lémery war auch Geoffroy Gegner der Alchemie. Da in Frankreich gegen den Begriff der Attraktion mit ihrer Newton'schen Bedeutung eine Aversion vorherrschte, gebrauchte Geoffroy das neutrale „rapport", nach 1730 wird die Rede von der „Affinität" immer verbreiteter.

Daß IX Capitel
Erklärung der gemeinsten Chymischen Zeichen

Alaun		Eisen, Stahl		Monath		Stier himlisch Zeichen
Antimonium		Erde		Nacht		Stratum super stratum SSS ffff
Antimonij flores		Feuer		Oel		Steinbock himlisch Zeichen
Aqua		Rad oder Schmeltzfeuer		Operment		Stunde
fortis		Figiren		Præcipitiren		Tag
Regia		Filtriren		Purificiren		Talck
Vitæ		Fische himlisch Zeichen		Pulver		TodtenKopff
Arsenicum		Glaß		Quecksilber, sihe Mercury		Tutia
Asche		Gold		Quinta essentia		Urin
Grießasche		Grünspahn		Realgar		VerKüttung
Augentrost		Gummi		Retorte		Verlutiren
Bad		Hirschhorn		Salpeter		Vitriol
Marienbad		Kalck		Saltz		weisses
Schwitzbad		ungelöschter Kalck		Alkalisches		Wachs
Bleÿ		Kampffer		gegraben		Waßer
Bleÿschaum		Kolben		Salarmoniac		Waßermann himlisch Zeichen
Bleÿweiß		Krebs himlisch Zeichen		Sand		Wage himlisch Zeichen
Borras		Kupffer		Scorpion himlisch Zeichen		Wein spiritus
Calciniren		Löth		Schmeltz tiegel		Wein eßig
Caput mortuum		Löwe himlisch Zeichen		Schütze himlisch Zeichen		distillirter
Cœmentiren		Lufft		Schwefel		Weinstein
Chrÿstall		Magnet		lebendiger		Widder himlisch Zeichen
Crocus martis		Marcasit		schwartzer		Ziegel
Veneris		Mäusepulver		der Weissen		Ziegelmeel
Distilliren		Mercurio		Seife		Zinn
Digeriren		Sublimatus		Silber		Zinnober
		præcipitat:		Spiritus		Zwilling himlisch Zeichen
				Spiritus vini		
				Spiesglaß		
				Stahlstaub		

Abb. 98 = Kat. Nr. 23: Nicolas Lémery: Cours de Chymie, Dresden 1698, Taf. neben S. 79. HAB: Xb 5746

Literatur:
Contant 1952; Klein 1994, S. 16–31 u. 233–249; Partington 1962, S. 29–41.

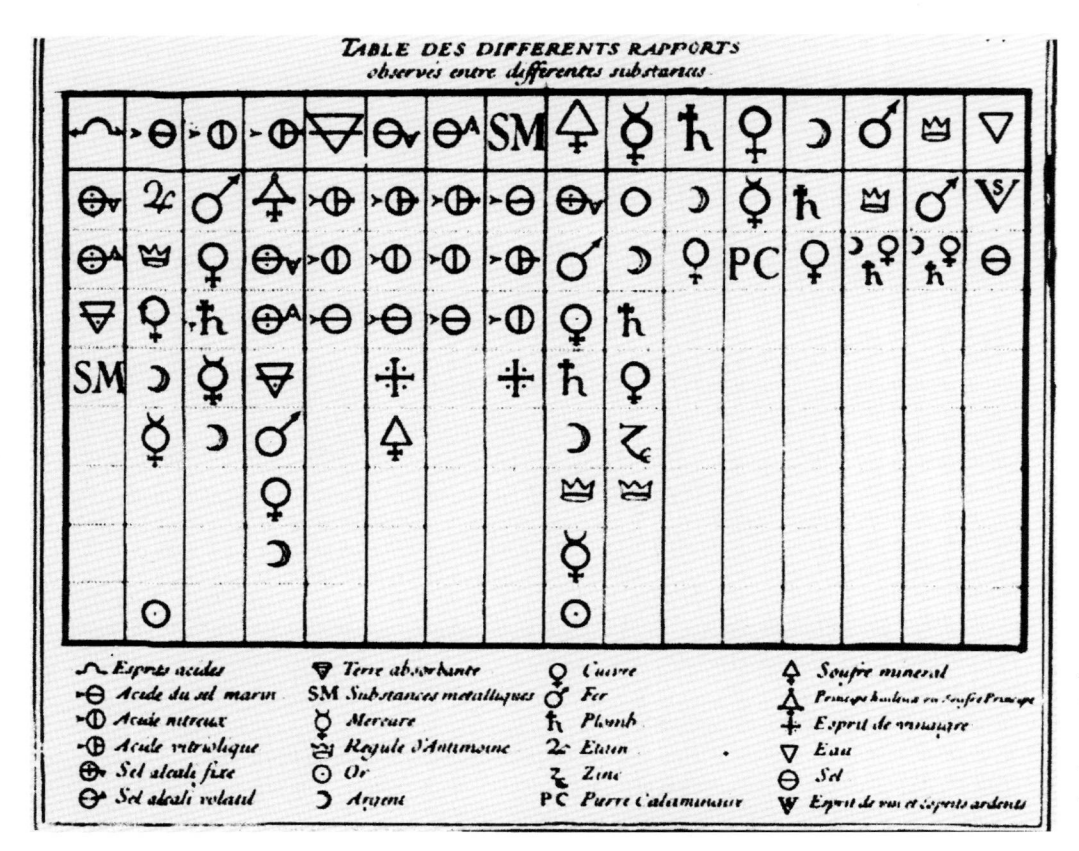

Abb. 99: Etienne-François Geoffroy d. Ä.: Verwandtschaftstafel der Stoffe, in: Mémoires de l'Academie royale des sciences, 1718, S. 212. HAB: Aa 117

Bild und Text in alchemischen Handschriften

Sven Limbeck

In der Handschriftensammlung der Herzog August Bibliothek befinden sich heute rund achtzig Handschriften von alchemiegeschichtlicher Bedeutung. Dabei handelt es sich in der weit überwiegenden Anzahl um alchemische Texte und um einige wenige alchemiegeschichtliche Dokumente (etwa über die Alchemisten am Hof von Herzog Julius von Braunschweig-Lüneburg). Mehr als die Hälfte der einschlägigen Bände (45) sind auf die Sammelinteressen von Herzog August d. J. von Braunschweig-Lüneburg zurückzuführen. Sie wurden den Handschriftengruppen Augusteer (29) und Extravagantes (16) zugeordnet. Die restlichen Bände gelangten auf unterschiedlichen Wegen in die Bibliothek und verteilen sich auf die übrigen Handschriftengruppen (11 Helmstedter, 13 Blankenburger, 1 Gudische, 6 Novi, 6 Novissimi). Die Handschriften stammen aus einem Zeitraum vom 15. bis zum 18. Jahrhundert, wobei etwa 20 % in die Zeit vor 1500 zu datieren sind. Der hohe Anteil neuzeitlicher Bände – mit einem Schwerpunkt im 16. und 17. Jahrhundert – unterstreicht die hohe Bedeutung, die das Medium Handschrift – gerade auch in der Alchemie – noch im Zeitalter des Buchdrucks für die Textüberlieferung und fachinterne Kommunikation besitzt.

Das alchemische Handschriftenerbe beruht zweifelsohne zum größten Teil auf textueller Überlieferung und umgreift das gesamte Spektrum von pragmatischer zu poetischer Schriftlichkeit (Rezept[sammlungen], Kollektaneen, Traktate, Kommentare, Briefe, Dialoge, Lehrgedichte etc.) sowie sämtliche Typen und Qualitäten handschriftlicher Überlieferung vom planvoll angelegten (Pracht-)Kodex hin zu formal anspruchslosen privaten Aufzeichnungen. Indessen ist der ikonische Anteil an diesem Erbe nicht zu unterschätzen. Bereits in den Anfängen stellen Bilder vor, neben und zu Texten eine wesentliche Ausdrucks- und Vermittlungsform alchemischer Lehre dar. Dabei ist nicht unbesehen von Illustrationen zu sprechen, weil sich das Verhältnis von Text und Bild in der Alchemie vielgestaltig darstellt. Neben hierarchischen Text-Bild-Beziehungen, in denen das Bild den Text illustriert oder der Text das Bild erläutert, Text und Bild sich also in über- und untergeordneter Funktion zu einer gemeinsamen Aussage verschränken, verbinden sich vielfach auch autonome Bilder und Texte zu medialen Einheiten, ohne einen unmittelbaren inhaltlichen Konnex zu bilden. In diesen Fällen innerhalb der alchemischen Überlieferung sind die Bilder autonome Medien mit einer eigenen Aussage, die nicht aus einem übergeordneten Text in Graphik „übersetzt" wurde. Sie vermögen dann unabhängig von Sprache alchemische Konzepte eigenständig wiederzugeben (vgl. Beitrag Laube).

Die Alchemie als ein „von *theorica* und *practica* gleichermaßen geprägte[r] Komplex" ist „theoriebewußte, um Naturerkenntnis ringende spekulativ-metaphysische *philosophia* und zugleich praxisbezogene *ars*" (Telle 1978, S. 199). Diese bipolare Prägung der Alchemie schlägt sich auch in der Bebilderung alchemischer Handschriften nieder, deren extreme Positionen von schlichten sachlich-nüchternen Federzeichnungen des Laborgeräts einerseits und graphisch hochkomplexen allegorisch-naturphilosophischen Meditationsbildern andererseits besetzt werden. Die Illustrationsstile alchemischer Handschriften verhalten sich analog zu der Sprache der Texte, die einerseits von Pragmatik und Objektivität geprägt sein kann, wenn sie sich auf die laborantische Praxis bezieht, von opaker Symbolik und Ambiguität andererseits, wenn sie von naturphilosophischer Doktrin handelt, wobei alle Übergänge zwischen diesen stilistischen Polen denkbar sind. Bei der graphischen Ausstattung alchemischer Handschriften lassen sich vier grundsätzliche Modi unterscheiden: 1. technische Zeichnung, 2. Diagramm, 3. Porträt und 4. Allegorie. Abgesehen davon kommen auch solche für die gesamte Handschriftenproduktion charakteristischen Dekorationselemente vor, die nicht spezifisch für Alchemie sind, wie ornamentierte oder historisierte Initialen (**Abb. 100**).

1. Als technische Zeichnungen seien jene Visualisierungen von Gegenständen und physischen Vorgängen bezeichnet, die den potentiellen Betrachter zur Herstel-

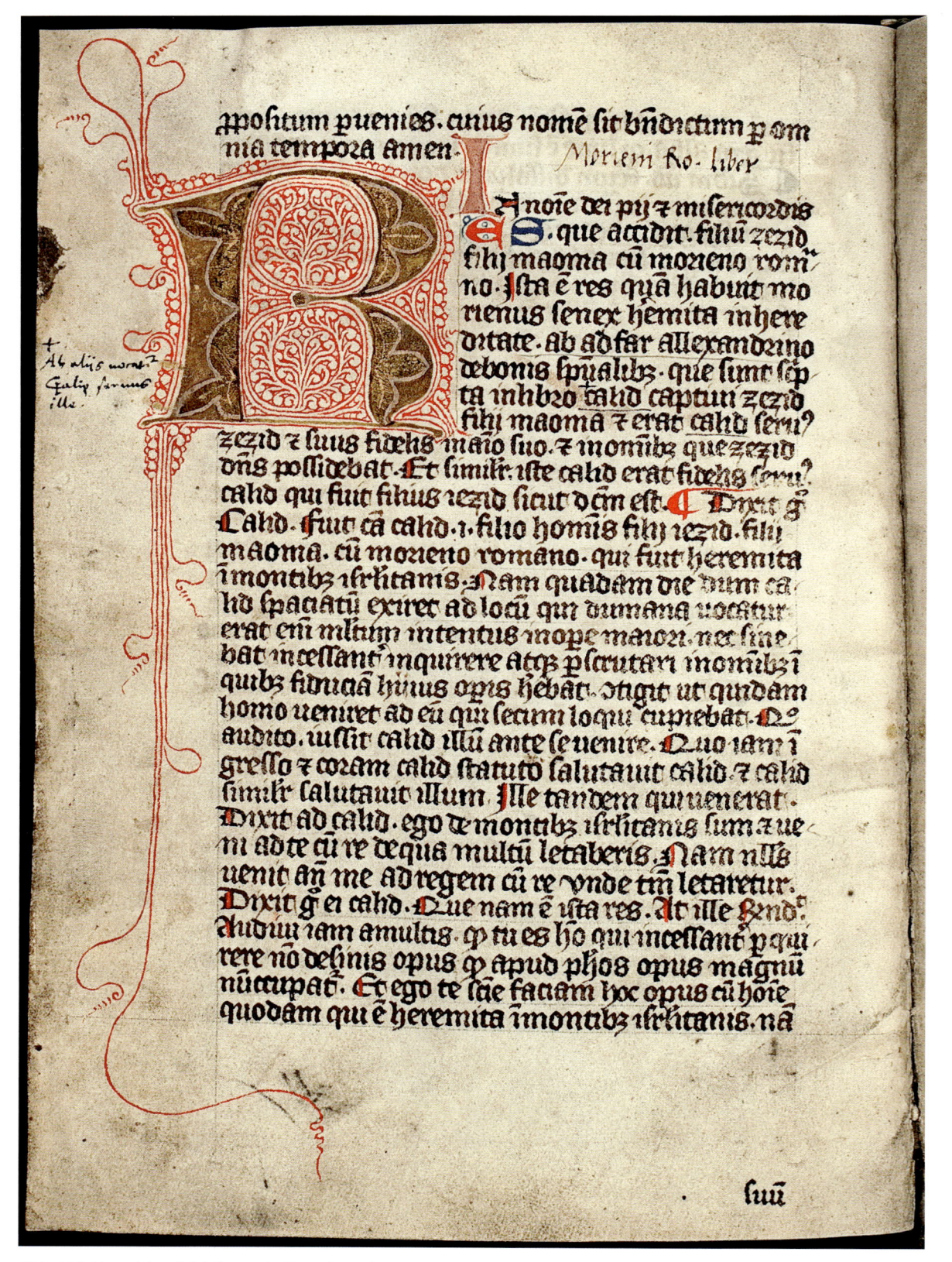

appositum puenies. cuius nomē sit bndictum p om
nia tempora Amen.

Morieni Ro. liber

In noie dei pij 7 misericordis
es. que accidit. filiū zezid
filij maoma cū morieno rom-
no. Ista ē res quā habuit morienus senex hemita in here-
ditate. Ab adfar Allexandrino
de bonis spualibz. que sunt sep-
ta in hbro cahd captun zezid
filij maomā 7 erat cahd seru?
zezid 7 suus fidelis maio suo. 7 in onibz que zezid
dns possidebat. Et simil. iste cahd erat fidelis seru?
cahd qui fuit filius rezid sicut dcm est. ¶ Dixit g
Cahd. fuit cā cahd. i. filio homis filij rezid. filij
maoma. cū morieno romano. qui fuit heremita
i montibz iselitanis. Nam quadam die dum cahd spaciatū exiret ad locū qui dumana uoctur
erat eni multum intentus in ope maiori. nec sine-
bat incessant inquirere atqz pscrutari in montibz
quibz fiduciā huius opis hebat. otigit ut quidam
homo ueniret ad eū qui secum loqui cupiebat. Deo
audito. iussit cahd illū ante se uenire. Quo iam in-
gresso 7 coram cahd statuto salutauit cahd. 7 cahd
simil. salutauit illum. Ille tandem qui uenerat.
Dixit ad cahd. ego de montibz iselitanis sum 7 ue-
ni ad te cū re de qua multū letaberis. Nam nlls
uenit an me ad regem cū re unde tm letaretur.
Dixit g ei cahd. Que nam ē ista res. At ille Rnd.
Audiui iam a multis. qp tu es ho qui incessant p qui-
rere nō desinis opus qp apud phos opus magnū
nūcupat. Et ego te scīe faciam hoc opus cū hoīe
quodam qui ē heremita i montibz iselitanis. nā

suū

Abb. 100: Vergoldete Initiale am Anfang des „Liber Morieni". HAB: Cod. Guelf. 23.19 Aug. 4°, fol. 8v

Katalog: Bild und Text in alchemischen Handschriften

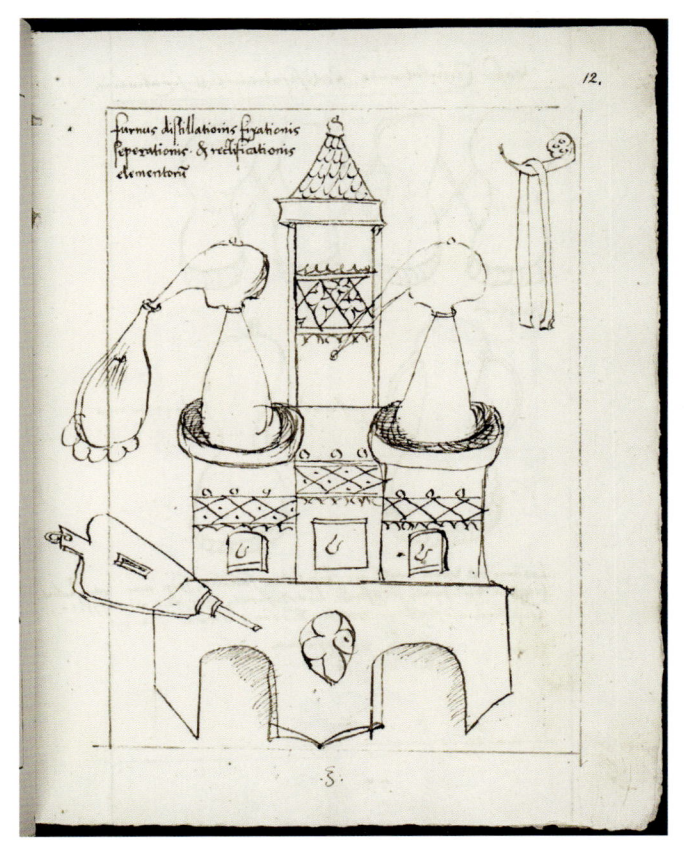

Abb. 101: Laborofen mit Destilliervorrichtungen.
HAB: Cod. Guelf. 151 Extrav., fol. 12r

Abb. 102: Geräteaufbau zur Herstellung von „Oleum sulfuris"
(Schwefelöl). HAB: Cod. Guelf. 1080 Novi, fol. 41r

lung oder zum Nachbau der abgebildeten Technologie anleiten wollen (**Abb. 101** und **102**). Sie sind daher immer auch zukunftsbezogener Entwurf und nicht einfachhin realistische Abbildungen der materiellen Wirklichkeit, sondern umfassen neben dem gegenständlichen einen konzeptuellen Anteil. Stilistisch auf das Wesentliche reduziert, hängt ihre Vollständigkeit und Detailtreue meist vom Maß ihrer Zwecksetzung ab. Ihre graphischen Mittel sind Umrisszeichnung, Maßstäblichkeit und gegebenfalls die Schnittdarstellung. Technische Zeichnungen können ohne Weiteres als die gängigste und häufigste Form der Illustration alchemischer Texte angesehen werden und finden sich bereits im 5. Jahrhundert bei Zosimos. Ihre vorrangigen Gegenstände sind die diversen Laborgeräte, deren konkrete Anordnung für bestimmte Operationen sowie Öfen in unterschiedlichen Formen. Sie haben eine didaktische und propädeutische Funk-

tion und sind außersprachliche Informationsmittel für die Laborpraxis.

2. Diagramme spielen in den meisten Bereichen der mittelalterlichen Wissensliteratur eine bedeutende Rolle bei der Vermittlung und Weitergabe ihrer Inhalte (**Abb. 103**). Diagramme sind Visualisierungen abstrakter Inhalte wie Zahlen, Proportionen, Entwicklungen, Prinzipien oder Theorien. Mit graphischen Mitteln werden rein konzeptuelle Gehalte mit räumlich-gegenständlichen Dimensionen versehen, wird also Unsichtbares durch geometrische Formen, durch Farben wie auch durch Symbole und Schrift sichtbar gemacht. Diese visuellen Mittel kommen insbesondere zu pädagogischen Zwecken zum Einsatz, weil sie die kognitiven Fähigkeiten der Betrachter durch Anschaulichkeit in anderer Weise ansprechen als Schrift allein. Der Gebrauch von Schemata in der Alchemie ist freilich bislang nicht systematisch untersucht worden, doch spielen

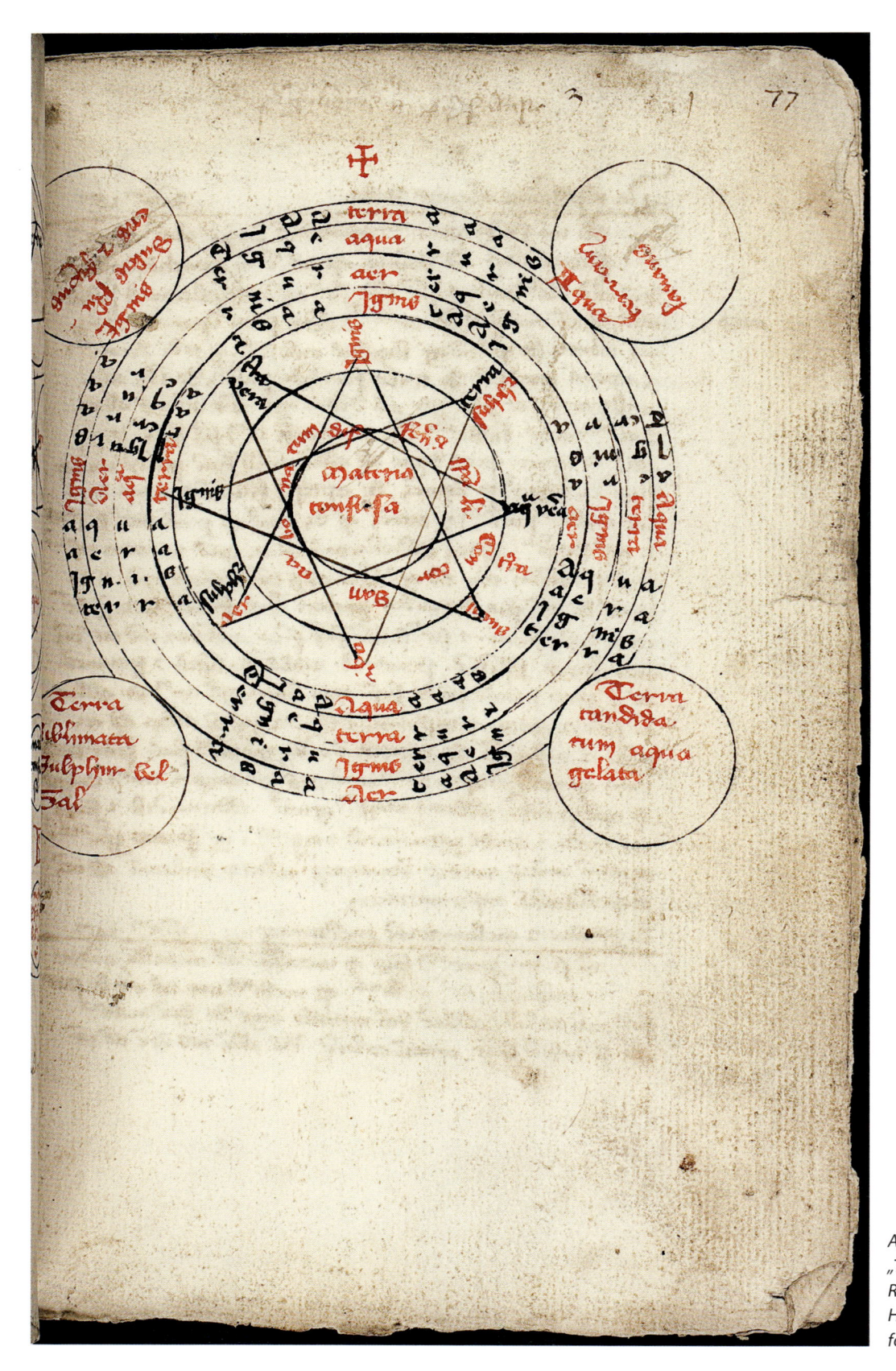

Abb. 103: Diagramm im „Testamentum" von Pseudo-Raimundus Lullus. HAB: Cod. Guelf. 16.5 Aug. 4°, fol. 77r

Katalog: Bild und Text in alchemischen Handschriften

Abb. 104: Porträt des Hermes Trismegistos in Verbindung mit einem Diagramm. HAB: Cod. Guelf. 151 Extrav., fol. 28r

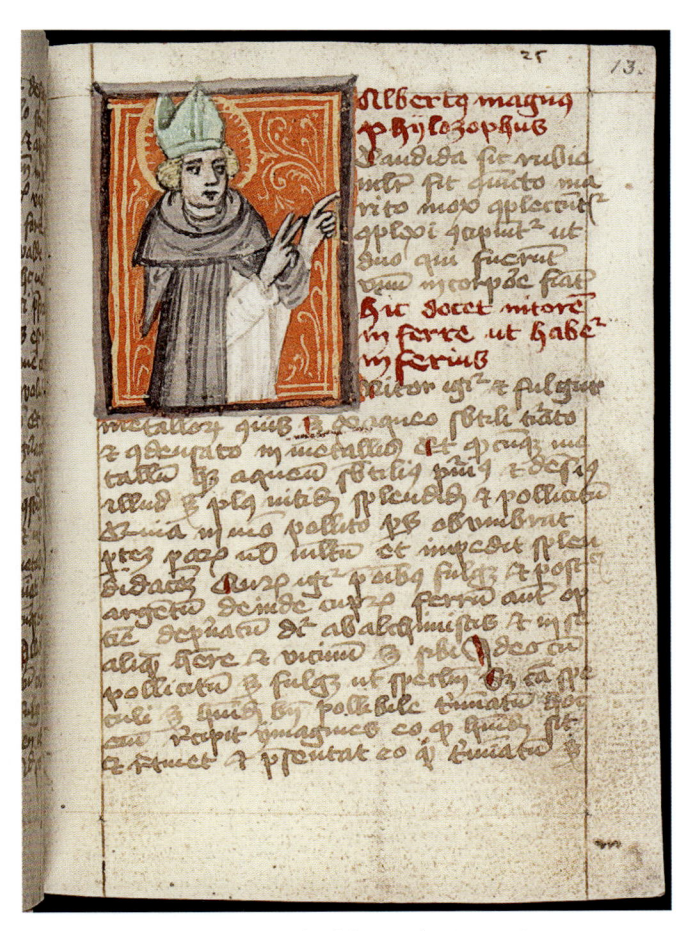

Abb. 105: Albertus Magnus als alchemische Autorität. HAB: Cod. Guelf. 80.4 Aug. 8°, fol. 13r

pädagogische Zielsetzungen hier zweifelsfrei eine untergeordnete Rolle. Die diagrammatischen Bilder in alchemischen Handschriften stellen einen eigenständigen mit dem Text gleichgewichtigen Anteil am medialen Ensemble von Text und Bild dar. Sie lassen sich wie die teils eng verwandten Schemata der kosmologischen Literatur als Mittel visueller Weltaneignung verstehen. Die Diagrammatik ist hier also nicht nur Darstellungs-, sondern auch Denkform, wie die alchemische Assimilierung der Schemata aus den logischen Künsten des Raimundus Lullus zeigt. Diese stellen als kognitiv und meditativ zu durchdringende Strukturen textunabhängige Instrumente der Erkenntnisproduktion dar.

3. Porträts bilden einen forscherlich bislang gänzlich unterbelichteten Aspekt der alchemischen Ikonographie (**Abb. 104** und **105**). Sie sind nicht wie in der Neuzeit als Darstellungen der Individualität eines Menschen zu verstehen, sondern als typisierte und stilisierte Personenbildnisse, die gegebenenfalls gerahmt oder auf einem Clipeus oder Medaillon in den üblichen Porträtformen als Kopf, Bruststück, Halbfigur, Kniestück oder Ganzfigur auftreten wie auch in der Sonderform der Sitzfigur beim Schreiben, die von den Evangelistenbildern her geläufig ist. Dargestellt werden die Autoren der Texte und – meist an der entsprechenden Stelle – die Urheber angeführter Doktrinen oder Zitate aus dem autoritativen Schrifttum. Das Spektrum der Dargestellten reicht von der antiken Philosophie (Sokrates, Plato, Aristoteles etc.) über die arabische Alchemie (Geber, Rhazes etc.) und mittelalterliche Theologie bzw. Naturkunde (Albertus Magnus, Thomas von Aquin, Raimundus Lullus etc.) hin zu neuzeitlichen Autoritäten (Paracelsus). Das seit der Spätantike nachweisbare Autorenbild, ein Bildnis des Autors, das im Buch seinem Werk vorangestellt wird, dürfte die Urform der Gelehrtenporträts in der Alchemie sein. Die Funktion solcher Autoritätenbildnisse schwankt vermutlich zwischen reinem Dekor

Abb. 106: Glaskolben mit Ouroboros, Adler und Rabe.
HAB: Cod. Guelf. 80.4 Aug. 8°, fol. 15v

Abb. 107: Pan mit Sackpfeife. HAB: Cod. Guelf. 151 Extrav., fol. 20v

und inhaltlicher Beglaubigung. Zum einen haben diese Bilder, die keine eigene Aussage vermitteln, einen schmückenden und darüber hinaus einen gliedernden und die Aufmerksamkeit lenkenden Effekt. Zum anderen dürften sie die Rolle der Autoritäten als Garanten für die Zuverlässigkeit einer Aussage visuell beglaubigen und dienen somit als Medium alchemischer Traditionsbildung.

4. Vor dem Hintergrund, dass Allegorien einen Kernbezirk mittelalterlicher Bildkunst darstellen, ist die Häufigkeit allegorischer Darstellungen in der alchemischen Überlieferung kaum überraschend (**Abb. 106**, **107** und **108**). Alle bekannten Bild-Text-Traktate der spätmittelalterlichen Alchemie (*Aurora consurgens*, *Donum Dei*, *Buch der Heiligen Dreifaltigkeit* u. a.) gebrauchen einen allegorischen Bebilderungsmodus. Wie Diagramme sind auch Allegorien Visualisierungen abstrakter Gehalte, die indessen bei der Darstellung auf Inhalte zurückgreifen, die in erster Hinsicht eine eigentliche Bedeutung und erst in zweiter (und weiterer) Hinsicht eine oder mehrere uneigentliche Bedeutungen haben. Die Allegorie als Schriftweise verlangt die Allegorese als Leseweise, die sich aus der Exegese der Heiligen Schrift nach dem Prinzip des mehrfachen Schriftsinns herleitet und auf den Prinzipien analogischen Denkens beruht. Gegenstände der alchemischen Allegorie können neben Bibel und Mythologie im Grunde alle Realien, Phänomene und Symbole sein, die auch in allen anderen Bereichen der mittelalterlichen Kultur allegorisiert werden, also Metaphern und Personifikationen, Dinge (Fauna, Flora, Gesteine, Architektur etc.), innerweltliche Ereignisse und Rituale (Kampf, Hochzeit), Träume und Visionen usw. Im *Buch der Heiligen Dreifaltigkeit* etwa wird die traditionelle christliche Ikonographie mit einem alchemischen Sinn hinterlegt, im *Donum Dei* ist hingegen die menschliche Sexualität der auffälligste Bildspender für die naturkundliche Doktrin. Die Funktion von Allegorien als besondere Ausprägung alchemischer

Abb. 108: Kreuzigung und Auferstehung Christi im Buch der „Heiligen Dreifaltigkeit". Um den Kruzifixus ein Ring mit den Namen der sieben Planeten. HAB: Cod. Guelf. 433 Helmst., fol. 102r

Bildsprache geht viel tiefer als eine bloße Verschleierungsabsicht und erklärt sich am besten vom christlichen Begriff des Symbols als einer „Manifestation des Heiligen" her. Im Symbol werden nicht stellvertretend, sondern realiter materielle und spirituelle Wirklichkeit ineins gesetzt. Die Sakramente als zeichenhafte Vermittlung der göttlichen Gnade sind in diesem Sinne Symbole schlechthin. Im Sakrament berühren sich immanente und transzendente Welt. Die Alchemisten haben dieses Symbolverständnis übernommen und sich die Sprache der Symbole als Mittel der Erkenntnis von Gottes Schöpfung dienstbar gemacht. In Allegorien sind naturphilosophische Wahrheiten darstellbar, ohne dass sie mit den Mitteln der Sprache logisch (oder im Labor experimentell) hergeleitet werden müssen.

Literatur:
Battistini 2005; Bethe 1945, S. 84–98; Bonhoff 1993; Gabriele 1997; Hamburger 2013; Hartlaub 1959; Heck 2011; Lennep 1985; List/Blum 1996, S. 15 f.; Lubac 1952; Lüthy/Smets 2009; Meier 2003; Müller 2008; North 2004; Obrist 1982; Rampling 2013; Telle 1978; Vizkelety 1968; Völlnagel 2012.

24 – 25 Das Opus magnum in zwölf Bildern

Pergament, 25 Bl., 15 × 10 cm, 15. Jh.
HAB: Cod. Guelf. 77.2 Aug. 8°

Aufgeschlagen: 4v/5r (**Abb. 110 und 111**)

Pergament u. Papier, 189 Bl., 20 × 14,5 cm, 14./15. Jh.
HAB: Cod. Guelf. 23.19 Aug. 4°

Aufgeschlagen: 134v/135r (**Abb. 121**)

Mit rund 150 bekannten Handschriften und Drucken des 15. bis 18. Jahrhunderts dürfte das *Donum Dei* – der Titel verweist auf die Alchemie als ein „Geschenk Gottes" – einer der am dichtesten überlieferten alchemischen Traktate des Spätmittelalters sein. Der anonyme Verfasser kompilierte im späten 14. oder frühen 15. Jahrhundert Zitate aus der seinerzeit kurrenten alchemischen Literatur und ordnete sie im Sinne des *Opus magnum*, der Herstellung des Steins der Weisen zur Verwandlung unedler Metalle in Gold bzw. zur Darstellung universell wirksamer Heilmittel. Zitierte Autoritäten sind u. a. Hermes, Aristoteles, die *Turba philosophorum*, Rhazes, Thomas von Aquin und Arnald von Villanova. Der nachhaltige Erfolg des Traktats beruht nicht zuletzt auf einem zusammenhängenden Zyklus von zwölf Bildern, die die Phasen des Prozesses illustrieren.

Das *Donum Dei* ist in der Herzog August Bibliothek in zwei illuminierten lateinischen Handschriften (Cod. Guelf. 77.2 Aug. 8° und 23.19 Aug. 4°) sowie einer unbebilderten deutschen Textfassung (74 Blank.) überliefert. Cod. Guelf. 77.2 Aug. 8°, geschrieben in Deutschland im 15. Jahrhundert, ist ein kleinformatiger Pergamentkodex mit einem ursprünglichen Umfang von nur 18 Blatt. Die Handschrift ist am Anfang mit einer 10-zeiligen rosafarbenen Initiale auf Goldgrund dekoriert. Das *Donum Dei* ist mit zwölf farbigen Miniaturen in solider malerischer Qualität versehen. Der Kodex enthält neben dem Text-Bild-Traktat einen kürzeren deutschen Text über die Zubereitung des Steins der Weisen. Auf fol. 9r steht auf dem Fußsteg ein Nachtrag von jüngerer Hand mit der deutschen Übersetzung der darüber stehenden italienischen Passage in dem ansonsten lateinischen *Donum Dei*: „Huet dich zu vor vil starckhem [Feuer] ol vnd kholn [...]" (Guardatiue [guardatevi] molto dal focho excessiuo, Olio e carboni [...]). Herzog August d. J. erwarb den Band, wie ein eigenhändiger Eintrag zeigt, am 2. September 1624.

Anders als dieser einheitliche Band ist Cod. Guelf. 23.19 Aug. 4° aus vier zu unterschiedlichen Zeiten entstandenen Teilen zusammengesetzt. Er wurde von Herzog August in den 50er-Jahren des 17. Jahrhunderts erworben. Der am Anfang stehende, 22 Blatt umfassende und mit zwei vergoldeten Fleuronné-Initialen verzierte Pergament-Faszikel bildet den ältesten, wohl noch ins 14. Jahrhundert zurückreichenden Anteil des Kodex. Er wäre damit zugleich die älteste alchemische Handschrift der Herzog August Bibliothek und überliefert zwei aus dem Arabischen ins Lateinische übersetze *Alchemica*, den *Tractatus Micreris* (arab. *Mahrārīs*) und die *Interrogationes regis Kalid et responsiones* von Morienus, den angeblichen Lehrdialog zwischen dem Alchemisten Morienus und dem arabischen Prinzen Ḫālid ibn Yazīd. Außerdem ist in diesem Teil des Kodex ein einzelnes alchemisches Rezept in englischer Sprache enthalten („For to mulltiply seluer", fol. 19v).

Die übrigen Teile sind aus Papier. Teil III des Kodex bildet eine Abschrift des *Liber de consideratione quintae essentiae* des Franziskaners Johannes de Rupescissa (Jean de Roquetaillade, 14. Jahrhundert), die aus dem 15. Jahrhundert stammt. Der breite Rand war für einen weitgehend unausgeführten Kommentar vorgesehen. Der in rund 200 Textzeugen überlieferte Quintessenz-Traktat stellt die Alchemie in den Dienst der Heilkunde.

Die Teile II und IV wurden von derselben Hand geschrieben, ausweislich zweier Kolophone im Jahr 1500. Sie überliefern u. a. ein kurzes *Speculum alchimiae*, dessen Zuschreibung in der Überlieferung wechselt, den *Hortus divitiarum* des Georg Aurach sowie das mit zwölf farbigen Miniaturen illustrierte *Donum Dei*. Die Überlieferungsgemeinschaft des *Hortus divitiarum* mit dem *Donum Dei* ist kein Einzelfall (vgl. Dresden, Sächsische Landes- und Universitätsbibliothek, Ms. N. 167). Aufgrund von Schreibervermerken, die Georg Aurach als Kopisten und Illuminator des *Donum Dei* ausweisen, ist diesem im 15. Jahrhundert in Straßburg tätigen Alchemisten zu Unrecht die Autorschaft an dem Bild-Text-Traktat zugeschrieben worden.

Das *Donum Dei* beschreibt in Text und Bild das „große Werk" der Herstellung des Steins der Weisen. Zwölf Bilder von Glaskolben, die auf den laborantisch-technologischen Aspekt verweisen, beinhalten Allegorien des alchemischen Prozesses. Dabei werden einerseits traditionelle Decknamen der arabischen Alchemie (z. B. „Drache" für die *Materia prima*) in Bilder übersetzt und chemische Reaktionen metaphorisiert. Anderseits dienen als Bildspender sowohl die menschliche Sexualität wie auch vornehmlich vegetabilische Wachstums- und Verwesungsvorgänge. Der „Königsweg" zum weißen und roten Elixier, dessen Ausgangspunkt die Vermählung der als König und Königin verbildlichten alchemischen Prinzipien *Sulphur* und *Mercurius* darstellt (**Abb. 109**), lässt

Abb. 109 = Kat. Nr. 24: Donum Dei.
HAB: Cod. Guelf. 77.2 Aug. 8°, fol. 4r

sich freilich nicht in moderne chemische Nomenklatur und Formelsprache übertragen. In der Vereinigung unvollkommener und getrennter Stoffe lösen und mischen sich die stofflichen Prinzipien ineinander, was als Koitus des Königspaares gezeigt wird (**Abb. 110** und **111**). Explizite Koitus-Darstellungen wie hier kommen in der mittelalterlichen europäischen Buchmalerei mit sehr wenigen Ausnahmen in medizinischen und juristischen Kontexten nicht vor. Auch in der alchemischen Ikonographie sind sie trotz geläufiger Sexualmetaphorik in den Texten abgesehen vom *Donum Dei* und Bildern, die davon beeinflusst wurden (*Rosarium philosophorum*), selten. Der Koitus ist neben weiteren Symbolen und Farben ein allegorisches Element in einer Bildkomposition, die sich mit Hilfe des Textes entschlüsseln lässt. Der weiß gefüllte Boden des Gefäßes stellt das Quecksilber als Ausgangsmaterie des Prozesses dar, das kopulierende Paar die Vereinigung der Prinzipien *Sulphur* und *Mercurius*. Vier farbige Köpfe, die über dem Paar schweben, erinnern an die antike Elementenlehre als Grundlage der mittelalterlichen Alchemie: Die vollkommene Auflösung der Ausgangsstoffe soll die Mischung der vier Elemente und Qualitäten verbessern. Das Ergebnis dieser Lösung ist die blaue Phase im Kolben, welche die *aqua permanens*, das philosophische, gegen-

Abb. 110 = Kat. Nr. 24, fol. 4v

über dem Ausgangsstoff geläuterte Quecksilber repräsentiert. Die Farbe Grün, die sich als Streifen unter dem Paar und im Kolbenhals findet, ist Symbol der Vereinigung und Zeugung, die auch in der kleinen Symbolgestalt eines geflügelten Hermaphroditen, der das Paar überhöht, kenntlich wird.

Die folgenden Bilder (**Abb. 112–114**) werden von der Farbe Schwarz, der alchemischen *nigredo*-Phase, beherrscht: Die aufgelöste Ausgangsmaterie wird durch Fäulnis (*putrefactio, caput corvi*) von ihren ursprünglichen Bindungen an Farbe, Form und Substanz erlöst und auf ihre Grundbestandteile zurückgeführt. Daraus kann etwas Neues werden, so wie Würmer durch Urzeugung aus kompostierter Erde entstehen. Am Ende dieser Phase hellt sich die Schwärze auf (**Abb. 115**) und der Königssohn (*filius novus, oleum philosophorum*) wird erkennbar. Dieser ist in der nächsten Prozessphase ersetzt durch einen bunten Drachen (**Abb. 116**), der für die auf dem bisherigen Wege gewonnene *Materia prima* (*sulphur philosophorum*), den Urzustand der Materie, steht. Auf

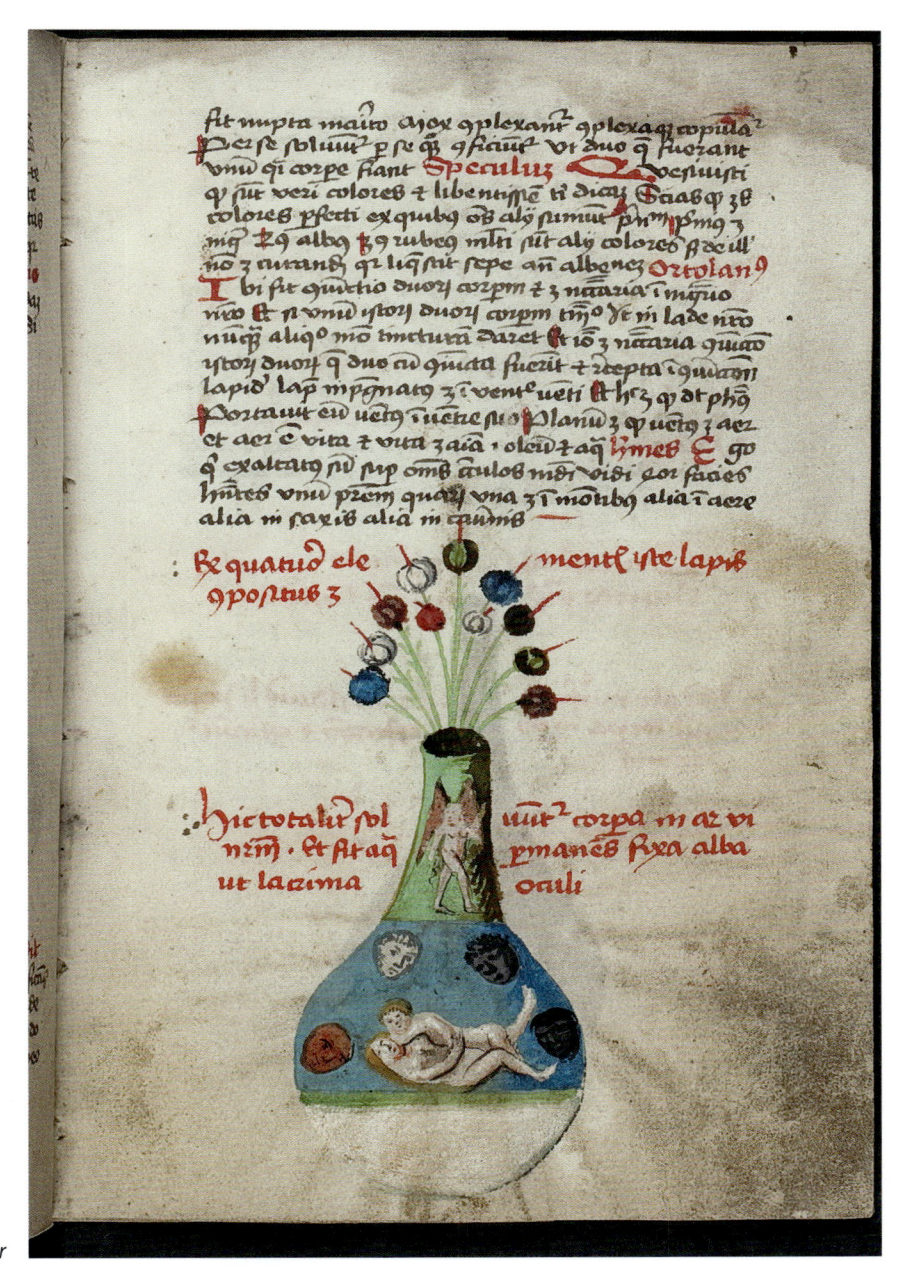

Abb. 111 = Kat. Nr. 24, fol. 5r

weiteren Bildern (**Abb. 117** und **118**) durchläuft die *Materia prima* einen Prozess, der von der Nichtfarbe Schwarz über diverse Färbungen (*cauda pavonis*) führt und damit die Wiederauferstehung der Materie anzeigt, allegorisch dargestellt durch grüne, gelbe und rote Blasen bzw. durch einen in den Farben des Pfauenschwanzes blühenden Baum. Die beiden letzten Bilder (**Abb. 119** und **120**) zeigen die Vollendung des Werkes, eine weiße Königin und einen roten König (*rosa alba* bzw. *rubea*) als Allegorien der Albedo- und Rubedo-Phasen, die den gelungenen Abschluss des Prozesses und gleichzeitig die Tinkturen für die Transmutation von unedlen „Körpern" in Silber und Gold kennzeichnen.

Literatur:
Cardelle de Hartmann 2007, S. 599–603 Nr. R 58 u. 710 (Nr. A 5); Figala 1998c; Haferland 2012, S. 158–161; Hild 1998; Lennep 1985, S. 87–89 u. 134–136; Paulus 1997; Paulus 1998; Telle 1986; Telle 1992; Telle 2004; Ullmann 1972, S. 177 f.; Ullmann 1978; Völlnagel 2012, S. 54–65.

Bilder und Bildbeischriften des *Donum Dei* in Cod. Guelf. 77.2 Aug. 8°

	Bildbeischriften	Übersetzung	Bildinhalt
Abb. 109 (4r)	*Medicina nostra solum composita est ex natura cuius pater virgo est mater non concipit.* [König:] *Veni dilecta mea et amplectemur et generabimus filium nouum qui non assimilabitur parentibus,* [Königin:] *Ecce venio ad te et sum paratissima talem concipere filium, cui non est similis in mundo*	Unsere Medizin setzt sich nur aus der Natur zusammen, deren Vater Jungfrau ist und deren Mutter nicht empfängt. [König:] Komm, meine Geliebte, umfangen wir uns und zeugen einen neuen Sohn, der den Eltern nicht gleicht, [Königin:] Siehe, ich komme zu dir und bin ganz bereit, einen solchen Sohn zu empfangen, der keinem in der Welt gleicht	Kolben, dessen Bauch am Boden grün gefüllt ist, der restliche Kolbeninhalt darüber weiß gehöht; aus dem Kolbenhals sprießt eine Pflanze mit sieben grünen Knospen; links und rechts flankiert von König und Königin in grünen Gewändern, deren obere Körperhälfte jeweils auf einem felsigen Berg aufsetzt, der die untere Körperhälfte ersetzt. Zwei Spruchbänder
Abb. 110 (4v)	*Eamus quesitum quatuor elementorum naturas quas de ventre terre formice adducunt. Hic incipit solutio philosophorum et fit argentum viuum*	Lasst uns die Naturen der vier Elemente untersuchen, die die Ameisen aus dem Bauch der Erde herbeibringen. Hier beginnt die Lösung der Philosophen und es wird daraus Quecksilber	Kolben mit einem weiß gehöhten Streifen am Boden (Inschrift: *ar*[gentum] *vi*[uum]), darüber ein grüner Streifen, der Rest des Kolbenbauches blau laviert mit nacktem Königspaar, darüber ein nacktes Kind im braun lavierten Kolbenhals, darüber sprießt eine Pflanze mit drei farbigen Knospen
Abb. 111 (5r)	*Ex quatuor elementis iste lapis compositus est. Hic totaliter soluuntur corpora in argentum viuum nostrum. Et fit aqua permanens fixa alba ut lacrima oculi*	Dieser Stein ist aus vier Elementen zusammengesetzt. Hier lösen sich die Körper in unserem Quecksilber vollkommen auf. Und es wird daraus fixe Aqua permanens [Quecksilber], weiß wie die Träne des Auges	Kolben mit einem weiß gehöhten Streifen am Boden, darüber ein schmaler grüner Streifen, der Rest des Kolbenbauches blau laviert mit Paar beim Koitus, darum vier farbige Gesichter, darüber ein nackter geflügelter Hermaphrodit im grün lavierten Kolbenhals, darüber sprießt eine Pflanze mit elf farbigen Knospen
Abb. 112 (5v)	*Putrefactio philosophorum. Nigredo transparens et lucida. Item similiter putrefieri est necessarium hic posita sunt corpora in putrefactione et efficiuntur terra nigra*	Fäulnis der Philosophen. Durchscheinende und helle Schwärze. Es ist notwendig, dass die Körper in gleicher Weise zur Fäulung gebracht werden. Hier befinden sich die Körper in Fäulnis und bringen schwarze Erde hervor	Kolben mit schwarz laviertem Inhalt (Inschrift: *aqua*), im Kolbenbauch Paar beim Koitus
Abb. 113 (6v)	*Caput Corui Nigredo transparens. Ista est terra nigra crocea et fetulenta de qua locuntur omnes philosophi et stat supra aquam. Hoc quod est supra materiam sunt nebule tenebrose sunt spiritus uel fumi. Ista terra que est supra aquam descendet in alio vase, in fundo vasis et nascuntur vermes tres*	Rabenhaupt. Durchscheinende Schwärze. Dies ist die schwarze, safrangelbe und stinkende Erde, von der alle Philosophen sprechen, und sie befindet sich über dem Wasser. Das über der Materie sind Nebel, sie sind finstere Geister oder Rauch. Diese Erde über dem Wasser steigt in ein anderes Gefäß. Auf dem Grunde des Gefäßes entstehen auch drei Würmer	Kolben mit braun laviertem Inhalt (Inschrift: *Aqua*), horizontal geteilt von einem schwarzen Streifen
Abb. 114 (8r)	*Caput Corui. Terra nigra est fetulenta philosophorum in qua nascuntur vermes quorum vnus deuorat alterum, nam corruptio vnius est generatio alterius*	Rabenhaupt. Die schwarze Erde der Philosophen stinkt. In ihr wachsen Würmer, von denen einer den andern verschlingt, denn der Untergang des einen ist die Zeugung des andern	Kolben mit braun laviertem Inhalt (Inschrift: *aqua*), im Kolbenbauch Würmer

Katalog: Bild und Text in alchemischen Handschriften

	Bildbeischriften	Übersetzung	Bildinhalt
Abb. 115 (8v)	*Oleum philosophorum. Caput corui. Hic natus est filius nouus niger et efficietur albissimus. Et vocabitur nomen eius elixir. Illa terra nigra et fetulenta conuersa est in argentum viuum ut prius et soluta in colore olei et tunc vocabitur oleum philosophorum. Tunc draco fit alas suas comedens et diuersos emittet colores*	Öl der Philosophen. Rabenhaupt. Hier ist der neue schwarze Sohn geboren, der ganz weiß werden wird. Und er wird Elixier mit Namen genannt. Jene schwarze, stinkende Erde wird in Quecksilber wie zuvor verwandelt und in die Farbe des Öls aufgelöst, und dann heißt sie Öl der Philosophen. Dann frisst der Drache seine Flügel und bringt verschiedene Farben hervor	Kolben mit grau laviertem Inhalt (Inschriften: *oleum, aqua*), unteres Drittel des Kolbenbauchs durch einen horizontalen gelben Strich abgeteilt, oberhalb davon eine aufrechte schwarze Figur, deren Haupt in den Kolbenhals ragt
Abb. 116 (9r)	*Sulphur philosophorum. Domus tenebrosa. Hic incipit aliquantulum aqua dealbari*	Schwefel der Philosophen. Finsteres Haus. Hier beginnt das Wasser ein wenig weiß zu werden	Kolben, dessen Bauch am Boden weiß gehöht ist (Inschrift: *aqua*), darüber der restliche Kolbeninhalt schwarz mit einem grün-gelb-roten geflügelten Drachen
Abb. 117 (9v)	*Sulphur philosophorum. Domus tenebrosa. Hic totaliter mundatur a nigredine et dealbatur ut lac*	Schwefel der Philosophen. Finsteres Haus. Hier wird es von der Schwärze völlig gereinigt und weiß wie Milch	Kolben, dessen Bauch am Boden weiß gehöht ist (Inschrift: *Aqua*), darüber der restliche Kolbeninhalt schwarz mit grünen, gelben und roten Perlen oder Blasen
Abb. 118 (10r)	*Cinis Cinerum. Ille nebule nigre descenderunt ad corpus suum vnde exierunt et facta est coniunctio inter terram et aquam et cinis factus est*	Asche der Aschen. Jene schwarzen Nebel sind herabgestiegen zu ihrem Körper, von wo sie ausgegangen sind und die Vereinigung von Erde und Wasser ist geschehen und es wird Asche daraus	Kolben, dessen Bauch am Boden weiß gehöht ist (Inschrift: *Cinis philosophorum*), darüber der restliche Kolbeninhalt blau laviert mit einem eine Frucht oder Blüte tragenden Baum in den Farben des Pfauenschwanzes
Abb. 119 (10v)	*Rosa alba. Ego sum elixir ad album transformans omnia corpora imperfecta in purissimum argentum, Huius rei pars mille partes argenti viui in purissimum argentum conuertit*	Weiße Rose. Ich bin das Elixier zur Weiße und verwandle alle unvollkommenen Körper in reinstes Silber, ein Teil dieser Sache verwandelt tausend Teile Quecksilber in reinstes Silber	Kolben, dessen Bauch am Boden weiß gehöht ist, darüber der restliche Kolbeninhalt blau laviert, darin weiß gewandete Königin, aus dem Kolbenhals sprießt eine Pflanze mit zwei grünen Blättern und einer weißen Knospe. Zwei Spruchbänder
Abb. 120 (11r)	*Rosa rubea. Ego sum elixir ad rubeum transformans omnia corpora imperfecta in purissimum aurum melius quam de minera, Nam proiecta vna parte super mille argenti viui sensimur quod coagulabat ipsum et conuertebatur in aurum perfectum*	Rote Rose. Ich bin das Elixier zur Röte und verwandle alle unvollkommenen Körper in reinstes Gold besser als aus den Minen, denn von einem Teil davon auf tausende Teile Quecksilber vernehmen wir, dass es dieses koaguliert und in vollkommenes Gold verwandelt	Kolben, dessen Bauch am Boden rot gefüllt ist, darüber der restliche Kolbeninhalt blau laviert, darin rot gewandeter König, aus dem Kolbenhals sprießt eine Pflanze mit zwei grünen Blättern und einer roten Knospe. Zwei Spruchbänder

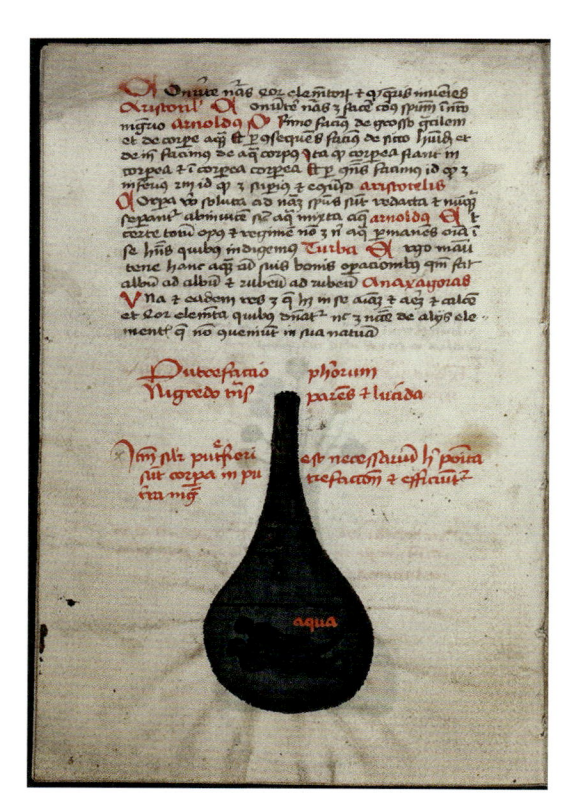

Abb. 112 = Kat. Nr. 24, fol. 5v

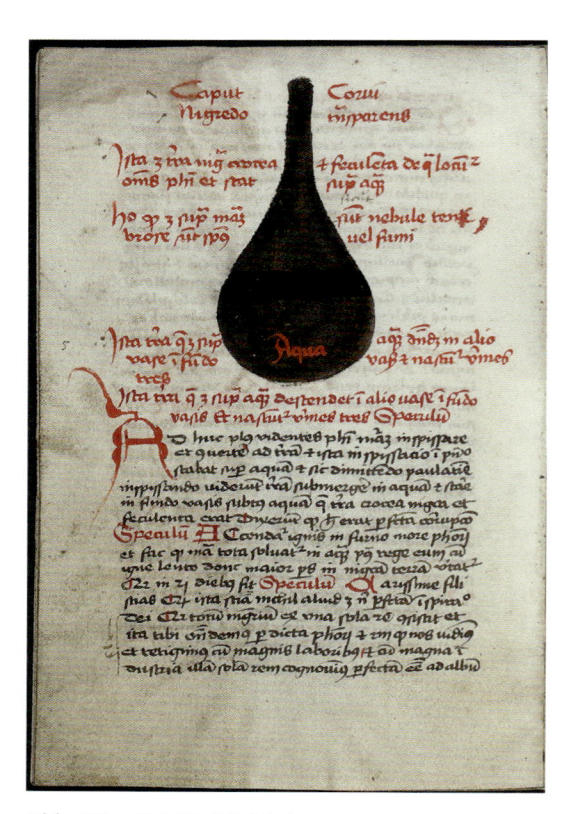

Abb. 113 = Kat. Nr. 24, fol. 6v

Abb. 114 = Kat. Nr. 24, fol. 8r

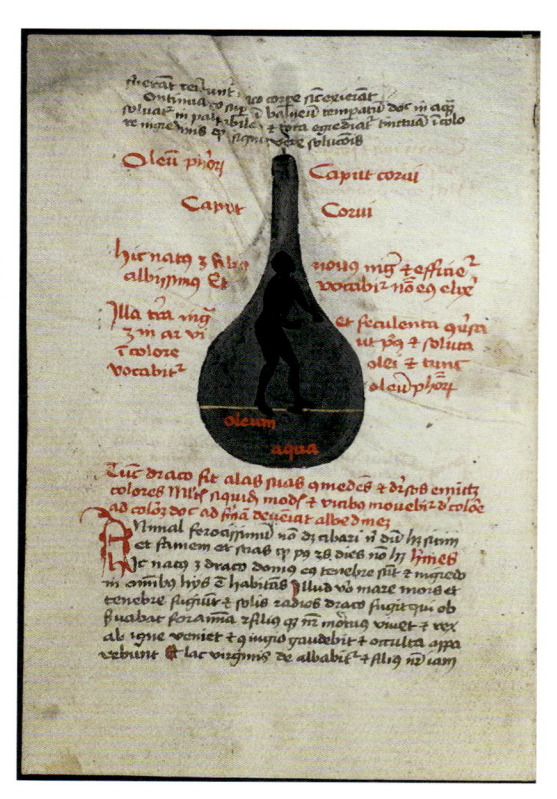

Abb. 115 = Kat. Nr. 24, fol. 8v

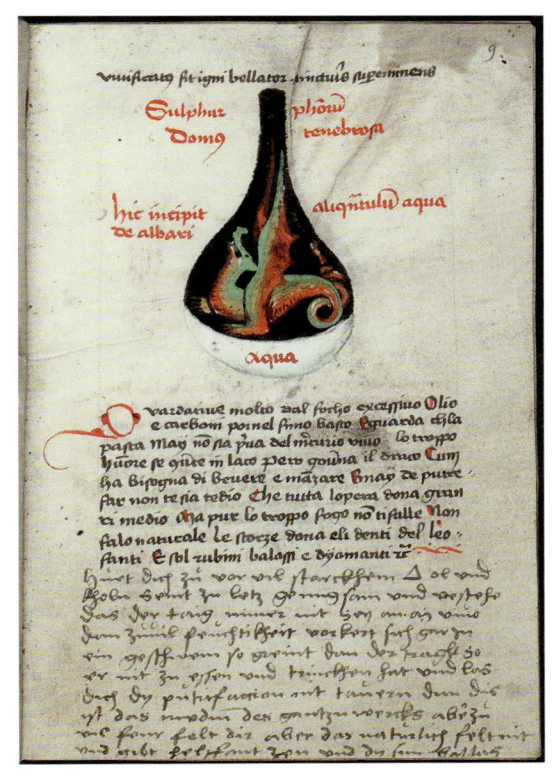

Abb. 116 = Kat. Nr. 24, fol. 9r

Abb. 117 = Kat. Nr. 24, fol. 9v

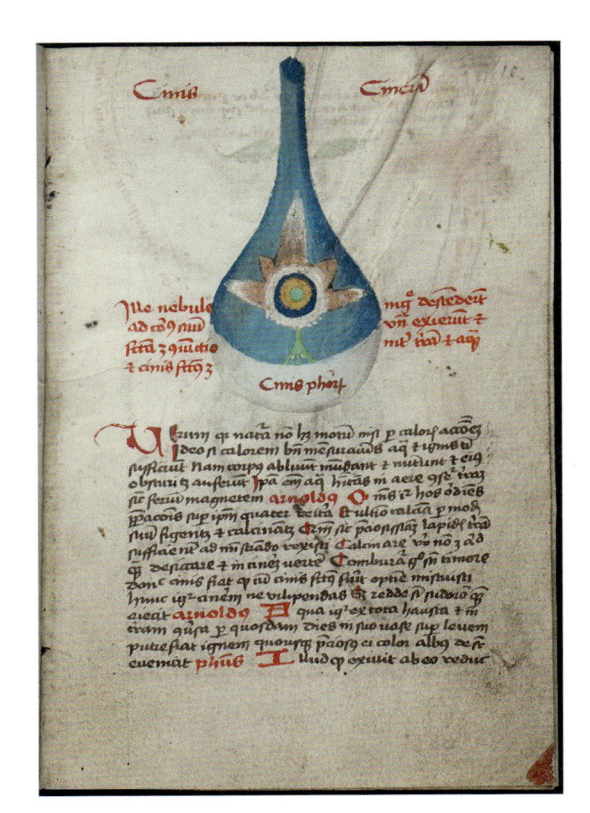

Abb. 118 = Kat. Nr. 24, fol. 10r

Abb. 119 = Kat. Nr. 24, fol. 10v

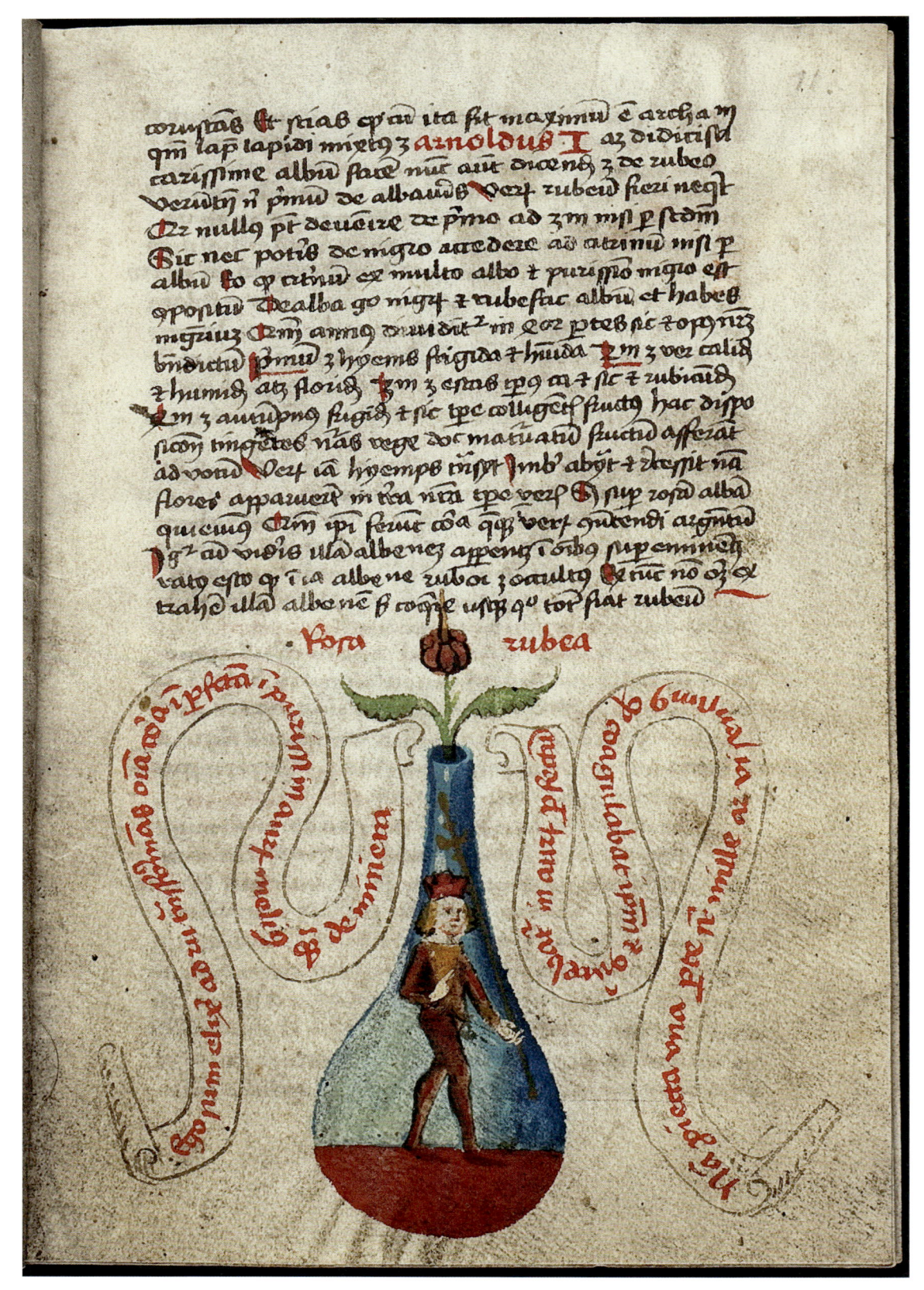

curatas. Et scias q̇ ad ita sit maximū ē archā m
qm̄ lap lapidi mixt9 ʒ **arnoldus** az dicit ist
carissime albū face nūc aut dicens ʒ de rubeo
veru tn̄ n̄ pmō de albando v̇ert rubeū fieri neq̇t
Nec nullq̇ pt devenire de pmō ad 3m m̄ p stm̄
Sic nec potis de nigro accedere ad album m̄ p
albū eō q̇ c̄ium ex multo albo t purissio nigro est
oppō dealba igō nigr̄ t rubestac albū et habes
magnū tm annī diviḋ in 4or ptes sic topnīs
bn̄dictus pmū ʒ hyemps frigida t huida Im 3 ver calid
t humidū atq̇ floridū. Tm ʒ estas tpe c̄a t sic t rubicūd
Im 3 autūpns frigid t sic tpe colligēt fructū hac dispo
sicōn tingeres n̄ās vege de materia tū fructus afferat
ad vouū. V̇ert cā hyemps tisit. Imbr abīt t vestit nā
florē appareū īn t̄ra n̄rā tpe verī Sup rosā alba
quicuq̇ tn̄ ipi ferit ēā q̇ vert c̄tendi argntū
igit ad vidēs illā albe ūs appēs torūq̇ supeminēt
ratꝯ ēst q̇ t̄ā albē ne rubor ʒ occultꝯ. Sic no oṕt ex
trahē illā albē ne ṣ corpe usq̇ q̇ tot stat rubeū

Rosa **rubea**

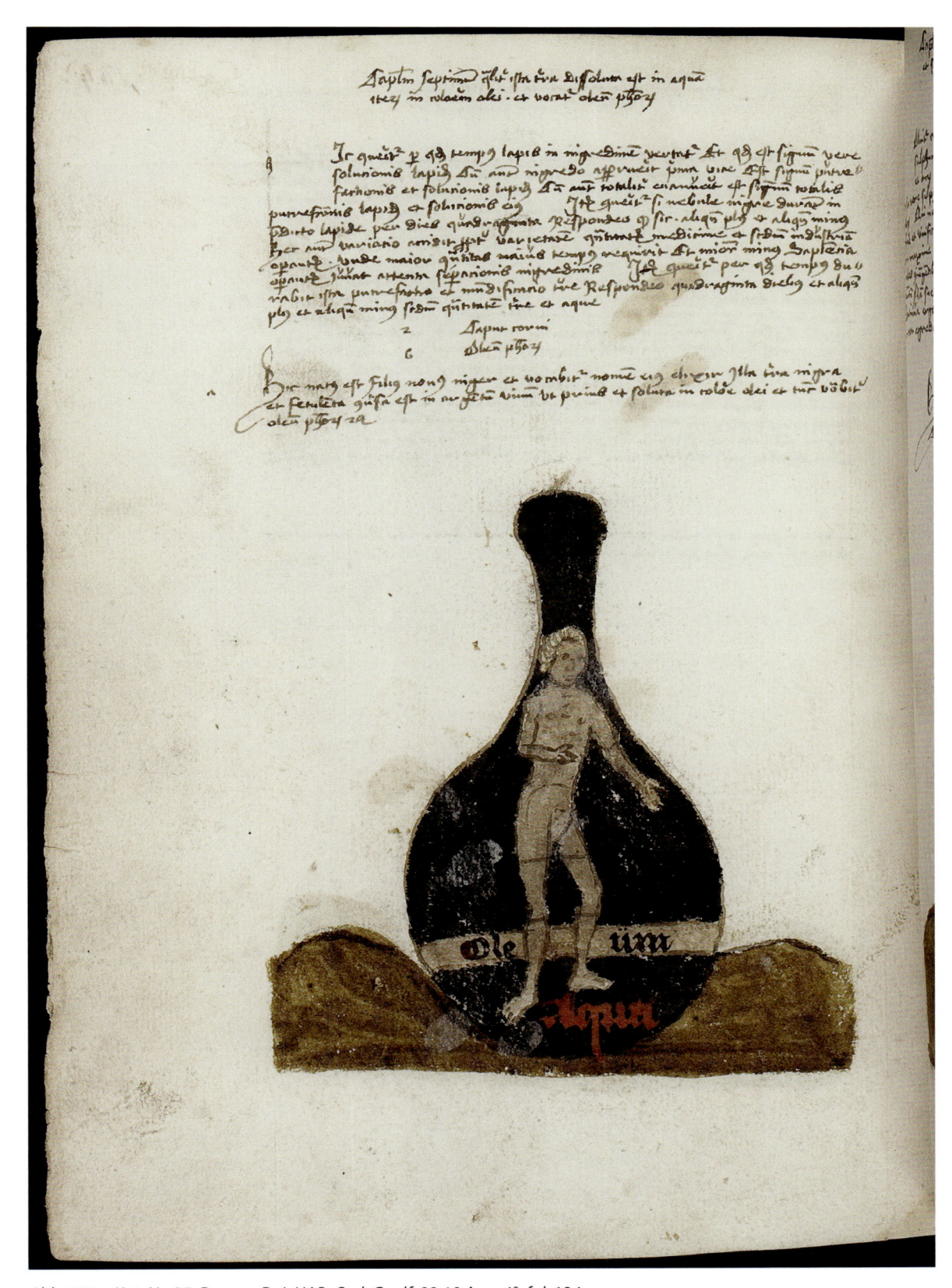

Abb. 121 = Kat. Nr. 25: Donum Dei. HAB: Cod. Guelf. 23.19 Aug. 4°, fol. 134v

26–27 Buch der Heiligen Dreifaltigkeit

Papier, 298 Bl., 28,5 × 19,5 cm, um 1460
HAB: Cod. Guelf. 433 Helmst.
Aufgeschlagen: 103v/104r (**Abb. 123**)

Papier, 155 Bl., 22 × 16 cm, 1471
HAB: Cod. Guelf. 188 Blank.
Aufgeschlagen: 18v/19r (**Abb. 126**)

Das *Buch der Heiligen Dreifaltigkeit* stellt eines der ältesten originär deutschsprachigen Zeugnisse der Alchemie dar. Der mit zahlreichen Illustrationen versehene, sprachlich und kompositorisch jedoch dunkle Text verbindet spätmittelalterliche Spiritualität, alchemische Theorie und laborantische Praxis zu einer Textur, die stellenweise zu unauflöslicher gedanklicher Dichte gewirkt wurde, stellenweise aber auch kategorial Unverbundenes nur notdürftig aneinander heftete. Die Zuschreibung des Buches an einen Frater Ulmannus, hinter dem sich vielleicht ein Franziskaner-Spirituale verbirgt, ist weitgehend ungesichert. Von dem Verfasser wissen wir nur das Dürftige, was er selbst von sich preisgibt: Er führte ein unstetes Wanderleben, in dem sich lediglich in den Jahren 1416/17 ein Aufenthalt in Konstanz während des Konzils (1414–1418) präzise fixieren lässt. Hier übergab er eine Abschrift seines 1410 begonnenen Werkes dem König (und nachmaligen Kaiser) Sigismund (1368–1437). Vielleicht ebenfalls in Konstanz trat er in Verbindung zu Friedrich VI. Burggraf von Nürnberg (als Friedrich I. Markgraf von Brandenburg-Ansbach, 1371–1440), dem er das Buch 1419 widmete.

Das *Buch der Heiligen Dreifaltigkeit* ist mit zehn vollständigen Handschriften des 15. Jahrhunderts reich überliefert. Das lebhafte Interesse an dem Text bezeugen außerdem weitere Handschriften des 16. bis 18. Jahrhunderts sowie zahlreiche Teilüberlieferungen (Exzerpte, einzelne Textteile und Bilder). Trotzdem sind der Text und seine Bilder nur auszugsweise in Druck gelangt (als „Practica ex Libris Trinitatis", in: Franz Kieser: Cabala Chymica […], Mühlhausen 1606, S. 241–251).

In der Herzog August Bibliothek ist der Traktat vollständig in zwei illuminierten Handschriften vorhanden. Der in Süddeutschland entstandene Cod. Guelf. 433 Helmst. stammt aus der Bibliothek der Universität Helmstedt und ist vermutlich aus dem Nachlass eines Professors dorthin gelangt. Es handelt sich dabei um einen umfänglichen, großformatigen und aus zwei ursprünglich unabhängig voneinander entstandenen Teilen zusammengesetzten Band, dessen zweiter Teil um 1428/29 geschrieben wurde und eine ausgesprochen kleinteilige Sammlung von Texten der arabisch-lateinischen Alchemie des Spätmittelalters enthält. Vollständige Traktate und Exzerpte daraus werden immer wieder mit Rezepten und Verstexten untermengt. Der voranstehende jüngere und deutschsprachige Teil stammt von etwa 1460 und enthält neben einer Stammtafel des Ulrich Glanast aus dem oberpfälzischen Sulzbach, der als Bogner für Kaiser Karl IV. (1316–1378) tätig war, als einzigen Text das *Buch der Heiligen Dreifaltigkeit* mit seinem Bilderzyklus. In einem zweiten Kodex der Herzog August Bibliothek, Cod. Guelf. 188 Blank. aus der Bibliothek von Herzog Ludwig Rudolf von Braunschweig-Lüneburg (1671–1735), eines Enkels von Herzog August, ist allein das Dreifaltigkeitsbuch enthalten, in einer vom Verfasser überarbeiteten Version. Die hier vorliegende Abschrift stammt aus dem mitteldeutschen Raum und datiert von 1471. Unidentifiziert und deshalb unbeachtet blieben bislang längere Exzerpte aus dem Schlussteil des Traktates in Cod. Guelf. 16.5 Aug. 4°, einer alchemischen Sammelhandschrift des 15. Jahrhunderts.

Charakteristisch für das *Buch der Heiligen Dreifaltigkeit* ist eine programmatische Verschränkung von Natur- und Gottesgelehrtheit: „Wer diss secretenbuch etwas recht sal vornemen, der mus ein warer meister sein der gotheit, vnd ein meister der naturen der man wenig findet" (Zitate hier und im Folgenden aus Cod. Guelf. 188 Blank., fol. 42v). Dem entsprechen zwei Ausdrucksweisen für die Sinnebenen der stofflichen Welt einerseits und der christlichen Heilsgeschichte andererseits, wie es im Scholion zu einer St. Galler Handschrift (Kantonsbibliothek Vadiana, Ms. 397, fol. 206v) vom Schreiber auf den Punkt gebracht wurde: Dort heißt es, der Verfasser rede ausdrücklich („expresse") von den Metallen und Prozessen und verdeckt („occulte") vom Leiden Christi und der Geburt Mariä etc. Der Verfasser bezieht sich auf vergleichsweise wenige Autoritäten der lateinischen Alchemie wie Hermes, Aristoteles und Albertus Magnus. Gleichwohl gibt es zahlreiche terminologische und inhaltliche Anklänge an weit verbreitete *Alchemica* des hohen und späten Mittelalters. Die Alchemie des Verfassers, die in umfänglichen nüchternen Anweisungen zur laborantischen Praxis kenntlich wird, ist in ihren theoretischen Grundlagen konventionell: Die Metalle stellen eine Mischung der stofflichen Prinzipien Schwefel und Quecksilber dar. Mineralien lassen sich als organische und geschlechtlich determinierte Substanzen verstehen; chemische Prozesse entsprechen Zeugung und Wachstum in der belebten Natur. Die Zubereitung des Steins der Weisen im Labor folgt diesen Vorbildern der Natur. Zugleich spricht der Verfasser von seinen inneren Erfahrungen, die ihn in quasi-mystischer Weise

162

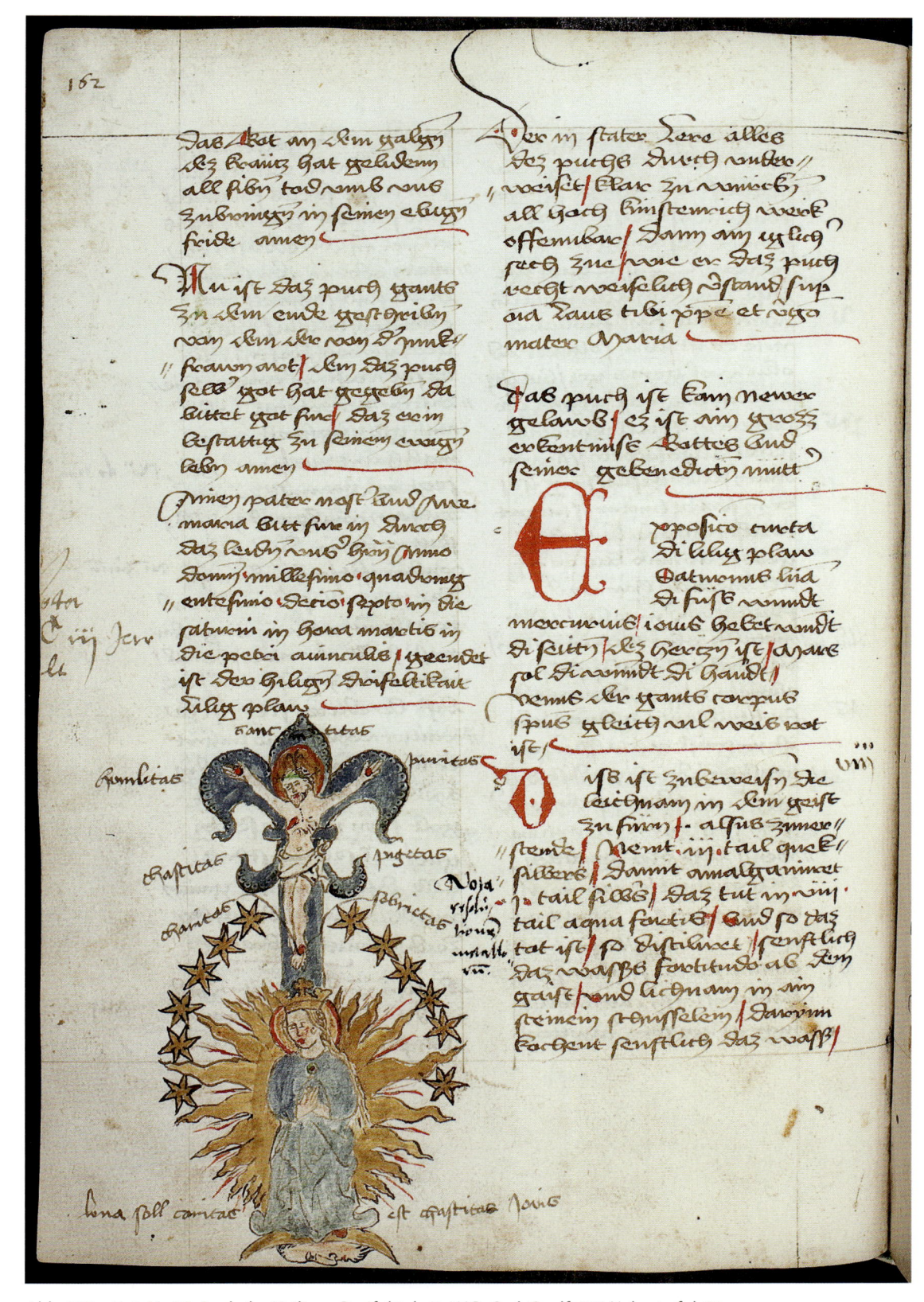

Das hat an dem galgen
des kautz hat geleden
all sibn todsweh vns
zubringen in seinen ewign
fride amen

Nu ist das puch gantz
zu dem ende geschribn
von dem ersoro ď vnser
frawn arot / dem das puch
selb got hat gegeben da
bittet got fur das er ein
bestattug zu seinem ewign
leben amen

Vnser pater nost laud ave
maria Bitt fur in durch
das leidn vns hn Anno
domini millesimo quadringen
tesimo tercio septo in die
sabnri in hora marchi in
die petri amnculis geendet
ist des heiligen dreifaltikait
tilig plau

humilitas   puritas

castitas   pietas

caritas   benedictus

luna soll onitas   est castitas maria

Der in stater leve alles
des puches durch vnser
weist klar zu werich
all jhach hinsternich werk
offenwari dann am ez lich
sech zu hore er das puch
recht weislich vstand sich
ad laus tibi ippe et vigo
mater Maria

Das puch ist kain newer
gelaub / es ist am gross
erkentnisse Gattes vnd
seiner gebenedeytn mutt

E ppofito cucta
    dilige plan
    datnomis lud
    di suft vmmdt
moervvis iouis helei vndt
di seitn des hertzn ist nawe
sol diamundt di haudt /
wenn der gantz corpus
spus gleich vil weis rot
ist

O ist zubeweisn de
    leichnam in dem geist
    zu finn / aqus zwier
stemk / Nemt iij tail queck
silbers / damit amalgamier
tail silbs / das tut in iiij
tail aqua fortis / vnd so das
tot ist so distincert senftlich
das wasser fortitudo ab dem
gaist vnd leichnam in ein
steinem stoysselen / darinn
kochent senftlich das wasser

Abb. 122 = Kat. Nr. 26: Buch der Heiligen Dreifaltigkeit. HAB: Cod. Guelf. 433 Helmst., fol. 81v

Abb. 123 = Kat. Nr. 26, fol. 103v

bewegten, die göttlichen Offenbarungen, die ihm zuteil wurden, aufzuschreiben. Dabei betont er immer wieder – gewiss auch vor dem Hintergrund des Konstanzer Konzils – seine Rechtgläubigkeit. Alchemie und Theologie befinden sich in völliger Übereinstimmung. Die Wahrheiten des Glaubens entsprechen den Tatsachen der natürlichen Welt, so dass Heilsgeschichte und Naturgeschehen in ein gegenseitiges Abbildverhältnis treten, das nicht lediglich der Veranschaulichung dient, sondern die innere Wesensübereinstimmung darstellt. Ein Kernmotiv dieser Analogisierung von transzendenter und materieller Welt stellt die Gleichsetzung von Christus mit dem Stein der Weisen dar, bei der Geburt, Tod und Auferstehung des Heilands die stofflichen Prozesse beim *Opus magnum* präfigurieren.

Das diskursiv inkohärent wirkende *Buch der Heiligen Dreifaltigkeit* beschreibt immer wieder textuelle Übergänge von theoretischer theologischer Reflexion zu alchemischer laborantischer Praxis. So stellt der Verfasser etwa beim Begriff der „Reinigkeit" – die Läuterung der Metalle ist Ziel des alchemischen Prozesses – eine Analogie von theologischer *virginitas* als göttlicher Tugend Mariens und *puritas* als elementarer Eigenschaft in der Stoffeswelt (Klarheit der Luft, Helligkeit des Sonnenscheins) her (vgl. Beitrag Trepp). Zur Beschreibung eines konkreten alchemischen Prozesses bedient sich der Verfasser der konventionellen, lateinisch vorgeprägten alchemischen Fachterminologie für Stoffe, Geräte und Prozesse („lac virginis", „cucurbiten", „tingiret", „coaguliret", fol. 7r). Das laborantische Tun wird ans Spirituelle rückgebunden. Die Läuterung in der Stoffeswelt hat ihre Entsprechung in der Seele: „Hirumb wandeln wir alle vnsers herczen grunt in reyne liebe keussche zu aller stunt" (fol. 8r). Gerade im Begriff des „Herzensgrundes" wird die Anbindung des Dreifaltigkeitsbuches an die deutsche Mystik eines Seuse und Tauler kenntlich.

Viele Lehren im *Buch der Heiligen Dreifaltigkeit* gründen auf gängigen scholastischen Theoremen. Die immer wiederkehrende Formel „Omnia sunt vnum esse" meint, dass alles Seiende sich auf ein Wesen, welches letzten Endes in Gott gründet, zurückführen lässt. Es ist eine der Grundüberzeugungen des Verfassers, dass man Alchemie nach dem Vorbild der Dreifaltigkeit treiben kann, wobei er eigene, dem Dogma widerstreitende Akzente setzt, indem er Maria an die Stelle des Heiligen Geistes rückt. Die drei Hypostasen der göttlichen Substanz Vater, Sohn und Heiliger Geist finden sich bei den Metallen als Dreifaltigkeit der stofflichen Eigenschaften bzw. Zustände *animus*, *corpus* und *sapientia*.

Den nachhaltigen Erfolg des *Buchs der Heiligen Dreifaltigkeit* begründete auch der Illustrationszyklus, der einen integralen Bestandteil des Text-Bild-Ensembles bildet. Einzelne Bilder wurden in die zeitgenössischen alchemischen Bild-Text-Traktate *De vera scientia alchimiae* (Pandora, Das ist/ Die Edleste Gab Gottes, hrsg. v. Hieronymus Reusner, Basel 1582, S. 208 – 247) und *Rosarium Philosophorum* (Auriferae Artis, Quam Chemiam Vocant, Volumen Secundum, Basel 1572, S. 220 – 418) aufgenommen und bilden hier Strukturelemente der als Florilegien angelegten Texte. Analog zu den Sinnebenen des Textes lassen sich bei den Illustrationen sachlich-nüchterne Abbildungen der Laborgeräte und Öfen von allegorischen Darstellungen unterscheiden. Neben sehr schlichten Dingallegorien, Symbolen und heraldischen Motiven finden sich Bildkompositionen, die sich im Wesentlichen aus Elementen der traditionellen christlichen Ikonographie speisen (Sündenfall, Mondsichelmadonna mit Lilie und Kruzifix, z. B. **Abb. 122**, Christus am Kreuz, der apokalyptische Christus in der Mandorla, Stigmatisation des Hl. Franziskus etc.) und denen erst in verstreuten Textpassagen ein alchemischer Sinn beigelegt wird. Keinen Rückhalt in der ikonographischen Tradition oder in schriftlichen Quellen haben die Darstellungen, wie Christus gehenkt, enthauptet oder aufs Rad geflochten wird (**Abb. 124** und **125**). Diese genuinen Bilderfindungen veranschaulichen „Leiden" und „Untergang" der Metalle im alchemischen Prozess. Der Verfasser beließ es hier nicht bei der Parallelisierung von Heilsgeschichte und Alchemie, vielmehr erfand er für den Prozess neue allegorische Bilder, die die Heilsgeschichte fortschreiben und ausmalen. So wie Christus durch Leiden und Tod die Sünde überwand, so bewirkt die alchemische Operation eine Läuterung der Metalle.

Zu den herausragenden Schöpfungen des *Buchs der Heiligen Dreifaltigkeit* zählen mehrere kombinatorische Darstellungen, die Versatzstücke der traditionellen alchemischen Symbolik, der Heraldik und christlichen Ikonographie zu eigenständigen Bildern verarbeiten, in denen sich die verschiedenen Sinnebenen des Textes überlagern. Dazu zählt die Darstellung von Christus als Doppeladler (**Abb. 126**). Zentrales Ikon bildet hier ein Hybrid aus einem heraldischen doppelköpfigen Adler und dem Korpus des gekreuzigten Christus, der reduziert wird auf das Haupt und die Wunden tragenden Extremitäten samt Rumpf. Den Körperteilen sind sieben Adler zugeordnet, die Kronen in ihren Krallen tragen und für die sieben Metalle stehen. Theologischer und alchemischer Gehalt überlagern sich im Bild: Christus geht am Kreuz den Weg der Erlösung wie der alchemische Prozess ein Weg der „Erlösung" der Metalle aus der Unvollkommenheit darstellt. Hinzu tritt hier nun ein auch vom Text her ge-

Abb. 124 = Kat. Nr. 27: Buch der Heiligen Dreifaltigkeit. HAB: Cod. Guelf. 188 Blank., fol. 1v

deckter politisch-prophetischer Gehalt: Der Doppeladler, das heraldische Symbol der weltlichen Herrschaft, wird auf den kommenden Kaiser Friedrich bezogen und greift damit die mittelalterliche Kaisersage auf, die besonders in der krisenhaft empfundenen Zeitsituation des Konstanzer Konzils die Wiederkehr eines endzeitlichen Kaisers verhieß und ganz aktuell auf König Sigismund, der den Doppeladler im Wappen führte, anzuwenden war. In der Überblendung der Sinnebenen wird die Illumination zu einem Meditationsbild analogisch geschichteter theologischer, alchemischer und politischer Doppelnatur (Gott – Mensch; Schwefel – Quecksilber; Kirche – Kaisertum).

Abb. 125 = Kat. Nr. 27, fol. 2r

Abb. 126 = Kat. Nr. 27, fol. 19r

Als besonders wirkmächtig erwiesen sich die beiden Hermaphroditen-Darstellungen des *Buchs der Heiligen Dreifaltigkeit*, die das Motiv der Doppelnatur erneut variieren. Der Hermaphrodit als Ausdruck der Vollkommenheit durch die Vereinigung der Gegensätze erscheint hier als eine janusköpfige und Flügel tragende Gestalt, die sich vertikal in eine männliche und eine weibliche Hälfte teilt – kenntlich durch unterschiedliche Kleidung und sekundäre Geschlechtsmerkmale (*Rebis*-Darstellung) (**Abb. 123**). Illustriert wird hier zweifellos die Grundidee des Dreifaltigkeitsbuches „omnia sunt vnum esse", ohne dass der alchemische Sinn des Hermaphroditenbildes im Text fixiert würde (im Helmstedter Kodex geschieht dies immerhin durch Bildbeischriften). Unterhalb der hybriden Gestalt ist ein Drache platziert, das konventionelle Symbol der *materia prima*, des Ausgangsstoffs des Prozesses. Die männliche und die weibliche Hälfte der Figur stehen für die alchemischen Prinzipien *Sulphur* und *Mercurius* (in den Bildbeischriften des Helmstedter Kodex „aes philosophorum" und „aqua perennis"), die Attribute in ihren Händen – links eine eingerollte Schlange, rechts ein Kelch mit drei Schlangenhäuptern – symbolisieren wahrscheinlich Prozessphasen wie *Coagulatio* (Gerinnung) und *Sublimatio* (Verdampfung). Als Gegenbild dazu erscheint im *Buch der Heiligen Dreifaltigkeit* ein zweiter, luziferischer Hermaphrodit mit Drachenflügeln, Schwert und Krone, der als Sinnbild einer falschen und betrügerischen Alchemie zu verstehen ist. Die Alchemie selber wird hier als ambivalente Praxis kenntlich, derer sich auch der Antichrist bedient.

Literatur:
Aurnhammer 1986; Berns 2000, S. 418–423; Buntz 1972; Duveen 1946, S. 58 f.; Flor 2007; Ganzenmüller 1939; Hartlaub 1937a; Jung 1984a; Junker 1986; Neuwirth 1896, S. 98–102; Obrist 1982, S. 117–182; Putscher 1986; Solovieva 2005; Telle 1980a, S. 62; Telle 1992; Telle 1999; Telle 2004b; Völlnagel 2012, S. 42–53.

28 Illustriertes alchemisches Florilegium

Papier, 91 Bl., 21,5 × 16 cm, 2. Hälfte 16. Jh. und 17. Jh. (1625)
HAB: Cod. Guelf. 151 Extrav.

Aufgeschlagen: 8v/9r (**Abb. 127**)

Die Handschrift eines illustrierten alchemischen Florilegiums gehört in der Herzog August Bibliothek zu einem Bestand von Handschriften, die beim Tod von Herzog August d. J. 1666 unverzeichnet geblieben waren, und dürfte noch eine Erwerbung von August darstellen. Der Band ist aus zwei ursprünglich selbständigen und zu unterschiedlichen Zeiten von mehreren Händen geschriebenen Teilen zusammengesetzt. Den zweiten, jüngeren Teil von 1625 bildet eine Sammlung von konzeptartig notierten und offensichtlich von dem anonymen Schreiber aus mehreren handschriftlichen Quellen zusammengetragenen Texten der *Alchemia practica*. Die Prozessbeschreibungen zielen auf die Herstellung des Steins der Weisen oder der Universaltinktur. Der kurze *Processus ex libro Lux lucens in tenebris*, nicht zu verwechseln mit diversen anderen alchemischen Schriften gleichen Titels, stellt eine stark abgekürzte und auf die Praxisanweisungen reduzierte Version eines Traktats dar, der erst jüngst aus einer Hamburger Handschrift herausgegeben wurde (Hamburg, Staats- und Universitätsbibliothek: Cod. Alchim. 674). In ähnlicher Weise verfuhr der Schreiber mit der sich anschließenden Prozedur, die er der *Philosophia sacra, praxis de lapide minerali* des Johannes de Padua (wohl 16. Jahrhundert) entnahm (gedruckt u. a. in: Johannes de Padua: Consummata Sapientia, seu Philosophia Sacra, hrsg. von Johann Schauberdt, Frankfurt 1681). Während Johannes de Padua ein Grundlagenwerk der Alchemie mit theo-alchemischen Einschlägen im Theorie-Teil verfasst hatte, interessierte sich der Urheber der Handschrift hauptsächlich für die laborantische Praxis.

Von diesem jüngeren zweiten Teil unterscheidet sich deutlich der erste Teil, der noch im 16. Jahrhundert geschrieben wurde und neben der Abschrift eines weit verbreiteten Textes aus dem Arnald von Villanova zugeschriebenen alchemischen Textkorpus ein Florileg enthält, das in mehreren voneinander abweichenden Handschriften überliefert ist. Deren älteste und bekannteste ist der hochwertig illuminierte Cod. Ashburnham 1166 der *Biblioteca Medicea Laurenziana* zu Florenz aus dem 15. Jahrhundert, der in Texten und Bildern mit dem hier erstmals bekannt gemachten Wolfenbütteler Textzeugen nahe verwandt ist. Unzutreffend ist sicherlich die Zuschreibung des Werkes an den im 14. Jahrhundert tätigen Alchemisten Johannes von Teschen (Johannes Ticinensis u. ä.). Von dem Verfasser eines alchemischen Lehrgedichtes sowie einer unter dem Titel *Aenigma* überlieferten Prosaschrift wird lediglich eine Ich-Aussage mit Namensnennung zitiert („Ego Iohannes artistarum seruus et recte laborantium", 18r). Die Überlieferungsgemeinschaft von Textbestandteilen des Florilegs und Johannes von Teschen zugeschriebenen Werken (greifbar in Fulda, Hessische Landesbibliothek, Hs. C 14a) harrt einer Untersuchung.

Der unstrukturierte Text versammelt in Vers und Prosa sentenzhaft zugespitzte Doktrinen der Alchemie, die mit Autoritäten wie Hermes, Geber, Senior Zadith oder Arnald von Villanova versehen sind. Dabei schöpft der Kompilator kaum aus den Originalschriften, sondern aus im 14. Jahrhundert bereits vorliegenden alchemischen Florilegien wie der *Aurora consurgens* oder dem *Rosarium philosophorum*. Die Sammlung ist diskursiv ungeordnet und verbindet sich mittels solcher vielfach nachweisbarer *dicta cum auctoritate* mit dem zeitgenössischen und späteren alchemischen Schrifttum zu einem Geflecht aus Grundlehren und Kernsätzen der Alchemie. So erscheint hier beispielsweise eine Aussage über den Gebrauch uneigentlicher Rede: „Ignis noster est aqua, et si scis dare ignem igni, mercurium mercurio, sufficit tibi" (Unser Feuer ist Wasser, und wenn du dem Feuer Feuer zu geben weißt, und dem Merkur Merkur, genügt dir dies, 2v). Sie findet sich als Diktum des Senior Zadith (Muḥammad ibn Umail) in der *Aurora consurgens*, die hier vermutlich die Quelle unserer Kompilation darstellt. Nachweislicher Prätext ist eine auf Hermes zurückgeführte Aussage in der aus dem Arabischen übersetzten Schrift *De chemia* des Senior: „Item dixit [Hermes] Ignis eorum quem tibi monstravimus est aqua, et ignis noster est ignis, et non ignis" ([Hermes] hat gesagt: Ihr Feuer, das wir dir gezeigt haben, ist Wasser, und unser Feuer ist Feuer und kein Feuer, Lazarus Zetzner [Hrsg.]: Theatrum chemicum, Bd. 5, Straßburg 1660, S. 204). Umgekehrt integriert das Florileg in der Wolfenbütteler Handschrift Texte, die ursprünglich keinen Bezug zur Alchemie haben, so die Ostersequenz *Mundi renovatio nova parit gaudia* des Adam von St. Victor (fol. 20r). Diese Rekontextualisierung eines liturgischen Textes zielt offenbar darauf, die Auferstehung Christi alchemisch zu deuten.

Das Florileg vertritt u. a. die für die gesamte Naturmagie grundlegende antike Sympathielehre anhand der vielfach belegten Formel „Gaudet natura cum natura, Natura cum natura laetatur, Natura naturam vincit, Natura naturam continet, Natura naturam sequitur et amplectitur, et sic mutuum opus philosophorum perficitur" [Die

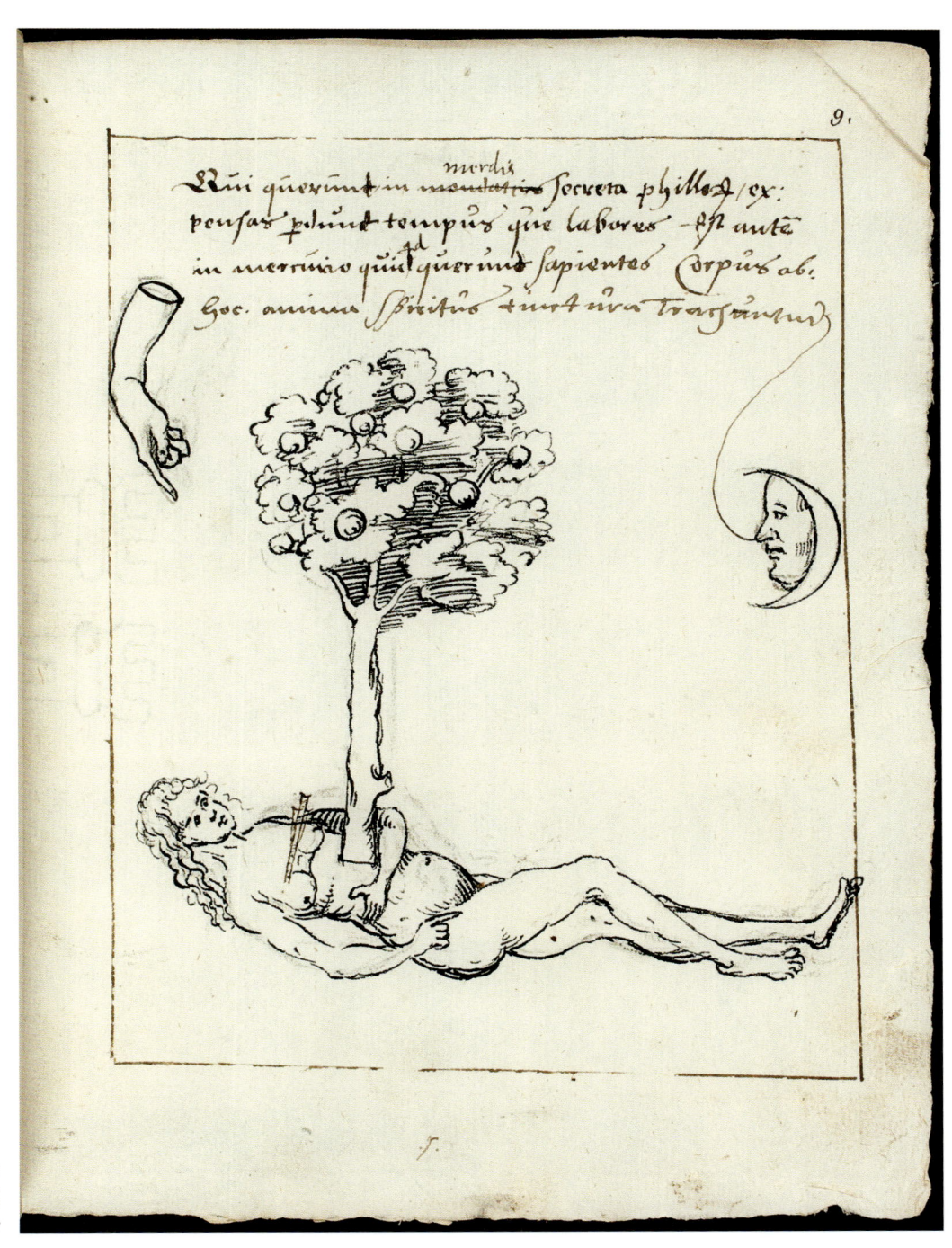

Abb. 127 = Kat. Nr. 28: Florilegium. HAB: Cod. Guelf. 151 Extrav., fol. 9r

Natur erfreut sich der Natur, die Natur vergnügt sich mit der Natur, die Natur besiegt die Natur, die Natur enthält die Natur, die Natur folgt der Natur und umfängt sie, und so wird das wechselseitige Werk der Philosophen vollendet, 4r]. Die Lehre, dass Körper und Materie in der Natur in einem Anziehungs- und Abstoßungsverhältnis stehen, wurde europäischen Adepten insbesondere von der aus dem Arabischen übersetzten *Turba philosophorum* vermittelt, die auf antike Naturphilosophie Bezug nimmt und die Lehrsätze von Freude der Natur an der Natur mehrfach aufgreift und kommentiert.

Unter dieser Lehre befindet sich in der Wolfenbütteler Handschrift ein Sonnen- und Mondbild mit erklärenden Versen „haec est obscura sapientum vera figura […]", (Dies

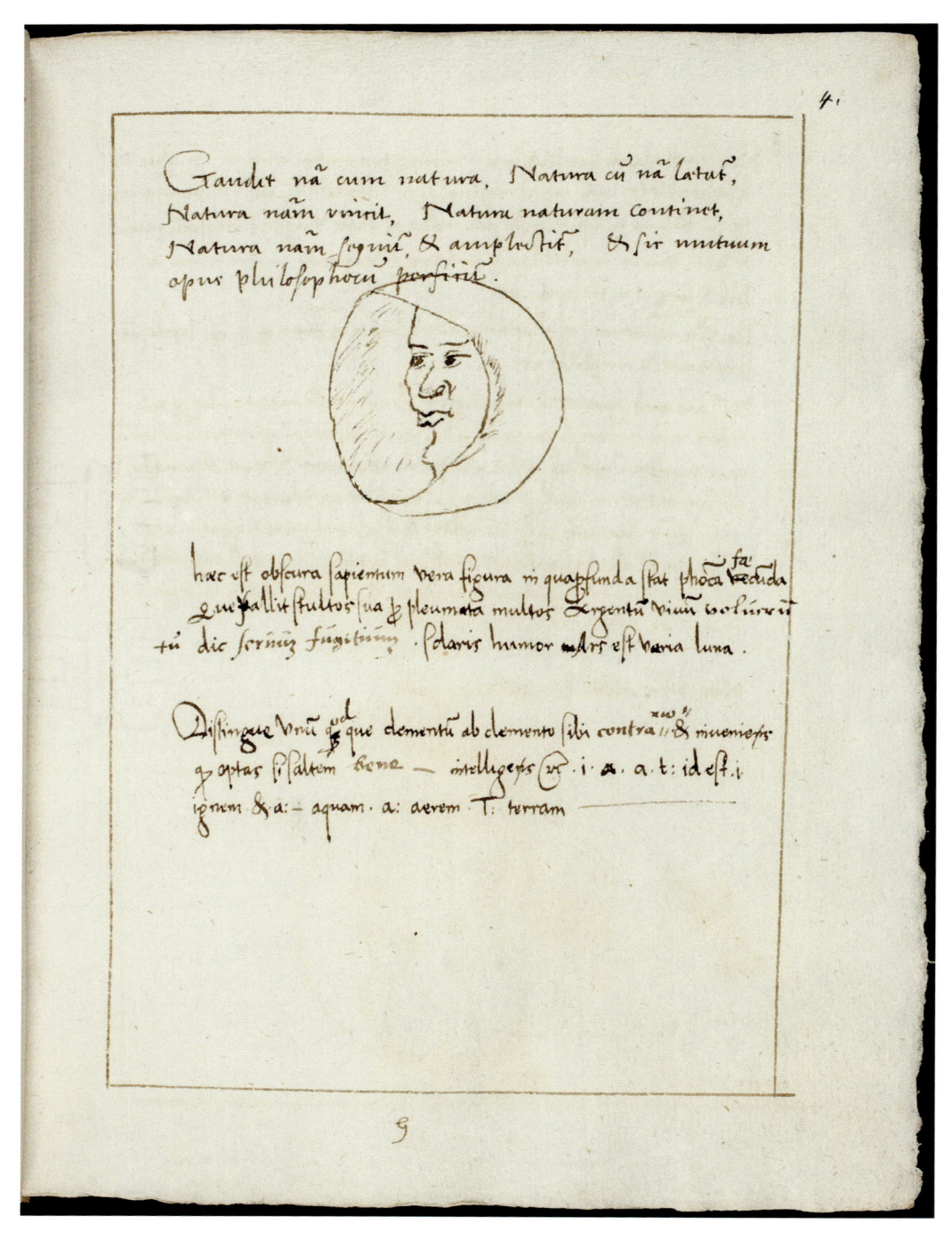

Abb. 128 = Kat. Nr. 28, fol. 4r

ist die wahre dunkle Gestalt der Weisen […], **Abb. 128**). Dieselben Verse stehen in der illuminierten Zürcher Handschrift der *Aurora consurgens* als Beischrift zum Bild eines Hermaphroditen (Zürich, Zentralbibl., Ms. Rh. 172, Spiegel vorn). Die Bilder des Florilegs, so sieht man an diesem Beispiel, stehen mit dem Text z.T. nur in lockerem Zusammenhang. Sie bilden gleichwohl einen integralen Bestandteil des Ensembles und umfassen sämtliche ikonographischen Modi alchemischer Handschriften (technische Zeichnung, Diagramm, Porträt, Allegorie).

Insbesondere die Allegorien zählen zu den eindrücklichsten Beispielen früher alchemischer Sinnbildkunst. Unter ihnen ragt ein Bild des in einer Landschaft am Boden liegenden Adams heraus (9r, **Abb. 127**), der hier freilich durch einen Irrtum des Zeichners als weibliche Figur dargestellt ist. In ihrer Brust steckt ein Pfeil und aus ihrem Oberbauch wächst ein Früchte tragender Baum hervor. Der Beitext, ein kurzes Gedicht mit dem Incipit „Qui querunt in merdis secreta philosophorum | expensas perdunt [...]" [Die im Unrat die Geheimnisse der Philosophen suchen, vergeuden ihr Geld (...)], das sonst in der kurzen *Practica ad quendam papam* von Pseudo-Arnaldus de Villanova überliefert ist, trägt zu einer alchemischen Deutung des deutlich von der Ikonographie der Wurzel Jesse beinflussten Bildes wenig bei. Eher wird man eine mit der Autorität des Aristoteles verbundene (und mit entsprechendem Porträt versehene) Sentenz auf der gegenüberliegenden Seite darauf beziehen können: „Opus elixir est opus Philosophorum, nihil aliud est quam facere ascendere res de terra in celum" [Das Werk des Elixiers ist das Werk der Philosophen und ist nichts anderes als die Sache von der Erde zum Himmel aufsteigen zu lassen, 8v]. Damit wird im Anschluss an die *Tabula Smaragdina*, einen Grundtext der hermetischen Tradition, die Herstellung des Elixiers allgemein als Aufstieg charakterisiert, der sich im Aufwuchs des Baumes aus der auf der Erde liegenden Gestalt in Richtung Himmel versinnbildlicht. Eine alchemische Deutung könnte in Adam die *Materia prima* erblicken, die durch das Feuer in Gestalt des Pfeiles „getötet" wird. Aus dem putrifizierten und kalzinierten Leib Adams aber erwächst der „Baum des Lebens" – das *opus magnum*, das als Frucht das Elixier trägt.

Literatur:
Carbonelli 1925, S. 46–71 u. 111–116; Gabriele 2006; Gilly 1999; Gilly 2014a, S. 554 f.; Jung 1984, S. 297 (Abb. 131) u. 340 (Abb. 135); Lennep 1985, S. 89–91 (u. Abb. 93–96); Lenz 2006, S. 107–122; Ruska 1931; Szulakowska 1986; Szulakowska 1995; Telle 1983; Telle 1992b.

29 Alchemie in lullianischen Schemata

Papier u. Pergament, 210 Bl., 22 × 15 cm, 15. Jh.
HAB: Cod. Guelf. 16.5 Aug. 4°

Aufgeschlagen: 80v/81r (**Abb. 129 und 130**)

Cod. Guelf. 16.5 Aug. 4° ist eine aus mehreren Faszikeln zusammengesetzte alchemische Sammelhandschrift des 15. Jahrhunderts. Neben eher zufällig anmutenden Sammlungen alchemischer Rezepte und Notate, anonymen, unbekannten oder bislang nicht identifizierten Texten ergeben sich beim Inhalt des umfänglichen Bandes mehrere Schwerpunkte der alchemischen Überlieferung, die auf eine planvolle Sammeltätigkeit des unbekannten Vorbesitzers deuten könnten. Die arabische bzw. pseudo-arabische Alchemie ist mit Texten wie den *Septem tractatus* des Hermes Trismegistos, dem *Liber trium verborum* des Ḫālid ibn Yazīd, dem angeblich von der Schwester des Mose stammenden *Liber Mariae* und dem *Testamentum* des Geber vertreten. Weit überwiegend sind jedoch mit Roger Bacon (*Secretum secretorum, Verbum abbreviatum, Breve breviarium*), Arnald von Villanova (*Rosarius, Flos florum, Liber novi testamenti*) und Raimundus Lullus (*Liber lapidarii, Ars conversionis Mercurii et Saturni, Epistula accurtationis, Codicillus, Testamentum, Practica artis intellectivae*) die Texte der großen Autoritäten der europäischen Alchemie des Mittelalters vorhanden. In diesem rein lateinischen Kontext bildet ein hier erstmals identifizierter Auszug aus dem *Buch der Heiligen Dreifaltigkeit* (vgl. **Kat. Nr. 26 und 27**) einen volkssprachlichen Solitär. Der Kodex wurde von Herzog August in den 50er-Jahren des 17. Jahrhunderts erworben und stammt ursprünglich aus dem südwestdeutschen und/oder österreichischen Raum. Für Stift Melk in Niederösterreich spricht die Zueignung am Ende des pseudo-arnaldinischen *Liber novi testamenti* an einen Abt Johannes von Melk und einen Küchenmeister namens Johannes von Siebenbürgen dortselbst. Auf den südwestdeutschen Raum deutet indessen das Fragment eines Kalendars am Ende des Bandes, in dem die Ortschaften Ellwangen und Zipplingen genannt werden. Das Kalendar ist allerdings nicht benediktinisch, sondern dominikanisch (*Anniversarium omnium familiarium et benefactorum ordinis nostri* am 5. September), so dass sich hier die Benediktinerabtei Neresheim, die sich 1497 der Melker Reform anschloss, nicht als Herkunft anbietet. Zu denken wäre an das Dominikanerkloster zu Schwäbisch Gmünd.

Die meisten Texte in dem Band entstammen dem alchemischen Pseudo-Lullus-Corpus, und den umfangreichsten Text daraus stellt eine Abschrift des *Testamentum* (Teil II und III) dar, die allein 68 Blatt der Handschrift füllt. Sie unterscheidet sich von den übrigen Texten besonders durch die zahlreichen Federzeichnungen, die einen integralen Bestandteil des Werks bilden.

Diese Diagramme des pseudo-lullianischen *Testamentum* lassen sich umstandslos auf die authentischen *artes* des mallorquinischen Theologen und Mystikers Raimundus Lullus (Ramon Llull) zurückführen, die hier für alchemische Zwecke assimiliert wurden. Lullus hatte mit seiner ‚Kunst' den Versuch eines allgemein gültigen und auf alle Gebiete des Wissens anzuwendenden Erkenntnismittels unternommen. Er kombinierte dabei Buchstabenreihen und geometrische Figuren zu meist kreisförmigen Schemata. Den Buchstaben, die mehrere unterschiedliche Reihen bilden, werden prinzipielle Begriffe (z. B. H = virtus, Tugend) bzw. Fragen und Probleme, die mit der ‚Kunst' gelöst werden sollen (z. B. B = deus, Gott), zugeordnet. Diese Alphabete werden auf den konzentrischen Kreisen eines Diagramms angeordnet und können durch Linien miteinander in Beziehung gesetzt werden. Die fortwährende Meditation und Kombination der Begriffe soll letztlich zur Einsicht in die Wirkweisen von Gott und Welt führen.

Eine „figura circularis totius magisterii ad practicam" [Kreisfigur des gesamten Magisteriums für die Praxis] auf fol. 81r der Wolfenbütteler Handschrift (**Abb. 130**) bietet eine Zusammenfassung des alchemischen Prozesses: In der Mitte wird ein kleines Quadrat von einem auf der Spitze stehenden Quadrat umgeben, das wiederum aus zwei von Doppellinien gebildeten konzentrischen Kreisen umgeben wird. Von den Ecken des zweiten Quadrates gehen vier rechteckige Bänder bis zur äußersten Kreislinie aus, die die gesamte Figur in vier Sektoren teilen. Eine präzise Interpretation des Schemas ist aufgrund des Textes nicht möglich, nur so viel scheint gewiss, dass innerer und äußerer Ring für zwei grundlegende Phasen des Prozesses stehen, nämlich die alchemische Darstellung von Schwefel und Quecksilber, die wiederum die Grundlage für die Herstellung des Elixiers bildet. Die vier Innenseiten des Quadrats sind mit den antonymen Begriffspaaren „mortificatio" – „viuificatio" (Abtötung und Belebung) und „diuisio" – „vnio" (Teilung und Einheit) beschriftet und bezeichnen so die grundlegenden Vorgänge bei der alchemischen „Läuterung" der Ausgangsstoffe. In den vier Sektoren des inneren Kreises liest man die Begriffe „amarum", „dulce", „fetidum" und „insipidum" (das Bittere, Süße, Stinkende und Geschmacklose), stoffliche Qualitäten also, die beim Prozess zum Vorschein kommen und dessen Erfolg anzeigen (der Fäulnisgeruch etwa als Folge der „mortificatio").

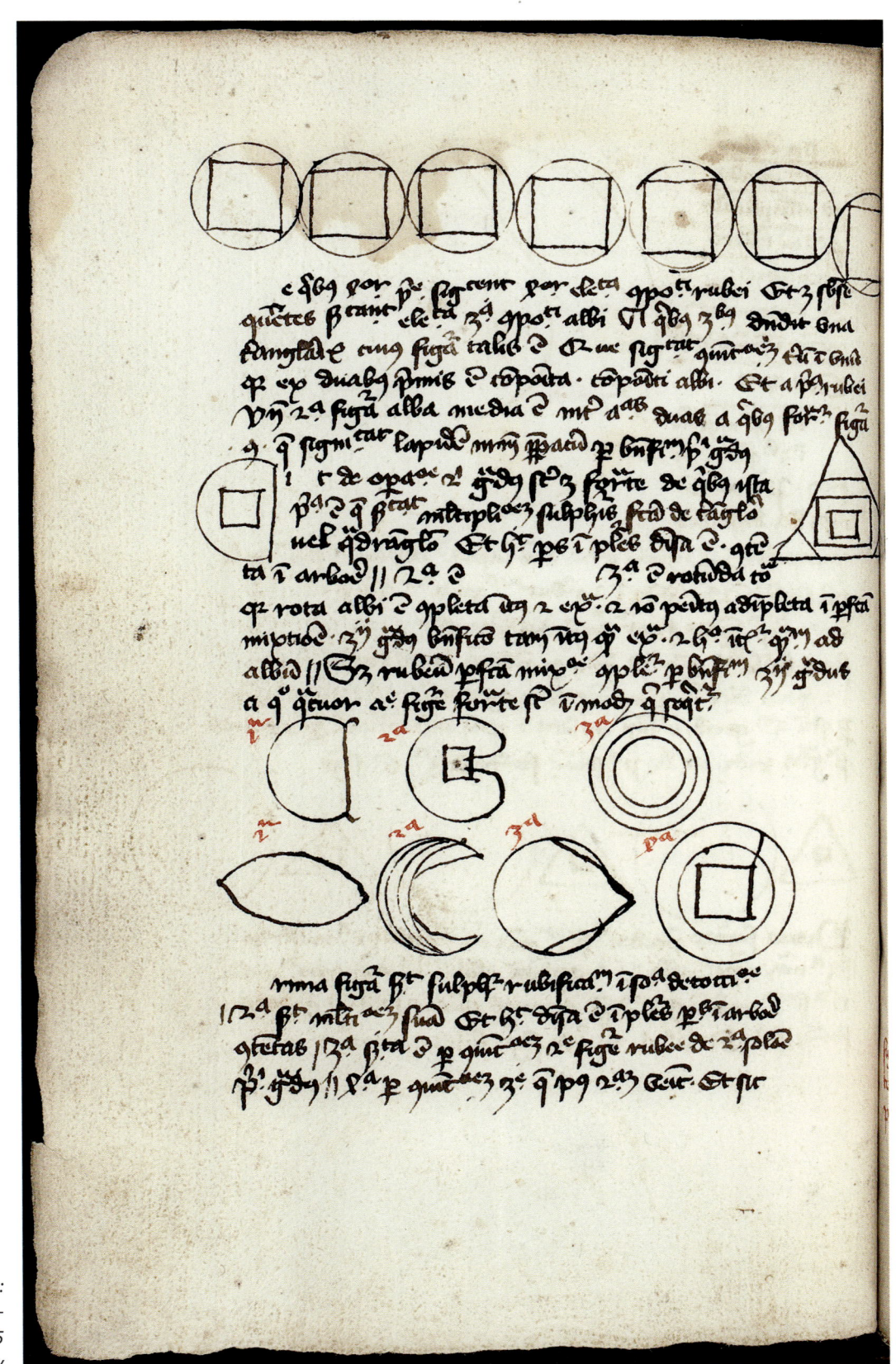

Abb. 129 = Kat. Nr. 29: Alchemische Sammelhandschrift. HAB: Cod. Guelf. 16.5 Aug. 4°, fol. 80v

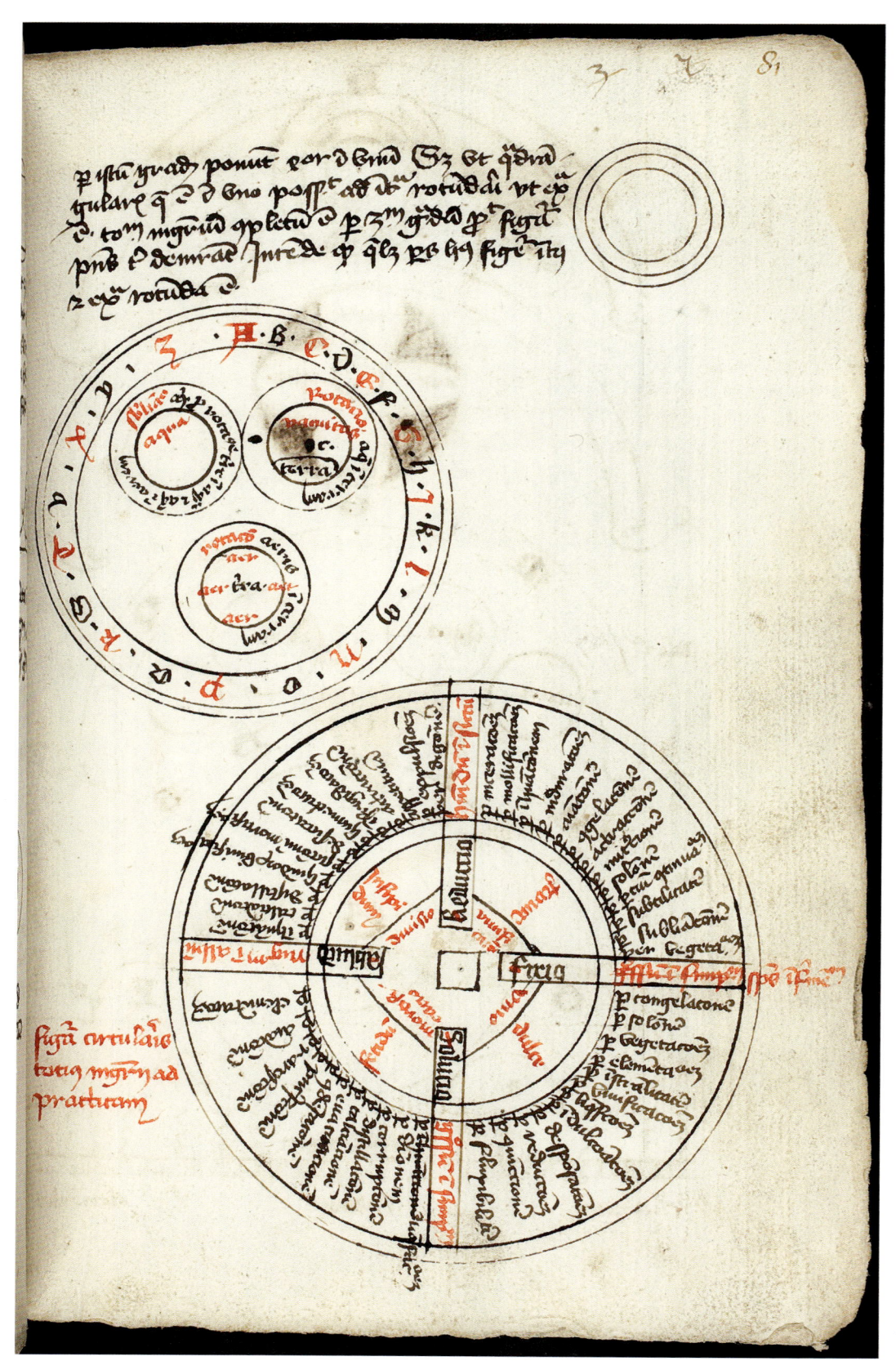

Abb. 130 = Kat. Nr. 29, fol. 81r

Auf den vier Bändern sind nun in den sehr viel distinkteren Begriffen „fixio", „solutio", „ablutio" und „reductio" (Festigung, Lösung, Waschung und Rückführung) diejenigen Operationen angezeigt, die durch weitere Veränderung stofflicher Zustände zur zweiten Phase des Magisteriums überleiten sollen. In den vier Sektoren des äußeren Kreises schließlich werden dann die konkreten laborantischen Praktiken aufgezählt, z. B. im Sektor unten links: „per liquefactionem, per diuisionem, per corruptionem, per distillationem, per calcinationem, per euacuationem [...]" [durch Verflüssigung, Teilung, Verderben, Destillation, Pulverisierung, Entleerung usw.].

Auch wenn man die innere Logik des Schemas, das ausdrücklich als Anleitung für die Praxis verstanden sein will, ohne große Schwierigkeiten nachvollziehen kann, bleibt doch fraglich, wie es im Labor operationalisiert werden sollte. Eher denn als konkrete Handlungsanweisung wird man es wohl als mnemotechnisches Denkbild verstehen dürfen, das durch die Begriffe und ihre räumliche Anordnung Assoziationen aufruft, die dem Adepten die grundsätzlichen Prinzipien und Operationen alchemischen Handelns einprägen.

Der mnemotechnischen Rekapitulation von Prozessphasen wie den Veränderungen des alchemischen *Sulphurs* dient auch eine Reihe geometrischer Figuren auf fol. 80v unten (**Abb. 129**), die die stofflichen Zustände in Graphik übersetzen. Dass die Illustration hier eine mnemotechnische und keine didaktische Funktion besitzt, wird allein schon dadurch kenntlich, dass der beigefügte Erläuterungstext die genaue Kenntnis der andernorts im Traktat beschriebenen Operationen voraussetzt und aus sich heraus unverständlich bleibt: „[P]rima figura significat sulphurem rubificatum in sola decoctione. Secunda significat multiplicationem suam. [...] Tertia significata est per coniunctionem secunde figure rubee de secunda solutione primi gradus. Quarta per coniunctionem tertie que post secundam venit" [Die erste Figur bedeutet den allein durch das Kochen geröteten Sulphur. Die zweite bedeutet seine Vermehrung. [...] Die dritte wird angezeigt durch die Konjunktion der zweiten roten Figur aus der zweiten Lösung des ersten Grades. Die vierte durch die Konjunktion der dritten, die nach der zweiten kommt].

Literatur:
Clericuzio 1998a; Pereira 1989; Pereira 1995; Pereira/Spaggiari 1999; Riedlinger 1991; Schmidt-Biggemann 2011; Telle 1985; Yates 1954; Yates 1991, S. 162–184.

30–31 Autoritäten im Bild

Papier u. Pergament, 110 Bl., 14,5 × 10 cm, 15. Jh.
HAB: Cod. Guelf. 80.4 Aug. 8°

Aufgeschlagen: 13v/14r (**Abb. 131**)

Papier, 196 Bl., 19,5 × 15,5 cm, 3. Drittel 16. Jh.
HAB: Cod. Guelf. 48.1 Aug. 4°

Aufgeschlagen: 1r (**Abb. 132**)

Die Herstellung und Bewahrheitung von Wissen durch Anführung von Autoritäten, Texten von unbestrittener Glaubwürdigkeit, insbesondere Bibel, Kirchenväter und antike Philosophen, ist ein zentrales Moment in der schriftlichen Überlieferung aller Wissensgebiete des Mittelalters. Die Alchemie bildet hier keine Ausnahme, und die Berufung auf die Autorität antiker, arabischer oder lateinischer Philosophen bildet ein Charakteristikum fast aller alchemischen Texte. Umberto Eco hat einmal davon gesprochen, der „alchimistische Diskurs" sei geradezu „der Diskurs der Alchimie über die diskursive Kontinuität der alchimistischen Tradition". Engstens verbunden damit ist das überaus häufige Phänomen der Pseudepigraphie. Autoren und Tradenten schreiben Texte den anerkannten Autoritäten zu, um ihre Erzeugnisse zu authentifizieren und mit Prestige zu versehen (s. S. 214 f.).

Die kleinformatige Handschrift Cod. Guelf. 80.4 Aug. 8°, von Herzog August d.J. um 1646/47 für seine Bibliothek erworben, ist ein im 15. Jahrhundert in Deutschland von sieben verschiedenen Händen geschriebener und teilweise illuminierter alchemischer Sammelband. Im 16. Jahrhundert wurde der Band um einige illuminierte Pergamentblätter, die in keinem inneren Zusammenhang mit dem ursprünglichen Textbestand stehen, ergänzt. Außerdem haben mehrere Schreiber des 16. und vielleicht auch des 17. Jahrhunderts zusätzliche Texte auf freigebliebenen Seiten eingetragen (alchemische Rezepte, Exzerpte aus den neutestamentlichen Briefen in Luthers Übersetzung). Der Grundbestand an Texten umfasst u. a. einen kurzen deutschsprachigen Traktat über die Benennung und Zubereitung des Steins der Weisen, der sich auf Thomas von Aquin als Hauptgewährsmann beruft. Unter mehreren kürzeren lateinischen Werken verdient ein bislang unbekannter Textzeuge der *Gloria mundi* des niederländischen Arztes Winandus de Rufo Clipeo (Winand vom Roten Schild) Erwähnung.

Einen Hauptanteil bildet indessen ein bislang nur in dieser Handschrift nachweisbarer Traktat, der hier sowohl als *Liber philosophorum* wie auch als *Lapidarius* (Steinbuch) betitelt wird. Beides ist insofern zutreffend, als hier zwei textuelle Komponenten miteinander verschränkt wurden. Der *Lapidarius* beschreibt die Alchemie der mineralischen Welt, besonders der Metalle. Der anonyme Verfasser tut dies mit intimer Kenntnis und in enger Anlehnung – kenntlich an der Kapitelfolge und zahlreichen Zitaten – an den *Liber mineralium* des Albertus Magnus (gest. 1280).

Der Dominikaner maß der Alchemie einen hohen Stellenwert bei, weil sie seiner Ansicht nach von allen Künsten bei der Nachahmung der Natur am weitesten kam. Obgleich ihm in der alchemischen Überlieferung zahlreiche einschlägige Pseudepigraphe beigelegt wurden, stammt von ihm kein einziges dezidiert alchemisches Werk und seine diesbezüglichen Ansichten sind im Wesentlichen in den metallurgischen Abschnitten des *Liber mineralium* niedergelegt, welcher einen großen Einfluss auf die spätmittelalterliche Alchemie ausübte. Für Albertus Magnus mussten naturkundliche Kenntnisse sowohl mit der Beobachtung wie auch mit der Autorität des Aristoteles übereinstimmen. Er wahrt gegenüber der Alchemie daher eine gewisse Skepsis, was die Transmutation „unedler" Metalle in Gold betrifft, da diese schlechterdings noch nicht gelungen sei. Distanziert zeigt er sich gegenüber den spezifischen literarischen Eigenheiten alchemischer Texte, kritisiert daran insbesondere Autoritätengläubigkeit, die Beweise nicht ersetzen könne, sowie die verschleiernde metaphorische Ausdrucksweise: „[…] plurimos inspexi libros alchimicos et inueni libros illos absque sigillo et probatione tantum expertis initi et celare intentionem eorum per verba metaphorica quod nunquam fuit consuetudo Philosophie" ([…] ich habe viele alchemische Bücher angesehen und fand diese Bücher ohne Siegel und Beweiskraft, allein sich auf Experten stützend und ihre Absicht unter sinnbildlichen Worten verbergend, Albertus Magnus: Liber Mineralium, Oppenheim: [Jakob Köbel] 1518, Bl. XLVIIIr [recte XLVIIr]). Genau diese Distanz gegenüber der Alchemie überbrückt der *Lapidarius* der Wolfenbütteler Handschrift, indem er die mineralogisch-metallurgischen Einsichten des Albertus Magnus in den Kontext der Transmutationsalchemie stellt.

Die zweite Schicht des Traktats besteht aus kurzen Texten und Bildern, die in gliedernder Funktion jeweils den Kapiteln des *Lapidarius* vorangestellt sind und den *Liber philosophorum* bilden, ohne dass sie mit dem *Lapidarius* in einen inneren Zusammenhang träten. Die hier wiedergegebenen alchemischen *Dicta* werden in einer Rubrik einer Autorität zugewiesen, die wiederum in einer beigefügten

Illustration abgebildet wird. Der gesamte Traktat enthält einen Zyklus von 29 in Deckfarbenmalerei ausgeführten Illuminationen und umfasst das Autorenporträt des anonymen Verfassers und Kompilators, 26 Autoritätenporträts sowie die allegorischen Figuren von *Masculus* und *Femina*, die den Zyklus abschließen. Die typisierten Autoritäten sind mit Ausnahme des Autorenbildes und des *Theoffolus*-Porträts, die Sitzfiguren beim Schreiben zeigen, immer als Halbfiguren dargestellt. An den teils bis zur Unkenntlichkeit verballhornten Namensformen lässt sich leicht die Herkunft von sechzehn der Autoritäten aus der *Turba philosophorum*, einem aus dem Arabischen übersetzen Grundtext der mittelalterlichen Alchemie erkennen (u. a. Eximeneus [Anaximenes], Pandulphus [Empedokles], Demokrit, Sokrates, Plato). Die *Turba*, die einen alchemischen Kongress griechischer Philosophen schildert, bildet auch die hauptsächliche Textquelle für die zitierten alchemischen *Dicta*. Die Lehre des Pandulphus etwa, „nullum corpus est preciosius sole et nulla structura fit absque sole et eius vmbra etc." [Kein Körper ist wertvoller als die Sonne [das Gold] und kein Aufbau ist möglich ohne die Sonne und ihren Schatten usw., 14r], hat ihre Vorlage in Sermo 21 der *Turba* und ist auch in der Quelle ein Wort des Pandulphus. Neben die griechischen Philosophen treten auch noch einige Autoritäten der arabischen und lateinischen Alchemie des Mittelalters wie Morienus, Albertus Magnus und Thomas von Aquin. Und schließlich werden auch gängige Werktitel wie *Aurea rosa* und *Lilium inter spinas* wie personale Autoritäten behandelt und porträtiert.

Ein Beispiel für Autoritätenbildnisse aus der frühen Neuzeit bietet das Titelblatt eines alchemischen Bandes unter der Signatur Cod. Guelf. 48.1 Aug. 4° (**Abb. 132**). Er enthält in der Hauptsache eine aus unterschiedlichen Quellen zusammengetragene Sammlung alchemischer Rezepte, die von einem eigenen Zwischentitelblatt eingeleitet wird („Ettliche herliche vnnd zum thaill Approbirte Particularia Alchimiae", fol. 56r). Mit der Wiedergabe des *Büchlin Theophrasti Paracelsi von dem Mercurio vnd Lapide Philosophorum*, eines fiktiven Briefs von Paracelsus über die Herstellung des Steins der Weisen, erweist sich der Kompilator als Alchemoparacelsist. Vorangestellt ist mit der lateinischen *Magia naturalis* eine ungedruckte alchemische Schrift des Lindauer Predigers Georg Necker (um 1523–1574). Necker spielte in der zweiten Hälfte des 16. Jahrhunderts eine führende Rolle in der Entwicklung der lutherischen Kirche in Lindau. Seine Tätigkeit als Verfasser und Übersetzer alchemischer Schriften ist bislang noch nicht gewürdigt worden. In mehreren Handschriften der Herzog August Bibliothek (Cod. Guelf. 18.13 Aug. 4°,

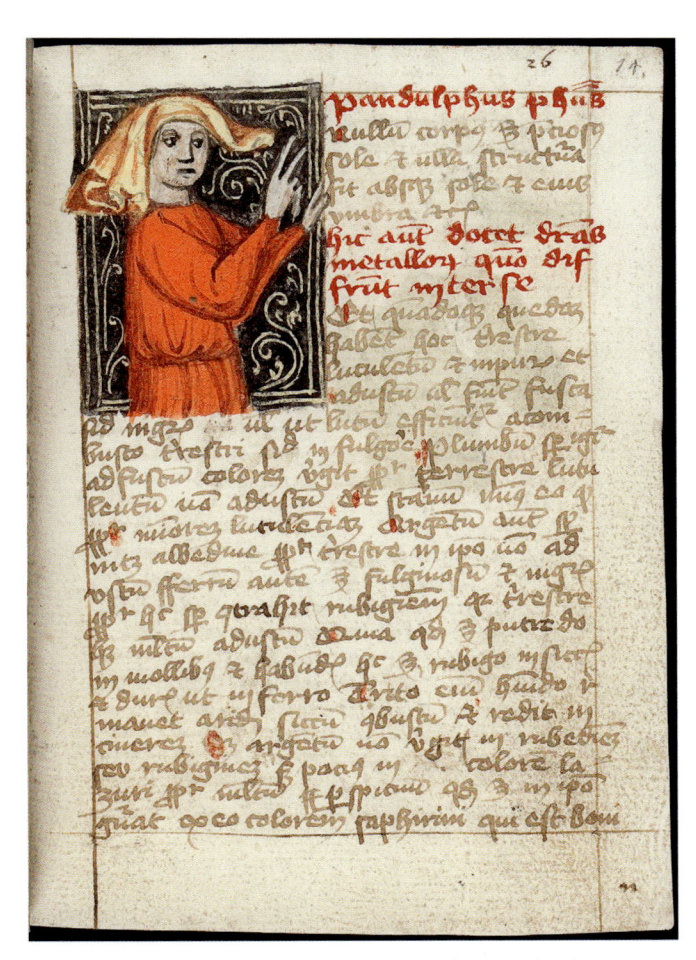

Abb. 131 = Kat. Nr. 30: Porträt des Empedokles (Pandulphus). HAB: Cod. Guelf. 80.4 Aug. 8°, fol. 14r

60.6 Aug. 8° und 284.1 Extrav.) sind diese z.T. in autographer Form überliefert. Sie gelangten nach Neckers Tod in den Besitz von dessen Adepten Damian Mattenhauser und wurden in den 1640er-Jahren von Herzog August für Wolfenbüttel erworben. Ob auch Cod. Guelf. 48.1 Aug. 4° aus dem Besitz von Mattenhauser stammt und in diesem gegebenenfalls der Kompilator der Rezeptsammlung zu erblicken wäre, steht vorläufig dahin.

Der Band ist nach Schrift und Ausstattung eine planvoll angelegte und von einer einzigen Hand angefertigte Reinschrift. Im Gegensatz zu den meisten alchemischen Handschriften im Wolfenbütteler Bestand ist der Buchblock mit einem hochwertigen, mit Blind- und Goldpressungen ornamentierten Ledereinband im Renaissancestil versehen. Zu dieser qualitätvollen Ausstattung ist auch das illuminierte Titelblatt zu rechnen. Es platziert den Gesamttitel „Ein Überauß Herlich vnnd niemahlen gesehen werck darinen daß Göttlich vnnd hohe geheimnuß

HERMES GEBER

Ein überauß
Herlich vnnd vor niemahl
en gesehen werck darinen
daß Göttlich vnnd hohe ge
heimnüß der ALCHIMIA
Kürtzlich vnnd warhaftig
begriffen

BERNHARTVS TEOPHRASTVS

Abb. 132 = Kat. Nr. 31: Alchemische Autoritäten. HAB: Cod. Guelf. 48.1 Aug. 4°, Titelblatt

der Alchimia Kürtzlich vnnd warhaftig begriffen" in einer die Frakturtype von Drucken nachahmenden und mit Goldhöhungen verzierten Schrift in ein zentrales Medaillon, das von einem gelb lavierten Ring umrandet wird. In den vier Ecken außerhalb des Medaillons sind als farbige Ganzfiguren in halbliegender Haltung vier alchemische Autoritäten abgebildet, während oberhalb und unterhalb mittig Sonne und Mond zu sehen sind. Die vier Autoritäten sind in goldenen Beischriften bezeichnet. Mit *Hermes* erscheint links oben die mythische Gründergestalt der Alchemie Hermes Trismegistos, der angebliche Verfasser der hermetischen Schriften des Altertums. Die Reihe wird programmatisch rechts oben mit Geber als Hauptvertreter der arabischen Alchemie fortgesetzt, auch wenn es sich bei den viel rezipierten lateinischen Schriften des Geber-Corpus in Wahrheit nicht um Übersetzungen aus dem Arabischen, sondern um Originalwerke handelt, die keinen unmittelbaren Zusammenhang mit den arabischen Schriften bilden, die Ǧābir ibn Ḥaiyān zugeschrieben wurden (vgl. **Kat. Nr. 16**). Mit der unten links platzierten und als *Bernhartus* bezeichneten Figur ist Bernhardus Trevisanus, ein biographisch kaum fassbarer Alchemist wohl des 14. Jahrhunderts gemeint, dessen Schriften sich bis weit in die frühe Neuzeit großer Beliebtheit erfreuten und der hier die europäische Alchemie des Mittelalters repräsentiert. Die Reihe wird unten rechts mit Theophrastus abgeschlossen, wobei diese Nennung mehrere Deutungen zulässt. Auch wenn ihm zugeschriebene Texte in der Handschrift enthalten sind, dürfte wohl nicht Theophrast von Hohenheim gen. Paracelsus gemeint sein. Als Verfasser eines alchemischen Gedichts über den *Ouroboros* gilt der ins 8. Jahrhundert zu datierende Byzantiner Theophrastos. Näherliegend aber als dieser abseitige Autor ist der Aristoteles-Schüler Theophrastos von Eresos. Er galt in der frühen Neuzeit aufgrund seiner botanischen Schriften neben Galen als heilkundliche Autorität, so dass in der Programmatik des Titelblattes die Alchemie auch unter einem medizinisch-pharmazeutischen Gesichtspunkt gesehen wird.

Literatur:
Baldwin 1998; Eco 1992, S. 104; Goltz/Telle/Vermeer 1977, S. 7 f.; Kibre 1980; Klein 1937; Kühlmann/Telle 2013, S. 252–265 (Nr. 105); Miethke 1980; Ruska 1931; Schütt 2000, S. 154–156; Schulze 1970, S. 163–187; Telle 1999a; Yates 1979.

32 Alchemische Rezepte in Geheimschrift

Papier, 53 Bl., 15 × 10 cm, 2. Hälfte 16. Jh.
HAB: Cod. Guelf. 1080 Novi

Aufgeschlagen: 7v/8r (**Abb. 133**)

Zu den hervorstechendsten Merkmalen der Arkandisziplin Alchemie gehört die sprachliche Verdunkelung ihrer Lehrinhalte. Beim Gebrauch arkansprachlicher Mittel wie Decknamen, Symbolen und Allegorien sind freilich mehrere Absichten zu unterscheiden: Vordergründig diente eine gesuchte *obscuritas* dazu, alchemische Kenntnisse vor Uneingeweihten oder Betrügern zu schützen. In einem tieferen Sinne jedoch korrespondiert die Komplexität der sprachlichen Mittel mit der Tiefe der in der Alchemie sich enthüllenden Geheimnisse der Natur. Neben die Arkansprache tritt schon seit den Anfangszeiten der Alchemie die Kryptographie als Mittel der Verschlüsselung. Bei ihr steht der Schutz und die Monopolisierung des Wissens – etwa um die Gewinn verheißende Herstellung von Edelmetallen und Universalarzneien – eindeutig im Vordergrund. Grundsätzlich ist jedoch die Chiffrierung von Text in Handschriften ganz unterschiedlichen Inhalts nichts Ungewöhnliches und folgt wohl im Allgemeinen einem spielerischen Impetus der Texturheber.

Schon eine der ältesten deutschsprachigen alchemischen Handschriften, die *Alchymey teuczsch* (Heidelberg, Universitätsbibliothek, Cod. Pal. germ. 597) aus dem ersten Drittel des 15. Jahrhunderts, wurde z.T. in Geheimschrift aufgezeichnet. Das Verschlüsselungssystem ist simpel: Jeder Buchstabe des lateinischen Alphabets wird durch ein Zeichen ersetzt. Immerhin wurden zwei verschiedene Zeichenreihen verwendet, die auch untereinander vermischt wurden und so einen höheren Schwierigkeitsgrad für die Dechiffrierung boten. An weiteren Vorbildern mangelte es frühneuzeitlichen Alchemisten nicht. Johannes Trithemius etwa, der im sechsten Buch seiner *Polygraphia* mehrere Zeichenalphabete abbildet, gibt auch ein von einem Adepten zum Schutze seiner Herrin Alchimia gebildetes Alphabet wieder (Johannes Trithemius: Polygraphiae Libri Sex, [Basel:] Johannes Haselberg 1518) (**Abb. 134**).

Ein weiteres, bislang unbeachtetes Beispiel für ein geheimschriftlich verschlüsseltes alchemisches Rezeptbuch bietet der Wolfenbütteler Cod. Guelf. 1080 Novi, der wohl im späteren 16. Jahrhundert von einem einzigen Schreiber geschrieben wurde. Der Band, wie er sich uns heute darstellt, ist ein Fragment. Vom ursprünglichen Kodex fehlen der zeitgenössischen Paginierung zufolge am Anfang 135 Blatt und ein unbezifferbarer Rest am Ende, nachdem der Text auf der letzten vorhandenen Seite mitten im Satz abbricht. Über den Urheber wissen wir nichts, außer dass er sich durchgehend in der Ihr-Anrede an einen Adressaten wendet, einen Adepten, Freund oder Geliebten, dem er eine Einführung in die alchemische Praxis schreibt: „hertzliebester schatz, suestes lieb, ir mueßet auch wießen wie man die metall und andere sachen sampt [sic] den gewichten schreibt als soll [sic] ist die sonne bedeut das golt […]" (fol. 30v). Nur einmal beruft er sich für eine Operation auf einen namentlich nicht genannten Weihbischof von Freising als Gewährsmann, ohne dass dies weitreichende Schlüsse über seine Identität erlauben würde.

Das von dem Urheber der Handschrift angewandte und vielleicht auch erdachte Geheimalphabet folgt dem schlichten Chiffrierungssystem, nach dem jeder Buchstabe des lateinischen Alphabets durch ein Zeichen ersetzt wird. Es verfügt über Minuskeln für den Fließtext und Versalien für die Überschriften. Der Zeichenvorrat dieses Geheimalphabets besteht aus griechischen Buchstaben, arabischen Ziffern, einfachen geometrischen Formen und solchen frei erfundenen Zeichen, die von Runen und konventionellen alchemischen Symbolen (wie den Planetenzeichen) inspiriert zu sein scheinen. Die Auflösung gestaltet sich relativ einfach und wird nur bei den Überschriften durch eine Mischung von Minuskelformen und Versalien ein wenig erschwert. Schon ein Leser des 16. oder 17. Jahrhunderts hat an zwei Stellen (fol. 14v und 18v) die chiffrierten Überschriften auf dem Blattrand in Klartext übertragen.

Nach inhaltlichen Kriterien kann man das Fragment in zwei Teile gliedern, deren erster überwiegend in Geheimschrift aufgezeichnet wurde, die absatzweise in Klartext übergeht, während die zweite Hälfte fast ausschließlich Klartext enthält und nur noch an einer Stelle in Geheimschrift übergeht. An wenigen Stellen sind die für die beschriebenen Operationen notwendigen Aufbauten der Laborgeräte durch kleine, sorgfältige und teilweise auch farbig lavierte Federzeichnungen verdeutlicht. Auch die Texte selbst sind von rein pragmatisch-laborantischem Charakter. Die Operationen im ersten Teil sind überwiegend der Transmutationsalchemie zuzurechnen, darunter „eine warhaftige kunst, wie man sol quecksilber [zu] golt und silber machen" (fol. 18v). Es folgt eine kurze grundlegende Erklärung alchemischer Zeichen, Begriffe und Gewichte, während der gesamte Rest der Handschrift einen eher chemiatrischen Schwerpunkt hat. Beschrieben werden grundlegende alchemische Operationen wie Kalzination und Sublimation verschiedener Ausgangsstoffe bzw.

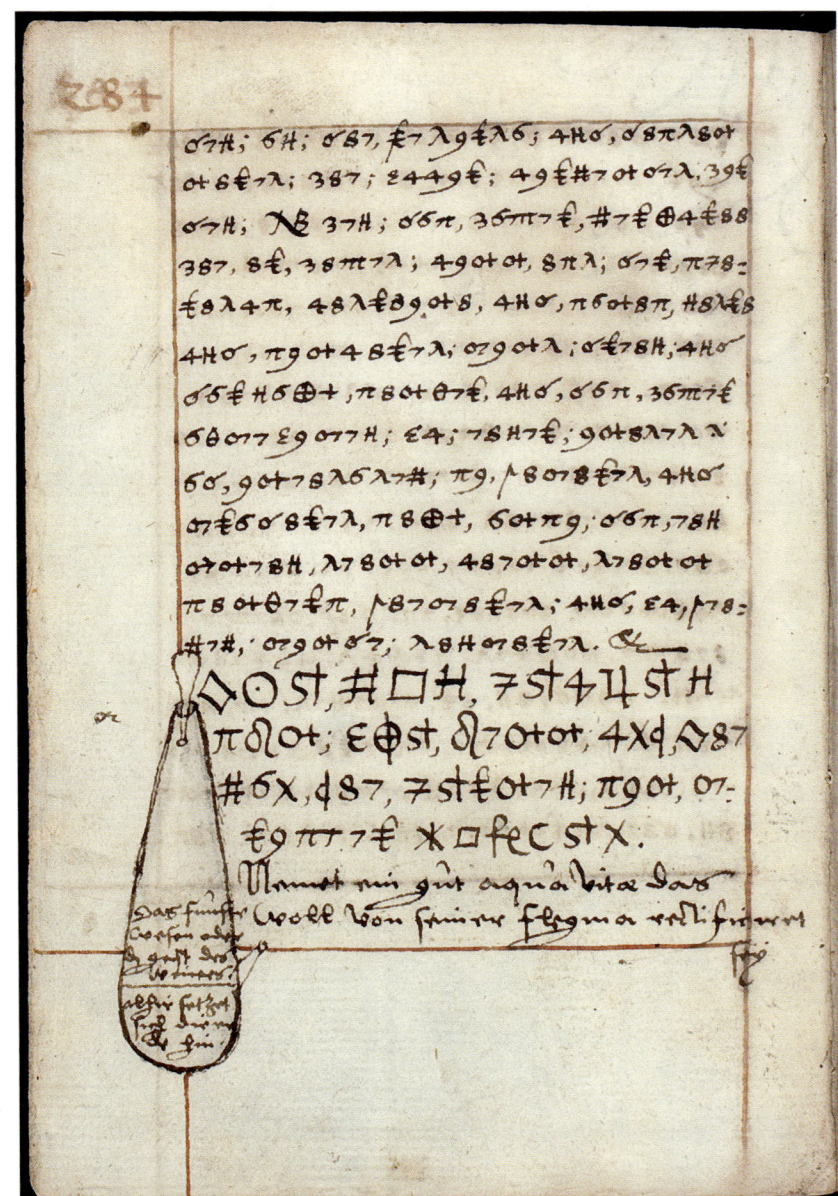

Katalog: Bild und Text in alchemischen Handschriften

Abb. 133 = Kat. Nr. 32: Alchemische Rezepte in Geheimschrift. Die Seite beginnt oben in Geheimschrift mit dem Schlussteil eines Rezeptes für „Oel von quecksilber", Z. 1– 2 in Klartext transkribiert: „[setzet sie] | den an die retorta und distilliret wie zuvor vormeldet worden […]" Der Schluss des Rezeptes lautet in Klartext (Z. 10 –13): „[…] gradiret sich also, das ein klein teill viell teill silbers fiegiret und zu feimem (sic) golde tingiret." Es folgt dann im unteren Drittel der Seite in Majuskeln die Überschrift eines neuen Rezeptes (Z. 14 –17): „Wie man perlen sol zue oell und wie man die perlen sol grosser machen." Das Rezept selbst ist in Klartext geschrieben (Z. 18 –19): „Nemet ein gut aqua vitae das woll von seiner flegma rectificiret sey".
HAB: Cod. Guelf. 1080 Novi, fol. 7v

die Herstellung von „Ölen" aus diesen Ausgangsstoffen. Im Anschluss wird jeweils die therapeutische Anwendung erklärt.

Bezieht man den Gebrauch der Geheimschrift und die inhaltlichen Akzente aufeinander, dann fällt auf, dass ganz offensichtlich weniger die medizinisch relevanten als vielmehr die transmutatorischen Anteile des Rezeptars der Geheimhaltungspolitik des Schreibers unterlagen.

Literatur:

Bischoff 1981; Eis 1965; Eis 1982; Telle 1978, S. 210 – 212; Wattenbach 1869.

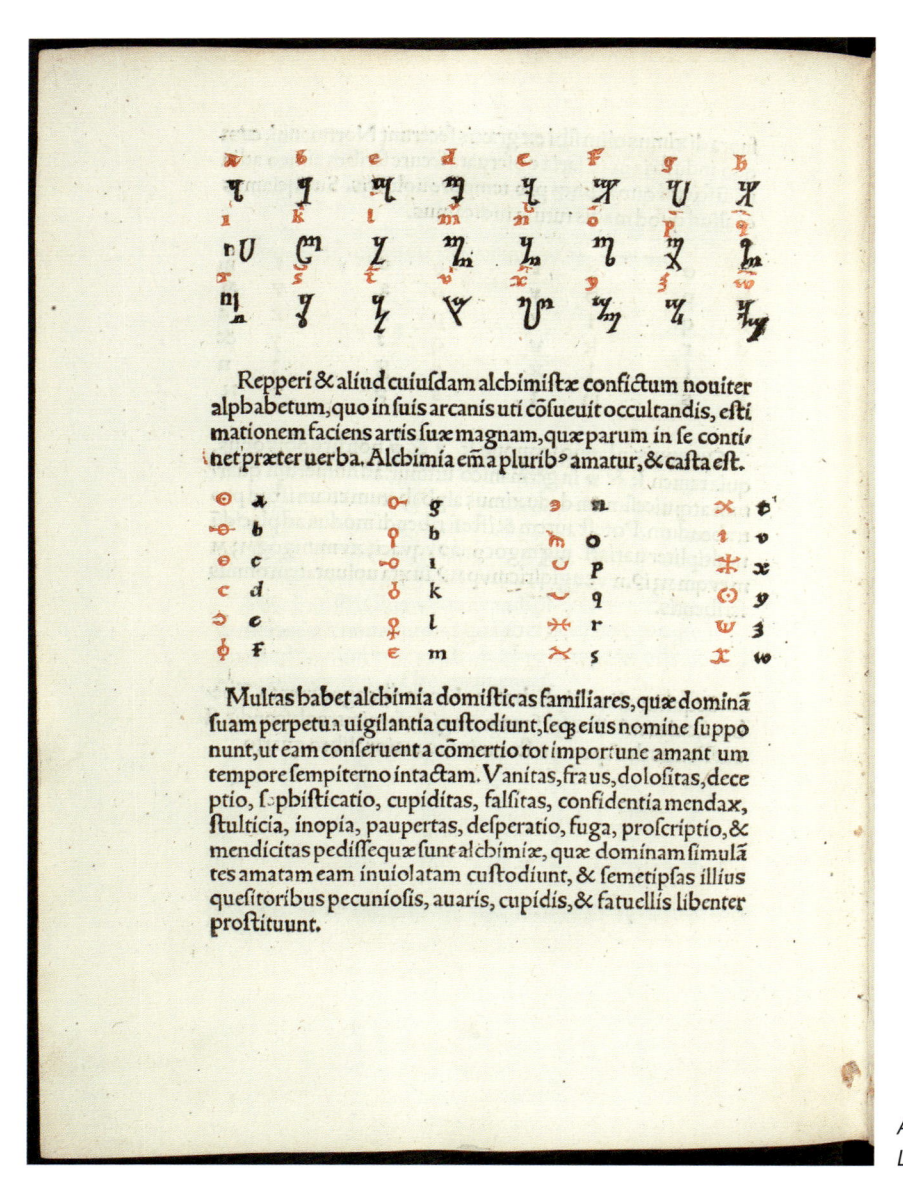

Repperi & aliud cuiusdam alchimistæ confictum nouiter alphabetum, quo in suis arcanis uti cōsueuit occultandis, estimationem faciens artis suæ magnam, quæ parum in se continet præter uerba. Alchimia eīm a pluribꝰ amatur, & casta est.

Multas habet alchimia domisticas familiares, quæ dominā suam perpetua uigilantia custodiunt, seqꝫ eius nomine supponunt, ut eam conseruent a cōmertio tot importune amantum tempore sempiterno intactam. Vanitas, fraus, dolositas, deceptio, sophisticatio, cupiditas, falsitas, confidentia mendax, stulticia, inopia, paupertas, desperatio, fuga, proscriptio, & mendicitas pedissequæ sunt alchimiæ, quæ dominam simulātes amatam eam inuiolatam custodiunt, & semetipsas illius quesitoribus pecuniosis, auaris, cupidis, & fatuellis libenter prostituunt.

Abb. 134: Johannes Trithemius: Polygraphiae Libri Sex, 1518, [Bl. q5v]. HAB: Fb 128

Im alchemischen Laboratorium

Petra Feuerstein-Herz

Auch wenn heute – nicht zuletzt dank des reichen allegorischen Bildvorrats in der medialen Überlieferung – besonders die spirituelle Seite der Alchemie große Aufmerksamkeit findet, darf nicht in den Hintergrund geraten, dass praktisch-chemisches Handeln stets damit in Verbindung stand. Der dritte Teil der Ausstellung widmet sich daher dem Arbeitsraum des Alchemikers, dem alchemischen Laboratorium, von dem seit jeher vielfältige Vorstellungen und Bilder existieren. Nur ganz wenige Stätten sind real erhalten, solche, die man etwa durch archäologische Ausgrabungen rekonstruieren konnte. Umso wertvoller sind die reichen Überreste eines Labors aus dem 16. Jahrhundert, die in den 1980er Jahren in Oberstockstall, Niederösterreich ausgegraben und wissenschaftlich ausgewertet wurden (Osten 1998, Soukup/Mayer 1997).

Zu den ältesten Orten, an denen alchemisches Wissen gehütet und ausgeübt wurde, gehörten die Werkstätten der Priesterschaft im spätantiken Ägypten. Auch im Bergbau und bei der Herstellung von Arzneien fanden alchemische Praktiken schon seit der Antike Eingang. Die ersten Räume für alchemische Operationen im westlichen Europa sind in den Klöstern des Spätmittelalters zu suchen, wenngleich das bekannte Bild aus Heinrich Khunraths *Amphitheatrum Sapientiae Aeternae* (vgl. **Kat. Nr. 20**) mit seiner Allegorisierung von Oratorium und Laboratorium (**Abb. 95**) keineswegs als Wiedergabe der realen Arbeitssituation etwa einer spirituellen Alchemie im Kloster betrachtet werden kann. Neben der Klosteralchemie waren seit dem Spätmittelalter die den Bergwerken angeschlossenen Probierstuben sowie die von der Klostermedizin ausgehenden Apotheken bei der Herausbildung der alchemischen Labortechnik von Bedeutung (**Kat. Nr. 61**). Im Laufe der frühen Neuzeit bildeten die europäischen Fürstenhöfe Zentren der Alchemie, vielerorts – wie beispielsweise im Wolfenbütteler Schloss – wurden kleinere und bisweilen auch sehr stattliche Laboratorien eingerichtet. Schließlich entwickelte sich in den aufstrebenden Städten ein medizinisch und auch technologisch orientiertes Unternehmertum, das alchemische Methoden, etwa in der Glas- und Porzellanherstellung, nutzte und Laboratorien unterhielt (**Kat. Nr. 56–59**). Der bekannte Arzt und Alchemiker Andreas Libavius veröffentlichte um 1600 detaillierte Entwürfe für ein städtisches Laborhaus (vgl. Beitrag Dachrodt). Im 17. Jahrhundert kamen dann auch an den Universitäten chemische Laboratorien auf. Das erste dieser Art bestand an der Universität Marburg, die mit der Gründung des ersten Lehrstuhls für Chymiatrie in einem alten Brauhaus ein Labor einrichtete (**Kat. Nr. 62**).

Das *typische* Labor des Alchemikers gab es also nicht, oftmals handelte es sich wohl eher um improvisierte Räume und Arbeitsecken. Die Forschung diskutiert heute in diesem Kontext auch die terminologische Unterscheidung der Begriffe des naturkundlichen Laboratoriums und des naturwissenschaftlichen Labors (Frietsch 2013, S. 297). Demnach hat sich mit dem ausgehenden 16. Jahrhundert die Kultur des definierten Arbeitsortes mit eigenem Raum oder sogar Gebäude und mit festem Gerätebestand herauszubilden begonnen.

Zur Grundausstattung eines alchemischen Laboratoriums gehörten Öfen, da Schmelze, Erwärmen und Erhitzen von Substanzen die wichtigsten Methoden im Repertoire der alchemischen Operationen bildeten. Kaum weniger bedeutend waren Destillierapparaturen und die dazu gehörenden Gerätschaften. Einige ausgewählte Stücke werden die Vielzahl der Geräte – Scheidebecher, Töpfe, Kupellen, Gießkelche und Tropftrichter, Tiegelzangen, Rührlöffel und Spachtel, Behältnissen aus unterschiedlichsten Materialien und in verschiedensten Formen – in der Ausstellung repräsentieren.

Bilder des frühneuzeitlichen alchemischen Laboratoriums sind in großer Zahl bekannt, im frühen Buchdruck etwa die Laborszene in Sebastian Brants *Narrenschiff* (**Abb. 179**) und Francesco Petrarcas *De remediis utriusque fortunae* (Erstausgabe 1492) (**Abb. 40**). Beispielhaft für die niederländische Malerei (vgl. Beitrag Dupré), in der sich ein eigenes Genre zu diesem Thema herausbildete – bekannte Vertreter sind Jan van der Straet (1523–1605) und David Teniers (1610–1690) – wird Tho-

Abb. 135: Thomas Wyck (ca. 1620–1677): Das Studierzimmer eines Alchemisten, o. J., Eichenholz, 47,9 x 39,3 cm. Gemäldegalerie Alte Meister, Museumslandschaft Hessen Kassel

mas Wycks (ca. 1620–1677) *Studierzimmer eines Alchemisten* (**Abb. 135**) gezeigt. In den bildlichen Darstellungen alchemischer Laboratorien waren diese häufig als verborgene Orte in Kellern oder sonst in ihrem dunklen Geheimnis mit einem Wirrwarr von Büchern, Geräten und Behältnissen symbolisch überformt. Der Adept steht im Licht, ihm allein ist es vergönnt, Erkenntnis im arkanen Geheimnis zu gewinnen, Ordnung aus dem verschlüsselten Mysterium der innersten Natur zu schaffen.

Literatur:
Frietsch 2013, S. 285–303; Hannaway 1986; Osten 1998; Principe 1998c; Schütt 2000, S. 297–307; Soukup/Mayer 1997.

Bücherwissen im Labor

Schriftlich fixiertes Wissen in Form von handschriftlichen Aufzeichnungen und Büchern gehörte nicht nur zu den medialen Wissensträgern der Alchemie, sondern auch zu den festen Bestandteilen des alchemischen Laboratoriums der frühen Neuzeit. Das zeigen uns beinahe alle bildlichen Darstellungen des Labors (**Abb. 136**), ob sie ein reales Abbild der Arbeitsinstrumentarien anstreben oder die Alchemie in ihrer naturmystischen und theologischen Spiritualität symbolisch veranschaulichen wollen.

Freilich erhebt sich aus heutiger Sicht eine merkwürdige Ambivalenz zwischen dem einerseits klaren Gebot der Geheimhaltung alchemischen Wissens und zugleich dessen schriftlicher Fixierung, die stets mit öffentlicher Preisgabe und Vermittlung verbunden ist. Wie wir wissen, bemühten sich die Autoren der alchemischen Fachliteratur in vielgestaltigen Praktiken von Verschlüsselung und symbolischer Darstellung dieser Diskrepanz Herr zu werden. Gleichwohl bleibt die Frage nach der Funktion der alchemischen Traktate im Labor, wenn sie doch verschlüsselt und damit nicht ohne Weiteres verständlich geschrieben waren. In der Ausstellung werden einige repräsentative Beispiele für typische Gattungen dieser von den Alchemikern im Labor genutzten Werke präsentiert. Als materielle Objekte können sie auch Aufschlüsse darüber vermitteln, in welcher Form der Alchemiker mit den Büchern im Labor gearbeitet hat.

Das Wissen der alten Autoritäten nahm in der europäischen Alchemie von jeher einen hohen Rang ein. Vor allem die in Handschriften und später gedruckt überlieferten Kenntnisse der antiken griechisch-ägyptischen und der arabischen Alchemie spielten nicht nur in den naturphilosophischen Diskussionen seit dem Spätmittelalter, sondern besonders auch in der praktischen Alchemie eine zentrale Rolle. Zu den wertvollsten Zeugnissen zählte man die Schriften, die man dem sagenhaften Begründer der Alchemie, Hermes Trismegistos (Hermes der Dreimal-Größte), zuschrieb, dazu gehörten u. a. das *Corpus Hermeticum*, das im 2./3. Jahrhundert entstanden sein soll und aus 18 Texten besteht, sowie die geheimnisvolle *Tabula Smaragdina* (vgl. **Kat. Nr. 15**). Auch die Werke des arabischen Autors Ğābir ibn Ḥayyān und des persischen Arztes Rhazes (um 854–925/35) hatten in der europäischen Alchemie seit dem Mittelalter Gewicht. Die Alchemie war in Europa bis nach 1100 weitgehend unbekannt. Mit ersten Übersetzungen arabischer Texte in das Lateinische, wozu etwa Ğābirs Schriften, übersetzt in der Schule Gerhards von Cremona, gehörten, gelangten dann Kenntnisse zur Mineralogie, Farbenherstellung, Destillation und Transmutationsalchemie nach Europa. Die frühesten heute bekannten Zeugen eines deutschsprachigen alchemischen Schrifttums liegen aus dem 14. Jahrhundert mit Übersetzungen von lateinischen Übertragungen der arabischen Alchemie vor (*Tabula chemica* des Senior Zadith [10. Jahrhundert], Cod. Vindob. 2372 Österreichische Nationalbibliothek Wien [Barke, S. 63]).

Wir können, nicht zuletzt auch aufgrund von Benutzungsspuren, ein relativ breites Korpus von „Labor"-Büchern identifizieren: Neben den Werken der alten Autoritäten waren es praktische Werke wie Probier- und Destillierbücher, Kunstbüchlein, die Rezepturen von Substanzen für bestimmte künstlerische Zwecke boten, Rezeptbücher und Werke von alchemischen Schriftstellern, die Herstellungsanleitungen für den *Lapis philosophorum*, das *Opus magnum*, die Metalltransmutation und Lebenselixire enthielten. Weitere Gattungen waren alchemische Lexika wie Martin Rulands *Lexicon Alchemiae* und erste Lehrwerke, die sich bemühten, ein didaktisches Konzept in der Präsentation der Inhalte umzusetzen. Offen bleibt die Frage, ob und inwieweit auch die zahlreichen literarischen Werke – Lehr- und Spruchdichtungen, Florilegien und die in der frühen Neuzeit mit großen verlegerischen Erfolgen publizierten emblematischen Werke wie etwa Michael Maiers berühmte *Atalanta Fugiens* (**Kat. Nr. 13**) – Eingang in den Laboralltag gefunden haben könnten.

Literatur:
Barke 1991; Eis 1965; Newman 1998; Nummedal 2011; Schütt 2000, S. 296–300.

TRIPVS AVREVS,

Hoc est,

TRES TRACTATVS
CHYMICI SELECTISSIMI,

Nempe

I. BASILII VALENTINI, BENEDICTINI ORDInis monachi, Germani, PRACTICA vna cum 12. clauibus & appendice, ex Germanico;

II. THOMÆ NORTONI, ANGLI PHILOSOPHI CREDE MIHI seu ORDINALE, ante annos 140. ab authore scriptum, nunc ex Anglicano manuscripto in Latinum translatum, phrasi cuiusque authoris vt & sententia retenta;

III. CREMERI CVIVSDAM ABBATIS WESTmonasteriensis Angli Testamentum, hactenus nondum publicatum, nunc in diuersarum nationum gratiam editi, & figuris cupro affabre incisis ornati operâ & studio

MICHAELIS MAIERI Phil. & Med. D. Com. P. &c.

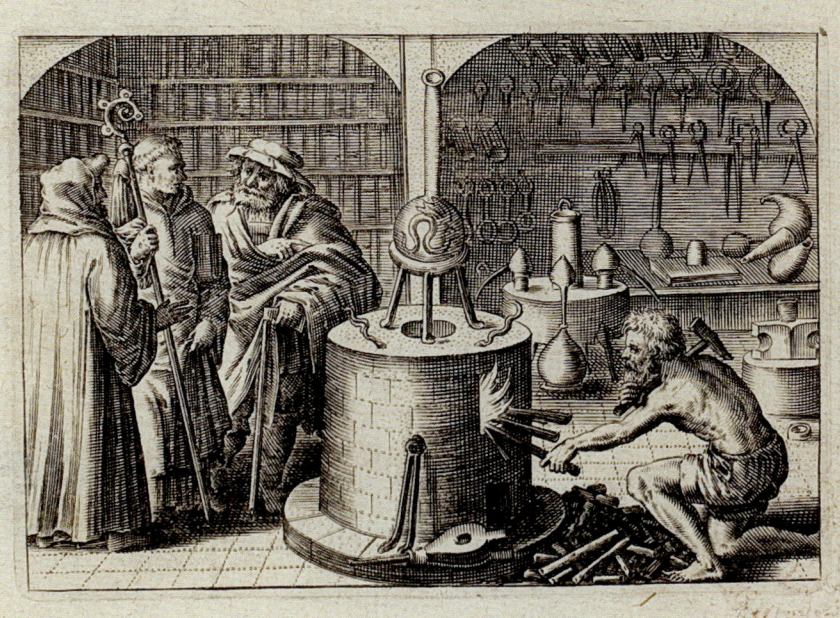

FRANCOFVRTI
Ex Chalcographia Pauli Iacobi, impensis LVCÆ IENNIS.
Anno M.DC.XVIII.

Abb. 136: Bibliothek und Laboratorium, in: Michael Maier: Tripus Aureus, Frankfurt a. M. 1618, Titelblatt. HAB: 218 Quod. (1)

33 Das Wissen der Alten

Geber: Das buoch [...] vonn der verborgenheyt der Alchimia, Straßburg: Grüninger 1515.
HAB: 47 Phys. 2°

Aufgeschlagen: Titelblatt und vorderer Innendeckel mit handschriftlichen Rezepten (**Abb. 137**)

Zu den Büchern, die im Laboratorium des Alchemikers der frühen Neuzeit mit Sicherheit zu finden waren, zählten die Schriften des *Corpus Gabirianum* und *Geber latinus* (vgl. dazu auch **Kat. Nr. 16**), deren Überlieferungsgeschichte wichtige Einblicke in die Tradierung der arabischen in die mittelalterliche europäische Alchemie gewährt. So lässt sich nachweisen (Newman 1998, S. 26 f.), dass die im *Corpus Gabirianum* propagierte fraktionierte Destillation, mittels welcher Einzelsubstanzen aus Flüssigkeitsgemischen isoliert werden können, in der abendländischen Alchemie u. a. von Johannes de Rupescissa und Raimundus Lullus übernommen wurden und sehr einflussreich waren.

Mit großer Sicherheit kann man als „echtes" Werk des Geber latinus in Abgrenzung zum *Corpus Gabirianum* die *Summa perfectionis magisterii* [Die höchste Vollendung des Meisterwerks] bezeichnen. Sie gilt zugleich als sein frühestes und bedeutendstes Werk. Die *Summa* ist aller Wahrscheinlichkeit nach Ende des 13. Jahrhunderts verfasst worden. Sie will – wie auch der Titel ankündigt und der Autor in den einleitenden Zeilen ausführt – eine Zusammenfassung der „ars alchemiae" insgesamt geben. Auch einige Korrekturen kündigt der Autor an. Zentral ist dabei für ihn das Abweichen von der weithin gültigen Quecksilber-Schwefel-Theorie. Der *Mercurius*, so Geber, sei von Natur aus „lauter und rein" und würde durch die Zugabe von *Sulphur* eine „neue verderbte gestalt" erhalten (Bl. LXVv – LVIr). In seinen Augen sei vielmehr das Quecksilber die eigentliche Grundlage der Metalle und Schwefel stelle eine Verunreinigung dar, von der das Metall bei den Transmutationsprozessen gereinigt werden müsse.

Die erste gedruckte Ausgabe der *Summa* erschien noch in der Inkunabelzeit in Italien in lateinischer Sprache (Rom um 1486, GW 10566). Hier gezeigt wird eines der heute ganz seltenen Exemplare der ersten deutschen Übersetzung. Herzog August hat es antiquarisch in der Mitte des 17. Jahrhunderts für seine Bibliothek erworben. Das Exemplar scheint ebenso wie das Lehrbuch von Libavius (**Kat. Nr. 34**) direkt im Laboratorium benutzt worden zu sein. Das zeigen uns die starken Gebrauchsspuren und handschriftlichen Anmerkungen. Notiert sind beispielsweise in den Innendeckeln Rezepturen zur Kupfertransmutation und „rot erden zu machen".

Literatur:
Darmstaedter 1922; Newman 1991, 1998; Schütt 2000, S. 181–191, S. 323–337; Ullmann 1978.

Abb. 137 = Kat. Nr. 33: Geber: Das buoch […] vonn der verborgenheyt der Alchimia, Straßburg 1515, Innendeckel und Titelblatt. HAB: 47 Phys. 2°

34 *Alchymistische Practic*

Andreas Libavius: Alchymistische Practic: Das ist/ Von künstlicher Zubereytung der vornembsten Chymischen Medicinen, Frankfurt am Main: Saur 1603.
HAB: Xb 4819

Aufgeschlagen: Titelblatt und vorderer Innendeckel (**Abb. 138**)

Die unübersehbaren Spuren am Einband und im Buchblock – verbrannte Blattteile, Flecken unterschiedlichster Form und Farben auf dem Papier – an diesem in der Herzog August Bibliothek vorhandenen Exemplar der *Alchymistischen Practic* von Andreas Libavius (1555–1616) verdeutlichen sehr anschaulich, dass das Buch sich unmittelbar im Laboratorium eines Alchemikers befunden haben muss und von ihm auch benutzt wurde. Die handschriftlichen Einträge vor allem im vorderen Innendeckel, die nur schwer lesbar sind und teils aus unverständlichen Zeichenfolgen bestehen, teils zeittypische Mengenangaben von chemischen und pharmazeutischen Rezepturen darstellen, untermauern dies. In das von Chemikalien oder durch andere Einflüsse strapazierte Pergament des Einbands hat einer der Benutzer Namen und Datum eingeritzt: „IOHANNES WB ANNO 1660".

Die *Alchymistische Practic* basiert auf Libavius' sehr bekannt gewordener *Alchemia* (vgl. **Kat. Nr. 9**), die erstmals 1597 erschien und mit welcher heute der Beginn der chemischen Lehrbuchtradition markiert wird (Müller-Jahncke, S. 222). Auch diese erste deutschsprachige Fassung, die erheblich von der lateinischen Erstausgabe abweicht, ist didaktisch aufgebaut, indem methodisches Wissen zusammengefasst wird und Instrumente in ihrem Aufbau und ihrer Funktion erklärt werden. Im Mittelpunkt stehen Destillationsverfahren und die Herstellung arzneilich wirksamer Substanzen. Bei den Rezepturen und Herstellungsverfahren gibt Libavius seine Nähe zur paracelsischen Medizin zu erkennen.

Kritisch oder sogar ablehnend stand er hingegen den spirituellen Aspekten der paracelsischen Naturphilosophie und der magischen Seite der Alchemie seiner Zeit gegenüber. Das verdeutlicht besonders seine klare Ausdrucksweise, die nach eindeutigen Erklärungen strebt und die Rezepturen und alchemischen Methoden weitgehend ohne undurchsichtige Verschlüsselungen darstellt. Eine Textprobe zum Sublimieren von Schwefel:

> „Sublimiren heißt und ist nichts anders/ denn das subtile geistliche/ flüchtige und reine von dem groben/ Irrdischen Corporalischen und unreinen [...] scheiden. [...] Nimm gut Ungerisch Kupferwasser/ ein pfundt/ darunter Vermisch ein pfundt fein gelben Schwefel/ alles gar klein zu eim Pulver gestossen/ thue es zusammen in ein starcken Waldenburgischen Kolben/ setz ein feinen [...] Helm darauf/ verschmir die Fugen mit eim guten Leim." (S. 103).

Die *Alchymistische Practic* war als ein praktisches Anleitungsbuch nicht nur für den eingeweihten Adepten, sondern für breitere Volkskreise gedacht. Es wurde deshalb auch zunächst in deutscher Sprache publiziert. Die Schriftengattung der *Practic* war seit dem 15. Jahrhundert bekannt für Anhänge zu Kalendern mit Wetterregeln, astrologischen und anderen Prophezeiungen. Später wurde sie üblich für Literaturgattungen unterer Volksschichten.

Literatur:
Friedrich/Müller-Jahncke 2005, S. 298–300; Moran 2007; Müller-Jahncke 1998a.

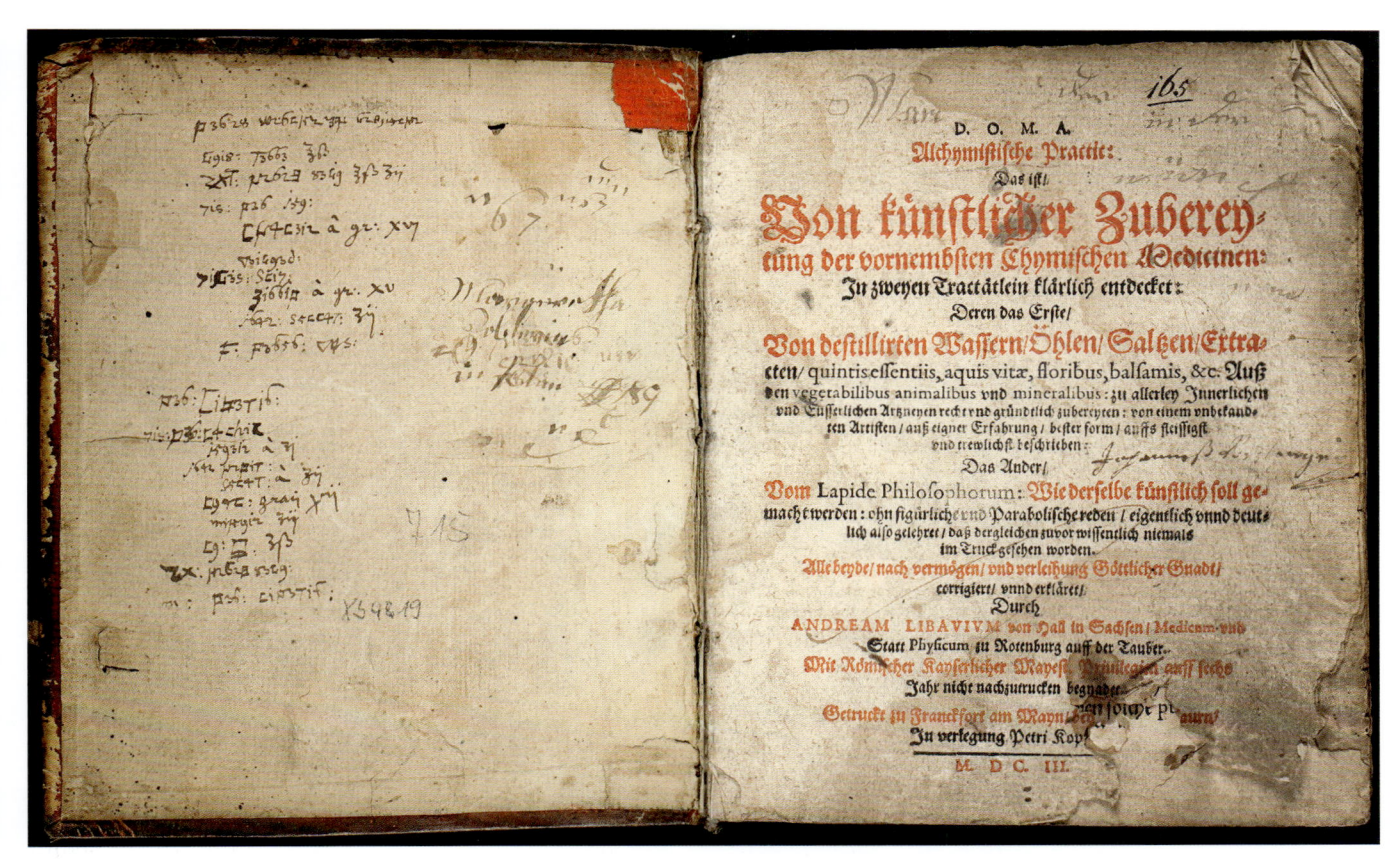

Abb. 138 = Kat. Nr. 34: Andreas Libavius: Alchymistische Practic, Frankfurt a. M. 1603, Innendeckel und Titelblatt. HAB: Xb 4819

35 Bücher zum Probieren

Probier Büchlein auff Gold/ Silber/ Ertz und Metall/ mit viel köstlichen Alchimistischen Künsten, Frankfurt am Main: Steinmeyer, Latomus 1608.
HAB: Xb 1648

Aufgeschlagen: Titelblatt und vorderer Innendeckel mit handschriftlichen Einträgen (**Abb. 139**)

„Probieren geht über Studieren" – diese alt bekannte Redensart kann direkt auf die alchemische Praxis zurückgeführt werden. Die Probierer arbeiteten im Berg-, Hütten- und Münzwesen. Zu ihren Aufgaben gehörte die Bestimmung des Feingehalts an Edelmetallen von Erzen und Legierungen, also deren Gehalt von Gold, Silber, Kupfer, auch Quecksilber, Eisen und Blei. So wie diese Probierkunst von grundlegender Bedeutung für den wirtschaftlichen Erfolg eines Unternehmens war, spielte sie auch im alchemischen Laboratorium im Laufe der Transmutationsversuche und -prozeduren eine entscheidende Rolle.

Die namhaften Bergbücher der frühen Neuzeit, von Biringuccio, Agricola und Ercker, widmeten dem Probieren umfangreiche Abschnitte und wiesen direkt auf den engen Kontext zur Alchemie hin. „Das Probiren ist gar eine herrliche alte nützliche Kunst/ etwa vor gar langer Zeiten/ durch die Alchymiam [...] erfunden", heißt es etwa bei Lazarus Ercker (**Kat. Nr. 3**, Bl. Ar).

Im Laufe der Zeit hatte sich ein vielfältiges Inventar von Instrumenten und Verfahren zur Probierkunst entwickelt, die in handschriftlicher Form und bereits mit Erfindung des Buchdrucks in einer stattlichen Anzahl von gedruckten Ausgaben vermittelt und tradiert wurden. Solche Berg- und Probierbücher gehörten zum festen Bestandteil der Arbeitsbibliothek des Alchemikers.

Das vorliegende *Probier Büchlein* gibt einen guten Überblick über das Spektrum der praktizierten Verfahren: Dazu gehörten Wägemethoden wie auch Schmelz- und chemische Verfahren mit Mineralsäuren, Salpeter, Ammoniak. Die Nähe zur Alchemie verdeutlicht beispielsweise folgendes Rezept:

„Lunam/ das ist/ Silber/ zu fixieren. Kupffer/ bley/ eysenfeyl/ jedes ein halb marck/ Zyn 1. Loth/ 2. Marck Spießglas/ laß fliessen in ein Tigel 6. stund. Darzu thu ein halb marck silber/ laß noch ein wenig zusammen fliessen/ geuß in ein Puckel/ nimm den König hin/ den findestu im grund/ mach hiermit und mit Mercurio ein Amalgama/ darnach sublimir den Mercurium ein mal oder drey/ oder laß in nidersteigen im Wasser/ und treib dein Silber ab auff einem Dest mit Bley" (S. 43 f.).

Bei den alchemischen Transmutationsexperimenten spielten die Probier- und Scheideverfahren „auf Gold" eine zentrale Rolle. An den in Oberstockstall ausgegrabenen Gefäßen konnten tatsächlich diverse Goldspuren nachgewiesen werden, was auf klassische, sog. trockene Probierverfahren hinweist. Dazu gehörte beispielsweise die Tiegelprobe, bei der das Golderz mit Blei und Bleiglätte verschmolzen wird, was das Schmelzen fördert. Das auf diese Weise abgeschiedene Gold wird mittels Probiernadeln, Stäbchen, die unterschiedliche Mischungen von Gold, Silber und Kupfer enthalten, überprüft.

Das hier gezeigte *Probier Büchlein* aus dem Jahr 1608 befand sich nicht in den historischen Altbeständen der Herzog August Bibliothek, sondern wurde in den 1990er-Jahren im Rahmen der *Sammlung Deutscher Drucke* antiquarisch erworben. Es gehört zu den seltenen erhaltenen Quellen, die authentisch von den Praktiken der Probierkunst zeugen. Wir wissen, dass die Probierer in der frühen Neuzeit handschriftliche Verzeichnisse über ihre Untersuchungen und auch über die allgemeinen Grundsätze und Regeln ihrer Kunst anlegten. Mit dieser Erwerbung ist ein solches Büchlein, das laut der Einträge im Innendeckel verschiedene Personen führten, in die Wolfenbütteler Sammlung gelangt. Ab 1740 war sein Besitzer ein biographisch noch nicht identifizierter Johannes Künzel. In den Band waren hinter dem gedruckten Probierbuch von 1608 mehr als hundert freie Blätter eingebunden, die von den Probierern auf mehr als 90 Seiten mit Anleitungen, Rezepturen, Hinweisen zu Gefäßen, Öfen, Waagen etc. beschrieben wurden. Die regelmäßige Schrift lässt vermuten, dass es sich um die Abschrift eines Textes handeln könnte, zumindest in Teilen von einer eigenen handschriftlichen Vorlage, worauf die verwendete Ich-Form und die Beschreibung individueller Exempel hindeuten. Enthalten ist auch eine dreiseitige Auflistung der verwendeten Zeichen und Symbole für Metalle und andere Substanzen (**Abb. 140**).

Literatur:
Darmstaeder 1926; Soukup/Mayer 1997.

Abb. 139 = Kat. Nr. 35: Probier Büchlein, Frankfurt a. M. 1608, Innendeckel und Titelblatt. HAB: Xb 1648

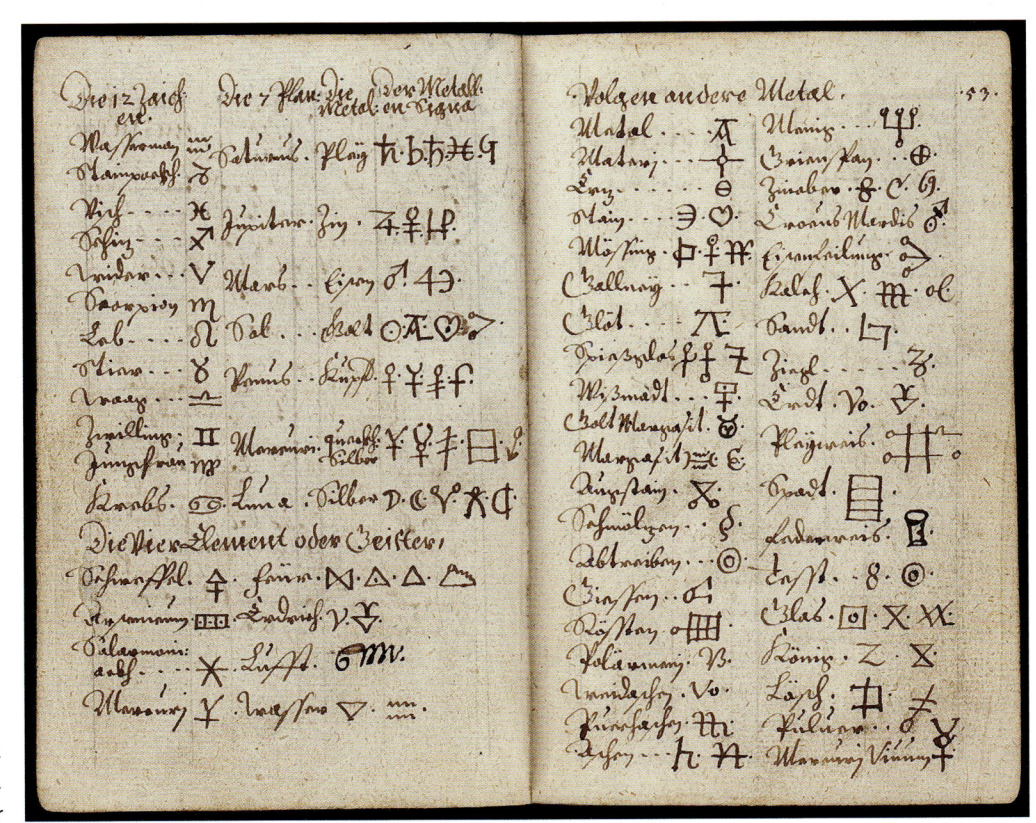

Abb. 140 = Kat. Nr. 35, handschriftlicher Anhang, Bl. 52v/53r

36 *Von der Bescheidenheit des Alchemikers – Lehrgedichte*

O heiligiste Trifaltigkait, Handschrift Papier, 195 × 150 mm, 2. Hälfte 16. Jh.
HAB: Cod. Guelf. 43 Aug. 4°, fol. 32r – 34r

Aufgeschlagen: fol. 32r (**Abb. 141**)

Lehr- oder Spruchdichtungen, die seit dem Spätmittelalter aus verschiedenen Kontexten bekannt sind, gehörten auch zum Kanon der *Alchemica*-Literatur der frühen Neuzeit. Etliche Stücke sind in handschriftlicher und gedruckter Form in den Beständen der Herzog August Bibliothek überliefert. In der Ausstellung wird eine hier erhaltene Abschrift eines wahrscheinlich im ausgehenden 16. Jahrhundert entstandenen Spruchgedichts vorgestellt, dessen Textzeugen heute unter dem Titel „Von der Bescheidenheit" geführt werden. Seinen Verfasser kennen wir nicht, aber nach den Ermittlungen von Joachim Telle, dessen Bemühen um die Bergung des alchemischen Fachschrifttums die Alchemiehistoriographie viel zu verdanken hat, soll es in weiten Teilen des deutschen Sprachgebietes verbreitet gewesen sein (vgl. Textwiedergabe und Überlieferungsverzeichnis, Telle 2003). Über handschriftliche Textzeugen hinaus sind bislang keine gedruckten Überlieferungen bekannt geworden.

Die Dichtung betont eingangs die allein durch göttlichen Gnadenakt möglichen tieferen Einblicke in die Geheimnisse der Natur und das Gelingen des *Opus magnum*. Unter Berufung auf Bücherwissen – genannt werden Aristoteles, Hermes Trismegistos sowie Avicenna – befasst sich das Werk tatsächlich nicht mit der praktischen Umsetzung alchemischen Wissens, etwa – wie aus anderen Dichtungen bekannt – der strukturierten Prozessbeschreibung der *Lapis*-Herstellung. Ihr Gegenstand betrifft vielmehr eine der Hauptfragen der naturphilosophischen Alchemie: die Frage nach der Möglichkeit der „reductio in primam materiam". Dabei geht es vor dem Hintergrund der aristotelischen *Materia-Forma*-Lehre um die Diskussion, ob im Prozess der Metalltransmutation überhaupt das Wesentliche, das Charakteristikum einer Spezies (Metall-Art) beseitigt werden kann, um sie auf die strukturlose Grundsubstanz, die *Materia prima*, zurückzuführen und daraus eine andere „Art" hervorzubringen.

Das Lehrgedicht bewegt sich damit im Kontext einer Grundthematik der zeitgenössischen Naturphilosophie, die die metalltransmutatorischen Versuche der Alchemie im Besonderen betraf: Kann der Mensch, der Adept in diesem Fall, überhaupt nachahmen und gestalten, was die Natur leistet? Unter den Namen der alten Autoritäten, Aristoteles und Avicenna, wurde seit dem Spätmittelalter der Standpunkt vertreten, dass dem Alchemiker dieser Spezieswandel nicht möglich sei und er allenfalls akzidentielle, nicht substantielle Eigenschaften des Metalls ändere. In diesem naturphilosophischen Kontext handelte der unbekannte Dichter sein Leitthema, die „Bescheidenheit" des Adepten, ab. Joachim Telle interpretierte die den menschlichen Tugenden zugeordnete Haltung in dieser Dichtung als „intellektuelles Vermögen", welches „den Alchemiker befähigt, sich seines Verstandes zu bedienen, mit rationalen Mitteln das Richtige zu erkennen und sein Werk auf zutreffende Einsicht in die naturkundlichen Grundlagen der alchemischen ‚Kunst' zu gründen". Das Werk des Alchemikers einerseits, so die Interpretation Telles, und das Werk der „kraft göttlicher Gewalt handelnden Gottesdienerin Natur" seien in dieser Lehrdichtung kaum mehr unterschieden (Telle, S. 14). Die Bescheidenheit des Adepten erscheine so als eine der unabdingbaren Voraussetzungen zum Gelingen des großen Werks, Vernünftigkeit und verständiges Handeln seien ihm abverlangt, der Primat der Natur sei nicht anzutasten.

Offen muss die Frage nach der Funktion der Lehr- und Spruchdichtungen in der praktischen Alchemie bleiben, mit Joachim Telle können wir davon ausgehen, dass es sich nicht nur um Dichtungen zur Erbauung gehandelt habe, sondern auch um „Unterrichtsmittel und Werke zur Belehrung über die Natur und ihre Erscheinungen", die dem Alchemiker zur Hand gegeben wurden.

Literatur:
Schütt 2000, S. 309 – 315; Telle 2003.

Am blatt. 27.

O heiligiste Trifaltigkait.

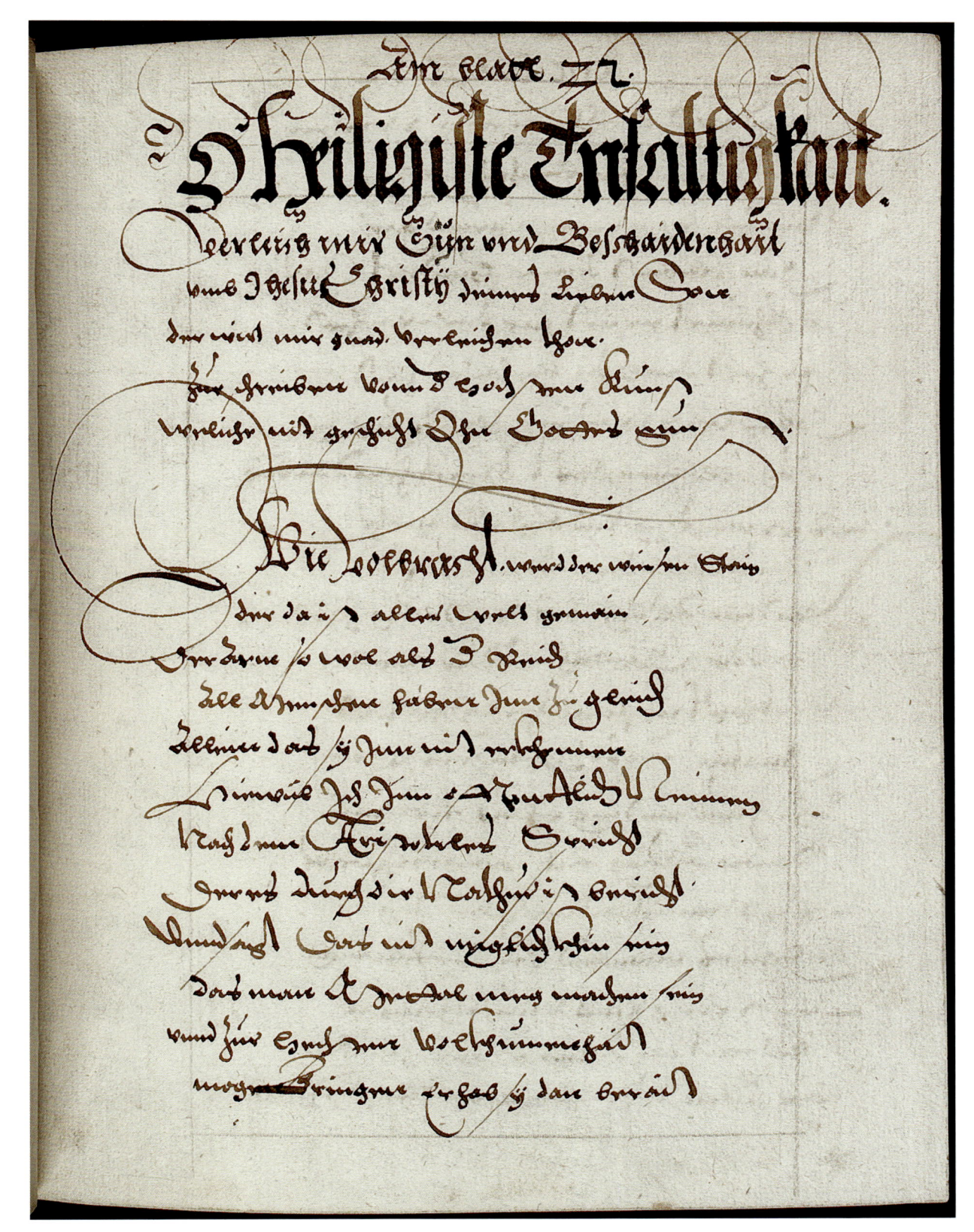

Verleich mir Sÿn vnd Beschaidenhait
vnnd Jhesus Cristh meines lieber herr
der wirt mir gnad verleichen schon.
Zu schreiben von dem Edel mer kunst,
welche nit gesucht Ehr Goldt gunst.

Die loßkunst wann der weyß der stein
der da ist aller welt gemein
der armen so wol als der reich
all Menschen haben Jne zu gleich
allein das sÿ Jne nit verkennen
hinauß Jn den ÿetzt Ach kunnen
Nach dem Wiesheit Schreibt
durch die Nathur in bericht
vnnd sagt dort mit vnzigklich kein frÿ
das man A. machen mag machen sÿ
vnnd zu Euch mit vochgümmegait
mögen bringen Er hat sÿ dan beraidt

Abb. 141 = Kat. Nr. 36: O heiligiste Trifaltigkait. HAB: Cod. Guelf. 43 Aug. 4°, fol. 32r

Geräte

37 *Athanor* und ‚fauler Heinz' – Die Öfen

Carlo Lancilotti: Der brennende Salamander/ oder Zerlegung/ der zu der Chimie gehörigen Materien, Lübeck: Otto, Wiedemeyer; Frankfurt am Main: Haase 1681.
HAB: Xb 5676

Aufgeschlagen: Fig. III und Fig. IV (**Abb. 142 und 143**)

Die Basis der Arbeit im alchemischen Laboratorium stellte das Schmelzen, Erwärmen und Erhitzen von Substanzen dar. Die Vorstellung von einer Reinigung und Umwandlung von Stoffen brachte es mit sich, Wärmequellen mit einem relativ breiten technischen Spektrum zur Verfügung haben zu müssen. So waren für die chemischen Operationen zum Teil sehr hohe Hitzegrade erforderlich, wie auch die Regulierung von Temperaturen generell und das Einstellen einer konstanten Temperatur über lange Zeiträume, teils mehrere Tage oder auch Wochen.

Eine lang andauernde moderate Erwärmung konnte bereits über ein Mistbad erreicht werden, d. h. Substanzen wurden in (dünnwandigen) Behältnissen in Pferde- oder Kuhmist eingebracht. Die darin ablaufenden Zersetzungsprozesse sorgten für eine gleichmäßige Wärmezufuhr. Eine zentrale Rolle aber spielten Öfen in vielerlei Gestalt, da sie jeweils für die unterschiedlichen Anforderungen der einzelnen alchemischen Prozesse konstruiert waren: der turmartige, oben offene Destillierofen, der gemauerte Schmelzofen, Kalzinations-, Deszensions-, Lösungs- und Fixierungsöfen u. a. m.

Der italienische Arzt Carlo Lancilotti (17. Jahrhundert), bildete in seinem mehrfach aufgelegten und übersetzten *Guida alla chimica* (Erstausgabe 1672) einige dieser Wärmequellen ab. Fig. 3 und 4 stellen verschiedene Öfen und Zubehör dar, zum Beispiel Destillier- und Reverberieröfen (**Abb. 142**, A – D), letztere wurden bei der Kalzinierung eingesetzt, was zum Verkalken, d. h. dem Verbrennen von Substanzen in offenen Flammen diente. Die in dieser Zeit für Substanzen, Prozesse und Geräte verwendeten alchemischen Zeichen und Symbole umrahmen die Gerätedarstellungen. Das Kürzel MB (**Abb. 143**, Rahmen rechts „k") steht beispielsweise für das häufig eingesetzte *Balneum Mariae*. Gemeint ist damit das Wasserbad, in das man Kolben und Schalen mit Substanzen zur gleichmäßigen Warmhaltung stellte. Der Name geht auf die erste bekannte Frauengestalt der Alchemiegeschichte Maria die Jüdin zurück (Balneum Mariae = Marienbad). Ihre Herkunft liegt im Dunkeln und nur wenige Textfragmente von ihr sind überliefert, das meiste, was bekannt ist, stammt von Zosimos (Ende 3. Jahrhundert), dem frühesten historisch fassbaren Autor der Alchemie.

In der frühen Neuzeit kam ein Ofentyp auf, der so konstruiert war, dass das Brennmaterial bei Verbrauch sukzessive in einem seitlich angebrachten Schacht nachrutschen konnte. Man nannte diese Öfen deshalb auch ‚fauler Heinz'.

Ein spezieller Ofen war der Fixierofen, häufig als *Athanor* oder philosophischer Ofen bezeichnet, da er für die Gewinnung des Steins der Weisen gedacht war. Seine Ei-Form (**Abb. 144**) symbolisierte den Lebensgeist und die biologischen Wachstumsprozesse. Das Gerät bestand aus einer mehrstufigen Konstruktion mit Öffnungen, durch welche man den Wechsel der Farben im Fortgang des Prozesses beobachten konnte, um den korrekten Verlauf der Herstellung des *Lapis* überprüfen zu können (vgl. **Kat. Nr. 45**). Im Innern des Ofens nahm ein ovales Gefäß, das philosophische Ei, die Substanz auf, aus welcher der *Lapis* gewonnen werden sollte.

Auf die Produktion des Steins der Weisen spielt auch der Titel der deutschen Ausgabe des Werkes von Lancilotti an. Der *brennende Salamander* meinte nicht den Verbrennungsprozess selbst, sondern war ein häufig genutzter Deckname für den *Lapis philosophorum*, der in einem langwierigen Prozess durch Hitzeeinwirkung erzeugt wird und im Unterschied zu anderen Substanzen als feuerbeständig galt.

Literatur:
Principe 1998a, 1998d; Soukup/Mayer 1997.

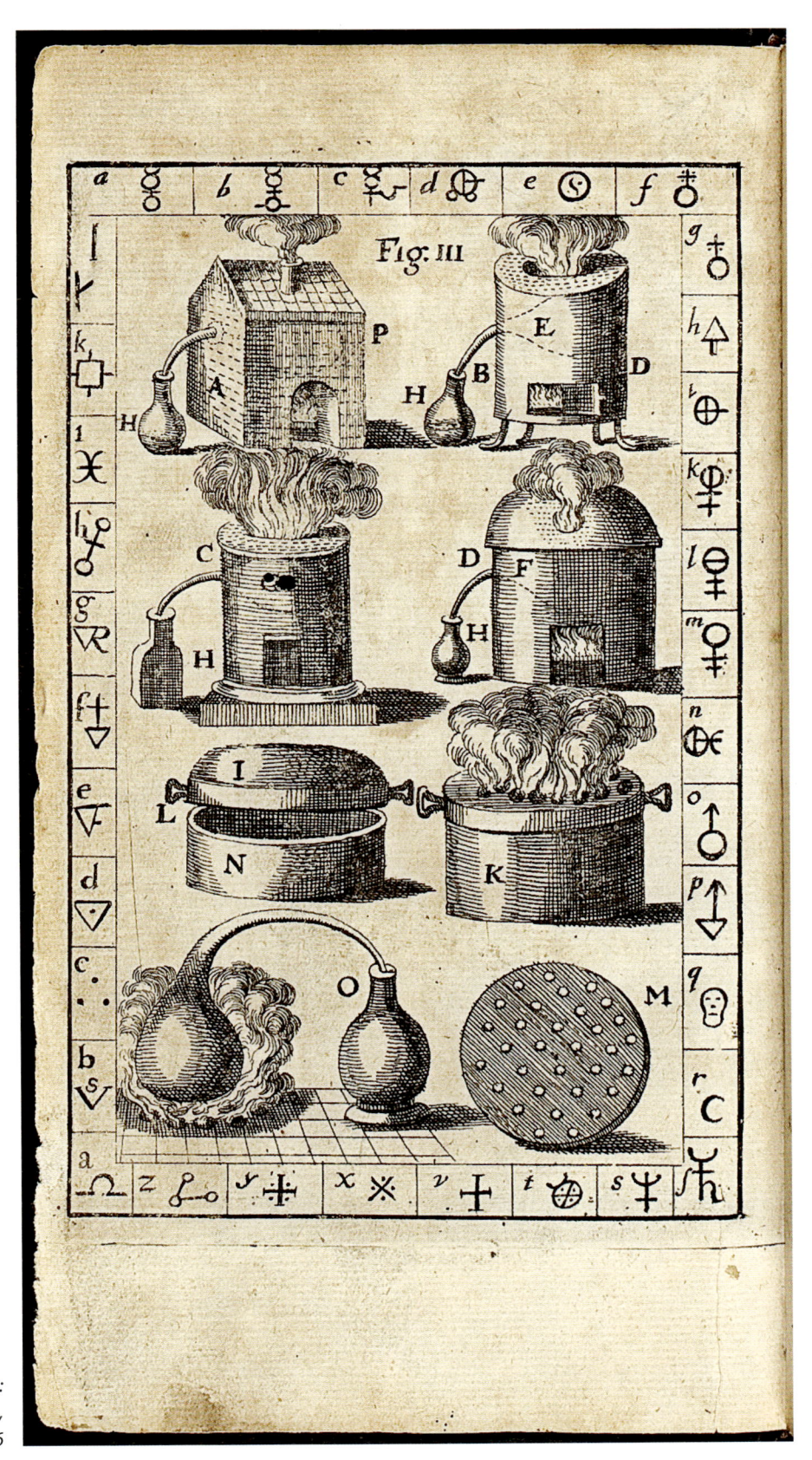

Abb. 142 = Kat. Nr. 37: Carlo Lancilotti: Der brennende Salamander, Lübeck 1681, Fig. III. HAB: Xb 5676

Abb. 143 = Kat. Nr. 37, Fig. IV

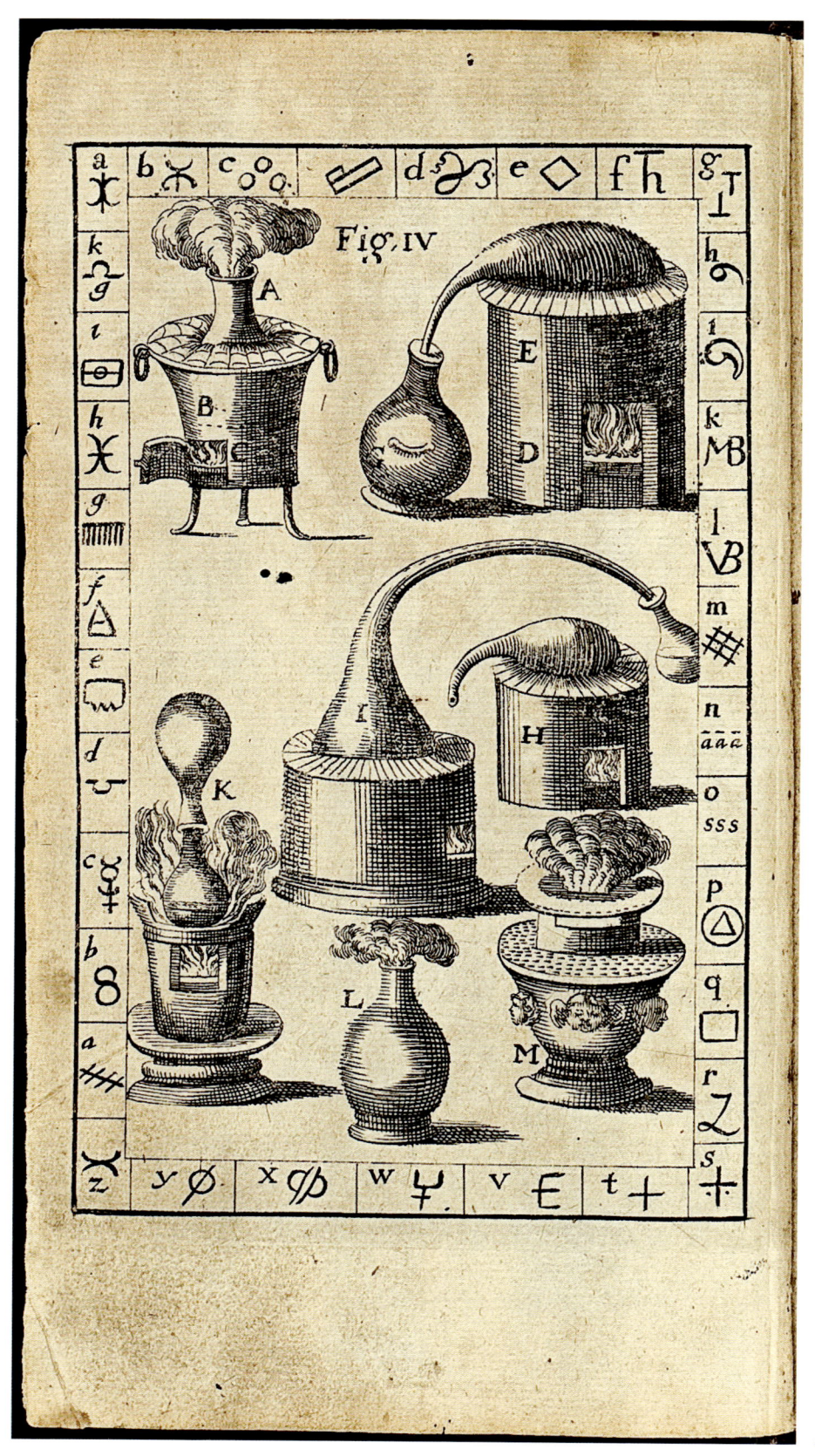

DE FORNACE ET OVO Philosophorum.

Braut vnd Breutgam sind zu Beth/
Der *Hermes* sie verschlossen hat.
Darumb *Vulcanum* bald *citir*,
Mit allem fleiß das Fewer regier.

Her bin ich *Vulcanus* wunderbar/
Was lebt *Mortificir* ich gar/
Das flüchtige *fixir* ich recht/
Es gilt mir gleich Herr/ Fraw vnd Knecht/
Ich führ sie in den Todt vnd Lebn/
Solch Krafft ist mir von Gott gebn.

Abb. 144: De Fornace et Ovo Philosophorum, in: Conrad Schüler: Gründliche Außlegung [...] der Erklerung Rythmorum Fratris Basilii Valentini Monachi, Leipzig 1608. HAB: Xb 9369 (3), Bl. [C i v]/C ii r

38 Phiolen, Kapellen, Hasenpfote

Johann Joachim Becher: Opuscula Chymica Rariora, Nürnberg, Altdorf: Tauber 1719.
HAB: Nd 19

Aufgeschlagen: pag. 28, „Schema Instrumentorum" (**Abb. 145**)

Für die vielfältigen Prozesse im alchemischen Laboratorium hatte sich im Laufe der Jahrhunderte ein differenziertes Arsenal von Geräten und Instrumenten entwickelt. Anfang des 18. Jahrhunderts präsentierte der Verleger Friedrich Roth-Scholz in einer posthumen Werkausgabe des bekannten Chemikers Johann Joachim Becher (1635–1682) auf einem im Raster eines Setzkastens organisierten „Schema Instrumentorum" die ganze Bandbreite der verwendeten Gerätschaften.

Viele Geräte und Gefäße konnten aus den bewährten Verfahren der Probierkunst übernommen werden und fehlten in keinem alchemischen Laboratorium. Dazu gehörten beispielsweise die Aschenkupellen oder -kappellen (Schema Nr. 2), Schalen, die aus Knochenasche gepresst waren. Aufgrund ihrer porösen Wände konnten silber- und goldhaltige Proben mit Blei unter Luftzutritt geschmolzen werden, wobei das Bleioxid in die Kupellenwände diffundierte und ein Edelmetallstück in der Schale zurückblieb. Muffeln (1) hießen Holzziegel, die im Ofen zwei Finger breit von den Wänden aufgebaut waren und zum Bedecken der Tiegel verwendet wurden. Dies sollte verhindern, dass Kohlen in die Tiegel fallen.

Zu den wichtigsten Instrumenten im Laboratorium zählten neben den Öfen die Waagen, hier im Bild Handwaagen (41–43). Notwendig war auch eine breite Palette von Zangen, Löffeln, Messlöffeln, Probierstäben (13–22 u. a.). Zur Grundausstattung gehörten Glasgefäße verschiedener Größen und Formen: Phiolen (Kolben mit langen Hälsen) zur *Digestitio*, dem langsamen Erwärmen von Stoffgemischen (47), und das umfangreiche Inventar für Destillationen und Sublimationen. Gezeigt wird auch eine Hasenpfote (28), die von ihren Krallen befreit zum Abtragen von Amalgamschichten und zum Reinigen diente. Bei Georg Agricola heißt es: „Das in der Schale abgefallene Gold und Quecksilber fegt nun der Arbeiter mit einer Hasenpfote zusammen und schüttelt es in einen Beutel aus Baumwolle" (zitiert nach Soukup/Mayer 1997, S. 111). Bis heute werden Hasenpfoten aufgrund ihres weichen und antistatisch wirkenden Materials bei Metallarbeiten verwendet.

Das „Schema Instrumentorum" mit 64 Geräten bezieht sich im Übrigen auf ein *Laboratorium portatile*, ein tragbares Laboratorium, das Johann Joachim Becher entwickelt hatte, um auf Reisen den Edelmetallgehalt in Mineralien prüfen zu können. Wie viele seiner Zeitgenossen war Becher von der Möglichkeit der Metalltransmutation überzeugt und wollte das Potential der Alchemie zur Steigerung des staatlichen Vermögens durch Herstellung von Edelmetallen nutzen. Becher zählt neben Johann Rudolf Glauber (1604–1670) und Johann Kunckel (**Kat. Nr. 56**) zu den typischen Projektemachern im Frühmerkantilismus, die auf der Grundlage alchemischer Methoden zu der Herausbildung chemischer Technologien und Gewerbe beitrugen.

Literatur:
Dammann 2004; Frühsorge 1993; Principe 1998d; Soukup/Mayer 1997; Soukup/Osten/Mayer 1993.

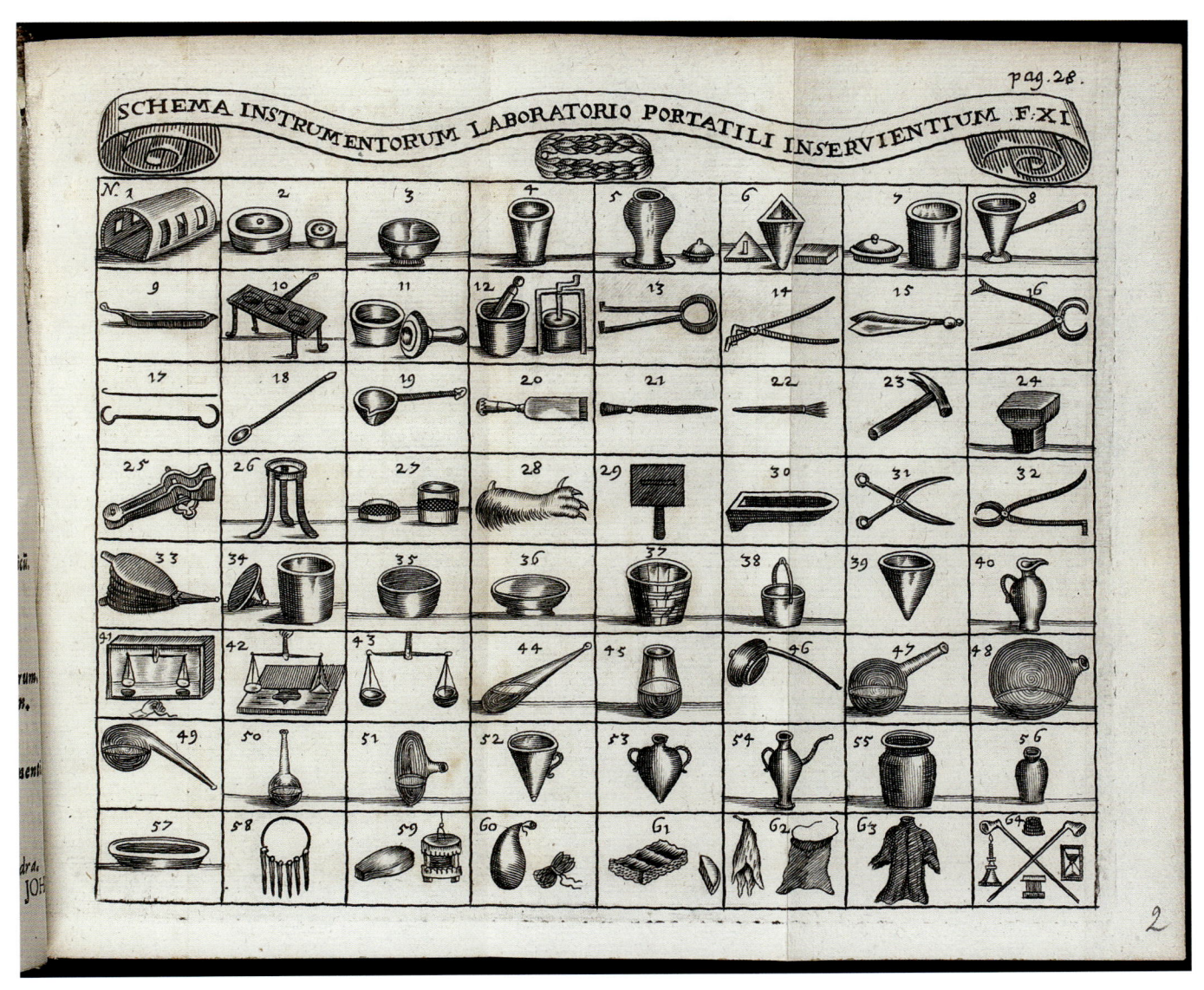

Abb. 145 = Kat. Nr. 38: Johann Joachim Becher: Opuscula Chymica Rariora, Nürnberg 1719, pag. 28. HAB: Nd 19

39 Alembik, Retorte, Pelikan – Die Destillation

Philipp Ulsted: Coelum Philosophorum Seu De Secretis naturae, Straßburg: Grüniger [ca. 1530].
HAB: 160.2 Quod. 2° (2)

Aufgeschlagen: Titelblatt (**Abb. 146**)

Mit dem alchemischen Grundsatz des „solve et coagula" [löse und verbinde], wurde das Destillieren im Laufe der Zeit die wichtigste Methode in der europäischen Alchemie der frühen Neuzeit. In keinem alchemischen Laboratorium durfte eine Destillieranlage fehlen, die im hohen, oben offenen Destillierofen stand.

Die Destillation wird heute als thermisches Trennverfahren verstanden, das die unterschiedlichen Siedepunkte flüchtiger Stoffe nutzt, um durch Erhitzen und Abkühlen die Kondensate eines Stoffgemisches trennen und auffangen zu können. In früheren Jahrhunderten verstand man darunter jedoch auch – abgeleitet von dem lateinischen Begriff (destillare = abtropfen) – das Kochen oder Filtrieren von Aufgüssen. Das auf der Kondensation von Stoffen basierende Trennverfahren war schon seit der Antike bekannt, es soll maßgeblich auf Maria die Jüdin zurückgehen, könnte aber – wie archäologische Funde vermuten lassen – auch sehr viel älter sein (Frietsch, S. 241). In einer Destillierblase (häufig auch als *Cucurbit* bezeichnet, lat. Kürbis) befinden sich die Ausgangsstoffe, die erhitzt werden. Die aufsteigenden Dämpfe kondensieren in einem Aufsatz, dem *Alembik* (Destillierhelm, auch als *Ambix* bezeichnet) und gelangen in die seitlich angebrachte Destilliervorlage (vgl. auch **Abb. 147**).

Wichtig war dabei, die einzelnen Übergänge zwischen den verwendeten Laborgeräten fest abzudichten. Der Begriff „etwas hermetisch zu verschließen" ist aus dieser Praxis abgeleitet. Dafür wurden Verschlussstöpsel oder spezielle Pasten sog. *Lutum* hergestellt, das z. B. aus Lehm mit Stroh bestehen konnte. Aus dieser Konstruktion entwickelte sich – eine genaue Datierung ist nicht möglich – die *Retorte*, die eines der gängigsten Symbole der Alchemie überhaupt wurde. Hier sind Destillierkolben und -aufsatz zu einem Gerät verschmolzen, was die Destillation erleichterte. Die Kondensation wurde durch Wasser- oder Luftkühlung des Verbindungsstückes zwischen Helm und Vorlage befördert.

Mit den Destillierapparaturen dieser Zeit gelang es meist nur *ein* Destillat zu gewinnen, die Auftrennung von Gemischen in mehrere Fraktionen wurde im Regelfall nicht erreicht. Destillierzubehör war meistens aus Glas und die Herstellung erforderte großes Geschick der Glasbläser. Bei Destillationen, die besonders hohe Temperaturen erforderten, wurden tönerne und eiserne Retorten verwendet.

Der *Alembik* konnte auch zu einem vollständig in sich geschlossenen Glasgefäß geformt sein, worin dann das Destillat in die Destillierblase zurückfloss. Solche Geräte bezeichnete man auch als ‚Pelikan' – nach der Legende von dem Pelikan, der sich die eigene Brust aufreißt, um mit seinem Blut die Jungen zu füttern (**Abb. 148**). Das führt zu dem speziellen alchemischen Verständnis des Destillierens hin: Erscheint aus heutiger Sicht der Rückfluss des Destillates in den Rückstand als Verfehlung des angestrebten chemischen Prozesses, so war das fortlaufende Verdampfen und Kondensieren im Sinne der alchemischen Philosophie sinnvoll, um die innere Beschaffenheit eines Stoffes zu verändern. Die Zirkulation der Stoffe im Destillierprozess deutete man auch im Kontext der Idee von der Einheit der Materie und der Elemente, wofür das Bild des Unendlichen stand, wie etwa das des *Ouroboros*.

Gezeigt wird ein Exemplar eines der bekanntesten Destillierbücher der frühen Neuzeit, Philipp Ulsteds *Coelum philosophorum*, zuerst 1525 in Straßburg gedruckt. Der aus Nürnberg stammende Arzt Ulsted (auch Ulstad) bezieht sich in seinem Vorwort, in den späteren Ausgaben dann auch in der Titelangabe, auf eine Reihe der bekanntesten Autoritäten der mittelalterlichen Alchemie wie Raimundus Lullus, Johannes de Rupescissa und Albertus Magnus. Letztlich handelte es sich bei Ulsteds Werk allerdings nicht um eine Neuschöpfung aus diesem alten Wissen, sondern – wie Udo Benzenhöfer aufklären konnte – um eine lateinische Ausgabe des populären deutschsprachigen Destillierbuchs von Hieronymus Brunschwig (1450–1533), der auch mit weiteren medizinischen Schriften, z. B. zur Wundarznei, bekannt wurde. Ulsteds Bearbeitung erlangte ebenso große Aufmerksamkeit und wurde bis in das 18. Jahrhundert in zahlreichen Ausgaben und Übersetzungen nachgedruckt. Dabei entstand auch die paradoxe Situation, dass es zu einer deutschen Übersetzung auf der Grundlage dieser lateinischen Übersetzung des deutschen Textes von Brunschwig kam, die doch mittlerweile erheblich von dem Grundtext abwich. Es existierten demnach sozusagen zwei Versionen des Brunschwigschen Destillierbuchs, die beide parallel lange Zeit bei Grüniger in Straßburg erschienen. Das zeigt sich auch an der Verwendung des Bildvorrats. Sehr bekannt ist die Abbildung der großen Destillieranlage mit Wasserkühlung, die etliche Ausgaben bei Brunschwig schmückte und auch in der gezeigten frühen Ausgabe des *Coelum* zu betrachten ist (**Abb. 147**). Ebenso

COELVM PHILO
SOPHORVM SEV DE SECRETIS
naturæ. Liber.

Denuo reuisus & castigatus.

PHILIPPO ... PATRICIO

Abb. 146 = Kat. Nr. 39: Philipp Ulsted: Coelum Philosophorum, Straßburg [ca. 1530], Titelblatt.
HAB: 160.2 Quod. 2° (2)

Abb. 147 = Kat. Nr. 39, Bl. Aiij r

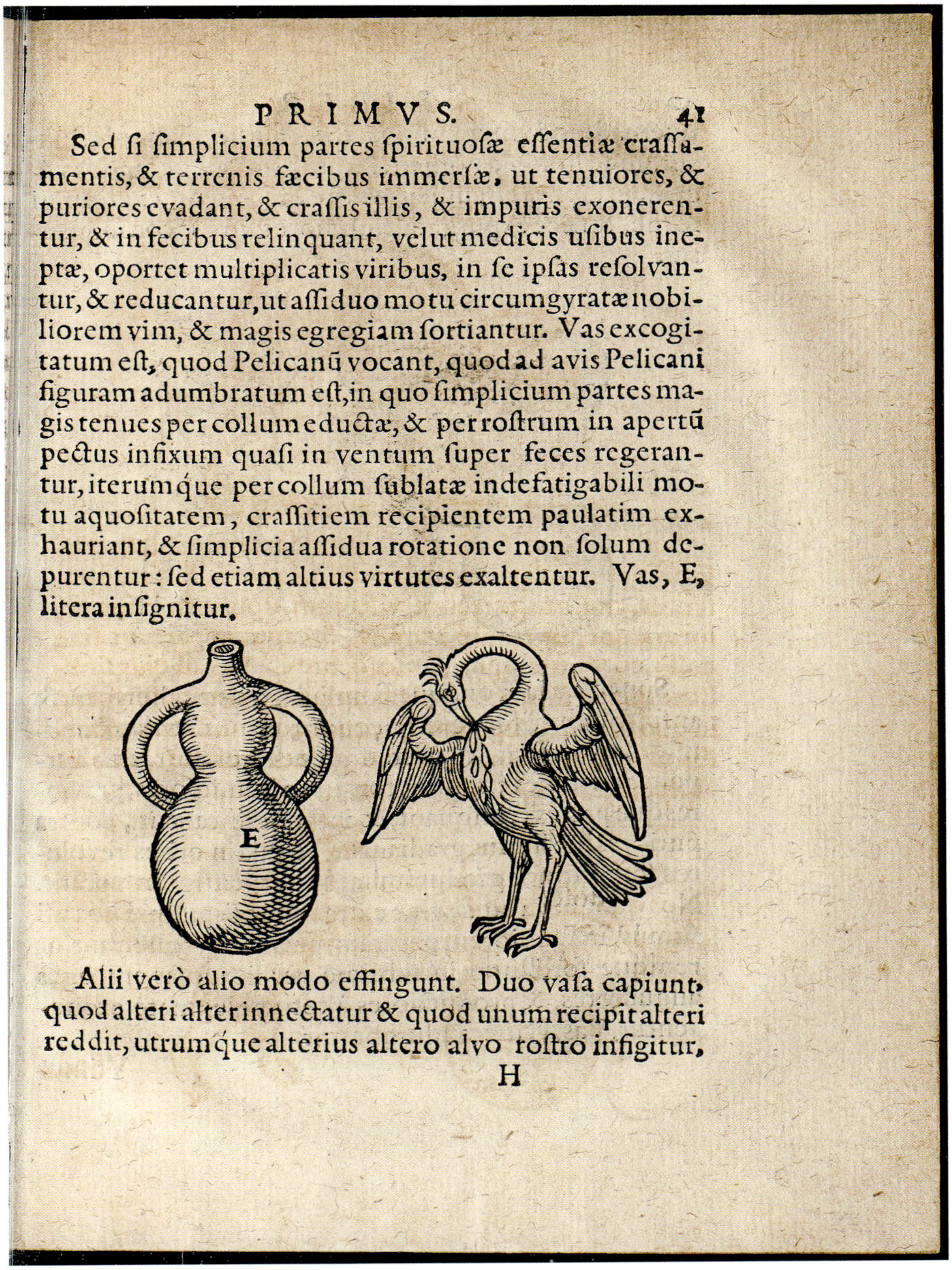

> **PRIMVS.** 41
>
> Sed si simplicium partes spirituosæ essentiæ crassamentis, & terrenis fæcibus immersæ, ut tenuiores, & puriores evadant, & crassis illis, & impuris exonerentur, & in fecibus relinquant, velut medicis usibus ineptæ, oportet multiplicatis viribus, in se ipsas resolvantur, & reducantur, ut assiduo motu circumgyratæ nobiliorem vim, & magis egregiam sortiantur. Vas excogitatum est, quod Pelicanū vocant, quod ad avis Pelicani figuram adumbratum est, in quo simplicium partes magis tenues per collum eductæ, & per rostrum in apertū pectus infixum quasi in ventum super feces regerantur, iterumque per collum sublatæ indefatigabili motu aquositatem, crassitiem recipientem paulatim exhauriant, & simplicia assidua rotatione non solum depurentur: sed etiam altius virtutes exaltentur. Vas, E, litera insignitur.
>
> Alii verò alio modo effingunt. Duo vasa capiunt, quod alteri alter innectatur & quod unum recipit alteri reddit, utrumque alterius altero alvo rostro infigitur.
> H

Abb. 148: Vollständig geschlossenes Destilliergefäß, auch Pelikan genannt; Darstellung in: Giambattista Della Porta: De Distillationibus Libri IX, Straßburg 1609, S. 41. HAB: 54 Med. (1)

ausgetauscht wurde der auffallende Titelholzschnitt von Ulsteds Werk, der beinahe an die Erkenntnisse der modernen Biologie mit der Photosynthese erinnern mag. Die Sonnenstrahlen, die auf eine Phiole scheinen, werden hier aber im Sinn ihrer Wärmewirkung im Prozess der *Putrefatio* verstanden, der nur in langsamer Erwärmung wie etwa im Wasserbad abläuft.

Literatur:
Bachmann/Hofmeier 1999, S. 176–180; Benzenhöfer 1989, S. 63–66; Frietsch 2013, S. 240–258; Hickel 2008, S. 154–156; Principe 1998a; Schütt 2000, S. 300–307.

Substanzen

Die Alchemie nutzte ein breites Spektrum von Stoffen, das sich bei Weitem nicht nur auf die Arbeit mit Metallen beschränkte, was man heute in erster Linie noch mit ihr verbindet. Gleichwohl erscheint eine exakte Bestimmung der verwendeten Substanzen auf der Grundlage der Kategorien der modernen Chemie nicht sinnvoll, ist wegen der allegorischen und bildhaften Darstellungsweise in der Alchemie eine präzise Zuordnung insgesamt häufig doch unmöglich. Decknamen und Symbole wurden uneinheitlich verwendet, oftmals stehen wir verwirrend komplexen Allegorien auf Substanzen, Methoden und Prozesse gegenüber. Wenn auch zeitgenössisch Hilfsmittel zur Entschlüsselung entstanden, wie etwa Martin Rulands *Lexicon Alchemiae* zur paracelsischen Terminologie, war die Tradierung alchemischer Allegorien und Metaphern aus fremden kulturellen Kontexten in der Regel Auslöser für große Irritationen.

In der ägyptisch-griechischen Alchemie teilte man alle Substanzen in drei grundsätzlich unterschiedliche Gruppen ein: die *Somata* (Körper), die *Pneumata* (Lüfte oder Geister) und die *Asomata* (Nichtkörper). Zu den *Somata*, den „wahren Körpern" (Schütt 2000, S. 22) gehörten die Metalle und Metalllegierungen. Neben den bekannten sieben Metallen (vgl. **Kat. Nr. 2**) ist die alchemische Literatur durchzogen von Hinweisen auch auf andere Metalle und Metallverbindungen, die man aber nicht als solche einordnete. Besonders die Metalllegierungen sind auf der Basis der alten Beschreibungen heute schwer zu identifizieren.

Zur Chemie der als *Pneumata* bezeichneten Stoffe ist unbedingt festzuhalten, dass es sich nicht um Gase im heutigen Verständnis handelte (Schütt 2000, S. 24). Gemeint waren vielmehr leicht flüchtige Stoffe. Den bekanntesten *Pneumata* ordnete man nicht nur den Schwefel, sondern auch das Quecksilber zu, das aber ebenfalls ja als eines der bekannten Metalle klassifiziert wurde. Bei beiden Stoffen war die Beobachtung von Bedeutung, dass sie färben oder wie der Schwefel auch selbst als Ausgangssubstanz farblich unterschiedlich auftreten konnten, was die Alchemiker in weißen (Arsenik), gelben und roten Schwefel (Sandarach) unterschieden.

Zur dritten Gruppe, den *Asomata*, zählte man die Stoffe, die nicht den ersten beiden Gruppen zugeordnet wurden, z. B. Salze, Erden, Mineralien und auch organische Substanzen, die in der Alchemie in großer Zahl verwendet wurden: ein breites Spektrum von Pflanzen, Pflanzeninhaltsstoffen wie Harzen, Ölen und Früchten (Zitronen, Datteln, Feigen, Kümmel etc.) ebenso wie tierischen Bestandteilen, beispielsweise Fetten, Ölen oder aus Körperteilen gewonnenen Stoffen wie Hirschhorn, Amber, Bibergeil, Walrat etc. Auch „Mumia" war eine in der alchemischen Pharmazie verbreitete Substanz, dabei handelte es sich um Teile einbalsamierter menschlicher Leichen (Hickel 2008, S. 138).

Säuren wurden erst mit dem späten Mittelalter bekannt, bis dahin nutzte man außer Essig nur saure Pflanzensäfte. Im 13. Jahrhundert konnte dann Salpeter- und Schwefelsäure, im 16. Jahrhundert die Salzsäure hergestellt werden. Man gewann sie durch Destillation aus Salpeter, Vitriol und Kochsalz. Die Mineralsäuren waren aufgrund ihrer auflösenden Wirkung von Bedeutung. Salpetersäure spielte vor allem als Scheidewasser eine Rolle in der Probierkunst, da sie Silber löste, Gold aber nicht. Gleiches gilt für das sogenannte Königswasser (*Aqua regis*), ein Gemisch aus Salz- und Salpetersäure. Diese flüssigen Stoffe, das belegen ihre Benennungen auch als *Aqua fortis* (scharfes Wasser) oder *Aqua dissolutiva* (auflösendes Wasser), ordnete man den Wassern zu.

Eine weitere in der europäischen Alchemie seit dem späten Mittelalter sehr bedeutende Substanz war der Alkohol. Man ging davon aus, dass hochprozentiger Alkohol – anders als sein aus dem Arabischen stammender Name (al-kuhl) vermuten lässt – wohl erst mit den verbesserten Destillationsgeräten im spätmittelalterlichen Europa hergestellt werden konnte (Principe 1998). Hochprozentiger Alkohol (*Aqua ardens*/ brennendes Wasser) übte aufgrund seiner Eigenschaft der Brennbarkeit als flüssige Substanz eine hohe Faszination auf die von der Elementenlehre und dem Gedanken der Transmutation von Qualitäten geprägten Alchemiker aus. Bereits im 15. Jahrhundert brachte Johannes de Rupescissa Alkohol mit der *Quinta essentia* [fünfte Wesenheit] in Verbindung, die man bis dahin neben den vier Elementen der sublunaren Welt als fünftes Element allein der supralunaren, himmlischen Welt zugeordnet hatte. Besonders in der Medizin schrieb man Alkohol (*Aqua vita*/ Lebenswasser) eine besonders günstige Wirkung zu.

Mit Theophrastus von Hohenheim (1493–1541), genannt Paracelsus, und seinen Anhängern gewann im 16. Jahrhundert neben der metallurgischen Alchemie auch die medizinische Alchemie in Europa an Bedeutung. Damit wurden alchemische Denkweisen nicht nur auf die physiologischen Erscheinungen und Stoffe des menschlichen Körpers übertragen, sondern vor allem auch chemisch synthetisierte Arzneien hergestellt. Unter den hier verwendeten Substanzen schätzte man wiederum besonders die Metalle.

Die Ausstellung stellt einige Beispiele aus dem weiten Vorrat der Substanzen vor, mit welchen man im alchemischen Laboratorium arbeitete, und ihre Wiedergabe in der Bild- und Symbolsprache der Alchemie. Im Bild zu sehen (**Abb. 149**) ist ein Stück Antimon, früher auch als Spießglanz bezeichnet. Antimon und seine Verbindungen spielten bei der Herstellung von Farben und in der medizinischen Alchemie eine beachtliche Rolle. Auch aufgrund seiner Legierungsfähigkeit mit Gold maß man Antimon große Bedeutung bei.

Abb. 149: Antimon-Präparat. Arzneimittelsammlung Schneider, TU Braunschweig (vgl. Kat. Nr. 41): Inv. Nr. Antimonium crudum 283/B

Literatur:
Hickel 2008, S. 90–98 u. 127–160; Priesner 1998; Principe 1998; Schütt 2000, S. 307–309; Soukup/Mayer 1997; Weyer 1998.

40 Quecksilber, Schwefel, Salz – *Mercurius, Sulphur, Sal*

Oswald Croll: Hermetischer Wunderbaum, in: ders.: Hermetischer Probier Stein, Frankfurt a. M.: Schönwetter 1647.
HAB: 24.1 Med.

Aufgeschlagen: S. 70 (**Abb. 150**)

Quecksilber und Schwefel haben in der Alchemie dank charakteristischer Merkmale von jeher besondere Aufmerksamkeit gefunden; im Laufe der Zeit sprach man im Zusammenhang mit diesen Stoffen sogar von „Prinzipien" (vgl. dazu **Kat. Nr. 6**). Bereits von der arabischen Alchemie wurde aufgrund des Metallglanzes, der Schwere und zugleich flüssigen Konsistenz von Quecksilber vermutet, dass es Bestandteil *aller* schmelzbaren Stoffe sei. Ins Gewicht fiel auch der Farbwechsel von Quecksilberlegierungen beim Erhitzen, erinnerte er doch an die charakteristischen Substanzfärbungen über mehrere Prozessstufen bei der Herstellung des *Lapis philosophorum* (vgl. **Kat. Nr. 46**). War die Rede von dem Prinzip des Quecksilbers, dem *Mercurius philosophicus*, so dachten die Alchemiker nicht an das elementare Quecksilber, sondern an die in einem Prinzip vereinigten Eigenschaften des Festen, Flüssigen und Verdampfbaren. *Mercurius* galt zusammen mit *Sulphur*, dem Prinzip des Schwefels, als Grundbestandteil aller Materie. Das Prinzipienpaar soll erstmals im *Codex Gabirianum* (8./10. Jahrhundert) beschrieben worden sein (Figala 1998d, S. 298). Der *Sulphur* oder philosophische Schwefel sollte das Prinzip des Brennbaren verkörpern. Auch dieser Substanz verschafften der Farbwechsel bei der Schmelze und die Veränderung ihrer Konsistenz zu einem glasartigen Körper, bei schnellem Abkühlen zu einer erhöhten Aufmerksamkeit bei den Alchemikern. Schwefelverbindungen waren in größerer Zahl bekannt, etwa Bleiglanz (Bleisulfid) und Zinnober (Quecksilbersulfid) oder Sulfate wie Vitriole und Alaun.

Ganz ähnlich wie in der *Mercurius-Sulphur*-Theorie (vgl. **Kat. Nr. 6**) entwickelte Paracelsus dann Anfang des 16. Jahrhunderts eine Materietheorie, ergänzte allerdings ein drittes Prinzip, das Prinzip *Sal*, das Unbrennbare, Nichtflüchtige, das Erde oder Asche repräsentieren sollte. Diese *Tria prima principia*, so der Hohenheimer, machen „ein jeglich Ding" aus: *Mercurius* steht für das Metallische oder Flüssige, *Sulphur* für Eigenschaften wie Brennbarkeit, Farbe, Geruch und *Sal* für die Festigkeit und äußere Form (Schütt 2000, S. 450).

Die Abbildung in Oswald Crolls *Hermetischen Wunderbaum* stellt diese Zusammenhänge dar: Männliches und weibliches Prinzip verbinden sich, der körperhafte Rückstand, der Leichnam, ist das *Sal*. Allerdings ist hier merkwürdigerweise der *Sulphur* mit dem Symbol der Wolke als weibliche Person dargestellt. Oswald Croll (um 1560–1609) zählte zu den wichtigen Protagonisten der von den Lehren des Paracelsus inspirierten Chemiatrie, einer sich im Laufe des späten 16. Jahrhunderts auf der Grundlage von alchemischen Denkweisen und Methoden ausbildenden Pharmazie und Medizin. Croll stand als Arzt und diplomatischer Agent in Diensten von Fürst Christian I. v. Anhalt-Bernburg, dem strategischen Kopf der protestantischen Union. In Prag unterhielt er ein Laboratorium und pflegte Kontakte zum Kaiserhof und Rudolph II. persönlich (vgl. Beitrag Karpenko/Purš).

Sein Hauptwerk zur Chemiatrie war die *Basilica chymica* (**Abb. 43**), die erstmals im Jahr 1609, kurz nach seinem Tod erst, in lateinischer Sprache erschien und ungewöhnlich häufig im Lauf des 17. Jahrhunderts in verschiedenen Bearbeitungen und Übersetzungen nachgedruckt wurde. Der hier gezeigte *Hermetische Wunderbaum* von 1647 (**Abb. 150**) gehört in diesen Kontext. Das gezeigte Exemplar stammt aus der Sammlung von Herzog Rudolf August zu Braunschweig-Lüneburg (1627–1704), Sohn und Nachfolger von Herzog August d. J.

Literatur:
Figala 1998d; Klutz 1974; Kühlmann 1992; Kühlmann/Telle 1996; Schütt 2000, S. 446–451; Weyer 1998.

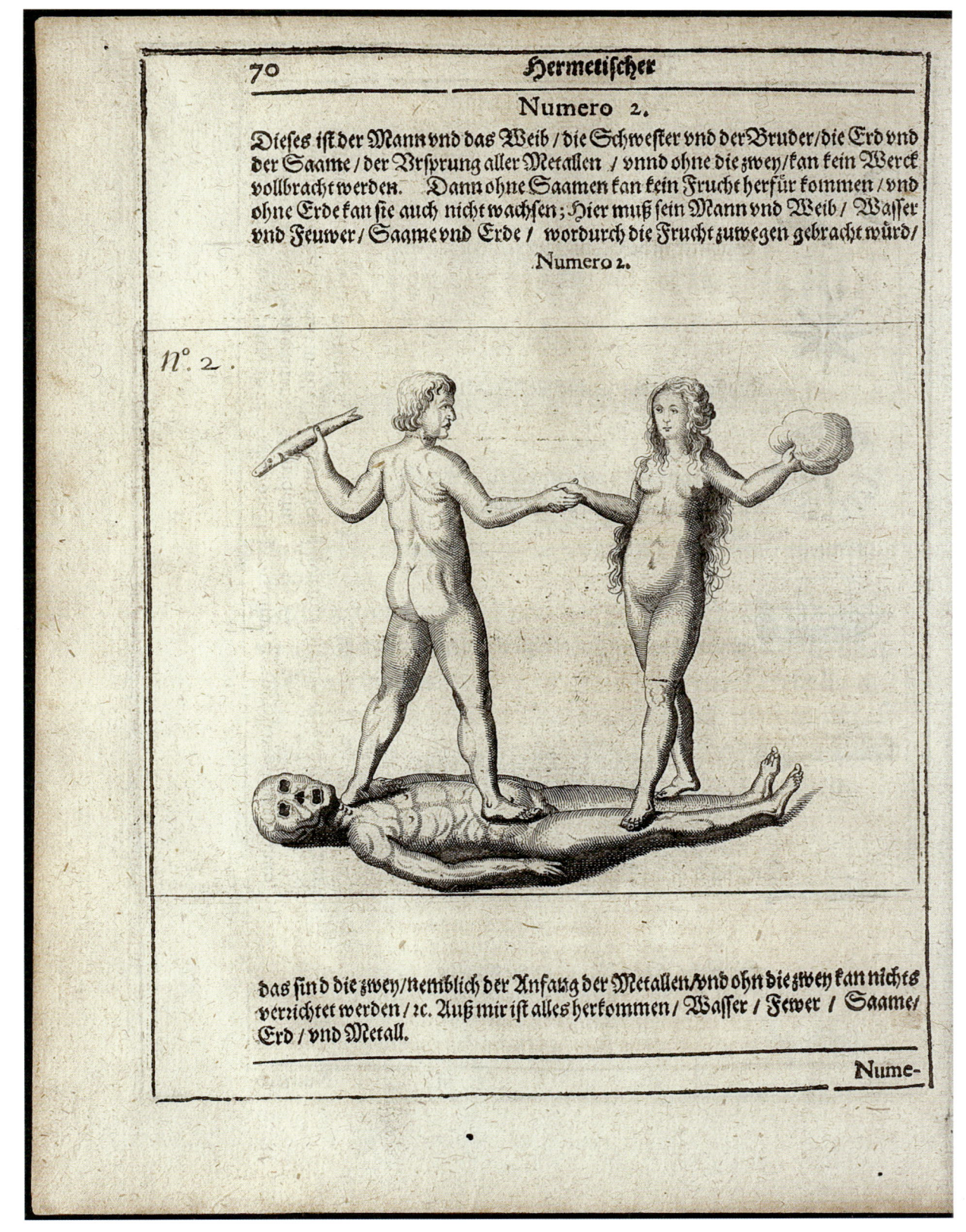

> 70 **Hermetischer**
>
> Numero 2.
>
> Dieses ist der Mann vnd das Weib / die Schwester vnd der Bruder / die Erd vnd der Saame / der Vrsprung aller Metallen / vnnd ohne die zwey / kan kein Werck vollbracht werden. Dann ohne Saamen kan kein Frucht herfür kommen / vnd ohne Erde kan sie auch nicht wachsen; Hier muß sein Mann vnd Weib / Wasser vnd Feuwer / Saame vnd Erde / wordurch die Frucht zuwegen gebracht würd /
>
> Numero 2.
>
> n° 2.
>
> das sind die zwey / nemblich der Anfang der Metallen / vnd ohn die zwey kan nichts verrichtet werden / ɛc. Auß mir ist alles herkommen / Wasser / Fewer / Saame / Erd / vnd Metall.
>
> Nume-

Abb. 150 = Kat. Nr. 40: Oswald Croll: Hermetischer Wunderbaum, Frankfurt a. M. 1647, S. 70. HAB: 24.1 Med.

41 Gold – König der Metalle

Blattgold-Präparat
Sammlung Schneider, TU Braunschweig: Inv. Nr. Blattgold 522/ad. (**Abb. 151**)

Von jeher übte das Edelmetall Gold (*aurum*) auf die Menschen große Faszination aus: Seine auffallend glänzende gelbe Farbe ließ Assoziationen zur Sonne und ihrer Leben spendenden Kraft entstehen. Im Denken der griechischen Naturphilosophie sollte die Entstehung der Erze auf der Erde im Zusammenhang mit den Lichtstrahlen der Planeten stehen, was die Zuordnung von Gold und Sonne unterstützte.

Gold gehört zu den wenigen Metallen, die gediegen in der Natur vorkommen, d. h. in elementarer Form. Es begegnet auffallend selten in der Natur, lässt sich gut bearbeiten und es korrodiert nicht, was es als scheinbar unvergänglich den anderen Metallen gegenüber hervorhob. Mit allen diesen Eigenschaften galt Gold als König der Metalle und spielte auch in der Alchemie eine zentrale Rolle, war das Ziel ihrer Transmutationsexperimente. Die optimale Mischung der Grundelemente *Sulphur* und *Mercurius* sollte hier verwirklicht sein. Gold war aber nicht nur das erstrebte Ziel der alchemischen Transmutationsexperimente, sondern wurde auch in verschiedener Weise im alchemischen Laboratorium verarbeitet. So verfolgte man die Absicht, den „Samen des Goldes" zu isolieren, um ihn dann in unedlere Metalle „einzupflanzen". Diesem Handeln lag die Ansicht zugrunde, dass sich Substanzen des ersten Naturreiches, des *Regnum minerale*, ebenso wie die organische Welt durch Wachstum entwickeln und verändern können. So wie die Metamorphosen im Pflanzen- und Tierreich sollte auch der Wandel des unedlen zum edlen und perfekten Metall möglich sein (**Abb. 152**). Wie bei Quecksilber und Schwefel verband man mit dem „philosophischen Gold" höhere Prinzipien oder andere außergewöhnlich kostbare Substanzen, wie den *Lapis philosophorum* selbst.

Schon seit der antiken Alchemie existierte ein weites Repertoire von Methoden, Gold zu reinigen, zu zerkleinern und zu pulverisieren. Goldtinkturen galten als Extrakte der vermeintlich dem Gold seine Farbe verleihenden Materie. Für deren Herstellung und die arzneilich wirksamer Stoffe auf Goldbasis, welchen man lebenserhaltende und -verlängernde Kraft zuschrieb, war es notwendig Gold in Lösung zu bringen, beispielsweise mit dem *Aqua regis* (Gemisch aus Salz- und Salpetersäure).

Abb. 151 = Kat. Nr. 41: Blattgold-Präparat. Arzneimittelsammlung Schneider, TU Braunschweig: Inv. Nr. Blattgold 522/ad

Arzneiliche Substanzen schuf man zunächst aus dünnen Blattgoldstücken, die in Weingeist oder Pflanzensäften gelöst waren. Später, besonders durch den Einfluss der paracelsischen Medizin, kursierten zahlreiche Rezepturen für das sog. *Aurum potabile*, Trinkgold (vgl. **Kat. Nr. 11**), von dem man meinte, dass Gold in dieser Form besser aufzunehmen und wirksamer sei.

Das in der Ausstellung gezeigte Gefäß mit Blattgold (**Abb. 151**) sowie weitere Substanzen stammen aus der Sammlung Schneider (TU Braunschweig, Abt. für Pharmazie- und Wissenschaftsgeschichte). Dabei handelt es sich um eine einzigartige Sammlung etwa 800 mineralisch-chemischer Arzneimittel des 19. Jahrhunderts, die auch heute noch zu Forschungszwecken dient. Sie entstand als Materialsammlung für die chemische und historische Erforschung dieser Arzneimittel, begründet 1958 durch Prof. Wolfgang Schneider, den damaligen Leiter des Pharmaziehistorischen Seminars Braunschweig (http://pharmgesch-bs.de/index.php?id=17 [letzter Zugriff 03.06.2014]).

Literatur:
Principe 1998b.

METAMORPHOSIS PLANETARVM
das ist
Eine wunderbahrliche Veränderung der Planeten, und Metallische Gestalten in ihr erstes wesen mit beygefügtem Proces, entdeckung der dreyen Schlussel, so zuerlangung der drey Principien, und des Vniversalis Generalissimi gehörig, beschrieben Durch
IOANNEM DE MONTE SNYDERS.

Abb. 152: Johannes de Monte-Snyder: Metamorphosis Planetarum. Das ist wunderbahrliche Veränderung der Planeten, und Metallische Gestalten in ihr erstes Wesen, Amsterdam 1663, Kupfertitel. HAB: 462.5.5 Quod. (2)

42 Von der „Essentz Vitriolis"

Leonhard Thurneysser zum Thurn: Quinta Essentia. Das ist die Höchste Subtilitet/ Krafft/ und Wirkung Beider [...] der Medicina/ und Alchemia [...], Münster: Thurneysser zum Thurn, Ossenbrügge 1570.
HAB: Mf 114

Aufgeschlagen: Bl. Ggr [Das Erst Capitel von der Essentz Vitriolis] (**Abb. 153**)

Vitriole gehörten zu den in der Alchemie intensiv verwendeten Substanzen. Der Name leitet sich vom glasartigen Glanz einiger Vitriolkristalle ab (vitrum = Glas) und ist eine alte Sammelbezeichnung für die Sulfate (Salze der Schwefelsäure) von Schwermetallen, dazu gehören beispielsweise blaues Kupfersulfat, weißes Zinksulfat und grünes Eisensulfat (**Abb. 172**). Aus der Färberei, Tintenherstellung, Konservierung und Medizin (Desinfektion) waren Vitriole schon lange bekannt. Ihre Verwendung in der Heilkunde fand mit der paracelsischen Medizin, in welcher Metallpräparate eine große Rolle spielten, seit Mitte des 16. Jahrhunderts Aufmerksamkeit. Schon das unter dem Namen von Theophrastus von Hohenheim veröffentlichte *Holtzbüchlein* von 1564 erhielt ein beigefügtes *Nutzliches Tractat von dem Vitriol und seiner würkung*. Vitriole fanden beispielsweise Verwendung in harntreibenden oder Brechreiz erzeugenden Medikamenten.

Die Herstellung einer „Essentz Vitrioli" mittels der Kalzinierung (*Calcinatio*) von Kupfervitriol wird in dem hier gezeigten Exemplar der *Quinta essentia* von Leonhard Thurneysser (1531–1596) beschrieben. Dabei soll das Vitriol in einem unverschlossenen Topf („eisern Pott") unter Umrühren bei hohen Temperaturen erhitzt werden, wobei Kristallwasser verdampft und starker Rauch abgeht. Das Kupfersulfat ändert dabei seine Farbe. Im Anschluss an das Kalzinieren wurde üblicherweise destilliert. Die Abbildung bezieht sich nicht allein auf das Vitriol, sondern ist als emblematische Darstellung für die Herstellung von Essenzen aus Metallen allgemein zu verstehen. Die Quintessenz, die vor allem durch Destillieren entsteht, meint in der paracelsischen Medizin Flüssigkeiten, die alle wesentlichen, d. h. die wirksamen, von unwirksamen Teilen gereinigten Inhaltsstoffe einer Substanz in konzentrierter Form enthalten. Essenzen von Metallerzen wurden in der Alchemie und Medizin auch als Öle, Tinkturen und Extrakte bezeichnet.

Das Symbol des Drachens verwendeten die Alchemiker nicht einheitlich, bekannt ist es für Quecksilber, Nitrate und Salpeter, auch für ätzende Substanzen allgemein oder für die *Calcinatio* unter Einsatz von offenem Feuer. Der Drache umwindet mit seinem Schwanz ein Destilliergerät, das sich wie ein Baum mit Ästen darstellt. An deren Enden befinden sich Glasgefäße, aus denen die entweichende Dämpfe symbolisierenden Vögel ausfliegen. Die in den Gefäßen enthaltenen alchemischen Zeichen deuten die unterschiedlichen Ausgangsstoffe für die Herstellung der Essenzen an. Ein Brunnen im Hintergrund stellt die Bedeutung von alchemisch präparierten Substanzen als Quelle für ein gesundes, langes Leben dar.

Leonhard Thurneysser gehört zu den schillernden Persönlichkeiten der paracelsischen Alchemie. Als Sohn eines Goldschmieds und Famulus bei dem Baseler Medizinprofessor Johannes Huber sammelte er früh Erfahrungen in der Alchemie und Medizin. Nach mehreren Jahren auf Wanderschaft, wobei es möglicherweise auch zu alchemistischen Betrügereien kam, arbeitete er später im Berg- und Hüttenwesen und gelangte auf Reisen bis in den Nahen Osten. Ab 1571 lebte er als Leibarzt von Kurfürst Johann Georg von Brandenburg und baute sich dort zugleich eine Existenz mit der Herstellung von Arzneien, Chemikalien und auch als Buchdrucker auf. Nach 1584 verließ er Berlin und lebte an verschiedenen Orten, u. a. auch in Rom. 1596 starb Thurneysser unter ungeklärten Umständen in Köln. Er gehörte zu den Paracelsisten, die im Laufe des 16. Jahrhunderts für die Tradierung des paracelsischen Wissens- und Arzneischatzes einen wesentlichen Beitrag leisteten.

Literatur:
Bulang 2012; Hofmeier 2007a.

Ein Track/ ein schöne frucht gepirt/
Wan als was fix ist/flichtig wirt.
Des Lebens Brunn/drey quellen hat/
Machent/das flichtig wider bstat.

Abb. 153 = Kat. Nr. 42: Leonhard Thurneysser: Quinta Essentia, Münster 1570, Bl. Ggr. HAB: Mf 114

43 Kristalle und Korallen

Alchemisches Rezeptbuch, Handschrift Papier, 170 Bl., 280 × 225 mm, Miniaturen: Bl. 122r, 133r, 143r, Ende 16. Jh.
HAB: Cod. Guelf. 340 Helmst.

Aufgeschlagen: Bl. 122r: Rotte Corallen (**Abb. 154**)

In der Alchemie gewannen zahlreiche Substanzen aufgrund ihrer auffallenden Erscheinungsform oder anderer ungewöhnlicher Charakteristika Aufmerksamkeit. Das konnte ihre Seltenheit sein, gewiss aber auch die Annahme von ihnen innewohnenden geheimen Kräften. Edelsteine und Perlen zählten dazu (vgl. dazu Beitrag Bepler), auch Kristalle und Korallen. Schon in der Frühzeit gehörte die Nachahmung solcher als magisch empfundener Gebilde zu den geheim gehaltenen Praktiken der ägyptischen Priesterschaft. Aber auch als Inhaltsstoffe für Rezepturen fanden entsprechende Substanzen Beachtung, besonders in der alchemischen Medizin.

„Die Corallen", so heißt es in dem bekannten chemiatrischen Werk von Johannes Agricola (*Chymische Medizin*) aus dem Jahr 1638, „sind gar ein wunderliches Gewächs […] derowegen haben sie auch wunderliche Tugende, welche fast kein Mensch ergründen kann". Wie Agricola zu berichten weiß, sollen „solch Gewächs" in großer Meerestiefe in sehr kaltem Wasser wachsen. Gleichwohl sonderten sie, wenn man sie im Wasser breche, trotz der „gewaltigen Kälte" einen weißen Saft ab, aus welchem später wieder Korallen wachsen. Für die roten Korallen interessierten sich die Alchemiker vor allem aber ihrer Farbe wegen. Die Rotfärbung einer Substanz markierte in der Alchemie die Stufe der Tingierung vor dem Erreichen des Goldes bzw. des *Lapis philosophorum* und galt als Zeichen für die angestrebte Reinheit und Wirksamkeit.

Das gezeigte handschriftliche Rezeptbuch aus der Zeit um 1600, das sich im Besitz der Herzog August Bibliothek befindet, weist eine Reihe von Rezepturen und Herstellungsanleitungen für Substanzen auf der Basis von roten und weißen Korallen, auch Hirschhorn und Kristallen aus. Das Rezeptbuch stammt höchstwahrscheinlich von Herzog Heinrich Julius (1564–1613), möglicherweise auch von seinem Vater Herzog Julius (1528–1589). Es ist belegt, dass beide Herzöge alchemische Laboratorien im Schlossbereich in Wolfenbüttel unterhielten (vgl. **Kat. Nr. 53**). Das Manuskript besteht aus zwei Bänden (340–341 Helmst.), die offensichtlich als Bücher mit unbeschriebenen Seiten gebunden wurden, um die Rezepturen im Labor oder als Abschriften aus Aufzeichnungen eintragen zu können. Die Kapitel, die sich als Präparationsanleitungen auf der Basis bestimmter Grundstoffe – Metalle, Korallen, Kristalle, Hirschhorn – verstehen, sind eingangs jeweils mit einem schönen Aquarell, wie hier für die „Rotte Corallen" gezeigt, versehen. Die Bilder stammen wahrscheinlich von dem Hofmaler Christoph Gertner, der um 1605 am Wolfenbütteler Hof weilte.

Es wird eine ausführliche Anleitung zur *Praeparatio Tincturae Corallorum Rubrorum* (Bl. 122v–126v) gegeben. Die Rezeptur wurde laut Vermerk im Rezeptbuch von dem Arzt Philipp Ratzenberger (Lebensdaten unbek.) übernommen. Die einzelnen Arbeitsschritte vom Reinigen, Kalzinieren und Destillieren werden detailliert beschrieben, die Extraktion erfolgte dann mittels *Spiritus vini*, wie man den bei der Weindestillation gewonnenen Alkohol nannte. *Spiritus vini* galt allgemein als stärkste aller Quintessenzen. Der roten Koralle schrieben die Alchemiker in Analogie zu ihrer Farbe blutreinigende und -stillende Wirkung zu, auch zur Behandlung von Geschwüren und Wunden u. ä. fanden ihre Präparate Verwendung.

Literatur:
Gatenbröcker 1998; Klutz 1974; Schneider 1968.

Abb. 154 = Kat. Nr. 43: Alchemisches Rezeptbuch. HAB: Cod. Guelf. 340 Helmst., Bl. 122r

Prozesse

Auch bei der Beschreibung der Prozesse und Methoden lässt die Bild- und Symbolsprache vieles im Dunkeln. Es existierte kein einheitliches Vokabular, Bezeichnungen, Synonyme, Decknamen wurden für unterschiedliche Operationen verwendet, so dass eine exakte Bestimmung der chemischen Verfahren und Technologien nicht immer möglich ist. Hinzu kommt, dass vieles von dem praktisch-methodischen Wissen – wie auch in anderen handwerklichen Bereichen – nur mündlich tradiert wurde und uns darüber hinaus nur wenige reale Quellen, etwa archäologische Funde aus alten Laboratorien, zur Verfügung stehen.

Basis und Ausgangspunkt der praktischen Arbeit im Laboratorium war die alchemische Grundregel des „solve et coagula", die Vorstellung, aus allen Stoffen des Naturreiches die reine Essenz vom Unreinen und Wertlosen zu „befreien", um die subtile Kraft zu gewinnen. Zur Veredelung der Materie, zur Läuterung der Metalle und Herstellung von Arzneien sollte mit Hilfe chemischer Techniken den mineralischen, aber auch pflanzlichen und tierischen Ausgangssubstanzen „das Wesentliche" entzogen werden, um diese Stoffe dann zu einem „besseren" Ganzen zu verbinden. Im Laufe der Jahrhunderte hatte sich daraus eine große Fülle von chemischen Verfahren entwickelt, die zum Teil für die Herausbildung der modernen Chemie äußerst bedeutend waren.

Reinigungsverfahren wie die Destillationen, Lösungsverfahren von festen Stoffen (*Solutio*) wie Schmelzen u. ä., durch langwierige Erwärmungen (*Digestio*) oder „Verwesung" (*Putrefatio*) standen in diesem Kontext so wie die *Fixatio*, die Verfestigung von Substanzen und die *Projectio*, das Einbringen von Stoffen in die zu transmutierenden Metalle.

Zentral war die Vorstellung von einem prozessualen Ablauf der Herstellungsverfahren. Besonders deutlich kam das in der Idee vom *Opus magnum* zum Ausdruck, der Herstellung des *Lapis philosophorum*. Dabei war eine festgelegte Reihenfolge von Prozeduren einzuhalten, die sich häufig aus Analogien zu anderen Naturvorstellungen, wie der Elemente-Theorie (vier Schritte) oder dem Tierkreis (Zodiakus, zwölf Schritte) hergeleitet hatten. Verbreitet war die *Lapis*-Herstellung in sieben Schritten, angelehnt an die mit den Planeten zusammenhängenden sieben Metalle (vgl. **Kat. Nr. 2**). Zur Darstellung der Komplexität und Prozesshaftigkeit dieses Gesamtvorgangs waren in der *Alchemica*-Literatur immer wieder beziehungsreiche Bildprogramme gewählt worden, die auf die reiche Tradition der Bilderhandschriften zurückgreifen konnten (vgl. **Kat. Nr. 24–25**). Von den zahlreichen Bildfolgen in populären Druckausgaben sind beispielsweise die Serien bei Michelspacher (vgl. **Kat. Nr. 10**), Basilius Valentinus (*Zwölff Schlüssel*, dt. Erstausgabe 1608) oder das *Aureum vellus* (**Kat. Nr. 46**) bekannt.

Ohne bildhafte Analogien hingegen in der Art der für die frühe Neuzeit typischen stemmatischen Ordnungsschemata stellte überraschenderweise Leonhard Thurneysser in seiner *Quinta essentia*, deren symbolgeladene Bilder der Substanzen bekannt sind, die komplexen Zusammenhänge auf seiner *Tafel des Misteriums der Philose[!]phen* dar (**Abb. 155**). Hier wird in der linken Spalte der Ablauf von den sieben Prozessstufen des *Opus magnum* beschrieben: „Reinigung – Solution – Putrificierung – Abweschung – Coagulatio – Calcinatio – Confirmatio." Thurneyssers Tafel greift auch den mit dem prozesshaften Ablauf alchemischer Operationen eng verknüpften Farbwechsel auf (**Kat. Nr. 46**).

Es existierte nicht *ein* bestimmtes Rezept zur Herstellung des Steins der Weisen, zur Veredelung von Metallen oder bestimmter Arzneien. Die alchemische Literatur bietet ein letztlich undurchschaubares Gewirr von methodischen Verfahren und Anweisungen. In der Ausstellung wird exemplarisch auf einige Verfahren eingegangen.

Literatur:
Principe 1998a, 1998d; Schütt 2000, S. 390–403.

TAFEL DES MISTERIVMS DER PHILOSEPHEN.

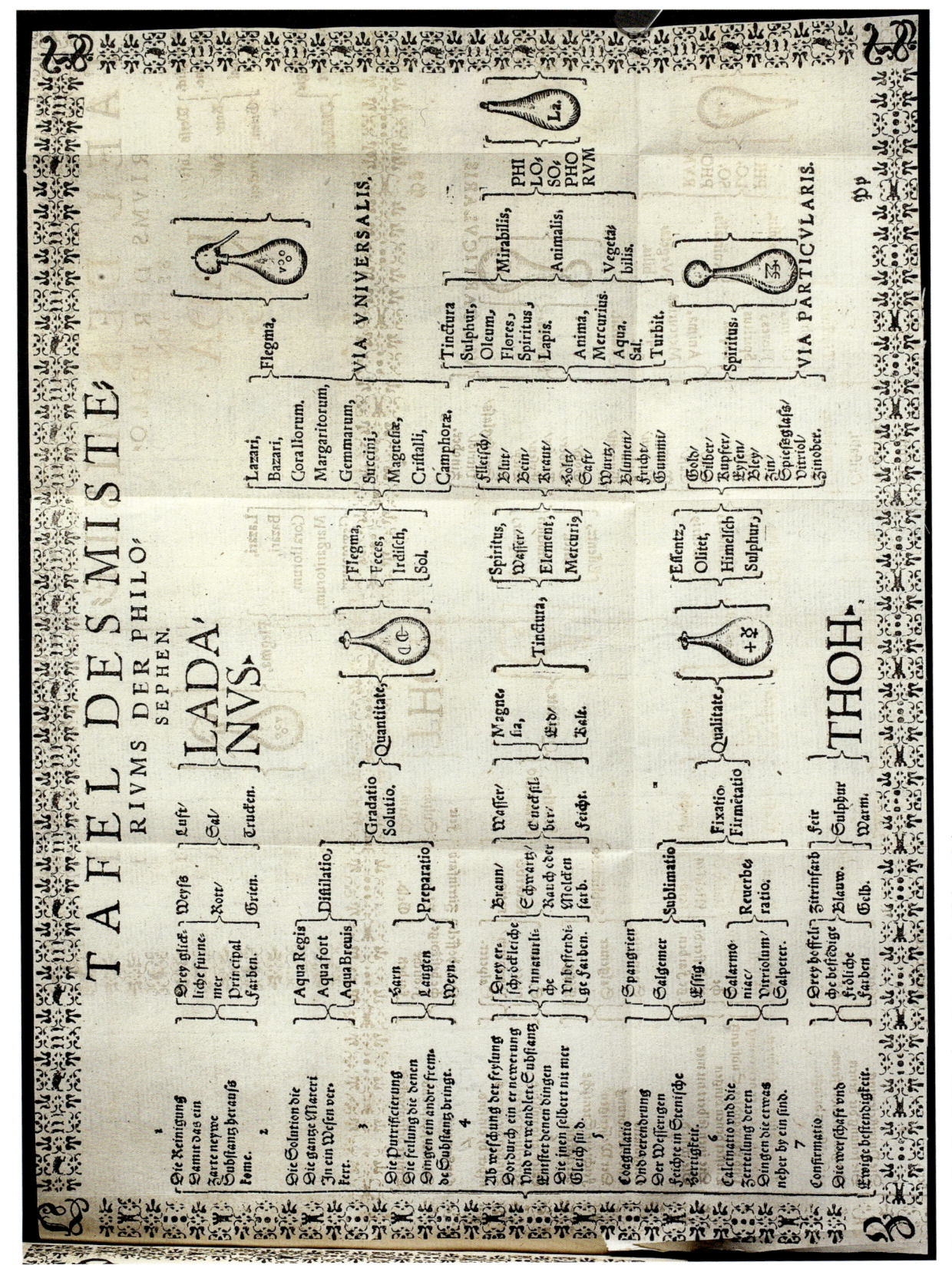

LADANVS.

1. Die Reinigung Damit das ein zarte neyne Substanz herauß kome.
   - Drey gliche furnemer Principal farben. { Weyß, Rott, Grien. } { Lufft, Sal, Trucken. }

2. Die Solution die die gantze Materi In ein Weßen verkert.
   - Aqua Regis, Aqua fort, Aqua Breuis. } Distilatio. { Gradatio, Solutio. }

3. Die Purtrificierung Die feilung die denen Dingen ein andre frembde Substanz bringet.
   - Sarn, Laugen, Weyn... } Preparatio.

4. Ab weschung der fresung Dadurch ein ernewerung Vnd verwandlet Substanz Entsteht denen dingen die jnen selberst nit mer Gleich sind.
   - Drey er schödeliche Vnnaturliche Rauch oder Melden farb. } { Braun, Schwartz, ... } { Wasser, Quecksilber, feücht. } { Magnesia, Ertz, Kalt. } Tinctura { Spiritus, Wasser, Element, Mercurius. }

5. Cognatio Vnd verendrung der Weissergen feüchte im Seemische feüchtigkeit.
   - Spangrien, Salgemer. } Sublimatio. { Essig, ... } Fixatio Firmatio { Essentz, Olitet, Himelsch, Sulphur. }

6. Calcinatio vnd die Zertrellung deren Dingen die etwas neben by ein sind.
   - Salarmoniac, Vitriolum, Salpeter. } Reuerberatio. { Qualitat. }

7. Confirmatio Die ewige scharf vnd Ewige bestendigkeit.
   - Drey hoffel schöbesichtige fröliche farben. } { Zitrinfarb, Blauw, Gelb. } { Feir, Sulphur, Warm. }

THOH.

Flegma, Lazari, Bazari, Corallorum, Margaritorum, Gemmarum, Succini, Magnesiæ, Cristalli, Camphoræ, { Flegma, Feces, Irdisch, Sol. }

VIA VNIVERSALIS.

Tinctura, Sulphur, Oleum, Flores, Spiritus, Lapis, Anima, Mercurius, Aqua, Sal, Turbit.

{ Fleisch, Blut, Bein, Braun, Holtz, Safft, Wurtz, Blumen, früchten, Gummi. } { Gold, Silber, Kupfer, Eysen, Bley, Spießglaß, Vitriol, Zinober. } Spiritus. { Mirabilis, Animalis, Vegetabilis. } LIGATVR } PHILO SO PHORVM

VIA PARTICVLARIS.

Abb. 155 = Kat. Nr. 42, Tafel des Misteriums der Philose[l]phen

44 *Fermentatio*

Johann Michael Faust: Compendium Alchymist. Novum, Sive Pandora Explicata & Figuris Illustrata […], [Nürnberg]: Zieger 1706.
HAB: Wt 771

Aufgeschlagen: Pag. Q. [Bl. Sss5v / Sss6r] „Fermentatio"
(**Abb. 156**)

Heute versteht man unter der Fermentation oder Gärung die von Enzymen katalysierte Umwandlung organischer Materie. Bekannt sind entsprechende Vorgänge, etwa bei der Herstellung von Alkohol, schon seit sehr früher Zeit. Innerhalb der Alchemie gehörte die *Fermentatio* zum Standardrepertoire, gleichwohl finden wir hier wie so oft keine einheitliche Definition. So auch in dem hier gezeigten *Compendium Alchymist. Novum*, das unter der sehr allgemeinen Erklärung „Fermentum est clavicula quae claudit et apertit" [Das Ferment ist der Schlüssel, der öffnet und schließt] (S. 995) Fermentationen in verschiedenen Zusammenhängen darstellt. Zentral galt in der frühen Neuzeit der Gedanke, dass die *Fermentatio* in der Metalltransmutation von Bedeutung sei, indem das *Fermentum* quasi der Materie seine Form aufprägt und damit seine Läuterung zum Edelmetall initiiert. Der *Fermentatio* käme dann eine Rolle zu, die der Samenwirkung oder auch der magischen Wirkung des *Lapis* vergleichbar ist. Die Übergänge zu Prozessen wie der *Putrefatio*, *Multiplicatio* oder auch der *Mortificatio* sind damit fließend.

Die aufgeschlagene Abbildung in Fausts *Compendium* stellt symbolisch die Bedeutung der *Fermentatio* im Transmutationsprozess der Metalle dar. Zu sehen ist ein sog. Planetenbaum: Im Zeichen des *Ouroboros* steht „unser Mercurius", das bei der Transmutation zentrale philosophische Quecksilber, umgeben von den weiteren sechs bekannten Metallen. Angesprochen werden verschiedene Prozessstufen. Die erste Stufe wird als „die erste Schwärtz in der Fermentation" bezeichnet, was darauf hindeutet, dass die *Fermentatio* hier in erster Linie im Zusammenhang mit dem Tod der Materie (*Mortificatio*) verstanden wurde. Die Schwarzfärbung (Caput corvi = Rabenhaupt) sollte dafür kennzeichnend sein.

Die Ausgabe des *Compendium Alchymist. Novum* aus dem Jahr 1706 geht auf die sehr einflussreiche *Pandora, Das ist/ Die Edleste Gab Gottes* zurück, welches der Mediziner Hieronymus Reusner erstmals 1582 in Basel zum Druck brachte. Vorlage war eine heute in der Universitätsbibliothek Basel aufbewahrte Handschrift (Alchemistisches Manuscript Pandora L IV 1). Die Illustrationen sind im Kontext zum *Buch der Heiligen Dreifaltigkeit* zu sehen (vgl. **Kat. Nr. 26–27**). Die hier gezeigte spätere Ausgabe gab der aus Straßburg stammende Arzt Johann Michael Faust (um 1684– um 1706) heraus, der auch weitere alchemische Schriften veröffentlichte. Im Vorwort bezieht er sich auf die zweite Ausgabe der *Pandora* von 1588 und betont den besonderen Wert dieser Neubearbeitung: Es werde nicht nur ein umfassendes Kompendium der Alchemie „mit mehr als achthundert Philosophischen Kern-Sprüchen" vorgelegt, sondern auch ein „vollkommenes Dictionarium Alchemisticum, welches über sechszehenhundert Alchemistische Wörter in sich begreiffet". Im Unterschied zu früheren Ausgaben sei diese um vierhundert Synonyma erweitert. Die große Verwirrung in der alchemischen Terminologie führte immer wieder zu Versuchen, in Lexika und Wörterbüchern durch die Zusammenstellung von synonym verwendeten Begriffen und ihrer Erläuterung Abhilfe zu schaffen. Faust beruft sich auf das *Lexicon Alchemiae sive Dictionarium Alchemisticum* des Arztes Martin Ruland (1533–1602), das mit einer Widmung an den Wolfenbütteler Herzog Heinrich Julius in erster Auflage im Jahr 1602 erschienen war.

Das gezeigte Exemplar konnte aus der Sammlung des renommierten Romanisten und Barockforschers Friedhelm Kemp angekauft werden.

Literatur:
Bachmann/Hofmeier 1999, S. 111; Goltz/Telle/Vermeer 1977, S. 78–82; Principe 1998a, 1998d.

Pag. Q.

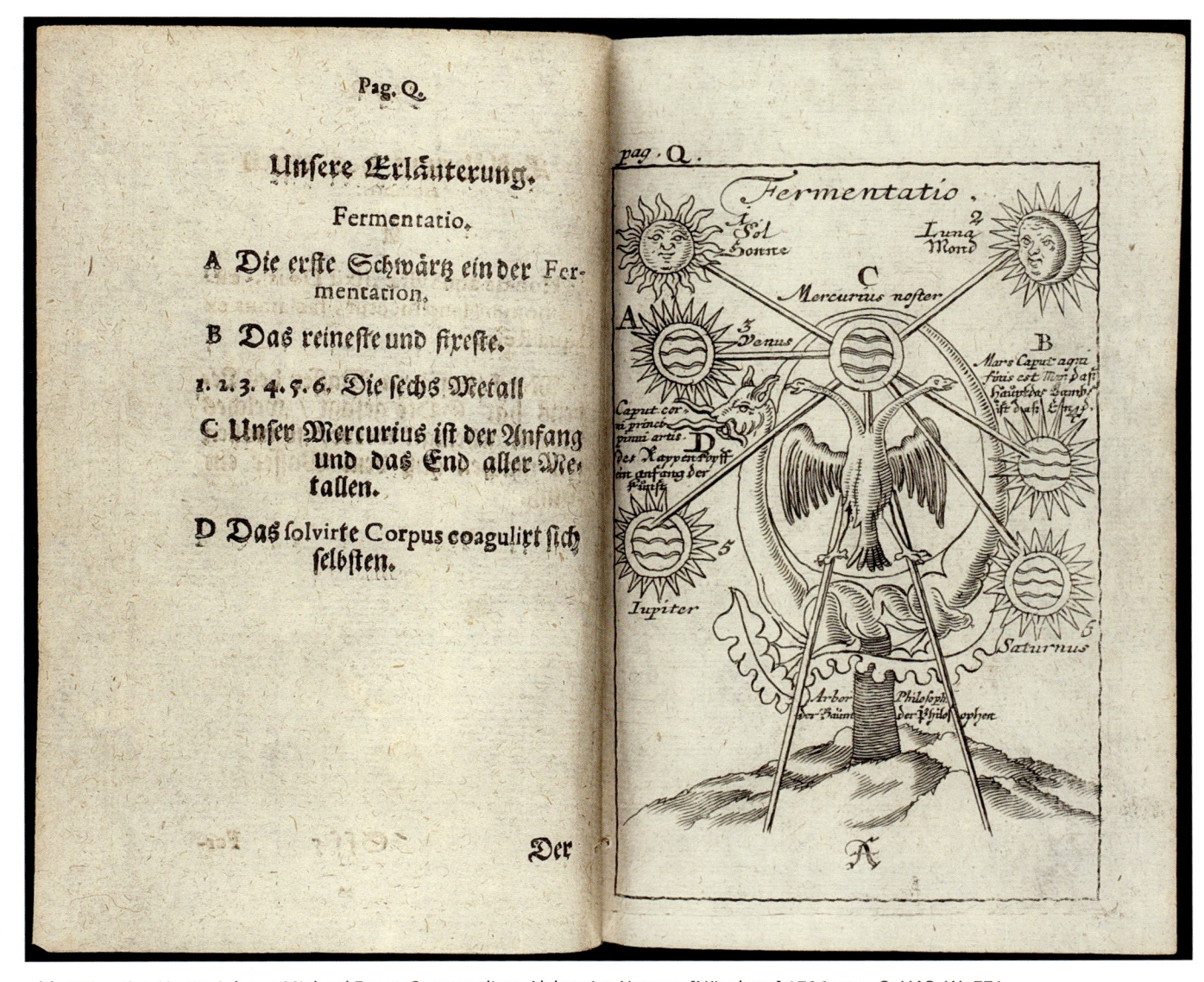

Unsere Erläuterung.

Fermentatio.

A Die erste Schwärtz in der Fermentation.

B Das reineste und fixeste.

1. 2. 3. 4. 5. 6. Die sechs Metall

C Unser Mercurius ist der Anfang und das End aller Metallen.

D Das solvirte Corpus coagulirt sich selbsten.

Der

Abb. 156 = Kat. Nr. 44: Johann Michael Faust: Compendium Alchymist. Novum, [Nürnberg] 1706, pag. Q. HAB: Wt 771

45 *Sublimatio*

Musaeum Hermeticum, Omnes Sopho-Spagyricae Artis discipulos Fidelissime, Frankfurt am Main: Jennis 1625.
HAB: 52.2 Phys.

Aufgeschlagen: S. 29: Duodecima Figura (**Abb. 157**)

Die *Sublimatio* zählt nachweislich zu den alchemischen Verfahren, die sich bereits auf die alexandrinische Alchemie zurückführen lassen. Anfang des 17. Jahrhunderts erklärte Andreas Libavius:

„Sublimirn […] ist nichts anders/ denn das subtile/ geistliche/ flüchtige und reine von dem groben/ Irrdischen Corporalischen und unreinen auffheben und scheiden. Also daß das grobe und irdische am boden des Glases bleibt/ und das subtile in die höhe in den Helm komme […] Welches nur allein […] im Feuer […] geschicht" (Libavius, *Alchemystische Practic*, S. 103, s. hier **Kat. Nr. 34**).

Der Vorgang ähnelt demnach dem Destillieren; es handelt sich um ein Trennverfahren, das auf dem Verdampfen von festen Substanzen basiert, wobei der Dampf an kühleren Gefäßteilen kondensiert, ohne dass dabei eine flüssige Phase auftritt. Aus Alexandria sind einfache Sublimationsverfahren zum Beispiel aus der Wachsmalerei (Erhitzen von Wachs und Pigmenten) überliefert. In der arabischen Zeit wurden diese Verfahren weiterentwickelt, woraus dann in der frühen Neuzeit ein Repertoire verschiedener Sublimationsprozesse mit einem breiten Fundus von Gerätschaften hervorging. Grundsätzlich mussten die Sublimationsgefäße langgestreckt sein, damit sie aus dem Feuer ragen konnten und sich der obere Aufsatz abkühlen konnte. Verbreitet war der hochwandige sog. *Aludel*. Wir finden in den Abbildungen zylindrische und konische Formen. Libavius beschreibt in seinem Lehrbuch ausführlich das Sublimieren verschiedener Substanzen, etwa von Schwefel, Quecksilber, Antimon. Die Sublimate wurden häufig, so auch bei Libavius, wegen ihrer feinen Form als *Flores* (Blüten) bezeichnet.

Gezeigt wird eine der bekannten symbolischen Darstellungen für Trenn- und Reinigungsverfahren, zu welchen die Sublimation zu zählen ist: die Geschichte vom alten König und seinem Sohn. Der Königssohn als Sinnbild für das flüchtige Reine trennt sich von den festen Rückständen (sein Vater, abgebildet auf dem Thron sitzend auf dem folgenden Bild) und steigt unter kosmischen Einflüssen auf den höchsten Berg (Scheitel des Sublimationsgeräts) (**Abb. 157**). Im folgenden Bild (**Abb. 169**) empfängt der König seinen Sohn und verschlingt ihn in der Hoffnung, durch die Aufnahme einer jüngeren Form seiner Selbst belebt und verjüngt zu werden. Der alte König steht symbolisch für die Ausgangssubstanz, der Sohn für das Sublimat oder Destillat, das in geschlossenen Geräten auch wieder auf die Ausgangssubstanz tropfen kann. Der alchemischen Philosophie nach wurde das nicht – wie man in der modernen Chemie denkt – als Verfehlung des angestrebten Ziels betrachtet. Vielmehr sah man in der Wiederholung der Verfahren durch Rückführung der Sublimate und Destillate durchaus auch die Möglichkeit, ein besseres Ergebnis erzielen zu können (vgl. o. S. 296).

Die hier gezeigte symbolische Darstellung befindet sich in einem der bekanntesten emblematischen Bildzyklen alchemischer Prozesse, die der Frankfurter Verleger Lucas Jennis in seinem *Musaeum Hermeticum* veröffentlichte. Das *Musaeum* enthält neun lateinische alchemische Traktate, die teils kurz vorher einzeln bzw. in einem Sammelband in deutscher Sprache ebenfalls bei Jennis (*Dyas chymica tripartita* […] *Sechs herrlich teutsche philosophische Tractätlein*, 1625) gedruckt worden waren. Das vor allem aufgrund seiner geheimnissvollen Bildfolgen beeindruckende *Musaeum Hermeticum* war sehr erfolgreich und wurde noch mehr als 50 Jahre später in einer erweiterten Fassung nachgedruckt (vgl. **Kat. Nr. 1**). Die in 15 emblematischen Bildern gestaltete Darstellung des *Opus magnum*, die auf den folgenden Seiten gezeigt wird, illustrierte den wahrscheinlich im 15. Jahrhundert entstandenen Text *De Lapide philosophorum* eines Autors namens Lamspring (auch Lambspring, Lampert Spring u. ä.).

Literatur:
Principe 1998a, 1998d; Schütt 2000, S. 390–403; Völlnagel 2012, S. 176–189.

29

Alius mons Indiæ in vase jacet,
Quem Spiritus & Anima, utpote filius & dux, con-
scenderunt.

DVODECIMA FIGVRA.

D 3   O Filï

Abb. 157 = Kat. Nr. 45: Musaeum Hermeticum, Frankfurt a. M. 1625, S. 29. HAB: 52.2 Phys.

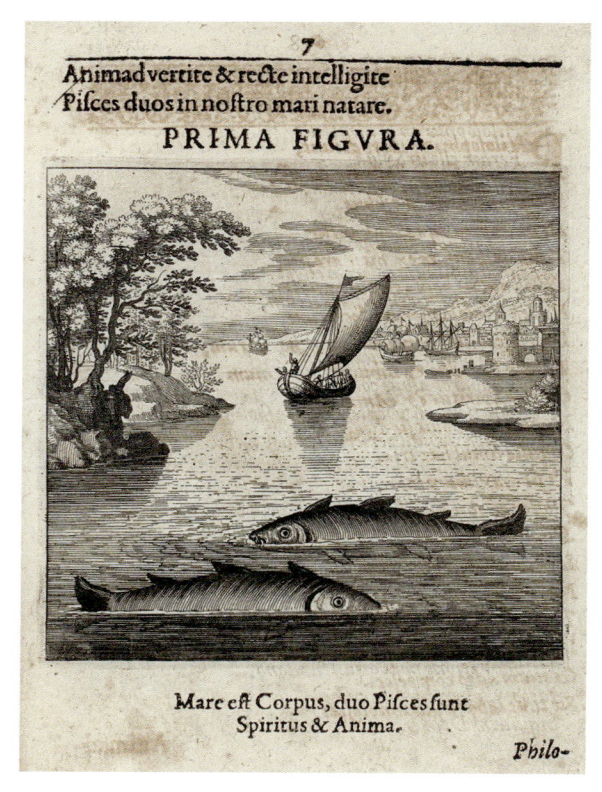

Abb. 158 = Kat. Nr. 45, S. 7

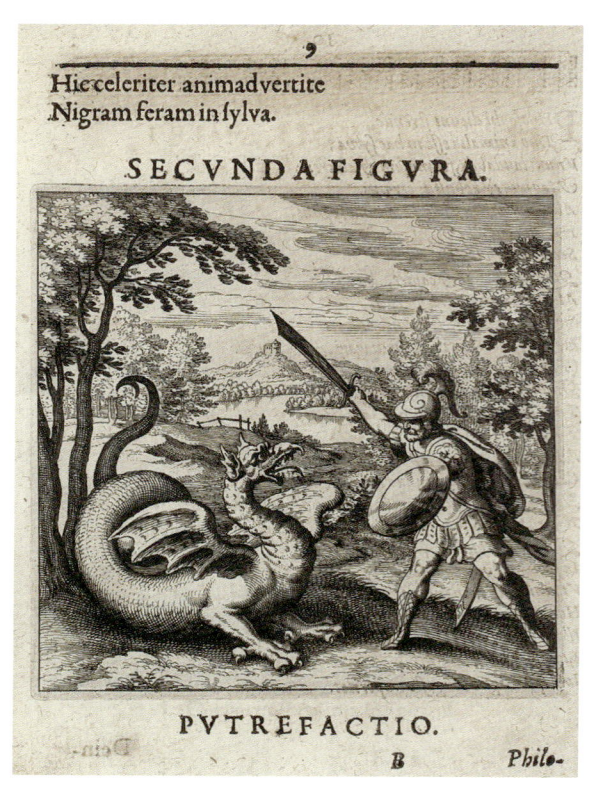

Abb. 159 = Kat. Nr. 45, S. 9

Abb. 160 = Kat. Nr. 45, S. 11

Abb. 161 = Kat. Nr. 45, S. 13

Abb. 162 = Kat. Nr. 45, S. 15

Abb. 163 = Kat. Nr. 45, S. 17

Abb. 164 = Kat. Nr. 45, S. 19

Abb. 165 = Kat. Nr. 45, S. 21

Abb. 166 = Kat. Nr. 45, S. 23

Abb. 167 = Kat. Nr. 45, S. 25

Abb. 168 = Kat. Nr. 45, S. 27

Abb. 169 = Kat. Nr. 45, S. 31

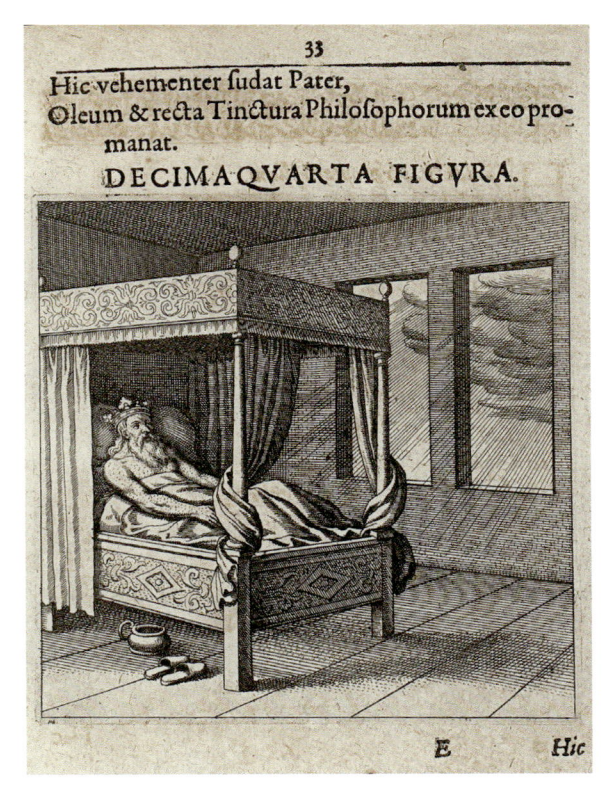

Abb. 170 = Kat. Nr. 45, S. 33

Abb. 171 = Kat. Nr. 45, S. 35

46 Farbenspiel

Aureum Vellus Oder Guldin Schatz und Kunst-Kammer, Hamburg: Liebezeit 1708.
HAB: Nd 242

Aufgeschlagen: Doppelblatt S. 804–805 (**Abb. 173**)

In der Mythologie und Naturphilosophie wurde den Farben von Substanzen und Naturphänomenen schon früh eine symbolische Bedeutung zugeschrieben. Die griechische Naturphilosophie brachte den Gedanken auf, die Entstehung der Erze und Gesteine auf der Erde stehe im Zusammenhang mit den Lichtstrahlen der Planeten, was auch die unterschiedlichen und teilweise sehr starken Färbungen der Steine erklären sollte (**Abb. 172**). Eingehend war etwa die Zuordnung von Gold und Sonne (goldener Glanz der Sonne) sowie Silber und Mond (silbriger Schein des Mondes). Diese Annahme floss in die Alchemie ein und manifestierte sich hier u. a. auch in dem Glauben, dass die Transformationsprozesse mit einem Farbwechsel der Substanzen einhergehen und damit auch dem Adepten anzeigen, ob sein Werk zu misslingen drohte.

Die erste Stufe des *Opus magnum* war mit der Farbe Schwarz verbunden und symbolisierte den Tod der Materie, d. h. ihre Rückführung auf die *Materia prima*, die zweite Stufe war durch die Farbe Weiß gekennzeichnet. In diesem Stadium sollte der *Lapis* bereits die Fähigkeit haben, unedle Metalle zu Silber zu transmutieren. Über die Gelbfärbung wurde dann Rot als Farbe erreicht, die den Status der höchsten Vollendung kennzeichnete. Der *Lapis philosophorum* wird tatsächlich immer wieder als rotes Pulver oder Stein beschrieben, was auf die assoziative Verbindung mit elementaren und lebensspendenden Stoffen oder Erscheinungen wie Blut und Sonne hindeutet.

Besonders die mittelalterlichen und frühneuzeitlichen alchemischen Handschriften spiegeln in den ausdrucksstarken Illuminationen diese Bedeutung der Farben wider; in der Ausstellung repräsentieren dies die Bilder der in Wolfenbüttel erhaltenen Exemplare des *Donum Dei* (**Kat. Nr. 24–25**) und des *Buches der Heiligen Dreifaltigkeit* (**Kat. Nr. 26–27**).

Hier gezeigt wird eine Darstellung zur Farbthematik aus dem frühen 18. Jahrhundert (**Abb. 173**), die – wie unschwer zu erkennen ist –, zur Darstellung der Prozessstufen und des Farbwechsels auf die aus den *Donum Dei*-Manuskripten bekannte Bildfolge zurückgriff. Die Abbildungen zeigen die siebte und achte Stufe. In der Phiole links im Bild ist das *Oleum philosophicum* zu sehen. Die Beschreibung erläutert, dass sich nach der Schwarzfärbung, dem

Abb. 172: Vitriol-Präparat. Arzneimittelsammlung Schneider, TU Braunschweig (vgl. Kat. Nr. 41): Inv. Nr. Vitriol 133/R

Tod der Materie, etwas Neues gebildet habe, „der newe schwartze Sohn", in der geschlossenen Phiole deutlich zu erkennen. Chemisch gesehen soll sich aus der „stinckende Erden", der sich in der Fäulnis (*Putrefatio*) befindenden Substanz, ein „lebendig Quecksilber" wie es heißt „aufgelöst [haben] in eine Ölfarbe". Im Bild rechts wird der Prozess der allmählichen Weißwerdung dargestellt in Form eines Drachen, „der seinen eigenen Flügel frisset unnd mancherley Farben von sich leßt/ dann er wirt sich auff viel […] Wege von einer Farbe in die ander bewegen/ biß er kommen wirdt zu einer beständigen Farb". Damit wird der Prozess der Neuformierung der Materie in den für den *Lapis* geeigneten Anteilen der Elemente über eine Reihe unterschiedlicher Färbungen zu der Farbe Weiß nachgezeichnet.

Die Bilderfolge erschien wiederum in einem sehr populär gewordenen alchemischen Sammelwerk, dem *Au-*

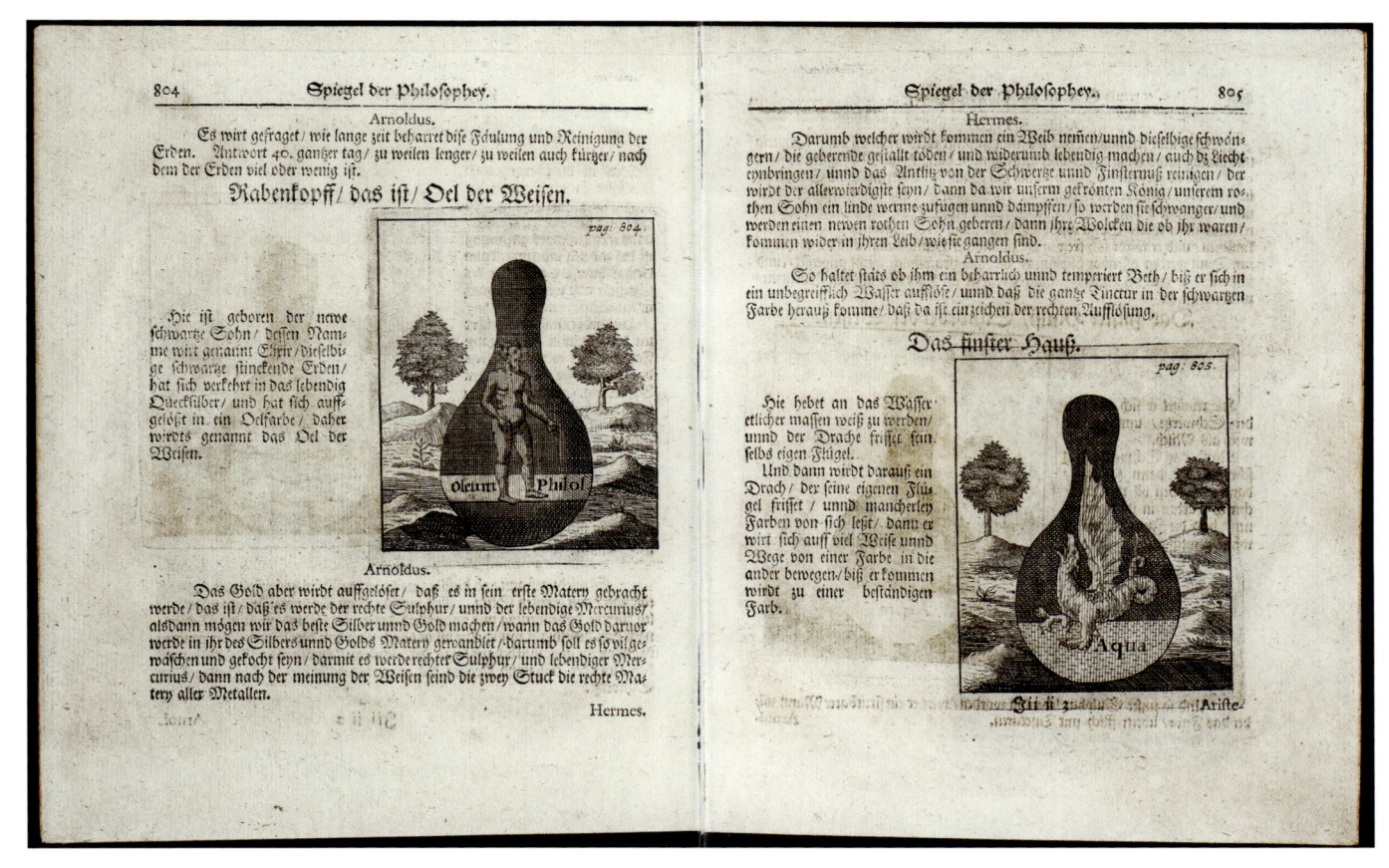

Abb. 173 = Kat. Nr. 46: Aureum Vellus, Hamburg 1708, S. 804 f. HAB: Nd 242

reum vellus, das auf einen Autor namens Salomon Trismosin, laut Angaben auf dem Titelblatt der Lehrer von Paracelsus, zurückgehen soll. Diese Person ist historisch kaum fassbar, zugeschrieben wird ihr seit dem 16. Jahrhundert auch der Traktat *Splendor solis*. Die Erstausgabe des *Aureum vellus* erschien bereits 1598, in der Vorrede der Neuauflage von 1708 wird seine große Bedeutung und Seltenheit gerühmt, weshalb ein neuer Druck mehr als gerechtfertigt schien. Ein „Catalogus" der enthaltenen Schriften listet die mehr als 50 Werke der „fürnembsten allerfürtrefflichsten außerlesenen herrlichsten Autorum" auf, die Eingang in dieses Sammelwerk erhalten haben. Es handelt sich um die Schriften antiker, mittelalterlicher und frühneuzeitlicher Autoren, in Kupferstichen dargestellt sind die bekannten Bildfolgen des *Splendor solis* und *Donum Dei*. Letzteres befindet sich in einem als „Spiegel der Philosophey" betitelten Werk und bildet den Abschluss des Buches. Der Band stammt aus der Sammlung von Herzog Ludwig Rudolf zu Braunschweig-Lüneburg (1671–1735).

Literatur:
Paulus 1997; Priesner 1998; Schütt 2000, S. 303 – 306; Telle 1998a; Telle 2004.

Personen

Es ist ein weiter, äußerst heterogener und biographisch häufig nur schwer oder gar nicht zu fassender Personenkreis, der in der frühen Neuzeit die Geheimnisse der Alchemie hütete und praktisch anwendete. Das Spektrum reicht von Gelehrten verschiedenster fachlicher Richtungen, – nicht nur Naturwissenschaftler und Mediziner, auch Theologen und Dichter beschäftigten sich intensiv mit den naturphilosophischen Fragen, die die *prisca sapientia*, die uralte Weisheit, aufwarf, – über Berufsgruppen, die in ihrem Metier enge Berührung mit den Arbeitsweisen der Alchemiker hatten, hin zu Laienalchemikern aller Stände. Auch die unseriösen Goldmacher, die im kulturellen Gedächtnis das heutige Bild der Alchemie so hartnäckig bestimmen, können nicht völlig ignoriert werden, finden wir hier häufig fließende Übergänge aus einer ursprünglich ernsthaften Beschäftigung mit der Metalltransmutation, begleitet auch von oftmals nicht unbedingt absichtsvollen Selbsttäuschungen.

Besonders schwer greifbar ist die breite Gruppe der Laienalchemiker, die ebenso am Fürstenhof wie im aufstrebenden städtischen Gewerbe und in den vor allem für die Gesundheitsversorgung auf dem Land so bedeutenden laienmedizinischen Kreisen zu finden sind. Vieles von den hier ausgeübten Praktiken hat niemals Eingang in eine mediale Überlieferung gefunden, der weitaus größte Kreis dieser Personen wird immer unbekannt bleiben. Oft aber müssen auch Leben und Werk der Protagonisten, die mit anonymen und pseudonymen Werken, in aufwendigen Verschlüsselungen ihrer Identität hervorgetreten sind, im Dunkel bleiben.

Einen kleinen Beitrag zu diesen sozialgeschichtlichen und biographischen Fragestellungen der Alchemiehistoriographie kann möglicherweise die bibliothekarische Provenienzverzeichnung, die in der Herzog August Bibliothek seit mehr als zehn Jahren systematisch betrieben wird, leisten (vgl. Beitrag Feuerstein-Herz). In der Ausstellung werden die Träger der Alchemie, die Rezipienten und Tradenten, in den unterschiedlichsten Kontexten vorgestellt. Das folgende Segment will zwei bekannten Vertretern der frühneuzeitlichen Alchemie Aufmerksamkeit widmen und damit zwei prototypische Lebenswege skizzieren. In diesem Kontext soll auch das Thema der Alchemiekritik angesprochen werden.

47 Michael Sendivogius

D. C. C. Fleischmann: Porträtstich Michael Sendivogius, Radierung, 146 × 83 mm, zwischen 1687 und 1736.
HAB: Portr. I 12483 (**Abb. 175**)

Michał Sędziwój: Tripus Chimicus Sendivogianus, Dreyfaches Chimisches Kleinod: Das ist/ Zwölff Tractätlin/ von dem Philosophischen Stain, Straßburg: Zetzner 1628.
HAB: Xb 428

Aufgeschlagen: S. 67 Zwischentitelblatt „Vom Mercurio" (**Abb. 174**)

Michael Sendivogius (eig. Michał Sędziwój), im Jahr 1566 im Herzogtum Kleinpolen geboren, repräsentiert den Typus des frühneuzeitlichen Alchemikers, den ein bewegtes Leben mit ausgedehnten Reisen durch Europa führte und dessen Wirken uns aus zahlreichen Zeugnissen ernsthafter Naturforschung und den bekannten, Legenden umwobenen Goldmachergeschichten überliefert ist.

Das gezeigte Porträt (**Abb. 175**) stellt Sendivogius ganz sachlich als polnischen Adeligen, „wahren Adepten" und berühmten Philosophen dar. *Consiliarius* (Berater) dreier Herrscher sei er gewesen, gemeint sind neben Kaiser Rudolf II., an dessen Hof in Prag Sendivogius ab 1593 tätig war, der polnische König Sigismund III. und Kaiser Ferdinand II., dessen Bleiminen in Schlesien er beaufsichtigte. Das im *Deutschen Theatrum Chemicum* von Friedrich Roth-Scholtz im 18. Jahrhundert abgedruckte Porträt gibt ein falsches Todesjahr an, Sendivogius starb schon 10 Jahre früher im Jahr 1636 an unbekanntem Ort, auch das Pseudonym „Woysky" scheint ein Irrtum zu sein. Gemeint ist wahrscheinlich der polnische Adlige Mikolaj Wolski (1555–1630), ein Freund und Gönner Sendivogius'. Mit ihm stand er auch während seiner Jahre in Polen (1607–1616) in engem Kontakt; Wolski war ein wichtiger Akteur beim Ausbau des polnischen Bergbaus und der metallverarbeitenden Technologie. Neben Sendivogius' Engagement im Bereich der metallurgischen Alchemie ist auch belegt, dass er sich für die in dieser Zeit aufkommende Chemiatrie interessierte. So ist 1616 ein Besuch bei Johann Hartmann in Marburg bekannt (vgl. **Kat. Nr. 62**).

67

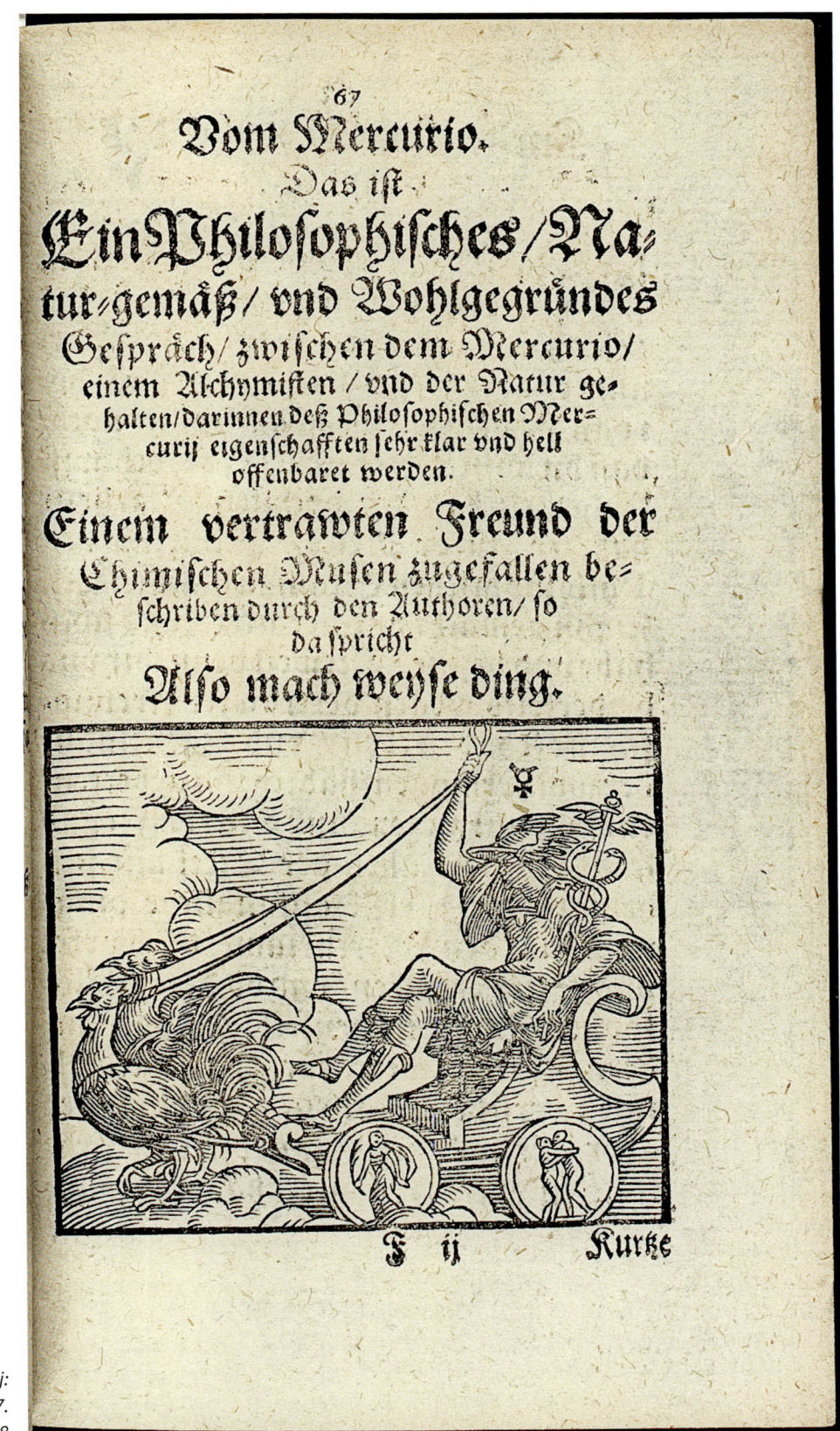

Vom Mercurio.

Das ist

Ein Philosophisches, Natur-gemäß, vnd Wohlgegründes

Gespräch, zwischen dem Mercurio, einem Alchymisten, vnd der Natur gehalten, darinnen deß Philosophischen Mercurij eigenschafften sehr klar vnd hell offenbaret werden.

Einem vertrawten Freund der

Chimischen Musen zugefallen beschriben durch den Authoren, so da spricht

Also mach weyse ding.

F ij   Kurtz

Abb. 174 = Kat. Nr. 47: Michał Sędziwój:
Tripus Chimicus, Straßburg 1628, S. 67.
HAB: Xb 428

Abb. 175 = Kat. Nr. 47: Porträtstich Michael Sendivogius.
HAB: Portr. I 12483

Abb. 176:
Michael Maier:
Symbola aurea,
Frankfurt a. M.
1617, Titelblatt
(Ausschnitt),
vgl. Abb. 90.
HAB: 46 Med. (1)

Bekannt geworden ist der südpolnische Alchemiker auch durch einige abenteuerliche Geschichten, wie sie sich oftmals um diesen Personenkreis rankten. So soll er selbst unter dubiosen Umständen den immer wieder mit der Goldmacherei in Verbindung gebrachten schottischen Alchemiker Alexander Seton aus dem Kerker nach dessen Inhaftierung durch Kurfürst Christian II. von Sachsen befreit haben und auf diese Weise in den Besitz wichtiger alchemischer Schriften gelangt sein. Während diese Episode wohl jeder realen Grundlage entbehrt, ist dokumentiert, dass Sendivogius selbst kurze Zeit inhaftiert war, indem er Opfer einer Intrige am Hof von Herzog Friedrich I. von Württemberg durch dessen Hofalchemisten Johann Müller von Mühlenfels wurde.

Trotz dieser undurchsichtigen Geschichten galt Michael Sendivogius bereits zu Lebzeiten als ernstzunehmender Autor in den einschlägigen Alchemikerkreisen, was sich schon an den zahlreichen Ausgaben und Auflagen seiner Werke ablesen lässt. Von seinem Hauptwerk *Novum lumen chymicum*, das teilweise auch unter dem Titel *De Lapide Philosophorum* erschien, sind bis in das ausgehende 18. Jahrhundert mehr als fünfzig Drucke, davon einige auch in Sammelwerken nachgedruckt, bekannt. Sein erster Bibliograph, Roman Bugaj, konnte insgesamt annähernd 90 Ausgaben der Schriften des Sendivogius in fünf Sprachen und aus 17 Orten in ganz Europa nachweisen. Wie sehr die Zeitgenossen den polnischen Alchemiker schätzten, bezeugt vor allem auch das Titelkupfer eines der bekanntesten alchemischen Werke des 17. Jahrhunderts, die *Symbola aurea* von Michael Maier (**Kat. Nr. 17**), den Sendivogius am Prager Hof kennengelernt hatte. In seinem vielleicht als Literaturgeschichte der Alchemie zu charakterisierenden Werk führt Maier Sendivogius schon im Jahr 1617 unter den seines Erachtens 12 bedeutendsten Persönlichkeiten der gesamten Alchemiegeschichte auf. Die Abbildung als anonymer „Sarmate" (**Abb. 176**), eine in der frühen Neuzeit übliche, mythisch aufgeladene Bezeichnung für den polnischen Adel, ist möglicherweise die Vorlage für die Porträtdarstellung Sendivogius' bei Roth-Scholtz gewesen. Wir können seine Bedeutung unter den Zeitgenossen auch an einem Sammelband in der

Wolfenbütteler Bibliothek belegen. Er gehörte laut handschriftlichem Eintrag der bekannten Alchemikerfamilie Ruland, aus deren Kreis das schon genannte, maßgebliche *Lexicon Alchemiae* hervorging. Der Sammelband (Signatur HAB: Xb 7599) enthält sieben zeitgenössische alchemische Werke, darunter zwei von Sendivogius.

Einen Teil seiner Schriften ließ er unter verschiedenen Decknamen erscheinen, z. B. unter den Anagrammen „Divi Leschi Genus Amo" [Ich liebe das Volk der göttlichen Leschiten (i. e. Polen; Lech war der legendäre erste polnische König)], „Angelus Doce Mihi Ius" [Engel lehre mich Gerechtigkeit] und dem Pseudonym „Cosmopolitus"; vor einigen Jahren wurden auch die Abkürzungen „I.P.S.H.M.S" und das Anagramm „Ioachimus d'Estinguel" für seine Autorschaft identifiziert.

Von den zahlreichen Ausgaben im Bestand der Herzog August Bibliothek wird eine deutschsprachige Sammelausgabe von Werken des Sendivogius gezeigt. Es enthält neben den „Zwölff Tractätlin" des *De Lapide philosophorum* auch die häufig im Zusammenhang damit gedruckten Traktate über *Sulphur* (*Dialogus Mercurii, alchymistae et naturae*) und *Mercurius* (*Tractatus de sulphure altero naturae principio*). Letzteres stellt ein satirisches Gespräch dar, das Stanton J. Linden als Grundlage für Ben Johnsons *The Alchemist* (1610) identifizierte. Zentral in Sendivogius' Werk ist die Beschäftigung mit der paracelsischen Trias *Sulphur – Mercurius – Sal* (vgl. **Kat. Nr. 40**). Er maß dem Salz und dem Element Luft große Bedeutung bei. Demnach sollte es in der Luft eine Art versteckter vitaler Substanz geben, was heute immer wieder zu der irrigen Annahme führt, der polnische Alchemiker habe den Sauerstoff schon gekannt. Nach Sendivogius' Theorie sollte der *Mercurius* der Luft mit Feuchtigkeit auf der Erde ein *Sal nitrum* erzeugen, das die Grundlage der organischen Substanzen darstelle. Sendivogius' Salpetertheorie wie auch sein breites chemisches Wissen überhaupt basieren sowohl auf den naturphilosophischen Theorien seiner Zeit wie auch auf intensivem praktischen Arbeiten im Laboratorium.

Literatur:
Bugaj 1968; Linden 1977; Soukup 2006; Szydło 1994.

48 Eiraeneus Philalethes alias George Starkey

[George Starkey:] Secrets Reveal'd: Or, An Open Entrance To The Shut-Palace of the King, London: Godbid, Cooper 1669.
HAB: Nd 305

Aufgeschlagen: Titelblatt (**Abb. 177**)

Mit dem erst in jüngerer Zeit dank der Studien der amerikanischen Wissenschaftshistoriker William R. Newman und Lawrence M. Principe biographisch fassbaren George Starkey (1628–1665) widmet sich die Ausstellung einem weiteren einflussreichen Vertreter der internationalen alchemischen Gemeinschaft des 17. Jahrhunderts (vgl. Beitrag Mulsow).

Starkey stammte aus einer calvinistisch orientierten schottischen Auswandererfamilie, die auf Bermuda lebte, wo er auch geboren wurde. Er studierte dann am Harvard College (Mass.) und kehrte um 1650 nach England zurück. Hier konnte er rasch Kontakte zu einflussreichen Alchemiker- und reformerischen Wissenschaftskreisen knüpfen, so zu der Gruppe um Samuel Hartlib, welcher mit seinem *Office of Adress* nach französischem Vorbild die wissenschaftliche Kommunikation verbessern wollte, und auch zu Robert Boyle (vgl. **Kat. Nr. 22**), mit dem er zeitweise zusammen experimentierte. Seit 1650 verfasste Starkey alchemische Texte, die zunächst handschriftlich kursierten, bis sie um 1660 auch gedruckt wurden. Zusätzlich gewann die Chemiatrie sein Interesse, was ihn zum überzeugten Anhänger der paracelsisch inspirierten Medizin des Johann Baptista van Helmont (vgl. Beitrag Fransen) werden ließ. George Starkey starb während der großen Pestepidemie 1665 in London.

Seine zu weiten Teilen posthum veröffentlichten Werke zur Alchemie und Chemiatrie (s. die Bibliographie bei Newman 2003) erschienen überwiegend unter dem Pseudonym eines Eiraeneus Philalethes [Friedlicher Liebhaber der Wahrheit]. Sehr einflussreich und durch Übersetzungen in die lateinische, deutsche und französische Sprache in Europa weit verbreitet waren sein 1654 erstmals gedruckter *Marrow Of Alchemy* (dt. Erstausgabe unter dem Titel *Kern Der Alchymie*, Leipzig 1685) sowie der *Introitus Apertus Ad Occlusum Regis Palatium* (Erstausgabe Amsterdam 1667). Unstrittig ist, dass sich Isaac Newton (vgl. Beitrag Siebenpfeiffer) und Robert Boyle in ihren alchemischen Arbeiten von Starkeys Werken anregen ließen.

Gezeigt werden hier die *Secrets Reveal'd* von 1669, auf dem Titelblatt finden wir den Autor als „famous English-Man, Styling himself Anonymus, or Eyraeneus Philaletha Cosmopolita, Who, by Inspiration and Reading, attained to the Philosophers Stone at his Age of Twenty three Years, Anno Domini, 1645". Anders als der Verleger in der Vorrede anklingen lässt, handelt es sich jedoch nicht um eine bloße englische Übersetzung des schon zwei Jahre zuvor erschienen *Introitus*, sondern um eine – möglicherweise von Starkey selbst noch kurz vor seinem Tod vorgenommene – Neubearbeitung in englischer Sprache (Newman 2003, S. 265). 1674 erschien unter dem Titel *Chymisches Zwey-Blatt* eine erste von dem Arzt Johann Lange (um 1667–1696) besorgte deutsche Übersetzung des *Introitus*.

Der Erfolg der Transmutation und Herstellung des Steins der Weisen, die Starkey laut der Angaben auf dem Titelblatt im Alter von 23 Jahren gelungen sein soll, basierte seiner Meinung nach allein auf der metallurgischen Alchemie, konkret der Quecksilberchemie.

Starkeys Werke und ihre internationale Rezeption, die Martin Mulsow im Katalog am Beispiel des Gothaer Hofes in der Zeit von Herzog Friedrich I. (1646–1691) nachzeichnet, sind ein Beleg für den europäischen Traditions- und Vermittlungshorizont in der frühneuzeitlichen Alchemie, die einerseits durch die auffallende Mobilität der Protagonisten selbst, aber auch das intensive Übersetzungswesen auf diesem Sektor garantiert waren: eine Wissens- und Kulturiteration im wahrsten Sinn des Wortes.

Literatur:
Newman 2003; Newman/Principe 2002; Principe 2013.

SECRETS Reveal'd:
OR,
An OPEN ENTRANCE
TO THE
Shut-Palace
of the KING:
Containing,
The greateſt TREASURE in
CHYMISTRY,
Never yet ſo plainly Diſcovered.

Compoſed
By a moſt famous ENGLISH-MAN,
Styling himſelf *ANONYMUS*,
or *EYRÆNEUS PHILALETHA
COSMOPOLITA*:
Who, by Inſpiration and Reading,
attained to the PHILOSOPHERS STONE
at his Age of Twenty three Years,
Anno Domini, 1645.

Publiſhed for the Benefit of all *Engliſh-men*,
by *W. C.* Eſq; a true Lover
of Art and Nature.

London, Printed by *W.* Godbid for *William Cooper*
in Little St. Bartholomews, near *Little-Britain*, 1669.

Abb. 177 = Kat. Nr. 48: [George Starkey:] Secrets Reveal'd, London 1669, Titelblatt. HAB: Nd 305

49 Meister und Schüler

Der Alchemist und seine Schüler, nach Domenico Maggiotto, Kupferstich auf Papier, 339 × 421 mm, zwischen 1739 und 1780. Braunschweig, Herzog Anton Ulrich-Museum: JWagner AB 3.160

Mit dieser Graphik (**Abb. 178**) wird die Arbeitsteilung in einem Laboratorium wiedergeben: Im Vordergrund steht der Meister am Kohleofen. Im Hintergrund sind zwei Schüler zu sehen, die ihm zuarbeiten. Während ein Schüler nach einem Glas in einem Regal mit verschiedenen Gefäßen greift, zerkleinert der zweite eine Zutat mit einem Mörser. Der Meister gibt mit einer Zange weitere Kohlen in den Ofen hinein und kontrolliert mit der anderen die Temperatur. Seine Konzentration spiegelt sich in seinem Gesicht wider. Die Stirn ist gerunzelt und die Wangen sind angespannt.

Die Bildunterschrift, die der graphischen Reproduktion beigegeben wurde, ordnet das Bild eindeutig in den alchemischen Kontext der Metalltransmutation: „Ich bin es gewohnt alles in Gold umzuwandeln. Und derjenige der Gold will, der gebe es in den Rauch." Das kann durchaus auch doppeldeutig interpretiert werden. Nicht selten wurden in Gemälden und Graphiken Alchemiker dargestellt, denen bei der Suche nach dem Rezept zur Goldherstellung das Vermögen „in Rauch aufging."

Das Thema des Alchemikers in seiner Werkstatt war seit dem 16. Jahrhundert beliebt, wobei bildliche Darstellungen der sogenannten *chymistry* variierende Interpretationen von Alchemikern und ihrer Arbeit zeigen. Die graphische Reproduktion nach einem Gemälde des venezianischen Malers Domenico Maggiotto (1713–1794) aus dem Kunstverlag Wagner ermöglichte eine größere Verbreitung des Themas und zeigt somit das anhaltende Interesse an der Alchemie im 18. Jahrhundert, als sich ihr Ende bereits ankündigte.

Literatur:
Principe/Dewitt 2002.

Katharina Gietkowski

Katalog: Im alchemischen Laboratorium

Io tutto in oro convertir costumo,
E costui che vuol oro il manda in fumo.

Domenico Maiotto Pin. — Ex Calcographia I. Wagner Venexia C.P.E.S.

Abb. 178 = Kat. Nr. 49: *Der Alchemist und seine Schüler*. Braunschweig, Herzog Anton Ulrich-Museum: Inv. Nr. JWagner AB 3.160

50 "Von falsch und bschisß" – Alchemiekritik

Sebastian Brant: [Das Narrenschiff] Narrensciff, Basel: Lamparter, Bergmann 1506.
HAB: 293.5 Quod. (1)

Aufgeschlagen: Bl. CXXXVIIr „Der. Cl. nar" (**Abb. 179**)

Aus der langen Reihe der nicht selten äußerst derben Kritiken an der Alchemie und ihren Protagonisten, die sie verstärkt seit dem 14. Jahrhundert auf sich zog, wird hier ein besonders bekanntes Stück gezeigt, das die Vorbehalte geradezu mustergültig und in breiter topischer Variation durchspielte: Sebastian Brants (1457–1521) Darstellung der „alchemy", die ihre Passage unter der Überschrift „Von falsch und bschisß" in seinem berühmten *Narrenschiff* antrat. Das *Narrenschiff* wurde erstmals 1494 in Basel in deutscher Sprache gedruckt und ist mit zahlreichen späteren Ausgaben und Übersetzungen ins Lateinische und die europäischen Volkssprachen eines der bekanntesten deutschen Bücher des frühen 16. Jahrhunderts. Gezeigt wird die deutsche Ausgabe von 1506. Es stellt schon deshalb eine wichtige Quelle zur Alchemiegeschichte dar, weil hier eine der ältesten Labordarstellungen im Buchdruck gezeigt wurde. Die Holzschnitte stammen von verschiedenen Künstlern, vermutlich war auch Albrecht Dürer daran beteiligt.

Unter den mehr als einhundert als Sünden und Laster der Menschen und der Gesellschaft gebrandmarkten Narrheiten in Brants Moralsatire – Habgier, Schwätzerei, Ehebruch usw. – fand auch die Dummheit, sich von verdrehten Goldmachern betrügen zu lassen, einen unangefochtenen Platz:

„Do mit ich nit vergeß hieby/
Den grossen bschiß der alchemy/
Die macht das sylber/golt/uff gan/
Das vor ist in das stäcklin getan/
Sie goucklen/und verschlagen grob
Sie lont eyn sehen vor eyn prob
[…]
Vil hant also verderbt sich
Gar wenig sint syn worden rich" (Bl. CXXXVIIIr).

Aber nicht nur der offensichtliche Betrug der Goldmacher ist Brant ein Dorn im Auge, er bezweifelt grundsätzlicher das Denken der Alchemie und weist die sich auf die aristotelische Naturphilosophie berufende Idee von der Transmutation der Metalle generell zurück („Dann Aristoteles der gycht [d. i. bezeugt]/ die gestalt der ding wandeln sich nicht").

Tatsächlich zielte die Alchemiekritik der frühen Neuzeit bei Weitem nicht nur auf die betrügerischen Absichten einer sicherlich nicht kleinen Gemeinde von herumziehenden Scharlatanen, die mit mehr oder weniger phantasiereichen Methoden – im doppelten Boden des Gefäßes oder im hier genannten hohlen Rührstab versteckt – Edelmetalle bei öffentlich vorgeführten Transmutationen hervorzuzaubern. Schwerwiegende Verdachtsmomente – nicht zuletzt aufgrund der verschlüsselten und unverständlichen Sprache, der geheimnisvollen Symbole und Zeichen – spitzen sich im Vorwurf zu, Magie oder ketzerischen Lehren anzuhängen. War es doch verbreitet, das Erlösungswerk Christi mit der Erlösung der Materie zu vergleichen oder gar gleichzusetzen. Dergleichen verband sich inhaltlich mit der vielleicht wirkungsvollsten Kritik, der, die sich ernsthaft und nachhaltig mit den naturphilosophischen Grundlagen der Alchemie auseinandersetzte. Das war im Kern die Frage, die wir schon in dem Lehrgedicht zur „Bescheidenheit" gestreift haben: Ist die Verwandlung der Materie, die Transmutation einer Metallspezies in eine andere überhaupt möglich? Ist das Werk Gottes und der Natur nicht grundsätzlich unerreichbar und darf auch gar nicht nachgeahmt oder manipuliert werden? Auch wenn die Alchemiker ihr Handeln damit rechtfertigten, dass sie nicht anmaßend in die Natur eingreifen, sondern einen ohnehin natürlich ablaufenden Prozess nur unterstützen wollten, wurde dieser Vorwurf immer wieder erhoben und entwickelte anhaltende Stoßkraft. In der Mitte des 17. Jahrhunderts artikulierte sich Kritik an der Alchemie auch über die quellenkritische Methode aus akademischen Kreisen, vorgetragen etwa in einem viel beachteten Werk des Helmstedter Professors Hermann Conring (vgl. **Kat. Nr. 62**).

Literatur:
Figala 1998; Ploss 1970, S. 196–198; Principe 2013; Schütt 2000, S. 382–390.

Der.Cl.nar CXXXVII

Man spüret wol jnn der alchemy
Und jnn des wynes artzeny
was falsch/vnd bschiß vff erden sy

Von falsch vnd beschiß

Betrüger sint/vnd fälscher vil
Die tönen recht zů narren schiff
Falsch lieb/falsch rott/falsch frünt/falsch gelt
Voll vntrüw ist yetz die gantz welt

t

Abb. 179 = Kat. Nr. 50: Sebastian Brant: Das Narrenschiff, Basel 1506, Bl. CXXXVIIr. HAB: 293.5 Quod. (1)

Orte der Alchemie – Kloster, Hof, Stadt und Universität

51–52 Albertus Magnus

51

Theodor de Bry: Porträtstich Albertus Magnus, Kupferstich, 143 × 113 mm.
HAB: Portr. I 164 (**Abb. 180**)

Im Mittelalter setzte das Kloster in der Alchemie Akzente – als Ort reger Übersetzungstätigkeit wie auch als Ort praktischer Verfahren. Erst mit der Übersetzung arabischer Texte in das Lateinische (Morienus, *De compositione alchemiae*, Mitte 12. Jahrhundert) trat das alchemische Wissen in den mitteleuropäischen Kulturraum ein. Darüber hinaus verstanden die Klöster sich als Pflegstätten naturkundlicher Interessen sowie bestimmter Technologien, wie z. B. der Farbherstellung. Man kann davon ausgehen, dass es dort alchemische Werkstätten und Laboratorien gegeben hat.

„Wirkliche Verbreitung", urteilt William R. Newman, habe die Alchemie in Europa erst um 1250 gefunden und dies mit dem Werk eines Mitglieds des Dominikanerordens, Albertus von Bollstädt (1193–1280), später Albertus Magnus genannt. Er diente seinem Orden vor allem als Lehrer an verschiedenen Schulen und Universitäten, 1260 wurde er Bischof von Regensburg. In seinem äußerst reichen schriftstellerischen Schaffen, welches zwar vorrangig theologischen Themen gewidmet war, setzte sich Albertus aber auch intensiv mit Fragen der Naturphilosophie und mit naturkundlichen Themen auseinander.

In seinem Werk *De mineralibus* beschrieb Albertus unterschiedliche Mineralien und deutete ihre Entstehung im Erdinneren auf der Grundlage der Schwefel-Quecksilber-Theorie. Auch wenn Albertus der Alchemie eher kritisch begegnete, standen seine naturphilosophischen Erklärungen im Einklang mit der aristotelischen Transmutationslehre der Elemente, wonach alle Spezies, auch die der Steine, jeweils eine eigene substantielle Form besitzen, die in sich wandelbar ist. Auf der Grundlage von *De mineralibus* entstand in der Folgezeit ein Korpus alchemischer Manuskripte, die unter dem Namen des Albertus Magnus bekannt waren und in zahlreichen Abschriften kursierten.

Die Porträtdarstellung aus dem 17. Jahrhundert zeigt Albertus als Ordensmann, im Schmuckrahmen umgeben von Naturobjekten, Schmetterlingen, Schnecken und Pflanzen, ein Hinweis auf seine Bedeutung in der Naturkunde. Am unteren Bildrand die lateinischen Verse:

> „Mitra pedumq[ue] oneri tibi quondam, Alberte, fuerunt
> Dulcius est Sophiae delituisse sinu"
> [Mitra und Hirtenstab waren einst Dir zur Last, Albertus,
> süßer ist's sich am Busen der Weisheit zu bergen]

Neben Albertus Magnus gehören weitere Geistliche zu wichtigen Trägern alchemischen Wissens im Spätmittelalter, zu erwähnen sind etwa die Franziskaner Roger Bacon (geb. 1219), Raimundus Lullus (1232–1315) und Johannes de Rupescissa (gest. 1365) sowie der Dominikaner Thomas von Aquin (1225–1277), Schüler von Albertus Magnus.

Literatur:
Baldwin 1998; Collins 2010; Kibre 1980, S. 196–202; Mortzfeld 1996; Newman 1998; Schütt 2000, S. 268–272.

*Mitra pedumq; oneri tibi quondam, Alberte, fuerunt.
Dulcius est Sophiæ delituisse sinu.*

Abb. 180 = Kat. Nr. 51: Theodor de Bry: Porträtstich Albertus Magnus. HAB: Portr. I 164

52

Alchemische Sammelhandschrift mit pseudoalbertinischen Texten, 21 × 14,5 cm, [Heidelberg 1444], fol. 34r.
HAB: Cod. Guelf. 627 Helmst.

Aufgeschlagen: Bl. 34r (**Abb. 181**)

Die von mehreren Händen angefertigte Sammelhandschrift ist ein typisches Beispiel für die breite und intensive Rezeption jener alchemischen Werke, die während des späten Mittelalters unter dem Namen des Albertus Magnus kursierten. Gleich zu Beginn (fol. 1r – 24v) steht die wohl populärste Schrift des pseudoalbertinischen Alchemiekorpus, das *Büchlein über die Alchemie* (*Libellus de alchimia*), oft auch unter dem Titel *Der rechte Weg* (*Semita recta*) überliefert. Es enthält neben knapp einführenden theoretischen Erläuterungen über die alchemische Kunst selbst vor allem Rezepte und Handlungsanweisungen für die Arbeit im Labor. Direkt angeschlossen ist ein bislang nur in dieser Handschrift ermittelter Kommentar zu diesem Werk, an dessen Schluss (fol. 34r) eine tabellarische Übersicht über die vier alchemischen „Geister" (*spiritus*: Quecksilber, Schwefel, Arsen und Salmiak) steht, gefolgt von den Metallen, die traditionell mit den Namen der ihnen zugeordneten Planeten benannt sind: *Saturnus* (Blei) *Jupiter* (Zinn), *Mars* (Eisen), *Sol* (Gold), *Luna* (Silber) und *Venus* (Kupfer). Den Schluss bildet eine Reihe von Begriffen und Handlungen, die, hintereinander gelesen, eine sentenzenhafte Definition ergeben: *Alchimia per diem et noctem tere metallum* [Alchemie: Bei Tag und Nacht zerreibe das Metall]. Den Geistern, Metallen und Begriffen sind einige der traditionellen alchemischen Symbole zugeordnet. Obwohl sie zum Teil schon seit der Antike bekannt sind, schreibt der anonyme Verfasser des Kommentars ihre Erfindung Albertus Magnus zu. Diese Tabelle mit den *caracteres Alberti Magni* steht auch am Ende eines anderen alchemischen Textes (fol. 158r – 172r).

Weitere pseudoalbertinische Werke im Kodex sind ein lateinisches Werk über die Herstellungsverfahren verschiedener Farbpigmente, in dem unter anderem Rezepte aus älteren Werken, etwa den bekannten *Mappae clavicula*, verarbeitet sind (fol. 37r – 60v). Besonders interessant sind zwei frühneuhochdeutsche Übersetzungen bzw. Bearbeitungen der *Semita recta* (fol. 91r – 130v und 186r – 216r). Die Rezeption der alchemischen Pseudoalbertina in den Volkssprachen ist bislang vor allem im englischsprachigen Raum untersucht. Zahlreiche kürzere Texte wie lateinische und deutsche Rezepte, Exzerpte aus größeren alchemischen Schriften, aber auch das verbreitete alchemische Lehrgedicht *Centimetrum problemati occulti occultorum* (fol. 135v – 137r) komplettieren den Kodex. Alle Texte sind durch einfache Federzeichnungen von alchemischen Laborgeräten, wie Destillieröfen, Kolben (*cucurbitae*), Retorten, Destillierblasen mit Helmen (*Alembicus*) usw. ergänzt, bemerkenswert sind etwa die Aufrisszeichnungen eines Kalzinationsofens (*fornis calcinacionis*, fol. 97v) und eines Sublimationsofens (*fornis sublimationis*, fol. 98r).

Entstanden ist der Kodex zum größten Teil im Jahre 1444 in Heidelberg. Dorthin weist auch der Besitzvermerk eines Johannes Hartliep, genannt Walsporn. Der aus Worms stammende Hartliep hatte sich im Sommersemester des gleichen Jahres an der Universität Heidelberg immatrikuliert. Ob er an der Handschrift auch selbst mitgearbeitet hat, lässt sich leider nicht mehr feststellen. Die zahlreichen Schreiberhände und die am Rand angebrachten Hinweise, Notizen und Ergänzungen zeigen, dass die Handschrift über einen längeren Zeitraum intensiv benutzt worden ist. Blattweiser aus Papier, die entweder angeklebt oder durch entsprechenden Beschnitt des Vordersteges hergestellt worden sind, erleichtern das Auffinden relevanter Stellen.

Auch wenn die Sammelhandschrift nicht in einem Kloster entstanden ist, dürfte sie sich zumindest zeitweilig in der Bibliothek eines unbekannten Konvents befunden haben und von dort in die *Bibliotheca Julia* in Wolfenbüttel gelangt sein. Im Gesamtkatalog des Bibliothekars Liborius Otho von 1614 ist sie unter den *Libri Medici in quarto* als „Miscellanea medica antiqua manuscripta in quarto" beschrieben (Cod. Guelf. A Extrav., p. 72), was der zur gleichen Zeit hinzugefügten Inhaltsangabe auf Bl. 1r entspricht. Der Kodex wurde mit dem größten Teil der älteren Wolfenbütteler Hofbibliothek 1618 in die Universität Helmstedt überführt, in deren Handschriftenkatalogen er ebenfalls verzeichnet ist. Wie die übrigen Helmstedter Handschriften kam der Kodex im August 1815 schließlich zurück nach Wolfenbüttel. Hier ließ der Oberbibliothekar Otto von Heinemann um 1885 den von Wurmfraß geschädigten originalen Holzdeckeleinband abnehmen und durch die jetzt noch vorhandenen Pappdeckel ersetzen.

Literatur:
Fürbeth 1992, S. 38; Grund 2006, 2009; Heinemann 1886, S. 86 f., Nr. 676; Kibre 1942; Kibre 1980, S. 196 – 202.

Bertram Lesser

[Medieval Latin manuscript text, partially legible]

Create insemita vera dni alberti magni
contenta conformiter ponibus [...]
da [...] des [...] degenhardu de [...]
arcium et medicine [...]

De caracteribus aut [...] alberti magni ho
est [...] [...] de corporibus [...]

mercurius	sulphur	arsenicum et auripig.	palmar	saturnus
☿	♀	—	✳	♄
Jupiter	mars	Sol	luna	venus
♃	♂	☉	☽	♀
alchimia	[...]	[...]	terra	me[tallum]
⅏	G	8	♁	♡

[...] distillati aqua
et [...] [...] [...] [...]
[...] efficitur [...] [...]
[...] opus [...]
[...] opus lapid' [...] in aere
qui dicit [...] tam ad album qui ad rub
est breue epylogus [...] [...] [...]
de lapide phio. Et est finis

Abb. 181 = Kat. Nr. 52: Alchemische Sammelhandschrift. HAB: Cod. Guelf. 627 Helmst., fol. 34r

53 Alchemie am Wolfenbütteler Hof

Daniel Lindmeier: Porträtstich Heinrich Julius zu Braunschweig-Lüneburg, Kupferstich, 250 × 165 mm.
HAB: Portr. II 641a (**Abb. 182**)

Recept Buch. Medicamenta chymica composita [...] per reverendissimum et illustrissimum principem [...] Henricum Julium, Handschrift Papier, 274 Bl., 310 × 195 mm, 1596.
HAB: Cod. Guelf. 242 Helmst.

Aufgeschlagen: Bl. 34r, No. XXVI Liquor Epilepticus (**Abb. 183**)

Wie an vielen frühneuzeitlichen Fürstenhöfen spielte die Alchemie auch am Wolfenbütteler Hof eine Rolle. Während sich bei Herzog Julius zu Braunschweig-Lüneburg (1528–1589) deutliche Spuren für ein Interesse am Bergbau und an der metallurgischen Alchemie finden, deuten die Quellen bei seinem Sohn Heinrich Julius (1564–1613) auf eine intensive alchemische Praxis im Bereich der Medizin hin. Wir können belegen, dass er Laboratorien sowohl in Schloss Gröningen bei Halberstadt unterhielt, wo er seine Jugendjahre verbrachte, wie auch in Wolfenbüttel und am Kaiserhof in Prag. Hier lebte er mehrere Jahre als enger Vertrauter von Kaiser Rudolf II. Ebenso wissen wir, dass Herzog Heinrich Julius selbst – schon seit Jugendzeiten – im Labor arbeitete. In den Laboratorien der frühneuzeitlichen Fürstenhöfe unterschied man kaum zwischen traditioneller Transmutationsalchemie und paracelsischer Alchemomedizin, mag der Wunsch nach ewiger Gesundheit ein ähnlich starker Antrieb zur Förderung alchemischen Experimentierens wie das Streben nach Gold gewesen sein.

Im Bestand der Herzog August Bibliothek haben sich einige medizinische Rezeptbücher erhalten (vgl. auch **Kat. Nr. 43**), in welchen der Herzog eigenhändige Aufzeichnungen bzw. Abschriften hinterließ. Gezeigt wird ein Manuskript, das laut der einleitenden Angaben Rezepturen für *Medicamenta chymica* von Herzog Heinrich Julius enthält und das seit dem Jahr 1596 geführt wurde.

Das Buch verzeichnet über 100 Rezepte auf 274 Blatt, von welchen mehr als die Hälfte nicht beschrieben ist. Das Rezeptbuch war also offensichtlich auf Zuwachs angelegt. Die Rezepturen sind nach Anwendungsbereichen gegliedert, die ein weites Spektrum von Krankheiten umspannen. Man würde sie heute der inneren Medizin zuordnen (Erkrankungen des Kopfes, der Lunge, des Herzens, ansteckende Krankheiten etc.). Besonders interessant und durch Aufzeichnungen zweifelsfrei dokumentiert ist, dass Herzog Heinrich Julius tatsächlich wohl die herzogliche Familie und Mitglieder seines Hofstaates mit diesen Medikamenten versorgt hat. Die Gesundheitsfürsorge für Familie und

Abb. 182 = Kat. Nr. 53: Daniel Lindmeier: Porträtstich Heinrich Julius zu Braunschweig-Lüneburg. HAB: Portr. II 641a

Hof gehörte offensichtlich zum herzoglichen Selbst- und Führungsverständnis.

Das Manuskript enthält die Angaben in der typischen Rezeptschrift dieser Zeit: Unter einer Kurzbezeichnung der Verwendung des zu erstellenden Medikaments werden eingeleitet mit der Angabe „Recipe" [Nimm], meist abgekürzt mit ℞ die benötigten Substanzen mit Mengenangaben aufgezählt. Anders als in Cod. Guelf. 340 Helmst. (**Kat. Nr. 43**) werden in dieser Rezeptsammlung allerdings nur selten präzise Herstellungsanleitungen gegeben. Gleichwohl finden wir deutliche Hinweise auf die Nähe des Herzogs zur paracelsischen Medizin. Zwar wird Theophrastus nur an einer Stelle explizit genannt, die Substanzen und Rezepturen beziehen aber den Kernbestand des paracelsischen Arzneischatzes ein. Beispiele sind der *Spiritus vitrioli*, die *Flores sulphuris* (Schwefelblumen), Rückstände von Sublimationen, die Monika Klutz (S. 90) auf den

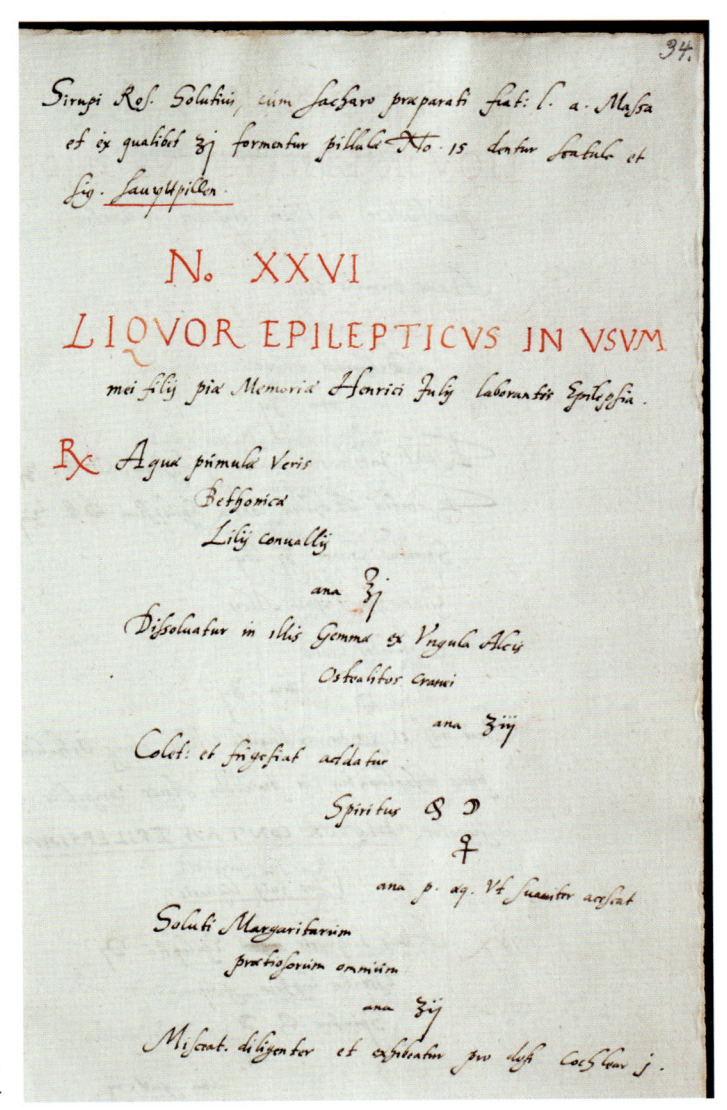

Abb. 183 = Kat.-Nr. 53: Recept Buch.
HAB: Cod. Guelf. 242 Helmst., fol. 34r

Liber Praeparationum des Paracelsus zurückführen konnte, und auch die sog. *Magisterien*, wie das *Magisterium Rubinorum*, ausgefällte Salze aus Edelsteinen, Perlen, Korallen. Eine Rezeptur wird in den *Archidoxen* des Paracelsus beschrieben. Ein Charakteristikum der paracelsischen Arzneien ist der hohe Anteil solcher Metallpräparate.

Wir können demnach davon ausgehen, dass sich Herzog Heinrich Julius, dem enge Verbindungen zu den paracelsischen Kreisen am Prager Kaiserhof nachgesagt werden, schon vor seiner Pragreise im Jahr 1598 intensiv mit der paracelsischen Alchemie befasst hatte. Im Rezeptbuch aufgeschlagen ist eine Rezeptur für ein Mittel zur Behandlung eines Krankheitsfeldes, das man seinerzeit unter dem Terminus „Epilepsie" fasste. Der Herzog behandelte seinen kleinen Sohn Heinrich Julius (1597–1606) damit.

Das Porträt des Herzogs ist eine Graphik des Künstlers Daniel Lindmeier (1601– nach 1637), die um 1598/1600 entstanden ist (Abb. 182). Während in dieser Zeit die emblematische Darstellung von Tugenden wie *Prudentia* und *Justitia* zum festen Kanon der ikonographischen Ausstattung von Herrscherporträts gehörte, finden wir hier in der allegorisch gestalteten Rahmendarstellung allein die vier Elemente Erde, Wasser, Feuer und Luft. Die Verwendung des Elementezyklus als Rahmen oder Bildelement in der herrscherlichen Porträtgraphik dieser Zeit scheint ungewöhnlich gewesen zu sein und deutet ein tiefes Interesse des Herzogs an naturphilosophischen Fragen an.

Literatur:
Klutz 1974, S. 90; Lietzmann 1993; Wacker 2013, S. 103–164.

54 Die betrüglichen Goldmacher

Die Untersuchung gegen die betrügerischen Goldmacher. Darin: Verhör und Aussagen Philipp Sömmerings, Prozessakten, 1574.
NStA Wolfenbüttel: Akte 1 Alt 9 Nr. 309, fol. 1r (**Abb. 184**)

Die Alchemie kann sich im historischen Alltagsbewusstsein bis heute nicht von dem Image der betrügerischen Goldmacherei befreien: mit den Berichten von windigen Gesellen, die von Ort zu Ort, von einem Fürstenhof zum nächsten ziehend ihre vermeintliche Fähigkeit anpriesen aus unedlen Metallen Gold machen zu können und sich tatsächlich nur die eigenen Taschen füllten. Die Nachahmung von Edelmetallen mit Hilfe goldähnlicher Legierungen durch die ägyptische Priesterschaft kann in ihren technologisch-praktischen Aspekten durchaus als Anfang der Alchemie gesehen werden. Die Goldverfälschung spielte aber im Laufe der Zeit in der ernsthaft betriebenen Alchemie sowohl von ihrer spirituellen Seite her wie auch in ihrer praktischen Ausübung keine nennenswerte Rolle mehr. Noch in der Antike hatte sich die Idee der tatsächlich möglichen Transmutation durchgesetzt, die auf einem geistig-seelischen Vermögen des Adepten und seiner speziellen Fähigkeit basieren sollte, ein Agens, den Stein der Weisen, herstellen zu können.

Auch wenn es zu allen Zeiten die Goldverfälschung in betrügerischer Absicht gegeben hat, stellt sie eher eine Randerscheinung in der Geschichte der Alchemie dar und hat kaum etwas mit ihren naturphilosophischen Hintergründen und ihrem reichen praktischen Wissen zu tun. Gleichwohl ist dieses Phänomen unlösbar mit der Alchemiegeschichte und ihren Phantasmagorien verbunden und soll auch in dieser Ausstellung Berücksichtigung finden. Die Betrugsfälle spielten sich besonders an den europäischen Fürstenhöfen ab, denn das ständig steigende Repräsentationsbedürfnis der Fürsten, ihre meist unverhältnismäßig aufwendigen Hofhaltungen, leerten die Staatskassen. Der Besitz von Geld und Edelmetallen war ein durchaus wichtiges Kennzeichen für Status und Macht eines Herrschers geworden.

Eine recht bekannte Goldfälschergeschichte hat sich in den 1570er Jahren am Wolfenbütteler Hof abgespielt. Aufgrund der kleinen, im Jahr 1883 erschienenen Schrift *Die betrüglichen Goldmacher*, die Albert Rhamm auf der Basis der erhalten gebliebenen Prozessakten verfasst hat, sind uns die Ereignisse quellennah überliefert. Rhamm berichtet von den „abenteuerlichen Umtrieben" eines Philipp Sömmering, der mit einigen Kumpanen im Gefolge aus Gotha kommend 1571 Herzog Julius kennenlernte und daraufhin im Wolfenbütteler Schloss ein Laboratorium zur Verfügung gestellt bekam. Nach mehrjährigen vergeblichen Versuchen der Goldherstellung und auch aufgrund undurchsichtiger anderer Machenschaften, die insgesamt große Geldsummen verschlungen hatten, wurden Sömmering und seine Freunde schließlich 1574 inhaftiert und unter Anwendung von Folter „befragt". Unter dem Vorsitz des erst zehnjährigen Heinrich Julius wurde ihnen im Jahr 1575 der Prozess gemacht. Am 7. Februar 1575 ist das Urteil vollstreckt worden. Sömmering wurde auf der Richtstätte vor dem Mühlentor mit glühenden Zangen zerrissen, geschleift und geviertelt, berichtet Rhamm. Nach diesen Erfahrungen soll Herzog Julius „die Versuche, den Stein der Weisen zu finden, nicht wieder aufgenommen" haben. Im Bestand der Herzog August Bibliothek hat sich ein handschriftlich aufgezeichnetes anonymes Spottlied auf Herzog Julius und diese fatale Goldmachergeschichte erhalten (**Abb. 185**).

Ein im Braunschweigischen Landesmuseum erhaltener „goldener Becher" (**Abb. 186**) belegt ähnliche, wenn auch weit weniger dramatische Episoden noch aus dem vorgerückten 18. Jahrhundert. Die Probe, die Herzog Carl I. dem Becher entnehmen ließ, ergab, dass es sich nicht um Gold, sondern ein vergoldetes Objekt aus einer Zink-Kupfer-Gallmey-Legierung handelte.

Literatur:
Figala 1998b; Nummedal 2007; Rhamm 1883; Smith 1994a.

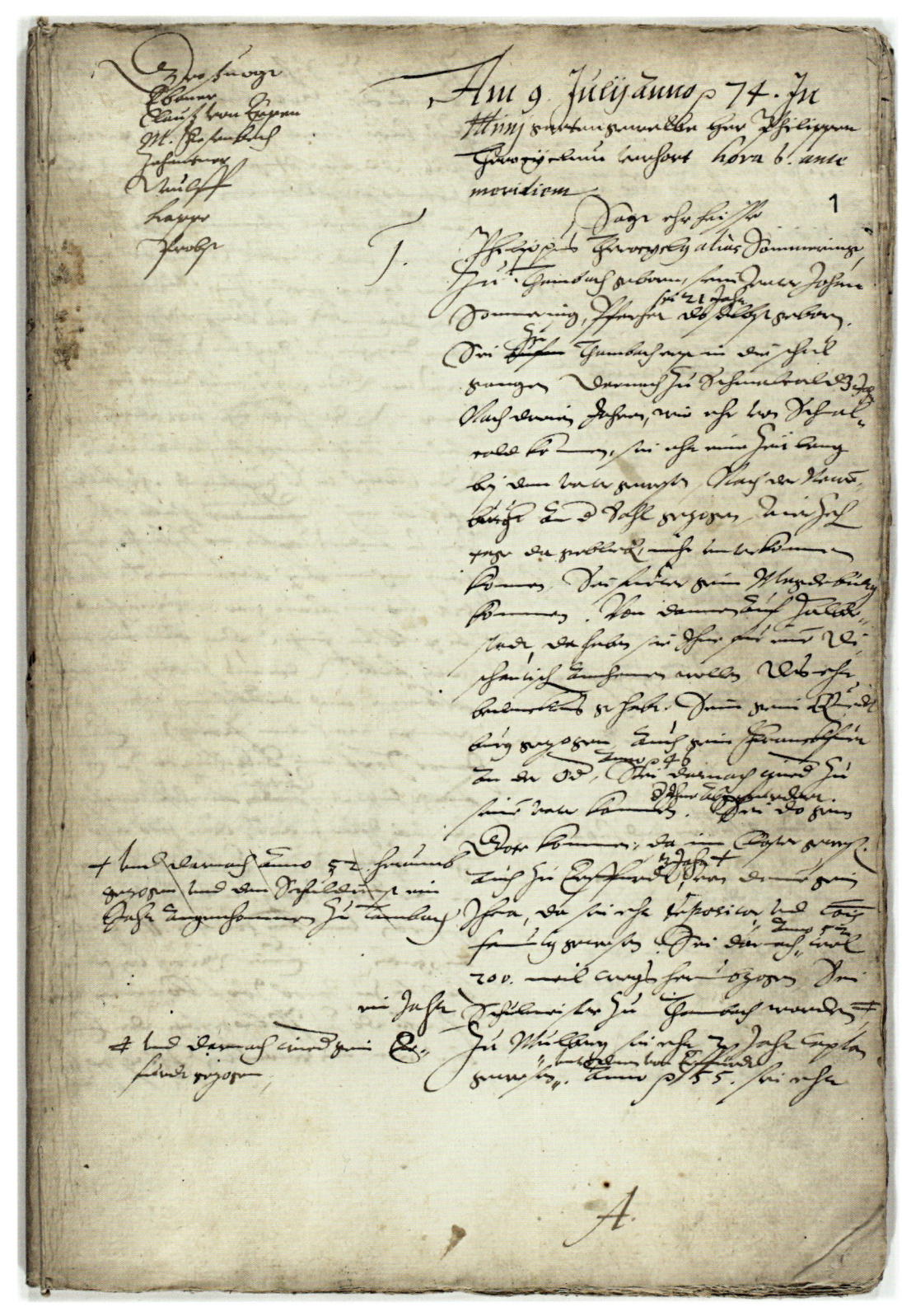

Abb. 184 = Kat. Nr. 54: Prozessakten, Untersuchung gegen die betrügerischen Goldmacher, 1574.
Niedersächsisches Staatsarchiv Wolfenbüttel: Akte 1 Alt 9 Nr. 309, fol. 1r

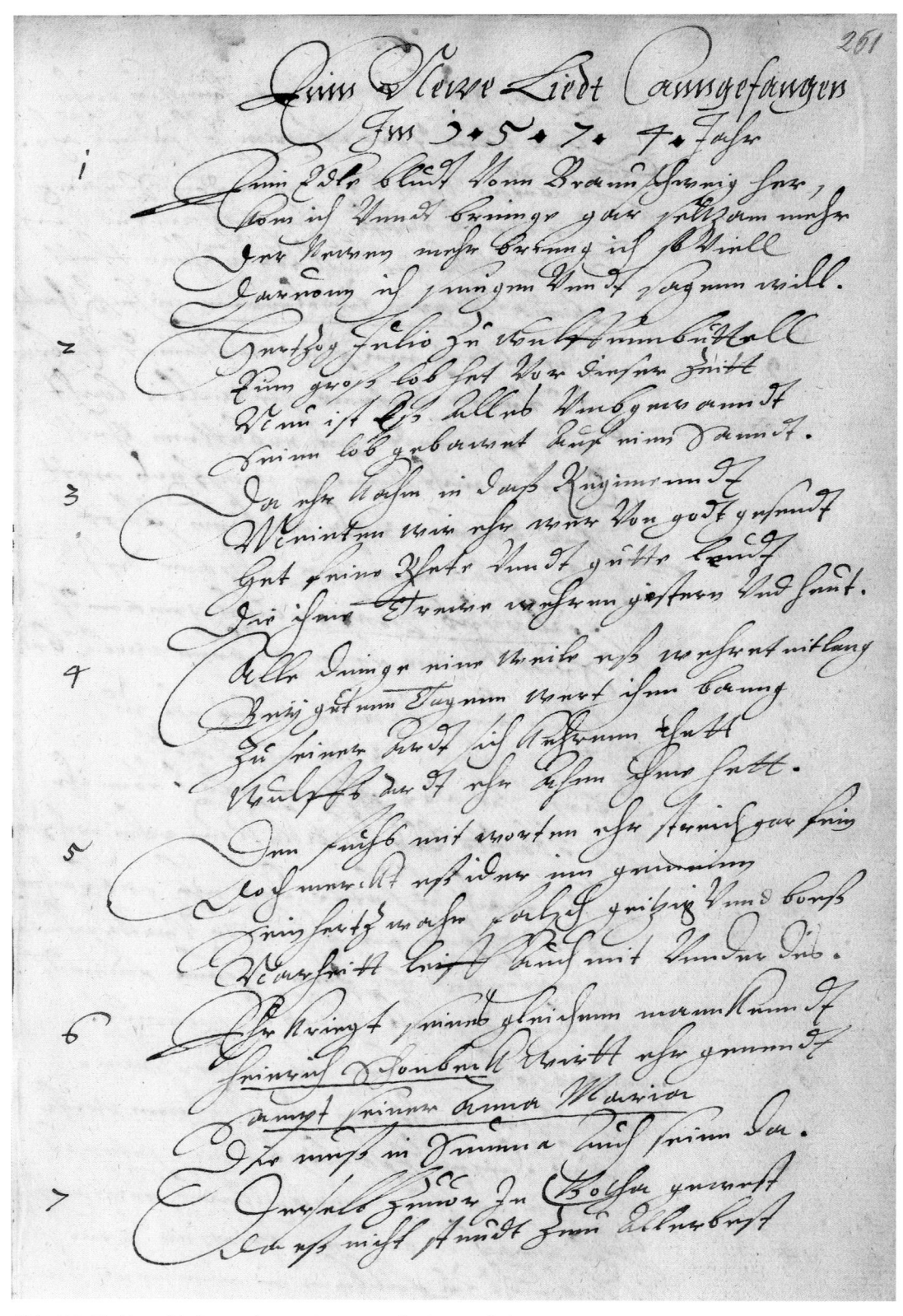

Abb. 185: Ein Newe Liedt angefangen im 1574 Jahr, Sammelbd. Brunsvicensia varia. HAB: Cod. Guelf. 118 Helmst., Bl. 261r

Katalog: Im alchemischen Laboratorium

Abb. 186: Im 18. Jh. am Braunschweiger Hof von einem Goldmacher hergestellter „goldener Becher"; das am oberen Rand entfernte Stück diente der Goldprobe. Braunschweig, Landesmuseum: Inv.-Nr. VM 3424

55 Eine Goldmünze für den Kaiser

J. J. Chymiphilo: Der wahren Chymischen Weisheit Offenbahrung/ Das ist, Getreue und aufrichtige Entdeckung der Materie/ Welche genommen werden muß/ den wahren Weisen-Stein […] machen will, [ohne Ort] 1720.
HAB: Nd 278 (2)

Aufgeschlagen: Kupfertafel pag. 66: Gedächtnus Müntze vom Stein der Weisen (**Abb. 187**)

Gezeigt wird die Kupferstichabbildung einer „Gedächtnus Müntze vom Stein der Weisen", die im Jahr 1648 am Kaiserhof in Prag hergestellt worden war. Der unbekannte Autor, der sich als Liebhaber der Chemie [Chemophilus] bezeichnet, sammelte in seiner 1720 veröffentlichten Schrift Belege für die Möglichkeit der Goldtransmutation. In der Titelangabe beruft er sich auf die paracelsische Medizin und gibt zunächst einen kurzen Überblick über die Geschichte der Alchemie, um sich dann konkreter mit der „Alchemia Metallurgica" zu beschäftigen. Ein eigenes Kapitel widmete er „Verschiedenen Leuten/ bey welchen man die Verwandlung der Metallen in der That gesehen". In diesem Zusammenhang geht er vor allem ausführlich auf die weithin bekannt gewordene Goldtransmutation im Jahr 1648 am Hof Kaiser Ferdinands III. in Prag ein. Dieses Ereignis, so Chemophilus, ließe keinen Zweifel mehr an der Realität der Transmutation. Damals habe ein unbekannter Philosoph dem Kaiser selbst ein Pulver zugespielt, mit welchem „Seine Majestät, und zwar mit dero eigenen Kaiserlichen Händen, 3. Gantze Pfund Quecksilber in dritthalb Pfund reines Golds verändert" habe (S. 66). Aus diesem „reingediegenen Golde" sei danach ein Schaupfennig gemüntzt worden, der Kaiser Ferdinand III. so wichtig war, dass er diesen nicht in die Hof-Schatz-Kammer zu anderen Raritäten, sondern „in seine geheimste Scatull oder Geheim-Trühlein zu guter Verwahrung verschlossen" habe.

Der Autor lüftet im Folgenden die Identität dieses geheimen Philosophen, indem er auf weitere, ältere schriftliche und ihm auch persönlich vorgetragene Berichte von der Prager Transmutation zurückgeht. Die Nachricht von diesem Johann Conrad Richthausen (1604–1663) zugeschriebenen Transmutationsversuch, aus Quecksilber Gold zu schaffen, war vor allem durch den Arzt Johann Friedrich Helvetius (1625–1709) in seinem *Vitulus aureus* verbreitet worden. Helvetius, einst erklärter Gegner der Alchemie, hatten laut eigenen Angaben entsprechende Ereignisse sowie besonders eine selbst erfolgreich durchgeführte Transmutation von Blei in Gold zu einem bekannten Verfechter der Alchemie werden lassen. Sein *Vitulus aureus* wurde im 18. Jahrhundert gern, so auch in dem vorliegenden Werk, zur Verteidigung der immer stärker angefochtenen Alchemie zitiert.

Richthausen, auch das erfährt man aus diesem Bericht, war übrigens ein Münzmeister aus Wien, der vom Kaiser nobilitiert wurde und den Titel „Herr von Chaos" erhielt. Im Kupferstich zu betrachten sind die Vorder- und Rückseite der Goldmünze, deren „Dicke" auch im Querschnitt dargestellt sein soll: Eingeprägt war eine die Sonne symbolisierende menschliche Figur (Gold) mit dem Schlangenstab (*Mercurius*, Quecksilber). Unter der Umschrift DIVINA METAMORPHOSIS sind die Daten des Transmutationsexperiments eingeprägt. EXHIBITA PRAGAE XV IAN AO MDCXLVIII IN PRAESENTIA SAC: CAES: MAIEST. FERDINANDI TERTII [Göttliche Verwandlung ausgeführt in Prag am 15. Januar 1648 in Anwesenheit Seiner Kaiserlichen Majestät Ferdinand III.]. Der auf der Rückseite eingeprägte Gedenksatz lautet in freier Übersetzung:

„Weil diese Kunst so durch einzelne Menschen bekannt ward, rückt sie den Einzelnen ins Licht. Auf ewig sei Gott gepriesen, welcher einen Teil seines grenzenlosen Wissens seinen gemeinsten Geschöpfen zu Teil werden lässt."

pag. 66.

DIVINA METAMORPHOSIS.

EXHIBITA PRAGÆ
XV IAN A̅O̅ M DCXLVIII
IN PRÆ SENTIA
SAC. CÆS. MAIEST.
FERDINANDI
TERTII.

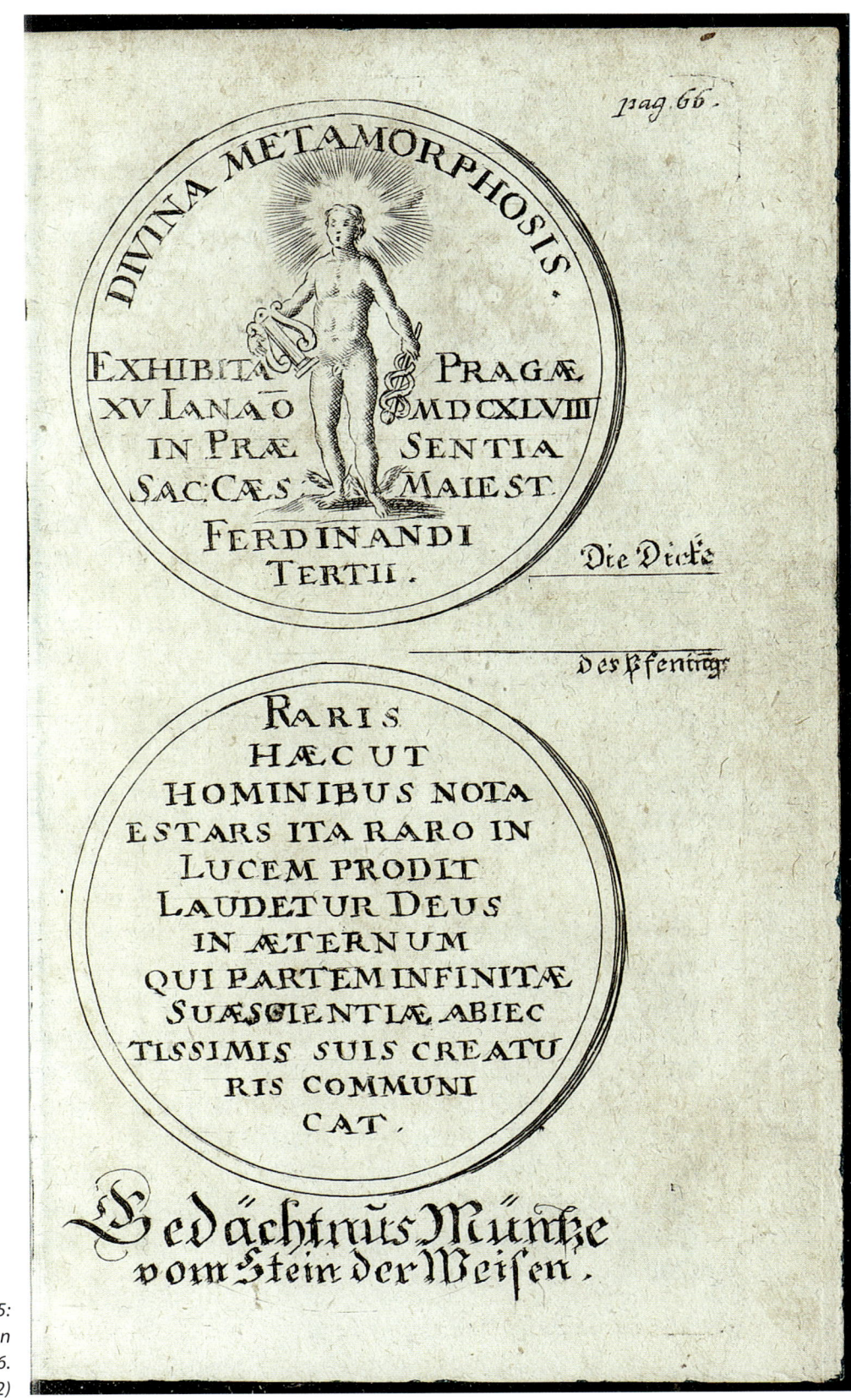

Die Dicke

des Pfennigs

RARIS
HÆC UT
HOMINIBUS NOTA
ESTARS ITA RARO IN
LUCEM PRODIT
LAUDETUR DEUS
IN ÆTERNUM
QUI PARTEM INFINITÆ
SUÆ SCIENTIÆ ABIEC
TISSIMIS SUIS CREATU
RIS COMMUNI
CAT.

Gedächtnüs Müntze
vom Stein der Weisen.

Abb. 187 = Kat. Nr. 55:
J. J. Chymiphilo: Der wahren
Chymischen Weisheit, 1720, pag. 66.
HAB: Nd 278 (2)

56 Chemisches Gewerbe

Johann Kunckel: Ars Vitraria Experimentalis, Oder Vollkommene Glasmacherkunst, Frankfurt am Main: Kunckel 1679.
HAB: Od 215

Aufgeschlagen: Kupfertitel (**Abb. 189**)

Der Lebensweg des aus Hütten in Schleswig-Holstein stammenden Johann Kunckel (um 1630–1702/03) (**Abb. 188**) ist kennzeichnend für die Herausbildung der von der Alchemie angestoßenen und begleiteten chemisch-technologischen Praxis, die sich im ausgehenden 17. Jahrhundert rasch entwickelte. Ausgangspunkte waren die Fürstenhöfe und die aufstrebenden Städte im Kontext des beginnenden Merkantilismus.

Da Kunckels Vater Hüttenmeister und Hofalchemist des Herzogs von Holstein war, hatte der Sohn engen Kontakt mit der chemischen und alchemischen Praxis, lernte einschlägige Prozeduren, etwa für die Glasherstellung und pharmazeutische Verfahren kennen. Er selbst folgte dem Vorbild des Vaters und stand nach Wanderjahren durch Europa im Laufe seines Lebens an einer Reihe von Fürstenhöfen in Diensten, u. a. ab 1667 am Hof Kurfürst Johann Georgs II. von Sachsen, dessen Frau, Kurfürstin Anna, eines der größten alchemischen Laboratorien in Deutschland unterhielt. Kunckel befasste sich mit der Metalltransmutation und veröffentlichte 1676 Werke über die fixen und flüchtigen Salze, über Trinkgold und ähnliche in der alchemischen Pharmazie geläufige Substanzen. 1678 publizierte er eine kleine Schrift über den *Phosphor mirabilis*. Diese Substanz galt als äußerst geheimnisvoll, da sie – wie Kunckel über Kontakte zu dem Hamburger Apotheker und Alchemiker Henning Brand erfahren hatte – im Dunkeln leuchte und ihr eine mögliche Bedeutung bei der Herstellung des *Lapis* zugeschrieben wurde.

Kunckel wurde aber vor allem durch seine Experimente und Kenntnisse in der Glasmacherkunst bekannt. Seine bedeutendste Leistung war die Herstellung des berühmten Goldrubinglases mittels einer Mischung aus Gold und Zinnoxid (**Abb. 30**). Einen nicht unwesentlichen Beitrag zur Beförderung des chemischen Manufakturwesens dürfte auch seine deutsche Übersetzung und Bearbeitung eines der grundlegenden Werke zur Glastechnologie, Antonio Neris *L'Arte vitraria* (Erstausgabe 1612), geleistet haben. Gezeigt wird die im Eigenverlag in Leipzig bei Christoph Günther 1679 gedruckte deutsche Erstausgabe, die auf der von Christopher Merret erweiterten Fassung von 1668 basierte. Neubearbeitungen erschienen bis in das 18. Jahrhundert. Das Werk zeichnet sich nicht al-

Abb. 188 = Kat. Nr. 56: Porträt Johann Kunckel. HAB: Od 215

lein durch seine anschaulichen Beschreibungen aus, die auch durch eine Reihe von Kupferstichen illustriert werden (**Abb. 190**). Kunckel ergänzte vielmehr die älteren Angaben Neris mehrfach durch eigene Erkenntnisse, so u. a. in einem Anhang (Johann Kunckels *Sonderbare Zugabe der Glaß-Kunst* ab S. 181 und folgende Teile).

Gezeigt wird der allegorische Kupfertitel, der die Bedeutung einer auf Vernunft (*Ratio* und *Mens*), Wissen (*Scientia*) und Erfahrung (*Experientia* und *Examen*) gründenden Glasmacherkunst betont: Das *Lux veritatis*, das Licht der Wahrheit, entzündet durch den Brennspiegel der *Ratio* die Kerze der Erfahrung. Dem entgegen stehen die *Tenebra incertitudinis*, die Finsternis der Ungewissheit: Die blinde *Amentia* (Unvernunft) hält eine Laterne ohne Licht der *Phantasia* entgegen, die ein mit Irrtümern und falschen Kenntnissen gefülltes Buch in den Händen hält.

Johann Kunckel zählt mit Johann Joachim Becher (**Kat. Nr. 38**) und Johann Rudolf Glauber zu den von alchemischen Praktiken inspirierten Projektemachern, die an den europäischen Fürstenhöfen und in den Städten den Aufbau eines chemischen und medizinischen Gewerbewesens in der frühen Neuzeit voranbrachten.

Literatur:
Kerssenbrock-Krosigk 2001; Smith 1998.

Abb. 189 = Kat. Nr. 56: Johann Kunckel: Ars vitraria experimentalis, Frankfurt a. M. 1679, Kupfertitel. HAB: Od 215

Abb. 190: Johann Kunckel: Ars vitraria experimentalis, Frankfurt a. M. 1679, Fig. E (Glasbläsermanufaktur). HAB: Od 215

Katalog: Im alchemischen Laboratorium

57 Weißes Gold – Porzellan

Böttgersteinzeug, Meißen, Anfang 18. Jh., H. 19 cm, B. 7 cm, T. 6 cm.
Braunschweig, Herzog Anton Ulrich-Museum: Inv. Nr. Ker 198
(**Abb. 191**)

Das „weiße Gold" aus China faszinierte die Europäer seit Marco Polos Zeiten (1254–1324). Die begehrten Stücke, die portugiesische Kaufleute im 16. und später im 17. Jahrhundert nach Europa brachten, stellten viele Fürsten in Porzellankabinetten zur Schau, die Braunschweiger Herzöge etwa im Schloss Salzdahlum. Seit dem 16. Jahrhundert experimentierten Alchemiker und Gelehrte in Europa selbst in der Porzellanherstellung. Johann Friedrich Böttger (1682–1719), der in Meißen auf der Albrechtsburg im Auftrag des sächsischen Königs August des Starken Gold produzieren sollte, entwickelte um 1706 ein Feinsteinzeug mit rötlich braunem Scherben. Aus diesen Versuchsreihen ging dann die Nacherfindung des Hartporzellans, eine durchscheinende weiße Keramik aus Kaolin, Feldspat und Quarz, im Jahr 1708 hervor.

Gezeigt wird eine der wenigen heute noch erhaltenen Böttgersteinzeugfiguren, vermutlich um 1710 entstanden, bevor das rotbraune Material von dem weißen Porzellan abgelöst wurde. Die Figur zeigt einen Mann in Porträtpose, aufgrund der eleganten Haltung und Kleidung handelt es sich offensichtlich um einen wohlhabenden, vielleicht Dresdner Bürger. Unter den heute noch erhaltenen Böttgersteinzeugfiguren nimmt sie eine singuläre Stellung ein. Bislang konnte das Stück noch keinem Künstler zweifelsfrei zugeordnet werden, am ehesten entspricht sie einzelnen Figuren der *Commedia dell'Arte*-Gruppe im Schlossmuseum Gotha, die auf Johann Benjamin Thomae (1682–1751) zurückgehen sollen.

Aufgrund der Datierung ist es naheliegend, dass die Figur im Auftrag von Herzog Anton Ulrich zu Braunschweig-Lüneburg selbst erworben wurde. Sie gelangte später in das 1753/54 gegründete Kunst- und Naturalienkabinett in Braunschweig, wo sie nach 1787 in einem Inventar verzeichnet ist.

Literatur:
Grein 2012.

Abb. 191 = Kat. Nr. 57: Böttgersteinzeugfigur, Meißen, Anfang 18. Jh. Braunschweig, Herzog Anton Ulrich-Museum: Inv. Nr. Ker 198

58 Die Anfänge der Porzellanmanufaktur Fürstenberg

Weißer Backstein aus einer stark kaolinhaltigen Masse, Fürstenberg, sog. Altes Brennhaus, 1748/50. Fundort: Verfüllung des Flammraumes von Ofen 1, Fürstenberg, FStNr. 8, Gebäudeteil A, Fund-Nr. 3.
Museum im Schloss, Porzellanmanufaktur FÜRSTENBERG
(**Abb. 192**)

Teller Tournai-Form, Aufglasurmalerei Chinoiserie in Purpur en camaieu, Dm 20 cm, Fürstenberg 1753/55, Inv.-Nr. 385.
Museum im Schloss, Porzellanmanufaktur FÜRSTENBERG
(**Abb. 193**)

Die erste Porzellanmanufaktur Norddeutschlands gründete Herzog Carl I. von Braunschweig-Wolfenbüttel im Jahre 1747 in Fürstenberg an der Weser. Diese Manufakturgründung diente wie andere dem Ziel, die Wirtschaft im armen „Weserdistrikt" des Herzogtums durch die Ausnutzung der vorhandenen natürlichen Rohstoffe zu fördern. Die seit 1744 in Rede stehende Porzellanmanufaktur sollte ab 1747 im weitgehend leer stehenden Schloss Fürstenberg eingerichtet werden, da die nahen Wälder des benachbarten Solling ausreichend Holz für die Befeuerung der Brennöfen boten. Zunächst wurden erste Manufakturgebäude oberhalb des Schlosses errichtet, um ab 1753 das Schloss selbst zur Manufaktur auszubauen.

Im ältesten Teil des Brennhauses von 1748/53 wurden die 2006 wieder entdeckten, unteren Bereiche der alten Brennöfen ausgegraben, die früheste derartige Anlage in Europa (eine animierte Rekonstruktion findet sich im Internet unter http://www.youtube.com/watch?v=O9V-li7nhbg, Titel: Das erste Porzellan-Brennhaus in Fürstenberg an der Weser [1748–1750]). Als Baumaterial diente der örtlich anstehende Buntsandstein. Der Brennraum wurde mit Backsteinen ausgekleidet, der stark kaolinhaltige weiße Backstein (**Abb. 192**) gehörte wohl dazu.

Die hohe Kunst eines gelungenen Porzellanbrandes besteht einerseits im Erreichen der notwendigen Temperaturen über 1300°C, damit die Porzellanstücke dicht sintern. Andererseits muss ab ca. 1050°C die Brennatmosphäre im Ofen von sauerstoffreich (oxidierend) in sauerstoffarm (reduzierend) geändert werden, um unter Luftmangel dem im noch porösen Scherben enthaltene Fe_2O_3 ab etwa 1300°C den Sauerstoff zu entziehen. Nur so wird die gewünschte physikalische Blaufärbung erzielt, die den Scherben weiß erscheinen lässt. Zu späte oder unzureichende Reduktion führt zu Gelbfärbung, zu zeitige Reduktion zu Graufärbung usw.

Im 18. Jahrhundert dagegen waren jene thermodynamischen Prozesse noch unbekannt; im Gegenteil: Nach geltender Phlogistontheorie weise Asche viel weniger Masse auf als der Brennstoff, weil bei der Verbrennung dem jeweiligen Brennstoff „ein von den Chemikern angenommener Grundstoff der verbrennlichen Körper", das Phlogiston, entweiche (Krünitz: Oekonomische Enzyklopädie, Bd. 112, [1]1809: „Phlogiston" – Die gesamte Metall- und Glashüttenkunde war von diesem Theorie-Problem betroffen, z. B. in der Stahlerzeugung). Erst 1789 wurde von Antoine Laurent de Lavoisier die Oxydation entdeckt, wonach die Brennstoffe beim Verbrennen Sauerstoff aus der Luft aufnehmen und dieser sich dabei mit Wasserstoff- und Kohlenstoffanteilen der Brennstoffe zu gasförmig entweichendem Wasserdampf und Kohlendioxid wandelt. Zwar war die Brandsteuerung der Steinzeug- und Fayence-Herstellung bekannt, doch die Brennsteuerung des Glattbrandes von Hartporzellan mussten sich die Brennmeister der neuen Porzellanmanufakturen erst mühsam aneignen und sich auf unsichere Hinweise wie etwa die Flammenfarbe (blauweiß in der Oxydation, rotgelb in der Reduktion) oder das Verhalten von Probestücken verlassen, ohne überhaupt Kenntnis von den eigentlichen Prozessen zu haben. Ein Ausweis dafür ist die Bemerkung Millys „dieses ist die allernützlichste Arbeit, welche die meiste Schwierigkeit macht und die größte Aufmerksamkeit erfordert" (Nicolas Chretien de Thy Comte de Milly: Die Kunst Porcelain zu machen, dt. Brandenburg 1774, franz. Paris 1771, Repr. Hildesheim 1976, S. 47). Milly war der erste, der sich in Buchform über die Porzellanherstellung offenbarte. Noch Weber bezieht sich 1798 auf die Phlogiston-Theorie (Franz Joseph Weber: Die Kunst das ächte Porzellan zu verfertigen, Hannover 1798, Repr. Hildesheim 1977, z. B. in der Vorrede, S. XV). – „Man kann fast sagen, dass beinahe jede Fabrik sich ihr Ar-

Abb. 192 = Kat. Nr. 58: Weißer Backstein, Fürstenberg 1748/50. Museum im Schloss, Porzellanmanufaktur Fürstenberg

Abb. 193 = Kat. Nr. 58: Teller Tournai-Form, Fürstenberg 1753/55. Museum im Schloss, Porzellanmanufaktur Fürstenberg: Inv.-Nr. 385

kanum erst selbst wieder herausexperimentieren mußte" (Friedrich H. Hofmann, Das Porzellan der europäischen Manufakturen im 18. Jahrhundert. Eine Kunst- und Kulturgeschichte, Berlin 1932, S. 101). Der erste erfolgreiche Porzellanbrand in Fürstenberg gelang 1750, doch der endgültige technologische Durchbruch erfolgte erst drei Jahre später 1753. Seither wird in Fürstenberg Porzellan hergestellt.

Der kleine Teller ist ein schönes Beispiel für die Schwierigkeiten der frühen Porzellanproduktion in Fürstenberg (**Abb. 193**). Der Scherben ist nicht reinweiß, sondern grau, außerdem ist die Tellerfahne schief und der Teller steht nicht plan, typisch für eine problematische Massezusammensetzung wie für mangelhafte Brennsteuerung. Zeittypisch ist auch die Gestaltung des Tellers, sowohl seiner Form nach mit fassoniertem Rand und vier geschwungenen Rippenpaaren nach einem Modell der belgischen Manufaktur Tournai um 1753, als auch mit dem Motiv der Aufglasurmalerei. Sie zeugt von der „Chinesen"-Mode der Zeit wie den luxuriösen Konsuminventionen Tee und Tabak.

Literatur:
Hofmann 1932; König/Krabath/Krueger 2012; Krabath 2011; Krueger 2010; Wolff Metternich/Meinz 2004; Weihs 1990.

Thomas Krueger, Leiter des Museums im Schloss der Porzellanmanufaktur FÜRSTENBERG

59 Destillen in der Stadt

„Distillatio", Kupferstich aus der Serie Jan van der Straet: Nova reperta, 16. Jh.
HAB: Graph. A1: 784d (**Abb. 194**)

Mit dem 14. Jahrhundert begann sich die Methode des Destillierens zur Herstellung von Kräuterauszügen für die Hausapotheke und von Brandwein in ländlichen Gebieten und in den Städten zu verbreiten. Eine große Zahl von Destillierbüchern auch für den gemeinen Mann erschienen auf dem Buchmarkt, und Destillieranlagen wurden allerorten in Apotheken, Wirtshäusern und Privathäusern eingerichtet. Viele der Kräuter- und Destillierbücher vermitteln einen anschaulichen Eindruck von diesen Einrichtungen in den Häusern. Das geschäftige Treiben in einer solchen großen Destillierstube zeigt ein Kupferstich, der in Jan van der Straets (1525–1605) bekannter Serie *Nova reperta* erschien. Der Alchemiker und zahlreiche Gehilfen bedienen in verschiedenen Arbeitsgängen mehrere unterschiedliche Destillieranlagen. In der Mitte ein großer Destillierofen, der mehrere Retorten im Wasserbad enthält. Rechts im Bild eine Anlage mit Alembik. Die Darstellung einer Wirtsstube links oben in einem kleinen Bildausschnitt deutet den Kontexte dieser Destillationsanlagen an.

Die Szene und die Bildunterschrift betonen die Bedeutung des Feuers und der Destillation in der Alchemie: „Im Feuer bildet sich, durch Kunst, das Flüssige aller Körper [und] wird eine klare und äußerst starke Woge."

Literatur:
Frietsch 2013, S. 285–299; Ploss 1970, S. 105.

7.
DISTILLATIO.
In igne succus omnium, arte, corporum   Vigens fit vnda, limpida et potißima.

Abb. 194 = Kat. Nr. 59: „Distillatio", Kupferstich, aus: Jan van der Straet: Nova reperta, 16. Jh. HAB: Graph. A1: 784d

60 Alchemieverbote

Decretum der Stadt Nürnberg 1696.
HAB: Einbl. Xb FM 290 (**Abb. 195**)

Das vorliegende Dekret vom Dezember 1696 bezeugt die offensichtlich nicht geringen, wenn nicht sogar ausufernden alchemischen Praktiken in den Städten zu dieser Zeit. Der Rat der Stadt Nürnberg stellt hier „die Alchymisterey und vermeinten Gold und Silbermachens" unter strenge Strafen. Wer das Verbot übertrat, hatte nicht nur mit der Zerstörung der Geräte und Anlagen, sondern mit hohen Geldstrafen, die Rede ist von 150 Reichsthalern, oder ersatzweise mit einer Gefängnisstrafe zu rechnen. Ebenso musste der Verlust des Bürgerrechts befürchtet werden. Der Inhalt des Erlasses gibt auch zu erkennen, dass entsprechende Unternehmungen nicht auf bestimmte Bevölkerungskreise beschränkt waren, sondern sowohl verschiedenste Kreise der städtischen Bevölkerung – Bürger und andere Einwohner heißt es in dem Dekret – wie die Landbevölkerung betrafen. Auch die Erwähnung von „alchymistischen Laboratorien" mit Schmelz- und Brennöfen lässt auf eine intensivere alchemische Praxis in den Städten schließen. Dass diese Ausweitung der Alchemie in den frühneuzeitlichen Städten offenkundig auf eine schon länger anhaltende Entwicklung zurückging, ist dem Dekret zu entnehmen.

Seit Jahrhunderten wurden Alchemieverbote sowohl von der kirchlichen wie auch der weltlichen Obrigkeit ausgesprochen. Es gab unterschiedliche Gründe, moralische Einwände ebenso wie Betrugsvorwürfe. Schon am Ende des 13. Jahrhunderts hatte sich massive Kritik an der Alchemie erhoben, die ihren Höhepunkt in der päpstlichen Dekretale „Spondent quas non exhibent divitias pauperes alchimistae" [Die armen Alchemisten verheissen Reichtümer, die sie nicht verschaffen] von 1317 erreichte. Der Vorwurf war in erster Linie der des Betrugs durch angemaßte Goldmacherei. Diese Anschuldigungen nahmen der Alchemie aber offensichtlich nichts von ihrer Popularität.

Der Nürnberger Rat warf den Personen, die sich mit Alchemie beschäftigten „gemeinschädliche Künste" vor, man wolle „durch unordentliche Mittel reich [...] werden, [indem man] sich der Geld versplitternden auch Hab und Gut verzehrenden Alchymisterey und vermeinten Gold und Silbermachens [...] befleissige". Es ging dabei nicht nur um den konkreten Betrug an einzelnen Gutgläubigen, sondern die Beschäftigung mit der Metalltransmutation wurde offensichtlich generell als unredliche, das Gemeinwesen schädigende Machenschaft eingeschätzt.

Literatur:
Figala 1998a.

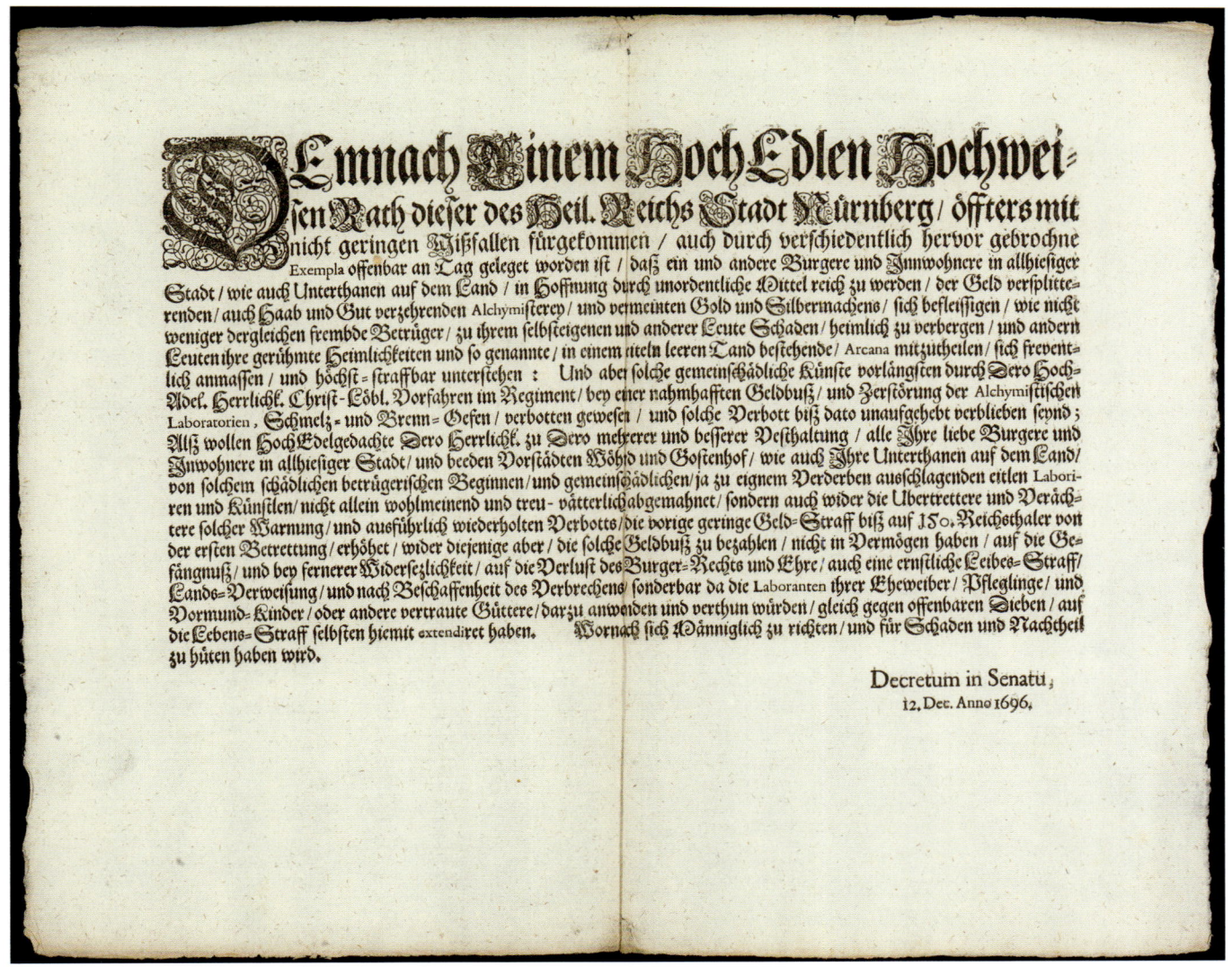

Demnach Einem HochEdlen Hochweisen Rath dieser des Heil. Reichs Stadt Nürnberg/ öffters mit nicht geringen Mißfallen fürgekommen / auch durch verschiedentlich hervor gebrochne Exempla offenbar an Tag geleget worden ist / daß ein und andere Burgere und Innwohnere in allhiesiger Stadt / wie auch Unterthanen auf dem Land / in Hoffnung durch unordentliche Mittel reich zu werden / der Geld versplitterenden / auch Haab und Gut verzehrenden Alchymisterey / und vermeinten Gold und Silbermachens / sich befleissigen / wie nicht weniger dergleichen frembde Betrüger / zu ihrem selbsteigenen und anderer Leute Schaden / heimlich zu verbergen / und andern Leuten ihre gerühmte Heimlichkeiten und so genannte / in einem eiteln leeren Land bestehende / Arcana mitzutheilen / sich freventlich anmassen / und höchst-straffbar unterstehen: Und aber solche gemeinschädliche Künste vorlängsten durch Dero Hoch-Adel. Herrlichk. Christ-Löbl. Vorfahren im Regiment / bey einer nahmhafften Geldbuß / und Zerstörung der Alchymistischen Laboratorien, Schmelz- und Brenn-Oefen / verbotten gewesen / und solche Verbott biß dato unaufgehebt verblieben seynd; Alß wollen HochEdelgedachte Dero Herrlichk. zu Dero mehrerer und besserer Bestaltung / alle Ihre liebe Burgere und Innwohnere in allhiesiger Stadt/ und beeden Vorstädten Wöhrd und Gostenhof / wie auch Ihre Unterthanen auf dem Land/ von solchem schädlichen betrügerischen Beginnen/ und gemeinschädlichen/ ja zu eignem Verderben ausschlagenden eitlen Laboriren und Künstlen/ nicht allein wohlmeinend und treu-vätterlich abgemahnet/ sondern auch wider die Ubertrettere und Verächtere solcher Warnung / und ausführlich wiederholten Verbotts/ die vorige geringe Geld-Straff biß auf 150. Reichsthaler von der ersten Betrettung / erhöhet / wider diejenige aber / die solche Geldbuß zu bezahlen / nicht in Vermögen haben / auf die Gefängnuß/ und bey fernerer Widerseßlichkeit/ auf die Verlust des Burger-Rechts und Ehre/ auch eine ernstliche Leibes-Straff/ Lands-Verweisung/ und nach Beschaffenheit des Verbrechens/ sonderbar da die Laboranten ihrer Eheweiber/ Pfleglinge/ und Vormund-Kinder / oder andere vertraute Güttere/ darzu anwenden und verthun würden/ gleich gegen offenbaren Dieben / auf die Lebens-Straff selbsten hiemit extendiret haben. Wornach sich Männiglich zu richten/ und für Schaden und Nachtheil zu hüten haben wird.

Decretum in Senatu,
12. Dec. Anno 1696.

Abb. 195 = Kat. Nr. 60: Decretum der Stadt Nürnberg 1696. HAB: Einbl. Xb FM 290

61 Apotheken und Chemiatrie

Johann Schröder: Trefflich-versehene Medicin-Chymische Apotheke/ Oder: Höchstkostbarer Arzeney-Schatz, Nürnberg: Hoffmann 1685.
HAB: Xb 9574 (1)

Aufgeschlagen: Kupfertitel (**Abb. 197**)

Die Apotheken als Stätten der Arzneibereitung finden ihre Vorläufer in den Klöstern, den Gesundheitszentren im Mittelalter, innerhalb des ärztlichen Tätigkeitsbereichs (**Abb. 196**) und nicht zuletzt auch im einschlägigen mittelalterlichen Kleinhandelsgewerbe wie dem Gewürzhandel. Den eigentlichen Rahmen für die gewerbliche Entwicklung der Apotheke als Ort der Herstellung und des Verkaufs von Arzneimitteln stellten die aufstrebenden Städte des Spätmittelalters dar. Im Laufe der Zeit bildeten sich bestimmte Strukturen aus, etwa Apothekenbetriebsrechte, feste Apothekenhäuser mit einem differenzierten Interieur von Arbeitsgeräten und einem Verkaufsraum. Die aufkommende sog. Chemiatrie mit der paracelsischen Medizin bewirkte einen entscheidenden Einschnitt. In diesem Konzept werden die Funktionen des menschlichen Körpers und seine Gesundheit bzw. das Entstehen von Krankheiten auf alchemischer Basis erklärt, damit sollten auch Arzneien mittels der Methoden, die in dieser Zeit die Alchemie anwendete, hergestellt werden. Nach dem alchemischen Grundsatz des „solve et coagula" sollte den mineralischen, pflanzlichen und tierischen Ausgangsstoffen das Wesentliche konzentrierend entzogen werden, wobei man die unterschiedlichen Methoden der Alchemie wie die Extraktion, das Vergären und vor allem die Destillation intensiv anwendete, um Essenzen und Tinkturen herzustellen.

Die Apotheken bildeten damit spätestens seit dem 16. Jahrhundert zentrale Orte der Alchemie. Bald gelangten chemiatrische Pharmaka auch in den Arzneischatz der Pharmacopoen, der amtlichen Arzneimittelverzeichnisse. Eines der bekanntesten solcher Arzneibücher in Deutschland war die *Pharmacopoeia medico-chymica* des in Salzuflen geborenen Johann Schröder (1600–1664). Er hatte u. a. in Helmstedt Medizin studiert und sein Arzneibuch erstmals 1641 in lateinischer Sprache veröffentlicht. Aufgrund seiner pragmatischen Gliederung und auch aufgrund der ab 1684 erschienenen deutschen Übersetzungen kann dieses Werk bis in das 18. Jahrhundert als Standardwerk der chemiatrischen Pharmazie gelten. Wichtig dafür waren auch die regelmäßigen Aktualisierungen und Korrekturen, etwa durch die bekannten Ärzte Friedrich Hoffmann (1626–1675) und Michael Ettmüller (1644–1683).

Abb. 196: Arzt und Apotheker im karg ausgestatteten Apothekenraum des Spätmittelalter, in: Konrad von Megenberg: Buch der Natur, Augsburg 1499, Bl. a j r. HAB: 45.1 Phys. 2°

Gezeigt wird die zweite deutsche Ausgabe aus dem Jahr 1685. Das mehr als 1400 Seiten umfassende Werk stellt die gesamte Breite des chemiatrischen Arzneischatzes im ausgehenden 17. Jahrhundert vor. Das 3. Buch (S. 377–484) behandelt auf rund 400 Seiten unter dem Titel *Macrocosmologie oder Bergwerck-Lehr* die auf Mineralien wie Gold, Antimon, Vitriol, Quecksilber etc. basierenden Arzneimittel, allein ein gutes Dutzend Rezepturen wandte sich der Herstellung von Trinkgold, *Aurum potabile*, zu.

Der schöne Kupfertitel zeigt eine frühneuzeitliche Apotheke im Licht der Alchemie: im Vordergrund Hermes mit dem Botenstab als Sinnbild für die Alchemie und das Quecksilber, daneben Figuren im antiken Habitus, die die lange Tradition der alchemischen Künste, etwa die der Destillation, bezeugen. Im Hintergrund ist

Abb. 197 = Kat. Nr. 61: Johann Schröder: Trefflich-versehene Medicin-Chymische Apotheke, Nürnberg 1685, Kupfertitel. HAB: Xb 9574 (1)

der Apothekenraum in allen Funktionen zu sehen: Buchführung, Warenlager, Herstellung von Medikamenten, Verkaufsraum.

Literatur:

Friedrich/Müller-Jahncke 2005, S. 267–363; Müller-Jahncke 1998; Schmitz 1998, S. 448–574.

62 „Laboratorium chymicum publicum" – Universität und Alchemie

Johann Hartmann: Officina Sanitatis Sive Praxis Chymiatrica Plane Aurea, Nürnberg: Endter 1677.
HAB: Xb 228

Aufgeschlagen: Kupfertitel (**Abb. 198**)

Während die städtischen Apotheken die Zubereitung alchemischer Arzneien in der Praxis und für breite Bevölkerungskreise betrieben, fand die Alchemie über die Chemiatrie bereits im frühen 17. Jahrhundert auch einen akademischen Rahmen, indem durch Landgraf Moritz von Hessen-Kassel (1572–1632) im Jahr 1609 an der Universität Marburg eine weltweit erste Professur für Chymiatrie eingerichtet wurde. Moritz hatte schon länger den Plan für ein *Collegium chymicum* gefasst, das sich mit Alchemie, paracelsischer Naturphilosophie und Chemiatrie befassen sollte. Der erste Inhaber dieser Professur war Johannes Hartmann (1568–1631), der zunächst als Hofmathematiker, also als Astronom und Astrologe, am Hof von Landgraf Moritz tätig war. Nachdem er auf Geheiß seines Dienstherrn in Marburg Medizin studiert hatte, ernannte Moritz ihn 1609 zum „Professor publicus chymiatriae". Zu seinen wichtigsten Aufgaben zählte neben der eigenen Forschung der Unterricht im „Laboratorium chymicum publicum", wo er den Medizinstudenten praktische Fähigkeiten und Verfahren vermittelte und auch einige Promotionen zu „doctores medicinae chymiatricae" abnahm. Erhaltene archivalische Quellen belegen, dass die *Basilica Chymica* von Oswald Croll eine wichtige Grundlage seiner Lehrtätigkeit war (vgl. **Kat. Nr. 40**).

Als erstes Lehrbuch der Chemiatrie kann die hier in einer späteren Bearbeitung ausgestellte *Officina Sanitatis Sive Praxis Chymiatrica* gelten. Johann Hartmanns Sohn gab sie auf der Grundlage der Arbeiten seines Vaters im Jahr 1633 heraus. Die Ausgabe von 1677 erschien in der Bearbeitung von Johannes Hiskias Cardilucius in Nürnberg. Der reiche Kupfertitel zeigt die drei Naturreiche in symbolischer Form als *Regnum vegetabile, animale* und *minerale* dargestellt. Die Personen halten jeweils ein Band in der Hand, auf dem das edelste aus ihren Substanzen gewonnene chemiatrische Heilmittel geschrieben steht. Aus dem Pflanzenreich etwa der *Spiritus vini*, der bei der Destillation des Weines gewonnen wurde und als stärkste aller Quintessenzen galt. Im Vordergrund Destillieranlagen, die wesentliche Grundlage zur Herstellung chemischer Arzneien und der genannten Substanzen.

Mit Schröders *Pharmacopoeia medico-chymica*, der *Basilica chymica* und der *Officina Sanitatis* lagen im 17. Jahrhundert detaillierte Handbücher und Anleitungen zur chemiatrischen Medizin und Pharmazie vor, die auch die paracelsisch-alchemische Naturphilosophie tradierten.

Über den Status der paracelsischen Medizin und der Chemiatrie im Gegensatz zu der seit Jahrhunderten weithin anerkannten galenischen Medizin fand bis weit in das 17. Jahrhundert eine heftige Auseinandersetzung vor allem auch in akademischen Kreisen statt. Eine bekannte Hochschulschrift gegen die Alchemie und paracelsische Medizin veröffentlichte 1648 der Helmstedter Professor Hermann Conring (1606–1681) mit *De Hermetica Aegyptiorum vetere et Paracelsiorum nova medicina*. Auf der Grundlage einer kritischen Quellenuntersuchung zweifelte Conring die Authentizität der Werke des Hermes Trismegistos und von dort aus auch die paracelsische Überlieferung sowie die Inhalte beider Schulen an.

Die Marburger Professur und die engagierte Leitung des „Laboratorium chymicum publicum" durch Johannes Hartmann verankerte die junge Hochschuldisziplin der Chemiatrie in Marburg dauerhaft und kann als Beginn einer akademischen Etablierung der Alchemie, im weiteren Sinn als Hilfswissenschaft der Medizin, betrachtet werden.

Literatur:
Friedrich/Müller-Jahncke 2005, S. 267–363; Priesner 1998a.

Abb. 198 = Kat. Nr. 62: Johann Hartmann: Officina Sanitatis, Nürnberg 1677, Kupfertitel. HAB: Xb 228

Literatur

Ackermann 1909	Aaron Ackermann: Münzmeister Lippold. Ein Beitrag zur Kultur- und Sittengeschichte des Mittelalters, in: Jahrbuch der Jüdisch-Literarischen Gesellschaft 7 (1909), S. 1–112.
Alt/Wels 2010	Peter-André Alt, Volkhard Wels: Konzepte des Hermetismus in der Literatur der Frühen Neuzeit, Göttingen 2010.
Ames-Lewis 1999	Francis Ames-Lewis (Hrsg.): Sir Thomas Gresham and Gresham College. Studies in the Intellectual History of London in the Sixteenth and Seventeenth Centuries, Aldershot u. a. 1999.
Arenfeldt 2012	Pernille Arenfeldt: Wissensproduktion und Wissensverbreitung im 16. Jahrhundert. Fürstinnen als Mittlerinnen von Wissenstraditionen, in: Historische Anthropologie 20/1 (2012), S. 4–28.
Ashworth 1990	William B. Ashworth Jr.: Natural History and the Emblematic Worldview, in: David C. Lindberg, Robert S. Westman (Hrsg.): Reappraisals of Scientific Revolution, Cambridge u. a. 1990, S. 303–331.
Asmussen 2013	Tina Asmussen: „Ein grausamer Alchymisten Feind". Athanasius Kircher als Akteur und Figur gelehrter Polemik im 17. Jahrhundert, in: dies., Hole Rößler (Hrsg.): Scharlatan! Eine Figur der Relegation in der frühneuzeitlichen Gelehrtenkultur, Frankfurt a. M. 2013, S. 215–244.
Assion 1982	Peter Assion: Das Arzneibuch der Landgräfin Eleonore von Hessen-Darmstadt. Ein Beitrag zum Phänomen der medizinischen caritas nach der Reformation, in: Medizinhistorisches Journal 17 (1982), S. 317–341.
Assmann 1998	Jan Assmann: Moses der Ägypter. Entzifferung einer Gedächtnisspur, München 1998.
Assmann 2000	Jan Assmann: Weisheit und Mysterium. Das Bild der Griechen von Ägypten, München 2000.
Assmann/Assmann 2003	Aleida Assmann, Jan Assmann (Hrsg.): Hieroglyphen. Stationen einer anderen abendländischen Grammatologie, München 2003.
Assmann/Ebeling 2011	Jan Assmann, Florian Ebeling: Ägyptische Mysterien. Reisen durch die Unterwelt in Aufklärung und Romantik, München 2011.
Aurnhammer 1986	Achim Aurnhammer: Zum Hermaphroditen in der Sinnbildkunst der Alchemisten, in: Christoph Meinel (Hrsg.): Die Alchemie in der europäischen Kultur- und Wissenschaftsgeschichte, Wiesbaden 1986, S. 179–200.
Bachelard 1948	Gaston Bachelard: Le métallisme et le minéralisme, in: ders.: La Terre et les rêveries de la volonté. Essai sur l'imagination des forces, Paris 1948, S. 233–289.
Bachmann/Hofmeier 1999	Manuel Bachmann, Thomas Hofmeier: Geheimnisse der Alchemie. Ausstellung des Instituts für Geschichte und Hermeneutik der Geheimwissenschaften Basel, Basel 1999.
Baldwin 1998	Martha Baldwin: Art. „Albertus Magnus", in: Claus Priesner, Karin Figala (Hrsg.): Alchemie. Lexikon einer hermetischen Wissenschaft, München 1998, S. 20–22.
Barke 1991	Jörg Barke: Die Sprache der Chymie. Am Beispiel von vier Drucken aus der Zeit zwischen 1574 und 1761, Tübingen 1991.
Barthélemy 1995	Pascal Barthélemy: Le verre dans la *Sedicina totius artis alchimiae* de Guillaume Sedacer, in: Didier Kahn, Sylvain Matton (Hrsg.): Alchimie. Art, histoire et myths, Paris u. a. 1995, S. 203–233.

Barthélemy 2002	Pascal Barthélemy: La Sedacina ou l'Oeuvre au Crible. L'alchimie de Guillaume Sedacer, carme catalan de la fin du XIVe siècle, 2 vols., Paris u. a. 2002.
Battistini 2005	Matilde Battistini: Astrologie, Magie und Alchemie, in: Bildlexikon der Kunst, Bd. 8, Berlin 2005, S. 251–371.
Benz 1970	Ernst Benz: Theologie der Elektrizität. Zur Begegnung und Auseinandersetzung von Theologie und Naturwissenschaft im 17. und 18. Jahrhundert, Mainz u. a. 1970.
Benz 1977	Ernst Benz: Franz Anton Mesmer und die philosophischen Grundlagen des „animalischen Magnetismus", Mainz 1977.
Benzenhöfer 1989	Udo Benzenhöfer: Johannes' de Rupescissa *Liber de consideratione quintae essentiae omnium rerum* deutsch. Studien zur Alchemia medica des 15. bis 17. Jahrhunderts mit kritischer Edition des Textes, Stuttgart 1989.
Benzing 1975	Josef Benzing: Der Buchdruck zu Oppenheim, in: Hans Licht (Hrsg.): Oppenheim, Geschichte einer alten Reichsstadt, Oppenheim 1975, S. 163–167.
Bepler 2013	Jill Bepler: Women's Books and Dynastic Networks in Early Modern Germany. Female Practices of Collecting and Bequeathing, in: Susanne Rode-Breymann, Antje Tumat (Hrsg.): Der Hof. Ort kulturellen Handelns von Frauen in der Frühen Neuzeit, Wien u. a. 2013, S. 295–313.
Bernardoni 2014	Andrea Bernardoni: Artisanal Processes and Epistemological Debate in the Works of Leonardo da Vinci and Vannoccio Biringuccio, in: Sven Dupré (Hrsg.): Laboratories of Art. Alchemy and Art Technology from Antiquity to the 18th Century, Dordrecht 2014, S. 53–78.
Bernhardt 1999	Reinhold Bernhardt: Was heißt „Handeln Gottes"? Eine Rekonstruktion der Lehre von der Vorsehung, Gütersloh 1999.
Berns 2000	Jörg Jochen Berns: Aquila Biceps. Die mnemotechnische Belastbarkeit des Reichsadlers und das Problem der Schemaüberblendung, in: ders., Wolfgang Neuber (Hrsg.): Seelenmaschinen. Gattungstraditionen, Funktionen und Leistungsgrenzen der Mnemotechniken vom späten Mittelalter bis zum Beginn der Moderne, Wien u. a. 2000, S. 407–461.
Bethe 1945	Erich Bethe: Buch und Bild im Altertum, Leipzig u. a. 1945.
Biringuccio 1959	Vannoccio Biringuccio. The Pirotechnia of Vannoccio Biringuccio, New York 1959.
Bischoff 1981	Bernhard Bischoff: Übersicht über die nichtdiplomatischen Geheimschriften des Mittelalters, in: ders.: Mittelalterliche Studien. Ausgewählte Aufsätze zur Schriftkunde und Literaturgeschichte, Bd. 3, Stuttgart 1981, S. 120–148.
Bladel 2009	Kevin van Bladel: The Arabic Hermes. From Pagan Sage to Prophet of Science, Oxford 2009.
Blumenberg 1994	Hans Blumenberg: Die Lesbarkeit der Welt, Frankfurt a. M. 1994.
Boehm 1994	Gottfried Boehm: Die Wiederkehr der Bilder, in: ders. (Hrsg.): Was ist ein Bild?, München 1994, S. 11–38.
Böhme 1730/1955	Jakob Böhme. Sämtliche Schriften der Ausgabe von 1730 in elf Bänden. Faksimile-Neudruck. Hrsg. von Will-Erich Peuckert, Bd. 1, Stuttgart-Bad Cannstatt 1955.
Böhme 1730/1960	Jakob Böhme. Sämtliche Schriften der Ausgabe von 1730 in elf Bänden. Faksimile-Neudruck. Hrsg. von Will-Erich Peuckert, Bd. 3, Stuttgart-Bad Cannstatt 1960.
Böhme 1988	Hartmut Böhme: Geheime Macht im Schoß der Erde. Das Symbolfeld des Bergbaus zwischen Sozialgeschichte und Psychohistorie, in: ders.: Natur und Subjekt, Frankfurt a. M. 1988, S. 67–144.

Böhme/Böhme 1996	Gernot Böhme, Hartmut Böhme: Feuer, Wasser, Erde, Luft. Eine Kulturgeschichte der Elemente, München 1996.
Boeren 1975	Petrus Cornelis Boeren: Codices Vossiani Chymici, Leiden 1975.
Bogaart 2004	Saskia Bogaart: Geleerde kennis in de volkstaal: ‚Van den proprieteyten der dinghen' (Haarlem 1485) in perspectief, Hilversum 2004.
Bonhoff 1993	Ulrike Maria Bonhoff: Das Diagramm. Kunsthistorische Betrachtung über seine vielfältige Anwendung von der Antike bis zur Neuzeit, Münster 1993.
Brandis 1997	Tilo Brandis: Die Handschrift zwischen Mittelalter und Neuzeit. Versuch einer Typologie, in: Gutenberg-Jahrbuch 72 (1997), S. 27–57.
Braun 2005	Hans E. Braun: Von der Handschrift zum gedruckten Buch, in: Michael Stolz, Adrian Mettauer (Hrsg.): Buchkultur im Mittelalter. Schrift – Bild – Kommunikation, Berlin u. a. 2005, S. 215–242.
Braunfels o. J.	Veronika Braunfels: Art. „Brun, Franz", in: Grove Art Online, Oxford Art Online (http://www.oxfordartonline.com/subscriber/article/grove/art/T011754 [letzter Zugriff 30.11.2011]).
Brecht 1993	Martin Brecht: Johann Arndt und das wahre Christentum, in: ders. (Hrsg.): Geschichte des Pietismus 1: Der Pietismus vom siebzehnten bis zum frühen achtzehnten Jahrhundert, Göttingen 1993, S. 130–151.
Bredekamp 1981	Horst Bredekamp: Die Erde als Lebewesen, in: Kritische Berichte 9 (1981/Nr. 4/5), S. 5–37.
Breidbach 2003	Olaf Breidbach: Zur Repräsentation des Wissens bei Athanasius Kircher, in: Helmar Schramm, Ludger Schwarte, Jan Lazardzig (Hrsg.): Kunstkammer – Laboratorium – Bühne. Schauplätze des Wissens im 17. Jahrhundert, Berlin u. a. 2003, S. 282–302.
Broszinski 2011	Hartmut Broszinski: Manuscripta chemica in Quarto, Bd. 3/2/2: Die Handschriften der Universitätsbibliothek Kassel, Landesbibliothek und Murhardsche Bibliothek der Stadt Kassel, Wiesbaden 2011.
Brüning 2004	Volker Fritz Brüning: Bibliographie der alchemistischen Literatur, Bd. 1: Die alchemistischen Druckwerke von der Erfindung der Buchdruckerkunst bis zum Jahr 1690, München 2004.
Buck 1992	August Buck (Hrsg.): Die okkulten Wissenschaften in der Renaissance, Wiesbaden 1992.
Bugaj 1968	Roman Bugaj: Michael Sędziwój (1566–1636). Życie i pisma, Warschau 1968.
Bulang 2012	Tobias Bulang: Intrikate Expertise. Die magische Pharmakognostik des Leonhard Thurneysser zum Thurn, in: Das Mittelalter. Perspektiven mediävistischer Forschung 17 (2012), S. 118–136.
Buntz 1972	Herwig Buntz: Das ‚Buch der heiligen Dreifaltigkeit', in: Zeitschrift für deutsches Altertum 101 (1972), S. 150–160.
Burckhardt 1960	Titus Burckhardt: Alchemie. Sinn und Weltbild, Freiburg i. Br. 1960.
Burnett 1998	Charles Burnett: Art. „Astroalchemie", in: Claus Priesner, Karin Figala (Hrsg.): Alchemie. Lexikon einer hermetischen Wissenschaft, München 1998, S. 65 f.
Butzmann 1972	Hans Butzmann: Die mittelalterlichen Handschriften der Gruppen Extravagantes, Novi und Novissimi, Kataloge der Herzog August Bibliothek Wolfenbüttel 15, Frankfurt a. M. 1972.
Carbonelli 1925	Giovanni Carbonelli: Sulle fonti storiche della chimica e dell'alchimia in Italia, Rom 1925 (Nachdr. Lavis 2003).

Cardelle de Hartmann 2007	Carmen Cardelle de Hartmann: Lateinische Dialoge 1200–1400. Literaturhistorische Studie und Repertorium, Leiden 2007.
Carrache 1798/1985	Augustin Carrache [Carracci Agostino]: L'Aretin. Réimpr. de l'éd. publ. en 1798 par Pierre Didot l'Aîné à partir de l'une des copies anciennes de la suite d'estampes alors intitulée „Les Amours des dieux" et gravée vers 1602 par Pierre de Jode l'Ancien, Genf 1985.
Cavallaro 2006	Federico Cavallaro: The Alchemical Significance of John Dee's *Monas Hieroglyphica*, in: Stephen Clucas (Hrsg.): John Dee: Interdisciplinary Studies in English Renaissance Thought, Dordrecht 2006, S. 159–176.
Cellini 1967	Benvenuto Cellini: The Treatises of Benvenuto Cellini on Goldsmithing and Sculpture. Trans. from the Italian by Charles Robert Ashbee [Repro d. Ausg. v. 1888], New York 1967.
Challis 1992	Christopher E. Challis: A New History of the Royal Mint, Cambridge 1992.
Chang 2011	Ku-ming (Kevin) Chang: Alchemy as Studies of Life and Matter: Reconsidering the Place of Vitalism in Early Modern Chymistry, in: Isis 102 (2011), S. 322–329.
Clericuzio 1990	Antonio Clericuzio: A Redefinition of Boyle's Chemistry and Corpuscular Philosophy, in: Annals of Science 47 (1990), S. 561–589.
Clericuzio 1998	Antonio Clericuzio: Art. „Alchemie, neuzeitliche", in: Claus Priesner, Karin Figala (Hrsg.): Alchemie. Lexikon einer hermetischen Wissenschaft, München 1998, S. 29–36.
Clericuzio 1998a	Antonio Clericuzio: Art. „Lullus, Raimundus", in: Claus Priesner, Karin Figala (Hrsg.): Alchemie. Lexikon einer hermetischen Wissenschaft, München 1998, S. 224–227.
Clucas 2011	Stephen Clucas: Margaret Cavendish's Materialist Critique of Van Helmontian Chymistry, in: Ambix 58/1 (2011), S. 1–12.
Cole 1999	Michael Cole: Cellini's Blood, in: The Art Bulletin 81 (1999), S. 215–235.
Collins 2010	David J. Collins: Albertus, *Magnus* or *Magus*? Magic, Natural Philosophy, and Religious Reform in the Late Middle Ages, in: Renaissance Quarterly 63 (2010), S. 1–44.
Contant 1952	Jean-Paul Contant: L'Enseignement de la Chimie au Jardin Royal des plantes de Paris, Straßburg 1952.
Coudert 1980	Allison Coudert: Der Stein der Weisen. Die geheime Kunst der Alchemisten, Berlin 1980.
Crisciani 1973	Chiara Crisciani: The Conception of Alchemy as expressed in the Pretiosa Margarita Novella of Petrus Bonus of Ferrara, in: Ambix 20/3 (1973), S. 165–181.
Crosland 1962	Maurice Crosland: Historical Studies in the Language of Chemistry, Toronto 1962.
Crosland 1990	Maurice Crosland: The Chemical Revolution of the 18th Century and the Eclipse of Alchemy in the Age of Enlightenment, in: Z. R. W. M. von Martels (Hrsg.): Alchemy Revisited, Leiden u. a. 1990, S. 67–77.
Curran 2007	Brian A. Curran: The Egyptian renaissance. The afterlife of ancient Egypt in early modern Italy. Chicago u. a. 2007.
Dachs 2000	Karl Dachs: Einige Beobachtungen zur Typologie neuzeitlicher Buchhandschriften, in: Peter Jörg Becker, Eva Bliembach u. a. (Hrsg.): Scrinium Berolinense. Tilo Brandis zum 65. Geburtstag, Bd. 1, Berlin 2000, S. 202–218.
Damman 2004	Günther Damman: Modernität durch hermetisches Denken. Alchemie und Ökonomie bei Johann Joachim Becher, in: Barbara Mahlmann-Bauer (Hrsg.): Scientiae et artes. Die Vermittlung alten und neuen Wissens in Literatur, Kunst und Musik, Bd. 2, Wiesbaden 2004, S. 717–732.

Darmstaedter 1922	Ernst Darmstaedter: Die Alchemie des Geber, Berlin 1922.
Darmstaedter 1924	Ernst Darmstaedter: Zur Geschichte des aurum potabile, in: Chemiker Zeitung 48 (1924), S. 653–655 u. 678–680.
Darmstaedter 1926	Ernst Darmstaedter: Berg-, Probir- und Kunstbüchlein. Mit Bibliographie, München 1926.
Debus 1965	Allen G. Debus: The English Paracelsians, Cambridge 1965.
Debus 1977	Allen G. Debus: The Chemical Philosophy Paracelsian Science and Medicine in the Sixteenth and Seventeenth Centuries, 2 Bde., New York 1977.
Dieckmann 1970	Liselotte Dieckmann: Hieroglyphics, the history of a literary symbol, St. Louis 1970.
Dixon 1980	Laurinda S. Dixon: Alchemical Imagery in Bosch's „Garden of Delights" Triptych (Typoskript, PhD, Boston), London 1980.
Dobbs 1975	Betty Jo Teeter Dobbs: The Foundations of Newton's Alchemy, or: The Hunting of the Greene Lyon, Cambridge 1975.
Dobbs 1986	Betty Jo Teeter Dobbs: Alchemische Kosmogonie und arianische Theologie bei Isaac Newton, in: Christoph Meinel (Hrsg.): Die Alchemie in der europäischen Kultur- und Wissenschaftsgeschichte, Wiesbaden 1986, S. 137–150.
Dobbs 1990	Betty Jo Teeter Dobbs: From the Secrecy of Alchemy to the Openness of Chemistry, in: Tore Frängsmyr (Hrsg.): Solomon's House Revisited. The Organization and Institutionalization of Science, Canton/Mass. 1990, S. 75–94.
Dobbs 1991	Betty Jo Teeter Dobbs: The Janus Faces of Genius. The Role of Alchemy in Newton's Thought, Cambridge 1991.
Dobbs 1992	Betty Jo Teeter Dobbs: Alchemical Death and Resurrection. The Significance of Alchemy in the Age of Newton, in: Stephen A. McKnight (Hrsg.): Science, Pseudo-Science, and Utopianism in Early Modern Thought, Columbia/MO u. a. 1992, S. 56–87.
Dobbs/Jacob 1998	Betty Jo Teeter Dobbs, Margaret C. Jacob: Newton and the Culture of Newtonianism, Amherst 1998.
Dongus 1998	Margot Dongus: Sibylla von Anhalt – Profil einer vielseitigen Persönlichkeit, in: Renate Dürr: Nonne, Magd oder Ratsfrau. Frauenleben in Leonberg aus vier Jahrhunderten, Leonberg 1998, S. 43–52.
Donkin 1998	Robin A. Donkin: Beyond Price. Pearls and Pearl-Fishing: Origins to the Age of Discoveries, Philadelphia 1998.
Drexl 2006	Magdalena Drexl: Weiberfeinde – Weiberfreunde? Die Querelle des femmes im Kontext konfessioneller Konflikte um 1600, Frankfurt a. M. u. a. 2006.
Duveen 1946	Denis Duveen: Notes on Some Alchemical Books, in: The Library, ser. V, 1 (1946), S. 56–59.
Dülmen 1978	Richard van Dülmen: Die Utopie einer christlichen Gesellschaft. Johann Valentin Andreae (1584–1654), Teil 1, Stuttgart-Bad Cannstatt 1978.
Eamon 1984	William Eamon: Arcana Disclosed. The Advent of Printing, the Books of Secrets Tradition and the Development of Experimental Science in the Sixteenth Century, in: History of Science 22 (1984), S. 111–150.
Ebeling 2001	Florian Ebeling: „Geheimnis" und „Geheimhaltung" in den Hermetica der Frühen Neuzeit, in: Antike Weisheit und kulturelle Praxis. Hermetismus in der Frühen Neuzeit, Göttingen 2001, S. 63–80.

Ebeling 2005	Florian Ebeling: Das Geheimnis des Hermes Trismegistos. Geschichte des Hermetismus, München 2005.
Eco 1988	Umberto Eco: Lo strano caso dello Hanau 1609, in: L'Esopo 40 (1988), S. 9–36.
Eco 1992	Umberto Eco: Die Grenzen der Interpretation, München u. a.1992.
Eco 1994	Umberto Eco: Die Suche nach der vollkommenen Sprache. Aus dem Ital. übers. von Burkhardt Kroeber, München 1994.
Eis 1951	Gerhard Eis: Von der Rede und dem Schweigen der Alchemisten, in: Deutsche Vierteljahrszeitschrift für Literaturwissenschaft und Geistesgeschichte 25 (1951), S. 415–435.
Eis 1965	Gerhard Eis: Von der Rede und dem Schweigen der Alchemisten, in: ders.: Vor und nach Paracelsus. Untersuchungen über Hohenheims Traditionsverbundenheit und Nachrichten über seine Anhänger, Stuttgart 1965, S. 51–73.
Eis 1982	Gerhard Eis: Alchymey teuczsch, in: ders.: Medizinische Fachprosa des späten Mittelalters und der frühen Neuzeit, Amsterdam 1982, S. 307–315.
Eliade 1960	Mircea Eliade: Schmiede und Alchemisten, Stuttgart 1960 (frz. Orig. 1956).
Engle 2008	Paul Engle: Depicting alchemy. Illustrations from Antonio Neri's 1599 manuscript, in: D. von Kerssenbrock-Krosigk (Hrsg.): Glass of the alchemists. Lead Crystal – Gold Ruby, 1650–1750, Corning 2008, S. 49–61.
Evans 1980	Robert J. W. Evans: Rudolf II. Ohnmacht und Einsamkeit, Graz u. a. 1980.
Fankhauser 2007	Regula Fankhauser: Visuelle Erkenntnis. Zum Bildverständnis des Hermetismus in der Frühen Neuzeit, in: Image 5 (Januar 2007), S. 20–36.
Fanning 2009	Philip Ashley Fanning: Isaac Newton and the Transmutation of Alchemy. An Alternative View of the Scientific Revolution, Berkeley 2009.
Ferguson 1954	John Ferguson: Bibliotheca Chemica. A bibliography of books on alchemy, chemistry and pharmaceutics, 2 Bde., London ²1954.
Figala 1978	Karin Figala: Newton as Alchemist, München 1978.
Figala 1980	Karin Figala: Das verheimlichte Leben des Sir Isaac Newton, München 1980.
Figala 1998	Karin Figala: Art. „Alchemiekritik", in: Claus Priesner, Karin Figala (Hrsg.): Alchemie. Lexikon einer hermetischen Wissenschaft, München 1998, S. 39 f.
Figala 1998a	Karin Figala: Art. „Alchemieverbot(e)", in: Claus Priesner, Karin Figala (Hrsg.): Alchemie. Lexikon einer hermetischen Wissenschaft, München 1998, S. 36–39.
Figala 1998b	Karin Figala: Art. „Goldmacherei", in: Claus Priesner, Karin Figala (Hrsg.): Alchemie. Lexikon einer hermetischen Wissenschaft, München 1998, S. 161–165.
Figala 1998c	Karin Figala: Art. „Opus magnum", in: Claus Priesner, Karin Figala (Hrsg.): Alchemie. Lexikon einer hermetischen Wissenschaft, München 1998, S. 261–263.
Figala 1998d	Karin Figala: Art. „Quecksilber", in: Claus Priesner, Karin Figala (Hrsg.): Alchemie. Lexikon einer hermetischen Wissenschaft, München 1998, S. 295–300.
Figala/Neumann 1995	Karin Figala, Ulrich Neumann: A propos de Michael Maier: quelques découvertes bio-bibliographiques, in: Didier Kahn, Sylvain Matton (Hrsg.): Alchimie. Art, histoire et mythes, Paris u. a. 1995, S. 651–664.
Findlen 2004	Paula Findlen (Hrsg.): Athanasius Kircher. The Last Man Who Knew Everything, New York u. a. 2004.

Flachmann 2003	Holger Flachmann: Handschrift und Buchdruck bei Martin Luther, in: Gerd Dicke, Klaus Grubmüller (Hrsg.): Die Gleichzeitigkeit von Handschrift und Buchdruck, Wiesbaden 2003, S. 121–140.
Flor 2007	Ingrid Flor: Die Krönung Mariae und der „Christus-Adler" im ‚Buch der Heiligen Dreifaltigkeit', in: dies.: Glaube und Macht. Die mittelalterliche Bildsymbolik der trinitarischen Marienkrönung, Graz 2007, S. 165–194.
Forshaw 2007	Peter Forshaw: Subliming Spirits: Physical-Chemistry and Theo-Alchemy in the Works of Heinrich Khunrath (1560–1605), in: Stanton J. Linden (Hrsg.): Mystical Metal of Gold. Essays on Alchemy and Renaissance Culture, New York 2007, S. 255–276.
Forshaw 2008	Peter J. Forshaw: Paradoxes, Absurdities and Madness. Conflict over Alchemy, Magic and Medicine in the Works of Andreas Libavius and Heinrich Khunrath, in: Early Science and Medicine 13 (2008), S. 58–81.
Forshaw 2013	Peter Forshaw: Cabala Chymica or Chemia Cabalistica – Early Modern Alchemists and Cabala, in: Ambix 60/4 (2013), S. 361–389.
Foucault 1995	Michel Foucault: Die Ordnung der Dinge. Eine Archäologie der Humanwissenschaften, Frankfurt a. M. ^{13}1995.
Fowden 1986	Garth Fowden: The Egyptian Hermes. A Historical Approach to the Late Pagan Mind, Cambridge 1986.
Fransen 2013	Sietske Fransen: Daniel Foote als Übersetzer im Kontext von Vater und Sohn Van Helmont, in: Morgen-Glantz 23 (2013), S. 169–184.
Fransen 2014	Sietske Fransen: Exchange of Knowledge through Translation. Jan Baptista van Helmont and his Editors and Translators in the Seventeenth Century (Dissertationsschrift University of London), London 2014.
Friedrich/Müller-Jahncke 2005	Christoph Friedrich, Wolf-Dieter Müller-Jahncke: Geschichte der Pharmazie, Bd. 2: Von der Frühen Neuzeit bis zur Gegenwart, Eschborn 2005.
Friend 1961	John Newton Friend: Man and the Chemical Elements, 2. rev. ed. London 1961.
Frietsch 2012	Ute Frietsch: Die Zerbrechung der Natur durch die Kunst. Eschatologische Zeitkonzepte in der paracelsischen Alchemie, in: Achim Landwehr (Hrsg.): Frühe neue Zeiten. Zeitwissen zwischen Reformation und Revolution, Bielefeld 2012, S. 217–236.
Frietsch 2013	Ute Frietsch: Häresie und Wissenschaft. Eine Genealogie der paracelsischen Wissenschaft, München 2013.
Frühsorge 1993	Gotthard Frühsorge (Hrsg.): Johann Joachim Becher: (1635–1682), Wiesbaden 1993.
Fürbeth 1992	Frank Fürbeth: Johannes Hartlieb. Untersuchungen zu Leben und Werk, Tübingen 1992.
Gabriele 1997	Mino Gabriele: Alchimia e iconologia, Udine 1997.
Gabriele 2006	Mino Gabriele: Didattica per figure nel ms. alchemico Ashb. 1166 della Biblioteca Medicea Laurenziana, in: Ugo Rozzo, Mino Gabriele (Hrsg.): Storia per parole e per immagini, Udine 2006, S. 17–44.
Galluzzi 1982	Paolo Galluzzi: Motivi paracelsiani nella Toscana di Cosimo II e di Don Antonio dei Medici. Alchimia, medicina ‚chimica' e riforma del sapere, in: Scienze, credenze occulte, livelli di cultura (1982), S. 31–62.
Gantet 2010	Claire Gantet: Der Traum in der Frühen Neuzeit. Ansätze zu einer kulturellen Wissenschaftsgeschichte, Berlin 2010.

Ganzenmüller 1939	Wilhelm Ganzenmüller: Das Buch der heiligen Dreifaltigkeit. Eine deutsche Alchemie aus dem Anfang des 15. Jahrhunderts, in: Archiv für Kulturgeschichte 29 (1939), S. 93–146.
Ganzenmüller 1942	Wilhelm Ganzenmüller: Alchemie und Religion im Mittelalter, in: Deutsches Archiv für Geschichte des Mittelalters 5 (1942), S. 329–346.
Gatenbröcker 1998	Silke Gatenbröcker: Alchimistisches Rezeptbuch mit Miniaturen von Christoph Gertner, in: Jochen Luckhardt (Hrsg.): Hofkunst der Spätrenaissance. Braunschweig-Wolfenbüttel und das kaiserliche Prag um 1600, Braunschweig 1998, S. 83–88.
Geyer 2001	Hermann Geyer: Verborgene Weisheit. Johann Arndts ‚Vier Bücher vom wahren Christentum' als Programm einer spiritualistisch-hermetischen Theologie, 3 Bde., Berlin 2001.
Giesecke 1991	Michael Giesecke: Der Buchdruck in der frühen Neuzeit. Eine historische Fallstudie über die Durchsetzung neuer Informations- und Kommunikationstechnologien, Frankfurt a. M. 1991.
Gijsen 2010	Annelies van Gijsen: Isaac Hollandus revisited, in: Miguel López Pérez, Didier Kahn & Mar Rey Bueno (Hrsg.): Chymia. Science and nature in medieval and early modern Europe, Newcastle 2010, S. 310–330.
Gilly 1977	Carlos Gilly: Zwischen Erfahrung und Spekulation. Theodor Zwinger und die religiöse und kulturelle Krise seiner Zeit, in: Basler Zeitschrift für Geschichte und Altertumskunde 77 (1977), S. 57–137.
Gilly 1986	Carlos Gilly: Johann Valentin Andreae, 1586–1986. Die Manifeste der Rosenkreuzerbruderschaft: Katalog einer Ausstellung in der Bibliotheca Philosophica Hermetica, Amsterdam 1986.
Gilly 1999	Carlos Gilly: Il manoscritto alchemico più celebre di Firenze, in: Sebastiano Gentile, ders.: Marsilio Ficino e il ritorno die Ermete Trismegisto [Ausstellungskat.], Florenz 1999, S. 224 f.
Gilly 2002	Carlos Gilly: The *Amphitheatrum Sapientiae Aeternae* of Heinrich Khunrath, in: ders., Cis van Heertum (Hrsg.): Magia, alchimia, scienza dal '400 al '700. L'influsso di Ermete Trismegisto / Magic, Alchemy and Science 15th–17th Centuries, Venedig 2002, S. 341–350.
Gilly 2007	Carlos Gilly: Hermes oder Luther, in: Hans Otte, Hans Schneider (Hrsg.): Frömmigkeit oder Theologie. Johann Arndt und die „Vier Bücher vom wahren Christentum", Göttingen 2007, S. 163–199.
Gilly 2014	Carlos Gilly: Khunrath und das Entstehen der frühneuzeitlichen Theosophie, in: ders., Anja Hallacker, Hanns-Peter Neumann, Wilhelm Schmidt-Biggemann (Hrsg.): Heinrich Khunrath, *Amphitheatrum Sapientiae Aeternae* – Schauplatz der ewigen allein wahren Weisheit. Vollständiger Reprint des Erstdrucks von [Hamburg] 1595 und des zweiten und letzten Drucks Hanau 1609, Stuttgart-Bad Cannstatt 2014, S. 9–22.
Gilly 2014a	Carlos Gilly: Verzeichnis der Werke von Heinrich Khunrath, in: ders., Anja Hallacker, Hanns-Peter Neumann, Wilhelm Schmidt-Biggemann (Hrsg.): Heinrich Khunrath: Amphitheatrum Sapientiae Aeternae – Schauplatz der ewigen allein wahren Weisheit. Vollständiger Reprint des Erstdrucks von [Hamburg] 1595 und des zweiten und letzten Drucks Hanau 1609, Stuttgart-Bad Cannstatt 2014, S. 531–557.
Gloy 2000	Karen Gloy: Das Analogiedenken der Renaissance. Seine Herkunft und seine Strukturen, in: dies., Manuel Bachmann (Hrsg.): Das Analogiedenken. Vorstöße in ein neues Gebiet der Rationalitätstheorie, Freiburg i. Br. u. a. 2000, S. 215–255.
Gobiet 1984	Ronald Gobiet (Hrsg.): Der Briefwechsel zwischen Philipp Hainhofer und Herzog August d. J. von Braunschweig-Lüneburg, München 1984.

Golinski 1993	Jan Golinski: Das geheime Leben eines Alchemisten, in: John Fauvel u.a. (Hrsg.): Newtons Werk. Die Begründung der modernen Naturwissenschaft, Basel u.a. 1993, S. 191–215.
Goltz 1972	Dietlinde Goltz: Die Paracelsisten und die Sprache, in: Sudhoffs Archiv 56 (1972), S. 337–352.
Goltz/Telle/Vermeer 1977	Dietlinde Goltz, Joachim Telle, Hans J. Vermeer: Der alchemistische Traktat „Von der Multiplikation" von Pseudo-Thomas von Aquin. Untersuchungen und Texte, in: Sudhoffs Archiv, Beihefte 19, Wiesbaden 1977.
Grazzini 2012	Maria Grazia Grazzini: Discorso sopra la Chimica. The Paracelsian Philosophy of Antonio Neri, in: Nuncius 27 (2012), S. 411–467.
Grein 2012	Kerstin Grein: Exponat „Stehender Mann", in: Dirk Syndram, Juliane Wolchsina (Hrsg.): Herzog Anton Ulrich zu Gast in Dresden. Schatzkammerstücke des Herzog Anton Ulrich-Museums Braunschweig. Ausstellungskatalog Staatliche Kunstsammlungen Dresden, Dresden 2012, S. 83.
Greiner 1994	Frank Greiner: L'Initiation alchimique de Giovanni Battista Nazari, in: Reforme, Humanisme, Renaissance 38 (1994b), S. 9–35.
Grésillon 1999	Almuth Grésillon: Literarische Handschriften. Einführung in die „critique génétique", Bern 1999.
Grund 2006	Peter Grund: „ffor to make Azure as Albert biddes": Medieval English Alchemical Writings in the Pseudo-Albertan Tradition, in: Ambix 53/1 (2006), S. 21–42.
Grund 2009	Peter Grund: Textual Alchemy: The Transformation of Pseudo-Albertus Magnus's *Semita Recta* into the *Mirror of Lights*, in: Ambix 56/3 (2009), S. 202–225.
Haferland 2012	Harald Haferland: Heilsbedeutung und spekulative Alchemie. Böhme-Rezeption bei Quirinus Kuhlmann, in: Wilhelm Kühlmann, Friedrich Vollhardt (Hrsg.): Offenbarung und Episteme. Zur europäischen Wirkung Jakob Böhmes im 17. und 18. Jahrhundert, Berlin 2012, S. 143–164.
Hamburger 2013	Jeffrey F. Hamburger: ‚Haec figura demonstrat'. Diagramme in einem Pariser Exemplar von Lothars von Segni ‚De missarum mysteriis' aus dem frühen 13. Jahrhundert, Berlin u.a. 2013.
Hanegraaff 2012	Wouter J. Hanegraaff: Esotericism and the Academy: Rejected Knowledge in Western Culture, Cambridge 2012.
Hannaway 1986	Owen Hannaway: Laboratory Design and the Aim of Science, in: Isis 77 (1986), S. 585–610.
Harkness 1999	Deborah E. Harkness: John Dee's Conversations with Angels. Cabala, Alchemy, and the End of Nature, Cambridge 1999.
Harms 1997	Wolfgang Harms (Hrsg.): Deutsche illustrierte Flugblätter des 16. und 17. Jahrhunderts, Bd. 7: Die Sammlung der Zentralbibliothek Zürich. T. 2, Tübingen 1997.
Harrison 1978	John Harrison: The Library of Isaac Newton, Cambridge 1978.
Harrison 1998	Peter Harrison: The Bible, Protestantism and the Rise of Natural Science, Cambridge 1998.
Hartlaub 1937	Gustav Friedrich Hartlaub: Arcana Artis. Spuren alchemistischer Symbolik in der Kunst des 16. Jahrhunderts, in: Zeitschrift für Kunstgeschichte 6 (1937), S. 289–324.
Hartlaub 1937a	Gustav Friedrich Hartlaub: Signa Hermetis (Zwei alte alchemistische Bilderhandschriften), Erster Teil, in: Zeitschrift des Deutschen Vereins für Kunstwissenschaft 4 (1937), S. 93–112.

Hartlaub 1959	Gustav Friedrich Hartlaub: Der Stein der Weisen. Wesen und Bildwelt der Alchemie, München 1959.
Hausenblasová 2002	Jaroslava Hausenblasová: Oswald Croll and his Relations to the Bohemian Lands, in: Acta Comeniana 15–16 (2002), S. 169–182.
Hausenblasová/Purš 2009	Jaroslava Hausenblasová, Ivo Purš: Simon Thadeas Budek und Christoph Harant von Polžice unter den Alchemisten Kaiser Rudolfs II., in: Studia Rudolphina 9 (2009), S. 70–86.
Heck 2011	Christian Heck: L'allégorie dans l'art médiéval. Entre l'exégèse visuelle et la rhétorique de l'image, in: ders. (Hrsg.): L'allégorie dans l'art du Moyen Âge. Formes et fonctions. Héritages, créations, mutations, Turnhout 2011, S. 7–22.
Heinemann 1886	Otto von Heinemann: Die Helmstedter Handschriften, Bd. 2: Cod. Guelf. 501 Helmst. bis 1000 Helmst., Wolfenbüttel 1886, ND Frankfurt a. M. 1963.
Heinemann 1900	Otto von Heinemann: Die Handschriften der Herzoglichen Bibliothek zu Wolfenbüttel. 2. Abth.: Die Augusteischen Handschriften IV, Wolfenbüttel 1900.
Heinemann 1903	Otto von Heinemann: Die Handschriften der Herzoglichen Bibliothek zu Wolfenbüttel, 2. Abth.: Die Augusteischen Handschriften V. Nebst Zugabe zu Abtheilung II und Anhang zu Abtheilung I/II, Wolfenbüttel 1903.
Heinzer 2003	Felix Heinzer: Handschrift und Druck im Œuvre der Grafen Wilhelm Werner und Froben Christoph von Zimmern, in: Gerd Dicke, Klaus Grubmüller (Hrsg.): Die Gleichzeitigkeit von Handschrift und Buchdruck, Wiesbaden 2003, S. 141–166.
Helmont 1683/1971	Johann Baptista van Helmont: Aufgang der Artzney-Kunst. Übers. von Christian Knorr von Rosenroth. Mit Beitr. von Walter Pagel, Sulzbach 1683, ND München 1971.
Henkel 1996	Nikolaus Henkel: Ein Augsburger Hausbuch des Spätmittelalters. Der Wolfenbütteler Codex des Bürgermeisters Ulrich Schwarz († 1478), in: Johannes Janota, Werner Williams-Krapp (Hrsg.): Literarisches Leben in Augsburg während des 15. Jahrhunderts, Tübingen 1996, S. 27–46.
Hickel 2008	Erika Hickel: Die Arzneimittel in der Geschichte. Trost und Täuschung – Heil und Handelsware, hrsg. von Johannes Büttner, Nordhausen 2008.
Hild 1991	Heike Hild: Das Stammbuch des Medicus, Alchemisten und Poeten Daniel Stolcius als Manuskript des Emblembuches Viridarium Chymicum (1624) und als Zeugnis seiner Peregrinatio Academica (Dissertationsschrift TU München), 1991.
Hild 1998	Heike Hild: Art. „Morienus", in: Claus Priesner, Karin Figala (Hrsg.): Alchemie. Lexikon einer hermetischen Wissenschaft, München 1998, S. 242f.
Hills 1999	Paul Hills: Venetian Colour. Marble, Mosaic, Painting and Glass 1250–1550, New Haven 1999.
Hirai 2005	Hiro Hirai: Le concept de semence dans les théories de la matière à la Renaissance de Marsile Ficin à Pierre Gassendi, Turnhout 2005.
Hirsch 1950	Rudolf Hirsch: The Invention of Printing and the Diffusion of Alchemical and Chemical Knowledge, in: Chymia 3 (1950), S. 115–141.
Hofacker 1993	Hans-Georg Hofacker: ‚sonderlich hohe Künste und vortreffliche Geheimnis'. Alchemie am Hof Herzog Friedrichs I. von Württemberg – 1593 bis 1608, Stuttgart 1993.
Hofmann 1932	Friedrich H. Hofmann: Das Porzellan der europäischen Manufakturen im 18. Jahrhundert. Eine Kunst- und Kulturgeschichte, Berlin 1932.
Hofmeier 2007	Thomas Hofmeier: Einleitung, in: ders. (Hrsg.): Michael Meiers „Chymisches Cabinet", Berlin 2007, S. 9–14.

Hofmeier 2007a	Thomas Hofmeier: Leonhard Thurneyssers Quinta essentia 1574. Ein alchemisches Lehrbuch in Versen, Berlin 2007.
Hoheisel 1986	Karl Hoheisel: Christus und der philosophische Stein. Alchemie als über- und nichtchristlicher Heilsweg, in: Christoph Meinel: Die Alchemie in der europäischen Kultur- und Wissenschaftsgeschichte, Wiesbaden 1986, S. 61–84.
Humberg 2005	Oliver Humberg: Der alchemistische Nachlaß Friedrichs I. von Sachsen-Gotha-Altenburg, Elberfeld 2005.
Hunter 1990	Michael Hunter: Alchemy, Magic and Moralism in the Thought of Robert Boyle, in: British Journal of the History of Science 23 (1990), S. 387–410.
Jacobsen 1989	Golo Jacobsen: Das Erotische Jahrhundert, in: Ludwig von Brunn (Hrsg.): Ars Erotica. Die erotischen Buchillustrationen im Frankreich des 18. Jahrhunderts, Bd. 1, Schwerte 1989, S. 9–79.
Jacobsen/Brandsch 1998–2003	Roswitha Jacobsen, Juliane Brandsch (Hrsg.): Tagebücher von 1667–1677 / Friedrich I. von Sachsen-Gotha und Altenburg, 3 Bde., Weimar 1998–2003.
Janacek 2000	Bruce Janacek: Catholic Natural Philosophy. Alchemy and the Revivification of Sir Kenelm Digby, in: Margaret J. Osler (Hrsg.): Rethinking the Scientific Revolution, Cambridge 2000, S. 89–118.
Jochum/Schlechter 2011	Uwe Jochum, Armin Schlechter: Das Ende der Bibliothek. Vom Wert des Analogen. Zeitschrift für Bibliothekswesen und Bibliographie, Sonderbände 105, Frankfurt a. M. 2005.
Jong 1969	Helene Marie Elisabeth de Jong: Michael Maier's Atalanta Fugiens. Sources of an alchemical book of emblems, Leiden 1969.
Josten 1964	Conrad H. Josten: A Translation of John Dee's „Monas Hieroglyphica" (Antwerpen 1564), with an Introduction and Annotations, in: Ambix 12/2 (1964), S. 84–221.
Jütte 2011	Daniel Jütte: Das Zeitalter des Geheimnisses. Juden, Christen und die Ökonomie des Geheimen (1400–1800), Göttingen 2011.
Jung 1972	Carl Gustav Jung: Psychologie und Alchemie. Gesammelte Werke, Bd. 12, Olten-Freiburg i. Br. 1972.
Jung 1984	Carl Gustav Jung: Psychologie und Alchemie. Gesammelte Werke, Bd. 12, Olten-Freiburg i. Br. ^{4}1984.
Jung 1984a	Carl Gustav Jung: Die Lapis-Christus-Parallele, in: ders.: Gesammelte Werke, Bd. 12: Psychologie und Alchemie, Olten-Freiburg i. Br. ^{4}1984, S. 395–491.
Junker 1986	Uwe Junker: Das „Buch der Heiligen Dreifaltigkeit" in seiner zweiten, alchemistischen Fassung (Kadolzburg 1433), Köln 1986.
Kahn 1994	Didier Kahn (Hrsg.): Hermes Trismegiste: La table d'émeraude et sa tradition alchimique, Paris 1994.
Kahn 2005	Didier Kahn: Between Alchemy and Antitrinitarianism. Nicolas Barnaud (ca. 1539–1604?), in: Brills Studies in Intellectual History 134 (2005), S. 81–98.
Karpenko 1973	Vladimír Karpenko: Viridarium Chymicum. The Encyclopedia of Alchemy, in: Journal of Chemical Education 50 (1973), S. 270–272.
Karpenko 1990	Vladimír Karpenko: The Oldest Alchemical Manuscript in the Czech Language, in: Ambix 37/2 (1990), S. 61–73.
Karpenko 1994	Vladimir Karpenko: Zur Geschichte der Alchemie und Chemie im 16. und 17. Jahrhundert, in: Lazarus Ercker. Sein Leben und seine Zeit. Zur Geschichte des Montan- und Münzwesens im mittleren Europa, Freiberg 1994, S. 55–61.

Karpenko 1996	Vladimír Karpenko: Bohemian Nobility and Alchemy in the Second Half of the Sixteenth Century: Wilhelm of Rosenberg and Two Alchemists, Cauda Pavonis 15, No. 2 (1996), S. 14–18.
Karpenko 2011	Vladimír Karpenko: Martin Rulands Lexicon Alchemiae im Kontext der chemischen Sprache und Systematik, in: Studia Rudolphina 11 (2011), S. 102–126.
Karpenko/Widzovà 2000	Vladimír Karpenko, Pavla Widzová: Der Böhmische Alchemist Hynek von Poděbrad, in: Mitteilungen der Gesellschaft Deutscher Chemiker 15 (2000), S. 3–10.
Kassell 2011	Lauren Kassell: Secrets revealed: Alchemical books in early modern England, in: History of Science 49 (2011), S. 61–87.
Keller 2008	Vera Keller: Cornelis Drebbel (1572–1633). Fame and the Making of Modernity, Princeton 2008.
Keller 2012	Vera Keller: The Centre of Nature: Baron Johann Otto von Hellwig between a Global Network and a Universal Republic, in: Early Science and Medicine 17 (2012), S. 570–588.
Kennedy/Churchill 2004	Gerry Kennedy, Rob Churchill: The Voynich Manuscript: The Unsolved Riddle of an Extraordinary Book Which Has Defied Interpretation for Centuries, Orion 2004.
Kenny 1991	Neil Kenny: The Palace of Secrets: Béroalde de Verville and Renaissance Conceptions of Knowledge, New York 1991.
Kerssenbrock-Krosigk 2001	Dedo von Kerssenbrock-Krosigk: Rubinglas des ausgehenden 17. und des 18. Jahrhunderts, Mainz 2001.
Kibre 1942	Pearl Kibre: Alchemical Writings Ascribed to Albertus Magnus, in: Speculum 17 (1942), S. 499–518.
Kibre 1980	Pearl Kibre: Albertus Magnus on Alchemy, in: James A. Weisheipl (Hrsg.): Albertus Magnus and the Sciences. Commemorative Essays 1980, Toronto 1980, S. 187–202.
Kirchner 1939	Richard Kirchner: Der Bürgermeister und Leibmedikus, fürst. Rat Dr. Jacob Waitz in Gotha, in: Sippengeschichtliche Blätter der Sippen Waitz, Waitz von Eschen, Weitz, Weiz, Folge 23, 9. Jahrgang 1939, S. 8–19.
Klein 1937	Dorothee Klein: Autorenbild, in: Otto Schmitt (Hrsg.): Reallexikon zur deutschen Kunstgeschichte, Bd. 1, Stuttgart 1937, Sp. 1309–1314.
Klein 1994	Ursula Klein: Verbindung und Affinität. Die Grundlegung der neuzeitlichen Chemie an der Wende vom 17. zum 18. Jahrhundert, Basel u. a. 1994.
Klossowski de Rola 1988	Stanislas Klossowski de Rola: The Golden Game. Alchemical Engravings of the Seventeenth Century, London 1988.
Kluge 1818	Carl Alexander Ferdinand Kluge: Versuch einer Darstellung des animalischen Magnetismus als Heilmittel, Berlin 1818.
Klutz 1974	Monika Klutz: Die Rezepte in Oswald Crolls Basilica Chymica (1609) und ihre Beziehungen zu Paracelsus, Braunschweig 1974.
Kock 2002	Thomas Kock: Die Buchkultur der Devotio moderna. Handschriftenproduktion, Literaturversorgung und Bibliotheksaufbau im Zeitalter des Medienwechsels, Tradition – Reform – Innovation 2, Frankfurt a. M. ²2002.
König 1975	Gebhard König: Peter Lambeck (1628–1680). Leben und Werk mit besonderer Berücksichtigung seiner Tätigkeit als Präfekt der Hofbibliothek in den Jahren 1663–1680, Wien 1975.
König/Krabath/Krueger 2012	Sonja König, Stefan Krabath, Thomas Krueger, unter Mitarb. v. Christian Leiber, Thomas Schmitt: Die erste Porzellanmanufaktur in Norddeutschland. Von der Ausgrabung zum

	virtuellen Modell der ältesten erhaltenen Porzellanbrennöfen Europas, in: Berichte zur Denkmalpflege in Niedersachsen 2 (2012), S. 74–77.
Krabath 2011	Stefan Krabath: Luxus in Scherben. Fürstenberger und Meißener Porzellan aus Grabungen, Dresden 2011.
Kraus 1942/1943	Paul Kraus: Jābir ibn Ḥayyān. Contribution à l'histoire des idées scientifiques dans l'Islam = Mémoires présentés à l'Institut d'Égypte 44–45, Kairo 1942/1943.
Krueger 2010	Thomas Krueger: Notizen zur Frühgeschichte der Porzellanmanufaktur Fürstenberg, 1746–1753. Neue Forschungsfragen aus historischer Sicht anlässlich erster archäologischer Testgrabungen an frühen Ofenbauten der Manufaktur, in: Wilhelm Siemen (Hrsg.): Königstraum und Massenware: 300 Jahre europäisches Porzellan, Wunsiedel 2010, S. 48–69.
Kühlmann 1991	Wilhelm Kühlmann: Poet, Chymicus, Mathematicus. Das Stammbuch des böhmischen Paracelsisten Daniel Stoltzius, in: Joachim Telle (Hrsg.): Parerga Paracelsica. Paracelsus in Vergangenheit und Gegenwart, Stuttgart 1991, S. 275–300.
Kühlmann 1992	Wilhelm Kühlmann: Oswald Crollius und seine Signaturenlehre, in: August Buck (Hrsg.): Die okkulten Wissenschaften in der Renaissance, Wiesbaden 1992, S. 103–123.
Kühlmann 2001	Wilhelm Kühlmann: Paracelsismus und Hermetismus. Doxographische und soziale Positionen alternativer Wissenschaft im postreformatorischen Deutschland, in: Anne-Charlott Trepp, Hartmut Lehmann (Hrsg.): Antike Weisheit und kulturelle Praxis. Hermetismus in der Frühen Neuzeit, Göttingen 2001, S. 17–39.
Kühlmann/Telle 1996	Wilhelm Kühlmann, Joachim Telle (Hrsg.): Oswaldius Crollius. *De signaturis internis rerum.* Die lateinische Editio princeps (1609) und die deutsche Erstübersetzung, Stuttgart 1996.
Kühlmann/Telle 1998	Wilhelm Kühlmann, Joachim Telle (Hrsg.): Oswaldius Crollius. Alchemomedizinische Briefe, Stuttgart 1998.
Kühlmann/Telle 2001	Wilhelm Kühlmann, Joachim Telle (Hrsg.): Corpus Paracelsisticum. Studien und Dokumente zur deutschen Literatur und Kultur im europäischen Kontext, Bd. 1: Der Frühparacelsismus, Berlin 2001.
Kühlmann/Telle 2004	Wilhelm Kühlmann, Joachim Telle (Hrsg.): Corpus Paracelsisticum. Dokumente frühneuzeitlicher Naturphilosophie in Deutschland, Bd. 2, Tübingen 2004.
Kühlmann/Telle 2013	Wilhelm Kühlmann, Joachim Telle (Hrsg.): Corpus Paracelsisticum. Studien und Dokumente zur deutschen Literatur und Kultur im europäischen Kontext, Bd. 3,1–2: Der Frühparacelsismus, Berlin u. a. 2013.
Leinkauf 1993	Thomas Leinkauf: Mundus combinatus. Studien zur Struktur der barocken Universalwissenschaft am Beispiel Athanasius Kirchers SJ (1602–1680), Berlin 1993.
Lennep 1985	Jacques van Lennep: Alchimie. Contribution à l'histoire de l'art alchimique, 2. durchges. und überarb. Aufl., Brüssel 1985.
Lenz 2006	Hans Gerhard Lenz (Hrsg.): Der Alchemist Conrad Khunrath. Texte und Dokumente aus Leipzig, Schleswig und Hamburg mit Studien zu Leben, Werk und Familiengeschichte, Elberfeld 2006.
Lesser 2015	Bertram Lesser: Die mittelalterlichen Helmstedter Handschriften der Herzog August Bibliothek. Teil 2: Cod. Guelf. 277 Helmst.–Cod. Guelf. 440 Helmst., Wiesbaden (voraussichtl. 2015).
Lewis 2007	Rhodri Lewis: Language, Mind and Nature, Cambridge 2007.

Liebezeit 1718/1976	Christian Liebezeit (Hrsg.): Theodor Chr. Felginer 1718, Nachdr. eingel. von Karl R. H. Frick: *Eröffnete Geheimnisse Des Steins der Weisen Oder Schatz-Kammer Der Alchymie*, Graz 1976.
Lietzmann 1993	Hilda Lietzmann: Herzog Heinrich Julius zu Braunschweig und Lüneburg (1564–1613), Braunschweig 1993.
Linden 1977	Stanton J. Linden: Jonson and Sendivogius: Some Light on „Mercury vindicated from the Alchemists at Court", in: Ambix 24/1 (1977), S. 39–54.
Linden 1984	Stanton J. Linden: Alchemy and Eschatology in Seventeenth-Century Poetry, in: Ambix 31/3 (1984), S. 102–124.
Lindsay 1970	Jack Lindsay: The Origins of Alchemy in Greeco-Roman Egypt, London 1970.
Lippmann 1923	Edmund Oskar von Lippmann: Über die unter dem Namen der „Hollandi" bekannten Alchemisten, in: Beiträge zur Geschichte der Naturwissenschaften und der Technik, Bd. 1, Berlin 1923, S. 229–250.
List/Blum 1996	Claudia List, Wilhelm Blum: Sachwörterbuch zur Kunst des Mittelalters. Grundlagen und Erscheinungsformen, Stuttgart u. a. 1996.
Long 1991	Pamela O. Long: The Openness of Knowledge: An Ideal and Its Context in 16th-Century Writings on Mining and Metallurgy, in: Technology and Culture 32 (1991), S. 318–355.
Lovejoy 1993	Arthur O. Lovejoy: Die große Kette der Wesen. Geschichte eines Gedankens, 2. Aufl., Frankfurt a. M. 1993.
Lubac 1952	Henri de Lubac: Der geistige Sinn der Schrift, Einsiedeln 1952.
Luckhardt 1998	Jochen Luckhardt (Hrsg.): Hofkunst der Spätrenaissance. Braunschweig-Wolfenbüttel und das kaiserliche Prag um 1600, Braunschweig 1998.
Lüthy/Smets 2009	Christoph Lüthy, Alexis Smets: Words, Lines, Diagrams, Images. Towards a History of Scientific Imagery, in: Early Science and Medicine 14 (2009), S. 398–439.
Maclean 2002	Ian Maclean: Logic, signs and nature in the Renaissance. The case of learned medicine, Cambridge 2002.
Mahlmann-Bauer 2004	Barbara Mahlmann-Bauer (Hrsg.): Scientiae et artes. Die Vermittlung alten und neuen Wissens in Literatur, Kunst und Musik, 2 Bde., Wiesbaden 2004.
Marez 1907	Guillaume des Marez: L'état civil de J.-B. van Helmont, in: Annales de La Société Royale d'Archéologie de Bruxelles 21 (1907), S. 107–123.
Martelli 2014	Matteo Martelli: The Alchemical Art of Dyeing. The Fourfold Division of Alchemy and the Enochian Tradition, in: Sven Dupré (Hrsg.): Laboratories of Art: Alchemy and Art Technology from Antiquity to the Eighteenth Century, Dordrecht 2014, S. 1–22.
Martinón-Torres 2007	Marcos Martinón-Torres: The Tools of the Chymist. Archaeological and Scientific Analyses of Early Modern Laboratories, in: Lawrence Principe (Hrsg.): Chymists and Chymistry: Studies in the History of Alchemy and Early Modern Chemistry, A: Science History Publications, Sagamore Beach 2007, S. 149–163.
Martinón-Torres 2011	Marcos Martinón-Torres: Some Recent Developments in the Historiography of Alchemy, in: Ambix 58/3 (2011), S. 215–237.
Martinón-Torres/Rehren 2005	Marcos Martinón-Torres, Thilo Rehren: Alchemy, Chemistry and Metallurgy in Renaissance Europe. A Wider Context for Fire-Assay Remains, in: Historical Metallurgy 39,1 (2005), S. 14–28.
Marx 1971	Jaques Marx: Alchimie et Palingénésis, in: Isis 62 (1971), S. 274–289.

McCray/Osborne/Kingery 1995	Patrick W. McCray, Zoe A. Osborne, William D. Kingery: The history and technology of Renaissance Venetian chalcedony glass, in: Rivista della Stazione Sperimentale del Vetro 6 (1995), 259–278.
McGuire/Rattansi 1966	James E. McGuire, Pyarally M. Rattansi: Newton and the ‚Pipes of Pan', in: Notes and Records of the Royal Society of London 21/2 (1966), S. 108–143.
Meganck 2007	Tine L. Meganck: Rubens on the Human Figure. Theory, Practice and Metaphysics, in: Joost Vander Auwera, Sabine van Sprang (Hrsg.): Rubens. A Genius at Work. The Works of Peter Paul Rubens in the Royal Museums of Fine Arts of Belgium Reconsidered, Lannoo 2007, S. 52–64.
Meganck 2014	Tine L. Meganck: The 'Reddener'. Peter Paul Rubens and Alchemy, in: Sven Dupré, Dedo von Kerssenbrock-Krosigk, Beat Wismer (Hrsg.): Art and Alchemy. The Mystery of Transformation, München 2014, S. 146–149.
Meier 2003	Christel Meier: Die Quadratur des Kreises. Die Diagrammatik des 12. Jahrhunderts als symbolische Denk- und Darstellungsform, in: Alexander Patschovsky (Hrsg.): Die Bildwelt der Diagramme Joachims von Fiore. Zur Medialität religiös-politischer Programme im Mittelalter, Ostfildern 2003, S. 23–53.
Meinel 1986	Christoph Meinel: Alchemie und Musik, in: ders. (Hrsg.): Die Alchemie in der europäischen Kultur- und Wissenschaftsgeschichte, Wiesbaden 1986, S. 201–228.
Meinel 1992	Christoph Meinel: Okkulte und exakte Wissenschaften, in: August Buck (Hrsg.): Die okkulten Wissenschaften in der Renaissance, Wiesbaden 1992, S. 21–43.
Meitzner 1995	Bettina Meitzner: Die Gerätschaft der chymischen Kunst. Der Traktat „De sceuastica artis" des Andreas Libavius von 1606, Übersetzung, Kommentierung und Wiederabdruck, Stuttgart 1995.
Mentzel-Reuters 2002	Arno Mentzel-Reuters: Rezension zu Uwe Neddermeyer: Von der Handschrift zum gedruckten Buch, in: Mittellateinisches Jahrbuch 37 (2002), S. 135–138.
Mentzel-Reuters 2010	Arno Mentzel-Reuters: Das Nebeneinander von Handschrift und Buchdruck im 15. und 16. Jahrhundert, in: Ursula Rautenberg (Hrsg.): Buchwissenschaft in Deutschland. Ein Handbuch, Bd. 1: Theorie und Forschung, Berlin u. a. 2010, S. 411–442.
Miethke 1980	Jürgen Miethke: Autorität I, in: Gerhard Krause, Gerhard Müller (Hrsg.): Theologische Realenzyklopädie, Bd. 5, Berlin u. a. 1980, S. 17–32.
Moesta 1983	Hasso Moesta: Erze und Metalle. Ihre Kulturgeschichte im Experiment, Berlin 1983.
Moran 1991	Bruce T. Moran: Chemical Pharmacy Enters the University. Johannes Hartmann and the Didactic Care of Chymiatria in the Early Seventeenth Century, Madison/Wis. 1991.
Moran 2007	Bruce T. Moran: Andreas Libavius and the Transformation of Alchemy. Separating Chemical Cultures with Polemical Fire, Sagamore Beach/MA 2007.
Moran 2011	Bruce T. Moran: Introduction, in: Isis 102 (2011), S. 300–304.
Morel 1998	Philippe Morel: Les grottes maniéristes en Italie au XVIe siècle: Théâtre et alchimie de la nature, Paris 1998.
Mortzfeld 1996	Peter Mortzfeld (Bearb.): Katalog der graphischen Porträts in der Herzog-August-Bibliothek Wolfenbüttel: 1500–1850, Reihe A, Bd. 29, München 1996.
Müller 2008	Kathrin Müller: Visuelle Weltaneignung. Astronomische und kosmologische Diagramme in Handschriften des Mittelalters, Göttingen 2008.
Müller-Jahncke 1998	Wolf-Dieter Müller-Jahncke: Art. „Chemiatrie", in: Claus Priesner, Karin Figala (Hrsg.): Alchemie. Lexikon einer hermetischen Wissenschaft, München 1998, S. 98 f.

Müller-Jahncke 1998a	Wolf Dieter Müller-Jahncke: Art. „Libavius", in: Claus Priesner, Karin Figala (Hrsg.): Alchemie. Lexikon einer hermetischen Wissenschaft, München 1998, S. 221–223.
Mulsow/Telle o. J.	Martin Mulsow, Joachim Telle (Hrsg.): Alchemie und Fürstenhof. Frühneuzeitliche Alchemica in Handschrift und Druck auf Schloß Friedenstein in Gotha, o. J. (Druck in Vorbereitung).
Needham 1983	Joseph Needham: Science and Civilization in China, Bd. 5,5: Spagyrial discovery and invention: physiological alchemy, Cambridge 1983.
Neri/Engle 2003–2007	Antonio Neri: The Art of Glass. Translation Paul Engle, 3 Bde., Hubbardston 2003–2007.
Neumann 1995	Ulrich Neumann: „Olim, da die Rosen Creutzerey noch florirt, Theophilus Schweighart genant": Wilhelm Schickards Freund und Briefpartner Daniel Mögling (1596–1635), in: Friedrich Seck (Hrsg.): Zum 400. Geburtstag von Wilhelm Schickard, Sigmaringen 1995, S. 93–115.
Neumann 2004	Hanns-Peter Neumann: Natura sagax. Zum Zusammenhang von Naturphilosophie und Mystik in der frühen Neuzeit am Beispiel Johann Arndts, Tübingen 2004.
Neuwirth 1896	Joseph Neuwirth: Beiträge zur Geschichte der Klöster und der Kunstübung Böhmens im Mittelalter, in: Mittheilungen des Vereines für Geschichte der Deutschen in Böhmen 34 (1896), S. 92–123.
Newman 1991	William R. Newman: The 'Summa perfectionis' of Pseudo-Geber. A critical edition, translation, and study, Leiden 1991.
Newman 1998	William R. Newman: Art. „Alchemie, mittelalterlich/arabische", in: Claus Priesner, Karin Figala (Hrsg.): Alchemie. Lexikon einer hermetischen Wissenschaft, München 1998, S. 26–29.
Newman 1998a	William R. Newman: Art. „Geber", in: Claus Priesner, Karin Figala (Hrsg.): Alchemie. Lexikon einer hermetischen Wissenschaft, München 1998, S. 149f.
Newman 1999	William R. Newman: Alchemical Symbolism and Concealment: The Chemical House of Libavius, in: Peter Galison, Emily Thompson (Hrsg.): The Architecture of Science, Cambridge/MA, 1999, S. 59–78.
Newman 2002	William R. Newman: The Background to Newton's Chymistry, in: Isaac Bernard Cohen (Hrsg.): The Cambridge Companion to Newton, Cambridge u. a. 2002, S. 358–369.
Newman 2003	William R. Newman: Gehennical Fire. The Lives of George Starkey. An American Alchemist in the Scientific Revolution, Chicago ²2003.
Newman 2004	William R. Newman: Promethean Ambitions: Alchemy and the Quest to Perfect Nature, Chicago 2004.
Newman 2010	William R. Newman: Newton's Early Optical Theory and its Debt to Chymistry, in: Danielle Jacquart, Michel Hochmann (Hrsg.): Lumière et vision dans les sciences et dans les arts. De l'antiquité du XVIIe siècle, Genève 2010, S. 283–308.
Newman 2011	William R. Newman: What Have We Learned from the Recent Historiography of Alchemy?, in: Isis 102 (2011), S. 313–321.
Newman 2014	William R. Newman: God's Crafts. Imitating and Recreating Nature, in: Sven Dupré, Dedo von Kerssenbrock-Krosigk, Beat Wismer (Hrsg.): Art and Alchemy. The Mystery of Transformation, München 2014, 116–122.
Newman o. J.	William R. Newman: The Chymistry of Isaac Newton (http://webapp1.dlib.indiana.edu/newton/reference/mineral.do [letzter Zugriff 03.01.2014]).

Newman/Principe 1998	William R. Newman, Lawrence M. Principe: Alchemy vs. Chemistry. The Ethymological Origins of a Historiographic Mistake, in: Early Science and Medicine 3 (1998), S. 32–65.
Newman/Principe 2002	William R. Newman, Lawrence M. Principe: Alchemy Tried in the Fire: Starkey, Boyle, and the Fate of Helmontian Chymistry, Chicago 2002.
Newton 1959–1977	Isaac Newton: The Correspondence of Isaac Newton, 6 Bde., Cambridge 1959–1977.
Newton 1960	Isaac Newton: The Correspondence of Isaac Newton, Bd. 2: 1676–1687, Cambridge 1960.
Newton 1961	Isaac Newton: The Correspondence of Isaac Newton, Bd. 3: 1688–1694, Cambridge 1961.
Newton 1967	Isaac Newton: The Correspondence of Isaac Newton, Bd. 5: 1713–1718, Cambridge 1967.
North 2004	John North: Diagram and Thought in Medieval Science, in: Marie-Thérèse Zenner (Hrsg.): Villard's Legacy. Studies in Medieval Technology, Science and Art in Memory of Jean Gimpel, Aldershot 2004, S. 265–287.
Nummedal 2001	Tara Nummedal: Kircher's Subterranean World and the Dignity of Geocosm, in: Daniel Stolzenberg (Hrsg.): The Great Art of Knowing. The Baroque Encyclopedia of Athanasius Kircher, Stanford 2001, S. 37–47.
Nummedal 2007	Tara Nummedal: Alchemy and Authority in the Holy Roman Empire, Chicago 2007.
Nummedal 2011	Tara Nummedal: Words and Works in the History of Alchemy, in: Isis 102 (2011), S. 330–337.
Obrist 1982	Barbara Obrist: Les débuts de l'imagerie alchimique (XIVe–XVe siècle), Paris 1982.
Olivier 1996	Eugène Olivier: Bernard Gilles Penot Du Port, médecin et alchimiste, in: Chrysopoeia. Revue publiée par la Société d'Étude de l'Histoire de l'Alchimie, Bd. 5, Paris u.a. 1996, S. 571–667.
Ong 1982	Walter Ong: Orality and Literacy. The Technologizing of the Word, London 1982.
Osten 1998	Sigrid van Osten: Das Alchemistenlaboratorium Oberstockstall. Ein Fundkomplex des 16. Jahrhunderts aus Niederösterreich, Innsbruck 1998.
Pagel 1982	Walter Pagel: Joan Baptista Van Helmont. Reformer of Science and Medicine, Cambridge 1982.
Pagel 1982a	Walter Pagel: Paracelsus. An Introduction to Philosophical Medicine in the Era of the Renaissance, 2. überarb. Ausg., Basel 1982.
Pagel 1986	Walter Pagel: The Smiling Spleen [1981], in: ders., Marianne Winder: From Paracelsus to Van Helmont. Studies in Renaissance Medicine and Science, London 1986, S. 81–87.
Pagel/Winder 1972	Walter Pagel, Marianne Winder: The Higher Elements and Prime Matter in Renaissance Naturalism and in Paracelsus, in: Ambix 21/2 (1972), S. 93–127.
Palissy 1957	Bernard Palissy: The Admirable Discourses of Bernard Palissy, Urbana 1957.
Paracelsus 1922–1933	Theophrast von Hohenheim gen. Paracelsus: Sämtliche Werke, hrsg. von Karl Sudhoff, Abt. 1: Medizinische, naturwissenschaftliche und philosophische Schriften, Bd. 1–14, München u.a. 1922–1933.
Partington 1961	James Riddick Partington: A History of Chemistry, Bd. 2, London 1961.
Partington 1962	James Riddick Partington: A History of Chemistry, Bd. 3, London 1962.
Patai 1994	Raphael Patai: The Jewish Alchemists. A History and Source Book, Princeton 1994.

Paulus 1997	Julian Paulus: Das ‚Donum Dei'. Zur Edition eines frühneuzeitlichen alchemischen Traktats, in: Hans-Gert Roloff (Hrsg.): Editionsdesiderate zur Frühen Neuzeit, Tl. 2, Amsterdam u. a. 1997, S. 795–803.
Paulus 1998	Julian Paulus: Art. „Johannes de Rupescissa", in: Claus Priesner, Karin Figala (Hrsg.): Alchemie. Lexikon einer hermetischen Wissenschaft, München 1998, S. 185–187.
Pelikan 1981	Wilhelm Pelikan: Sieben Metalle. Vom Wirken des Metallwesens in Kosmos, Erde und Mensch. Hrsg. von der Naturwissenschaftlichen Sektion der Freien Hochschule Goetheanum, Dornach ^{4}1981 (zuerst 1951).
Pereira 1989	Michela Pereira: The Alchemical Corpus Attributed to Raymond Lull, London 1989.
Pereira 1990	Michela Pereira: Un lapidario alchemico: il *Liber de investigatione secreti occulti* attribuito a Raimondo Lullo. Studio introduttivo ed edizione, in: Documenti e studi sulla tradizione filosofica medievale 1 (1990), 549–603.
Pereira 1995	Michela Pereira: Le figure alchemiche pseudolulliane. Un indice oltre il testo?, in: Claudio Leonardi, Marcello Morelli, Francesco Santi (Hrsg.): Fabula in tabula. Una storia degli indici dal manoscritto al testo elettronico, Spoleto 1995, S. 111–118.
Pereira/Spaggiari 1999	Michela Pereira, Barbara Spaggiari: Il „Testamentum" alchemico attribuito a Raimondo Lullo. Edizione del testo latino e catalano dal manoscritto Oxford, Florenz 1999.
Pico della Mirandola 1486/1990	Giovanni Pico della Mirandola: *De hominis dignitate* / Über die Würde des Menschen [1486]. Übers. von Norbert Baumgarten, hrsg. von August Buck, Hamburg 1990.
Pieper 1955	Wilhelm Pieper: Ulrich Rülein von Calw und sein Bergbüchlein. Mit Urtext-Faksimile und Übertragung des Bergbüchleins von etwa 1500 und Faksimile der Pestschrift von 1521, Berlin 1955.
Ploss 1970	Emil Ernst Ploss, Heinz Roosen-Runge, Heinrich Schipperges, Herwig Buntz: Alchimia. Ideologie und Technologie, München 1970.
Polizzi 1993	Gilles Polizzi: La Fabrique de l'énigme: lectures „alchimiques" du *Polyphile* chez Gohory et Béroalde de Verville, in: Jean-Claude Margolin (Hrsg.): Alchimie et philosophie. Actes du colloque international Tours, Paris 1993, S. 265–288.
Pope 1975	Maurice Pope: The Story of Decipherment. From Egyptian Hieroglyphic to Linear B, London u. a. 1975.
Pregadio 2006	Fabrizio Pregadio: Great Clarity. Daoism and Alchemy in Early Medieval China, Stanford 2006.
Pregadio 2008	Fabrizio Pregadio: The Routledge Encyclopedia of Taoism, 2 Bde., London 2008.
Priesner 1998	Claus Priesner: Art. „Farben", in: Claus Priesner, Karin Figala (Hrsg.): Alchemie. Lexikon einer hermetischen Wissenschaft, München 1998, S. 131–133.
Priesner 1998a	Claus Priesner: Art. „Hartmann, Johannes", in: Claus Priesner, Karin Figala (Hrsg.): Alchemie. Lexikon einer hermetischen Wissenschaft, München 1998, S. 167 f.
Priesner 1998b	Claus Priesner: Art. „Säuren", in: Claus Priesner, Karin Figala (Hrsg.): Alchemie. Lexikon einer hermetischen Wissenschaft, München 1998, S. 311–315.
Priesner 2009	Claus Priesner: Alchemie in der Frühen Neuzeit, in: Hexen. Mythos und Wirklichkeit, hrsg. vom Historischen Museum der Pfalz Speyer, München 2009, S. 68–70.
Priesner/Figala 1998	Claus Priesner, Karin Figala (Hrsg.): Alchemie. Lexikon einer hermetischen Wissenschaft, München 1998.

Principe 1994	Lawrence M. Principe: Boyle's alchemical pursuits, in: Michael Hunter (Hrsg.): Robert Boyle Reconsidered, Cambridge 1994, S. 91–105.
Principe 1998	Lawrence M. Principe: Art. „Alkohol", in: Claus Priesner, Karin Figala (Hrsg.): Alchemie. Lexikon einer hermetischen Wissenschaft, München 1998, S. 42–44.
Principe 1998a	Lawrence M. Principe: Art. „Arbeitsmethoden", in: Claus Priesner, Karin Figala (Hrsg.): Alchemie. Lexikon einer hermetischen Wissenschaft, München 1998, S. 51–57.
Principe 1998b	Lawrence M. Principe: Art. „Gold", in: Claus Priesner, Karin Figala (Hrsg.): Alchemie. Lexikon einer hermetischen Wissenschaft, München 1998, S. 157–160.
Principe 1998c	Lawrence M. Principe: Art. „Laboratorium", in: Claus Priesner, Karin Figala (Hrsg.): Alchemie. Lexikon einer hermetischen Wissenschaft, München 1998, S. 208–211.
Principe 1998d	Lawrence M. Principe: Art. „Laborgeräte", in: Claus Priesner, Karin Figala (Hrsg.): Alchemie. Lexikon einer hermetischen Wissenschaft, München 1998, S. 211–215.
Principe 1998e	Lawrence M. Principe: Art. „Lapis philosophorum", in: Claus Priesner, Karin Figala (Hrsg.): Alchemie. Lexikon einer hermetischen Wissenschaft, München 1998, S. 215–220.
Principe 1998f	Lawrence M. Principe: The Aspiring Adept: Robert Boyle and His Alchemical Quest, Princeton 1998.
Principe 2000	Lawrence M. Principe: The Alchemies of Robert Boyle and Isaac Newton: Alternate Approaches and Divergent Deployments, in: Margaret J. Osler (Hrsg.): Rethinking the Scientific Revolution, Cambridge 2000, S. 201–220.
Principe 2004	Lawrence M. Principe: Reflections on Newton's Alchemy in Light of the New Historiography of Alchemy, in: James E. Force (Hrsg.): Newton and Newtonianism. New Studies, Dordrecht 2004, S. 205–220.
Principe 2011	Lawrence M. Principe: Alchemy Restored, in: Isis 102 (2011), S. 305–312.
Principe 2013	Lawrence M. Principe: The Secrets of Alchemy, Chicago 2013.
Principe/DeWitt 2002	Lawrence M. Principe, Lloyd DeWitt: Transmutations. Alchemy in Art. Selected Works from the Eddleman and Fisher Collections at the Chemical Heritage Foundation, Philadelphia, 2002.
Prinke 1999	Rafal T. Prinke: The Twelfth Adept. Michael Sendivogius in Rudolfine Prague, in: Ralph White (Hrsg.): The Rosicrucian Enlightenment Revisited, Hudson 1999.
Prinke 2010	Rafal T. Prinke: Beyond patronage. Michael Sendivogius and the meanings of success in alchemy, in: Miguel López Pérez, Didier Kahn, Mar Rey Bueno (Hrsg.): Chymia: Science and nature in medieval and early modern Europe, Cambridge 2010, S. 175–231.
Purš 1997	Ivo Purš: The „Rosarium philosophorum" of Jaroš Griemiller of Třebsko, in: Opus Magnum. Kniha o sakrální geometrii, alchymii, magii, astrologii, kabale a tajných společnostech v Českých zemích, Prag 1997, S. 242–244.
Purš 2005	Ivo Purš: Anselmus Boëtius de Boodt, Pansophie und Alchemie, in: Acta Comeniana 18 (2005), S. 43–90.
Purš 2007	Ivo Purš: Das Interesse Erzherzog Ferdinands II. an Alchemie und Bergbau und seine Widerspiegelung im Inhalt der erzherzoglichen Bibliothek, in: Studia Rudolphina 7 (2007), S. 75–109.
Purš 2009	Ivo Purš: The Intellectual World of Rudolf II and the Kabbalah, in: Alexandr Putík (Hrsg.): Path of the Life. Rabi Judah Loew ben Bezalel (ca. 1525–1609), Prag 2009, S. 198–219.

Purš 2011	Ivo Purš: Alchymie, astrologie a poznávání přírody v prostředí posledních pánů z Rožmberka, in: Jaroslav Pánek (et al.), Rožmberkové. Rod českých velmožů a jeho cesta dějinami, České Budějovice 2011, S. 286–293.
Purš/Karpenko 2011	Ivo Purš, Vladimír Karpenko (Hrsg.): Alchymie a Rudolf II. Hledání tajemství přírody ve střední Evropě v 16. a 17. století, Prag 2011.
Putík 2009	Alexandr Putík (Hrsg.): Path of the Life. Rabi Judah Loew ben Bezalel (ca. 1525–1609), Prag 2009.
Putscher 1986	Marielene Putscher: Das ‚Buch der Heiligen Dreifaltigkeit' und seine Bilder in Handschriften des 15. Jahrhunderts, in: Christoph Meinel (Hrsg.): Die Alchemie in der europäischen Kultur- und Wissenschaftsgeschichte, Wiesbaden 1986, S. 153–178.
Rampling 2013	Jennifer M. Rampling: Depicting the Medieval Alchemical Cosmos. George Ripley's ‚Wheel' of Inferior Astronomy, in: Early Science and Medicine 18 (2013), S. 45–86.
Rampling 2014	Jennifer Rampling: Eine geheime Sprache. Die Ripley Rollen, in: Dedo von Kerssenbrock-Krosigk, Sven Dupré u. a. (Hrsg.): Kunst und Alchemie. Das Geheimnis der Verwandlung, Ausstellungskatalog Museum Kunstpalast, Düsseldorf 2014, S. 38–60.
Rankin 2013	Alisha Rankin: Panaceia's Daughters. Noblewomen as Healers in Early Modern Germany, Chicago 2013.
Rausch 1978	Ute Rausch: Das Medizinal- und Apothekenwesen der Landgrafschaft Hessen-Darmstadt und des Großherzogtums Hessen unter besonderer Berücksichtigung der Provinz Starkenburg, Darmstadt u. a. 1978.
Rautenberg/Wetzel 2001	Ursula Rautenberg, Dirk Wetzel: Buch, Tübingen 2001.
Rhamm 1883	Albert Rhamm: Die betrüglichen Goldmacher am Hofe des Herzogs Julius von Braunschweig, Wolfenbüttel 1883.
Riedlinger 1991	Helmut Riedlinger: Art. „Lullus, Raymundus", in: Gerhard Müller (Hrsg.): Theologische Realenzyklopädie, Bd. 21, Berlin u. a. 1991, S. 500–506.
Riha 1992	Ortrun Riha: Das systematologische Defizit der Artesforschung. Überlegungen zur mittelalterlichen deutschen Fachliteratur, in: Archiv für das Studium der neueren Sprachen und Literaturen 229 (1992), S. 255–276.
Roob 1996	Alexander Roob: Das hermetische Museum Alchemie & Mystik, Köln u. a. 1996.
Ruska 1926	Julius Ruska: Tabula Smaragdina. Ein Beitrag zur Geschichte der hermetischen Literatur, Heidelberg 1926.
Ruska 1931	Julius Ruska: Turba Philosophorum. Ein Beitrag zur Geschichte der Alchemie, Berlin 1931.
Sachslehner 2004	Johannes Sachslehner: Anno 1683. Die Türken vor Wien, Wien 2004.
Schmid 2005	Barbara Schmid: Das Hausbuch als literarische Gattung. Die Aufzeichnungen Johann Heinrich Wasers (1600–1669) und die Zürcher Hausbuchüberlieferung, in: Daphnis 34 (2005), S. 603–656.
Schmidt-Biggemann 2011	Wilhelm Schmidt-Biggemann: Raimundus Lullus. Die Welt als Ideen-Kombinatorik, in: Christoph Markschies, Ingeborg Reichle u. a. (Hrsg.): Atlas der Weltbilder, Berlin 2011, S. 143–152.
Schmidt-Biggemann 2014	Wilhelm Schmidt-Biggemann: Der Text der Bilder. Das ikonologische Programm von Khunraths Amphitheatrum Sapientiae Aeternae, in: Carlos Gilly, Anja Hallacker, Hanns-Peter Neumann, ders. (Hrsg.): Heinrich Khunrath, Amphitheatrum Sapientiae Aeternae – Schauplatz der ewigen allein wahren Weisheit. Vollst. Reprint des Erstdrucks von [Ham-

	burg] 1595 und des zweiten und letzten Drucks Hanau 1609, Stuttgart-Bad Cannstatt 2014, S. 41–82.
Schmieder 1832	Karl Christoph Schmieder: Geschichte der Alchemie, Halle 1832.
Schmitz 1998	Rudolf Schmitz: Geschichte der Pharmazie. Bd. 1: Von den Anfängen bis zum Ausgang des Mittelalters, Eschborn 1998.
Schneider 1968	Wolfgang Schneider: Lexikon zur Arzneimittelgeschichte, Bd. 3: Pharmazeutische Chemikalien und Mineralien. Sachwörterbuch zur Geschichte der pharmazeutischen Chemie und Mineralogie, Frankfurt a. M. 1968.
Schneider 1991	Hans Schneider: Johann Arndts Studienzeit, in: Inge Mager (Hrsg.): Jahrbuch der Gesellschaft für niedersächsische Kirchengeschichte 89. Festschrift zum 70. Geburtstag von Professor Dr. Dr. Hans-Walter Krumwiede, Blomberg-Lippe 1991, S. 133–175.
Schneider 1995	Hans Schneider: Johann Arndt als Paracelsist, in: Peter Dilg, Hartmut Rudolph (Hrsg.): Neue Beiträge zur Paracelsus-Forschung, Rottenburg-Stuttgart 1995, S. 89–110.
Schneider 1999	Karin Schneider: Paläographie und Handschriftenkunde für Germanisten. Eine Einführung, Tübingen 1999.
Schöne 1993	Albrecht Schöne: Emblematik und Drama im Zeitalter des Barock, 3. Aufl. mit Anm. München 1993.
Schott 1998	Heinz Schott: In the Light of Nature. The Imagery of Paracelsus, in: ders., Ilana Zinguer (Hrsg.): Systèmes de pensée précartésiens. Etudes d'après le Colloque international organisé en Haifa en 1994, Paris 1998, S. 277–301.
Schott 2001	Heinz Schott: „Lebensgeist" – Alchimist in unserem Bauch. Das Menschenbild des Paracelsus und seine Nachwirkungen, in: Deutsches Ärzteblatt 98 (2001), S. C299–301.
Schütt 1997	Hans-Werner Schütt: Alchemie als Nichtchemie zu Beginn der Neuzeit, in: Berichte zur Wissenschaftsgeschichte 20 (1997), S. 147–158.
Schütt 2000	Hans-Werner Schütt: Auf der Suche nach dem Stein der Weisen. Die Geschichte der Alchemie, München 2000.
Schulze 1970	Albert Schulze: Bekenntnisbildung und Politik Lindaus im Zeitalter der Reformation, Diss. Erlangen-Nürnberg 1970.
Schwedt 1991	Georg Schwedt: Chemie zwischen Magie und Wissenschaft: ex Bibliotheca Chemica 1500–1800, Ausstellung Herzog August Bibliothek 1991, Weinheim 1991.
Segonds 1993	Alain Philippe Segonds: Tycho Brahe et l'alchimie, in: Jean-Claude Margolin (Hrsg.): Alchimie et philosophie à la renaissance. Actes du colloquie international de Tours (4–7 décembre 1991), Paris 1993, S. 365–378.
Shackelford 1993	Jole Shackelford: Tycho Brahe, Laboratory Design, and the Aim of Science. Reading Plans in Context, in: Isis 84 (1993), S. 211–230.
Shell 2004	Hanna Rose Shell: Casting Life, Recasting Experience. Bernard Palissy's Occupation between Maker and Nature, in: Configurations 12 (2004), S. 1–40.
Sheppard 1972	Harry J. Sheppard: The Mythological Tradition and Seventeenth-Century Alchemy, in: Allen G. Debus (Hrsg.): Science, Medicine and Society in the Renaissance, Bd. 1, New York 1972, S. 47–59.
Silberer 1914	Herbert Silberer: Probleme der Mystik und ihrer Symbolik, Wien u. a. 1914.
Smith 1994	Pamela H. Smith: Alchemy as a Language of Mediation at the Habsburg Court, in: Isis 85 (1994), S. 1–25.

Smith 1994a	Pamela H. Smith: The Business of Alchemy. Science and Culture in the Holy Roman Empire. Princeton, NJ [u. a.] 1994.
Smith 1998	Pamela H. Smith: Art. „Kunckel, Johann", in: Claus Priesner, Karin Figala (Hrsg.): Alchemie. Lexikon einer hermetischen Wissenschaft, München 1998, S. 202–205.
Smith 2004	Pamela H. Smith: The Body of the Artisan. Art and Experience in the Scientific Revolution, Chicago 2004.
Solovieva 2005	Olga Solovieva: Corpus Libri als Corpus Christi. Zur prekären Transsubstantiation des alchemistischen Sprachstoffs im ‚Buch der Heiligen Dreifaltigkeit' (1415–1419), in: Thomas Strässle, Caroline Torra-Mattenklott (Hrsg.): Poetiken der Materie. Stoffe und ihre Qualitäten in Literatur, Kunst und Philosophie, Freiburg i. Br. 2005, S. 145–164.
Soukup 2006	Rudolf Werner Soukup: Michael Sendivogius: An alchemist and Austrian-Polish double agent of the beginning 17th century, 2006 (http://www.2iceshs.cyfronet.pl/2ICsESHS_Proceedings/Chapter_15/R-7_Soukup.pdf [letzter Zugriff 10.04.2014]).
Soukup 2007	Rudolf Werner Soukup: Bergbau, Alchemie und frühe Chemie. Geschichte der frühen chemischen Technologie und Alchemie des ostalpinen Raumes unter Berücksichtigung von Entwicklungen in angrenzenden Regionen, Wien u. a. 2007.
Soukup 2007a	Rudolf Werner Soukup: Chemie in Österreich. Bergbau, Alchemie und frühe Chemie. Von den Anfängen bis zum Ende des 18. Jahrhunderts, Wien 2007.
Soukup 2010	Rudolf Werner Soukup: Mercurius Solis. Hunting a Mysterious Alchemical Substance. Extended version of a paper presented at the international workshop „On the Fringes of Alchemy", Budapest, 9–10 July 2010 (http://rudolf-werner-soukup.at/Publikationen/Dokumente/Mercurius_Solis.pdf [letzter Zugriff 10.02. 2014]).
Soukup/Mayer 1997	Rudolf Werner Soukup, Helmut Mayer: Alchemistisches Gold. Paracelsische Pharmaca. Laboratoriumstechnik im 16. Jahrhundert, Wien u. a. 1997.
Soukup/Osten/Mayer 1993	Rudolf Werner Soukup, Sigrid von Osten, Helmut Mayer: Alembics, Cucurbits, Phials, Crucibles. A 16th-Century Docimastic Laboratory Excavated in Austria, in: Ambix 40/1 (1993), S. 25.
Spargo 1992	Peter E. Spargo: Sotheby's, Keynes, and Yahuda – the 1936 Sale of Newton's Manuscripts, in: Peter M. Harman, Alan E. Shapiro (Hrsg.): The Investigation of Difficult Things. Essays on Newton and the History of the Exact Sciences in Honour of D. T. Whiteside, Cambridge 1992, S. 115–134.
Staubach 2000	Nikolaus Staubach: *Diversa raptim undique collecta*. Das Rapiarium im geistlichen Reformprogramm der Devotio moderna, in: Kaspar Elm (Hrsg.): Literarische Formen des Mittelalters. Florilegien, Kompilationen, Kollektionen, Wiesbaden 2000, S. 115–147.
Steiger 1999	Johann Anselm Steiger: Ästhetik der Realpräsens. Abendmahl, Schöpfung, Emblematik und mystische Union bei Martin Luther, Philipp Nicolai, Valerius Herberger, Johann Saubert und Johann Michael Dilherr, in: Renate Steiger (Hrsg.): Von Luther zu Bach, Sinzig ²1999, S. 21–42.
Stichling 1860	Gottfried Theodor Stichling: Die Mutter der Ernestiner. Ein Lebensbild von der Grenzscheide des sechzehnten und siebzehnten Jahrhunderts, Weimar 1860.
Stoye 2010	John Stoye: Die Türken vor Wien. Schicksalsjahr 1683, Graz 2010.
Strein 2009	Jürgen Strein: Alchemie und Hofkultur oder: Eine Million bar in Händen. Zu den Briefen des Arztalchemikers Johann Otto von Hellwig (1654–1698) an Herzog Friedrich I. von Sachsen-Gotha, in: Christoph Friedrich, Joachim Telle (Hrsg.): Pharmazie in Geschichte und Gegenwart. Festgabe für Wolf-Dieter Müller-Jahncke zum 65. Geburtstag, Stuttgart 2009, S. 433–456.

Sudhoff 1934	Karl Sudhoff: Bibliographie Isaaks und Johann Isaaks, der „Holländer", in: Sudhoffs Archiv für Geschichte der Medizin und Naturwissenschaften 27 (1934), S. 45–50.
Szulakowska 1986	Urszula Szulakowska: The Tree of Aristotle. Images of the Philosophers' Stone and Their Transference in Alchemy from the Fifteenth to the Twentieth Century, in: Ambix 33/1 (1986), S. 53–77.
Szulakowska 1995	Urszula Szulakowska: Monism and Dualism in Fifteenth-Century Italian Alchemy. Inter-Action between Text, Image and Graphic Style in Ms. Ashburnham 1166 (ca. 1470), in: Didier Kahn, Sylvain Matton (Hrsg.): Alchimie. Art, histoire et mythes, Paris u. a. 1995, S. 249–264.
Szydło 1994	Zbigniew Szydło: Water which does not wet hands. The Alchemy of Michael Sendivogius, Warschau 1994.
Telle 1978	Joachim Telle: Art. „Alchemie II", in: Gerhard Krause, Gerhard Müller (Hrsg.): Theologische Realenzyklopädie, Bd. 2, Berlin u. a. 1978, S. 199–227.
Telle 1980	Joachim Telle: Mythologie und Alchemie. Zum Fortleben der antiken Götter in der frühneuzeitlichen Alchemieliteratur, in: Rudolf Schmitz, Fritz Krafft (Hrsg.): Humanismus und Naturwissenschaften, Boppard 1980, S. 135–154.
Telle 1980a	Joachim Telle: Sol und Luna. Literar- und alchemiegeschichtliche Studien zu einem altdeutschen Bildgedicht, Hürtgenwald 1980.
Telle 1981	Joachim Telle: Die Schreibart des Paracelsus im Urteil deutscher Fachschriftsteller des 16. und 17. Jahrhunderts, in: Medizinhistorisches Journal 16 (1981), S. 78–100.
Telle 1983	Joachim Telle: Art. „Johannes von Teschen", in: Kurt Ruh (Hrsg.): Die deutsche Literatur des Mittelalters. Verfasserlexikon, 2., völlig neu bearb. Aufl., Bd. 4, Berlin 1983, Sp. 774–776.
Telle 1985	Joachim Telle: Art. „(Pseudo-)Lull(us), Raimund(us)", in: Kurt Ruh u. a. (Hrsg.): Die deutsche Literatur des Mittelalters. Verfasserlexikon, 2., völlig neu bearb. Aufl., Bd. 5, Berlin 1985, Sp. 1046–1049.
Telle 1986	Joachim Telle: Art. „Donum Dei", in: Lexikon des Mittelalters, Bd. 3, München 1986, Sp. 1252 f.
Telle 1988	Joachim Telle: Pharmazie und der Gemeine Mann: Hausarznei und Apotheke der frühen Neuzeit. Erläutert anhand deutscher Fachschriften der Herzog August Bibliothek und pharmazeutischer Geräte des Deutschen Apotheken-Museums Heidelberg, 2. verb. Aufl., Weinheim 1988.
Telle 1992	Joachim Telle (Hrsg.): Rosarium philosophorum. Ein alchemisches Florilegium des Spätmittelalters. Faksimile der illustrierten Erstausgabe Frankfurt 1550. Aus dem Lat. ins Dt. übers. von Lutz Claren, Joachim Huber, 2 Bde., Weinheim 1992.
Telle 1992a	Joachim Telle: Bemerkungen zum „Rosarium Philosophorum", in: Rosarium Philosophorum. Ein Florilegium des Spätmittelalters. Hrsg. und eingel. von dems., Bd. 2, Weinheim 1992, S. 161–201.
Telle 1992b	Joachim Telle: Art. „Senior Zadith", in: Kurt Ruh (Hrsg.): Die deutsche Literatur des Mittelalters. Verfasserlexikon, 2., völlig neu bearb. Aufl., Bd. 8, Berlin 1992, Sp. 1100–1102.
Telle 1994	Joachim Telle: „Vom Stein der Weisen". Eine alchemoparacelsistische Lehrdichtung des 16. Jahrhunderts, in: ders. (Hrsg.): Analecta Paracelsica. Studien zum Nachleben Theophrast von Hohenheims im deutschen Kulturgebiet der frühen Neuzeit, Stuttgart 1994, S. 167–212.

Telle 1995	Joachim Telle: Art. „Tabula Smaragdina", in: Burghart Wachinger (Hrsg.): Die deutsche Literatur des Mittelalters. Verfasserlexikon, Bd. 9, Berlin 1995, Sp. 567–569.
Telle 1997	Joachim Telle: Die Bibliotheca Alchemica des Dichteralchemisten Alexander von Bernus in der Badischen Landesbibliothek Karlsruhe, Wiesbaden 1997.
Telle 1998	Joachim Telle: Art. „Khunrath, Heinrich", in: Claus Priesner, Karin Figala (Hrsg.): Alchemie. Lexikon einer hermetischen Wissenschaft, München 1998, S. 194–196.
Telle 1998a	Joachim Telle: Art. „Splendor Solis", in: Claus Priesner, Karin Figala (Hrsg.): Alchemie. Lexikon einer hermetischen Wissenschaft, München 1998, S. 339f.
Telle 1999	Joachim Telle: Art. „Vera scientia alchimiae", in: Burghart Wachinger (Hrsg.): Die deutsche Literatur des Mittelalters. Verfasserlexikon, Bd. 10, 2., völlig neu bearb. Aufl., Berlin 1999, Sp. 238–240.
Telle 1999a	Joachim Telle: Art. „Winand vom Roten Schild", in: Burghart Wachinger (Hrsg.): Die deutsche Literatur des Mittelalters. Verfasserlexikon, 2., völlig neu bearb. Aufl., Bd. 10, Berlin 1999, Sp. 1178–1181.
Telle 2003	Joachim Telle: Von der Bescheidenheit des Alchemikers. Ein deutsches Spruchgedicht des 16. Jahrhunderts über die artifizielle Spezieswandlung, in: Scientia poetica. Jahrbuch für Geschichte der Literatur und der Wissenschaften 7 (2003), S. 1–30.
Telle 2004	Joachim Telle: Art. „Donum Dei", in: Burghart Wachinger u.a. (Hrsg.): Die deutsche Literatur des Mittelalters. Verfasserlexikon, Bd. 11, völlig neu bearb. Aufl., Berlin u.a. 2004, Sp. 376–379.
Telle 2004a	Joachim Telle: Buchsignete und Alchemie im XVI. und XVII. Jahrhundert. Studien zur frühneuzeitlichen Sinnbildkunst, Hürtgenwald 2004.
Telle 2004b	Joachim Telle: Art. „Ulmannus", in: Burghart Wachinger (Hrsg.): Die deutsche Literatur des Mittelalters. Verfasserlexikon, 2., völlig neu bearb. Aufl., Bd. 11, Berlin 2004, Sp. 1573–1580.
Telle 2005	Joachim Telle: Rezension zu Volker Fritz Brüning: Bibliographie der alchemistischen Literatur, Bd. 1, in: Bibliothek. Forschung und Praxis 29 (2005), S. 248–251.
Telle 2005a	Joachim Telle: Der „Splendor Solis" in der frühneuzeitlichen Respublica alchemica, in: Splendor solis. Handschrift 78 D 3 des Kupferstichkabinetts der Staatlichen Museen zu Berlin, Preußischer Kulturbesitz (Faksimile-Ausg.), Gütersloh 2005, S. 19–30.
Telle 2010	Joachim Telle: John Dee in Prag. Spuren eines elisabethanischen Magus in der deutschen Literatur, in: Peter-André Alt, Volkhard Wels (Hrsg.): Konzepte des Hermetismus in der Literatur der Frühen Neuzeit, Göttingen 2010, S. 259–296.
Telle 2013	Joachim Telle: Alchemie und Poesie. Deutsche Alchemikerdichtungen des 15. bis 17. Jahrhunderts. Untersuchungen und Texte. Mit Beitr. von Didier Kahn und Wilhelm Kühlmann, 2 Bde., Berlin 2013.
Thöne 1963	Friedrich Thöne: Wolfenbüttel. Geist und Glanz einer alten Residenz, München 1963.
Thomas von Aquin 1925	Thomas von Aquin: Abhandlung über den Stein der Weisen. Übers. von G. Meyerink, München 1925.
Tilton 2003	Hereward Tilton: The Quest for the Phoenix. Spiritual Alchemy and Rosicrucianism in the Work of Count Michael Maier (1569–1622), Berlin u.a. 2003.
Toellner 2004	Richard Toellner: Medizin und Pharmazie, in: Hartmut Lehmann (Hrsg.): Glaubenswelt und Lebenswelten. Geschichte des Pietismus, Bd. 4, Göttingen 2004, S. 332–356.

Töllner 1991	Ralf Töllner: Der unendliche Kommentar. Untersuchungen zu vier ausgewählten Kupferstichen aus Heinrich Khunraths „Amphitheatrum etc." (Hanau 1609), Ammersbek 1991.
Trepp 2009	Anne-Charlott Trepp: Von der Glückseligkeit alles zu wissen. Die Erforschung der Natur als religiöse Praxis in der Frühen Neuzeit (1550–1750), Frankfurt a. M. u. a. 2009.
Ucko 2003	Peter J. Ucko (Hrsg.): Encounters with Ancient Egypt. 8 Bde., London 2003.
Ucko/Champion 2003	Peter Ucko, Timothy Champion: The Wisdom of Egypt: Changing Visions through the Ages, London 2003.
Ullmann 1972	Manfred Ullmann: Die Natur- und Geisteswissenschaften im Islam, Handbuch der Orientalistik, Abt. 1: Erg.-Bd. VI, 2, hrsg. von Berthold Spuler, Leiden u. a. 1972.
Ullmann 1978	Manfred Ullmann: Ḫālid ibn Yazīd und die Alchemie. Eine Legende, in: Der Islam 55 (1978), S. 181–218.
Vizkelety 1968	András Vizkelety: Art. „Alchimie", in: Engelbert Kirschbaum (Hrsg.): Lexikon der christlichen Ikonographie, Bd. 1, Freiburg i. Br. 1968, Sp. 92–94.
Völlnagel 2004	Jörg Völlnagel: Splendor solis oder Sonnenglanz. Studien zu einer alchemistischen Bilderhandschrift, München u.a. 2004.
Völlnagel 2012	Jörg Völlnagel: Alchemie. Die königliche Kunst, München 2012.
Wacker 2013	Gabriele Wacker: Arznei und *Confect*. Medikale Kultur am Wolfenbütteler Hof im 16. und 17. Jahrhundert, Wiesbaden 2013.
Wagner 2011	Lioba Wagner: Alchemie und Naturwissenschaft. Über die Entstehung neuer Ideen an der Reibungsfläche zweier Weltbilder gezeigt an Paracelsus, Robert Boyle und Isaac Newton, Würzburg 2011.
Wagner/Reed 2010	Bettina Wagner, Marcia Reed (Hrsg.): Early printed books as material objects. Proceedings of the conference organized by the IFLA Rare Books and Manuscripts Section, Munich, 19–21 August 2009, Berlin 2010.
Waitz 1939	Hans Waitz: Die wissenschaftliche Bedeutung des Dr. Jacob Waitz, in: Sippengeschichtliche Blätter der Sippen Waitz, Waitz von Eschen, Weitz, Weiz, Folge 23, 9. Jahrgang 1939, S. 1f.
Wallmann 1984	Johannes Wallmann: Johann Arndt und die protestantische Frömmigkeit. Zur Rezeption der mittelalterlichen Mystik im Luthertum, in: Frömmigkeit in der frühen Neuzeit, Amsterdam 1984, S. 50–74.
Wallmann 2005	Johannes Wallmann: Der Pietismus, Göttingen 2005.
Warncke 1987	Claus-Peter Warncke: Sprechende Worte – sichtbare Worte. Das Bildverständnis in der frühen Neuzeit, Wiesbaden 1987.
Wattenbach 1869	Wilhelm Wattenbach: Alchymey teuczsch, in: Anzeiger für Kunde der deutschen Vorzeit N.F. 16 (1869), Sp. 264–268.
Wehde 2000	Susanne Wehde: Typographische Kultur. Eine zeichentheoretische und kulturgeschichtliche Studie zur Typographie und ihrer Entwicklung, Tübingen 2000.
Weihs 1990	Michael Weihs: Ergebnisse der archäologischen Untersuchungen zwischen 1985 und 1989 auf dem Gelände der ehemaligen Porzellanmanufaktur in Ludwigsburg, in: Wilhelm Siemen (Hrsg.): Die Ludwigsburger Porzellanmanufaktur einst und jetzt, Hohenberg 1990, S. 30–61.

Wels 2012	Volkhard Wels: Poetischer Hermetismus. Michael Meiers *Atalanta fugiens* (1617/18), in: ders., Peter-André Alt (Hrsg.): Konzepte des Hermetismus in der Literatur der Frühen Neuzeit, Göttingen 2012, S. 149–194.
Werthmann 2011	Rainer Werthmann: Das unsichtbare Feuer. Die Sulfur-Merkur-Theorie als Grundlage für Glaubers Vorstellungen über die Metalle, in: Helmut Gebelein, ders.: Johann Rudolph Glauber. Alchemistische Denkweise, neue Forschungsergebnisse und Spuren in Kitzingen, Kitzingen 2011, S. 136–171.
Werthmann 2011a	Rainer Werthmann: Das Rot aus dem Gold – das Gold aus dem Rot. Glauber und das Goldrubinglas, in: Helmut Gebelein, ders.: Johann Rudolph Glauber. Alchemistische Denkweise, neue Forschungsergebnisse und Spuren in Kitzingen, Kitzingen 2011, S. 259–275.
Westfall 1993	Richard S. Westfall: The Life of Isaac Newton, Cambridge 1993.
Weyer 1992	Jost Weyer: Graf Wolfgang II. von Hohenlohe und die Alchemie. Alchemistische Studien in Schloß Weikersheim, 1587–1610, Sigmaringen 1992.
Weyer 1998	Jost Weyer: Art. „Schwefel", in: Claus Priesner, Karin Figala (Hrsg.): Alchemie. Lexikon einer hermetischen Wissenschaft, München 1998, S. 327–329.
Wilding 2007	Michael Wilding: A Biography of Edward Kelly, the English Alchemist and Associate of Dr. John Dee, in: Stanton J. Linden (Hrsg.): Mystical Metal of Gold, New York 2007, S. 35–89.
Wittkower 1983	Rudolf Wittkower: Allegorie und der Wandel der Symbole in Antike und Renaissance, Köln 1983.
Wolff Metternich/Meinz 2004	Beatrix Freifrau von Wolff Metternich, Manfred Meinz, unter Mitarb. v. Thomas Krueger: Die Porzellanmanufaktur Fürstenberg. Eine Kulturgeschichte im Spiegel des Fürstenberger Porzellans, Bd. 1, München 2004.
Wotiz/Rudofsky 1984	John H. Wotiz, Susanna Rudofsky: Kekule's dreams: fact or fiction?, in: Chemistry in Britain 20 (1984), S. 720–723.
Yates 1954	Frances A. Yates: The Art of Ramon Lull. An Approach to it through Lull's Theory of the Elements, in: Journal of the Warburg and Courtauld Institutes 17 (1954), S. 115–173.
Yates 1972	Frances A. Yates: The Rosicrucian Enlightenment, London u. a. 1972.
Yates 1979	Donald Yates: Unbekannte frühneuhochdeutsche Verse aus einer alchimistischen Handschrift des 16. Jahrhunderts in der Stiftsbibliothek Neukloster, in: Codices manuscripti 5 (1979), S. 97–100.
Yates 1989	Frances A. Yates: Die hermetische Tradition in der Renaissanceforschung, in: dies.: Giordano Bruno in der englische Renaisance, Berlin 1989 (amerik. Orig. 1967), S. 83–104.
Yates 1991	Frances A. Yates: Gedächtnis und Erinnern. Mnemonik von Aristoteles bis Shakespeare, Weinheim ²1991.
Yates 1997	Frances A. Yates: Aufklärung im Zeichen des Rosenkreuzes, 2. Aufl. Stuttgart 1997 (eng. Orig. 1972).
Zandbergen/Prinke 2005	R. Zandbergen, R. Prinke: The Voynich MS in Prague, from Rudolf II to Johannes Marcus Marci, in: Acta Universitatis Carolinae, Mathematica et Physica, Bd. 46: Supplementum, 2005, S. 141–152.

Bildnachweis

Babson Park (MA), Babson College Archive: Abb. 57, 58, 59

Berlin, Kunstgewerbemuseum, Staatliche Museen zu Berlin – Preußischer Kulturbesitz: Abb. 29, 30

Berlin, Kupferstichkabinett, Staatliche Museen zu Berlin – Preußischer Kulturbesitz: Abb. 13, 27, 79, © bpk – Bildagentur für Kunst, Kultur und Geschichte

Braunschweig, Herzog Anton Ulrich-Museum: Abb. 178, 191

Braunschweig, Landesmuseum: Abb. 186

Écouen, Musée national de la Renaissance, Chateau d'Écouen: Abb. 28

Fürstenberg, Porzellanmanufaktur – Museum im Schloss: Abb. 192, 193

Glasgow, University of Glasgow Library, Special Collection Department: Abb. 62

Gotha, Thüringisches Staatsarchiv: Abb. 46, 47, 48, 49

Kassel, museumslandschaft hessen kassel, Gemäldegalerie Alte Meister: Abb. 135

London, Society of Antiquaries: Abb. 56

Madrid, Prado: Abb. 19

München, Alte Pinakothek: Abb. 26

Uppsala, University Art Collections: Abb. 31

Wolfenbüttel, Niedersächsisches Landesarchiv – Standort Wolfenbüttel: Abb. 39, 184

Zürich, Zentralbibliothek: Abb. 8

Abb. 6: Archiv Schmidt-Glintzer

Abb. 24, Abb. 34, Abb. 68 aus: Alexander Roob: Das hermetische Museum Alchemie & Mystik, Köln u. a. 1996, S. 450, S. 122 und S. 356

Alle anderen Abbildungen:
Herzog August Bibliothek Wolfenbüttel, Fotowerkstatt (Fotos: Michaela Weber, Diana Hentschel und Simone Bötticher)

Verzeichnis der Beiträger und Beiträgerinnen

Jill Bepler, Dr., Abt. Stipendienprogramme, Herzog August Bibliothek Wolfenbüttel

Hartmut Böhme, Prof. em. Dr., Institut für Kulturwissenschaft, Humboldt-Universität zu Berlin

Daniela Dachrodt M.A., Berlin/ Frankfurt a. M.

Sven Dupré, Prof. Dr., Institut für Kunstgeschichte, Freie Universität zu Berlin

Florian Ebeling, Dr., Ägyptologisches Institut, Ruprecht-Karls-Universität Heidelberg

Petra Feuerstein-Herz, Dr., Abt. Alte Drucke, Herzog August Bibliothek Wolfenbüttel

Sietske Fransen M.A., The Warburg Institute, University of London

Katharina Gietkowski M.A., Abt. Alte Drucke, Herzog August Bibliothek Wolfenbüttel

Daniel Jütte, Dr., Junior Fellow, Society of Fellows, Harvard University, Cambridge (MA)

Vladimír Karpenko, Prof. em. Dr., Fakultät der Naturwissenschaften, Karlsuniversität, Prag

Thomas Krueger M.A., Leiter Museum im Schloss, Porzellanmanufaktur Fürstenberg

Stefan Laube, PD Dr., Institut für Kulturwissenschaft, Humboldt-Universität zu Berlin

Bertram Lesser, Dr., Abt. Handschriften, Herzog August Bibliothek Wolfenbüttel

Sven Limbeck, Dr., Abt. Handschriften, Herzog August Bibliothek Wolfenbüttel

Martin Mulsow, Prof. Dr., Direktor des Forschungszentrums Gotha der Universität Erfurt

Tara Nummedal, Prof. Dr., Department of History, Brown University, Providence (RI)

Ivo Purš, Dr., Institut für Kunstgeschichte, Akademie der Wissenschaften der Tschechischen Republik, Prag.

Helwig Schmidt-Glintzer, Prof. Dr., Direktor der Herzog August Bibliothek Wolfenbüttel

Heinz Schott, Prof. Dr., Medizinhistorisches Institut, Rheinische Friedrich-Wilhelms Universität Bonn

Hania Siebenpfeiffer, Prof. Dr., Institut für deutsche Philologie, Ernst Moritz Arndt Universität Greifswald

Anne-Charlott Trepp, Prof. Dr., Geschichte der Frühen Neuzeit, Universität Kassel

Register

Historische Personen – Biblische Gestalten – Mythologische Figuren

Abraham   167
Adam   29, 31, 39, 73, 214, 264 f. (mit Abb.), 265
Adam von Sankt Viktor   262
Agricola, Georg   129, 159, 167, 184, 286, 294
Agricola, Johannes   308
Agrippa von Nettesheim   132 (Anm.), 180
Aktaion   20
Alanus ab Insulis   58
Albertus Magnus   220 f. (mit Abb.), 243 (mit Abb.), 256, 270, 271, 296, 332 f. (mit Abb.) 334
Alexander der Große   24, 26
Al-Mutasim, Kalif   26
Anaximenes   271
Andreae, Johann Valentin   209, 228
Anna, Kurfürstin von Sachsen   153, 344
Anton Ulrich, Herzog zu Braunschweig-Lüneburg   347
Apuleius   24
Aristoteles   34, 114, 140, 186, 190, 192, 194, 198, 243, 256, 265, 270, 288
Arnaldus (Arnold) von Villanova   30, 53, 108, 146, 214 f. (mit Abb.), 220 f. (mit Abb.), 246, 262, 265, 266
Arndt, Johann   60, 68, 102, 230
Asclepius   26
Ashmole, Elias   167, 195 (Abb.), 214 f. (mit Abb.)
Atalanta   210 f.
August der Jüngere, Herzog zu Braunschweig-Wolfenbüttel   15, 159, 239, 246, 262, 266, 270, 271, 282, 302
August der Starke, König von Sachsen   347
Aurach, Georg   246
Avicenna   192, 220 f. (mit Abb.), 288

Bacon, Roger   167, 214, 220 f. (mit Abb.), 266, 332
Balinus (Pseudo-Apollinus von Tyana)   26
Barba, Albaro Alonso   182
Barchusen, Johann Conrad   80 f.
Basilius Valentinus   31, 57, 62, 152, 167, 170, 310
Becher, Johann Joachim   106, 108, 167, 182, 294 f. (mit Abb.), 344
Bernhardus Trevisanus   59, 64, 139, 273
Bernus, Alexander von   59
Béroalde de Verville, François   78 f. (mit Abb.) 224 f. (mit Abb.), 226
Berthelot, Marcelin   218
Berward, Christian   182
Beuys, Joseph   218
Biringuccio, Vannoccio   89 f., 286
Boerhaave, Hermann   212
Boëthius de Boodt, Anselmus   133, 136, 167
Böhme, Jakob   60, 78, 106
Bonus, Petrus   75, 188

Borch, Oluf (Olaus Borrichius)   30 f., 192
Bosch, Hieronymus   73 f.
Böttger, Johann Friedrich   14, 347
Boyle, Robert   72, 139, 141, 166, 169, 181, 233, 234 f. (mit Abb.), 326
Brahe, Tycho   127, 131, 133, 136, 162
Brand, Henning   344
Brant, Sebastian   125, 277, 330 f. (mit Abb.)
Browne, Thomas   106
Brueghel d. Ä., Pieter   85, 88 (Abb.), 125
Brun, Franz Isaac   121–123, 127, 128
Bruno, Giordano   20, 180
Brunschwig, Hieronymus   53, 124, 296
Bry, Johann Theodor de   85, 178, 210

Cagliostro, Graf von   33
Cardilucius, Johann Hiskias   140, 182, 356
Carl I., Herzog zu Braunschweig-Wolfenbüttel   338, 348
Carracci, Agostino (Augustin Carrache)   110
Casaubon, Issac   30
Cavendish, Margareth   114, 119
Chemophilus, J. J.   342 f. (mit Abb.)
Cellini, Benvenuto   90, 92
Champollion, Jean François   23
Chandler, John   118
Christian I., Fürst von Anhalt-Bernburg   302
Christian II., Kurfürst von Sachsen   324
Christus   20, 100, 104, 259
Cibinensis, Melchior   220 f. (mit Abb.)
Clauder, Gabriel   62, 192
Cleopatra, Königin von Ägypten   110
Coenders van Helpen, Barent   196 f. (mit Abb.)
Colonna, Francesco   28, 222, 224, 226
Colorni, Abramo   41
Conring, Hermann   30, 330
Cremer, John   190
Croll, Oswald   133 f., 136, 137, 214, 302 f. (mit Abb.), 356

Dalton, John   233, 236
Dariot, Claude   63 (Abb.)
Dee, John   19, 132, 208
Demokrit   23, 220, 271
Descartes, Réné   236
Diana   20
Digby, Kenelm   71
Diodor   23, 27
Dobbs, Betty T.   167, 170
Doort, Paullus van der   162, 216
Dorn, Gerhard   157, 209, 230

Drebbel, Cornelius   132, 136
Dürer, Albrecht   330

Eckartshausen, Karl von   33
Eco, Umberto   16, 270
Eirenaeus Philalethes, siehe George Starkey
Eleazar, Abraham   55, 58
Eleonore von Württemberg   153–156
Eliade, Mircea   16, 180
Empedokles   78, 186, 271
Ercker, Lazarus   130, 182 f. (mit Abb.), 286
Ernst, Fürst von Holstein-Schaumberg (Bückeburg)   220
Ettmüller, Michael   354
Eudoxos   23
Eva   73

Fatio de Dulliers, Nicolas   166, 170
Faust, Johann Michael   312 f. (mit Abb.)
Ferdinand II., Kaiser   131, 322
Ferdinand III., Kaiser   342
Ferdinand von Bayern, Kurfürst und Erzbischof von Köln   113
Ficino Marsilio   27, 82, 83, 216
Figulus, Benedictus   30
Flamel, Nicolaus   58, 167, 170
Fludd, Robert   19
Fontenelle, Bernard de   236
Foote, Daniel   117, 118, 119
Foucault, Michel   82, 233
Franz I., König von Frankreich   224
Frater Ulmannus   256
Friedrich I., Herzog von Sachsen-Gotha-Altenburg   141–154
Friedrich I., Herzog von Württemberg   127, 324
Friedrich III., Kaiser   260
Friedrich VI., Burggraf von Nürnberg   256

Gabir   60, 167, 214 (mit Abb.), 218 f. (mit Abb.), 280, 282 (siehe auch Geber)
Galen   67, 198, 273
Galle, Philip   125
Gastorff, Friedrich Siegmund von (Franz Gassmann, Pseudon.: Pantaleon, Pyrophilus)   142 (Abb.), 143–154
Ge Hong   35
Geber (Pseudo-Geber, Geber latinus)   53, 60, 64, 92, 146, 167, 206, 214 f. (mit Abb.), 218 f. (mit Abb.), 243, 262, 266, 273, 282 f. (mit Abb.) (siehe auch Gabir)
Geest, Cornelis van der   95
Geiger, Malachias   202 f. (mit Abb.)
Geoffroy d. Ä., Etienne-François   236, 238 (Abb.)
Gerhard von Cremona   280
Gertner, Christian   308
Gervasius, Julius   58
Gilbert, William   233
Glanast, Ulrich   256
Glaser, Christoph   236
Glauber, Johann Rudolf   14, 294, 344
Goethe, Johann Wolfgang von   233
Gohory, Jacques   226
Griemiller, Jaroš   130

Günther, Christoph   344
Gutenberg (Johannes Gensfleisch)   206

Hainhofer, Philipp   159
Hájek von Hájek, Tadeáš (Thaddaeus Hagecius)   133, 136
Ḥālid ibn Yazīd   246, 266
Hardenberg, Friedrich Freiherr von (siehe Novalis)
Harsdörffer, Georg Philipp   57
Hartlib, Samuel   326
Hartliep, genannt Walsporn, Johannes   334
Hartmann, Johannes   127 f., 322, 356 f. (mit Abb.)
Harvey, William   71
Heinemann, Otto von   334
Heinrich Julius, Herzog zu Braunschweig-Lüneburg   14, 136, 239, 308, 312, 336, 337, 338
Hellwig, Johann Otto von   154
Helmont, Franziskus Mercurius van   113
Helmont, Johan Baptista van   104, 111–119, 139, 146, 167, 172 (Anm.), 181, 182, 326
Helvetius, Johann Friedrich   342
Henry IV, König von England   166
Hermes Trismegistos   19, 20, 23, 24, 25, 27, 29, 31, 55, 83, 186, 198, 214 f. (mit Abb.), 216 f. (mit Abb.), 220 f., (mit Abb.), 243 (Abb.), 246, 262, 273, 280, 288, 354, 356
Herodes   23
Herodot   27
Hertodt von Todtenfeld, Johann Ferdinand   140
Hildebrandt, Johann Bernhard   232 (mit Abb.)
Hippokrates   114
Hippomenes   210 f.
Hoffmann, Friedrich   354
Hogheland, Theobald van   63, 64
Hollandus, Johann Isaac   96, 212 f. (mit Abb.)
Homer   29
Horapollon   27 f., 83
Huber, Johannes   306
Hugo von Santalla   27
Hynek von Poděbrad   130

Ibn al-Nadim   25
Ibn Umail, siehe Senior Zadith
Isis   25

Jamblichos   24, 27
Jansson van Waesberghe, Johannes   192
Jehuda Liva ben Becalel (Rabbi Löw)   131
Jennis, Lucas   85 (Anm.), 178, 210, 314
Joachim II., Kurfürst von Brandenburg   41
Johannes de Padua   262
Johann Georg, Kurfürst von Brandenburg   306
Johann Georg II., Kurfürst von Sachsen   344
Johannes de Rupescissa (Jean de Roquetaillade)   30, 246, 282, 296, 301, 332
Johannes von Melk   266
Johannes von Teschen   262
Johnson, Ben   212, 325
Julius, Herzog zu Braunschweig-Lüneburg   14, 121, 122, 129, 212, 308, 336

Jung, Carl Gustav 17, 107, 108, 222
Jupiter 178, 200

Kant, Immanuel 13, 20
Karl IV., Kaiser 256
Kekulé, Friedrich August 17
Kellner, David 61
Kelley, Edward (Edward Kelly) 131, 132, 136, 208
Kepler, Johannes 131, 138
Kertzenmacher, Petrus 124
Keynes, John Meynard 169 (Anm.)
Khunrath, Heinrich 27, 100f., 102, 106, 133, 158, 163, 209, 216f. (mit Abb.), 230f. (mit Abb.), 277
Kilian, Wolfgang 202f. (mit Abb.)
Kircher Athanasius 27, 28, 30, 137, 192 (mit Abb.)
Knorr von Rosenroth, Christian 40 (Abb.), 117, 118f.
Kraus, Paul 218
Kunckel, Johannes 14, 93, 94, 97, 294, 344f. (mit Abb.)

Lacinius, Janus 188f. (mit Abb.)
Lamspring (Lambsring, Lampert Spring) 314–319
Lancilotti, Carlo 61, 290f. (mit Abb.)
Lang, Philip 137
Lange, Johann 140, 326
Lavoisier, Antoine Laurent de 235, 348
Láz, Jan von (Johannes von Laaz) 130
Legrand, Antoine 169
Leonardo da Vinci 89
Libavius, Andreas 61, 126, 127, 161–163, 198f. (mit Abb.), 209, 277, 282, 284f. (mit Abb.), 314
Liebig, Justus 9, 14
Limojon, Alexandre-Toussaint de 167, 170
Lindmeier, Daniel 337
Lippold Ben Chluchim 41f.
Locke, John 169 (Anm.), 234
Lovejoy, Arthur O. 19
Lu Xiujing 35
Ludwig, Fürst von Anhalt-Köthen 158
Ludwig Rudolf, Herzog zu Braunschweig-Lüneburg 256, 312
Lullus, Raimundus (Ramon Llull) 30, 64, 93, 117, 147, 167, 192, 196, 214, 220f. (mit Abb.), 243, 266, 282, 296
Luna 20, 108, 187, 200, 202
Luzzatto, Simone 41

Maggiotti, Domenico 328f. (mit Abb.)
Maier, Michael 27, 28, 29, 82, 83f., 100, 107, 133, 136, 167, 169, 178f. (mit Abb.), 190, 204, 206f. (mit. Abb.), 210f. (mit Abb.), 220f. (mit Abb.), 280f. (mit Abb.), 324
Makovský von Makov, Hieronymus 137
Mander, Karel van 226
Manget, Jean-Jacques 31
Manutius, Aldus 224
Marco Polo 347
Marcus Antonius, Feldherr 110
Maria, die Hebräerin, Schwester des Moses 220f. (mit Abb.), 266, 290, 296
Mars 110, 178, 200
Mattenhauser, Damian 271

Maximilian II., Kaiser 182, 208
Maximilian, Kurfürst von Bayern 202
Menes, König von Ägypten 31
Merian d. Ä., Matthäus 19–21, 85, 107f., 176, 210
Merkur 178, 200, 342
Merret, Christopher 344
Mesmer, Franz Anton 105
Metsijs, Quentin 95
Michelangelo 90
Michelspacher, Stephan 200f. (mit Abb.), 310
Milly, Nicolas Chretien de 348
Mögling, Daniel 228f. (mit Abb.)
Montaigne, Michel de 226
Monte-Snyder, Johannes de 305 (Abb.)
Morhof, Daniel Georg 167, 206
Morienus Romanus 63, 214, 220f. (mit Abb.), 246, 271, 332
Moritz, Landgraf von Hessen-Kassel 101, 127, 356
Moses 23, 29, 30, 39, 167, 216
Müller vom Mühlenfels, Johann 324
Mylius, Johannes Daniel 80, 186f. (mit Abb.), 190

Nazari, Giovanni Battista 222f. (mit Abb.)
Necker, Georg 271
Needham, Joseph 37
Neri, Antonio 93, 94, 96, 181 (Abb.), 344
Neudorffer, Johann 47
Newton, Isaac 72, 132, 139, 141, 165–173, 233, 234, 236, 326
Niavis, Paulus (Paul Schneevogel) 180
Norton, Thomas 187, 188, 206
Novalis 14

Ötinger, Friedrich Christian 107
Orpheus 23, 27
Osiris 25
Otho, Liborius 334
Ovid 20, 226

Pagel, Walter 104, 105
Palissy, Bernard 90–92, 97, 180
Paracelsus 20, 28f., 30, 31, 41, 58f., 67, 68, 95f., 99, 100, 103, 104f., 107, 113, 114, 155, 117, 131, 133, 167, 187, 198, 214, 222, 230, 234, 243, 271, 273, 301, 302, 306, 321, 336f.
Partington, James R. 234
Petrarca, Francesco 125, 126 (Abb.), 277
Philalethes, siehe George Starkey
Pico della Mirandola, Gianfrancesco 220
Pico della Mirandola, Giovanni 100
Piles, Roger de 95
Pimander 216f. (mit Abb.)
Platon 23, 167, 243, 271
Plinius 180, 182
Plotin 86
Plutarch 24
Polia 224
Poliphilus 224
Polke, Sigmar 16
Porta, Giambattista della 299 (Abb.)
Pseudo-Lull, siehe Lullus, Raimundus

o-Albertus, siehe Albertus Magnus
Pseudo-Geber, siehe Geber
Puff von Schrick, Michael   53
Pythagoras   23, 25, 27, 167

Raimundus Lullus (siehe Lullus)
Ranst, Margarita van   111
Ratzenberg, Philipp   308
Reinhart, Hans Christian   57
Reitz, Martin   232
Rembrandt van Rijn   204 (Abb.)
Remmelin, Johannes   200
Reusner, Hieronymus   312
Rhamm, Albert   338
Rhazes (Al-Razi)   204, 214 f. (mit Abb.), 243, 246, 280
Richthausen, Johann Conrad   342
Ripa, Cesare   226
Rist, Johann   70, 72
Robert von Chester   27, 218
Rodovský, Bavor   131
Rosenberg, Wilhelm von   130
Rosencreutz, Christian   228
Roth-Scholtz, Friedrich   31, 294, 322
Rubens, Peter Paul   95
Rudolf August, Herzog zu Braunschweig-Lüneburg   302
Rudolf II., Kaiser   39, 41, 129–138, 182, 322, 334
Ruland d. Ä., Martin   133, 136
Ruland d. J., Martin   133, 136, 194, 196, 280, 312, 325
Rülein von Calw, Ulrich   184 f. (mit Abb.)

Sadeler, Egidius   214
Sadeler, Jan   202
Sala, Angelo   61
Salomon   23, 39
Saturn   178, 200
Schröder, Johann   354
Schüler, Conrad   293 (Abb.)
Schweighardt, Theophilus, siehe Daniel Mögling
Sedacer, Guillaume   93
Selene   20
Sendivogius, Michael   132, 139, 140, 144, 146, 167, 170, 220 (mit Abb.), 322–325
Senior Zadith (Mohammad ibn Umail)   25, 26 (Abb.), 262, 280
Seton, Alexander   324
Seuse, Heinrich   259
Shakespeare, William   104
Sibylle von Anhalt   153–156
Sigismund, Kaiser   256, 260
Sigismund III., König von Polen   322
Silberer, Heinrich   100
Sokrates   243, 271
Sol   20, 108, 187, 200, 202
Sömmering, Philipp   121, 212, 338
Starck, Johann August   31 f.

Starkey, George   121 (Anm.), 139–141, 143, 147, 148, 149, 167, 170, 326 f.
Stoltzius von Stoltzenberg, Daniel   81, 83, 138, 186 f. (mit Abb.), 190 f. (mit Abb.), 195 f. (Abb.), 220
Strabon   180
Straet, Jan van der   277, 350
Sudhoff, Karl   210
Syrrhus, Claudius   130

Tancken, Bruno Laurenz   218
Tauler, Johannes   259
Telesio, Bernhardino   180
Telle, Joachim   108, 115, 239, 288
Tenier d. J., David   85, 125, 277
Theoffulus   271
Theophrastus von Eresos   273
Thomae, Johann Benjamin   347
Thomas von Aquin   190, 220f, (mit Abb.), 243, 246, 270, 271, 332
Thurneysser, Leonhard   42, 204 f. (mit Abb.), 306 f. (mit Abb.), 310
Toxites, Michael   58, 59
Trismosin, Salomon   320
Trithemius, Johannes   132 (Anm.), 224, 274, 276 (Abb.)
Tubal-Kain   39

Ulsted, Philipp (Ulstadt)   296 f. (mit Abb.)

Valeriano, Piero   28
Vaughan, Robert   214 f. (mit Abb.)
Veen, Otto van   96
Venus   110, 178, 200, 210
Vergil   226
Vitruv   161
Vries, Jan Vredemann de   216, 230
Vulcanus   103

Waitz, Jakob Friedrich   141–154
Wang Zhe   35
Weber, Franz Joseph   348
Webster, John   192
Weigel, Valentin   60
Wieland, Christoph Martin   33
Winandus de Rufo Clipeo (Winand vom Roten Schild)   270
Wittich, Johann   156 f.
Wolfart, Erasmus   230
Wolfgang II., Graf von Hohenlohe   127
Wolski, Mikolaj   322
Wyck, Thomas   278 f. (mit Abb.)

Yagel, Abraham   41
Yates, Frances A.   15, 233

Zetzner, Lazarus   209, 262
Zosimos von Panopolis   24 f., 80 (Anm.), 241, 290
Zwinger d. Ä., Theodor   68, 212